Systemanalyse im Unternehmen

Prozessorientierte Methoden der Wirtschaftsinformatik

Herausgegeben von
Univ.-Prof. Dr. Hermann Krallmann,
Dr. Marten Schönherr
und
Dr. Matthias Trier

5., vollständig überarbeitete Auflage

Oldenbourg Verlag München Wien

Ein Autorenverzeichnis finden Sie unter http://www.systemanalyse-buch.de

Bibliografische Information der Deutschen Nationalbibliothek

Die Deutsche Nationalbibliothek verzeichnet diese Publikation in der Deutschen Nationalbibliografie; detaillierte bibliografische Daten sind im Internet über <http://dnb.d-nb.de> abrufbar.

Rosenheimer Straße 145, D-81671 München
Telefon: (089) 45051-0
oldenbourg.de

Lektorat: Wirtschafts- und Sozialwissenschaften, wiso@oldenbourg.de
Herstellung: Anna Grosser
Coverentwurf: Kochan & Partner, München
Gedruckt auf säure- und chlorfreiem Papier
Druck: Grafik + Druck, München
Bindung: Thomas Buchbinderei GmbH, Augsburg

ISBN 978-3-486-58446-2

Inhalt

Abkürzungsverzeichnis

A

ACWP	Actual Cost for Work Performanced
ANSI	American National Standards Institute
API	Application Program Interface
ARIS	Architektur integrierter Informationssysteme

B

B2B	Business to Business
BCWP	Budgeted Cost for Work Performed
BCWS	Budgeted Cost for Work Scheduled
BetrVG	Betriebsverfassungsgesetz
BOD	Business Object Documents
BPEL4WS	Business Process Execution Language for Web Services
BPD	Business Process Diagram
BPM	Business Process Model
BPMI	Business Process Management Initiative
BPMN	Business Process Modeling Notation
BPMS	Business Process Management System
BPR	Business Process Reengineering

C

CALO	Cognitive Assistant that Learns and Organizes
CCTS	Core Components Technical Specification
CLI	Call Level Interface
CMM	Capability Maturity Model
CMMI	Capability Maturity Model Integration
COBIT	Control Objectives for Information and related Technology
CoP	Community of Practice
CPM	Critical Path Method
CRM	Customer Relationship Management
CSCW	Computer Supported Cooperative Working

D

DBMS	Database Management System (Datenbankverwaltungssystem)
DD	Data Dictionary
DDL	Data Definition Language (Datendefinitionssprache)
DFD	Data Flow Diagram (Datenflussdiagramm)
DIN	Deutsches Institut für Normung
DML	Data Manipulation Language
DMS	Dokumentenmanagementsystem

DOM	Database Oriented Middleware
DOT	Distributed Object Technology
DSDL	Data Storage Description Language
DSS	Decision Support System
DV	Datenverarbeitung

E

E-Business	Electronic Business
EAF	Enterprise Architecture Frameworks
EAI	Enterprise Application Integration
ebXML	Electronic Business using XML
EDI	Electronic Data Interchange
EDV	Elektronische Datenverarbeitung
EPK	Ereignisgesteuerte Prozesskette
eEPK	erweiterte EPK
ERD	Entity Relationship-Diagramm
ERM	Entity Relationship-Modell
ERP	Enterprise Resource Planning
ESB	Enterprise Service Bus
EV	Earned Value
EVA	Earned-Value-Analyse

F

FIS	Führungsinformationssystem
FTP	File Transfer Protocol

G

GDSS	Group Decision Support System
GPO	Geschäftsprozessoptimierung
GPO-WM	Geschäftsprozessorientiertes Wissensmanagement
GST	General Systems Theory (Allgemeine Systemtheorie)

H

HL7	Health Level 7
HTML	Hypertext Markup Language
HTTP	Hypertext Transport Protocol

I

IDEF	Integrated Definition Methods
IM	Informationsmanagement
INSNA	International Network for Social Network Analysis
IPMA	International Project Management Association
IS	Informationssystem
ISO	International Organization for Standardizations
IT	Informationstechnologie

ITIL	IT Infrastructure Library
IUM	Integrierte Unternehmensmodellierung

J

JDK	Java Development Kits

K

KBD	Kapazitätsbelastungsdiagramm
KM	Knowledge Management
KMDL	Knowledge Modeler Description Language
KSA	Kommunikationsstrukturanalyse
KVP	Kontinuierliche Prozessverbesserung

L

LIPOK	Lieferant, Input, Prozess, Output, Kunde

M

M&A	Merger and Acquisitions
MIS	Management Information System
MIT	Massachusetts Institute of Technology
MOF	Meta Object Facility
MOM	Message Oriented Middleware
MSF	Microsoft Solutions Framework
MSN	Microsoft Network
MT	Message Types

N

NIST	National Institute of Standards and Technology
NNTP	Network News Transport Protocol

O

OAGIS	Open Application Group Integration Standard
OASIS	Organization for the Advancement of Structured Information Standards
ODETTE	Organization for Data Exchange by Teletransmission in Europe
OGC	Office Of Government Commerce
OLAP	Online Analytical Processing
OLTP	Online Transaction Processing
OMG	Object Management Group
OOA	Object Oriented Analysis (Objektorientierte Analyse)
OOD	Object Oriented Design (Objektorientiertes Design)
OOP	Object Oriented Programming (Objektorientierte Programmierung)
OOSE	Objektorientiertes Software Engineering
OWL	Web Ontology Language
OWL-S	Web Ontology Language for Services

P

PAP	Programmablaufplan
PERT	Project Evaluation and Review Technique
PIP	Partner Interface Processes
PHP	Hyptertext Preprocessor
PMI	Project Management Institute
PMS	Projektmanagement-System (auch Projektinformationssystem)
POKM	Process-oriented Knowledge Management Method
PSP	Projektstrukturplan

Q

QL	Query Language

R

ROI	Return On Investment
RPC	Remote Procedure Calls
RUP	Rational Unified Process

S

SA	Systemanalyse
SAWSDL	Semantically Annotated Web Service Description Language
SGML	Standard Generalized Markup Language
SID	Shared Information/Data Model
SIPOC	Supplier, Input, Process, Output, Customer
SL&I	Service Levels and Interactions
SLA	Service Level Agreement
SNA	Social Network Analysis
SOA	Service Orientend Architecture (Serviceorientierte Architektur)
SOAP	(ursprünglich: Simple Object Access Protocol)
SPARC	Standards Planning Requirements Committee
SQL	Structured Query Language
SSA	Structured Systems Analysis
SWIFT	Society for Worldwide Interbank Financial Telecommunication

T

TCO	Total Cost of Ownership
TCP	Transmission Control Protocol
TMF	Tele Management Forum
TPM	Transaction Processing Monitor

U

UDDI	Universal Description Discovery Integration
UML	Unified Modeling Language
UMM	UN/CEFACT Modeling Methodology
UN/CEFACT	United Nations Centre for Trade Facilitation and Electronic Business

UN/EDIFACT	United Nations Electronic Data Interchange For Administration, Commerce and Transport
UNECE	United Nations Economic Commission for Europe
UNIFI	UNIversal Financial Industry Message Scheme

V

VDA	Verband der Automobilindustrie
VDI	Verein Deutscher Ingenieure
VKD	Vorgangskettendiagramm

W

W3C	World Wide Web Consortium
WBS	Work Breakdown Structure
WFM	Workflow-Management
WFMS	Workflow-Management-System
WKD	Wertschöpfungsketten-Diagramm
WM	Wissensmanagement
WS	Web Service
WS-BPEL	Web Service Business Process Execution Language
WSMO	Web Services Modeling Ontology
WSDL	Web Service Description Language

X

XML	Extensible Markup Language
XSLT	Extensible Stylesheet Language Transformation

Teil I
Fallstudienbasierte Einführung

Begriffe: Motivation, Einführung in den Systemanalyseansatz, typische Unternehmenssituationen, Fallstudie MSD Bank, Kapitelüberblick.

Dieser Teil des Buchs führt in die Perspektive der Systemanalyse im Unternehmen ein. Anhand von typischen Situationen im Unternehmen wird dargestellt, wann und wie Systemanalyse zum Einsatz kommt und welche Nutzeneffekte sie mit sich bringt. Um einen praktischen Einstieg in das Buch zu gewährleisten, wird anschließend die auf realen Projekten basierende Fallstudie der MSD Bank vorgestellt. Danach wird der Zusammenhang zwischen den Kapiteln und deren Einteilung in Teile vorgestellt. Diese Teile lassen sich wiederum in die Bereiche Theorie und Praxis zerlegen. Zuletzt werden drei Lesepfade zum Studium des Buchs vorgestellt.

Matthias Trier und Hermann Krallmann

1 Systemanalyse – Das Buch im Überblick

Themenüberblick: Unternehmensanalyse, Unternehmensmodellierung, Prozessmodelle, Informationssysteme, IT-Architektur, Wissensmanagement, Datenorientiertung, Prozessautomatisierung, Einleitung in den Systemanalyseansatz, Fallstudie MSD Bank, Aufbau des Buchs, Lesepfade, Gestaltungsfelder, Vorgehensmodelle, Systemtheorie.

Lernziele: In diesem Kapitel wird Ihnen einleitend der Aufbau und die Idee des Buchs vorgestellt. Dabei steht die Methode der Systemanalyse im Mittelpunkt. Diese ist aus einer Verbindung von Systemtheorie und langjähriger Praxiserfahrung erwachsen. Sie lernen die zentrale Fallstudie dieses Buchs kennen, die MSD Bank. Die besprochenen Strukturen und Abläufe dieses Unternehmens werden über das ganze Buch hinweg immer wieder eingesetzt, um den Systemanalyseansatz zu erläutern. Der zweite Abschnitt dieses kurzen einleitenden Kapitels fasst die Schwerpunkte und den roten Faden des Buchs zusammen. Dabei werden drei Lesepfade für drei potenzielle Zielgruppen beschrieben. Am Schluss werden die Kernfragen, die Sie nach dem Lesen dieses Buchs beantworten können aufgelistet und die Website des Buchs genannt.

1.1 Motivation und Einleitung zu diesem Buch

Wie können in einem Unternehmen systematisch Verbesserungspotenziale in den Aufbaustrukturen oder Arbeitsabläufen erkannt werden und wie lassen sich daraus Einsatzbereiche für neue Informationssysteme und neue Organisationsansätze ableiten? Diese Thematik beschäftigt uns nun seit über zwanzig Jahren, in denen wir als Systemanalysten in den verschiedensten Unternehmen erfolgreich Projekte durchführen.

Aus dieser Tätigkeit entwickelte sich im Laufe der Zeit ein sehr reflektiertes und umfassendes Verständnis dafür, wie Dinge zusammenhängen aber auch wie unternehmensinterne Vorhaben anders, vielleicht besser, angegangen werden können.

Manche Unternehmen generieren eine dokumentlastige komplexe Struktur voller Regeln für jeden möglichen Fall. Diese treten jedoch so selten auf, dass die vielen Regeln den Normalbetrieb eher lähmen als fördern und die Mitarbeiter oft nicht verstehen, warum bestimmte Dokumentationen erforderlich sein sollen, obwohl sie noch nie benutzt wurden. In anderen Unternehmen ist zum erfolgreichen Bestehen soviel zwischenmenschliche Mikropolitik erforderlich, dass die eigentlich sehr sachbezogenen Prozesse nicht eingehalten werden können: Sowohl zeitlich als auch motivatorisch sind kulturell einfach falsche Präferenzen entstanden und der Blick für das Ganze ging verloren.

Andernorts schwört die Zentralabteilung auf ihre Erfahrung in der Gestaltung dezentraler Abläufe, doch sind diese nicht genau genug ausgearbeitet, um dem neuen Mitarbeiter eine Orientierung zu liefern und im ausnahmereichen Arbeitsalltag tatsächlich Akzeptanz zu finden. Oder aber die Vorgaben kommen einfach nur zu spät, da immer wieder neue Anfragen an die Mitarbeiter an der Frontlinie gestellt werden und die Vorgaben eher ein Bild der idealisierten Vergangenheit darstellen, aber nicht dabei helfen, die gegenwärtigen, wirklich schwierigen und zeitaufwendigen Fragen schneller zu lösen. Wiederum in anderen Projekten laufen sehr viele Prozesse informell und halten so auch ohne Struktur- und Dokumentationsballast das Unternehmen am Leben. Der Vorgesetzte ist darüber zufrieden, dass er den Kopf frei hat für strategische Fragestellungen, übersieht jedoch dabei vielleicht, dass er von einigen wenigen sehr engagierten Mitarbeitern abhängig ist, welche vielleicht bereits auf den Ruhestand zugehen oder sich einfach nach neuen Positionen umschauen. Die gegenwärtige Situation funktioniert, ist aber sehr risikoreich und fragil. Oftmals ist es auch die Informationstechnik, die nicht mehr dem Stand der Wettbewerber entspricht, schwer zu überblicken und im Betrieb zu aufwendig ist oder deren eigentlich vorhandene Potenziale brachliegen. Leider entzieht sich der Blick für das Ganze und die vielen Interdependenzen zwischen den einzelnen Mitarbeitern und Aufgaben schnell dem einzelnen Beobachter, insbesondere wenn dieser Beobachter vielleicht selbst Teil des Unternehmens ist und ihm daher der andere Betrachtungswinkel fehlt.

All diese Situationen verweisen darauf, dass ein Unternehmen ein sehr komplexes System ist mit offenen Grenzen, vielen interagierenden Technologien und Menschen, die sich nach eigenen Zielvorstellungen verhalten können. Jedoch gibt es Ansätze, mit speziellen Modellierungsverfahren eine Organisation zu analysieren und Potenziale aufzudecken. Eine Vorgehensweise, welche diese Methoden aufgreift und einbezieht ist die Methodik der *Systemanalyse im Unternehmen*. Deren Perspektive, Phasen, Methoden und Instrumente werden in diesem Buch zusammengetragen, systematisch vorgestellt und anhand vieler Unternehmensbeispiele illustriert. Die Systemanalyse im Unternehmen hilft, in einem schwer nachvollziehbaren und komplexen Umfeld, zukunftsfähige und effiziente Organisationsstrukturen, Geschäftsprozesse, IT-Architekturen, Informationssysteme und Kommunikationsnetzwerke zu etablieren.

Bei dieser Aufzählung an Einsatzmöglichkeiten wird ein besonderer Schwerpunkt des Ansatzes deutlich: Bei der systematischen und objektiven Analyse eines Unternehmens ist der Einbezug von neuesten Methoden und Technologien der Wirtschaftsinformatik in die organisatorische Analyse erforderlich. Oft bilden gerade diese informationstechnischen Potenziale die Ursache umfangreicher Veränderungen und Verbesserungen im Unternehmen. Beispiele hierfür sind Geschäftsprozessmodellierung und -automatisierung, neue Ansätze für effizientere IT-Architekturen, systematische Analysen von Kommunikationsstrukturen und vieles mehr. Trotz vieler technischer Potenziale ist jedoch die Betrachtung der einzelnen Mitarbeiter keinesfalls zu vernachlässigen. Jeder von ihnen besitzt eigene Quellen der Motivation und des Engagements, versteht sein Unternehmensumfeld genauer als das beste Modell abbilden könnte und setzt seine Qualifikation aber auch jahrelange Erfahrung ein, um im sehr komplexen System Unternehmen einen Beitrag zu leisten. Diese Vieldimensionalität des betrachteten Untersuchungsgegenstands Unternehmen klassifiziert es als ein soziotechnisches System. Daher verfolgt auch die in diesem Buch vorgestellte Systemanalyse einen ganzheitlichen Ansatz, der gekennzeichnet werden kann durch die drei Dimensionen:

- Organisation,
- Technologie und
- Motivation (psychosoziale Dimension).

Die Systemanalyse wird darüber hinaus in diesem Buch als ein iterativer heuristischer rückgekoppelter Prozess beschrieben, welcher die Phasen der Projektbegründung, Ist-Analyse, Sollkonzeption, Realisierung und Integration umfasst.

1.2 Eine Fallstudie als Rahmen des Buchs

Wie sieht nun die Ausgangslage vor der systematischen und systemischen Analyse eines Unternehmens aus? Um hier die erforderliche Praxisnähe und Bildhaftigkeit der Erläuterungen zu gewährleisten, wurde exklusiv für dieses Buch eine aus zahlreichen Einzelfällen aggregierte und somit gleichzeitig realistische und fiktive Fallstudie der Mitteldeutschen Spar- und Darlehensbank AG (MSD Bank) zusammengestellt. Sie dient gewissermaßen als Projektauftrag zum Einstieg in die Systemanalyse und wird uns durchgängig durch das ganze Buch als didaktischer Rahmen und Übungsobjekt begleiten. Anhand der uns zur Lösung übertragenen Probleme in den Geschäftsprozessen der MSD Bank lassen sich die Vorgehensweise der Systemanalyse und die vielen dabei eingesetzten Modelltypen illustrieren, sodass die Möglichkeiten in wirtschaftsinformatorischen Gestaltungsfeldern Änderungen zu konzipieren und umzusetzen praxisnah dargestellt werden. In diesem Überblickskapitel wird zunächst der grobe Kontext einleitend dargestellt. Ausführlich wird die Fallstudie im letzten Kapitel beschrieben. Dabei wird auch auf alle, im gleich vorgestellten Meeting zwischen einem Systemanalyst und dem IT-Leiter der MSD Bank beschriebenen, Prozessdokumentationen und Musterformulare detailliert eingegangen.

1.3 Fallstudie MSD Bank

Es ist Montag früh und der Projektmanager des Systemanalyse Beratungsprojekts geht während einer sehr zeitigen Bahnfahrt ein letztes Mal durch, was er gleich bei seinem prospektiven Auftraggeber, einer Bank, alles ansprechen möchte. Eine halbe Stunde nach der pünktlichen Ankunft betritt der Systemanalytiker dann begleitet von dem Mitarbeiter am Empfang endlich den geräumigen Besprechungsraum der MSD Bank.

Darin wartet bereits der Leiter der IT-Abteilung mit einigen Mitarbeitern. Bereits nach wenigen Minuten der gegenseitigen Vorstellung deutet er an, dass er es am besten fände, zunächst den Untersuchungsbereich innerhalb der Bank kurz vorzustellen. Er schaltet den Videobeamer ein und beginnt mit Präsentation, die den Aufbau und die Prozessen seiner Bank beinhaltet.

Neben vielen anderen Details erwähnt er, dass die Bank grob in die Filialen und die Zentrale eingeteilt werden kann. Die Bank hat im norddeutschen Raum an 150 Standorten auf Landkreisebene Bankfilialen. In ihnen arbeiten zwischen 4 und 10 Filialmitarbeiter, wovon einer nebenher die Filialleitung übernimmt. Zusätzlich gibt es gesonderte Regionalleiter mit Verantwortlichkeit für zugeordnete geographische Bereiche. Die Filialen bieten zwei Produktbereiche an. Es gibt Schalter, an denen die Kontenaktivitäten, wie z. B. Anlegen eines neuen Kontos, Ein- und Auszahlungen, Kündigung eines Kontos, Regelung von Unstimmigkeiten, Aktivitäten in Zusammenhang mit Karten, Fragen zum Onlinekonto und ähnliches abgewickelt werden. Der IT-Leiter erzählt weiterhin, dass es in den meisten (nicht an allen ländlichen Standorten) Filialen noch einen räumlichen Bereich gibt, in dem nach Terminvereinbarung oder spontan Beratungsgespräche durchgeführt werden. Diese können auch Kontobegründungen zum Inhalt haben, fokussieren primär jedoch auf die Abwicklung des Kreditgeschäfts sowie auf die Wertpapierberatung und Depotbearbeitung. Alle Mitarbeiter können in der Regel beide Arbeitsgebiete, jedoch haben sich Spezialisierungen herausgebildet, die stark mit dem Dienstalter der Mitarbeiter korrelieren. Doch auch hier bestätigen laut den Aussagen des IT-Leiters Ausnahmen die Regel. Mit einem Augenzwinkern erwähnt der Vortragende, dass die Filialen sehr unterschiedlich in ihrer Umsetzung der Firmenvorgaben sind. Jeder Standort hat einen anderen Stresslevel, ein anderes gewachsenes Kompetenzniveau der Mitarbeiter; auch sind immer kleine Unterschiede im Service und der Geschwindigkeit zu bemerken. die Komplexität der vorzuhaltenen Serviceleistungen unterscheidet sich stark – manche verwalten fast nur Sparbücher; andere beraten wichtige private Anleger mit Realtimekursen. Es gibt ein System für Kreditbearbeitung, eines für Stammdatenmanagement und eines für Kontobearbeitung bzw. Zahlungsverkehr. Es gibt weiterhin eine große Zahl festgelegter Formulare und Produkte. Manchmal haben diese Kampagnenkonditionen, z. B. während einer Werbeaktion.

Auf den mitgebrachten Organisationsdiagrammen werden dem Systemanalytiker dann die Strukturen in der Zentrale gezeigt. Es gibt in erster Linie die Abteilungen Vertrieb/Marketing (Kampagnen- und Produktmanagement, Marketing, Vertrieb), Organisation/IT (IT-Strukturplanung und Betrieb, IT/Prozessmanagement, wiederum unterteilt in Kreditprozess-, Backofficeprozess- und Kontenprozess-Management), Personal, Recht, Finanzen/Controlling.

Nach diesen vorstellenden Ausführungen des Projektkontexts wird im Meeting genauer auf die Problemlage eingegangen: Mit dem neuen Chef verlagert sich gegenwärtig der Kernfokus mehr auf die Wettbewerbsfähigkeit. Insbesondere die Beschleunigung der Prozesse spielt dabei eine Rolle. Ein Pilotprojekt soll die Verbesserung des Kontoeröffnungsprozesses werden. Nach den Wünschen des neuen Vorgesetzten wird es wahrscheinlich zur Einführung eines neuen Informationssystems kommen.

Das bisherige System im Kontoeröffnungsprozess ist schon lang im Einsatz und es gab noch keine nennenswerten Änderungen im Systemablauf. Neben der maskenbasierten Eingabe in ein Kontobearbeitungssystem erfolgt parallel auch eine papierbasierte Bearbeitung des vom Kunden gestellten Kontoeröffnungsauftrags. Manchmal werden hierbei allerdings von der Produktmanagerin definierte Kampagnenkonditionen vergessen, da die entsprechenden Informationen nicht rechtzeitig bis zum Mitarbeiter vordrangen. Die papierbasierte Information der Mitarbeiter dauert einfach oft zu lange.

Ein eingeladener Regionalleiter berichtet in dem Meeting außerdem von operativen Problemen: Vorhandene Druckvorlagen sind schon lange nicht mehr aktuell und für bestimmte Abfragen müssen ständig die Programme gewechselt werden. Beim Wechsel des Arbeitsplatzes lohnt sich das Anmelden an dem neuen Rechner nicht, da der Ab- und Anmeldevorgang zusammen viel zu lange dauert. Allerdings kann und darf man unter der Anmeldung eines Kollegen auch keine eigenen Buchungen ausführen, was die Buchungsdaten verfälschen würde. Für Kommunikationsprozesse ist nach den Aussagen des Regionalleiters außerdem sehr wenig Zeit übrig. Diese würden zwar bestimmte Zwischenfälle vermieden haben, aber beim vorhandenen Druck sendet jeder sofort seine Daten weiter an die nächste Stelle, die jedoch damit manchmal nichts anfangen kann. In den Mitarbeiterbesprechungen der Filialen kam außerdem öfter zum Ausdruck, dass eine mangelnde Integration der Systeme einen produktübergreifenden Service am Kunden sehr schwierig macht. Dieses empfinden die Mitarbeiter, die mit den aktiveren Kunden zusammenarbeiten müssen, oft als frustrierend und wenig professionell.

Der IT-Leiter äußert die Vermutung, dass eine Erhebung des Prozesses der Kontoeröffnung in seinen Schritten notwendig sein könnte, obwohl bereits entsprechende Materialien vorlägen.

Diese Prozessmodelle beschreiben den vereinbarten Idealablauf. Der Projektmanager erkennt dabei zwei verzahnte Prozessbereiche der Filiale und Zentrale. Dabei stehen zwei Systeme in engem Datenaustausch. Er beschreibt dem Systemanalyse Projektleiter dann den groben Prozessablauf, wie folgt:

Die Neuanlage eines Kontovertrags erfolgt über die Erstellung eines schriftlichen Kontoeröffnungsauftrags. Die Kontoeröffnung ist nur möglich, wenn der Eröffnungsauftrag vom Kunden selbst unterschrieben wurde und er ein gültiges Ausweisdokument vorgewiesen hat. Nach der Prüfung des Kontoeröffnungsauftrags wird zunächst ermittelt, ob es sich um einen Neu- oder Bestandskunden handelt. Unter Umständen wird in diesem Schritt bereits vorgegeben, dass ein unerwünschter Kunde abgelehnt werden muss. Bei bestehenden Kunden werden vorhandene Sperren analysiert und Informationen über andere bestehende Konten eingeholt. Danach werden über ein Informationssystem Bonitäten über SCHUFA oder Crefo ermittelt. Dann werden die Debit- und Kreditkarten im System angelegt und bestellt. Zuletzt wird für den Kunden ein Begrüßungsschreiben generiert und mit einem Dokumentpaket an die im Kontoeröffnungsantrag genannte Adresse gesendet. Danach kann der Prozess mit der Speicherung der Kontoakte beendet werden.

Abschließend erwähnt der IT-Leiter jedoch noch mal, dass eine Aufnahme bei den Filialmitarbeitern sicher noch mehr Informationen über die tatsächlichen Anforderungen des Prozesses hervorbringen würde.

Nach etwas mehr als zwei Stunden sitzt der Systemanalyse Projektleiter wieder im Zug und beginnt, seine vielen Notizen zu ordnen und systematisch in seinem Laptop elektronisch zu erfassen. Er hat nun einen ersten Eindruck von den vielen kleinen Mängeln, die den Auftraggeber dazu bewegt haben, mit dem Systemanalytiker Kontakt aufzunehmen. Der Projektleiter schafft auf der zweistündigen Fahrt schließlich sogar noch eine erste grobe zeitliche Planung seines Systemanalyseprojekts. Dabei muss er sein ganzes Wissen über einsetzbare Methoden zur Informationserfassung und -dokumentation einsetzen, aber auch wissen, welche Modellarten er wie verwenden muss, um die Ist-Situation transparent zu erfassen und Potenziale systematisch abzuleiten. Schließlich greift er doch noch einmal zu seinem mitgenommenen Systemanalysebuch und blättert darin, um sich Ideen zu holen für die Erstellung eines geeigneten Konzepts, welches die Grundlage für den Projektvertrag bilden wird. Es wurde vereinbart, dass dieses Dokument schon morgen Abend versendet wird und bei Handelseinigkeit bereits in einer Woche die eigentliche Arbeit mit insgesamt vier Personen losgeht. Bis dahin gibt es also noch viel zu tun.

1.4 Roter Faden des Buchs

Der Fall der prozessorientierten Analyse der MSD Bank illustriert eine Situation, in der Methoden und Instrumente der Systemanalyse im Unternehmen zum Einsatz kommen. Diese werden im Laufe dieses Buchs strukturiert geschildert und aufbereitet, mit dem Ziel, dem Leser das Untersuchungsgebiet, die abstrakte Betrachtungsweise des Unternehmens, verschiedene Modellierungs- und Analyseansätze sowie neue technologische Möglichkeiten zur Effizienzsteigerung im Unternehmen aufzuzeigen und zu erläutern. Einen Überblick über den roten Faden dieses Buchs liefert Abbildung 1-1.

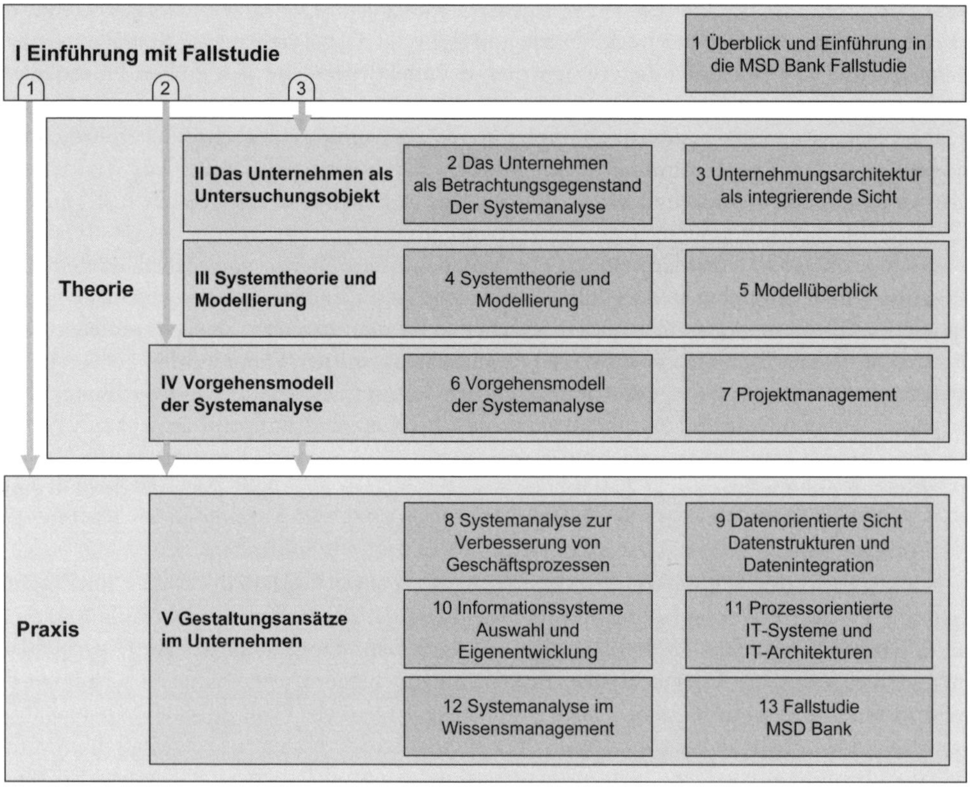

Abbildung 1-1: Kapitelüberblick und drei verschiedene Lesepfade

Aus der inhaltlichen Aufteilung geht hervor, dass das Buch sich in drei Bereiche gliedert. Nach der Einführung in das Buch und in die Fallstudie in diesem Kapitel erfolgt zunächst die umfangreiche Beschreibung der abstrakten Grundlagen der Systemanalyse in Teil II bis IV. Teil V umfasst den Praxisteil, in dem die Anwendung der Systemanalyse in verschiedenen Gestaltungsfeldern des Unternehmens im Mittelpunkt steht. Basierend auf dieser Grobaufteilung stellt Abbildung 1-1 drei mögliche Lesepfade dar:

- Lesepfad 1: Neue Anwendungsmöglichkeiten für erfahrene Systemanalytiker
- Lesepfad 2: Vorgehensweise und Praxis der Systemanalyse
- Lesepfad 3: Theorie und Praxis – das detaillierte Studium der Systemanalyse

Lesepfad 1 wird empfohlen für den erfahrenen Systemanalytiker, der mit Theorie und Vorgehensweise hinreichend vertraut ist und sich für die verschiedenen Einsatzfelder der Systemanalyse interessiert. Er wird neben vielen klassischen Bereichen, wie z. B. der Einführung von IT-Systemen und der Prozessverbesserung, viele neue Entwicklungen entdecken, wie beispielsweise Service-orientierte Architekturen oder prozess- bzw. netzwerkorientiertes Wissensmanagement.

Lesepfad 2 stellt den schnellsten Weg zur praktischen Anwendung der Systemanalyse für einen unerfahrenen Systemanalytiker dar. Nach der Einführung kann hier direkt mit dem Vorgehensmodell der Systemanalyse fortgesetzt werden, um sich daran anschließend gleich mit den praktischen Anwendungsfeldern auseinanderzusetzen.

Lesepfad 3 schließlich beinhaltet das Studium aller abstrakten Grundlagen bevor die Vorgehensweise und die Praxis der Systemanalyse im Mittelpunkt stehen. Auf diesem Lesepfad erlernt der Leser somit zusätzlich die systematische und modellhafte Betrachtung von Unternehmen mittels geeigneter Frameworks, die Grundlagen der Systemtheorie und ihrer ganzheitlichen Betrachtung von Strukturen aus interagierenden Elementen sowie schließlich einen umfassenden Überblick über viele der in der Systemanalyse verwendeten Methoden.

Der inhaltliche rote Faden dieses letzten umfangreichsten Lesepfads lässt sich wie folgt beschreiben: Nachdem in diesem Kapitel die Einführung und die Fallstudie im Mittelpunkt stehen, wird im anschließenden *Kapitel 2* der eigentliche Untersuchungsgegenstand, das Unternehmen, systematisch dargestellt. Die Systemanalyse im Unternehmen muss sich dabei besonders mit der Betrachtung von Aufgabenzerlegung und Aufgabenzuordnung zu Mitarbeitern, mit der Erfassung der vorhandenen Unternehmensabläufe, mit existierenden Organisationsstrukturen und Stellen, aber auch insbesondere mit Informations- und Kommunikationsflüssen im Unternehmen auseinandersetzen. Verschiedene Organisationstheorien werden dabei erläutert, um daraus die integrierende und systemische Betrachtungsweise abzuleiten.

In *Kapitel 3* werden, aufbauend auf diesem analytischen Verständnis von Organisationen, Unternehmensarchitekturen als eine integrierende Sicht auf Unternehmen vorgestellt. Diese ergänzen die bis zu diesem Zeitpunkt diskutierten organisatorischen mit informationstechnischen Aspekten und tragen somit dazu bei, ein sehr genaues Verständnis von organisatorischen und technischen Domänen und Ebenen sowie von deren komplexen Zusammenspiel aufzubauen. Das ist insbesondere für die Analyse aus der Perspektive der Wirtschaftsinformatik sehr relevant. Beispielhaft werden in diesem Kapitel einige Architektur-Frameworks vorgestellt, bevor ein stark vereinfachtes Systemanalyse Framework eingeführt wird, welches die grundlegenden Elemente der systemischen Betrachtungsweise eines Unternehmens in einem Bild übersichtlich darstellt. Bestandteile sind der Mitarbeiter, dessen Rolle, die der Rolle zugeordneten Aktivitäten, die dabei verwendeten Informationen sowie die Hardware und die darauf laufende Software. Alle diese Komponenten sind über Relationen miteinander verknüpft. Dieses Framework für die Systemanalyse erlaubt es, die vielen verschiedene Aspekte des Buchs in ein Schema einzuordnen und miteinander in Zusammenhang zu bringen.

In *Kapitel 4* wird vor der eigentlichen Beschreibung der Methodik der Systemanalyse eine theoretische Basis gelegt. Es ist wichtig zu wissen, wie die Systemanalyse mit der abstrakten Perspektive der Systemtheorie zusammenhängt, um zu erkennen, was die fundamentalen Prinzipien des systemischen Denkens ausmacht. In dem Kapitel werden weiterhin die Grundlagen für die korrekte Modellierung eines Systems, also z. B. des betrachteten Unternehmensbereichs, gelegt. Dazu gehören allgemeine Vorgehensweisen der Modellierung aber auch Methoden zur Validierung eines Modells, um dessen Gültigkeit zu gewährleisten.

Im *Kapitel 5* wird ein einführender Überblick über eine Vielzahl der innerhalb einer Systemanalyse eingesetzten Modellierungsmethoden gegeben. Dazu gehören Methoden der Modellierung von Prozessen, Datenstrukturen, Softwaresystemen, Informations- und Kommunikationsflüssen, usw. Dieses Kapitel ist eines der Kernelemente des Buchs und kann bei vielen Projekten als Hilfestellung, Überblick und Referenz dienen.

Im *Kapitel 6* kann nach der systematischen Betrachtung eines Unternehmens aus systemischer Perspektive und nach der Erläuterung systemtheoretischer Grundlagen die eigentliche Schilderung der Systemanalyse Vorgehensweise erfolgen. Diese ist in einzelne Phasen, wie z. B. die Istanalyse oder die Ableitung des Sollkonzepts zerlegt. Zu jeder Phase werden die wichtigsten Instrumente geschildert und anhand von Beispielen erläutert. Das Kapitel 6 steht dabei nicht nur mitten im Buch, es bildet auch den Kern des darin vermittelten Wissens. Alle vorgestellten Modelle und alle angerissenen Problemlagen finden sich in dem vorgestellten Ablauf wieder.

Die Systemanalyse wird in der Regel in einem Projekt durchgeführt. Daher wird in *Kapitel 7* auch auf das Thema Projektmanagement eingegangen. Es beginnt mit Hinweisen zur Projektbegründung, welche in einen Projektauf- bzw. -vertrag mündet. Einen weiteren Schwerpunkt bildet die Projektplanung – die vorzunehmenden Aktivitäten werden aufgelistet, sequenzialisiert und mit den erforderlichen Ressourcen ausgestattet. Daraus ergeben sich Strukturpläne, Aufgabenpakete, Zeit- und Kapazitätsplanungen. Hier werden dann wiederum Kosten zugeordnet und die Finanzplanung abgeleitet. Ein weiterer wichtiger Aspekt ist auch die eigentliche Führung und Steuerung eines Projekts. Oft werden nur Planungsinstrumente vermittelt. Es kommt bei der Systemanalyse aber auch auf andere Fähigkeiten an – Teamentwicklung, Konfliktmanagement, Kommunikation im Team sind nur einige der besprochenen Bereiche.

Ab dem *Kapitel 8* beginnt der Teil des Buchs, in dem die vielen Einsatzmöglichkeiten der Systemanalyse aufgezeigt werden. Oft ist hierzu aus dem allgemeinen Vorgehen ein spezielles herzuleiten und es kommt auf die Auswahl und gegebenenfalls auch Kombination verschiedener Modelltypen zur Abbildung des Untersuchungsbereichs an. Einsatzgebiete sind dann die Prozessverbesserung im Unternehmen (*Kapitel 8*), die systematische Modellierung und Integration von Unternehmensdaten (*Kapitel 9*), die Entwicklung von Software abgeleitet aus den Unternehmenprozessen (*Kapitel 10*), die technische Automatisierung und Integration von Prozessen auf der Ebene der Informationssysteme (*Kapitel 11*) und schließlich der Einsatz im Bereich Wissensmanagement (*Kapitel 12*).

Schließlich gibt es ein *Zusatzkapitel 13*, in dem die den vielen Exkursen zugrunde liegende Fallstudie der MSD Bank mit detaillierteren Beschreibungen und Darstellungen dokumentiert ist. Diese Zusammenstellung ergänzt das in diesem Einleitungskapitel vorgestellte Projektszenario und dient als Vertiefungs- und Übungsangebot. Im Laufe des Buchs wird der Leser in die Lage versetzt, sich systematisch und professionell dem Fall zu widmen und systemanalytisch entsprechende Potenziale zu erkennen sowie Lösungsansätze zu konzipieren.

Um ein effizientes Studium der Systemanalyse im Unternehmen zu ermöglichen, wurden didaktische Elemente in alle Kapitel aufgenommen. Neben der überblicksartigen Beschreibung der 5 Teile und der 13 Kapitel des Buchs gibt es eine Liste mit Schlüsselbegriffen am Anfang jeden Kapitels. Diese dienen zur schnellen Orientierung. Ein Einführungstext schildert die Lernziele und zeigt damit auf, welche Kenntnisse der Leser durch das Studium des jeweiligen Kapitels erzielen kann. Der erste Abschnitt nimmt jeweils Bezug zur Systemanalyse, um die Zusammenhänge aller Kapitel transparent zu machen. Im Kapitel wurde auf zahlreiche praktische Beispiele geachtet, die bei größerem Umfang in grau unterlegte Exkurse eingeführt wurden. Oft beziehen diese sich auf die Fallstudie der MSD Bank und stellen das vermittelte Wissen in seiner praktischen Anwendung dar. Am Ende des Kapitels erfolgt eine Zusammenfassung zur Rekapitulation der Inhalte im Gesamtzusammenhang. Für den interessierten Leser gibt es verschiedene Literaturhinweise zur Vertiefung. Weiterhin werden im Anschluss an jedes Kapitel zahlreiche Aufgaben gestellt, die zur eigenen Überprüfung des Lernerfolgs dienen. Die Lösungen stehen unter der zum Buch gehörenden Webadresse http://www.systemanalyse-buch.de zur Verfügung.

Die wichtigsten Fragen, die dieses Buch beantwortet sind im Überblick:

- Wie können die vielen Potenziale neuer Informationssysteme systematisch erkannt und im Unternehmen genutzt werden?
- Wie können die bestehenden Prozesse visualisiert, vereinheitlicht und verbessert werden?
- Wie kann mit gut gestalteten Prozessen die Prozessqualität, die Servicegeschwindigkeit und die Kundenzufriedenheit erhöht werden?
- Wie können die komplexen Systemarchitekturen eines Unternehmens flexibler strukturiert werden, sodass Änderungen einfacher durchzuführen sind?
- Wie können strukturierte Prozesse optimal mit IT-Systemen unterstützt und automatisiert werden?
- Wie kann die Expertise von Mitarbeitern in wissensintensiven Unternehmensbereichen mit Mitteln des Wissensmanagements erkannt und optimal genutzt werden?
- Wie kann ein Unternehmen datenorientiert optimiert werden und wie können Datenmodelle integriert werden?

Viele namhafte Firmen haben den Systemanalyseansatz in Projekten kennen und schätzen gelernt. Während der vielen Jahre wurden dabei unzählige Potenziale entdeckt und über entsprechende organisatorische, technische und motivatorische Lösungsansätze umgesetzt. Studieren nun auch Sie die systematische Analyse von Unternehmen als soziotechnische Systeme, die abstrakten Grundlagen, Modellierungsansätze, Vorgehensweisen und Einsatzmöglichkeiten, um jetzt oder später mit dem geschulten Blick eines Systemanalytikers erfolgreich Unternehmen prozessorientiert zu analysieren und zu gestalten.

Beachten Sie bitte auch die zum Buch gehörende Internetadresse:

http://www.systemanalyse-buch.de

Teil II
Untersuchungsobjekt Unternehmen

Begriffe: Organisationstheorien, Prozessorientierung, Organisation und IT, Unternehmensarchitektur, Unternehmensmodellierung, Frameworks.

In diesem Teil des Buchs lernen Sie den Einsatzbereich der Systemanalyse, das Unternehmen, aus systemorientierter Perspektive kennen. Dazu wird aus verschiedenen Organisationstheorien die integrierende systemische Betrachtungsweise abgeleitet. Sie erfordert die Betrachtung von Aufgabenzerlegung und Aufgabenzuordnung zu Mitarbeitern sowie die Erfassung vorhandener Unternehmensabläufe, existierender Organisationsstrukturen und Informations- und Kommunikationsflüsse. Weiterhin wird das Konzept der Unternehmensarchitektur als eine integrierende Sicht auf Unternehmen vorgestellt, welche insbesondere organisatorische mit informationstechnischen Aspekten in Zusammenhang setzt. Sie lernen beispielhaft einige Architektur-Frameworks kennen und es wird ein vereinfachtes Framework für dieses Buch an die Hand gegeben, um alle weiteren Inhalte, insbesondere Modellierungsnotationen und Verbesserungsmöglichkeiten, einzuordnen und in Zusammenhang zueinander setzen zu können.

Marten Schönherr, Stephan Aier und Philipp Offermann

2 Das Unternehmen als Betrachtungsgegenstand der Systemanalyse

Themenüberblick: Organisationsbegriff, Grundlagen der Organisationstheorie, Prozessorientierung als Paradigma der Betrachtung von Unternehmen, Interdependenzen zwischen der Organisation von Unternehmen und deren IT.

Lernziele: In diesem Kapitel lernen Sie Grundlagen, die den Einsatzbereich der Systemanalyse als Werkzeug für die Optimierung von Geschäftsprozessen eines Unternehmens und der Konzeption, Entwicklung und Einführung von Informationstechnologie in Unternehmen argumentiert. Über die in der Organisationstheorie bekannten Ansätze der Betrachtung von unterschiedlichen Aspekten eines Unternehmens leitet das Kapitel das Paradigma der prozessorientierten Sichtweise ab. Die Systemanalyse stellt letztendlich Methoden zur Verfügung, Geschäftsprozesse zu optimieren und IT-Systeme prozessorientiert zu entwerfen und zu implementieren. Daher diskutiert das Kapitel als letzten Aspekt die möglichen Sachzusammenhänge bzw. gegenseitigen Abhängigkeiten zwischen der Organisationsform eines Unternehmens und seinen IT-Systemen. Das Kapitel wird Ihnen im Vergleich zu folgenden Kapiteln recht theoretisch erscheinen, dies ist gewollt, da es einige grundlegende Überlegungen gibt, die praktische Aspekte signifikant beeinflussen.

2.1 Einleitung und Begriffe

Die Organisationstheorie legt Grundlagen der strukturierten Betrachtung eines Unternehmens. Es kann dabei nicht auf eine geschlossene, konsistente Theorie der Organisation zurückgegriffen werden, sodass zunächst unterschiedliche Organisationsbegriffe und anschließend die wichtigsten organisationstheoretischen Ansätze vorgestellt werden. Den Abschluss bildet auf Basis der gewonnenen Erkenntnisse die Definition des Begriffs Organisationsstruktur und seiner Dimensionen, die eine wesentliche Grundlage für die analytische Betrachtung der Interdependenzen mit den IT-Systemen in den folgenden Abschnitten sind.

Wichtig erscheint noch einmal die Unterscheidung zwischen einem Organisationsbegriffs, also des zu untersuchenden Gegenstands, und den Organisationstheorien, als Erklärungsversuche des Untersuchungsgegenstands.

2.1.1 Organisationsbegriff

Der Begriff Organisation ist sowohl im Allgemeinen als auch im wissenschaftlichen Sprachgebrauch weit verbreitet, jedoch lässt sich ihm kein einheitlicher Begriffsinhalt zuordnen. Mit dem Wort Organisation wird beispielsweise die Ordnung, die gegliederte Ganzheit, die Struktur, die Gestalt oder das System eines Gegenstandes bezeichnet. Dabei kann es sich um biologische oder künstliche, vom Menschen geschaffene Gegenstände handeln. Umgangssprachlich werden Verbände, freiwillige Vereinigungen bis hin zu gesetzeswidrigen Vereinigungen als Organisationen bezeichnet.

Das Wort *Organisation* ist auf das griechische Wort *organon* im Sinne von *Werkzeug, Gerät* zurückzuführen. Auch im Lateinischen findet sich das Wort *organum* mit dieser Bedeutung wieder.

Im wissenschaftlichen Sprachgebrauch zeichnet sich der Begriff Organisation durch seine vielfältige Verwendung in den verschiedensten wissenschaftlichen Disziplinen aus. Als Beispiele seien an dieser Stelle die Betriebswirtschaftslehre – insbesondere die Teildisziplin Organisationslehre –, die Ingenieurswissenschaften, die Informatik, die Medizin, aber auch die Rechtswissenschaften – und für diese Arbeit von grundsätzlicherem Interesse – die Organisationssoziologie und -psychologie, Systemtheorie und Kybernetik genannt (vgl. Picot et al. 1998, S. 28). Die Verwendung des Begriffs Organisation lässt sich jedoch über die einzelnen Wissenschaften hinaus zwei Grundkategorien zuordnen: zum einen dem *Vorgang* der Zusammenfassung von Teilen zu einer neuen Gesamtheit, zum anderen dem *Ergebnis* der Zusammenfassung. Uneinigkeit besteht, ob unter Organisation die entstandene *Einheit selbst* oder deren *Struktur* als relativ stabiles Beziehungs- oder Anordnungsmuster zwischen den Elementen verstanden wird.

Die unterschiedlichen Sichtweisen auf den Organisationsbegriff führten bereits früh zu zahlreichen Klassifikationsversuchen. In der deutschen und angelsächsischen Literatur existieren zahlreiche Beispiele für die Subsumierung unterschiedlichster Inhalte unter dem Begriff Organisation.

Anhand der oben genannten Kriterien lassen sich zwei Grundkategorien von Organisationsbegriffen einteilen, die oft verwendet und im Folgenden einzeln vorgestellt und erläutert werden. Abbildung 2-1 zeigt diese im Überblick (vgl. Hoffmann 1980, S. 1425) die Systematik richtet sich nach (vgl. Schreyögg und v. Werder 2004, S. 966), wobei der universale Organisationsbegriff nicht betrachtet wird.

Instrumentaler Organisationsbegriff

Organisationsmitglieder wirken in den Organisationen nach bestimmten, auf Dauer festgelegten Verhaltensregeln. Organisation ist also ein System von formalen Regeln, ein Ordnungsrahmen, der der zielgerichteten Steuerung der betrieblichen Aktivitäten dient.

Hill/Fehlbaum/Ulrich verstehen unter Organisation die Gesamtheit der auf die Erreichung von Zwecken und Zielen gerichteten Maßnahmen, durch die ein soziales System arbeitsteilig strukturiert und „die Aktivitäten der zum System gehörenden Menschen, der Einsatz von Mitteln und die Verarbeitung von Informationen geordnet werden“ (vgl. Hill et al. 1994, S. 17).

Bei Betrachtung einer Unternehmung bezeichnet Organisation eine Eigenschaft der Unternehmung. Es kann daher folgende Formel aufgestellt werden: Die Unternehmung *hat* eine Organisation. Da die Organisation als Instrument der Zielerreichung dient, wird in der betriebswirtschaftlichen Literatur vom instrumentalen Organisationsbegriff gesprochen. Kennzeichnend für den instrumentalen Organisationsbegriff ist also die Frage nach der Strukturgestaltung.

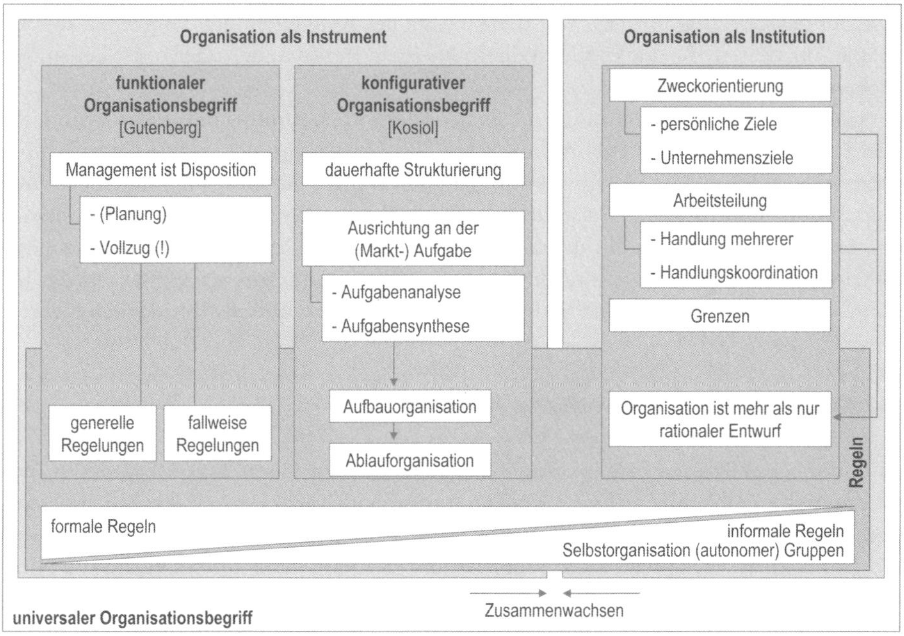

Abbildung 2-1: Organisationsbegriffe

Institutionaler Organisationsbegriff

Der institutionale Organisationsbegriff betrachtet die Organisation als Oberbegriff für Institutionen jeglicher Art, wie z. B. Unternehmungen, Behörden, Schulen, Verbänden usw. Damit erweitert der institutionale Organisationsbegriff den Blickwinkel erheblich und bezieht Fragestellungen mit ein, die beim instrumentellen Organisationsbegriff nicht zum Thema werden konnten. Der Begriff wird von drei zentralen Elementen geprägt:

1. Spezifische Zweckorientierung: Die Organisation ist auf spezifische Zwecke hin ausgerichtet. Die darin liegende Zielverfolgung kann sich zum Teil widersprechende Ziele beinhalten sich außerdem auch mit den persönlichen Zielen der Organisationsmitglieder im Widerspruch stehen können.
2. Generelle Arbeitsteilung: Die Organisation besteht aus den Handlungen mehrerer Personen, die auf die Zwecke ausgerichtet, geteilt und verknüpft werden. Die Erwartungen an die Handlungen der Personen werden in Regeln ausgedrückt, die das Handeln der Mitglieder (in Grenzen) vorhersehbar machen sollen.
3. Beständige Grenzen: Die Grenzen der Organisation unterscheiden diese von ihrer Umwelt.

Kieser/Kubicek schreiben dem institutionalen Organisationsbegriff ein dauerhaftes Ziel und eine formale Struktur zu, mit deren Hilfe Aktivitäten der Mitglieder auf das verfolgte Ziel ausgerichtet werden sollen (vgl. Kieser und Kubicek 1992, S. 4). Die formale Struktur ist ein System von geltenden Regelungen und damit ein Mittel der Verhaltenssteuerung der Organisationsmitglieder im Hinblick auf das Organisationsziel. Die Betrachtung der Aktivitäten der Mitglieder konzentriert sich auf die Aktivitäten, die direkt oder indirekt in einem Bezug zu den Zielen der Leistungssicherung stehen.

Der institutionale Organisationsbegriff versteht die Unternehmung selbst als Organisation. Er kann daher auf folgende Formel gebracht werden: Die Unternehmung ist eine Organisation. Damit verlässt der institutionale Organisationsbegriff den engen Blickwinkel des rationalen Entwurfs organisatorischer Maßnahmen. Relativierend lässt sich sagen, dass heute bei der Entwicklung organisatorischer Maßnahmen ein deutlich breiteres Spektrum an Wirkungen einbezogen wird. Fehlverhalten wird beispielsweise von vornherein bei der organisatorischen Gestaltung berücksichtigt. Somit kommt es zu einer Annäherung der instrumentellen und institutionellen Sichtweise.

2.1.2 Organisationstheoretische Ansätze

Aufgrund der verschiedenen Interpretationsmöglichkeiten des Organisationsbegriffs ist die Charakterisierung des Problembereichs der Organisationstheorie nicht eindeutig möglich. Anstelle einer geschlossenen Organisationstheorie findet sich daher eine Vielzahl organisationstheoretischer Ansätze. Neben dem bereits erwähnten Problem der Definition des Begriffs Organisation liegt eine Ursache in den unterschiedlichen Ausgangssituationen der einzelnen wissenschaftlichen Grunddisziplinen, die sich mit organisationstheoretischen Fragestellungen beschäftigen.

Gemeinsames Merkmal aller Ansätze ist, dass es um die Gestaltung der Struktur und des Verhaltens eines Systems geht, wenn Organisation zunächst lediglich allgemein als System aufgefasst wird. Dabei versuchen alle Ansätze, die als relevant erachteten Sachverhalte zu identifizieren, zu präzisieren und die Beziehungen zwischen den definierten Größen festzustellen. Auf dieser Basis sollen sowohl theoretische (Erklärungen) als auch pragmatische Aussagen (Empfehlungen) gewonnen werden. Das grundsätzliche Anliegen einer Organisationstheorie kann insofern in der Entwicklung begründeter Handlungsanweisungen bzw. Gestaltungsempfehlungen für die Organisationspraxis gesehen werden (vgl. Mag 1980, S. 1796).

Ausgewählte organisationstheoretische Ansätze werden kurz vorgestellt und kritisch diskutiert. Im Folgenden wird für das inhaltliche Verständnis eine historische Strukturierung gewählt. Dabei werden die Phasen der klassischen, neoklassischen, modernen und postmodernen Theorien unterschiede (Abbildung 2-2).

Physiologisch-technischer Ansatz

Dieser Ansatz ist unter der Bezeichnung *Scientific Management* oder *Taylorismus* bekannt geworden. Begründer dieses Ansatzes ist der Ingenieur F. W. Taylor. Taylor entwickelte diesen Ansatz gegen Ende des 19. Jahrhunderts. Seine Ideen sind eng verbunden mit den Auswirkungen der industriellen Revolution. Maschinen hatten in vielen Produktionsbetrieben Einzug gefunden, und die ersten auf Massenproduktion ausgerichteten Großbetriebe hatten sich entwickelt. Taylor erkannte jedoch, dass es zwischen den Leistungen einzelner Arbeitnehmer mit gleichen Aufgaben erhebliche Unterschiede gab. Nicht nur im Handwerk, sondern auch in der frühen Fabrik brachte ein Arbeitnehmer ein reichhaltiges Erfahrungswissen in seine Arbeit ein: Er plante seine Arbeitsabläufe, wählte die Werkzeuge aus, richtete die Maschinen ein, bediente die Maschinen usw. Darin bestand eines der Hauptprobleme der Organisation (vgl. Kieser 2002, S. 77). Die Ergebnisse der Analyse der Arbeitsabläufe sollten nach Möglichkeit auf bestimmte Gesetzmäßigkeiten, Regeln oder auf mathematische Formeln zurückgeführt werden, die dann auf die tägliche Arbeit aller Arbeitnehmer eines Betriebs übertragen wurden. So sollte die Produktivität und die Effizienz der menschlichen Arbeitsabläufe im mechanisierten Betrieb erheblich gesteigert und an die der Maschinen angenähert werden, ohne jedoch die Belastungen der Arbeitnehmer zu erhöhen. Dahinter stand die Auffassung, dass unter Anwendung naturwissenschaftlicher Erkenntnisse die optimale Arbeitsausführung berechnet werden kann. Die Grundgedanken, auf denen das Vorgehen beruhte, waren (vgl. Hill et al. 1998, S. 409):

- Starke Arbeitsteilung.
- Standardisierung der Arbeit.
- Trennung von ausführender (*Hand-*) und dispositiver (*Kopf-*) Arbeit.
- Physiologisch richtige Arbeitsausführung (Ergonomie).
- Effektivere Arbeitszeitgestaltung (intensive anstatt extensive Arbeit).
- Leistungsfördernde Lohnmethoden.

Entwicklungstendenzen des allgemeinen Bedingungsrahmens	Mechanisierung und Massenproduktion Routinetätigkeiten niedriges Ausbildungsniveau Löhne am Existenzminimum Existenz- und Sicherheitsbedürfnisse dominieren	Wachsen des Verwaltungsapparates in den Unternehmungen (zunehmend arbeitsteilige Leitungsorganisation) steigendes Lohnniveau Prestige- und Aufstiegsdenken (beim Angestellten)	zunehmender Anteil an Problemlösungsaufgaben steigendes Ausbildungsniveau steigendes Motivationsniveau (v.a. in Bezug auf soziale Bedürfnisse)	Automation, EDV, Systemtechnik zunehmende Dynamik und Komplexität von System und Umwelt rasches Größenwachstum der Unternehmen, komplexere Organisationsformen „Wohlstandsgesellschaft" Vorherrschen höherer Motivationsschichten (Ego-Bedürfnisse, Selbstverwirklichung)		wachsende Kritik am technischen Fortschritt Ruf nach „Sozialverträglichkeit" des Technikeinsatzes und „Humanisierung der Arbeit" „Japan-Schock" „Erdöl-Schocks" neokonservative Wende der Wirtschaftspolitik Werte- und Bewusstseinswandel (Lebensqualität)
Menschenbild	mechanistischer Mensch (Produktionsfaktor)	bürokratischer Mensch (Aufgabenträger)	motivierter Mensch (Bedürfnisträger)	‚Administrative man' (Entscheidungsträger)	‚Complex man' (Komplexitätsbewältiger)	‚Symbolic man' (Sinnsucher), strategischer Akteur (Interessenträger)
	1910	1920	1930	1940	1950/1960	1970/1980 … 1990/2000
Ansatz	**Physiologisch-technischer Ansatz** Scientific Management	**Bürokratisch-administrativer Ansatz** 1. Bürokratische Variante 2. Administrative Variante	**Motivationsorientierter Ansatz** 1. Human-Relations-Variante 2. Human-Resources-Variante	**Entscheidungsorientierter Ansatz** 1. Formal-entscheidungstheoretische Variante 2. Verhaltenswissenschaftliche Variante	**Systemorientierter Ansatz** 1. Organisationssoziologische Variante 2. Systemtheoretisch-kybernetische Variante 3. Soziotechnische Variante	**Interaktionsorientierter Ansatz** 1. Organisationskulturelle Variante 2. Mikropolitische Variante 3. Transaktionskostenökonomische Variante **Postmoderner Ansatz**
Hauptvertreter	Taylor, Drure, Towne, Halsey	1. Max Weber 2. Fayol, Urwick, deutsche betriebswirtschaftliche Organisationslehre	1. Mayo, Roethlisberger, Dickson, Whitehead 2. Maslow, McGregor, Likert, Agyris, Herzberg	1. Marschak, Neumann, Morgenstern 2. Barnard, Simon, March, Cynet, Olson, Kirsch	1. Parsons, Etzioni, Schütz, Pugh et al., Luhmann 2. Bertalanffy, Chruchman, Ackoff, Beer, Wiener 3. Emery, Trist, Katz/Kahn, Lowrence/Lorsch	1. Pondy, Weick, Schein 2. Burns, Crozier/Friedberg, Pfeffer, Mintzberg 3. Coase, Williamson, Ouchi Cooper, Burrell, Chia, Kilduff, Parker, Morgan
	klassische Organisationstheorie		**neoklassische Organisationstheorie**	**moderne Organisationstheorie**		**postmoderne Organisationstheorie**

Abbildung 2-2: Organisationstheorien (vgl. Hill et al. 1998, S. 416)

Bürokratisch-administrativer Ansatz

Der bürokratisch-administrative Ansatz wird in der Literatur oft auch als (formal-) struktureller oder klassischer Ansatz bezeichnet. Er umfasst zum einen die von Max Weber begründete bürokratische Variante, zum anderen die von Henry Fayol schon kurz zuvor entwickelte administrative Variante und die darauf aufbauende traditionelle betriebswirtschaftliche Organisationslehre.

Der Ansatz differenziert charismatische und traditionelle Herrschaft als Formen der vorrationalen Herrschaft und die legale Herrschaft als eine rationale Variante. Die reinste Form der legalen Herrschaft ist die Bürokratie. Folgende Merkmale sind kennzeichnend für Bürokratien, die dem Taylorismus recht nah kommen (vgl. Hall 1968, S. 70):

- Arbeitsteilung, die auf funktionaler Spezialisierung beruht.
- Genau fixierte Autoritätshierarchie.
- Ein System von Regeln, das Rechte und Pflichten der Positionsinhaber festlegt.
- Standardisierte Arbeitsabläufe.
- Unpersönlichkeit der zwischenmenschlichen Beziehungen.
- Prinzip der Aktenmäßigkeit.

Der administrative Ansatz versucht, Prinzipien für eine möglichst rationale Arbeitsorganisation zu entwickeln, mit deren Hilfe Führungs- und Verwaltungsaufgaben bewältigt werden können. Er zeichnet sich durch folgende Merkmale aus (vgl. Hill et al. 1998, S. 417):

- Formales Vorgehen: Untersuchung struktureller Möglichkeiten und ihrer Vor- und Nachteile.
- Deduktives Vorgehen: Entwurf organisatorischer Modelle aus einigen grundlegenden Organisationsgrundsätzen.
- Normative Ausrichtung: Ziel ist nicht die Erklärung der Wirklichkeit, sondern die Bereitstellung von instrumental-rationalen Soll-Strukturen und die Entwicklung terminologischer Aussagensysteme.

Fayol entwarf die beiden Grundmodelle der Linien- und der Stab-Linien-Organisation, formulierte grundlegende Organisationsprinzipien und unterschied fünf Funktionen der Administration: Planung, Organisation, Anweisung, Koordination und Kontrolle.

Die klassische Organisationstheorie ist in vielen Punkten kritisiert worden. Insbesondere ihre schlichten Prämissen bezüglich der zu organisierenden Systemprogramme und -potenziale gelten heute als wirklichkeitsfern. Jedoch lässt gerade ihre starke Verbreitung in der Organisationspraxis (z. B. Linien-Organisation, Fließband) den Schluss zu, dass deren theoretische Grundlagen im Großen und Ganzen zutreffend waren und vielfach immer noch als Ausgangspunkt organisatorischer Überlegungen gelten.

Motivationsorientierter Ansatz

Scientific Management und die Varianten des bürokratisch-administrativen Ansatzes haben Schwächen, die zu einem großen Teil auf das ihnen zugrunde liegende mechanistische Menschenbild zurückzuführen sind. Bereits in den 1930er Jahren entwickelte sich als erste Gegenbewegung die Human-Relations-Ansätze, in den 1970er Jahren wurde auf neuen Erkenntnissen der Motivationstheorie aufbauend der Human-Resources-Ansatz begründet.

Die Human-Relations-Bewegung erlebte ihren Durchbruch mit den Veröffentlichungen von Mayo und Roethlisberger, die in den Hawthorne-Werken der Western Electric Company systematische Experimente im Zeitraum von 1927-1932 durchführten (vgl. Mayo 1933, S. 5). Ursprünglich wollten sie mithilfe von wissenschaftlichen Experimenten die Zusammenhänge zwischen physiologischen Arbeitsbedingungen und Produktionsleistung ergründen.

Mayo und Roethlisberger zogen insbesondere folgende Schlüsse aus ihren Beobachtungen und Ergebnissen:

- Es besteht keine mechanistische Beziehung zwischen objektiven Arbeitsgegebenheiten und Leistung.
- Unterschiedliche psychische und soziale Gegebenheiten führen zu unterschiedlichen Leistungen.

Diese Aussagen widersprechen dem Scientific Management-Gedanken und sind insofern überraschend, als dass sie aus einem Experiment, das im Kontext des Scientific Managements durchgeführt wurde, stammen.

In den 1950er Jahren entstanden Motivationstheorien, in denen versucht wurde, konkrete inhaltliche Aussagen über die Handlungsmotive bzw. Bedürfnisse von Menschen aufzustellen. Diese Theorien bilden die Grundlage für die Human-Resources-Variante und wurden von vielen Autoren aufgegriffen, die sich darum bemühten, Anforderungen an und Grundmuster von Organisationsstrukturen auf einer motivationstheoretischen Basis zu formulieren. Die Notwendigkeit des psychologischen Erfolgs und der Selbstentfaltung für die psychische Gesundheit des Individuums wurden ebenso untersucht wie die motivierenden Komponenten organisatorischer Regeln. Es wurde erkannt, dass die Arbeitsumwelt allein den Mitarbeiter nicht motivieren kann, sondern der Arbeitsinhalt selbst für die Motivation zentrale Bedeutung hat (vgl. Mag 1980, S. 1806).

Die motivationsorientierte Organisationstheorie entfernte sich so zunehmend von ihren ursprünglichen Aussagen im Rahmen des Human-Relations-Ansatzes und gelangte zu Schlussfolgerungen, die als Human-Resources-Ansatz bezeichnet werden (vgl. Hill et al. 1998, S. 426):

- Die Motivation des Mitarbeiters hat eine zentrale Bedeutung für hohe Leistung.
- Zufriedenheit ist keine hinreichende Voraussetzung für hohe Leistung.
- Eine günstige Gestaltung der Arbeitsumwelt ist eine Voraussetzung für Zufriedenheit, führt aber allein nicht zu hoher Leistung.
- Zufriedenheit hat einen statischen Charakter. Ihr fehlt die dynamische Ausrichtung auf ein Ziel. Daher wird das Schlagwort *Leistung dank Zufriedenheit!* des Human-Relations-Ansatzes umgekehrt in *Zufriedenheit dank Leistung!*
- Die Arbeitsinhalte einzelner Arbeitnehmer sind von entscheidender Bedeutung für die Persönlichkeitsentwicklung.

Entscheidungsorientierter Ansatz

Der entscheidungsorientierte Ansatz wurde in etwa zur gleichen Zeit wie der Human-Resources-Ansatz begründet. Menschenbild und Bedingungsrahmen sind daher vergleichbar. Insbesondere die Tatsache, dass die Problemlösungsaufgaben im Verhältnis zu den Routineaufgaben zunehmend in den Vordergrund traten, bildet den Ausgangspunkt dieses Ansatzes. Er unterscheidet die formal-entscheidungstheoretische und die verhaltenswissenschaftliche Variante.

Die formal-entscheidungstheoretische Variante beschäftigt sich mit der Fragestellung, wie formale Entscheidungsmethoden und Entscheidungsmodelle zu gestalten sind, setzen bei den Entscheidungsträgern rationales Verhalten voraus und sind zumeist stark formalisiert und mathematisch ausgerichtet. Aus ihr entstanden die Disziplinen *Operations Research* und *Management Science*. Unter diesen Begriffen werden vor allem mathematische Methoden subsumiert, die sich aus der Wahrscheinlichkeitsrechnung und der Statistik entwickelt haben. Für die Organisationstheorie bedeutsam sind (vgl. Hill et al. 1998, S. 429):

- Lineare Programmierung: Finden einer optimalen Lösung unter Einhaltung von Nebenbedingungen.
- Spieltheorie: Analyse von Konflikt- und Konkurrenzsituationen.
- Mathematische Teamtheorie: Optimierung von Gruppenprozessen in arbeitsteiligen Systemen und damit Optimierung der Gesamt-Organisationsstruktur.

Die verhaltenswissenschaftliche Variante untersucht im weitesten Sinne menschliches Verhalten. Im Speziellen beschäftigt sie sich mit dem Problemlösungs- und Entscheidungsverhalten in sozialen Systemen. Organisationen definiert sie als Systeme, in denen die Entscheidungen von Individuen zur Erreichung der Organisationsziele koordiniert werden müssen. Der Schwerpunkt des Interesses liegt auf der Fragestellung, wie organisatorische Merkmale, z. B. Konkurrenzdruck oder knappe Ressourcen, Individuen in der Organisation zu Entscheidungen oder Aktivitäten veranlassen, die die Erreichung der Organisationsziele und damit den Bestand der Organisation sicherstellen. Dabei tritt hier das Rationalitätsprinzip vor allem gegenüber kognitiven Entscheidungsdeterminanten zurück. (vgl. Mag 1980, S. 1804) (vgl. Kieser und Kubicek 1992, S. 42)

Den zentralen Ausgangspunkt aller Überlegungen zum Entscheidungsverhalten bildet dabei das Konzept der beschränkten Rationalität. Demnach handeln Individuen zwar intentional rational, jedoch verhindern kognitive Grenzen der Informationsaufnahme und -verarbeitung, dass das Individuum objektiv rationale Entscheidungen treffen kann. Verantwortlich dafür sind Unvollständigkeit des Wissens, Schwierigkeit der Bewertung zukünftiger Ereignisse und eine begrenzte Auswahl an Entscheidungsalternativen.

Systemorientierter Ansatz

Ausgangspunkt der Nutzbarmachung der Systemtheorie für die Organisationstheorie ist die Feststellung, dass zentrale Fragestellungen der Systemtheorie und der Organisationstheorie eine enge Verwandtschaft aufweisen. Die Systemtheorie, die sich mit der Struktur und dem Verhalten von Systemen beschäftigt, bekommt dabei eine besondere Unter der Bezeichnung systemorientierter Ansatz wird eine Reihe von verschiedenen Forschungsrichtungen zusammengefasst, die alle auf der Allgemeinen Systemtheorie basieren und ein ganzheitliches Verständnis des jeweils vorhandenen Problems anstreben. Das systemorientierte Denken tendiert dazu, sich von der disziplinären Betrachtungsweise zu lösen und soziologisches, psychologisches und strukturelles Denken auf dem Grundkonzept des sozio-technischen Systems zu verbinden (vgl. Mag 1980, S. 2212). Unterschieden werden die organisationssoziologische, die sozio-technische und die systemtheoretisch-kybernetische Variante.

Die *organisationssoziologische Variante* versteht die Organisation als zielgerichtetes, soziales System. Ihr Ziel ist es, Strukturen und Verhaltensweisen dieser Art von sozialen Gebilden zu beschreiben und zu erklären. Sie geht dabei nicht vom Individuum aus, sondern vom Gesamtgebilde und beschränkt sich auf eine Makrobetrachtung. Die Organisationssoziologie hat im Allgemeinen folgende Untersuchungsinhalte (vgl. Hill et al. 1998, S. 437):

- Ziele der Organisationen.
- Struktur der Organisationen: Rollen-, Kommunikations-, Macht- und Autoritätsstruktur, Personalstruktur.
- Prozesse in der Organisation: Entscheidungs-, Macht- und Konfliktprozesse, Aufstiegs-, Anpassungs-, Zielverschiebungsprozesse, Normenbildung.
- Umweltvariablen.
- Leistungswirksamkeit der Organisation.

Die *sozio-technische Variante* verwendet den Systemansatz als integrierendes Rahmenkonzept. Sie verbindet strukturelle, soziale und technologische Aspekte und betrachtet im Gegensatz zur organisationssoziologischen Variante alle Ebenen (Individuum, Gruppe, Gesamtsystem, Supersystem). Der soziotechnischen Variante gelang es als erstem organisatorischem Ansatz strukturelle, psychologische und technische sowie interne und externe Zusammenhänge gleichermaßen zu berücksichtigen. (vgl. Hill et al. 1998, S. 443)

Ausgehend von der Allgemeinen Systemtheorie und der Kybernetik versucht die *systemtheoretisch-kybernetische Variante* die begrifflichen und methodischen Instrumentarien dieser beiden Disziplinen organisationstheoretisch nutzbar zu machen. Neben statisch-strukturellen Systemeigenschaften werden insbesondere kybernetische Systemeigenschaften auf soziale und sozio-technische Systeme übertragen, um damit die Dynamik des Systemverhaltens zu beschreiben und zu erklären. Folgende kybernetische Systemeigenschaften stehen dabei im Mittelpunkt der Untersuchungen (vgl. Hill et al. 1998, S. 439):

- Selbstregelung: Einhaltung eines vorgegebenen Sollwertes ohne Steuerung des Systems von außen (Stabilität).
- Anpassung: Fähigkeit eines Systems, den Sollwert an eine veränderte Umwelt anzupassen, das heißt Einhaltung eines dynamischen Gleichgewichts.
- Lernfähigkeit: Fähigkeit eines Systems, aus Erfahrungen Konsequenzen für das zukünftige Verhalten zu ziehen.
- Selbstorganisation: Fähigkeit zur selbstreferenziellen Erhöhung des Komplexitäts- und Organisationsniveaus und damit der Anpassungs- und Lernfähigkeit.
- Automatisierbarkeit: Informationstechnische Abbildung und Ersatz menschlicher Eingriffe in das System durch dessen kybernetische Fähigkeiten.

Situativer Ansatz

Der situative Ansatz konzentriert sich grundsätzlich auf die Organisationsstruktur. Es handelt sich also um eine moderne Organisationstheorie, die verschiedene Anknüpfungspunkte zu systemtheoretischen Ansätzen hat. Der situative Ansatz geht davon aus, dass die formale Organisationsstruktur einen starken Einfluss auf die Effizienz einer Organisation hat. Es gibt jedoch keine universell effizienten Organisationsstrukturen. Unterschiede in der formalen Organisationsstruktur sind auf Unterschiede in der Situation zurückzuführen. Um effizient zu sein, müssen Organisationen ihre Strukturen an ihre jeweilige Situation anpassen. (vgl. Kieser und Kubicek 1992, S. 45)

Das Wissen um die situativen Einflussfaktoren und Auswirkungen organisatorischer Gestaltungsentscheidungen ist durch die große Zahl empirischer Studien, die im Rahmen der situativen Organisationsforschung durchgeführt wurden, erheblich differenziert und ausgeweitet worden. Dennoch bot der situative Ansatz bereits in seinen Anfängen Anlass zur Kritik, die dazu führten, dass sich der Ansatz nicht durchgesetzt hat.

Interaktionsorientierter Ansatz

Anfang der 1980er Jahre wurden die bis dahin dominierenden situativen und systemorientierten Ansätze zunehmend hinsichtlich ihres grundlegenden Wissenschaftsverständnisses hinterfragt. Das intentionale Handeln der Organisationsmitglieder, ihre subjektive Wahrnehmung der Organisation und die Interaktionsprozesse in sozialen Systemen rückten wieder in das Interesse der Organisationstheorie. Dieser grundlegenden Fokusverschiebung entsprechend, entwickelten sich zahlreiche interaktionsorientierte Ansätze.

Die Vertreter der *transaktionskosten-ökonomische Variante* erklären die gewählte bzw. zu wählende Organisationsstruktur basierend auf den ökonomischen Kalkülen der Entscheidungsträger. Grundlegende Überlegung ist, dass Organisationsstrukturen um ihrer ökonomischen Vorteile willen, also aus Effizienzgründen, geschaffen und gewählt werden und dass sich effiziente Organisationsstrukturen auch erhalten (vgl. Schmidt 1992, S. 1854; vgl. Jost 2004, S. 1450).

Die *organisationskulturelle Variante* bedient sich der Methoden der interpretativen Sozialforschung und wendet diese auf organisationstheoretische Fragestellungen an. Diese bildet jedoch keinen scharf abgrenzbaren, wohlgeordneten Aussagenzusammenhang. Unter dem Begriff organisationskulturelle Variante lassen sich daher eine Reihe von einzelnen, sozialwissenschaftlich geprägten Theorieversuchen subsumieren. Das Konzept der Organisationskultur überwindet einen der Hauptmängel der systemtheoretischen und situativen Ansätze. Die Ausblendung des subjektiven Faktors wird ebenso überwunden wie die mechanischen und biologischen Analogieschlüsse (vgl. Hill et al. 1998, S. 451.).

Ausgangspunkt der *mikropolitischen Variante* ist die Feststellung, dass die Entscheidungsträger in Unternehmungen nicht nur geschäftspolitische Interessen im Sinne des definierten Unternehmungsziels verfolgen, sondern in der Regel auch eigene machtpolitische Interessen. Darüber hinaus versuchen andere Koalitionspartner ebenfalls ihre Interessen in die organisatorischen Gestaltungsprozesse einzubringen. Dies führt dazu, dass unsachliche Interessen, Machtverhältnisse und Konfliktstrategien eine entscheidende Rolle bei der Organisationsentwicklung spielen. Die mikropolitische Variante ermöglicht ein besseres Verständnis der Beziehungen zwischen formalen Organisationsstrukturen und tatsächlichem Handeln der Menschen in Organisationen als situative und systemtheoretische Ansätze. In pragmatischer Hinsicht liefert sie nützliche Erkenntnisse zum Umgang mit Problemen der Implementierung neuer Strategien, Strukturen oder Systeme (vgl. Hill et al. 1998, S. 452).

2.2 Organisationsstrukturen

In diesem Abschnitt wird zunächst der Begriff der Organisationsstruktur abgegrenzt, bevor anschließend die für eine Analyse der Interdependenzen von Organisation und IT grundlegenden Strukturdimensionen definiert werden.

2.2.1 Begriffsabgrenzung

Eine Unternehmung verfügt über ein bestimmtes System von formalen Regeln, das Steuerungs- und Ordnungsfunktionen übernimmt, indem einerseits Verhaltens- und/oder Leistungserwartungen an Mensch und Maschine formuliert werden und andererseits die gesamte Unternehmung auf diese Weise in überschaubare Subsysteme gegliedert und anschließend in einen geordneten Zusammenhang gebracht wird. Diesem Verständnis liegt eine primär instrumentelle Sichtweise zugrunde, das heißt die Organisation ist als ein Instrument zur Zielerreichung oder zu einer möglichst guten Aufgabenerfüllung aufzufassen. Das Zusammenwirken von Menschen und Maschinen basiert auf bestimmten, auf Dauer festgelegten, organisatorischen Regeln. Diese Regeln bilden in ihrer Gesamtheit ein spezielles formales, künstliches System, das als Organisation bzw. Organisationsstruktur des jeweiligen sozio-technischen Systems bezeichnet wird. (vgl. Grochla 1995, S. 1)

Organisationsstrukturen bilden somit ein System von unbefristeten, generellen Regelungen für die Verteilung von Aufgaben auf organisatorische Einheiten (Stellen, Abteilungen etc.) und die Gestaltung der Handlungsbeziehungen zwischen den Organisationseinheiten, die das Verhalten der Unternehmungsmitglieder auf die übergeordneten Ziele der Unternehmung hin ausrichten sollen. Sie geben einen groben Rahmen der Aufgabenerfüllung vor, der durch zusätzliche Instrumente (z. B. Planung, Führung) weiter detailliert und durch die Aktivitäten der Handlungsträger ausgefüllt wird.

Es wird zwischen der *Aufbau-* und der *Ablauforganisation* einer Unternehmung unterschieden. Die Aufbauorganisation berücksichtigt den statischen Aspekt der Organisationsstruktur. Sie beschreibt das hierarchische System der organisatorischen Einheiten (Stellen, Abteilungen, Bereiche etc.) mit ihren jeweiligen Aufgaben und Beziehungen zu anderen Organisationseinheiten. Organigramme und einzelne Stellenbeschreibungen dienen der Beschreibung der Aufbauorganisation. Die Ablauforganisation berücksichtigt den dynamischen Aspekt der Organisationsstruktur. Sie regelt insbesondere die räumliche und zeitliche Abfolge der Aufgabenerfüllung.

Als Organisationsstruktur wird vorwiegend die formale Organisationsstruktur im Sinne eines Systems geltender Regelungen begriffen, das in mehrere Regelungsarten oder Strukturdimensionen zerlegt werden kann. Solche Regelungen existieren sowohl für einzelne wiederkehrende Arten von Prozessen, wie die Entwicklung und Einführung von IT-Anwendungen sowie für diejenigen organisatorischen Einheiten, die mit der Einführung und dem Betrieb von IT-Anwendungen betraut sind als auch für Bereiche, in denen Informationstechnologie angewendet wird (vgl. Kubicek 1992, S. 938).

2.2.2 Strukturdimensionen

Unternehmungen sind sozio-technische Systeme, die aus einer Vielzahl unterschiedlicher Elemente bestehen, welche unter sich und mit der Systemumwelt vielfältige Beziehungen pflegen. Bei der Betrachtung der in der Realität vorkommenden Organisationsstrukturen ist daher ein großer Formenreichtum festzustellen. Dies liegt einerseits daran, dass die Strukturen und Prozesse durch eine Vielzahl von Einflussfaktoren bestimmt sind. Andererseits sind die Ausprägungsdimensionen von Strukturen und Prozessen ebenfalls sehr zahlreich, sodass sich Erscheinungsformen in sehr großer Zahl ergeben.

Entscheidend für eine Analyse von Organisationsstrukturen im Kontext der Systemanalyse ist daher, dass aus der Vielzahl vorhandener oder möglicher Eigenschaften die für den Untersuchungszweck relevanten Eigenschaften oder Dimensionen ausgewählt werden. Die Auswahl von Dimensionen ist dabei ein kritisches Problem, weil durch sie der Realitätsausschnitt festgelegt wird, der in die anschließenden Analysen eingeht. Es sind Dimensionen der formalen Organisationsstruktur auszuwählen, die im Zusammenhang mit der Analyse der Einflussgrößen und der Wirkung von Organisationsstrukturen relevant sein können. Eigenschaften von realen Organisationen, die bei der Festlegung der Dimensionen nicht erfasst worden sind, können bei nachfolgenden Analysen nicht mehr als wichtig erkannt und ihre Auswirkungen nicht diskutiert werden.

Um einen möglichst umfassenden Analyserahmen zu schaffen, wären im Optimalfall alle bekannten Eigenschaften des jeweils untersuchten Phänomens zu berücksichtigen und die Anzahl der Dimensionen so groß wie möglich zu halten. Da dieses Vorgehen die Analyse jedoch sehr unübersichtlich gestalten würde, ist bei der Festlegung der betrachteten Dimensionen die Komplexität so weit wie möglich zu reduzieren. Es ist daher stets eine Auswahl erforderlich, mit dem Risiko, wichtige Aspekte zu vernachlässigen.

Aus diesem Zwang zur Auswahl heraus wird verständlich, warum die Definition von Dimensionen der Organisationsstruktur in der Literatur so unterschiedlich erfolgt. Kieser/Kubicek unterscheiden die fünf Strukturdimensionen Spezialisierung (Arbeitsteilung), Koordination, Konfiguration (Leitungssystem), Entscheidungsdelegation (Kompetenzverteilung) und Formalisierung. (vgl. Kieser und Kubicek 1992, S. 73; vgl. Kieser und Walgenbach 2003, S. 77.)

Bevor nachfolgend die genannten Strukturdimensionen vorgestellt werden, wird zuvor eine weitere, detaillierte Dimensionierung nach Hunter vorgestellt. Neben *konventionellen* Dimensionen (Tabelle 1-2-1) stellt Hunter zusätzlich so genannte *IT-enabled* Dimensionen vor (Tabelle 1-2-2). Bei genauerer Betrachtung lassen sich jedoch alle Parameter auch auf die Dimensionen nach Kieser/Kubicek zurückführen. Darüber hinaus erscheint die Dimensionierung nach Kieser/Kubicek auch am konsistentesten.

Design Parameter	Description
(De) centralization Horizontal	The delegation of decision-making power from managers to non-managers from line managers to staff managers, analysts, support specialists, experts, and operators.
(De) centralization Vertical	The delegation of decision-making power down the chain of authority.
Departmentalization	This basis upon which division of the top level of the organization is made. Typically choices are between function, process, product or service, geographical area, or customer.
Differentiation Horizontal	The number of major organizational departments, divisions, or functions.
Differentiation Spatial	The geographical dispersion of the activities of the organization.
Differentiation Vertical	The number of levels in the organization's hierarchy of authority.
Formalization	Written documentation in the organization pertaining to organizational tasks and roles and typically in the form of standard operating procedures, job description, regulations, and policy manuals.
Specialization	The subdivision of organizational tasks into separate jobs.
Professionalism	The level of formal education and training of employees.
Size	The organization's magnitude as reflected in the number of people in the organization.
Span of Control	The number of subordinates a supervisor directly manages.
Standardization	The extent to which activities of a similar nature are performed in a uniform manner.

Tabelle 2-1: Konventionelle Organisatorische Design-Parameter (vgl. Hunter 1998, S. 266)

Design Parameter	Enabling Technology	Definition
Electronic linking & communication	E-mail, videoconferencing, Fax, Electronic bulletin boards.	The formation of "links" within and across all organizational boundaries and the creation of alternatives to formal channels of communications.
Technological matrixing	Same as above	The formation of matrix organizations using IT.
Electronic workflows	Same as above	The processing of documents using electronic forms and images and their electronic routing to individuals and workgroups needing access to them.
Production automation	many	Automation of manufacturing, information-processing, or assembly-lines tasks.
Technological levelling	Electronic communication	Substituting IT for layers of management or management tasks and using IT to increase span of control.
Electronic customer/supplier relationship	many	The speeding up or improving accuracy of (ordering) processes through the use of IT.
Virtual components	Electronic data interchange	Creation of organizational unit components in other than the "conventional" form.
Interorganizational Coupling	Communication technology	Electronically-assisted relationships with other firms.
Interstitial Linking	Communications, IT	The spanning of interstices between organizations that are non-competitively pursing similar goals.

Tabelle 2-2: IT-enabled Organisations Design Parameter (vgl. Hunter 1998, S. 267)

Spezialisierung (Arbeitsteilung)

Die in den Zielen fixierte Gesamtaufgabe einer Unternehmung ist zu umfangreich, als dass sie von einer einzelnen Person ausgeführt werden kann. Sie ist daher auf mehrere Personen zu verteilen, denen bestimmte Teilaufgaben zugeordnet werden. Die Arbeitsteilung ist damit das Ausgangsproblem jeder organisatorischen Strukturierung und bildet die erste Menge von Regeln der Organisationsstruktur. Die Art der Spezialisierung gibt an, ob die Arbeitsteilung z. B. funktional (nach Tätigkeitsarten geteilt) oder objektorientiert (nach Produkten geteilt) erfolgt. Der Umfang der Spezialisierung gibt an, ob eine Unternehmung stark oder weniger stark arbeitsteilig arbeitet. Er kann z. B. anhand der Anzahl von Stellen mit unterschiedlichen Spezialisierungen gemessen werden. Auf Stellenebene kann die Spezialisierung z. B. anhand der Anzahl unterschiedlicher Tätigkeiten gemessen werden.

Koordination

Die Aktivitäten der einzelnen Organisationsmitglieder sind im Hinblick auf die Gesamtaufgabe aufeinander abzustimmen. Bei Aufspaltung der Gesamtaufgabe entsteht somit das Problem der Koordination. Prinzipiell sind vier strukturelle Koordinationsinstrumente möglich:

- *Persönliche Weisungen*: Liegt eine Personenhierarchie vor, so können Koordinationsprozesse allein auf der Basis persönlicher Weisungen durchgeführt werden. Kennzeichnend ist der vertikale Kommunikationsfluss. Eine Erfassung des Umfangs persönlicher Weisungen kann durch eine Kommunikationsanalyse erfolgen. Näherungslösungen sind die Gliederungstiefe (= Anzahl der hierarchischen Ebenen) oder die Leitungsintensität (= Relation zwischen Instanzen, das heißt Vorgesetzten, und ausführenden Stellen).
- *Selbstabstimmung:* In Unternehmungen kommunizieren die Organisationsmitglieder auch mit benachbarten Einheiten und nicht nur über den hierarchischen Weg, um Probleme direkt zu lösen. Selbstabstimmung ist schwer zu messen. Anhaltspunkte sind z. B. spontane Besprechungen.
- *Programmierung:* In den meisten Unternehmungen wird eine Reihe von Aktivitäten auf der Basis von Verfahrensrichtlinien oder Programmen durchgeführt. Programme beinhalten generelle Handlungsvorschriften, die den Bedarf an Anweisungen durch Vorgesetzte verringern oder ersetzen können. Der Austausch von Informationen zwischen organisatorischen Einheiten wird erheblich vermindert und Unsicherheit wird reduziert. Ein Maß für die Programmierung kann die Anzahl der offiziellen Regelungen sein, die die Organisationsmitglieder für ihre Arbeit verwenden.
- *Planung*: Auch durch Planung können Entscheidungen koordiniert werden. Dabei ist die Planung gegenüber den anderen Koordinationsinstrumenten abzugrenzen. Im Rahmen der Planung erhalten ausführende Stellen periodisch bestimmte Vorgaben, die ihre Aktivitäten koordinieren. Diese Vorgaben sind dabei keine Weisungen, sondern Ergebnisse eines institutionalisierten Planungsprozesses. Das Ausmaß der Planung ist jedoch schwer zu messen, da hier sowohl operative Fertigungsplanung als auch strategische Planung gemeint sein können.

Kennzeichnend für das Koordinationssystem einer Unternehmung ist, welche Koordinationsinstrumente vorwiegend zum Einsatz kommen. Ein Mittel zur Reduzierung des Koordinationsaufwandes ist *Standardisierung*. Standardisierung ist das Ausmaß, in dem bestimmte Regelungen und Vorschriften für die Art der Aufgabenerfüllung vorgegeben sind. (vgl. Picot et al. 2003, S. 182)

Konfiguration (Leitungssystem)

Die spezialisierten Aufgaben und die Organisationsmitglieder, denen sie übertragen wurden, bilden eine hierarchische Ordnung, das heißt sie sind einander über-, unter- oder nebengeordnet. Dabei werden Weisungsbefugnisse (das Recht, anderen Anordnungen geben zu können) als Kriterium herangezogen. Die Gesamtheit der Regelungen, die diese Ordnung schafft, wird mit der Dimension Konfiguration erfasst. Hier können die Gliederungstiefe oder Leitungsspannen (Anzahl einer Instanz, das heißt einem Vorgesetzten, direkt unterstellte Organisationseinheiten) als Konfigurationsmaß genutzt werden. Problematisch ist dabei, dass sowohl die Gliederungstiefe als auch die Leitungsspanne innerhalb einer Organisation unterschiedlich sein können. So kann sich die Gliederungstiefe eines Bereiches von der eines anderen Bereiches unterscheiden bzw. die Leitungsspanne zweier Instanzen variieren.

Entscheidungsdelegation (Kompetenzverteilung)

Diese Dimension betrachtet die Verteilung von Entscheidungsbefugnissen oder -kompetenzen in einer Organisation. Global formuliert ist die Entscheidungsdelegation umso größer, je mehr Entscheidungsbefugnisse auf die unteren Hierarchieebenen verteilt werden. Hierbei kann gemessen werden, wie viele Entscheidungen auf unteren Ebenen getroffen werden, wie bedeutend diese Entscheidungen sind, wie viele andere Stellen von diesen Entscheidungen berührt werden und wie autonom diese Entscheidungen getroffen werden. Die Entscheidungsdelegation kann also hinsichtlich der Aspekte Inhalt (z. B. Mitbestimmungsrechte des Betriebsrats) und Umfang bzw. Intensität (z. B. Kreditkompetenz eines Bankmitarbeiters) differenziert werden.

Vielfach wird anstelle von Entscheidungsdelegation auch von Entscheidungsdezentralisation bzw. von Entscheidungszentralisation gesprochen. In einer Extremform der Entscheidungszentralisation bedeutet das, dass die gesamte Entscheidungsmacht in den Händen eines Organisationsmitglieds liegt; bei vollkommener Entscheidungsdezentralisation entscheidet jedes Organisationsmitglied ohne jeden Bezug zum Zentrum.

Formalisierung

Diese Dimension bezieht sich auf die Regelungen, die die Form und die Medien der Kommunikation zwischen den Organisationsmitgliedern spezifizieren, wobei unter Formalisierung das Ausmaß der schriftlichen Fixierung solcher Beziehungen verstanden wird (z. B. Handbücher, Organisationspläne).

2.3 Prozessorientierung

Die im vorangegangenen Abschnitt beschriebenen Organisationsstrukturen sind ein wesentliches Element zur formalen Beschreibung von Organisationen. Sie umfassen dabei statische Aspekte (Aufbauorganisation) als auch dynamische Aspekte (Ablauforganisation). Dennoch lässt sich anhand der Strukturdimensionen die Herkunft des Strukturbegriffs aus der klassischen Organisationstheorie und dem Primat der Aufbauorganisation deutlich erkennen.

Diesen klassischen aus einer theoriegeleiteten Organisationslehre entstammenden Paradigmen werden seit vielen Jahren prozessorientierte Paradigmen der Organisationsgestaltung entgegengestellt. Zum breiten Durchbruch Anfang der 1990er Jahre verhalfen der *Prozessorientierung* vor allem aber die Publikationen von Hammer/Champy und Davenport die der praxisgeleiteten Organisationslehre zuzuordnen sind.

Im Folgenden werden zuerst die Auslöser für das Aufkommen der Prozessorientierung dargestellt. Danach werden Definitionen von Prozessen und der Prozessorientierung/Prozessorganisation dargestellt und abschließend wird die Prozessorientierung einer kritischen Würdigung unterzogen.

2.3.1 Gründe für Prozessorientierung

Üblicherweise werden als Auslöser für die Abkehr von der vom Primat der Aufbauorganisation getriebenen funktionalen Organisation die folgenden globalen Gründe genannt (vgl. Derszteler 2000, S. 37 ff.; vgl. Neumann 2004, S. 25):

- Tiefgreifende Änderungen des wirtschaftlichen Umfelds
- Wandel von Anbieter- zu Käufermärkten
- Stark gestiegene Umweltdynamik
- Verfügbarkeit neuer Informationstechnik
- Kürzere Produktlebenszyklen
- Differenziertere Kundenwünsche
- Zu starke Binnenorientierung der Unternehmen

Die funktionale Organisation mit ihrer starken Arbeitsteilung wird diesen veränderten Umweltbedingungen nicht mehr gerecht. Im Detail ergeben sich folgende Nachteile (vgl. Kurz 1993, S. 6):

- Aufwendige Koordination von Einzelvorgängen
- Geringer Erfahrungsrückfluss aus operativen in dispositive Bereiche
- Mangelnde Flexibilität
- Viele Schnittstellen im Informationsfluss

Trotz dieser vielfachen Auseinandersetzung mit den Nachteilen des Primats der Aufbauorganisation und den Vorteilen einer Prozessorientierung ist es bis Anfang der 1990er Jahre nicht gelungen, dem Prozessgedanken zu breiter Anerkennung zu verhelfen. Das legt den Schluss nahe, dass es sich hier neben allen positiven Aspekten die damit verbunden sind, vor allem um eine Organisations-

oder Managementmode klassischer Natur handelt. Diese primär aus einer erfolgreichen Praxis getriebenen Moden werden als radikal mit bestehenden Ansätzen brechend dargestellt.

2.3.2 Definitionen

Im Folgenden werden Definitionen des (Geschäfts-) Prozesses und darauf aufbauend Definitionen der Prozessorientierung/Prozessorganisation dargestellt.

Prozess

Nordsieck beschreibt den *Betriebsprozess* als zweiteilig. Zum einen sind es materielle Transformationen beginnend bei der *Produktionsidee* und endend mit dem *Kaufabschluss* bzw. dem Kundendienst für ein Fertigprodukt. Zum zweiten werden diese Prozessphasen durch Verwaltungsbereiche *unterstützt*. (vgl. Nordsieck 1972, S. 13, Schaubild 2) Hier kommt auch die bei Porters Wertkette zu findende Unterscheidung in *primäre* und *unterstützende Aktivitäten* zum Ausdruck (Abbildung 2-3).

Abbildung 2-3: Wertkette nach Porter (vgl. Porter 1999, S. 66)

Gaitanides definiert Prozesse als „Objekte die ‚funktionsübergreifend' angelegt sind. Ein Prozess ist eine zeitlich und räumlich spezifisch strukturierte Menge von Aktivitäten mit einem Anfang und einem Ende sowie klar definierten Inputs und Outputs. Zusammenfassend: ‚A structure for action'." (vgl. Gaitanides 2004, S. 1212.).

Hammer/Champy fügen den Aspekt des *Wertzuwachses* durch die Prozessausführung hinzu. Bei jedem Prozess werden *Ressourcen verbraucht* und am Ende eine Leistung erbracht, die für den Prozess-Kunden einen Wert darstellen. Damit kennzeichnen sie die *Kundenorientierung* als einen wesentlichen Aspekt. Kunden sind dabei neben externen Kunden auch unternehmensinterne Nachfrager.

Prozessorientierung/Prozessorganisation

Prozesse bilden die Grundlage der Prozessorientierung/Prozessorganisation. Zur Definition, was eine *Prozessorganisation* sein kann, bietet Gaitanides drei Sichtweisen an – die *praxeologische Perspektive*, die *ökonomische Perspektive* sowie die *konstruktivistische Perspektive*. (vgl. Gaitanides 2004, S. 1209)

Diese *praxeologische Perspektive* basiert auf der klassischen Unterscheidung von Ablauf und Aufbauorganisation. Bei der Prozessgestaltung sollen die Arbeitsgänge unabhängig vom aufbauorganisatorischen Kontext gestaltet werden. Die Stellen- und Abteilungsbildung soll dann nach den Erfordernissen des Prozessablaufs erfolgen. Damit gilt nun: *Aufbauorganisation folgt Ablauforganisation.*

Die *ökonomische Perspektive* wendet die Transaktionskostentheorie auf die interne Organisation an. Dabei ist die Prozessorganisation eine Koordinationsform, die die Vorteile hierarchischer und marktlicher Koordination vereint. Dabei werden Informations- und Leistungsaustausch zwischen den Prozessteams oder den Process Ownern über langfristige Vereinbahrungen (Service Level Agreements) abgestimmt. Die Prozessschnittstellen werden als Kunde-Lieferanten-Beziehung definiert.

Die *konstruktivistische Perspektive* wird getrieben von dem attraktiven Modell, die funktionale Arbeitsteilung zu überwinden und durch *ganzheitliche* und *schnittstellenfreie Prozesse* zu ersetzen. Diese Prozessorganisation ist aber kein organisatorisches Design, sondern eine aus Interpretationen und Bedeutungszuweisungen kollektiv erzeugte soziale Realität.

2.3.3 Ziele und Merkmale

Im Folgenden werden die grundsätzlichen Ziele und Merkmale der Prozessorientierung dargestellt. Zum Teil handelt es sich dabei um Elemente der konstruktivistischen Perspektive. Auf dieses spezielle Problem wird später noch einmal gesondert eingegangen.

Ziele

Nach einer Analyse der Literatur fasst Maurer drei Hauptziele der Prozessorientierung zusammen (vgl. Maurer 1996, S. 5):

- *Leistungsfähigkeit:* Eine höhere Leistungsfähigkeit der Organisation ergibt sich vor allem durch eine verbesserte Erfüllung auch individueller Kundenbedürfnisse. Indikatoren für diese Leistungssteigerung sind Zeit, Kosten, Qualität, Produktivität und Kundenzufriedenheit.
- *Flexibilität:* Flexibilität ist das Potenzial für die schnelle und kostengünstige Anpassung an ein definiertes Ziel, welches sich oft aus geänderten externen Anforderungen ableitet.
- *Beherrschbarkeit:* Die Messung der Organisation soll zu mehr Transparenz und Nachvollziehbarkeit von Prozessen und Maßnahmen und somit mittelbar zu mehr Beherrschbarkeit der Prozesse im Sinne eins Prozessmanagements führen.

Merkmale

Ein Kernelement der Prozessorientierung ist die Reintegration von Aufgaben, das heißt früher arbeitsteilige Aufgaben werden auf wenige oder nur eine Stelle/n konzentriert. Das Ergebnis sind so genannte *Case-Worker* und somit die Reduktion von Schnittstellen im Informationsfluss. Dadurch ergibt sich weiter ein reduzierter Koordinationsaufwand. In der Regel ist für diese Aufgabenintegration eine stärkere IT-Unterstützung der Prozesse notwendig.

Weiterhin soll weitgehend die Trennung von planenden und ausführenden Tätigkeiten aufgehoben werden. Beide Teilaufgaben sollen in sich selbst steuernden Teams zusammengefasst werden. Diese Reintegration führt zum einen zum Abbau von administrativen Aufgaben und Stellen und soll eine neue Fokussierung auf die für den Kunden einen Wert erzeugenden Prozesse unterstützen. Damit verbunden ist sowohl ein *Job Enrichment*, was zu einer besseren Mitarbeitermotivation führen soll, als auch ein *Job Enlargement*, welches höhere Anforderungen an die Qualifikation der Mitarbeiter stellt.

Neu ist die Rolle des *Process Owners*, der nun für die übergreifenden Prozesse verantwortlicht ist. Diese Rolle ist jedoch nicht frei von Problemen. Wenn die Prozesse über eine bestehende funktionale Organisation gelegt werden, so entstehen schnell matrixartige Konstellationen, welche durch komplexe und zum Teil hinderliche unklare Zuständigkeiten gekennzeichnet sind.

Zusammengefasst lassen sich folgende Merkmale der Prozessorientierung herausstellen:

- Geringe Arbeitsteilung,
- hohes Ausmaß an Selbstabstimmung,
- Delegation der Verantwortung in ausführende Bereiche sowie
- wenige Hierarchiestufen.

2.3.4 Kritische Würdigung

Die Prozessorientierung war in den vergangenen 10 Jahren so erfolgreich wie kein anderes Organisationskonzept – sowohl in der wissenschaftlichen Diskussion als auch in der Praxis. Sie hat zum breiten Bewusstwerden einer interessanten, ganzheitlichen Perspektive geführt. Allerdings ist sie nicht frei von Kritik.

Die Prozessorientierung ist etwas, womit jeder vertraut ist und worüber jeder redet – sie ist eine gesellschaftliche Institution. Aber sie ist kein *reales* Konzept über dessen Inhalt es einen breiten expliziten Konsens gibt – jeder konstruiert seine Prozessorientierung mit darum erheblichen Unterschieden.

Abgesehen von einer Reihe weiterer operativer Probleme, wie dem der Prozessidentifikation, ist der für die Praxis wohl schwerwiegendste Vorwurf, dass es sich bei der Prozessorientierung oft um einen *Etikettenschwindel* handelt bei dem tatsächlich in den alten Strukturen der Funktionsorientierung verharrt wird. Beispielsweise werden oft Prozesse, wie der *Einkauf* modelliert, bei denen es sich tatsächlich aber um die klassische Funktion *Einkauf* handelt.

2.4 Interdependenzen zwischen Organisation und IT eines Unternehmens

Nachdem der Organisationsbegriff präzisiert wurde, stellt sich nun die Frage, welche Interdependenzen zwischen der IT und der Organisationsaspekten in einer Unternehmung bestehen.

In der Vergangenheit waren die Interdependenzen zwischen IT und Organisation wiederholt Gegenstand wissenschaftlicher Untersuchungen. Die ersten Arbeiten zu diesem Thema stammen aus den 1950er Jahren. Der Forschungsschwerpunkt liegt im angelsächsischen Raum, jedoch haben sich auch zahlreiche deutschsprachige Autoren mit dieser Thematik beschäftigt.

Trotz der langjährigen Auseinandersetzung der Wissenschaft mit diesem Thema und den zahlreichen Veröffentlichungen lassen sich jedoch keine absoluten, verallgemeinernden Aussagen zu den Beziehungen zwischen IT und Organisation treffen. Dies hat verschiedene Gründe, wie z. B. unterschiedliche theoretische, methodische und/oder konzeptionelle Ansätze der jeweiligen Autoren.

Ein Hauptunterschied zwischen den einzelnen Erklärungsansätzen liegt in der Grundannahme über den Zusammenhang zwischen IT und Organisation. Markus/Robey analysieren diesbezüglich Studien und schlagen darauf aufbauend eine Systematisierung der Erklärungsansätze nach folgenden Kriterien vor (vgl. Markus und Robey 1988, S. 583; vgl. Lewin und Hunter 1998, S. 256):

- *Structure of theory*: Hierbei handelt es sich um die Fundamentalannahme, die einem Erklärungsansatz zugrunde liegt.
- *Logical structure*: Hierbei steht die Stringenz der unterstellten Wirkungsweise im Mittelpunkt der Betrachtung. Es werden zwei Arten von Erklärungsansätzen unterschieden:
  - Ein verursachender Einflussfaktor ist die notwendige und hinreichende Voraussetzung für ein bestimmtes Ereignis.
  - Ein bestimmtes Ereignis tritt nicht zwangsläufig ein, obwohl die Voraussetzungen erfüllt sind. Zufällige Ereignisse wirken entgegen.
- *Level of analysis:* Als Ebene der Betrachtung der Abhängigkeiten kommen die Gesamtorganisation, kleinere Organisationseinheiten oder das einzelne Organisationsmitglied in Betracht.

Insbesondere die unterschiedlichen Fundamentalhypothesen sind dabei für diese Arbeit relevant. Sie werden daher im Folgenden dazu dienen, die Ergebnisse einzelner Erklärungsansätze darzustellen. Markus/Robey unterscheiden drei verschiedenartige Basisannahmen, die sie unter den Begriffen *Technological Imperative*, *Organizational Imperative* und *Emergent Perspective* zusammenfassen. Diese drei Basisannahmen sind der Ausgangspunkt für die weitere Analyse der Wirkungsbeziehungen zwischen IT und Organisation.

Im Folgenden werden diese drei Basisannahmen um eine vierte – die Enabler Perspektive – erweitert, vorgestellt.

2.4.1 Technological Imperative

Beim Technological Imperative wird die IT-Architektur als exogener Einflussfaktor gesehen, der maßgeblich die Organisationsarchitektur und das Verhalten der Organisationsmitglieder bestimmt. Die Organisationsarchitektur ist somit die abhängige Variable. Es wird dabei ein monokausaler Zusammenhang bzw. ein deterministischer Ursache-Wirkungs-Zusammenhang unterstellt, das heißt die Organisationsarchitektur ist abhängig von dem einen Einflussfaktor, der Ausprägung der IT-Architektur (Abbildung 2-4). Diese Perspektive hat einen prognostizierenden Fokus. Es soll vorhergesagt werden, wie sich unter dem Einfluss der IT-Architektur die Organisationsarchitektur verändern wird. (vgl. Markus und Robey 1988, S. 585)

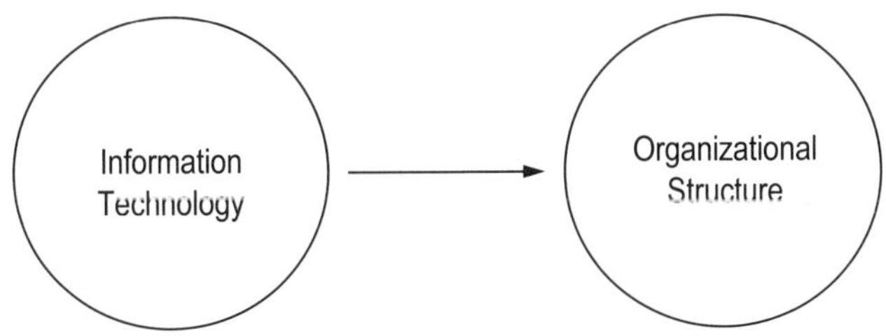

Abbildung 2-4: Technological Imperative (vgl. Markus und Robey 1988, S. 586)

2.4.2 Organizational Imperative

In der Perspektive Organizational Imperative stellt die Anwendung der IT-Architektur die abhängige Variable dar, die bestimmt wird von den Anforderungen an die IT-Architektur und den Zielsetzungen der Entscheidungsträger, wie diese Anforderungen zu erfüllen sind. Die IT-Architektur wird eingesetzt, um bestimmte Zielsetzungen zu erreichen. Die Alternativen und Konsequenzen des Technologieeinsatzes sind im Voraus bekannt oder jedenfalls abschätzbar.

Auch hier wird ein monokausaler Zusammenhang unterstellt, das heißt die Ausprägung der IT-Architektur ist abhängig von den Anforderungen aus der Organisationsarchitektur. Jedoch sind die organisatorischen Bedürfnisse ihrerseits abhängig von Kontextfaktoren wie Umwelt, Entscheidungsstil oder Unsicherheit (Abbildung 2-5).

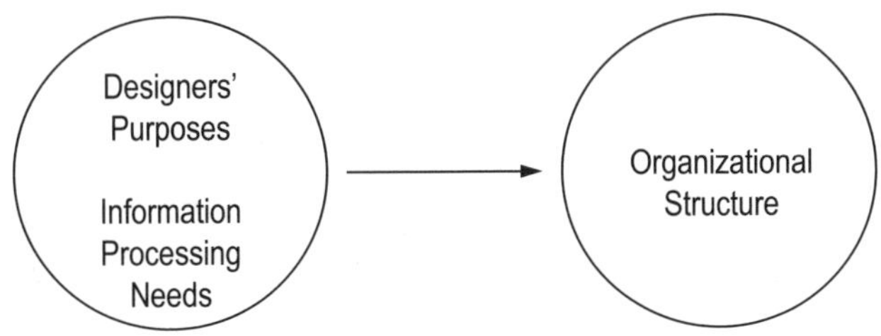

Abbildung 2-5: Organizational Imperative (vgl. Markus und Robey 1988, S. 586)

2.4.3 Emergent Perspective

Die Basisannahme der Emergent Perspective geht davon aus, dass die IT-Architektur und die daraus resultierenden Konsequenzen in nicht vorhersagbarer Weise von den komplexen, sozialen Interaktionen der Organisationsmitglieder bestimmt werden. Um die Wirkungen der IT-Architektur in einer Organisation zu bestimmen, genügt es somit nicht, die Eigenschaften der IT-Architektur und die Ziele der Organisation zu kennen. Vielmehr ist zusätzlich ein genaues Verständnis für die dynamischen sozialen Prozesse in der Organisation erforderlich.

Im Gegensatz zu den vorher genannten Basisannahmen handelt es sich hierbei also nicht um einen monokausalen Zusammenhang, sondern es wird eine wesentlich größere Komplexität der Wirkungszusammenhänge (multikausaler Zusammenhang) unterstellt. Neben IT-Architektur und Organisationsarchitektur werden auch einander widersprechende Zielsetzungen und Präferenzen sowie möglicherweise irrationales Verhalten der Organisationsmitglieder einbezogen (Abbildung 2-6; vgl. Wall 1996, S. 53.)

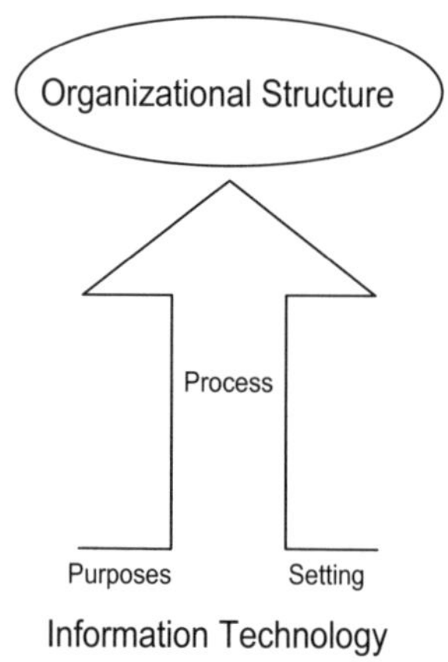

Abbildung 2-6: Emergent Perspective

2.4.4 Enabler Perspective

Die in den vorherigen Kapiteln beschriebenen Perspektiven entspringen einer eher traditionellen Sichtweise der Rolle von IT in einer Unternehmung. In dieser Sichtweise wird die IT als Unterstützer für die effiziente Nutzung von Unternehmungsressourcen und für die Bereitstellung der benötigten Informationen insbesondere für das Management gesehen. Die Abkehr von den deterministischen Wirkungszusammenhängen führte jedoch dazu, dass das Gestaltungspotenzial der IT zunehmend in den Vordergrund rückt und der IT mehr und mehr eine strategische Rolle zuerkannt wird. (vgl. Frese 2000, S. 142 f)

Venkatraman erklärt das Entstehen dieser strategischen Sichtweise mit dem gleichzeitigen Wirken von zwei Kräften, die er als technology push und competitive pull bezeichnet (Abbildung 2-7). Treiber des technology push sind einerseits das sich ständig verbessernde Preis-Leistungs-Verhältnis der IT und andererseits die wachsenden Vernetzungs- und Integrationskapazitäten der IT.

Die zweite Kraft, der competitive pull, zeigt sich bei einer Analyse der Veränderungen der Marktbedingungen. Dem zunehmenden Wettbewerb auf den Märkten versuchen die Unternehmungen mit der Bildung von Wettbewerbsvorteilen zu begegnen. Die IT bietet hierfür gute Potenziale.

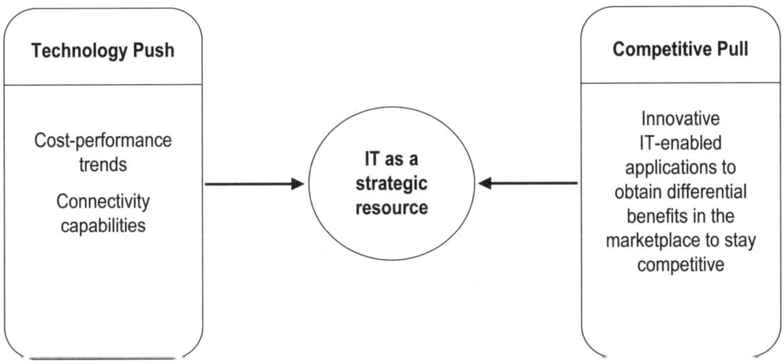

Abbildung 2-7: Strategische Rolle von IT in Unternehmungen

Durch neue IT erweitern sich somit die Freiheitsgrade der organisatorischen Gestaltung. Die IT wird daher als Enabler („Möglichmacher") organisatorischer Lösungen bezeichnet. Dies ist dann der Fall, wenn eine bestimmte organisatorische Lösung erst durch die Existenz einer IT möglich wird, die organisatorische Restriktionen beseitigt.

In der Enabler Perspektive ist ein gewisses Umdenken beim Entwerfen organisatorischer Lösungen notwendig. Wie in den vorherigen Abschnitten beschrieben, hat die Sichtweise des Organizational Imperative eine weite Verbreitung gefunden und zu einem Vorrang der Organisation geführt. Dies bedeutet, dass bei der organisatorischen Gestaltung in dieser – im Folgenden als klassisch bezeichneten – Vorgehensweise die Technologie solange nicht betrachtet wird, bis die organisatorische Lösung gefunden ist und darauf aufbauend die Anforderungen an das IT-System formuliert werden können.

Die Enabler Perspektive fordert zunächst genau das Gegenteil: Vor dem Festlegen der organisatorischen Lösung muss unbedingt die Technologie betrachtet werden. Denn erst durch eine Analyse der technischen Möglichkeiten wird der Weg für eine gute organisatorische Lösung geebnet. Es soll verhindert werden, dass lediglich schlechte Abläufe elektrifiziert und dadurch maximal graduelle Verbesserungen erreicht werden.

Diese Vorgehensweise räumt scheinbar der Technologie einen Vorrang gegenüber der Organisation ein und widerspricht damit der Vorgehensweise des Organizational Imperative. Jedoch täuscht dieser erste Eindruck. Die Technologie wird zwar grundsätzlich zuerst betrachtet, jedoch mit dem Fokus auf neue organisatorische Möglichkeiten z. B. durch das Auflösen von Restriktionen. Diese neuen organisatorischen Lösungen werden daraufhin geprüft, ob sie den Unternehmungszielen entsprechen. Nur dann werden die organisatorischen Lösungen samt der sie ermöglichenden Technologien implementiert. Ausgehend von der Unternehmensstrategie darf unterstellt werden, dass diese geradezu im Hinblick auf die technologischen Möglichkeiten formuliert wird. Letztlich bleibt also beim Enabler Gedanken der Vorrang der Organisation gewahrt.

2.5 Weiterführende Literatur

Zu Grundlagen der Organisationstheorie:

Frese, E.: Grundlagen der Organisation: Konzept – Prinzipien – Strukturen. 8 Aufl., Gabler, Wiesbaden 2000.

Kieser, A.; Walgenbach, A.: Organisation. 4. Aufl., Schäffer-Poeschel, Stuttgart 2003.

Picot, A.; Reichwald, R.; Wiegand, R. T.: Die Grenzenlose Unternehmung – Information, Organisation und Management. 5 Aufl., Gabler, Wiesbaden 2003.

Zur Prozessorientierung:

Hammer, M.; Champy, J.: Reengineering The Corporation – A Manifesto for Business Revolution. HarperCollins, New York 2001.

Gaitanides, M.: Prozessorganisation. In: Schreyögg, G., Werder, A. v. (Hrsg.): Handwörterbuch Unternehmensführung und Organisation. Schäffer-Poeschel, Stuttgart 2004, S. 1208-1218.

Zum Zusammenhang zwischen IT und Organisation:

Wall, F.: Organisation und betriebliche Informationssysteme – Elemente einer Konstruktionslehre. Gabler, Wiesbaden 1996.

Markus, M. L.; Robey, D.: Information Technology and Organizational Change: Causal Structure in Theory and Research. In: Management Science. 34 1988 Nr. 5, S. 583-589.

2.6 Übungsaufgaben

1. Welche unterschiedlichen Betrachtungsebenen kennt die Organisationstheorie, nennen Sie alle, die Ihnen einfallen und erklären Sie zwei davon im Detail!
2. Was ist der Unterschied zwischen dem institutionellen und instrumentalen Organisationsbegriff?
3. Wie kann die Prozessorientierung in die Organisationstheorien eingeordnet werden?
4. Warum ist es sinnvoll, ein Unternehmen nicht nur entlang seiner Strukturen, sondern auch entlang von Prozessen zu betrachten?
5. Beachten Sie vor allem vorhandene Prozesse und Strukturen oder die technische Möglichkeiten neuer IT-Systeme, wenn Sie ein neues Informationssystem in ein Unternehmen einführen wollen? Diskutieren Sie die Alternativen und Konsequenzen!

Marten Schönherr und Philipp Offermann

3 Unternehmungsarchitektur als integrierende Sicht

Themenüberblick: Unternehmensarchitektur, Enterprise Architecture Frameworks (EAF), Architekturtypen, Zachman Framework, ARIS, Unternehmensmodellierung, Zusammenhang IT und Organisation.

Lernziele: In diesem Kapitel lernen Sie das Konzept der Unternehmensarchitektur kennen. Unternehmensarchitekturen bieten eine integrierende Sicht auf Unternehmen, welche insbesondere organisatorische mit informationstechnischen Aspekte in Zusammenhang setzt. Sie lernen beispielhaft einige Architektur-Frameworks kennen. Abschließend wird Ihnen ein vereinfachtes Framework für dieses Buch an die Hand gegeben. Dieses Framework hilft Ihnen dabei, alle weiteren Inhalte, insbesondere Modellierungsnotationen und Verbesserungsmöglichkeiten, einzuordnen und in Zusammenhang zueinander zu setzen.

3.1 Einleitung

Nachdem im letzten Kapitel verschiedene Sichten auf Organisationen vorgestellt worden sind, wird in diesem Kapitel das Konzept der Unternehmensarchitektur eingeführt. Ein Unternehmensarchitektur-Framework (engl. Enterprise Architecture Framework, EAF) bietet eine integrierende Sicht auf Unternehmen, welche insbesondere organisatorische und informationstechnische Aspekte in Zusammenhang zueinander setzt. Diese integrierende Sicht ermöglicht es, sowohl bestehende Unternehmensarchitekturen als auch Architekturtransformationen zu planen und zu managen. Entscheidend dabei ist, dass durch das Framework der Zusammenhang verschiedener Sichten auf die Organisation explizit dargestellt wird und damit beachtet werden kann. Zunächst wird der Begriff „Architektur" in diesem Kontext definiert.

3.2 Architekturbegriff

Der Begriff der Architektur wird nicht einheitlich verwendet, was auch daran liegt, dass er in sehr verschiedenen Anwendungsgebieten verwendet wird. Im Folgenden werden zuerst verschiedene allgemeine und spezielle Architekturdefinitionen der Literatur analysiert. Anschließend erfolgt eine Vertiefung zu Architektur-Framenworks. Abschließend wird der in diesem Buch verwendete Architekturbegriff genauer spezifiziert und positioniert.

Der Fokus dieses Buchs liegt auf einem Architekturbegriff für die Wirtschaftsinformatik. Kennzeichnend für einen solchen Architekturbegriff ist die Integration von Organisation und IT. Diese beiden Domänen weisen aber auch jede für sich eine Reihe von isolierten Architekturdefinitionen auf. Insbesondere für den Teil der IT finden sich verschiedene Begriffe, wie Informationssystem-Architektur, Informationsarchitektur, Anwendungssystemarchitektur, Applikationsarchitektur oder Unternehmensarchitektur. Die genannten Begriffe werden weitgehend synonym gebraucht und meinen im Wesentlichen die IT als Gesamtheit. Darüber hinaus gibt es eine Reihe von Begriffen, die sich auf Teilaspekte, wie Datenarchitektur, Kommunikationsarchitektur, Rechnerarchitektur usw. beziehen.

Um vor der Betrachtung dieser speziellen Definitionen die allgemeingültigen Elemente eines Architekturbegriffs zu finden, werden im Folgenden zuerst die Baukunst und später die Stadtplanung als Quelle verschiedener Architekturbegriffe betrachtet.

3.2.1 Baukunst

Der Ursprung des Begriffs der *Architektur* geht auf das Bauwesen zurück und wird hier neben funktionalen Aspekten oft mit der Kunst des Bauens assoziiert. Dabei steht das lateinische Wort *architektura* sowohl für die Tätigkeit des Bauens als auch für das damit geschaffene Gebäude. Besonders hervorgehoben wird jedoch der Planungscharakter der Architektur, da die Hauptaufgabe des Architekten in der Planung, nicht in der Umsetzung liegt. Die Umsetzung wird meist von weiteren Personen (Handwerker) vollzogen und vom Architekten überwacht.

Die Architektur erweitert die klassische *Tektonik* (Konstruktion oder Bauwerk) jedoch, da sie sich vom Alltäglichen und Praktischen vor allem durch die Größenordnung und die Beständigkeit unterscheidet. Darin kommt auch der ganzheitliche Charakter einer Architektur zum Ausdruck. Es geht bei der Architektur also nicht nur darum, einzelne Details zu planen, sondern Zusammenhänge in einem komplexen Ganzen. Die Zusammenhänge im Gefüge werden durch die *Struktur* repräsentiert. Die Architektur als Planung von Strukturen schafft dabei vor allem einen Rahmen, sie spezifiziert jedoch nicht die Inhalte.
Eine Architektur sollte an folgenden vier Faktoren ausgerichtet sein:

- Es gilt das Primat des Zwecks, das heißt die Form wird von der Funktion bestimmt.
- Die Architektur muss sich in Übereinstimmung mit ihrer Umwelt befinden.
- Die Architektur plant und ist gebunden an geeignete Baumaterialien
- Die Architektur ist gebunden an die Verfügbarkeit der notwendigen Technologien.

Die genannten Aspekte lassen sich sowohl auf physische Bauwerke, als auch auf Unternehmen anwenden. Als Baumaterial wird vor allem die Hierarchie als Koordinationsinstrument genannt. Ihre Gestaltung hängt von den zur Verfügung stehenden Technologien ab – in diesem Fall vor allem von der IT.

Ähnlich haben Krüger und Seelmann-Eggebert (2003) die folgenden fünf Grundüberlegungen eines Architekten im Sinne der Baukunst herausgearbeitet und so verallgemeinert, dass diese für die Gestaltung von IT-Architekturen gelten:

- Einhaltung der fachlichen Anforderungen (Funktionalität),
- Ableitung zukünftiger Anforderungen (Nachhaltigkeit),
- gewissenhafte Auswahl der Baumethode (Methoden des Software Engineering),
- korrekte Auswahl der Baukomponenten (Wiederverwendbarkeit) und
- Einhaltung von Standards (technische und fachliche Standards).

Obwohl der Architekturbegriff der Baukunst die Umfeldbedingungen integriert, richtet er sich doch primär an den Neuentwurf von Bauwerken. Im hier betrachteten Kontext der prozessorientierten IT-Systemintegration ist das jedoch nicht ausreichend. In diesem Kontext besteht die Aufgabe darin, bestehende Architekturen entsprechend den jeweiligen Anforderungen zu transformieren. Die Analogie zur Stadtplanung kommt diesem Szenario näher und wird darum im Folgenden betrachtet.

3.2.2 Stadtplanung

Im vorangegangenen Abschnitt wurde die Architektur verkürzt als die ganzheitliche Planung von Strukturen charakterisiert. Die Planung war hier implizit immer eine Neuplanung von Strukturen. Die Analogie der Stadtplanung spezifiziert die Randbedingungen dieser Strukturplanung insbesondere in zwei Aspekten genauer und für den hier besprochenen Fall passender:

1. Die Stadtplanung ist eine Transformationsplanung bestehender Strukturen. Der Begriff Transformation schließt dabei den Ausbau und auch den Rückbau bestehender Strukturen ein. Dabei ist eine Stadt schon allein aufgrund ihrer Größe komplexer als ein einzelnes Bauwerk. Es müssen mehr Abhängigkeiten und Interessen berücksichtigt werden.
2. Neben funktionalen Zielen der Strukturen tritt das nichtfunktionale Ziel der Nachhaltigkeit der Struktur noch deutlicher hervor. Im Gegensatz zu einem einzelnen Bauwerk ist es bei einer Stadt nicht denkbar, ein vollständiges Redesign, das heißt Abriss und Neubau, durchzuführen. Somit ist die Planung von Städten immer auf eine langfristige Funktionalität ausgerichtet.

Eine solche ganzheitliche Planung setzt immer die Interessen des *Ganzen* gegen zum Teil konträre individuelle Interessen durch.

Burke nennt in Analogie zur Stadtplanung folgende Bestandteile des META Group IT-Architekturmodells (vgl. Burke 2003):

- city vision,
- city plan,
- zone plan,
- building code (architecture principles and guidelines),
- building-materials list and
- building permits.

Diese Analogie bezieht sich in allen Punkten auf fachliche Probleme. Vor allem die einfachere Kommunikation der Maßnahmen im Unternehmen wird als Vorteil erwähnt. Die Analogie der

Stadtplanung schlägt sich im Bereich der IT-Architekturplanung u. a. in Termen wie Bebauungsplänen und Genehmigungsverfahren für IT-Projekte nieder. Architekturteams werden zunehmend, analog zu den verantwortlichen Behörden in der Stadtplanung, aus der IT in eigene und damit unabhängige Ressorts ausgegliedert.

3.2.3 Wirtschaftsinformatik

Wie bereits eingangs in diesem Abschnitt dargestellt wurde, gibt es in der Wirtschaftsinformatik neben einigen Detailarchitekturen, wie der Datenarchitektur, eine Reihe von Architekturbegriffen die ausgehend von der IT als Ganzem, Menschen und ihre Interaktion als weitere Elemente einbeziehen. Im englischsprachigen Bereich hat sich der Begriff der *Enterprise Architecture* als wohl gleichwertig etabliert. Im Folgenden werden die *Elemente*, *Ziele* und *Eigenschaften* solcher Architekturen in der Wirtschaftsinformatik weiter betrachtet.

Elemente

Nach der erweiterten Definition eines Informationssystems von Picot/Maier, umfasst eine Systemarchitektur nicht ausschließlich technische Elemente, vielmehr wird von einem sozio-technischen System ausgegangen, das die gesamte technische Infrastruktur und deren Nutzer einbezieht (vgl. Picot und Maier 1992, S. 923). Ähnlich definiert Gronau eine Informationssystemarchitektur als das Zusammenwirken technologischer, organisatorischer und psychosozialer Aspekte bei der Entwicklung und Nutzung von betrieblichen sozio-technischen Informationssystemen (vgl. Gronau 2003, S. 45).

Als Elemente können also auf der obersten Aggregationsebene einerseits Technologien und die konkrete Technik sowie die Organisation andererseits festgehalten werden. Diese beiden Elemente lassen sich, wie es in den vorangegangenen Kapiteln beschrieben wurde, weiter unterteilen. Auf der Seite der Technologien sind die Elemente tieferer Ebenen vor allem Hardware, Software, Daten, Methoden und Verfahren, auf der Seite der Organisation sind es Menschen und ihre komplexen Interaktionen, Aufgaben und Regeln und die sich daraus ergebenden Strukturen und Abläufe.

Ziele

Architekturbetrachtungen werden von verschiedenen Personengruppen durchgeführt. So führen Unternehmen, Softwarehersteller, Beratungsunternehmen und Forschungseinrichtungen sehr unterschiedliche Ziele an. Hier werden Interessen von Unternehmen als Betreiber technischer Infrastrukturen in komplexen organisatorischen Umgebungen in den Mittelpunkt gestellt.

Nach Krcmar steht die Nachhaltigkeit der Architektur als Hauptziel im Vordergrund. Zukünftige Entwicklungen sollen vorweggenommen werden. Das Thema der Nachhaltigkeit von IT wird in der Fachliteratur vielfältig diskutiert. Vor allem technische bzw. prozessorientierte Standards und die Orientierung an der Geschäftsstrategie werden in dieser Diskussion betont (vgl. Krcmar 1990, S. 395). Wird die Nachhaltigkeit der Architektur als ein Hauptziel von Architekturbetrachtungen gesehen, so lässt sich die Architektur auch als Wertegefüge für einen gerichteten Prozess des Wandels darstellen.

Die International Organization for Standardization (ISO) definiert die Ziele einer Enterprise Architecture allgemein mit der Befähigung eines Teams, umfassend alle Ressourcen eines Unternehmens zu integrieren (vgl. ISO 2000, S. vii). In diesem Sinne bezeichnen Schallert/Rosemann die Beherrschbarkeit von Komplexität und Management von Unternehmensintegration als oberstes Ziel einer Architekturbetrachtung (vgl. Schallert und Rosemann 2003, S. 48). Nach Dern ist das Hauptziel die Sicherstellung der effizienten IT-Unterstützung vor dem Hintergrund sich permanent ändernder Geschäftsprozesse, Produktportfolios und Vertriebskanäle (vgl. Dern 2003, S. 11).

Zusammenfassend lässt sich das Ziel von Architekturbetrachtungen im Kontext der Wirtschaftsinformatik als Integration aller Unternehmenselemente – insbesondere Strategie, Organisation und IT – mit dem Ziel eine langfristig adäquate und wandlungsfähige – also nachhaltige – Struktur der Unternehmung sicherzustellen beschreiben.

Eigenschaften

Um die Vergleichbarkeit bzw. Bewertbarkeit verschiedener Architekturkonzepte zu ermöglichen, muss eine Architektur anhand ihrer wichtigsten Eigenschaften beschrieben werden. Die Literatur bietet diverse Kriterienkataloge, um Architekturen zu spezifizieren. Im Folgenden werden die Kriterien *Abstraktion*, *Strukturbeschreibung*, *Muster*, *ganzheitliche Betrachtung* und der *Planungscharakter* von Architekturen besprochen.

Das Kriterium der Abstraktion ist die Konstruktion einer Architektur mit idealisierten Bausteinen, die von individuellen Details abstrahieren. Im Zusammenhang mit der Abstraktion ist eine komplexitätsreduzierende Verkürzung der Modelleigenschaften zu empfehlen, die vor allem darauf abzielt, die Funktionen und Systemschnittstellen herauszuarbeiten und in den Vordergrund zu heben. Architekturen im Sinne der Wirtschaftsinformatik haben immer Modellcharakter, der von der realen Komplexität abstrahiert und nur die relevanten Eigenschaften und Zusammenhänge beschreibt.

Krcmar versteht Architekturen „im Wesentlichen als eine Beschreibung von Strukturen“ (Krcmar 1990, S. 396). Auch Mertens definiert den Architekturbegriff mit einer „stark verdichteten Sicht auf die Anordnung von Vorgängen bzw. Prozessen“ (Mertens 1991, S. 16). Prinzipiell entstehen Architekturen aufgrundlage von Prozessen und Abläufen, die funktionale Vorgaben und Grenzen der Architektur definieren.

Die Verwendung des Musterbegriffes (engl. patterns) führt zu mehrdeutiger Auslegung. Es gibt in der einschlägigen Fachliteratur wenige Quellen, die für die Architekturbeschreibung von IT-Systemen Muster als grundlegendes Beschreibungskriterium anführen. Alexander definiert Muster wie folgt:

„Each pattern describes a problem which occurs over and over again in our environment, and then describes the core of the solution to that problem, in such a way that you can use this solution a million times over, without ever doing it the same way twice.“ (Alexander 1995, S. 12)

Der Autor ist Architekt. Daher gilt es, diese Definition als abstrakt zu betrachten. Allerdings erscheint sie geeignet, auch andere Sachverhalte sehr zwingend zu beschreiben. Prinzipiell stellen Muster eine Möglichkeit dar, auf wiederholt auftretende Probleme standardisiert zu reagieren. Allerdings sind die Probleme und der Kontext selten identisch, oft nur ähnlich.

Nach Kazman stehen Muster in direktem Zusammenhang mit der Eigenschaft der strukturellen Beschreibung, sprich: Sie sind allgemein geltende Regeln, welche den logischen bzw. funktionalen Zusammenhang der Elemente der Architektur beschreiben (vgl. Bass et al. 2003, S. 24). Ein Beispiel für ein Muster ist das funktionale Abhängigkeitsverhältnis zwischen Architekturelementen in einer Client-Server-Infrastruktur. Es wird abstrakt definiert, nach welchen Prinzipien Dienste angeboten (Server) und genutzt (Client) werden. Dabei kann der Server eines Dienstes gleichzeitig auch Client eines anderen Dienstes sein. Das Muster beschreibt den allgemeingültigen Zusammenhang, nicht die individuelle Problemlösung.

Alle Architekturen haben Planungscharakter. Sie sind in der Regel das Ergebnis eines Planungsprozesses und stellen nach ihrer Definition selbst einen Masterplan für die ganzheitliche Realisierung zukünftiger Maßnahmen dar.

Zusammengefasst ergibt sich folgende allgemeine Definition einer Architektur in der Wirtschaftsinformatik – im Folgenden Unternehmensarchitektur genannt: Eine Unternehmensarchitektur ist die abstrakte, planende Beschreibung der Strukturen und Muster der Organisation und IT eines Unternehmens und deren Zusammenspiel. Das Ziel dieser Beschreibung ist es, einen nachhaltigen Wandlungsprozess eines Unternehmens zu unterstützen.

3.3 Architekturtypen

Nachdem im vorangegangenen Abschnitt beschrieben wurde, was in der Wirtschaftsinformatik unter einer Architektur verstanden wird, werden im Folgenden zwei Architekturtypen vorgestellt, die von Architekturmodellen umgesetzt werden können.

Die ISO unterscheidet zwei Typen von Architekturen. (vgl. ISO 2000, S. 1) *Typ I* wird als die direkte Beschreibung bzw. Modellierung des Designs eines Systems oder einer Menge von Systemen definiert. Danach umfasst der Begriff Architektur alle Dinge, welche die (Grund-) Struktur eines Systems definieren. Mit Struktur sind dabei nicht nur die statischen Aspekte eines Systems, wie Komponenten, Schnittstellen und Beziehungen untereinander gemeint, sondern ebenfalls dynamische Aspekte, wie etwa die Kommunikation zwischen den Komponenten. Die Struktur eines Systems ergibt sich aus einer Reihe von sich ergänzenden und überlagernden Teilstrukturen.

Architekturen des *Typs II* beschreiben Projekte, die die nachhaltige Veränderung des Unternehmens, seiner Prozesse, der Aufbauorganisation und der IT-Systeme zum Ziel haben. Das National Institute of Standards and Technology (NIST) definiert analog eine Architektur des Typs II folgendermaßen: "...the body of classified knowledge for designing, building, operating and modeling enterprises. The architecture contains guidelines and rules for the representation of the enterprise framework, systems, organization, resources, products and processes." (Nell 1996)

Eine Architektur in diesem Sinne beschreibt Aspekte, die mit der Konzeption, der Entwicklung und dem Betrieb neuer Umgebungen als Folge bzw. im Rahmen von Änderungen eine Rolle spielen. Typ-II-Architekturen erweitern Typ-I-Architekturen um Konzepte und Methoden, die die Implementierung und den Betrieb von komplexen Systemen über den gesamten Lebenszyklus unterstützen. Solche Architekturen des Typs II werden in der Literatur unter dem Begriff der *Enterprise Architecture Frameworks* diskutiert. Im nachfolgenden Abschnitt werden die wichtigsten Frameworks in einem Überblick dargestellt.

Die im nächsten Abschnitt dargestellten Architekturen gehören nach der ISO-Definition zum Typ I.

3.4 Ausgewählte Architekturmodelle

Im Folgenden werden fünf ausgewählte Architekturmodelle vorgestellt. Architekturmodelle machen in Form von Metamodellen Aussagen über die postulierten Strukturen und Zusammenhänge zwischen den Elementen einer Architektur.

3.4.1 IBM – Strategic Architecture Framework

IBM beschreibt das Strategic Architecture Framework (Abbildung 3-1) vor dem Hintergrund eines stringenten Architekturmanagements, das vor allem IT-Kosten senken soll. Nebeneffekte sind die Etablierung von Standards und kürzere Laufzeiten von IT-Projekten. Der Ansatz geht von einer gegenseitigen Beeinflussung von Geschäftsstrategie und IT aus und kann zur Veranschaulichung von Zusammenhängen verwendet werden.

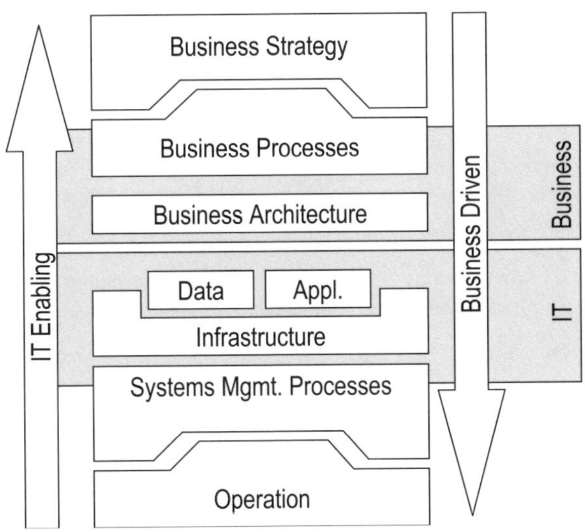

Abbildung 3-1: IBM Strategic Architecture Framework (vgl. Harbeke 2002, S. 15)

Operative Aussagen für die Gestaltung der Architektur werden allerdings nicht explizit unterstützt. Auch bleiben die verwendeten Begriffe und die dahinter liegenden Strukturen zum Teil recht vage.

Es gibt eine Reihe weiterer Modelle aus der Praxis die in ihrer Struktur oft ähnlich sind, teilweise jedoch andere, oft an Produkten ausgerichtete, Begriffe verwenden. Neben solchen praxisorientierten Konzepten gibt es auch eine Reihe von wissenschaftlich motivierten Ansätzen von denen im Folgenden vier vorgestellt werden sollen.

3.4.2 Architekturkonzept nach Krcmar

Krcmar diskutiert bereits seit Ende der 1980er Jahre die Notwendigkeit, aus den strategischen Zielen und der daraus definierten Aufbau- und Ablauforganisation eines Unternehmens, alle Schichten des IT-Architekturmodells abzuleiten. Dem oft diskutierten Anachronismus zwischen fachlichen Anforderungen und IT-Infrastrukturen trägt er in der Abbildung durch die Wahl eines Kreisels Rechnung (Abbildung 3-2). Nur wenn alle Teile des Modells ausbalanciert sind, wird ein Gleichgewicht erreicht.

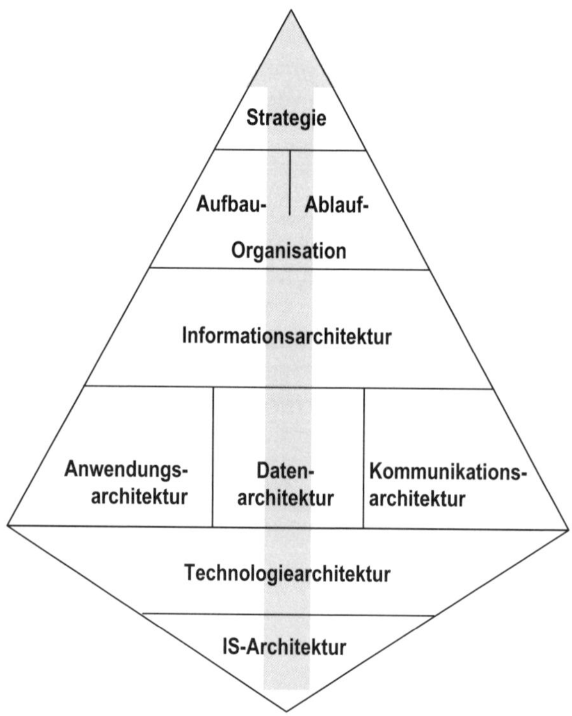

Abbildung 3-2: Architekturkonzept nach Krcmar (vgl. Krcmar 1990, S. 399)

Die Kernelemente des Architekturverständnisses nach Krcmar bilden die Ablaufarchitektur, die Aufbauorganisationsarchitektur, die Anwendungsarchitektur, die Datenarchitektur und die Kommunikationsarchitektur. Gemeinsam bilden sie die Schnittstelle zwischen der technischen Infrastruktur des Systems und der Geschäftsstrategie.

Die Geschäftsstrategie legt Leitregeln und Entscheidungen für alle Bereiche des Unternehmens fest. Dabei nimmt sie Einfluss auf sämtliche Entscheidungen, die in anderen Ebenen des Unternehmens getroffen werden und bestimmt damit indirekt die Strukturen des Informationssystems.

Eine strikte Trennung der Ablaufarchitektur und der Aufbauorganisationsarchitektur lehnt Krcmar ab, da die Entscheidungshierarchie, die in der Aufbauorganisationsarchitektur widergespiegelt wird, die Geschäftsprozesse beeinflusst. Aus diesem Grund sind beide Architekturen in einer Ebene abgebildet. Die Ablauf- und die Aufbauorganisationsarchitektur dienen zur Umsetzung der vorgegebenen Geschäftsstrategie und bilden daher in der zweiten Ebene des Modells den Puffer zwischen der Geschäftsstrategie und den darunter liegenden Schichten.

Die darunter liegende Informationsarchitektur bildet eine Abstraktionsebene zwischen den fachlichen Strukturen und Abläufen einerseits und den nachfolgenden eher technisch orientierten Architekturen andererseits.

Die Anwendungs-, Daten- und Kommunikationsarchitektur bilden die vierte Ebene, sie sind in Anlehnung an das Zachman Framework (vgl. Abschnitt 3.5.1) entstanden. Die Anwendungsarchitektur dient als Beschreibung der Funktionen (der Prozesse und ihrer Unterstützung), die Datenarchitektur als Beschreibung der statischen Zusammenhänge zwischen den unternehmensrelevanten Daten. Die Ableitung dieser Datenstrukturen bilden die Datenmodelle, die zur Entwicklung der Softwaresysteme notwendig sind.

Die Kommunikationsarchitektur beschreibt die logische Dimension der Infrastruktur. Dabei dient sie nicht als reine Ableitung der Daten- und Anwendungsarchitektur, sondern bildet auch Informationsflüsse, die außerhalb von Systemen existieren, mit ab. Die unterste Ebene bildet die Darstellung der zu verwendenden Technologieinfrastruktur. Die Anwendungs-, Daten- und Kommunikationsarchitektur dienen nach Krcmar als „Puffer, der die Aufgabe hat, zwischen den sich möglicherweise schnell verändernden Geschäftsstrategien mit den daran angepassten Prozess- und Aufbauorganisationselementen und der längerfristig festgelegten Technologieinfrastruktur zu vermitteln." (Krcmar 1990, S. 400) Zudem werden dadurch Auswirkungen der teilweise kurzen Lebenszyklen von Technologien auf die Inhalte und Abläufe der Geschäftsprozesse verhindert.

Krcmar geht von einer Rückkopplung der Möglichkeiten einer vorhandenen IT-Infrastruktur auf die strategischen Ziele eines Unternehmens aus. Weiterhin weist Krcmar zwar ausdrücklich auf einen Zusammenhang zwischen den beschriebenen Ebenen hin, liefert aber keinen Lösungsansatz für die Abstimmung und Harmonisierung derselben.

3.4.3 Architekturkonzept nach Foegen

Für Foegen umfasst der Architekturbegriff alle Dinge, die die Grundstruktur eines Systems definieren. Die Architektur definiert die technische Sprache und Verständigungsebene eines Projekts und sichert damit ein gemeinsames technisches Grundverständnis. Schon aus dieser Darstellung wird seine technikzentrierte Sicht der Architektur deutlich. Generell unterscheidet Foegen vier Architekturbereiche:

1. Die Geschäftsarchitektur legt die Grundstrukturen des Geschäfts fest. Sie wird auch als Unternehmensarchitektur bezeichnet und definiert Geschäftsziele, Prozesse, Organisationsstrukturen und Ressourcen.
2. Die Projektarchitektur ist Voraussetzung für den reibungslosen Ablauf eines Projekts. Sie definiert Prozesse, Organisation und Ressourcen des Projekts.
3. Die Systemarchitektur definiert die Hard- und Software des zukünftigen technischen Systems.
4. Die Entwicklungsarchitektur definiert die Hard- und Software der Entwicklungsumgebung.

Die Projektarchitektur muss sich mit ihrer Organisation, den Prozessen und den Ressourcen in die Geschäftsarchitektur einfügen, die den Rahmen für sämtliche Aktivitäten innerhalb des Unternehmens bildet. Die Aufgabe der Systemarchitektur ist die Unterstützung, der in der Geschäftsarchitektur beschriebenen Prozesse und Vorgehensweisen. Die Entwicklungsarchitektur wiederum muss sich mit ihren Hard- und Softwarestrukturen reibungsfrei in die vordefinierte Systemarchitektur einfügen.

Einen besonderen Schwerpunkt legt Foegen auf die Beschreibung der Datenverarbeitungsarchitektur. Diese gliedert sich in zwei zentrale Teilgebiete: der softwaretechnischen Architektur und der Infrastrukturarchitektur. Die Softwarearchitektur umfasst sämtliche Softwarekomponenten inklusive ihrer Struktur, den Schnittstellen zwischen den Komponenten und die Kommunikation zwischen den Komponenten. Die Infrastrukturarchitektur stellt die Basis der Softwarearchitektur dar. Sie umfasst neben dem technischen System, Hardware, Plattform etc. auch die Platzierung der Softwarekomponenten und das Management des Systems.

Trotz der Ableitung der einzelnen Architekturen von der Geschäftsarchitektur ist Foegens Ansatz vor allem technisch orientiert.

3.4.4 Architekturkonzept nach Dern

Auch für Dern existieren innerhalb des Unternehmens verschiedene Architekturen, die er im Gegensatz zu Krcmar mit der in Abbildung 3-3 dargestellten Pyramide visualisiert.

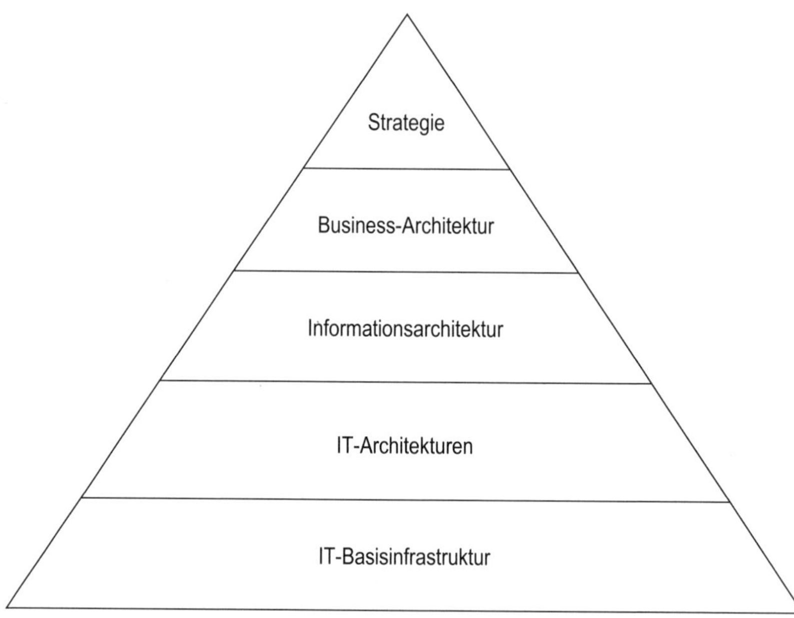

Abbildung 3-3: Architekturpyramide nach Dern (vgl. Dern 2003, S. 6)

Die Spitze der Pyramide wird, ähnlich wie bei Krcmars Kreisel, von der Strategie des Unternehmens geprägt. Hier wird mit der Strategie lediglich die generelle Geschäftsstrategie umrissen, die noch nicht in Dokumenten etc. festgeschrieben ist. Der Strategiebegriff nach Dern umfasst die strategischen Ziele einschließlich der Definition des Weges zu ihrer Erreichung. Die Beschreibung dieser Strategie bilden die *Business Treiber*, die nicht in dieser Ebene dargestellt werden.

Die Business Architektur enthält die „formalisierte Beschreibung der geschäftlichen Ausrichtung eines Unternehmens oder Geschäftsfeldes." (Dern 2003, S. 23) In ihr sind die Business Treiber enthalten, die die grundsätzlichen geschäftlichen Prinzipien des Unternehmens beschreiben. Darüber hinaus enthält diese zweite Ebene die Abgrenzung zwischen der Prozessarchitektur und der Organisationsarchitektur, die ähnlich wie bei Krcmar dicht miteinander verbunden sind.

Die Prozessarchitektur umfasst die Definition und Struktur der ablaufenden Geschäftsprozesse, mit den notwendigen Informationsflüssen und Kommunikationsschnittstellen. Im Fokus der Organisationsarchitektur steht die Konfiguration der Ablauf- und Aufbauorganisation zur optimalen Umsetzung der Geschäftsprozesse im Sinne der durch die Business Treiber aufgestellten Zielsetzungen und Regeln.

Die dritte Ebene, die Informationsarchitektur, bildet die Schnittstelle zwischen der Business Architektur und der darunter liegenden IT-Architektur. Sie besteht aus mehreren Elementen. Das Informationssysteme-Portfolio (IS-Portfolio) enthält die Beschreibung, Analyse und Bewertung der bestehenden bzw. zu erstellenden Informationssysteme inklusive der Darstellung der zugehörigen Informationsflüsse und Schnittstellen. Die Technologiestrategie legt die Richtlinien und Rahmenbedingungen für die IT-Basis-Infrastruktur auf Basis der Systemlandschaft, der Business-Treiber und der Portfolios fest. Die Architekturstrategie umreißt den zu erreichenden Zielzustand des Systems inklusive des Weges zu diesem Zustand. Die Architekturprinzipien umfassen alle architekturbezogenen Grundsätze, Definitionen und Standards, die in einem Unternehmen einzuhalten sind. Sie enthalten die übergreifenden Technologie- und Produktvorgaben, die sich meist nicht aus den Anforderungen einzelner Geschäftsvorfälle ableiten lassen.

Die für Dern im Architekturmanagementprozess zentrale Ebene ist die IT-Architektur. Sie ist die strukturierte Abstraktion existierender oder geplanter Informationssysteme. Diese Abstraktion ermöglicht eine Kommunikation innerhalb des Unternehmens, die alle Beteiligten der Planung der Informationssystemarchitekturen gleichermaßen anspricht, um so eine Plan- und Steuerbarkeit des Systems zu erzielen. IT-Architekturen lassen sich in die statische und die dynamische Sicht untergliedern. Innerhalb der statischen Sicht werden die strukturgebenden Elemente der betrachteten Informationssysteme dargestellt. Diese bilden die Anwendungsarchitektur. Die dynamische Sicht dient als Zugeordnetes Modell des Softwareentwicklungsprozesses und erläutert die Art und Weise der Beschreibung, Einführung und Erstellung der betrachteten Informationssysteme auf Basis der statischen Sicht.

Die Anwendungsarchitektur gliedert sich dabei in drei verschiedene Teilbereiche: Innerhalb der Fachlichen Architektur werden die fachlichen Funktionalitäten und der Informationsbedarf abgebildet. Mithilfe des Informationsbedarfs kann die Datenarchitektur beschrieben werden. Die Softwarearchitektur legt Art, Struktur und Zusammenwirken der Softwarebausteine fest. Des Weiteren werden die wesentlichen Schnittstellen definiert und Informationen über die globalen Kontrollstrukturen, die Kommunikation, die Synchronisation und den Datenzugriff hinterlegt. Die System- und Sicherheitsarchitektur beschreibt die für Entwicklung, Test und Produktion einzusetzenden Hard- und Softwarekomponenten. Die System und Sicherheitsarchitektur wird durch die Definition der wesentlichen Bausteine, ihrer Eigenschaften und ihrer Zusammenarbeit beschrieben, um damit die Erfüllung nicht- funktionaler Anforderungen des betrieblichen Informationssystems zu gewährleisten.

Den Grundpfeiler der Architekturpyramide nach Dern bildet die IT-Basisinfrastruktur. Mit ihr wird die Menge aller Hardware- und aller systemnahen Softwarekomponenten beschrieben, die für Entwicklung, Test und Produktion der Informationssysteme notwendig sind. Die Gruppierung der Komponenten wird als Basisplattform bezeichnet und bildet die Zielplattform von Informationssystemen. Die Zielsetzung und Entwicklung der Sicherheitsumgebung wird in der Sicherheitsstrategie erläutert, die neben der Plattformstrategie Teil der IT-Basisinfrastruktur ist.

Durch die starke Betonung des Architekturmanagementprozesses auf der IT-Architektur ist Derns Architekturbegriff ebenfalls technisch geprägt, jedoch ganzheitlicher als bei Foegen.

3.4.5 Architekturkonzept nach Hafner/Schelp/Winter

Auch Hafner/Schelp/Winter grenzen in ihrer Betrachtungsweise die verschiedenen Architekturen bzw. Architekturebenen voneinander ab. Bei ihnen stehen die Geschäftsarchitektur, die Prozessarchitektur, die Applikationsarchitektur und die IT-Architektur im Fokus (Abbildung 3-4; vgl. Hafner und Winter 2005, S. 627; vgl. Winter 2003, S. 92) Dabei stellt die Geschäftsarchitektur den Gesamtzusammenhang der Leistungsverflechtung in einem Wertschöpfungsnetzwerk, die Prozessarchitektur den Gesamtzusammenhang der Leistungsentwicklung, Leistungserstellung und des Leistungsvertriebs in einer Organisation dar. Die Applikationsarchitektur repräsentiert den Gesamtzusammenhang der informatorischen Verflechtung von Applikationen in einer Organisation, die IT-Architektur den Gesamtzusammenhang der funktionalen Verflechtung zwischen Software und Datenbankkomponenten. Je nach Komplexität der betrachteten Fragestellung können die verschiedenen Sichten abgegrenzt und einzeln betrachtet werden.

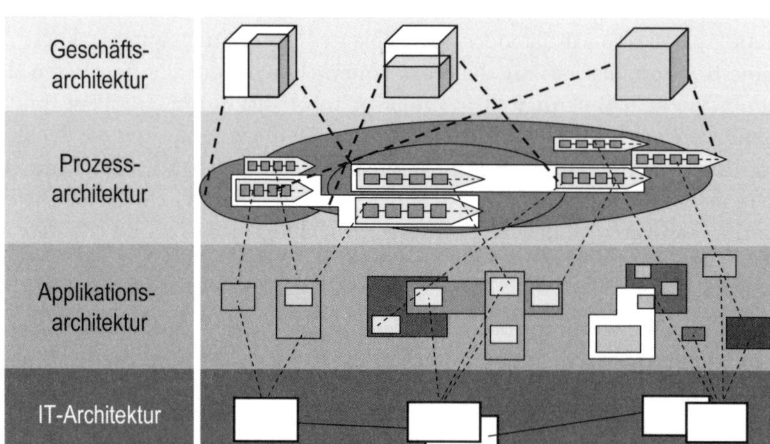

Abbildung 3-4: Architekturkonzept nach Hafner/Schelp/Winter (vgl. Winter 2003, S. 94)

Im Zentrum des Architekturverständnisses steht die Applikationsarchitektur. Diese stellt eine Schnittstelle „zwischen einer rein fachlichen Architektur und der technisch orientierten IT-Architektur" (Hafner et al. 2004, S. 58) dar. Dieser im Rahmen des Business Engineering entwickelte Architekturansatz wird über alle beschriebenen Ebenen real angewendet – das Architekturverständnis ist jedoch deutlich weniger technisch als bei Dern und Foegen und damit auch umfassender als bei Foegen.

3.4.6 Vergleich der Ansätze

Die vorgestellten Ansätze beschreiben zum Teil allgemein, zum Teil mit speziellen Zielstellungen, wie Architekturmanagement, oder Softwareentwicklung verschiedene Architekturverständnisse mit ihren Bestandteilen. Abbildung 3-5 stellt die Ansätze mit ihren Komponenten gegenüber.

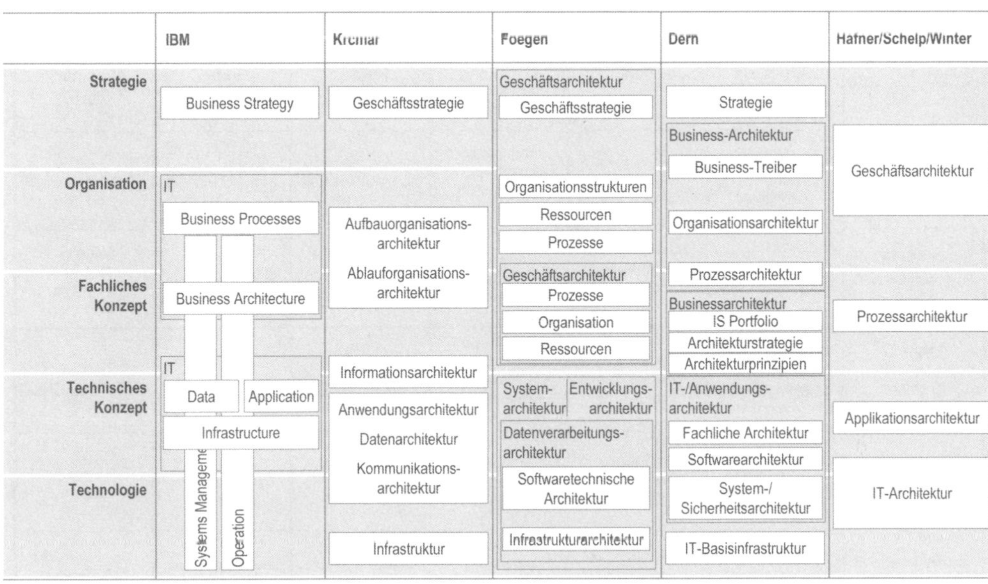

Abbildung 3-5: Vergleich Architekturansätze

Aus der Darstellung wird deutlich, dass alle Architekturansätze grundsätzlich eine ganzheitliche Sichtweise ausgehend von der Strategie über organisatorische und fachliche Aspekte zu technischen Fragestellungen haben. Im Detail werden jedoch besonders bei Foegen, aber auch bei Dern technische Schwerpunkte gesetzt. Dies wird durch eine hier stärkere Detaillierung erreicht. Insofern erscheinen strategische und organisatorische Aspekte aufgesetzt und ohne eine zwingende Verbindung zu den tiefer liegenden Ebenen. Zwei Aspekte sind den beschriebenen Ansätzen gemein:

1. Sie beschreiben ähnlich einem Referenzmodell primär die strukturellen Zusammenhänge einer zu konkretisierenden Architektur.
2. Sie beschreiben die Domäne Organisation als der Domäne IT übergeordnet.

3.5 Architektur-Frameworks

Seit etwa 1980 werden Architektur-Frameworks diskutiert. In dieser Zeit wurden etwa 20 Frameworks publiziert die oft einen gemeinsamen Ursprung haben. Entwickelt wurden die verschiedenen Frameworks im Rahmen von Forschungsprogrammen von Universitäten und Unternehmen, von Beratungsunternehmen, Standardisierungsorganisationen sowie von der US-Amerikanischen Regierung.

3.5.1 Zachmann-Framework

In einer IBM Publikation aus dem Jahre 1987 beschreibt Zachman ein „Framework for Information Systems Architecture" (vgl. Zachmann 1987), das bis heute vielen weiterführenden Konzepten zugrunde liegt.

	Structure (WHAT)	Activities (HOW)	Locations (WHERE)	People (WHO)	Time (WHEN)	Motivation (WHY)
Objectives/ Scope (Planners View)	Most significant business concepts	Mission	International view of where organization operates	Human resource philosophies and strategies	Annual planning	Enterprise vision
Enterprise Model (Business Owner's View)	Business languages used	Strategies and high-level business processes	Offices and relationships between them	Positions and relationships between positions	Business events	Goals, objectives, business policies
Model of fundamental Concepts (Architect's View)	Specific entities and relationships between them	Business functions and tactics	Roles played in each location and relationships between roles	Actual and potential interactions between people	System events	Detailed business rules
Technology Model (Designer's View)	System representation of entities and relationships	Program functions/ operations	Hardware, network, middleware	User interface design	System triggers	Business rule design
Detailed Representation (Builder's View)	Implementation strategy for entities and relationships	Implementation design of functions/ operations	Protocols, hardware, components, deployed software items	Implementation of user interfaces	Implementation of system triggers	Implementation of business rules
Functioning System	Classes, components, tables	Deployed functions/ operations	Deployed hardware, middleware and software	Deployed user interface (including documentation)	Deployed system	Deployed software

Abbildung 3-6: Zachman-Framework (vgl. Sowa und Zachmann 1992, S. 600)

Zachman unterscheidet in seinem Architekturmodell Ebenen und Objekte. Die Ebenen beachten den Zusammenhang zwischen Zielen des Unternehmens und der Entwicklung von IT-Infrastruktur. Objekte beziehen sich auf Daten, Prozesse und Netzwerke. Das Zachman-Framework entstand in Anlehnung an industrielle Prozesse (Flugzeugbau) und der Stadt- und Landschaftsplanung, da hier ähnlich komplexe Abläufe und Zusammenhänge vorliegen wie in großen IT-Infrastrukturprojekten. Ein Produkt als Ergebnis eines industriellen Prozesses wird analog zur IT-Architektur verstanden. Bei der Entstehung eines Produktes (analog Architektur) unterscheidet Zachman abstrakt sechs Objekte, die Merkmalsdimensionen beschreiben und sechs Ebenen, die Rollen von Verantwortungsbereichen bzw. Sichtweisen definieren (Abbildung 3-6).

Die Architektur-Merkmalsdimensionen unterscheiden Daten, Prozesse und Funktionen, Netzwerk und Hardware, beteiligte Personen, Zeit und Motivation. Die sechs Ebenen beschreiben verschiedene Perspektiven, die auf Rollen basieren, die verschiedene Aufgaben bei der Definition, der Implementierung und dem Betrieb architekturrelevanter Sachverhalte wahrnehmen.

Nach Zachman stellt die Möglichkeit der separaten Modellierung der Matrixfelder das entscheidende Alleinstellungsmerkmal des Frameworks dar. So bildet jedes Feld entlang der Dimensionen der Matrix eine Architektureigenschaft, die eigenständig bezüglich des Kontexts, der Motivation, der Bedeutung und der Benutzung ist. Das Framework nach Zachman wird seit Anfang der 1990er Jahre in Industrieprojekten verwendet, um komplexe Architekturen mit Bezug zu strategischen Zielen zu modellieren. Dazu war es notwendig, für die dargestellten Felder Methoden, Rollen und Aufgaben zu definieren. Abbildung 3-7 schlägt eine mögliche Zuordnung vor:

		Strategische Ziele	Business Modell	IS-Modell	Technolog. Modell	Detail-beschreibung	Physisches System
	Sicht	Grobsicht	Fachsicht	Designsicht	Codesicht	Maschinen-sicht	RunTime
	Aufgabe	Ressourcen verteilung	Geschäfts-design	Pflichten-heft	System-design	Implement-ation	Operating
	Verant-wortung	Top-Mgmt.	Fachabtlg.	User & Ent-wickler	Entwickler	Entwickler	Rechen-zentrum
Daten	**Entity Relation**	Liste Geschäfts-objekte	ERD	Daten-modell	Datenbank-design	Datenbank-system	Daten
Prozesse	**Prozess-Beschreibu ng**	Liste Geschäfts-prozesse	Funktions-baum	Datenfluß-diagramm	Funktions-diagramm	Programm	Funktionen
Netzwerk	**Knoten Verbin-dungen**	Liste geschäfts-funktionen	Logistik-netzwerk	Verteilte System-architektur	Hardware-architektur	Netzwerk-architektur	Kommuni-kation

Abbildung 3-7: Architekturkonzept nach Zachmann (vgl. Inmon et al. 1997)

Ähnlich wie Krcmar lässt Zachmann Aspekte offen. Vor allem die Zusammenhänge zwischen den definierten Ebenen und Objekten werden nicht deutlich.

3.5.2 ARIS – Architektur integrierter Informationssysteme nach Scheer

Scheer beschreibt eine betriebswirtschaftliche Methode für die Entwicklung von Informationssystemen (vgl. Scheer 1991, S. 3). Das Konzept der Architektur integrierter Informationssysteme (ARIS) sieht vier Sichten vor: die Organisationssicht, die Datensicht, die Vorgangssicht (bzw.

Funktionssicht) und die Steuerungssicht. Jede dieser Sichten unterscheidet die Ebenen Fachkonzept, DV-Konzept und Implementierung. Scheer stellt im Gegensatz zu Krcmar einen expliziten Zusammenhang zwischen der Organisationsstruktur und der IT her. Die Steuerungssicht verbindet die Ebenen der verbleibenden drei Sichten. Es werden dabei logische Zusammenhänge zwischen der Organisation, ihren Prozessen, den korrespondierenden Funktionen der Software und den notwendigen Daten hergestellt. Abbildung 3-8 zeigt das Architekturkonzept nach Scheer.

Die Ebenen beschreiben stark vereinfacht Lebenszyklusaspekte von Softwareprojekten. Das im Zeitablauf stabilste Element ist das Fachkonzept. DV- und Implementierungsebene variieren stärker. Veränderungen in diesen technologienahen Ebenen sollten sich daher wenig oder gar nicht auf das Fachkonzept auswirken.

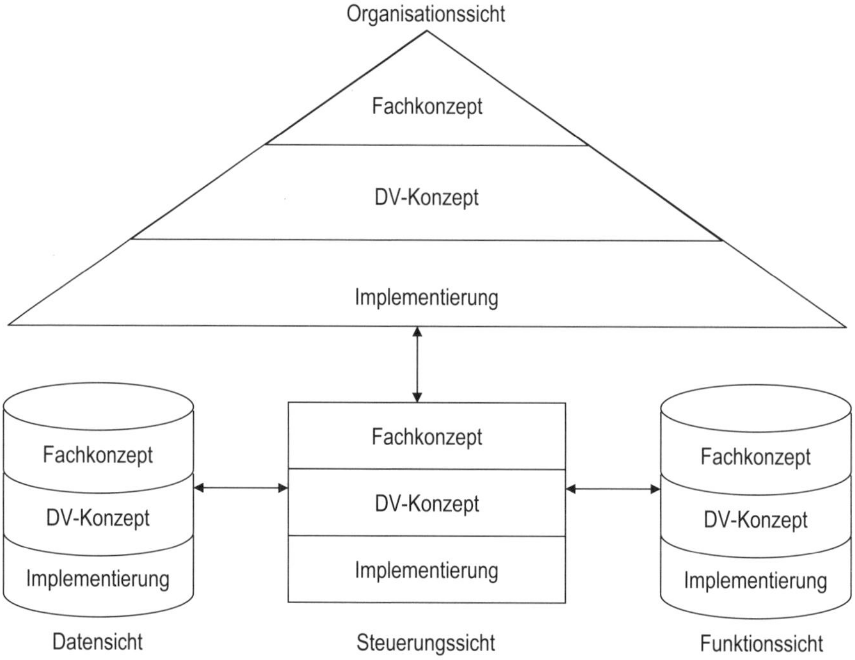

Abbildung 3-8: Architektur integrierter Informationssysteme (vgl. Scheer 1991, S. 18)

Beginnend mit der betriebswirtschaftlichen Problemstellung beschreibt ARIS für alle 12 in der Abbildung dargestellten Betrachtungsfelder eigene Methoden. Das so genannte Vorgangskettendiagramm (VKD) wird sowohl zur Beschreibung der betriebswirtschaftlichen Problemstellung als auch in der Steuerungssicht eingesetzt. In seiner Notation weniger stark eingeschränkt als das VKD modelliert die ereignisgesteuerte Prozesskette (EPK) als zentrale Methode von ARIS die auch als Prozesssicht bezeichnete Steuerungssicht. In ihr werden die zum Teil stark spezialisierten Methoden der anderen Felder zusammengeführt. (vgl.Kapitel 5 „Modellüberblick")

Exkurs 3-1: Erstellung eines Unternehmensmodells mit ARIS

Die MSD Bank hat bemerkt, dass ihr Kunden abwandern und der Umsatz sinkt. Es besteht die Vermutung, dass die Prozesse im Vergleich zur Konkurrenz nicht sehr gut laufen. Um die Gründe dafür herauszufinden, wird die Unternehmensberatung ABC beauftragt, eine Systemanalyse vorzunehmen.

ABC verwendet zur Analyse des Unternehmens das ARIS-Framework. Dazu werden in der MSD Bank die problematischen Funktionen und Prozesse sowie die verwendeten Daten erhoben. Weiterhin werden die Organisationsstrukturen, die im Organigramm der MSD bereits festgehalten sind, verifiziert. Mit diesen Informationen kann ABC die Organisationsicht, die Datensicht und die Funktionssicht füllen.

Schließlich werden alle Informationen in der Steuerungssicht kombiniert und in Zusammenhang zueinander gesetzt. Dadurch ist es ABC möglich, Medienbrüche, ineffiziente Abläufe, schlechte Verantwortungsvorteilung und andere Probleme zu erkennen. Für die Prozesse der MSD Bank stellt sich heraus, dass Informationen mehrfach in Computer eingetragen und wieder ausgedruckt werden. Dadurch verlängert sich zum einen die Durchlaufzeit der betroffenen Prozesse, zum anderen treten beim Abtippen der Daten vermehrt Fehler auf.

3.6 Framework für die Systemanalyse

Aufgrund der Komplexität und schwierigen Vergleichbarkeit der bisher vorgestellten Frameworks wird nun ein vereinfachtes Framework vorgestellt, welches Ihnen im weiteren Verlauf des Buches einen Leitfaden an die Hand geben wird, um verschiedene Aspekte einzuordnen und miteinander in Zusammenhang setzen zu können. Dieses Framework ist in Abbildung 3-9 dargestellt.

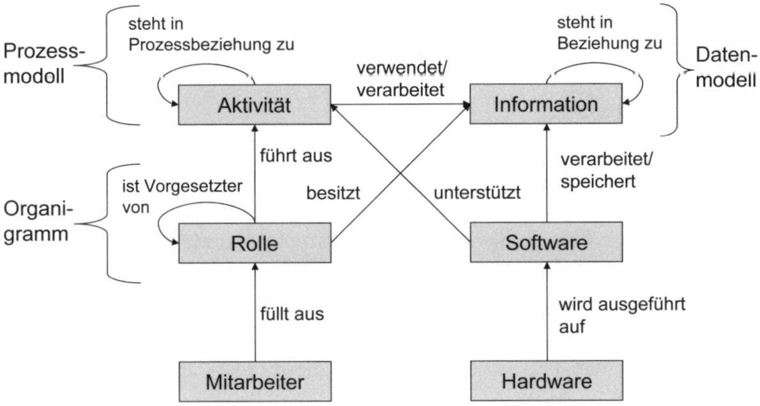

Abbildung 3-9: Framework für die Systemanalyse

Ein Unternehmen besteht aus Mitarbeitern. Diese füllen bestimmte Rollen aus. Rollen stehen in einer bestimmten hierarchischen Beziehung zueinander, es gibt z. B. fachliche oder disziplinarische Vorgesetzte. Leitungsrollen werden auch Instanzen genannt, ausführende Rollen Stellen. Die hierarchische Beziehung der Rollen kann in einem Organigramm dargestellt werden.

Eine Rolle führt eine oder mehrere Aktivitäten aus, wobei es sich um wertschöpfende Aktivitäten handeln kann, die meistens von Stellen ausgeführt werden, aber auch um nicht wertschöpfende Aktivitäten wie z. B. Kontroll- oder Koordinationsaktivitäten von Instanzen. Insbesondere die wertschöpfenden Aktivitäten stehen in einer Prozessbeziehung zueinander. Diese kann im Prozessmodell dargestellt werden.

Eine Aktivität kann Informationen verwenden oder verarbeiten. Diese Informationen können wiederum in Beziehung zueinander stehen. Diese Beziehungen können in einem Datenmodell dargestellt werden. Software kann benutzt werden, um Aktivitäten zu unterstützen, z. B. bei der Informationsverarbeitung oder -übermittlung. Dazu verarbeitet und speichert die Software Informationen. Zum Ausführen der Software wird Hardware benötigt, auf der die Software ausgeführt werden kann.

Anhand des hier vorstellten Modells lassen sich alle im Weiteren vorstellten Modellierungsnotationen einordnen, welche jeweils einen Teil des Frameworks modellieren. Zum Beispiel wird mit UML Software modelliert, mit EPK Prozesse und mit ERD Daten. Außerdem lassen sich konkrete Verbesserungen meist einem oder mehreren der Element des Frameworks zuordnen.(vgl. Kapitel 5 „Modellüberblick“)

3.7 Weiterführende Literatur

Bernus, P.; Nemes, L.; Schmidt, G et al. (Hrsg.): Handbook on Enterprise Architecture. Springer, Berlin 2003.

Bernus, P.; Mertins, K.; Schmidt, G. et al. (Hrsg.): Handbook on Architectures of Information Systems. 2. Aufl., Springer, Berlin 2006.

Schekkerman, J.: How to survive in the jungle of Enterprise Architecture Frameworks. Trafford, Victoria, Canada 2004.

3.8 Übungsaufgaben

1. Nennen Sie zwei Ihnen bekannte Frameworks für die Unternehmensarchitektur!
2. Welche Sichten gibt es im ARIS Framework?
3. Erläutern Sie kurz den Unterschied zwischen Architekturmodellen des Typs I und des Typs II!
4. Welche Parallelen sehen Sie zwischen Baukunst, Stadtplanung und der Unternehmensarchitektur?
5. Grenzen Sie das Zachman-Framework vom ARIS-Framework ab!

Teil III
Systemtheorie und Modellierung

Begriffe: Systemtheorie, System, Systemanalyse, Modell, Modellmerkmale, Modellierung, Modelltypen, Modellüberblick.

In diesem Teil des Buchs werden die theoretischen Grundlagen der Systemanalyse diskutiert. Sie baut auf der Systemtheorie auf und betrachtet Unternehmen als sozio-technische Systeme, die aus Elementen und Relationen bestehen. Modellierung ist die Abbildung von Systemen nach definierten Kriterien. Es gibt zahlreiche Modelltypen, die in eine Klassifikation eingeordnet werden können. Im Anschluss an die theoretische Fundierung wird in diesem Teil ein Kurzüberblick über die wichtigsten Modellierungsarten der Systemanalyse gegeben. Das beinhaltet die Vorstellung der verschiedenen Modellierungsnotationen und die Auflistung der jeweiligen Modellierungskonventionen, um standardkonforme und damit später zusammenführbare Modelle zu erhalten.

Matthias Trier, Annette Bobrik, Nadine Neumann und Boris Wyssussek

4 Systemtheorie und Modell

Themenüberblick: Grundlagen der Systemtheorie, Aufbau von Systemen, Typen von Systemen, Komplexität, Modell als Systemabbildung, Modellierungsprozess, Modellvalidierungsprozess, Simulation.

Lernziele: In diesem Kapitel lernen Sie die Systemtheorie als abstrakte theoretische Grundlage der Systemanalyse kennen. Dieser Ansatz erweitert den Fokus von der Betrachtung einzelner Ursache-Wirkungsketten zur Analyse eines Untersuchungsbereichs mit seiner Vielzahl an Faktoren und deren gegenseitigen Abhängigkeiten sowie daraus entstehenden Ablaufmustern. Diese systemische Herangehensweise ist für viele Untersuchungsbereiche einsetzbar und ermöglicht im Rahmen dieses Buchs die abstrakte Reflexion komplexer organisatorischer Phänomene im betrachteten Unternehmensbereich. Diese Methodik erfordert Kenntnisse über verschiedene Systemtypen und über den generellen Aufbau von Systemen. Bei Unternehmen handelt es sich dabei um offene dynamische soziotechnische Systeme. Um mit deren hoher Komplexität umzugehen, wird ein Systemausschnitt als vereinfachtes Modell abgebildet. Hierzu erlernen Sie in diesem Kapitel die generelle Vorgehensweise des Modellierungsprozesses, der Modellvalidierung und der Simulation mit Modellen. Die in diesem Abschnitt vorgestellten Betrachtungsobjekte, Methoden und Grundregeln für einen modellierenden Beobachter helfen, die Konsistenz und Qualität systemanalytisch erstellter Modelle eines Unternehmensbereichs sicherzustellen.

4.1 Theoretische Grundlagen der Systemanalyse

Die vorherigen Kapitel haben den Untersuchungsgegenstand Unternehmen vorgestellt und dessen vielfältige Wirkungszusammenhänge in einem vereinfachten Systemanalyse-Framework systematisiert. Dabei wurden ausgewählte Bereiche eines Unternehmens und deren Beziehungen zueinander definiert, um bestimmte Aspekte eines Unternehmens in stark vereinfachter Form wiedergeben zu können. Aufbauend darauf kann nun die Systemanalyse als ein systematischer und praxiserprobter Weg zur modellbasierten Analyse des komplexen Untersuchungsgegenstands Unternehmen beschrieben werden. Dabei werden der Aufbau sowie die äußeren und inneren Funktionalitäten einer Organisation untersucht und bewertet, um für eine definierte Problemstellung innerhalb des betrachteten Bereichs Anforderungen an eine Lösungsgestaltung zu definieren oder aber eine Lösung zu gestalten.

Die vielfältigen analytischen Fragestellungen und gestaltenden Eingriffe der Systemanalyse nutzen dabei eine abstrakte wissenschaftliche Grundlage. Sie bauen auf der Systemtheorie auf. Das ermöglicht eine noch höhere Abstraktion der Unternehmensanalyse: Statt wie im Systemanalyse-Framework z. B. Hardware, Software, Mitarbeiter usw. zu unterscheiden, betrachtet die Systemtheorie die Umwelt als aus Systemen bestehend und wiederum alle Systeme (und damit auch Unternehmen) als aus Elementen und Beziehungen bestehend. Dabei wird insbesondere berücksichtigt, dass keine festen unabhängigen Größen sich nach dem Ursache-Wirkungsprinzip auf abhängige auswirken, sondern dass die Bestandteile des Systems in einem engen Wirkungszusammenhang mit zahlreichen Rückbezügen (engl. Feedback) stehen.

Basierend auf diesem Grundgerüst verfolgt die Systemanalyse eine *systemische* Betrachtung („systemisches Denken") eines ausgewählten Umfelds mit der Berücksichtigung einer Vielzahl von wechselwirkenden Elementen. Dabei werden Modelle von Unternehmensausschnitten erzeugt, um über diesen Weg die in der Praxis identifizierten Phänomene zu analysieren. Der Fokus liegt dabei auf der Erfassung der vielen Abhängigkeiten zwischen den Faktoren in ihrem komplexen Zusammenspiel, um die beobachteten Effekte des abgebildeten Systems nachvollziehen und erklären zu können. So ergeben sich z. B. erst nach einer Analyse der Wechselbeziehungen zwischen einzelnen Aktivitäten im Kontoeröffnungsprozess des Beispielunternehmens MSD Bank Erkenntnisse über Engpässe oder Unterauslastungen bei einzelnen Aktivitäten. Bei den Wechselwirkungen handelt es sich hierbei u. a. um Antragsdaten, die von einer Aktivität bearbeitet und dann zur nachfolgenden Aktivität gesendet werden.

Um ein noch detaillierteres Verständnis für die theoretischen Grundlagen zu schaffen, wird nun zunächst der eigentliche Begriff des Systems vorgestellt. Dann wird gezeigt, wie sich die Systemtheorie historisch entwickelt hat und wie aus ihr die Systemanalyse hervorgegangen ist. Eine besondere Eigenschaft vom untersuchten System ist dessen Komplexität. In diesem Kapitel wird dieser Begriff genauer definiert und erläutert, welche Möglichkeiten zur Komplexitätsreduzierung bestehen. Einen Schwerpunkt bildet dabei das Verfahren der Modellbildung über einen speziellen Modellierungsprozess. Mit Modellen können dann wiederum Experimente und somit auch Simulationsstudien durchgeführt werden, um Erkenntnisse über das betrachtete System zu generieren.

4.1.1 Begriff System

Die Basis der Systemtheorie ist der Begriff *System*. Er stammt vom griechischen ‚systema' ab und steht für ein aus mehreren Teilen zusammengesetztes, gegliedertes Ganzes. Soll ein solches System beschrieben werden, ist zunächst vorwegzuschicken, dass jede Systembeschreibung Resultat einer subjektiven Betrachtung ist und sich in ihr die individuelle Sicht des Beschreibenden widerspiegelt. Es kann somit niemals eine allgemeingültige Beschreibung eines konkreten Systems geben.

Die Beschreibung eines Systems beginnt mit der *zielorientierten Abgrenzung* bestimmter *Objekte* der Realität, die als elementare Eigenschaftsträger die unterste Ebene der Betrachtung bilden sollen. Diese Objekte werden *Systemelemente* genannt und durch die Zuordnung von Eigenschaften gekennzeichnet. Besteht ein Zusammenhang zwischen den Eigenschaften *eines* Elements, so werden diese Relationen als Funktionen des Elements bezeichnet. Zur Illustration sind in Abbildung 4-1 zwei Eigenschaften eines Elements als Input und Output gekennzeichnet. Der Zusammenhang zwischen ihnen charakterisiert dann die *Funktion* des Elements. Ist z. B. der Input als eine Eigenschaft eines Elements eine „Kundenbonität" und der Output eine bestimmte „Zahlungsart", könnte die entsprechende Funktion als „Zahlungsart festlegen" bezeichnet werden.

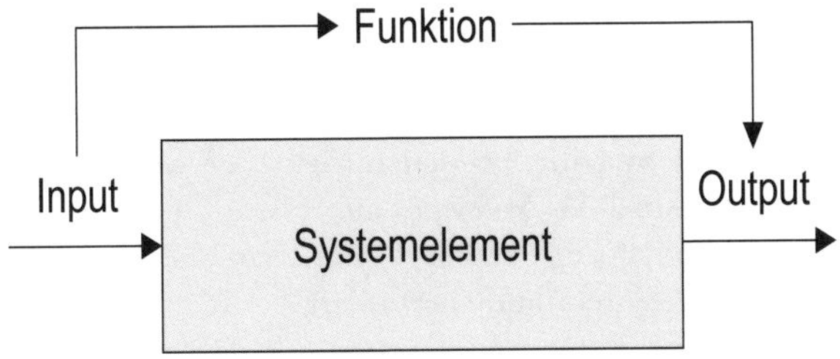

Abbildung 4-1: Funktion eines Systemelements

Ist ein Zusammenhang zwischen einer Eigenschaft eines Elements und einer Eigenschaft eines weiteren Elements gegeben, so liegt eine *Beziehung* zwischen Systemelementen vor. Solche Beziehungen zwischen verschiedenen Systemelementen werden als Systemrelationen bezeichnet. Sie repräsentieren sowohl Ordnungsbeziehungen als auch Wirkzusammenhänge zwischen Systemelementen. Während bei den Wirkzusammenhängen mindestens ein Output einem Input eines anderen Elementes entsprechen muss, wird bei einer Ordnungsbeziehung nur eine gewisse Struktur zwischen den Systemelementen hergestellt. Die Richtung der Relation beschreibt in beiden Fällen das Abhängigkeitsverhältnis. In Abbildung 4-2 sind Ordnungsbeziehungen und Wirkzusammenhänge dargestellt. Eine Ausprägung einer Relation ist die Rückkopplung zwischen Elementen (vgl. Abbildung 4-3).

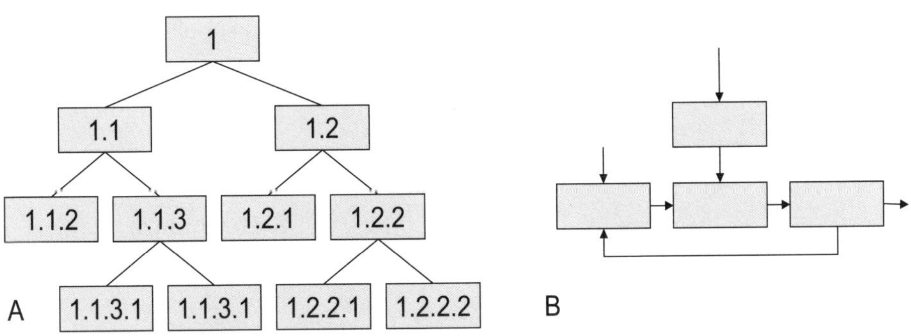

Abbildung 4-2: Ordnungsbeziehungen (A) und Wirkzusammenhänge (B)

Die Menge aller Systemelemente und Systemrelationen bildet die *Systemstruktur*. Isolierte Elemente ohne jegliche Relationen zu anderen Elementen können nicht Bestandteil eines Systems sein. Somit liegen die Elemente nicht als lose Sammlung vor, sondern in einer wohldefinierten Anordnung oder Gliederung (vgl. Rohpol 1975, S. 28).

Die Gesamtheit der identifizierten Elemente ist von einer *Systemgrenze* umgeben, welche eine Unterscheidung zwischen dem, was zum System und dem, was nicht zum System gehört, darstellt. Sie ist eine positive (einschließende) Abgrenzung und umfasst das System vollständig und grenzt es von seiner Umwelt ab. Die Systemumwelt beinhaltet alles, was nicht zum System gehört, sich also außerhalb der Grenzen eines betrachteten Systems befindet. Es gibt kein System ohne Umwelt, da es sich erst durch die Unterscheidung von seiner Umwelt definiert (vgl. Krieger 1996, S. 13). Bestehen Beziehungen zwischen System und Umwelt, so wird die Systemumwelt durch Eigenschaften charakterisiert, welche Einfluss auf Eigenschaften des Systems haben oder von diesen beeinflusst werden können. Je nach Richtung der Relation werden die Begriffe Systeminput beziehungsweise Systemoutput verwendet.

Soziale bzw. soziotechnische Systeme, bei denen Menschen wesentliche Systemelemente darstellen, weisen als weiteres Merkmal das *Systemziel* auf. Diese Typen von Systemen versuchen im Allgemeinen, ihre langfristige Erhaltung zu sichern, was eine ständige Anpassung an die aus ihrer Umwelt stammenden Einflüsse (Systeminputs) erfordert.

Zusammenfassend besteht ein System somit aus einer Menge (im mathematischen Sinne) von Elementen mit Eigenschaften und Funktionen, die durch eine Menge von Wirkungs- oder Ordnungsrelationen miteinander verbunden sind. Die Systemgrenze umfasst das System vollständig und grenzt es gegenüber der Umwelt ab. Der Einfluss eines Systems auf seine Umwelt stellt den Output, der Einfluss der Umwelt auf ein System den Input des Systems dar (vgl. auch Abbildung 4-3). Bei sozialen oder soziotechnischen Systemen kommt zuletzt noch die Frage nach dem Systemziel hinzu.

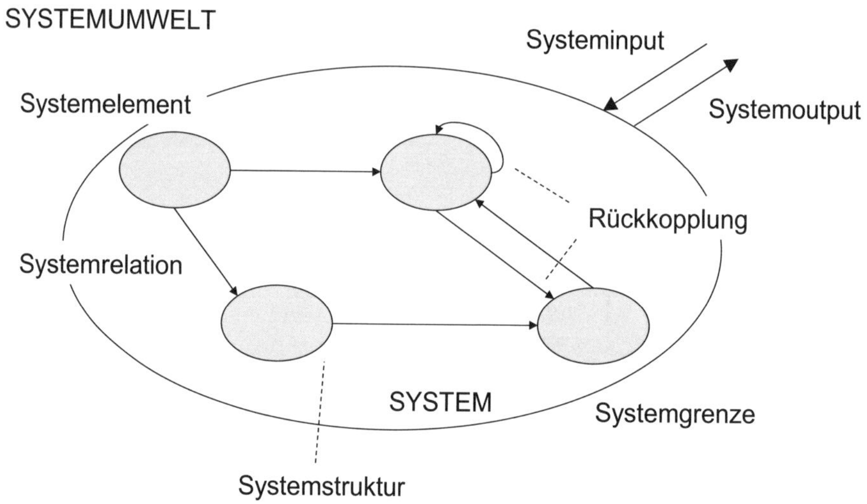

Abbildung 4-3: System

Exkurs 4-1: Beschreibung des Systems Auftragseingang

Später in diesem Buch wird mittels Systemanalyse untersucht, wie Aktivitäten zueinander in Bezug stehen. Darüber kann beispielsweise der Ablauf im Auftragseingang beschrieben werden. Hier können als Elemente eines Systems Aktivitäten wie Annahme einer Kundenanfrage, Entgegennahme der Bestellung, Anfertigung eines Auftrags, Lieferterminierung usw., gesehen werden. Input in das System ist hierbei z. B. die per Telefon getätigte Anfrage eines Kunden. Der Output ist später die Versendung der Ware. Relationen finden sich in den Interaktionen zwischen den Aktivitäten z. B. in Form von Datenflüssen. Nachdem ein Mitarbeiter den Auftrag angelegt hat, könnte die Lieferterminierung ein anderer Mitarbeiter ausführen, sodass hier Daten über mehrere Aktivitäten hinweg übergeben werden müssen und diese Aktivitäten damit in eine zeit- und sachlogische Beziehung stellen. Wahrscheinlich wird es auch ein IT-System zur Auftragserfassung und eine entsprechende Datenbank geben, mit der auch interagiert werden muss. Die Funktion jedes Aktivitätselements ist die Verarbeitung der eingegangenen Information und das damit verbundene Erreichen eines Zielzustands, der dann wiederum über eine Wirkungsbeziehung Eingangsinformation für das nachfolgende Element wird. Zu den Eigenschaften der Elemente bzw. Aktivitäten zählen beispielsweise die konkrete Ausprägung des erforderlichen Inputs und Outputs, die Bearbeitungszeit oder die erforderlichen Ressourcen bzw. Informationsobjekte. Wenn der Mensch als Systembestandteil definiert wird, könnte letztlich ein Systemziel darin gesehen werden, die Auftragsbearbeitung möglichst schnell und dabei kostenminimal mit gesetztem hohen Qualitätsniveau (engl. Service Level) durchzuführen.

4.1.2 Von der Systemtheorie zur Systemanalyse

Grundlegende philosophische Überlegungen zur Theorie von Systemen finden sich bereits in frühen historischen philosophischen und theologischen Schriften, wie z. B. von Hobbes oder Descartes. Eine wissenschaftliche Fundierung der systemischen Betrachtungsweise wurde jedoch erst zu Beginn des 20. Jahrhunderts geschaffen. In diesem wissenschaftlichen Kontext stellt die Systemtheorie eine Überwindung der vom 16. Jahrhundert bis zum Ende des 19. Jahrhunderts vorherrschenden mechanistischen Realitätserklärung dar. Diese basierte auf zwei Grundannahmen: Erstens, ein System kann in seine individuellen Komponenten zerlegt werden, sodass jedes dieser Bestandteile als unabhängige Größe studiert werden kann und zweitens, alle Einzelkomponenten (und die dazugehörigen Erkenntnisse) können linear aggregiert werden, um das Gesamtsystem zu beschreiben. Diese analytische Methode führte zwar dort zu großen Erfolgen, wo die Ursachen von Phänomenen auf isolierten Kausalketten oder Beziehungen weniger Variablen beruhten, versagte aber bei der Erklärung von auf komplexen Mechanismen beruhenden Phänomenen (vgl. Fuchs-Wegner 1972, S. 82). Genau auf dieses Problemfeld ausgerichtet ist nun die Systemtheorie mit ihrer Betrachtung von Systemelementen im Wirkungszusammenhang. Sie findet daher insbesondere immer da Einsatz, wo mathematisch-analytische Lösungsansätze schnell an Grenzen stoßen, wie z. B. bei Wachstums- und Gleichgewichtsprozessen, vermaschten Regelkreisen, komplexen Entscheidungsfolgen oder bei soziokulturellen Entwicklungsprozessen.

Dem Biologen von Bertalanffy gelang es in den 1950er Jahren, quasi als Gegenposition zur klassischen Naturwissenschaft, die allgemeinen gemeinsamen Prinzipien und Gesetzmäßigkeiten verschiedenster Wissensgebiete herauszuarbeiten, in einer einheitlichen Terminologie zu beschreiben und zu einer generalisierten, interdisziplinär verwendbaren Theorie zusammenzufassen. Er versuchte dabei eine Überwindung des alten Gegensatzes zwischen Organismus und Mechanismus und schuf dabei Grundlage für eine Allgemeine Systemtheorie (engl. General Systems Theory, GST; vgl. von Bertalanffy 1972, S. 20). Die Systemtheorie wurde somit zu einer abstrakten und übergeordneten *Metatheorie*, die eine Integration von unterschiedlichem Wissen ermöglicht. Sie beschränkt sich also keineswegs nur auf die Analyse von Unternehmen, sondern ist in verschiedensten Bereichen anwendbar, z. B. in der Psychologie, der Soziologie oder den Naturwissenschaften. Ackoff umschreibt diese Positionierung wie folgt: „Systems are not fundamentally mechanical, chemical, biological, psychological, social, economic, political or ethical. These are merely different ways of looking at such systems" (vgl. Ackoff 1961, S. 37). Zentrales Element der Allgemeinen Systemtheorie ist die Forderung, die Bestandteile eines Systems in ihrer Vernetztheit zu untersuchen, da aus dieser komplexen und dynamischen wechselseitigen Interaktionen wesentliche Eigenschaften der Systeme hervorgehen.

Später untersuchte von Bertalanffy die grundlegenden Eigenschaften *offener Systeme*, welche mit ihrer Umwelt in Verbindung stehen und im Laufe der Zeit durch Einwirkungen (bzw. Energie) von außen höhere Stadien der Heterogenität und Ordnung einnehmen. Er verbindet dabei die Systemtheorie mit dem Begriff Entropie und kennzeichnet er offene Systeme als Systeme, die in Austausch mit der Umwelt stehen und sich durch ihre Variabilität trotz einer dynamischen Umwelt stabilisieren, in dem sie ihre Organisation ausrichten können (Selbstorganisation).

Insgesamt beinhaltet die Allgemeine Systemtheorie viele Konzepte und Grundüberlegungen, die für heutige systemische Untersuchungen eine große Rolle spielen. Insbesondere auf einen weiteren Begriff, Komplexität, wird im nächsten Abschnitt noch genauer eingegangen.

Zeitgleich zu von Bertalanffy's Arbeiten entstand eine weitere wichtige Strömung der Systemtheorie, für welche der Wissenschaftler Norbert Wiener 1948 den Begriff Kybernetik (engl. ‚Cybernetics') prägte. Als Lehre von den sich selbst steuernden und regulierenden Systemen fokussiert sie geschlossene Systeme, bestehend aus Rückkopplungen bzw. Regelkreisen (Wiener 1948). Der Begriff ‚Kybernetik' stammt vom griechischen ‚Kybernetes', der Steuermann.

Als Beispiel für ein kybernetisches System wird häufig die durch einen Thermostat gesteuerte Zentralheizung verwendet. Fällt die Umgebungstemperatur, hält der Thermostat die Temperatur durch einen Vergleich von Soll- und Istwerten auf gleichem Niveau. Deren Differenz wird an das System zurückgemeldet; es entsteht ein Regelkreis (engl. Feedback Loop). Die Regelungsmechanismen beruhen dabei auf Prozessen.

Die Wissenschaft der Kybernetik legte damals den Grundstein für die heutige Betrachtung und Erforschung vieler relevanter Phänomene. Auf ihren „Macy-Konferenzen" kamen von 1946 bis 1953 zahlreiche namhafte Wissenschaftler zusammen und behandelten Themen von bis heute nicht gesunkener Relevanz, wie z. B. Neuronale Netzwerke, Mustererkennung, Gruppen oder Kommunikation.

Später entwickelten sich aus diesen Wurzeln speziellere Ansätze, wie z. B. die Anwendung der Systemtheorie in technischen Domänen (Regelungstechnik), die Informationstheorie (Shannon und Weaver 1949) und das entsprechende Verständnis von technischer Kommunikation, den Konnektionismus als eine Disziplin, die z. B. in der Künstlichen Intelligenzforschung Verwendung findet, die Chaosforschung, welche komplexe Netzwerke betrachtet, in denen der Endzustand stark von detaillierten Anfangsbedingungen abhängt, die Netzwerktheorie, welche komplexe Netzwerke aus Elementen und Beziehungen statistisch betrachtet oder auch die soziologische Systemtheorie die sozialen Systeme (also auch Organisationen) als aus Handlungen (Parsons 1937) bzw. aus Kommunikation (Luhmann 1984) bestehend auffasst.

Die sich später aus einer Integration von Erfahrungen und Methoden verschiedener dieser Fachgebiete entwickelnde systemtheoretisch fundierte Systemanalyse stellt eine praktisch anwendbare Methode der Systemtheorie dar. Sie ist ein heuristisches Verfahren, durch das anfänglich unbekannte Elemente und Beziehungen eines existierenden Systems in einer sukzessiven Annäherung ermittelt werden (vgl. Fuchs-Wegner 1972, S. 192). Dabei trifft der Beobachter Entscheidungen bezüglich der einbezogenen Systembestandteile, also Elemente und Relationen.

Auf der Basis der so gewonnenen spezifischen Ergebnisse wird ein Modell gebildet, welches sowohl die Beobachtungen erklärt als auch Prognosen über das zukünftige Verhalten des Systems erlaubt. Manipulationen am Modell ermöglichen dann den Rückschluss auf das mögliche Verhalten des veränderten Systems. Dies ist von besonderer Bedeutung, da eine Systemanalyse nicht zum Selbstzweck durchgeführt wird, sondern die Grundlagen für eine zielgerichtete Veränderung eines Systems schaffen soll. Sie ist eine Analyse zum Zwecke der Gestaltung. Mit dem wichtigen Kerninstrument *Modellierung* befasst sich daher der nächste Abschnitt.

Waren anfänglich hauptsächlich mechanische Systeme Untersuchungsobjekt der Systemanalyse, so wurden im Laufe der sechziger Jahre auch soziotechnische Systeme, besonders Unternehmen und Verwaltungen, in Untersuchungen einbezogen. Jedoch waren die Ergebnisse häufig nicht befriedigend. All jenen Untersuchungen lag eine irreführende Annahme zugrunde, die das menschliche Handeln auf das rationale Prinzip reduzierte. Die Unbestimmtheit menschlichen Verhaltens ließ sich nicht ausreichend präzise formalisieren und zeigte so Grenzen der Systemanalyse auf.

Erst zu Beginn der 1970er Jahre wurde mit der Entwicklung der emanzipatorischen Systemanalyse (heute: partizipative Systemanalyse) ein Ausweg aus dieser unbefriedigenden Situation geschaffen. Die partizipative Systemanalyse ist ein Versuch, die Irrationalität des menschlichen Verhaltens in die Analyse und Entwicklung von Systemen einzubeziehen. Das menschliche Verhalten muss nicht vollständig expliziert werden, sondern findet insofern Berücksichtigung, als diejenigen, deren System verändert werden soll, bei der Gestaltung des Systems beteiligt werden (vgl. Jentzsch 1972, S. 52).

Zusammenfassend liegt die Bedeutung der Systemtheorie darin, dass sie ein einheitliches Beschreibungsmittel und eine einheitliche Terminologie anbietet, sie zur Systemabgrenzung, Systematisierung und Strukturierung zwingt und eine ganzheitliche Betrachtungsweise fördert. Dabei ist jedoch jederzeit kritisch zu reflektieren, dass diese intendierte Betrachtungsweise einen Idealzustand darstellt. Schlussendlich müssen oft vereinfachte und mechanische Kausalbeziehungen abgebildet und untersucht werden, um dem Menschen überhaupt ein Verstehen der ständigen parallelen und gegenseitigen Beeinflussungen der Elemente in Systemen zu erlauben. Hierfür existieren jedoch bereits eine Anzahl erprobter Methoden und Modellvorschläge, die später genauer vorgestellt werden.

4.1.3 Komplexität von Systemen

Das für den Systemanalytiker das am schwersten zu überwindende Charakteristikum eines Systems ist dessen *Komplexität*. Verursacht wird diese durch den wechselseitigen (Wirkungs-) Zusammenhang, in dem die Elemente des Systems stehen. Kein Element ist im System unabhängig und daher kann prinzipiell auch kein Element isoliert betrachtet werden. Das Verhalten des Ganzen hängt von dem Zusammenwirken der Teile ab. Darüber hinaus sind unter Umständen aber auch Verhaltensweisen beobachtbar, die aufgrund von Komplexität entstehen und nicht direkt aus dem Zusammenwirken der Einzelteile erklärt werden können. Bereits Aristoteles hat sich mit diesem Phänomen beschäftigt und den umgangssprachlichen Satz geprägt, dass ein Ganzes mehr ist, als nur die Summe seiner Teile.

Dieser Effekt wird als *Emergenz* bezeichnet und erklärt, warum das Ganze mehr als die Summe seiner Teile sein kann. Zwischen den Elementen des Systems bestehen komplexe Wechselwirkungen, die in ihrem Zusammenspiel zu Systemeigenschaften führen, welche nicht mehr auf einzelne Systemelemente zurückführbar sind (wie Muster auf einer höheren Ordnungsstufe). Ein einfaches Beispiel hierfür ist Sprache, die ebenfalls nicht einfach eine additive Kombination von Buchstaben ist, sondern emergente, also nicht direkt durch Kombination der Systemelemente erklärbare Eigenschaften hat (z. B. Emotionen zu erzeugen).

Das Phänomen Systemkomplexität und die daraus resultierende Schwierigkeit der Vorhersage eines Systemverhaltens ist eine wichtige Eigenschaft eines Systems. Luhmann, als Begründer der Anwendung von Systemtheorie auf soziale Systeme und als wichtiger Theoretiker der Systemtheorie beschreibt daher ein System als „organisierte Komplexität“, die durch die „Selektion einer Ordnung“ „operiert“. (Luhmann 1984, S. 46). Das bedeutet, dass ein System erst durch eine Strukturierung (und das Wissen darüber) überhaupt in der Lage ist, die theoretisch mögliche Komplexität so zu reduzieren, dass eine gewisse Ordnung entsteht, die es dann in die Lage versetzt, zu wirken bzw. überhaupt als spezifisches System zu existieren. Die Reduktion der Komplexität ist daher sozusagen für die Existenzsicherung des Systems erforderlich. Die zentrale Aufgabe ist die Selektion derjenigen Relationen, die zum Fortbestehen erforderlich sind. Das System spezialisiert sich somit im Zeitverlauf über seine Strukturierung, da von vielen möglichen internen Verbindungen einige selektiert werden. Die interne Struktur dient in erster Linie dazu, Informationen in das System einzuführen und zu interpretieren, um Entscheidungen zu fällen, die dann weitere Strukturbildung bedeuten. Dabei muss jedoch beachtet werden, dass diese Strukturbildung und dass dadurch erreichte Maß an Komplexität nicht willkürlich erfolgen darf, sondern von der Umweltkomplexität abhängig ist und zu dieser angemessen sein muss; hier gilt der Satz von Gesetz der erforderlichen Varietät von Ashby (1957), welcher besagt, dass nur Systeme mit einem hohen Maß an innerer Systemkomplexität in der Lage sind, eine hohe Umweltkomplexität zu verarbeiten.

Neben diesen Beschreibungen von Komplexität ist der eigentliche Begriff in der Wissenschaft nicht genau bestimmt. Häufig wird der Grad der Komplexität durch das zahlenmäßige Verhältnis von Elementen und Relationen in einem System angegeben. Der Zusammenhang ist in folgender Formel dargestellt:

$$K = \frac{n_r}{n_e} \quad \text{mit}$$

K = Komplexität,
n_r = Anzahl Relationen,
n_e = Anzahl der Elemente.

Diese Interpretation von Komplexität berücksichtigt nur den strukturellen Charakter von Systemen und kann somit als *struktureller Komplexitätsbegriff* bezeichnet werden. Zwei Beispiele werden diese Sichtweise verdeutlichen:

In einem zentralen Schreibdienst sind 15 Schreibkräfte beschäftigt. Der Leiter des Schreibdienstes ist für die Zuteilung der Schreibaufgaben zuständig. Zur effizienten Erfüllung der Aufgaben sind keine formalen Beziehungen zwischen den Schreibkräften erforderlich. Es bestehen somit nur zwischen dem Leiter und den einzelnen Schreibkräften formale Beziehungen, wie in Abbildung 4-4 (A) gezeigt ist. In diesem Beispiel ist die strukturelle Komplexität als der Quotient aus Relationen und Elementen insgesamt etwa 1 (genauer: $^{15}/_{16}$).

Die Leiterin einer Forschungsgruppe betreut ein Team von fünf Wissenschaftlern. Da eine erfolgreiche Forschungs- und Entwicklungstätigkeit jedoch in hohem Maße auf der Zusammenarbeit der Team-Mitglieder basiert, sind nicht nur Beziehungen zwischen der Leiterin und den einzelnen Wissenschaftlern erforderlich, sondern zwischen allen Team-Mitgliedern, wie in Abbildung 4-4 (B) gezeigt ist. Hier hat die strukturelle Komplexität einen Wert von 2,5 (genauer: $^{15}/_{6}$).

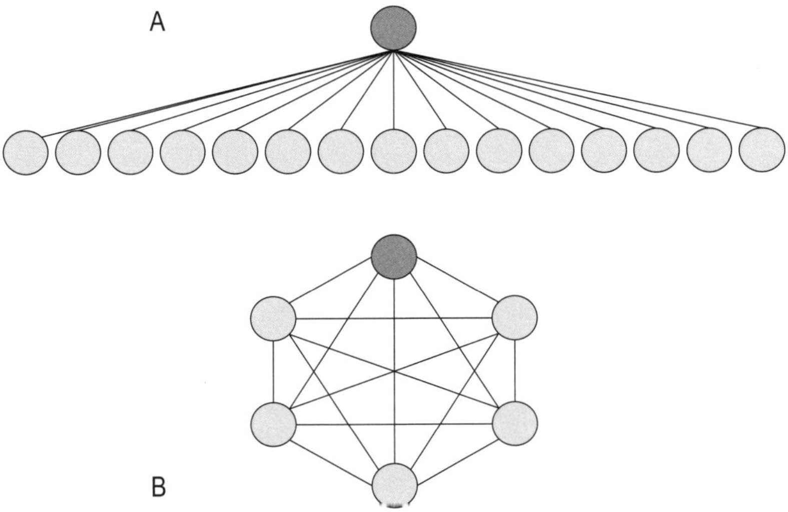

Abbildung 4-4: System Schreibdienst (A) versus Forschungsgruppe (B)

Ein weiterer Aspekt des Komplexitätsbegriffs ist in der Zuordnung der Komplexität zu sehen, die durch folgende Frage charakterisiert werden kann: Ist Komplexität eine Eigenschaft des Originals oder ist sie eine Eigenschaft, die sich als Resultat der Betrachtung ergibt? Aus der Beantwortung dieser Frage ergeben sich fundamentale Konsequenzen für den Umgang mit komplexen Systemen.

Wird die Komplexität als Eigenschaft des Objekts angesehen, dann ist sie eine objektive Eigenschaft von Systemen und kann als solche nicht reduziert werden. Für diese Sichtweise spricht der systemtheoretische Grundgedanke, dass die Komplexität von Systemen Ursache für ihren besonderen Charakter ist. Wird hingegen die zweite Interpretationsvariante bevorzugt, dann ist Komplexität eine Eigenschaft des Menschen, bedingt durch seine begrenzten kognitiven Fähigkeiten. Die Systeme erscheinen dem Beobachter nur komplex, da er die Muster der Wechselwirkung zwischen den Systemelementen nicht nachvollziehen bzw. vorhersehen kann. Diese Position würde bedeuten, dass durch eine Veränderung der Darstellung dann die Komplexität von Systemen reduziert werden kann. Für diese Interpretation der Komplexität von Systemen spricht, dass Systeme als Resultat einer Sichtweise selbst Objekte der subjektiven Realität sind.

In der Praxis hat letzterer Standpunkt eine weite Verbreitung gefunden, wodurch die Zerlegung bzw. Darstellung von Systemen eine wichtige Stellung einnimmt. So werden Systeme, wie in Abbildung 4-5 gezeigt, oft als Hierarchie von Subsystemen interpretiert, um die Komplexität zu reduzieren. Dabei werden zwei Verfahren der Subsystembildung unterschieden, das konstruktivistische und das dekonstruktivistische.

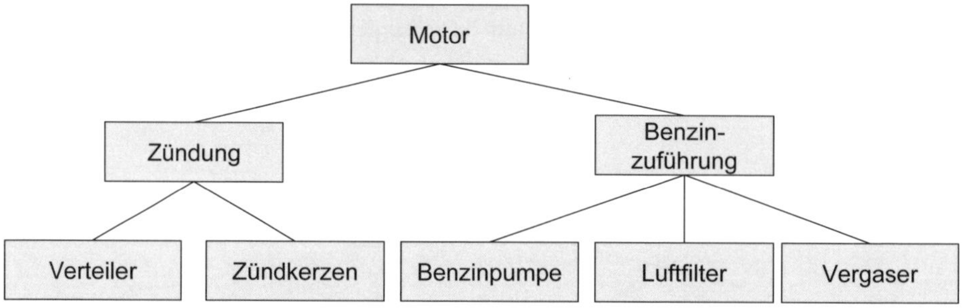

Abbildung 4-5: Darstellung eines Systems als Hierarchie von Subsystemen

Bei der konstruktivistischen Subsystembildung werden vom Detail zum Ganzen mehrere Einzelelemente zu Einheiten höherer Ordnung zusammengefasst. Diese können in einem nächsten Schritt wieder mit anderen zusammengefassten Einheiten zusammengeführt werden. Den Einheiten höherer Ordnung werden dabei die Eigenschaften von Einheiten niederer Ordnung zugewiesen oder aber spezielle Eigenschaften, die nur die Einheiten höherer Ordnung charakterisieren (vgl. Franken und Fuchs 1974, S. 24). Dieser Vorgang kann solange fortgesetzt werden, bis in einer Einheit höchster Ordnung, dem System, alle Einheiten niederer Ordnung zusammengefasst sind.

Im Gegensatz zur konstruktivistischen werden bei der dekonstruktivistischen Subsystembildung erst Einheiten höherer Ordnung und dann durch sukzessive Zerlegung die Elemente der untersten Betrachtungsebene identifiziert. Für die geschilderten Ansätze finden sich Entsprechungen in den Top-Down- und Bottom-Up-Ansätzen der Modellierung von Systemen.

4.1.4 Klassifikation von Systemen

Der abstrakte Begriff des Systems hat zwar den Vorteil, dass sich eine Vielzahl von Phänomenen verschiedenster Natur mit ihm beschreiben lassen. Jedoch ergibt sich zugleich der Nachteil, dass Erkenntnisse über ein spezielles System sich nur auf sehr abstraktem Niveau auf ein anderes System übertragen lassen. Durch Verwendung eines konkretisierten Systembegriffs wird aber die Allgemeingültigkeit der Aussagen über ein System eingeschränkt. Deshalb ist ein Verfahren erforderlich, welches die Vergleichbarkeit und die Übertragbarkeit von Erkenntnissen über ein System auf ein anderes gewährleistet. Als Verfahren, das diesen Ansprüchen gerecht wird, hat sich die Klassifikation erwiesen.

Eine Klassifikation ermöglicht die Einordnung von Systemen in bestimmte Kategorien. Innerhalb dieser Systemklassen können durch Analogiebildung Lösungsansätze leicht auf andere Systeme übertragen werden. Systeme können hinsichtlich beliebiger Eigenschaften klassifiziert werden, eine Klassifikation erfolgt dabei immer zweckabhängig. In Tabelle 4-1 ist eine Auswahl von verschiedenen möglichen Klassifikationskriterien gegeben.

Eigenschaft	**Ausprägungen**	
Seinsbereich	Real	Ideell
Entstehungsart	Natürlich	Künstlich
Beziehung zur Umwelt	Geschlossen	Offen
Parameterabhängigkeit der Eigenschaften	Statisch	Dynamisch
Bestimmbarkeit der Ausprägungen von Eigenschaften	Deterministisch	Stochastisch
Grad der Einbeziehung des menschlichen Elements	Mechanistisch	Nicht-mechanistisch

Tabelle 4-1: Klassifikationskriterien für Systeme

Die Darstellung entspricht einer morphologischen Systematik, mittels derer ein vorliegendes System durch die Auswahl je einer Ausprägung der aufgeführten Eigenschaften bestimmt werden kann (vgl. Ropohl 1975, S. 32). Sie besagt nicht, dass das betrachtete System keine weiteren Eigenschaften besitzt, sondern schließt diese nur aus der augenblicklichen Betrachtung aus. Hinsichtlich der Existenz ihrer Elemente werden reale und ideelle Systeme unterschieden. Reale Systeme bestehen aus beobachtbaren materiellen Elementen der objektiven Realität (z. B. Maschinen oder Nahverkehrssysteme). Die Elemente ideeller Systeme sind dagegen das Produkt menschlicher kognitiver Leistungen und existieren nur innerhalb der subjektiven Realität. Sie sind immateriell und bestehen aus Zeichen (z. B. das Hexadezimalsystem oder das Periodensystem der chemischen Elemente).

Nach ihrer Entstehungsart werden natürliche und künstliche Systeme unterschieden. Natürliche Systeme sind ohne den Einfluss des Menschen entstanden (z. B. das Planetensystem oder das Herz-Kreislauf-System eines Säugetieres). Systeme, die durch den Einfluss des Menschen entstanden sind, werden künstliche Systeme genannt (z. B. Gesellschaftssysteme oder Computersysteme). Hat ein System Beziehungen zur Umwelt, dann wird von einem offenen System gesprochen (z. B. ein Unternehmen oder das Atmungssystem des Systemanalytikers). Sind keinerlei Beziehungen zwischen System und Umwelt vorhanden, so liegt ein geschlossenes System vor, welches vollständig von seiner Umwelt isoliert ist (z. B. das System der natürlichen Zahlen).

Bezüglich der Zeitabhängigkeit wird zwischen statischen und dynamischen Systemen unterschieden. Innerhalb statischer Systeme verändern sich die Ausprägungen der Eigenschaften von Relationen und Elementen in Abhängigkeit von der Zeit nicht (z. B. das System der binären Zahlen). Dynamische Systeme hingegen sind dadurch gekennzeichnet, dass sich die Ausprägungen der Eigenschaften von Relationen und/oder Elementen in Abhängigkeit von der Zeit ändern. Die Struktur und das Verhalten des Systems sind also flexibel (z. B. ein Unternehmen oder ein Mensch).

Werden Systeme hinsichtlich der Bestimmbarkeit der Ausprägungen von Eigenschaften klassifiziert, so werden deterministische und stochastische Systeme unterschieden. Für deterministische Systeme lassen sich die Eigenschaftsausprägungen mit Sicherheit angeben (z. B. Fahrkartenautomaten). Bei allen einfachen Maschinen kann über einen kurzen Betrachtungszeitraum eine verhältnismäßig genaue Vorhersage bezüglich des gegenseitigen Einwirkens der Elemente, die das Verhalten des Systems bestimmen, getroffen werden. Bei stochastischen Systemen hingegen liegen nur Informationen hinsichtlich der relativen Häufigkeit der möglichen Ausprägungen vor (z. B. Ausfallhäufigkeit einer Maschine bei langfristiger Betrachtung).

Im Kontext dieses Buchs sind Informationssysteme im Fokus. Diese dienen zum Zwecke der Verarbeitung oder dem Austausch (Kommunikation) von Informationen. „Relevante Entitäten eines Informationssystems sind Aufgabe, Mensch und (Informations-) Technik, sodass soziotechnische Systeme vorliegen. Ist ihre Ausführung vollständig in automatisierter Form gegeben, werden sie als Anwendungssysteme bezeichnet. Organisationssysteme hingegen können auch nicht automatisierte Teile beinhalten“ (vom Brocke 2003, S. 28).

4.2 Modellierung von Systemen

Wie bereits im vorherigen Abschnitt angedeutet, werden im Rahmen einer Systemanalyse Systeme für die detaillierte Analyse in einem Modell abgebildet, also modelliert. Doch warum ist dieser zusätzliche Schritt erforderlich?

In der Regel verhindert der Umfang der den Systemen zugrunde liegenden Strukturen, dass ein System vollständig gedanklich erfasst und analysiert werden kann. Ein Beispiel dafür ist z. B. die Produktion einer Werkzeugmaschine oder die Bearbeitung eines Kundensegments. Erkenntnisse über solche Systeme können nur sehr schwer und mit großem Zeitaufwand durch unmittelbare Beobachtung des Originals erlangt werden und selbst wenn das bei einfachen Systemen möglich sein sollte, hat jedoch auch hier eine Modellierung stattgefunden, da der menschliche Wahrnehmungsapparat ein internes mentales Modell der beobachteten Umwelt entwickelt, anhand dessen Hypothesen über Wirkungszusammenhänge und Auswirkungen von Änderungen abgeleitet werden.

Auch ist es in der Regel nicht sinnvoll, direkt aus der gedanklichen Vorstellung heraus ein neues System zu realisieren, denn oft sind Erkenntnisse nur durch manipulative Eingriffe ableitbar, die jedoch nicht oder nur mit unwirtschaftlich hohen Kosten und Risiken an einem Originalsystem durchgeführt werden können. Bei komplexen Systemen ist es nicht möglich, die Konsequenzen solcher Veränderungen eindeutig vorherzusagen.

Wie bereits im Abschnitt zu Komplexität von Systemen angedeutet, lassen sich anhand von Darstellungen oder Nachbildungen von Systemen oder auch nur von ausgewählten Subsystemen bzw. Bestandteilen durch Experimente Eigenschaften ermitteln, die am Original nicht oder nur schwer zu identifizieren sind. Hypothesen (auch Gestaltungshypothesen, Entwürfe) werden hierbei also anhand von "Behelfssystemen" überprüft.

Ein klassisches Beispiel ist die Massebestimmungen von Planeten in unserem Planetensystem: Durch Beobachtung der Planetenbahnen und Abbildung dieser in einem Gleichungssystem lassen sich unter Anwendung des Gravitationsgesetzes Rückschlüsse auf die Masse der Himmelskörper ziehen. Weitere Beispiele sind die Gestaltung experimenteller Prototypen von Fahrzeugen vor ihrer letztendlichen Herstellung oder die Aufstellung von Gleichungssystemen zur Bestimmung der Statik von Bauwerken. Zusammenfassend ergibt sich die Notwendigkeit, ein durch Systemerfassung und/oder durch Imagination entstandenes mentales Bild des betrachteten Systems in ein manipulierbares Abbild, ein Modell, zu überführen. Diese Transformation kann sowohl rein mental durchgeführt werden oder aber unter Zuhilfenahme von externen Medien (vgl. Niemeyer 1977, S. 57).

Somit kann festgestellt werden, dass es im Rahmen der Systemanalyse darauf ankommt, angemessene Modelle zu erstellen. Dabei entstehen viele Fragen, z. B. welche und wie viele Elemente darin aufgenommen werden sollen oder welchem Ziel das Modell dienen soll. Nach einer grundlegenden Begriffsdefinition werden in den nächsten Abschnitten nun Methoden für solche Fragestellungen diskutiert.

4.2.1 Modellbegriff

Trotz weiter Verbreitung des Modellbegriffs in Theorie und Praxis gibt es bezüglich des Begriffsinhaltes häufig nur unklare Vorstellungen. Aus diesem Grund soll hier eine möglichst allgemeine Definition des Modellbegriffs Verwendung finden.

Ein *Modell* ist ein System, welches durch eine zweckorientierte, abstrakte Abbildung eines anderen Systems entstanden ist. Im Rahmen der Allgemeinen Modelltheorie wird also der Modellbegriff durch drei Merkmale Abbildungsmerkmal, Verkürzungsmerkmal und pragmatisches Merkmal charakterisiert (vgl. Stachowiak 1973, S. 131).

Abbildungsmerkmal bedeutet, dass Modelle Abbildungen von Originalen sind, welche selbst wieder Modelle sein können. Als abstraktes Abbild des Originals weisen sie lediglich eine Ähnlichkeit mit dem Urbild auf. Bezüglich des Abbildungsmerkmals werden die Begriffe Isomorphie (Strukturgleichheit) und Homomorphie (Strukturähnlichkeit) unterschieden. Isomorphie zwischen einem Modell M und einem System S besteht dann, wenn

- jedem Element von S ein Element von M eindeutig zugeordnet ist und diese Zuordnung auch umgekehrt eindeutig ist,
- jeder Relation in S eine Relation in M eindeutig zugeordnet ist und diese Zuordnung auch umgekehrt eindeutig ist und
- einander zugeordnete Relationen nur einander zugeordnete Elemente enthalten.

Somit sind bei einer isomorphen Abbildung eines Systems alle Elemente und alle zwischen ihnen bestehenden Relationen des Originals auch im Modell zu finden (vgl. Abbildung 4-6). Die Strukturen des Originals und des Modells sind gleich. Homomorphie zwischen einem Modell M und einem System S besteht dann, wenn

- jedem Element von M ein Element von S eindeutig zugeordnet ist, aber nicht umgekehrt,
- jeder Relation von M eine Relation in S eindeutig zugeordnet ist, aber nicht umgekehrt und die Relationen von M nur Elemente enthalten, denen ein Element von S zugeordnet werden kann.

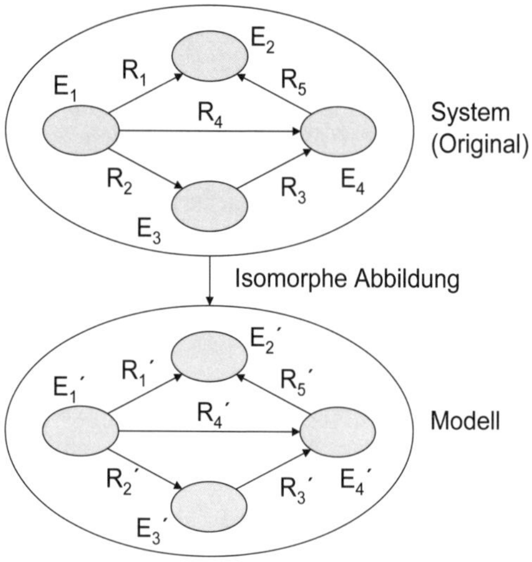

Abbildung 4-6: Schema einer isomorphen Abbildung

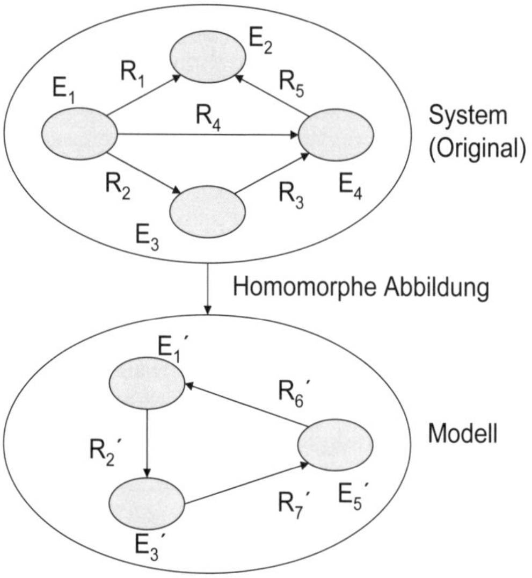

Abbildung 4-7: Schema einer homomorphen Abbildung

Bei einer homomorphen Abbildung eines Systems sind somit nicht alle Elemente und Relationen des Originals im Modell wiederzufinden (vgl. Abbildung 4-7). Die Strukturen von Original und Modell sind nicht gleich, sondern weisen nur eine Ähnlichkeit auf.

Verkürzungsmerkmal bedeutet, dass in Modellen nur die Eigenschaften des repräsentierten Originals erfasst sind, die dem Modellbildner bzw. Modellnutzer relevant erscheinen. Dies wird durch den abstrakten Charakter der Abbildung deutlich. Eine Abstraktion ist dabei als selektiver Bewusstseinsprozess zu verstehen, bei dem im gegebenen Zusammenhang unwesentliche Eigenschaften des Erkenntnisobjekts vernachlässigt und wesentlichere hervorgehoben werden. Als Konsequenz ergibt sich die Möglichkeit der Existenz mehrerer Modelle zu einem Original, da ein Original stets unter verschiedenen Gesichtspunkten betrachtet werden kann. So sind für einen Arzt in der Regel andere Merkmale eines Menschen interessant als für einen Mitarbeiter der Personalabteilung.

Das *pragmatische Merkmal* des Modellbegriffs kann im Wesentlichen durch drei Fragen charakterisiert werden.

- Welches Original wird durch das Modell repräsentiert?
- Für wen ist das Modell bzw. wer ist der Modellnutzer?
- Was ist der Zweck des Modells?

Modelle sind ihren Originalen nicht per se zugeordnet. So lässt sich aufgrund seines abstrakten Charakters ein Modell, welches von einem bestimmten Original erstellt wurde, auf andere Originale mit gleichen relevanten Merkmalen anwenden. Beispielhaft seien Gleichungssysteme zur Modellierung physikalischer Gesetzmäßigkeiten genannt. Das Gleichungssystem zur Berechnung der Beschleunigung lässt sich auf eine Vielzahl von Originalen anwenden. Für jeden neuen Fall der Anwendung des Modells muss daher eine Zuordnung des Modells zum jeweils betrachteten Original erfolgen.

Modelle erfüllen ihre Surrogatfunktion für die Modellnutzer. Diese Modellnutzer definieren die Anforderungen, die das Modell in seiner Funktion erfüllen muss. Wesentliche Anforderungen an ein Modell leiten sich aus seinem Zweck ab. Dieser Aspekt des Modellbegriffs hat entscheidende Konsequenzen auf das oben diskutierte Verkürzungsmerkmal, da es genau der Zweck des Modells ist, welcher den Prozess der Abstraktion zielgerichtet leitet. Der Zweck wird weiterhin zu einem bestimmten Zeitpunkt wahrgenommen.

Zusammengefasst lässt sich nach Stachowiak (1983, S. 118) ein Modell somit sprachlich abstrakt so definieren: „X ist ein Modell des Originals Y für den Verwender K in der Zeitspanne t bezüglich der Intention Z.“

Eng im Zusammenhang mit der Modellierung und der dabei entstehenden Abbildung eines Systems steht die Frage der Komplexität des Modells. Im Vergleich zu Systemen resultiert die Komplexität von Modellen unter Umständen nicht nur aus der Komplexität des Originals. Bei der Abbildung eines Originals können zusätzliche Eigenschaften in das Modell aufgenommen werden. In diesem Zusammenhang wird von der Eigenkomplexität von Modellen gesprochen (vgl. Roggisch und Wyssussek 2002). Diese entsteht durch Modellattribute, die im Original nicht enthalten und somit offensichtlich durch die Modellbildung entstanden sind. Beispiele hierfür sind etwa in der jeweils spezifischen Syntax und Semantik von formalsprachlichen Modellen zu sehen.

4.2.2 Klassifikation von Modellen

Analog zu Systemen lassen sich auch Modelle hinsichtlich verschiedener Merkmale klassifizieren. Die im Abschnitt 4.1.4 beschriebenen Klassifikationskriterien können dabei auf Modelle übertragen werden. Neben diesen allgemeinen Klassifikationskriterien können Modelle, wie in Abbildung

4-8 dargestellt, nach ihren allgemeinen Eigenschaften, ihrer Darstellungsart oder Verwendungszweck eingeteilt werden.

Bezüglich der Darstellungsart lassen sich, wie in Abbildung 4-8 zu erkennen ist, verschiedene Modellklassen unterscheiden, in die verschiedene Modelltypen eingeordnet werden können. Ikonische Modelle sind bildliche Modelle, die die relevanten Eigenschaften des Originals durch bildhafte Eigenschaften repräsentieren. So werden beispielsweise bei grafischen Benutzeroberflächen von Computern Dateiverzeichnisse häufig durch Ordner dargestellt. Kennzeichnend für ikonische Modelle ist ihre Sinnbildlichkeit, wodurch sie ihre Bedeutung unmittelbar selbst repräsentieren.

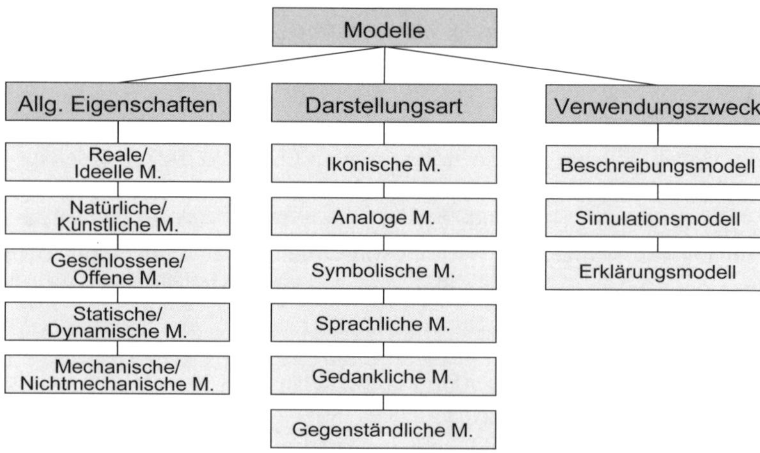

Abbildung 4-8: Klassifikation nach allgemeinen Eigenschaften, Darstellungsart und Verwendungszweck

Bei analogen Modellen werden die abgebildeten Eigenschaften des Originals durch andere Eigenschaften des Modells dargestellt. Es findet also eine Kodierung der Eigenschaften des Originals statt. So ist das Morse-Alphabet ein analoges Modell des Alphabets, da es durch die Abbildung der Buchstaben des Alphabets auf Kombinationen von Punkten und Strichen entstanden ist. Ebenso kann ein mechanischer Schwingkreis durch einen elektrischen dargestellt werden. Aufgrund der Kodierung bedürfen analoge Modelle einer Übersetzungstabelle, welche eine Zuordnung von Original- und Modellattributen ermöglicht (z. B. eine Codetabelle).

In symbolischen Modellen werden die Eigenschaften des Originals durch Symbole repräsentiert. Klassische Beispiele für diese Art der Originalabbildung sind mathematische Formeln zur Darstellung von Systemen. So kann in einem betriebswirtschaftlichen Modell der lineare Zusammenhang zwischen dem Preis eines Gutes und der Nachfrage durch die Formel $p=1,5x$ dargestellt werden, wobei p für den Preis und x für die Menge des Gutes steht.

In sprachlichen Modellen werden die relevanten Eigenschaften eines Originals durch sprachliche Konstrukte repräsentiert. Während verbale Modelle auf einer natürlichen Sprache basieren, werden formale Modelle in einer im Vorfeld festgelegten (formalen) Sprache dargestellt. Die schriftliche Darstellung historischer Zusammenhänge in einem Lehrbuch ist ein Beispiel für ein verbales Modell, wogegen der Quellcode eines Computerprogramms als ein formales Modell angesehen werden kann.

Gedankliche Modelle, auch mentale Modelle genannt, repräsentieren die Eigenschaften von Originalen durch imaginäre bildliche, räumliche oder sprachliche Konstrukte. Ist beispielsweise ein Mensch aufgefordert, allgemeine Eigenschaften eines Stuhles zu beschreiben, dann verwendet er dafür sein mentales Modell eines Stuhls. Aber auch bei der zwischenmenschlichen Kommunikation spielen mentale Modelle eine wesentliche Rolle. Wird in einem Gespräch eine Aussage wie "Modelle sind Systeme" verwendet, dann ist es für eine sinnvolle Kommunikation erforderlich, dass die Gesprächspartner eine, zumindest in groben Zügen, gleiche Vorstellung, also ein ähnliches mentales Modell, von den in der Aussage enthaltenen Begriffen haben.

Gegenständliche Modelle sind dreidimensionale Objekte der materiellen Welt. In ihnen werden die Eigenschaften eines Originals auf eine greifbare Weise repräsentiert. Klassische Beispiele dafür sind Modellbauten von Gebäuden und Prototypen von Maschinen.

Die Unterteilung bezüglich des Zwecks erlaubt es Modelle in Beschreibungs-, Simulations- und Erklärungsmodelle einzuteilen. Im Blickpunkt des Betrachters liegt hier demnach ein Teilaspekt des pragmatischen Merkmals.

Beschreibungsmodelle haben einerseits einen auf das Original bezogenen rein dokumentarischen Charakter und andererseits bieten sie häufig eine Unterstützungsfunktion bei der Systemabgrenzung an. Sie werden aus diesem Grund auch als Erfassungs- oder Ermittlungsmodelle bezeichnet. Beschreibungsmodelle dienen aber auch der Kommunikation, besonders dann, wenn das beschriebene Original ideellen Charakter hat und somit schwer fassbar ist. Als Beispiele seien Organigramme zur Beschreibung von Organisationsstrukturen und Prozessmodelle zur Darstellung von betrieblichen Abläufen genannt.

Erklärungsmodelle werden dann eingesetzt, wenn nicht alle relevante Eigenschaften und deren Ausprägungen eines Originals im Rahmen einer Systemerhebung ermittelbar sind. Sie enthalten Hypothesen, die sowohl der Erklärung der Zustände eines Originals in der Vergangenheit und Gegenwart als auch der Prognose seiner zukünftigen Zustände dienen.

Simulations- bzw. Prognosemodelle dienen der Vorhersage zukünftiger Zustände eines Originals, bei Variierung verschiedener unabhängiger Variablen. Sie finden insbesondere dann Verwendung, wenn Manipulationen am Original unmöglich oder mit hohem Aufwand oder Risiko verbunden sind. Inzwischen klassische Beispiele sind computerbasierte Modelle zur Simulation von neuen technischen Systemen oder solche, die der Prognose von Klimaveränderungen auf der Erde dienen. In der Systemanalyse spielt die Simulation mit Modellen eine wichtige Rolle, um Aussagen über den untersuchten Ausschnitt des Unternehmens und dessen Verhaltensweisen ableiten zu können. Daher wird, nachdem die Vorgehensweise der Modellierung und der Modellverifikation dargestellt wurde, das Thema Simulation später in diesem Kapitel nochmals aufgegriffen und genauer erklärt.

4.2.3 Vorgehensweise der Modellierung

Das methodische Vorgehen bei der Modellierung entspricht (analog dem Vorgehen bei der Systemanalyse) einem iterativen, heuristischen und rückgekoppelten Prozess. Die allgemeine Vorgehensweise lässt sich teilweise aus den in Abbildung 4-9 dargestellten Beziehungen zwischen Original, Mensch und Modell ableiten. Es ergibt sich dann die im Folgenden beschriebene Gliederung.

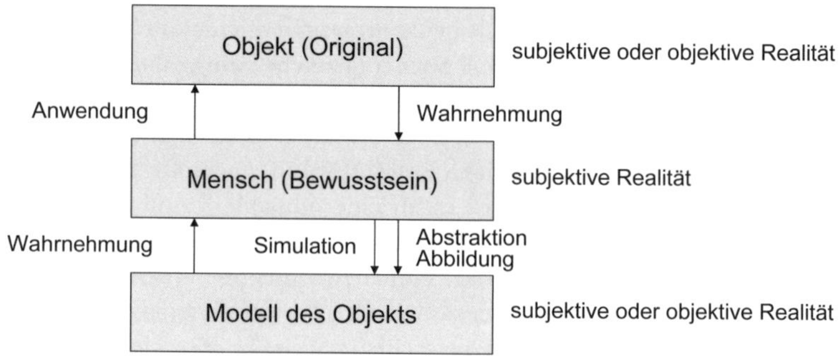

Abbildung 4-9: Beziehungen zwischen Original, Mensch und Modell

Bei der *Modellbildung* bildet der Mensch die im konkreten Fall aus seiner Sicht relevanten Aspekte des Systems am Modell nach. Dies geschieht durch die Abstraktion der irrelevanten Merkmale und die Abbildung der relevanten im Modell. Dabei hat sich der Modellierer an folgenden, aus dem pragmatischen Merkmal des Modellbegriffs herleitbaren Zielkriterien zu orientieren:

- Relevanz der abgebildeten Originaleigenschaften (Problemkonformität),
- Korrektheit der Abbildung sowie
- Modelltransparenz (intersubjektive Nachvollziehbarkeit).

Im *Modellexperiment* manipuliert der Mensch das Modell nach der Modellerstellung, um zusätzliche Informationen über das Modell und somit über das Original zu erlangen. Auf diese Weise lassen sich Informationen sowohl zur Erklärung des Verhaltens des Originals gewinnen als auch zur Prognose zukünftigen Verhaltens des veränderten Originals.

Auf der Basis der Ergebnisse des Modellexperiments und den im Rahmen dieses Prozesses gewonnen Erfahrungen erfolgen *Analogieschlüsse*, aus denen Erkenntnisse über weitere Eigenschaften des Originals oder Maßnahmen zur zielgerichteten Veränderung abgeleitet werden können.

Anschließend erfolgt die *Applikation*. Bei dieser letzten Phase werden die durch die Analogieschlüsse abgeleiteten Erkenntnisse oder Maßnahmen auf das Original angewendet. Es existieren drei verschiedene Ansätze für den Ablauf der Modellbildung. Im Folgenden werden die verschiedenen Vorgehensweisen des Top-Down-, des Bottom-Up- und des hybriden Ansatzes beschrieben.

Ausgehend von einem Ganzen werden beim Top-Down-Ansatz die Eigenschaften des Systems in sukzessiver Verfeinerung im Modell abgebildet. Dieser Vorgang beginnt mit der Abbildung der Beziehungen zwischen System und Umwelt. In den nachfolgenden Schritten werden die Eigenschaften aller Subsysteme auf der jeweils nächsten untergeordneten Hierarchieebene im Modell abgebildet, bis die Ebene mit dem angestrebten Detaillierungsgrad der Systemabgrenzung erreicht ist.

Von Vorteil ist der Top-Down-Ansatz besonders bei der (Neu-) Gestaltung von Systemen, da die Integration der einzelnen Komponenten zu einem Gesamtsystem gesichert ist. Problematisch ist jedoch, dass auf einer höheren Abstraktionsstufe noch nicht feststellbar ist, ob eine geplante, in ihrem Inhalt nur sehr abstrakt fixierte Komponente auch tatsächlich realisiert werden kann. Aus diesem Grund ist es möglich, dass eine Gestaltungsentscheidung auf einer höheren Abstraktionsstufe revidiert wird und von dort aus die Detaillierung erneut erfolgen muss.

Um diese Problematik im Rahmen der (Neu-) Gestaltung von Systemen zu vermeiden, wird häufig der Bottom-Up-Ansatz verfolgt. Bei dieser Vorgehensweise wird auf der untersten Stufe der Detaillierung, der Element-Ebene, mit der Modellbildung begonnen. Auf dieser konkreten Stufe lässt sich genau feststellen, ob und wie die einzelnen Komponenten realisierbar sind.

Nachteilig bei dieser Herangehensweise im Kontext der (Neu-) Gestaltung von Systemen ist, dass nicht a priori festgestellt werden kann, ob eine Integration der einzelnen Komponenten zu einem angestrebten Gesamtsystem überhaupt möglich ist. Außerdem besteht die Gefahr einer Mehrfachgestaltung, wenn gleiche Teilkomponenten in verschiedenen Subsystemen nicht als solche erkannt und zusammengefasst wurden.

Für die Analyse von Systemen scheint dieser Ansatz ungeeignet, da ein systematisches Vorgehen bei der Systemabgrenzung aufgrund fehlenden Überblicks über das Gesamtsystem nicht möglich ist.

In der Praxis hat sich der hybride Ansatz der Modellbildung bewährt, einer Kombination aus Top-Down- und Bottom-Up-Ansatz, bei dem prinzipiell der Top-Down-Ansatz verfolgt wird. An unklaren, kritischen Stellen, wenn beispielsweise nur unzureichende Kenntnisse bezüglich einer Komponente vorliegen, wird dabei stark verfeinert, um dann die gewonnenen Erkenntnisse „Bottom-Up" auf der höheren Ebene zu verwenden. Es hat sich bei dieser Verfahrensweise als vorteilhaft herausgestellt, regelmäßig oder an bestimmten kritischen Punkten zur Sicherstellung der Korrektheit und Konsistenz des Modells „System Reviews" durchzuführen.

4.2.4 Gültigkeit von Modellen

Aufgrund der Subjektivität einer jeden Modellbildung sind der Gültigkeit von Modellen natürliche Grenzen gesetzt. Aber auch Ungenauigkeiten von technischen Verfahren wie Messungen oder Laboranalysen, tragen zu einer eingeschränkten Gültigkeit von Modellen bei. Anhand des in Abbildung 4-10 dargestellten detaillierten Modellierungsprozesses sind die verschiedenen Modellierungsstufen und potenziellen Fehlerquellen dargestellt.

Die stärkste Einschränkung im Rahmen der Modellbildung ist sicherlich in der begrenzten menschlichen Wahrnehmung der Realität zu sehen. Die begrenzten sensorischen und kognitiven Fähigkeiten stellen dabei einen natürlichen Filter dar, welcher nur mit technischen Mitteln in seiner Wirkung abgeschwächt werden kann. Beispiele hierfür sind Messverfahren zur Bestimmung magnetischer Felder oder Organigramme zur Förderung des Verständnisses von komplexen Organisationsstrukturen. Die im Rahmen der Problemformulierung getroffenen Annahmen über das (vermutete) Problem sowie den notwendigen Umfang des Systems führen über die Bildung von Hypothesen bezüglich des Systemverhaltens zur Formulierung eines qualitativen Modells. Auch hier wird wieder die subjektive Komponente mit ihren limitierenden Konsequenzen deutlich. Schließt sich eine Quantifizierung des Modells an, so können, wie bei der Formalisierung des Modells, die Möglichkeit von Differenzen zwischen den angenommenen und den tatsächlichen Eigenschaftswerten des Originals bestehen. Eine weitere Fehlerquelle kann beispielsweise durch den Mangel an Korrektheit verwendeter Algorithmen bei der Implementierung von Modellen entstehen. Selbst die Interpretation der erlangten Ergebnisse stellt einen weiteren Schwachpunkt der Modellierung dar.

Idealerweise sollte eine schrittweise Gültigkeitsprüfung den Nachweis erbringen, dass alle Phasenübergänge in der Modellierung korrekt durchgeführt wurden. Diese Forderung ist jedoch schon aufgrund der Subjektivität in der ersten Phase der Modellbildung nicht zu erfüllen. Die nachfolgend aufgeführten Methoden können dazu beitragen, eine Gültigkeitsprüfung von Modellen durchzuführen (vgl. Gronau 1994, S. 23).

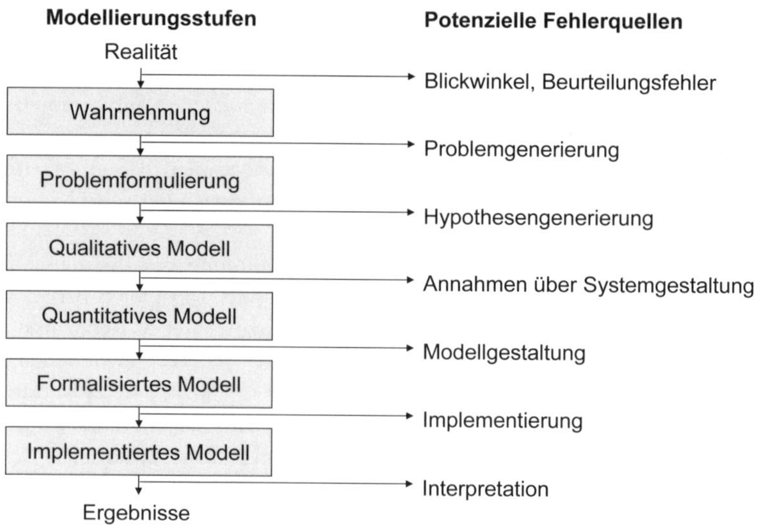

Abbildung 4-10: Detailliertes Vorgehen und potenzielle Fehlerquellen bei der Modellierung (Gronau 1994, S. 22)

Die *Verifikation* umfasst die Überprüfung der benutzten Daten und den Nachweis ihrer korrekten Umsetzung in ein Modell. Sie beginnt mit dem Nachweis der Korrektheit der Ausgangsdaten und überprüft dann die stufenweise vorgenommenen Abbildungen auf Richtigkeit und Vollständigkeit in Bezug auf Darstellung und Umsetzung der Einzelrelationen.

Die *Kalibrierung* soll zur Angleichung des Gesamtverhaltens des Modells an die wahrgenommene Realität führen. Dies geschieht durch sukzessive Verhaltensprüfung und -angleichung auf Basis von Outputvergleichen und Parameteränderungen. Parameter sind dabei die Größen, die während einer Simulation unverändert bleiben und die Stärke der Abhängigkeit zwischen einzelnen Eigenschaften ausdrücken. Zu ändern sind dabei vorrangig solche Parameter, die bei der Systemerfassung nicht hinreichend genau erfasst werden konnten. Resultat der Kalibrierung ist eine subjektiv genügende Ähnlichkeit zwischen Modell und Original. Diese Dimension wird auch als empirische Gültigkeit bezeichnet.

Mittels einer *Sensitivitätsanalyse* wird die Empfindlichkeit des Outputs in Abhängigkeit von bestimmten Parameterveränderungen festgestellt. Sensitivitätsanalysen werden schon während der Verifikation und Kalibrierung genutzt, um eventuelle Strukturfehler im Modell erkennen zu können. Es werden dabei auch diejenigen Modellparameter erkannt, die im Sinne einer Verhaltensverbesserung des Modells zu ändern sind. Neben der Bestimmung von für das Verhalten wesentlichen und unwesentlichen Einflussgrößen, lassen sich mithilfe der Sensitivitätsanalyse auch Daten ermitteln, die für die Anwendung der Simulationsergebnisse auf das Original eine besondere Bedeutung haben. Beispielhaft seien obere und untere Grenzwerte von kritischen Parametern genannt. Ergebnis der Sensitivitätsanalyse ist die Darstellung der quantitativen Abhängigkeiten des Outputs von der Änderung einzelner oder mehrerer Parameter.

Durch die *Validierung* wird eine Bewertung des verifizierten und kalibrierten Modells vorgenommen. Dabei wird die Güte des Modells für den vorgegebenen Zweck bestimmt. Die Güte ist dabei ein qualitatives Maß für die pragmatische Gültigkeit oder Zielangemessenheit, anhand derer entschieden wird, ob die Aussagen des Modells für den gegebenen Zweck brauchbar sind. Dies kann im Vergleich mit Alternativmodellen geschehen oder durch den Nachweis, dass die Problemstellung durch das Modell abgebildet wird. Problematisch bei der Validierung ist wiederum die Subjektivität der Einschätzung, wodurch eine intersubjektive Nachvollziehbarkeit nur mittels einer ausführlichen Dokumentation erreichbar ist.

4.2.5 Simulation mit Modellen

Beim Unternehmen als Untersuchungsgegenstand einer Systemanalyse handelt es sich um ein komplexes, offenes, dynamisches, soziotechnisches System. Dynamisch steht dabei auch dafür, dass der Zeitbezug der Systemzustände und -eigenschaften im Unternehmen ein charakteristisches Attribut ist. Somit kann auch das „Verhalten" des Modells im Zeitablauf Aussagekraft und Relevanz für eine Gestaltungsentscheidung besitzen. Dieses Verhalten lässt sich formal durch Übergänge (Transitionen) von einem Zustand in einen anderen Zustand beschreiben sowie durch Variablen, die im Zeitablauf unterschiedliche Werte annehmen. Beispiele dafür können Liegezeiten vor auszuführenden Aktivitäten, wartende Aufträge, Personalauslastungen usw. sein. Typische zeitliche Verhaltensweisen dynamischer Systeme können anhand dieser Variablen beschrieben und somit auch in Diagrammen sichtbar gemacht werden. Beispiele für Verläufe von Messvariablen wie z. B. exponentielles Wachstum, Annäherung an einen Grenzwert oder Oszillation, sind in Abbildung 4-11 grafisch veranschaulicht. Je nach Zieldefinition sind diese mehr oder weniger wünschenswert.

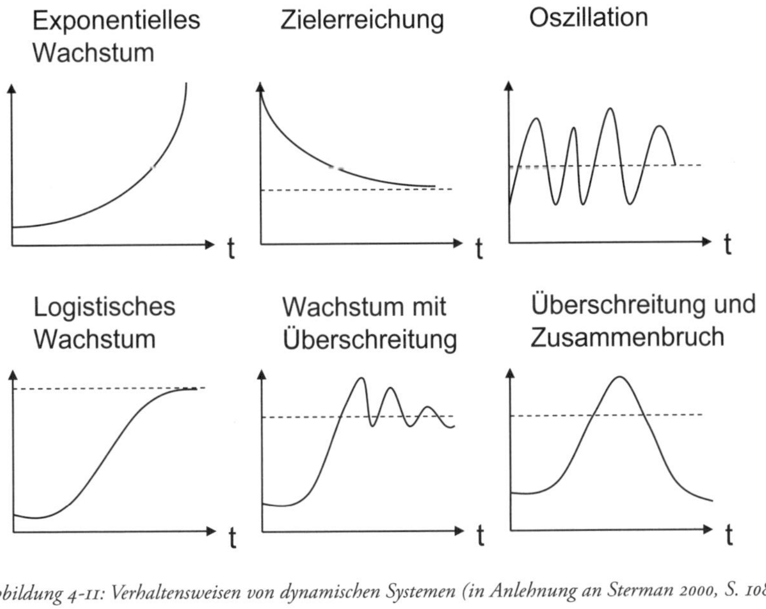

Abbildung 4-11: Verhaltensweisen von dynamischen Systemen (in Anlehnung an Sterman 2000, S. 108)

Das Systemverhalten, wie es in Abbildung 4-11 und Abbildung 4-12 dargestellt ist, wird durch die Rückkopplungen im System erzeugt. Auch Verhaltensmuster, die auf den ersten Blick als unstrukturiert und chaotisch erscheinen, lassen sich meistens auf eine Kombination der drei Grundtypen zurückführen: exponentielles Wachstum, Zielerreichung und Oszillation. Bei exponentiellem Wachstum handelt es sich um positive Rückkopplungsschleifen, bei Zielerreichung um negative. Oszillation entsteht durch negative Rückkopplungsschleifen mit Verzögerung (vgl. Sterman 2000, S. 133).

Abbildung 4-12 zeigt verschiedene Muster für ein mögliches Unternehmenswachstum anhand der beobachteten Verkaufszahlen (vgl. Forrester 1964, S. 32). Während eine Trendprognose zum Zeitpunkt t_0 das Wachstumsmuster A antizipieren würde, weisen Unternehmen in der Realität selten eine solche Idealentwicklung auf. Das Wachstumsmuster B führt nach anfänglichen Erfolgen zu einer Krise mit anschließendem Zusammenbruch des Unternehmens. Ebenfalls häufig zu beobachten sind die Wachstumsmuster C (Stagnation mit Schwankungen um einen Mittelwert) und D (Wachstum mit Schwankungen um einen Trend).

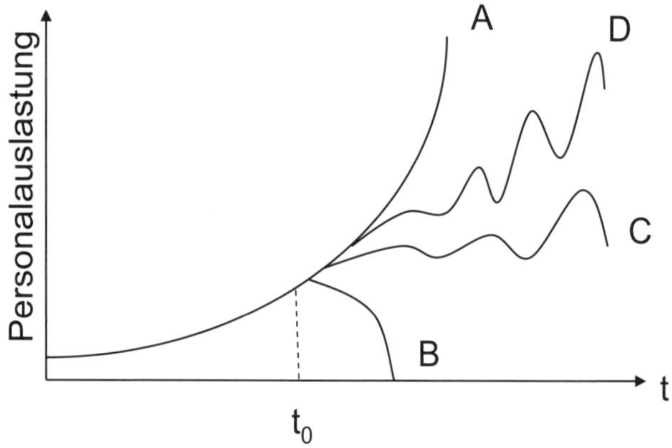

Abbildung 4-12: Muster des Unternehmenswachstums (in Anlehnung an Forrester 1964, S. 32)

Insbesondere lässt sich zum heutigen Zeitpunkt zwar anhand der Vergangenheitsdaten die zukünftige Entwicklung einer Systemgröße in einem beschreibenden Modell als Trend prognostizieren, aber erst die Modellierung des Systems mit seinen Wirkungsbeziehungen in einem erklärenden Modell macht es möglich, die Auswirkung der Systemdynamik auf zukünftige Entwicklungen vorherzusagen (vgl. Bossel 2004, S. 54).

Für solch eine Analyse komplexer dynamischer Systeme und für eventuelle optimierende gestaltende Eingriffe existieren zwei grundsätzliche Alternativen. Zunächst kann versucht werden, mit analytischen (mathematischen) Methoden eine optimale Lösung zu errechnen. Dabei stellen die Grenzen des mathematisch Möglichen jedoch eine starke Restriktion für die Komplexität des Modells dar. In diesem Fall ist das letzte noch einsetzbare Instrument zur Analyse komplexer Systeme (mit nicht-linearen Beziehungen, stochastischen Einflussgrößen etc.) die *Simulation* (vgl. Tempelmeier 1991, S. 1). Diese erlaubt auf der Gegenseite aber lediglich die Bewertung von Lösungsalternativen (vgl. Strohhecker 1998, S. 210).

Simulation wird definiert als der experimentelle Umgang mit einem Modell zur Beobachtung seiner dynamischen Verhaltensweisen bei experimenteller Veränderung von exogenen, den Modellablauf beeinflussenden Parametern. Die VDI-Richtlinie 3633 des Vereins deutscher Ingenieure beschreibt den Begriff Simulation ganz ähnlich: „Simulation ist ein Verfahren zur Nachbildung eines Systems mit seinen dynamischen Prozessen in einem experimentierbaren Modell, um zu Erkenntnissen zu gelangen, die auf die Wirklichkeit übertragbar sind. Im weiteren Sinne wird unter Simulation das Vorbereiten, Durchführen und Auswerten gezielter Experimente mit einem Simulationsmodell verstanden. Mithilfe der Simulation kann das zeitliche Ablaufverhalten komplexer Systeme untersucht werden." (VDI 1996)

In einer Simulation werden die dynamischen Verhaltensweisen berücksichtigt. Bei der Erfassung der Dynamik kann unterschieden werden zwischen zeitkontinuierlicher und zeitdiskreter Simulation. Darüber hinaus kann die Ausprägung der modellierten Zustands- bzw. Attributvariablen entweder diskret oder kontinuierlich sein. Während sich Attribute von zeitkontinuierlichen Systemen für jeden beliebigen Zeitpunkt berechnen lassen, werden in zeitdiskreten Systemen die Systemzustände nur in bestimmten Zeitschritten (nicht zwingend äquidistant) aktualisiert. Insgesamt ergeben sich durch Kombination beider Alternativenpaare vier Möglichkeiten. Bei der später in diesem Buch beschriebenen Geschäftsprozessanalyse als ein Hauptanwendungsgebiet der Systemanalyse finden vorwiegend Modelle Anwendung, die zeitdiskret und attributdiskret sind. Zum Beispiel wird in einer Simulation eine Aufgabe von fünf Mitarbeitern ausgeführt und benötigt zwei Stunden.

An der oben genannten Definition wird bereits ersichtlich, dass Simulation kein von der Modellierung getrennter Vorgang, sondern eng damit verzahnt ist. So laufen dann auch die zu vollziehenden Schritte einer Simulationsstudie analog zu den Stufen der Modellanalyse ab.

Das lässt sich stellvertretend an der Vorgehensweise bei einer System Dynamics Simulation illustrieren (vgl. Forrester 1994). Nachdem in Schritt 1 das zu untersuchende System beschrieben worden ist und daraus in Schritt 2 ein Modell abgeleitet wurde (vgl. auch die weiter oben vorgestellte allgemeine Vorgehensweise zur Modellierung), schließt sich in Schritt 3 die Phase der Simulation an. Hierbei ist zunächst ein Zwischenschritt erforderlich, welcher das Verhalten des Modells am Verhalten des betrachteten Realsystems überprüft (Validierung, ebenfalls bereits im Vorabschnitt generell erläutert). Dazu existieren im Rahmen einer System Dynamics Simulation zum einen mathematische Konsistenzchecks (syntaktische Korrektheit), die das modellierte System (z. B. Flussdiagramme und Gleichungen) auf isolierte Knoten oder fehlende Konditionen untersucht. Zum anderen sollten die betroffenen Personen beteiligt werden, um falsch abgebildete Abläufe zu identifizieren.

Eine Simulation ist nicht in der Lage, einen Lösungsvorschlag zu unterbreiten. Diese Aufgabe obliegt somit immer noch der Kreativität des Anwenders. Er ist gezwungen, mit unterschiedlichen Konstellationen am Modell zu experimentieren um in Schritt 4 alternative Strukturen zu erzeugen. Für diese erfolgt in Schritt 5 eine (oft subjektive) Interpretation und Diskussion, bei der sich auch für die abschließend zu implementierende Konfiguration der Parameter des Modells entschieden wird. Dieses Vorgehen kann als Alternative zum Realexperiment eingesetzt werden (vgl. Strohhecker 1998, S. 208), was intensive experimentelle und eventuell sogar zerstörerische Arbeiten an Objekten vermeiden hilft, ohne Ressourcen zu verschwenden (Tavangarian 1993, S. 3). Dieser letzte Aspekt erklärt auch, warum Simulation in viele betrieblichen Bereichen Einzug gehalten hat. Eine Studie zur Verwendung von Simulation im Unternehmen nennt als gängigste Einsatzbereiche die Layoutoptimierung (21 Prozent Anteil am Gesamtmarkt für Simulationssoftware), die Produktentwicklung (7 Prozent), die Maschinenbelegungsplanung (3 Prozent), die Fertigungssteuerung (6 Prozent), die Anlagenüberwachung (3 Prozent) aber auch die Geschäftsprozessanalyse (3 Prozent) (vgl. Reinhardt et al. 1997, S. 52).

Im Allgemeinen werden Simulationsstudien heute per Computer durchgeführt. Es existieren zwei mögliche Ausprägungen: die Simulationssprache und die grafische Simulation. Im Rahmen der Systemanalyse im Unternehmen zur Verbesserung von Geschäftsprozessen findet hauptsächlich das zweite Verfahren Anwendung.

Die Simulationsstudie kann entweder unverdichtete empirische Aufzeichnungen als Rohdaten, verdichtete Daten (empirische Wahrscheinlichkeitsverteilungen aus Häufigkeitstabellen) oder geschätzte theoretische Wahrscheinlichkeitsverteilungen übernehmen. Letztere können bei Bedarf durch statistische Tests, wie den Chi-Quadrat-Test, bestimmt werden (Tempelmeier 1991, S. 6).

Das Simulationsmodell kann verschiedene Orientierungen oder Modellphilosophien (auch gleichzeitig) aufweisen (vgl. Tempelmeier 1991, S. 7):

- Bei der zeitkontinuierlichen Simulation sind alle Variablen des Modells kontinuierliche Funktionen der Simulationszeit.
- Bei der Aktivitätsorientierung werden zunächst die möglichen Aktivitäten definiert. Dann werden Bedingungen festgelegt, unter denen die Aktivitäten durchgeführt werden. Diese Bedingungen werden dann bei jeder Zustandsänderung überprüft.
- Bei der Ereignisorientierung wird der Simulationsablauf als eine Folge von Ereignissen dargestellt. Einzelne Ereignisse werden nach festgelegten Regeln definiert und zeitlich eingeplant. Dieses Verfahren wird auch als prozessorientiert bezeichnet, wenn häufig wiederkehrende Folgen von Ereignissen zu Prozessen zusammengefasst wurden.

Die Simulationskomponente von Organisationsmodellierungswerkzeugen ist häufig zeitdiskret und ereignisorientiert (engl. Discrete Event Simulation) und besitzt als abstrakte Basiselemente eine Simulationsuhr, den Ereigniskalender und die Simulationstabelle.

Der Ereigniskalender ist eine „nach Ereigniszeitpunkten sortierte Liste aller zu einem bestimmten Zeitpunkt bereits für die Zukunft eingeplanten Ereignisse“ (Tempelmeier 1991, S. 9). Bei dieser Methode werden im Simulationsverlauf laufend Ereigniszeitpunkte, beispielsweise über die Generierung von Zufallszahlen bestimmter Wahrscheinlichkeitsverteilungen, neu eingeplant. Die Simulationsuhr wird jeweils auf das nächste im Ereigniskalender verzeichnete Ereignis vorgestellt, dieses wird dann aus dem Kalender entfernt und in die Simulationstabelle übernommen und neue Folgeereignisse in den Ereigniskalender eingeplant. Alle abgelaufenen Ereignisse werden somit in der Simulationstabelle dokumentiert.

Wenn der Ereigniskalender keine weiteren Ereignisse mehr enthält oder die Simulationsuhr an einem festgelegten Endzeitpunkt angekommen ist, wird der Simulationslauf beendet. Abschließend kann die Simulationstabelle zur Ermittlung von definierten Kenngrößen, wie z. B. Durchlaufzeit, Wartezeit, Bearbeitungszeit etc., mit grafischen und statistischen Verfahren ausgewertet werden.

Die Interpretation der Ergebnisse muss sehr sorgfältig erfolgen und kritisch hinterfragt werden. Es besteht die Gefahr, dass die Modelle unzureichend genau sind oder die Parameter unrichtigen Schätzungen folgen. Wenn die Daten nicht den erwarteten Resultaten entsprechen, sollten die Schlüsselvariablen mit verschiedenen Quellen der untersuchten Informationen gegenübergestellt werden.

Die in der Praxis existierenden Simulationskomponenten unterscheiden sich hinsichtlich

- ihrer Komplexität,
- der maximalen Modellgröße, die simuliert werden kann,
- der Menge, dem Typ und dem Format der Daten, die vor der Simulation definiert werden müssen,
- der Fähigkeit, benutzerdefinierte Parameter zu berücksichtigen,
- der Fähigkeit zwei oder mehr Simulationsläufe zu vergleichen und
- der Fähigkeit die Problemfelder verschieden zu visualisieren.

Zusammenfassend lässt sich festhalten, dass die Simulation ein wichtiger Anwendungsbereich der Modellierung ist. Der Systemanalytiker kann so sein Verständnis für Struktur und Dynamik von komplexen Systemen verbessern und die Auswirkungen seiner Entscheidungen auf den langfristigen Erfolg der Systemanalyse in seine Analyse mit einbeziehen. Im nächsten Kapitel wird die Simulation als Verfahren zur Modellierung dynamischer Systeme mit der System Dynamics Methode genauer vorgestellt. Ein weiterer Einsatzbereich ist die computergestützte Simulation zur Analyse von Geschäftsprozessen.

4.3 Modellierung eines Unternehmens als Fokus der Systemanalyse

Bevor in diesem Kapitel die Systemtheorie und die Modellierung als theoretische Grundlagen der Systemanalyse erläutert wurden, schilderte das vorige Kapitel, aus welchen Perspektiven das komplexe System Unternehmen als primärer Untersuchungsgegenstand der Systemanalyse betrachtet wird und welche Elemente und Parameter bei dieser systematischen Analyse eine Rolle spielen. Diese Elemente wurden aus verschiedenen partiellen und oft sehr abstrakten Organisationstheorien entlehnt und in einem sehr vereinfachten Systemanalyse-Framework als Architekturmodell zusammengeführt. Es enthält die Kernelemente Aktivität, Information, Rolle, Mitarbeiter, Software und Hardware. Darüber hinaus sei aber auch noch einmal auf die anderen wesentlich umfangreicheren Frameworks zur Beschreibung bzw. auch Modellierung eines Unternehmens hingewiesen, wie z. B. dem Zachman-Framework oder der Architektur integrierter Informationssysteme.

Damit führt die Betrachtung des vorigen Kapitels bereits zu einem allgemeinen Modell zur Abbildung des Systems Unternehmen. Mit dem system- und modelltheoretischen Vokabular dieses Kapitels lässt sich nun ergänzen, dass ein Unternehmen als ein komplexes, offenes, dynamisches, soziotechnisches System klassifiziert werden kann und das, um hiervon überhaupt ein Verständnis zu entwickeln, über zahlreiche zielgerichtete Vereinfachungen Modelle erstellt und z. B. für Simulationsexperimente verwendet werden können. Diese Vereinfachungen ignorieren alle für das jeweilige gedachte Modellziel und den Modellnutzer irrelevanten Strukturteile.

Die im letzten Kapitel vorgestellte Betrachtung des Unternehmens ist jedoch noch zu allgemein, um ein genaues systemanalytisches Verständnis einzelner Sachverhalte zu erlangen. Aber dieses genaue Verständnis ist erforderlich, um zuverlässig Eingriffe in das komplexe und sensible System Unternehmen planen und umsetzen zu können. Es stellt sich die Frage: Welche speziellen Elemente und Relationen des komplexen Systems Unternehmen sind zur Erreichung einer bestimmten Einsicht bzw. zur Planung einer Gestaltungsentscheidung erforderlich? Es gibt eine große Vielzahl an modellierbaren speziellen Elementen und ihren Zusammenhängen. So können z. B. Ereignisse und deren Auswirkungen, Datenflüssen, die Zusammenhänge zwischen Daten oder Aktivitäten usw. berücksichtigt werden. Dieses kann mit nur einem Modell oft nicht sinnvoll bzw. nachvollziehbar abgebildet werden. Damit ist für den Systemanalytiker in der Praxis der sichere Umgang mit einer Vielzahl von Modellarten (aus verschiedenen Modellklassen) erforderlich. Als *Modellarten* werden dabei konkrete Ansätze zur Modellierung bestimmter Sachverhalte bezeichnet, die sich in die bereits im Rahmen der Modellklassifikation erwähnten Modellklassen einordnen lassen. Eine Auswahl dieser Modellarten wird im nächsten Kapitel überblicksartig vorgestellt. Vorher ist es jedoch erforderlich, noch einige speziellere Modellklassen für den Bereich der Wirtschaftsinformatik und damit für die Systemanalyse zu erläutern. Es handelt sich dabei um Informationssystemmodelle, Referenzmodelle, Metamodelle und Vorgehensmodelle. Diese Begriffe gehören zum erforderlichen Vokabular, um allgemein über die im Rahmen der Systemanalyse primäre Abbildung eines Unternehmens aus Sicht der Unternehmensorganisation und damit auch aus Sicht der Informationssysteme sprechen zu können.

Ein *Informationssystemmodell* ist ein Modell eines Informationssystems. Sie enthalten die in einem (betrieblichen) System relevanten Informationen zum Zwecke der Organisations- und Anwendungssystemgestaltung. Es soll dabei vollständig expliziert sein, damit es nicht nur vom eigentlichen Modellersteller verwendet werden, sondern auch subjektübergreifenden Zwecken dienen kann (vgl. vom Brocke 2003). Die Informationsmodelle (genauer: Informationssystemmodelle) lassen sich anhand verschiedener Merkmale und Merkmalsausprägungen kategorisieren, z. B. anhand des in Tabelle 4-2 dargestellten morphologischen Kastens der Informationsmodellierung von Rosemann (1996).

<table>
<tr><th>Merkmal</th><th colspan="6">Merkmalsausprägung</th></tr>
<tr><td rowspan="2">Beschreibungssicht</td><td>Daten</td><td colspan="2">Funktionen</td><td colspan="2" rowspan="2">Organisation</td><td rowspan="2">Prozesse</td></tr>
<tr><td colspan="3">Objekte</td></tr>
<tr><td>Beschreibungsebene</td><td colspan="2">Fachkonzept</td><td colspan="2">DV-Konzept</td><td colspan="2">Implementierungskonzept</td></tr>
<tr><td>Geltungsanspruch</td><td colspan="2">Istmodell</td><td colspan="2">Sollmodell</td><td colspan="2">Idealmodell</td></tr>
<tr><td>Inhaltliche Individualität</td><td colspan="2">Unternehmensmodell</td><td colspan="2">Referenzmodell</td><td colspan="2">Metamodell</td></tr>
<tr><td>Sprache</td><td colspan="2">Natürliche Sprache</td><td colspan="2">Diagrammsprache</td><td colspan="2">Skriptsprache</td></tr>
<tr><td>Abstraktionsgrad</td><td>Ausprägungsebene</td><td colspan="2">Typebene</td><td colspan="2">Metaebene</td><td>Meta-Metaebene</td></tr>
</table>

Tabelle 4-2: Morphologischer Kasten der Informationsmodellierung (Rosemann 1996, S. 22)

Das Merkmal Beschreibungssicht klassifiziert die Sichtweise auf ein Informationsmodell. Je nach Sichtweise stehen (Informations-) Objekte, Organisationsstrukturen oder Prozesse im Mittelpunkt der Betrachtung. Objekte können dabei in Daten und Funktionen unterschieden werden. Auf Beschreibungsebene wird die Anforderung an die Problemlösung differenziert. Ausgehend von der Betriebswirtschaftlichen Problemstellung wird anhand von semantischen Modellen ein Fachkonzept erstellt. Ausgangspunkt sind meist semiformale Beschreibungsmethoden mit einem geringen bis mittleren Detailliertheitsgrad (vgl. auch das Kapitel zum Vorgehensmodell der Istaufnahme), die in formalisierte Modelle überführt werden. Diese stellen dann den Ausgangspunkt für das technisch orientierte DV- und Implementierungskonzept dar. Im DV-Konzept werden die Fachbeschreibungen an die generellen Schnittstellen der Informationstechnik angepasst, die dann im Implementierungskonzept in Hardware- und Softwarekomponenten übertragen werden (vgl. Scheer 1994, S. 14). Der *Geltungsanspruch* eines Modells kann sich auf den gegenwärtigen Istzustand (vgl. auch das Kapitel Vorgehensmodell zur Istdokumentation), auf einen gewünschten Sollzustand (vgl. Muss- und Soll-Konzept) oder auf einen möglichen Idealzustand (vgl. Kann-Konzept) beziehen. Im Gegensatz zum Istmodell enthalten Soll- und Idealmodell nicht den gegenwärtigen Zustand, sondern ein daraus abgeleitetes Modell mit Empfehlungen und Verbesserungsvorschlägen. Während Unternehmensmodelle über eine hohe *Individualität* verfügen und nur auf ein bestimmtes Unternehmen Anwendung finden, lassen sich Referenzmodelle unternehmensunabhängig für ein bestimmtes Problem oder Anwendungsgebiet verwenden. Metamodelle können sogar problemunabhängig eingesetzt werden.

Während die Typenebene den *Abstraktionsgrad* von Klassen und Kategorien hat und in Referenzmodellen angewandt wird, werden auf Ausprägungsebene konkrete Ausprägungen der Typen verwendet. Die Ausprägungsebene findet sich in der Regel nur in Unternehmensmodellen. Die Syntax einer Modellierung wird auf Metaebene beschrieben, deren Semantik auf Meta-Metaebene.

Ein *Referenzmodell* (genauer: Referenzinformationssystemmodell) ist ein Modell zur Unterstützung der Konstruktion von (anderen) Modellen mit einem gewissen Maß an Allgemeingültigkeit und normativem Empfehlungscharakter. Ihr Inhalt oder Gegenstand kann wieder verwendet werden. In diesem Kontext dienen sie somit als Referenz auf die, bei der Modellierung anderer Modelle, Bezug genommen werden kann. Dabei können sich im Ergebnis auch Referenzmodelle durchsetzen, ohne dass dies der Ersteller des Modells ursprünglich beabsichtigt hat.

Ein *Metamodell* ist ein Modell, welches den Aufbau anderer Modelle beschreibt. Das kann die Syntax, den Prozess des Modellierens oder aber die Semantik der Elemente und Relationen des im Metamodell beschriebenen anderen Modells umfassen. Metamodelle besitzen damit einen höheren Grad der Abstraktion als die durch sie beschriebenen Modelle. Sie formalisieren die Konstruktion eines bestimmten Anwendungsmodells und tragen dazu bei, dass standardisierte Anwendungsmodelle geschaffen werden. Sie unterstützen mit ihrem Regelwerk den Modellierungsprozess, insbesondere wenn auch Prozesse zur Erstellung eines Anwendungsmodells Bestandteil des Metamodells sind.

Im Bereich der Systemanalyse dienen Metamodelle z. B. zur einheitlichen Definition von Modellierungssprachen. Die Modellierungssprache des Modells legt fest, wie und nach welchen Konventionen etwas logisch im Modell ausgedrückt werden kann. Die Logik und das optische Erscheinungsbild des Modells werden von den Vorgaben der Modellierungsnotation festgelegt.

Das Metamodell der weiter unten erläuterten Unified Modeling Language (UML) zur Abbildung von objektorientierten Anwendungssystemen berücksichtigt den übergeordneten Standard MOF (Meta Object Facility) der Object Management Group (OMG). Es beschreibt mögliche Elemente eines Klassendiagramms, wie z. B. Klassen, Attribute und Assoziationen (Syntax), sowie die Regeln zur Erstellung der Diagramme (Semantik). Dabei werden neben Diagrammen auch die Object Constraint Language zur formalen Beschreibung von Restriktionen eingesetzt. Ein Metamodell darf sich also nicht unbedingt als bildhaft homogen vorgestellt werden, da es eher einem Regelwerk mit den zur Beschreibung erforderlichen Bestandteilen, wie formalisierten Texten, Grafikelementen oder Diagrammen, entspricht.

Die eben bereits erwähnten Modellierungssprachen lassen sich ebenfalls wieder kategorisieren. Auf der obersten Ebene dieser Klassifikation finden sich zunächst formale Sprachen, welche im Gegensatz zu natürlicher Sprache über eine definierte Verwendung der Modellierungselemente (Syntax und Semantik) in Form eines konsistenten Metamodells verfügen. Können die formalisierten Sprachelemente situationsabhängig und ohne Berücksichtigung des Metamodells ergänzt werden, so handelt es sich um semiformale Sprachen. Formale Modelle, die einer festen Notationsvorschrift folgen, werden im nächsten Kapitel vorgestellt. Dazu gehören z. B. UML-Modelle oder mathematische Modelle. Zu den semiformalen Modellen gehören die Ereignisgesteuerte Prozesskette (EPK) und das Entity Relationship-Modell (ERM), während die natürliche Sprache und mentale Modelle zu den nicht-formalen Modellen zählen. Während im Rahmen des Fachkonzepts nicht- und semiformale Modelle eingesetzt werden können, erfordert das DV- und vor allem das Implementierungskonzept eine durchgängige Formalisierung, um in ein Hardware- oder Softwaresystem überführt werden zu können.

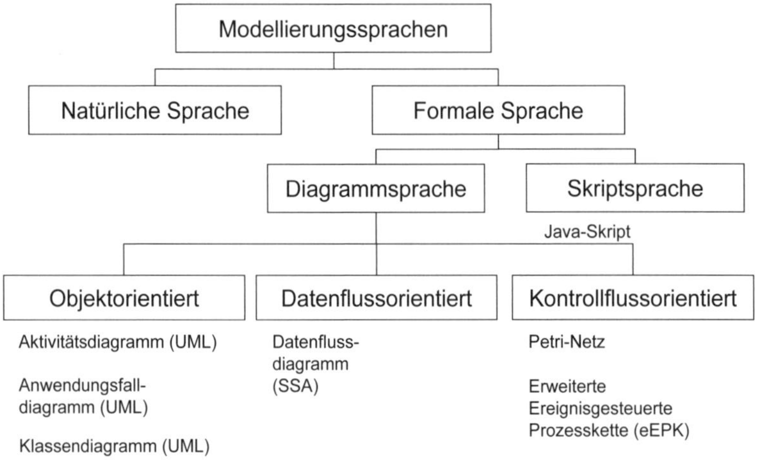

Abbildung 4-13: Kategorien der Modellierungssprachen (in Anlehnung an Gadatsch 2003, S. 57)

Abbildung 4-13 zeigt innerhalb der Kategorisierung von Modellierungssprachen die Familie der Diagrammsprachen zur grafischen Modellierung genauer. Diese werden in objektorientierte, datenflussorientierte und kontrollflussorientierte Modellierungssprachen zerlegt. Objektorientierte Diagramme stellen dabei einen übergeordneten Begriff dar, da die genannten Diagramme, wie z. B. das Aktivitätsdiagramm, auch Daten- und Kontrollflüsse modellieren. Eine Unterscheidung zwischen formaler und semiformaler Sprache wird nicht vorgenommen.

Der zentrale Teil dieses Buchs ist ein *Vorgehensmodell* der Systemanalyse. In einem Vorgehensmodell wird beschrieben, wie, also in welchen Schritten, ein Modell eines Unternehmens erstellt werden kann. Es ist damit einerseits verwandt mit einem Metamodell, welches den Prozess des Modellierens beschreibt, aber auch mit einem Referenzmodell, wenn es empfehlende und intersubjektiv wieder verwendbare allgemeingültige Elemente beinhaltet.

4.4 Zusammenfassung

In diesem Kapitel wurden die für die Systemanalyse grundlegenden abstrakten Begriffe und Konzepte erläutert. Zunächst wurde hierbei die Systemtheorie als Grundlage der Systemanalyse vorgestellt. Sie betrachtet Systeme als aus Elementen bestehend, die in komplexen Wirkungsbeziehungen zueinander stehen. Der Fokus der Betrachtung ist das Zusammenspiel der Systemelemente, statt die isolierte Analyse von Einzelfaktoren. Systeme sind dabei oft komplex, haben emergente Eigenschaften, tendieren zum Aufbau einer Ordnung über Selbstorganisation und Strukturbildung.

Es gibt verschiedene Klassen von Systemen, wie z. B. soziale oder technische Systeme. Ein Unternehmen ist eine Kombination daraus und lässt sich als ein komplexes, offenes, dynamisches, soziotechnisches System einordnen. Um ein Verständnis von einem System zu erlangen, kann es mit einer bestimmten Modellierungsvorgehensweise zielgerichtet und vereinfacht in einem Modell abgebildet werden. Auch hier gibt es wieder eine Vielzahl an Modellklassen. Bestimmte Modelle können im Rahmen einer Simulation verwendet werden, um Aussagen zu dynamischen Eigenschaften bzw. Verhaltensweisen des modellierten Systems zu gewinnen. Im Rahmen der Modellierung eines Unternehmens spielen neben den allgemeinen Klassen von Modellen insbesondere noch die Informations-, Meta-, Referenz- und Vorgehensmodelle eine wichtige Rolle. Weiterhin werden oft Modelle mit einer Diagrammsprache als Modellierungssprache eingesetzt.

Damit sind alle allgemeinen Begriffe eingeführt und im nächsten Kapitel kann mit einer genauen überblicksartige Darstellung der im Rahmen der Systemanalyse und damit in der System- und Prozessmodellierung der Wirtschaftsinformatik meistverwendeten Modellarten und ihrer Modellierungskonventionen (Sprache, Regeln, Notationen) fortgesetzt werden.

4.5 Weiterführende Literatur

Zur Modellierung von Informationssystemen – online:

Vom Brocke, J.: Referenzmodellierung, Gestaltung und Verteilung von Konstruktionsprozessen, Logos Verlag, Berlin 2003, http://www.wi.uni-muenster.de/aw/div/brocke/referenzmodellierung.pdf, Abruf am 2006-12-20.

4.6 Übungsaufgaben

1. Argumentieren Sie mithilfe der Systemtheorie, warum Unternehmen immer komplexere Systeme werden?
2. Was sind die grundlegenden Eigenschaften von Systemen?
3. Es gibt unterschiedliche Klassen von Modellen und Systemen. Was unterscheidet sie und warum könnte die Unterscheidung wichtig sein?
4. Was ist der Unterschied zwischen einem System und seinem Modell?
5. Wie kann gewährleistet werden, dass die von einem Modell abgeleiteten Handungsempfehlungen beim realen System die beabsichtigte Veränderung herbeiführen?
6. Was ist eine Simulation von Modellen und welche Arten gibt es?

Annette Bobrik und Matthias Trier

5 Modellüberblick

Themenüberblick: Modellarten in der Systemanalyse, Structured Systems Analysis (SSA), Datenflussdiagramm (DFD), Data Dictionary, Ereignisgesteuerte Prozesskette (EPK), Entity Relationship-Modell (ERM), Unified Modeling Language (UML), Business Process Modeling Notation (BPMN), Flussdiagramm, Programmablaufplan (PAP), Bonapart Prozessmodell, Pertrinetz, System Dynamics Modell.

Lernziele: In diesem Kapitel erlernen Sie die am häufigsten in der Systemanalyse verwendeten Modellarten, um Aspekte in Organisationsprozessen, im Software Engineering, in der Datenintegration etc. systemisch zu betrachten. Sie werden dabei überblicksartig vorgestellt und anhand eines Beispiels illustriert. Sie können darüber hinaus die im Rahmen des Systemanalyseansatzes dieses Buchs verwendeten und praktisch bewährten Konventionen zur einheitlichen Erstellung der Modellierungssprachen finden.

5.1 Einleitung

In der Systemanalyse werden in den Phasen der Istanalyse und des Sollkonzepts Modelle benötigt, um den gegenwärtigen Zustand und die möglichen Änderungen zu dokumentieren. Die Merkmale eines Modells (vgl. Stachowiak 1973) implizieren, dass es nicht das eine „richtige" Modell eines Systems gibt. Die Wahl eines Modells zur Systemabbildung wird entscheidend von dem jeweiligen Anwendungsfall, Modellierungszweck und der gewählten Perspektive bestimmt. In diesem Abschnitt werden eine Reihe von Modellierungssprachen und Diagrammtypen vorgestellt, um dem Modellierer eine Auswahl an Modellen zur Verfügung zu stellen, die er situationsabhängig auswählen und kombinieren kann. Die Modellierungssprachen werden dabei anhand des folgenden stark vereinfachten Beispiels aus dem Bankbereich illustriert, welches in erster Linie zur Abbildung der Notationsvorschriften, weniger zur praxisgetreuen Wiedergabe des dargestellten Sachverhalts dienen soll.

Exkurs 5-1: Fallbeispiel „Kreditantrag"

In einem Bankunternehmen werden mehrere hundert Geschäftsprozesse abgewickelt, z. B. die Bearbeitung eines Kreditantrags. Vereinfachend kann dieser Prozess, wie folgt beschrieben werden: Neben dem Antragssteller selbst sind ein Sachbearbeiter und ein Prüfer beteiligt. Falls es sich bei dem Antragssteller um einen Neukunden handelt, werden die Kundendaten durch den Sachbearbeiter erfasst. Gleichzeitig holt der Prüfer eine SCHUFA-Auskunft ein. Erst wenn diese Daten vorliegen, wird überprüft, ob genug Sicherheiten für den Kredit vorliegen. Eine negativer SCHUFA-Eintrag stellt für die Bank dabei grundsätzlich kein Ausschlusskriterien dar, allerdings müssen dann entsprechende andere Sicherheiten, z. B. Bürgschaften, vorliegen. Der Kreditantrag wird nur durch den Sachbearbeiter bewilligt, wenn ausreichend Sicherheiten vorliegen.

Welche Modellierungssprachen sind für den Einsatz zur Modellierung des Geschäftsprozesses „Kreditantrag bearbeiten" geeignet? Wer sind die Beteiligten am Prozess? Welche Perspektiven nehmen sie ein? Wie lassen sich verschiedene Lösungsszenarien simulieren?

5.2 Structured Systems Analysis (SSA)

Die Structured Systems Analysis (SSA) besteht aus drei sich ergänzenden Beschreibungsmethoden, den Datenflussdiagrammen (engl. Data Flow Diagram, DFD), Data Dictionaries und Prozessbeschreibungen (engl. Process Description bzw. „MiniSpec"). Alle drei Methoden sind für einen gemeinsamen Einsatz zur Beschreibung vorhandener Systeme oder zur Darstellung von Anforderungsspezifikationen entwickelt worden (vgl. Gane und Sarson 1979). Das DFD ist dabei das umfassendste Instrument und wird daher hier in den Vordergrund gestellt.

5.2.1 Datenflussdiagramm (DFD)

Beim Datenflussdiagramm (DFD) handelt es sich um eine netzwerkartige Darstellung eines Systems, mit der sowohl Hardware- und Softwaresysteme als auch sozioökonomische Systeme dargestellt werden können. Ein Datenflussdiagramm zeigt Arbeitsabläufe als Zusammenhänge zwischen einzelnen Tätigkeiten, die als Prozesse bezeichnet werden. Dabei steht jedoch nicht die zeitliche Ablauflogik des Steuerungs- und Kontrollflusses im Mittelpunkt, sondern die übersichtliche Darstellung der Elemente des Systems und seiner Beziehungen. In der Praxis bedeutet dies, dass dem Modell nicht entnommen werden kann, wann die einzelnen Datenflüsse passieren (z. B. bei Entscheidungen, ob ein Kredit angenommen oder abgelehnt wird). Das DFD zeigt nur in Form einer Übersicht, dass sie prinzipiell vorliegen. Innerhalb eines Datenflussdiagramms werden die in Abbildung 5-1 gezeigten Symbole verwendet. Es ist jedoch anzumerken, dass in der Praxis gelegentlich eine Notationsalternative zu finden ist, bei der die Prozesse als Kreise mit Nummern und Bezeichnungen und Datenspeicher als zwei waagerechte parallele Linien mit Bezeichnungen dargestellt werden (vgl. DeMarco 1979).

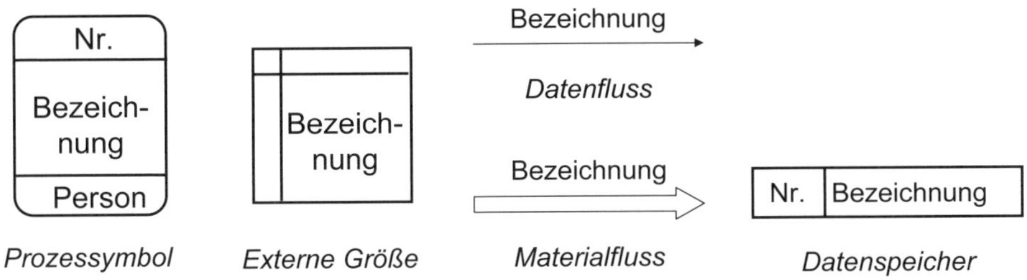

Abbildung 5-1: Symbole eines Datenflussdiagramms

Das Prozesssymbol wird zur Darstellung einer Folge von Arbeitsschritten benutzt, die unter einem gemeinsamen Begriff zusammengefasst werden. In Abhängigkeit von der Detaillierung des DFD kann auch ein einzelner Arbeitsschritt als Prozess aufgefasst werden. Die Nummer des Prozesses stellt die Verbindung zu der zu jedem Datenflussdiagramm gehörenden Prozessbeschreibung dar, die den Prozess erläutert. Im unteren Bereich des Prozesssymbols wird vermerkt, wer den Prozess ausführt. Das kann der Name einer Stelle (bzw. auch einer Person) sein, auf höheren Ebenen aber auch die Bezeichnung einer Organisationseinheit.

Für Prozesse eines DFD können zugeordnete Detaildarstellungen (Verfeinerungen) angelegt werden. Im linken Teil Abbildung 5-2 wird der Prozess Nummer 1 einer nicht dargestellten übergeordneten obersten Betrachtungebene verfeinert. Prozess 1 besteht aus den Unterprozessen 1.1 und 1.2. Der Unterprozess 1.2 wiederum wird im rechten Diagramm weiter verfeinert. In der Detaildarstellung enthält er nun die Unterprozesse 1.2.1 und 1.2.2.

Ein Datenspeicher ist ein Aufbewahrungsort für Daten, der mit seinem Namen und einer Nummer gekennzeichnet wird. Der Nummer wird dabei der Buchstabe D vorangestellt. Datenspeicher 1 hat also die Nummer D1. Als Datenspeicher kommen Karteien, Verzeichnisse, Aktenordner und Dateien in Frage. In Praxisfällen hat es sich weiterhin als nützlich erwiesen, zu Kommunikationszwecken gegebenenfalls sogar das Gedächtnis eines Menschen als Datenspeicher zu modellieren, um die fehlende schriftliche bzw. elektronische Ablage zu erfassen. Die physische Realisierung des Datenspeichers spielt keine Rolle. Durch die Richtung des Pfeils, der den Datenfluss zum Speicher darstellt, wird die Art des Zugriffs abgebildet. Dabei zeigt dieser Pfeil bei einem lesenden Zugriff vom Datenspeicher weg, bei einem schreibenden Zugriff auf den Datenspeicher zu.

Datenträger, wie Formulare oder Durchschläge, werden nicht als Datenspeicher interpretiert. Sie können jedoch als Materialflüsse berücksichtigt oder im Datenspeicher Ordner etc. abgelegt werden. Datenspeicher sind auf der Ebene erstmals aufzuführen, auf der sie benutzt werden. Auf hierarchisch höher gelegenen Ebenen sind nur die von mehreren Prozessen benutzten Datenspeicher aufzuführen. Um dies deutlich zu machen, sind diese Speicher auf dem Rand des einrahmenden Prozesssymbols darzustellen. Beispielsweise wird der Datenspeicher D1 in Abbildung 5-2 auf der oberen Ebene nicht nur von Prozess 1.2, sondern auch von Prozess 1.1 genutzt. Um diese geteilte Nutzung darzustellen, wird in der verfeinerten Darstellung von 1.2 auf der rechten Seite der Abbildung 5-2 der Datenspeicher D1 auf dem Rand abgetragen. Der Modellnutzer weiß dann, dass auf D1 auch von anderen nicht im DFD zu 1.2 dargestellten Prozessen zugegriffen wird.

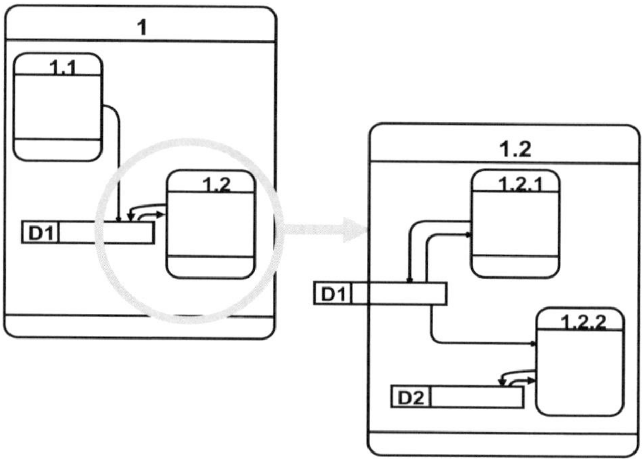

Abbildung 5-2: Verfeinerung von mehrfach genutzten Informationsquellen

Externe Größen sind Personen oder Abteilungen, die außerhalb des betrachteten Systems liegen, aber zur relevanten Umwelt des Systems gehören. Sie sind Absender oder Empfänger von Systemeingängen und -ausgängen und werden daher auch als externe Quellen bzw. Senken bezeichnet. Im Regelfall ist eine externe Größe Auslöser für die Datenflüsse im System. Im Einzelfall kann aber auch ein DFD ohne externe Größen entstehen, wenn z. B. zeitlich ausgelöste interne Bearbeitungsprozesse, wie die Bereinigung von veralteten Produktdaten etc., modelliert werden.

Datenflüsse werden durch gerichtete Kanten (Pfeile) zwischen Prozessen, Datenspeichern und externen Größen dargestellt und mit einer Bezeichnung versehen. Dabei sollen beidseitig gerichtete Kanten vermieden werden. Unter Umständen kann es erforderlich sein, bestimmte Materialflüsse gesondert zu kennzeichnen. Wenn Materialfluss und Datenfluss unterschiedliche Wege nehmen, ist eine getrennte Darstellung sinnvoll. Für diesen Fall stellt die Symbolik des DFD einen speziellen Pfeil für Materialflüsse zur Verfügung.

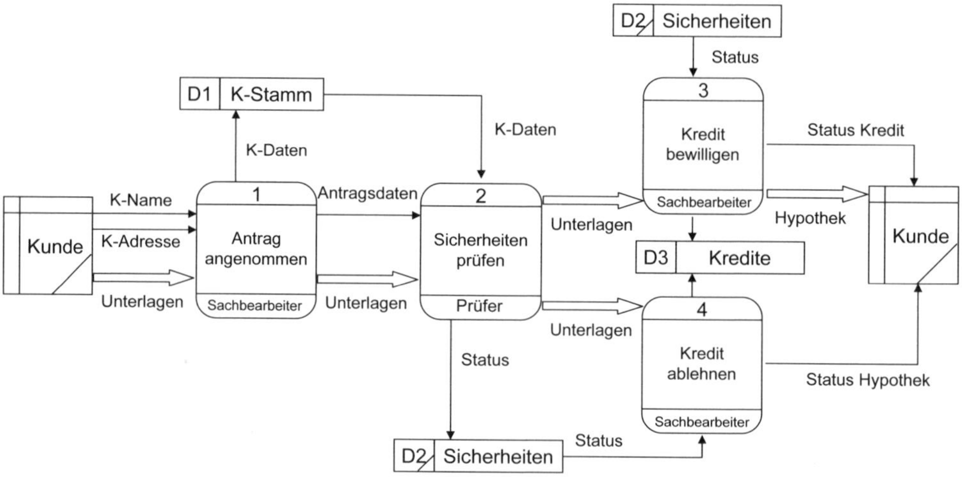

Abbildung 5-3: Datenflussdiagramm „Kreditantrag"

Um die Diagramme nicht zu unübersichtlich werden zu lassen, sollte die Verwendung von Materialflüssen auf die oberen Ebenen einer DFD-Hierarchie beschränkt sein.

Ein Beispiel für ein Datenflussdiagramm, welches die Modellelemente im Zusammenspiel zeigt, um den Prozess des Kreditantrags abzubilden, veranschaulicht Abbildung 5-3. Dass es sich um die oberste Betrachtungsebene handelt, lässt sich aus der Nummerierung der Prozesse schlussfolgern.

5.2.2 Konventionen des DFD

Im Rahmen des in diesem Buch vorgestellten Ansatzes der Systemanalyse sollen für die Modellierung eines DFD folgende Regeln gelten:

- Die Nummerierung von Ebenen und Prozesselementen beginnt mit der 1. Ebene bzw. dem 1. Prozesselement. Es gibt keine 0. Ebene oder 0. Prozesselement. Die oberste bzw. 1. Ebene entspricht dem insgesamt betrachteten Gebiet, z. B. dem gesamten Unternehmen oder aber einem Geschäftsprozess. Durch Verfeinerungen von einzelnen Prozessaktivitäten entstehen detailliertere Ebenen. (Nur) eine Verfeinerung einer Aktivität (z. B. 1) wird mit einem großen Prozesssymbol umgeben (vgl. Abbildung 5-2 links). Dieses wird im oberen Feld mit der Nummer der Aktivität versehen, optional erscheint unten die verantwortliche Stelle oder Organisationseinheit. Im Hauptfeld erscheinen die innerhalb der Verfeinerung auftauchenden Aktivitäten. Sie werden mit der nächst tieferen Gliederungsebene (z. B. 1.1, 1.2 etc.) beziffert. Innerhalb des mittleren Felds finden sich neben den detaillierten Aktivitäten auch Datenspeicher und Datenflüsse.
- Datenspeicher tieferer Ebenen erhalten keine gegliederten Zahlen, sondern nur ganze Zahlen (vgl. D2 in Abbildung 5-2 rechts).
- Es kann beliebig viele Verfeinerungen bis hin zur nicht weiter zerlegbaren Aktivität geben.
- Wird dasselbe Element mehrmals verwendet, so ist es mit einer diagonalen Linie an der unteren rechten Ecke gekennzeichnet. Mehrfaches Eintragen eines Modellelements darf nur zur Vermeidung unübersichtlicher Kantenüberschneidungen verwendet werden.
- Externe Größen sind Personen oder Abteilungen, die außerhalb des Systems liegen, aber zur relevanten Umwelt gehören. Sie haben Beziehungen zum abgebildeten Bereich. (vgl. zur Abgrenzung der relevanter Umwelt das Kapitel 6 „Vorgehensmodell")
- Prozesselemente und Datenspeicher sind durch gerichtete Kanten (Pfeile) miteinander verbunden. Durch die Richtung des Pfeils wird die Art des Zugriffs abgebildet. Es gibt keine Verbindungen, die in beide Richtungen gleichzeitig weisen. Diese sind als zwei getrennte Verbindungen einzuzeichnen.
- Viele Pfeile, die in einer Richtung zwischen zwei Modellelementen liegen, können auf höheren Ebenen aggregiert werden, wenn der entstehende Pfeil ein homogenes Informationspaket (bzw. Materialpaket) repräsentiert und dadurch keine wesentliche Modellaussage verloren geht. Zum Beispiel können die Datenflüsse „K-Name" und „K-Adresse" in Abbildung 5-3 links auf oberste Ebene zu einem Pfeil „Kundendaten" zusammengefasst werden.
- In Verbindung mit Datenspeichern zeigen Pfeile bei einem lesenden Zugriff vom Datenspeicher weg, bei einem schreibenden Zugriff auf den Datenspeicher zu.

5.2.3 Vorgehensweise bei der Entwicklung eines DFD

Zunächst erfolgt die Darstellung der Systemgrenze mit den externen Größen und den Datenströmen, die in das System hineingehen bzw. aus dem System kommen. Als Nächstes ist ein erster Entwurf zu zeichnen. Bei diesem Entwurf wird mit der wichtigsten externen Inputgröße begonnen. Alle zu dieser Inputgröße gehörenden Datenflüsse, Verarbeitungsprozesse und Datenspeicher werden eingezeichnet. Dabei können folgende Daumenregeln zur Anwendung kommen:

- Ausgehend von einer externen Größe folge einem wichtigen Datenfluss durch das gesamte System und berücksichtige alle Verwendungen dieses Datenflusses in ihrer logischen Reihenfolge.
- Vermeide die Darstellung von Fehler- und Ausnahmebedingungen.
- Entscheidungsabläufe werden nur über die Prozesse angedeutet (z. B. Auftrag prüfen mit den nachfolgenden Datenflüssen Auftragsbestätigung bzw. Auftragsablehnung). Die konkreten Regeln der Verzweigung (im Sinne von: Wenn Ausdruck wahr dann Pfad A wenn falsch dann Pfad B) gehen aus der ergänzenden Prozessbeschreibungen hervor und sind nicht im DFD enthalten.
- Vermerke die Input- und Outputgrößen, die beim ersten Versuch nicht berücksichtigt worden sind.

Als weiterer Schritt wird nun ein zweiter Entwurf gezeichnet. Dessen Ziel ist es, Überschneidungen der Datenflüsse zu minimieren. Dazu können externe Größen und Datenspeicher dupliziert werden (vgl. Abbildung 5-3). Nach der Erstellung des zweiten Entwurfs ist eine Überprüfung durch Benutzer bzw. Betroffene zwischenzuschalten, um Fehler oder Missverständnisse frühzeitig aufdecken zu können. Nach der Prüfung des zweiten Entwurfs durch Benutzer bzw. Betroffene wird die zweite Ebene der Disaggregation durch Verfeinerung der Prozesse erzeugt. In dieser Ebene sind Fehlerbedingungen und Ausnahmen zu berücksichtigen und mit abzubilden. Bei der Verfeinerung von Prozessen wird auf der tiefer liegenden Ebene ein Prozess weiter in einzelne Arbeitsschritte gegliedert. In der Notation kommt dies dadurch zum Ausdruck, dass der untergeordnete Prozess an erster Stelle die Ziffer des übergeordneten Prozesses erhält. Schließlich wird die dritte (sowie gegebenfalls eine weitere) Ebene der Disaggregation erzeugt. Der Gesamtstand der Datenflussdiagramme wird nochmals dem Benutzer zur Überprüfung vorgelegt.

5.2.4 Data Dictionary

Ein das DFD ergänzendes Element der SSA ist das Data Dictionary als das zentrale Datenverzeichnis des dargestellten Systems. Für jedes Datenelement, das im DFD durch einen Datenfluss repräsentiert wird, und jeden Datenspeicher wird ein einziger Eintrag in das Data Dictionary vorgenommen. Es gibt Auskunft über Struktur, Speicherung, Beziehungen, Herkunft und Verwendung von Daten (vgl. Tabelle 5-1).

Datenelement	D1 Kredit		
Formale Beschreibung	Kredit = + Datum + Kreditsumme + Zinssatz + n*Tilgungsrate + Laufzeit + Rückzahlungsmodalität + Kundendaten		
Synonyme	-		
Wertebereich	> 0	Standardwert	-
Status	Bezeichnung	Bedeutung	
	I	in Beabreitung	
	G	geprüft	
	B	bewilligt	
Datenlänge	200	Datentyp	alphanumerisch
Weitere Informationen	Rückzahlungsmodalität und Zinssatz kann nach 10 Jahren neu vereinbart werden.		

Tabelle 5-1: Data Dictionary – Eintrag für Datenelement „Kredit"

Ziel der Beschreibung im Data Dictionary ist eine Top-Down Verfeinerung, mit deren Hilfe eine verständliche verbale Beschreibung der Elementardaten möglich ist. Hierzu erfolgt die Darstellung der Daten durch eine formale Beschreibung, die die Beschreibungselemente Sequenz +, Iteration n, Selektion \, Option () und Gleichheit = zur Verfügung stellt. Jede Datendefinition wird eindeutig durch ihren Namen identifiziert.

Zusätzlich zur Bezeichnung und zur formalen Beschreibung sollte das Data Dictionary folgende Angaben enthalten:

- Synonyme: Gleichlautende Begriffe sollten vermieden werden. Im Sprachgebrauch von Unternehmen werden jedoch in der Praxis gleiche Dinge in verschiedenen Abteilungen unterschiedlich bezeichnet. Um diese Doppelbenennungen abschaffen zu können, müssen sie zunächst im Data Dictionary dokumentiert werden.
- Verwandte Daten: Die Angabe verwandter Datenelemente kann z. B. beim Verweis auf verwandte Suchkriterien sinnvoll sein (z. B. Auftragsnummern, Auftragsdatum).
- Grenzen und Bedeutungen: Die Werte der Datenelemente bewegen sich mitunter innerhalb von Grenzen oder haben oft nur einen einzelnen sie kennzeichnenden Wert. Weiterhin kann ein Datenelement unter Umständen unterschiedliche Werte annehmen, die seinen Status bezeichnen (z. B. kann das Datum „Familienstand" nur bestimmte Ausprägungen annehmen, nämlich „ledig", „verheiratet", „geschieden" und „verwitwet").
- Länge des Datenelementes.
- Datentyp (numerisch, alphabetisch, alphanumerisch).
- Weitere Informationen (z. B. Querverweise für Kontrollen oder Aktualisierungen).

Ebenfalls in das Data Dictionary aufgenommen werden Prozesse und Dateien. Für beide werden Eingangs- und Ausgangsdaten und eine verbale und logische Beschreibung der einzelnen Verarbeitungsschritte aufgeführt. Hierbei können z. B. formalisierte Methoden wie Entscheidungstabellen

Anwendung finden. Die Beschreibung von Dateien erfolgt durch Angabe der Datenelemente, die diese Datei beinhaltet, der Prozesse, die auf diese Datei zugreifen sowie der Suchkriterien, mittels derer auf die Datei zugegriffen wird. Tabelle 5-1 zeigt ein Data Dictionary für das Beispiel eines Kredits. Da nicht alle Angaben zu Beginn des SSA-Einsatzes bekannt sind, muss das Data Dictionary (genau wie die Datenflussdiagramme) während des Aufnahme- und Dokumentationsprozesses erweitert und angepasst werden

5.2.5 Prozessbeschreibung

Aufgabe der Prozessbeschreibung ist es, die in den Datenflussdiagrammen vorkommenden Prozesse kurz und prägnant zu beschreiben. Dabei soll die Transformationsfunktion der Prozesse im Vordergrund stehen, während der Zusammenhang zwischen den Prozessen im Datenflussdiagramm beschrieben wird. Die Prozessbeschreibung soll so abgefasst sein, dass ein an der Systementwicklung nicht direkt beteiligter Anwender in der Lage ist, die Funktionen des Systems in Verbindung mit dem Datenflussdiagramm und dem Data Dictionary zu verstehen. Folgende Regeln sind für die Beschreibung von Prozessen zu beachten:

- Für jeden Prozess im Datenflussdiagramm muss es eine Prozessbeschreibung geben. Alle Prozesse müssen somit auf allen Abstraktionsebenen beschrieben werden.
- Die Beschreibung eines Prozesses muss enthalten, nach welchen Regeln die Transformation von Ein- in Ausgangsdaten erfolgen soll, jedoch keine Implementierungsvorschriften.
- Die Prozessbeschreibung sollte möglichst kurz und eindeutig sein.
- In Abhängigkeit von der Zielsetzung erfolgt eine an die natürliche Sprache angelehnte oder formalisierte Beschreibung. Zur formalisierten Beschreibung eignen sich vor allem Entscheidungsbäumen, Entscheidungstabellen und Pseudocode.

5.2.6 Beurteilung des SSA Modells

Als Vorteil von SSA ist anzusehen, dass der Umgang mit den Datenflussdiagrammen leicht zu erlernen ist, da es nur wenige einfache Symbole gibt. Die Methode ist universell einsetzbar und beschränkt sich nicht auf Softwaresysteme. Nachteilig ist, dass durch die verschiedenen Beschreibungsmethoden kaum Konsistenzüberprüfungen durchgeführt werden können. Bei großen Systemen kann das Datenflussdiagramm sehr unübersichtlich werden, da alle relevanten Datenflüsse aufgenommen werden müssen. Bei der Bewertung der Methoden ist zu berücksichtigen, dass heute ein integrierter Methodeneinsatz in allen Phasen der Systemanalyse angestrebt wird. SSA ist eine Methode, die speziell in der Istanalyse eingesetzt wird und erfüllt diese Anforderung nur teilweise, auch wenn ihre Symbolik in rechnergestützten Werkzeugen zur Geschäftsprozessmodellierung Eingang gefunden hat.

5.3 Ereignisgesteuerte Prozesskette (EPK)

Eine geläufige Methode zur Modellierung von Soll- und Istprozessen ist die Ereignisgesteuerte Prozesskette (EPK). Die EPK-Modellierung wurde 1992 von Scheer an der Universität des Saarlandes in Kooperation mit der SAP AG entwickelt. Die EPK stellt u. a. einen zentralen Bestandteil der SAP-Referenzmodelle und des ARIS-Toolsets der IDS Scheer AG dar. Einsatzgebiete für die Prozessmodellierung mithilfe der EPK sind z. B. die Prozessorientierte Reorganisation, die Definition und Kontrolle von Workflows und die Softwareentwicklung (vgl. Scheer 1994). Zur Prozessrorientierung in der Systemeanalyse allgemein vgl. Kapitel 8 „Systemanalyse zur Verbesserung von Geschäftsprozessen“.

Das Vorgehen bei der Prozessmodellierung orientiert sich in der Regel an der verwendeten Erhebungsmethode. Beim Top-Down-Ansatz wird ausgehend von einem Wertschöpfungsketten-Diagramm (WKD), in dem die Abfolge der Geschäftsprozesse definiert ist, mit einer Grobmodellierung der Geschäftsprozesse begonnen. Eine Wertschöpfungskette stellt eine sequenzielle, gegebenenfalls parallele Abfolge einzelner Prozessschritte dar und bezieht auch Lieferanten und Abnehmer mit ein. Je nach gewähltem Abstraktionsniveau können dabei Geschäftsprozesse in Hauptprozesse und diese wiederum in Teilprozesse untergliedert werden. Die Abfolge der Prozessschritte wird weiter verfeinert, sodass am Ende die Modellierung auf der Ebene detaillierter Teilprozesse stattfindet. Im Gegensatz dazu wird beim Bottom-Up-Ansatz auf der Detailebene begonnen und die Teilprozesse dann zu Geschäftsprozessen akkumuliert. In der Praxis wird häufig ein kombiniertes Vorgehen verwendet, das die Vorteile beider Ansätze verbindet. Abbildung 5-4 zeigt die Hierarchieebenen und das Vorgehen bei der Prozessmodellierung unter Verwendung der EPK-Notation.

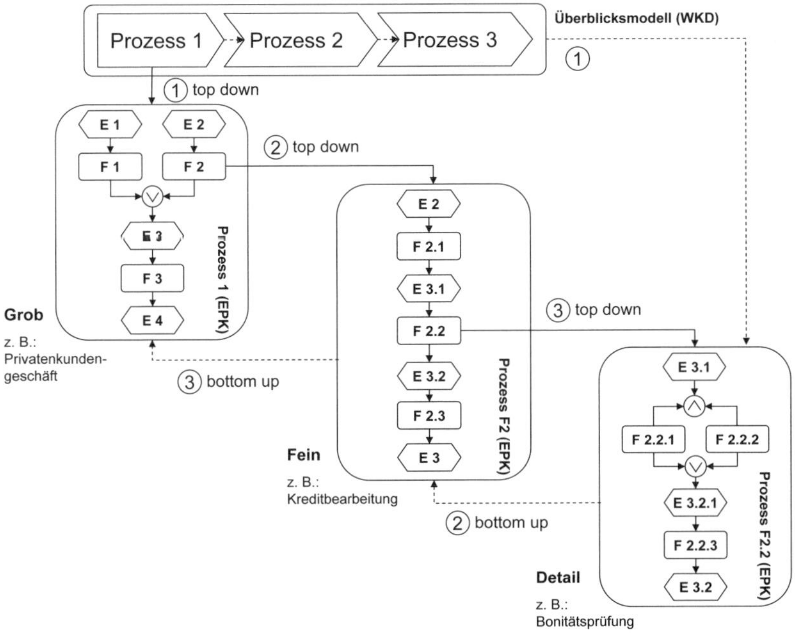

Abbildung 5-4: Hierarchienebenen und Vorgehen bei der Prozessmodellierung

In Abbildung 5-4 sind die Hierarchieebenen und das Vorgehen bei der Prozessmodellierung als Top-Down-Ansatz oder Bottom-Up-Ansatz dargestellt. Beim Bottom-Up-Ansatz dient das WKD als grober Überblick, die Prozesserhebung und Modellierung beginnt aber auf Detailebene und wird über die Feinebene zu einem Grobmodell verdichtet.

Die Elemente der EPK sind *Ereignisse* und *Funktionen*, wobei Ereignisse Funktionen auslösen und Funktionen wiederum Ereignisse begründen. Eine EPK besteht immer aus einer Sequenz von Ereignissen und Funktionen und ist dadurch gekennzeichnet, dass sie mit einem Ereignis beginnt und auch wieder mit einem Ereignis endet. Die Parallelität von Funktionen und Funktionsketten lässt sich durch *logische Operatoren* abbilden.

Die nachfolgende Abbildung 5-5 zeigt das Beispiel „Kreditantrag" in der EPK-Notation. Das auslösende Ereignis ist der Zustand „Kredit beantragt". Dieser initiiert Funktionen, z. B. die Einholung der SCHUFA-Auskunft. Die Funktion erzeugt nach ihrer Fertigstellung ein neues Ereignis „Auskunft eingeholt". Sowohl parallele Prozessabläufe als auch bedingte Verzweigungen lassen sich durch die Verwendung von logischen Operatoren AND (∧), OR (∨) und XOR (x) abbilden. Der gesamte Prozess endet mit einem Ereignis „Antrag bearbeitet".

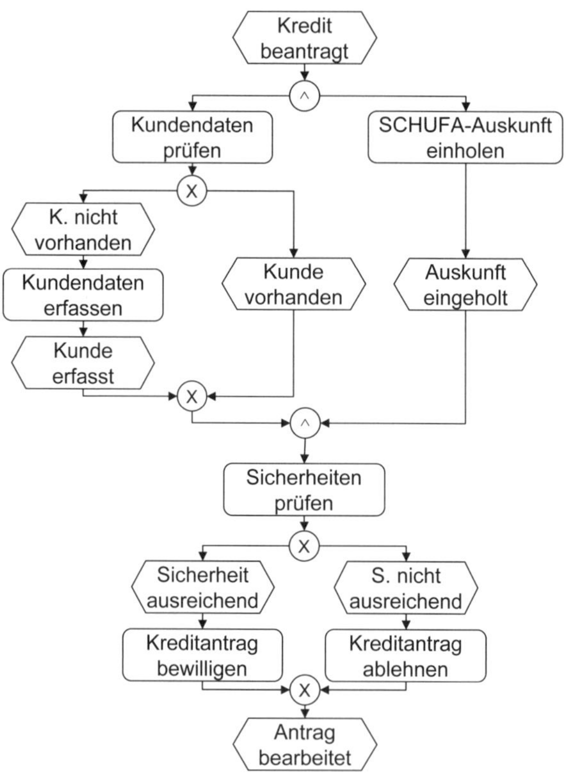

Abbildung 5-5: Ereignisgesteuerte Prozesskette "Kreditantrag"

Werden Prozesse auf der Ebene von Teilprozessen dargestellt, können die Grundstrukturen des Ablaufs (Ereignisse, Funktionen und Regeln) um genaue Informationen über die einzelnen Funktionen ergänzt werden. Diese Informationen stellen dar, wer bzw. welche Organisationseinheit die Funktion ausführt, welche Inputdaten von der Funktion benötigt werden, welche Outputdaten von der Funktion erzeugt werden, auf welchen Informationsträgern diese Daten liegen, welche Sachmittel bzw. Techniken für die Ausführung der Funktion angewendet werden sowie ob Softwaresysteme die Funktion unterstützen. Werden diese Detailinformation ergänzend in die EPK aufgenommen wird sie erweiterte Ereignisgesteuerte Prozesskette (eEPK) genannt. Zu beachten ist, dass in der Praxis gelegentlich abweichend von dieser Konvention die eEPK als EPK und dafür die eigentliche EPK (aus Ereignis, Funktion und Operatoren) als „schlanke EPK" bezeichnet wird.

Abbildung 5-6 zeigt die Modellierungselemente der EPK und ihre Erweiterung zur eEPK im Überblick. Dem Modellierer obliegt dabei, abhängig vom Zweck der Modellierung, die Definition des Detailgrads und die entsprechende Auswahl der dazu erforderlichen Modellelemente. So kann auf einer Grobebene beispielsweise eine EPK ohne ergänzende Objekte eingesetzt werden um einen Überblick über den Gesamtprozess zu erlangen. Auf einer mittleren Ebene wird diese dann um IT-Systeme, Organisationseinheiten und Entities oder Business Objects (Aggregation von mehreren Datenobjekten bzw. Entities einer inhaltlichen Domäne) ergänzt, also eine eEPK modelliert. Auf einer Detailebene kommen schließlich für einzelne Prozessbereiche als weitere Modellelemente die DV-Funktionen (z. B. Stammdaten anlegen als Funktion eines IT-Systems), Sachmittel und Attribute der Entities hinzu.

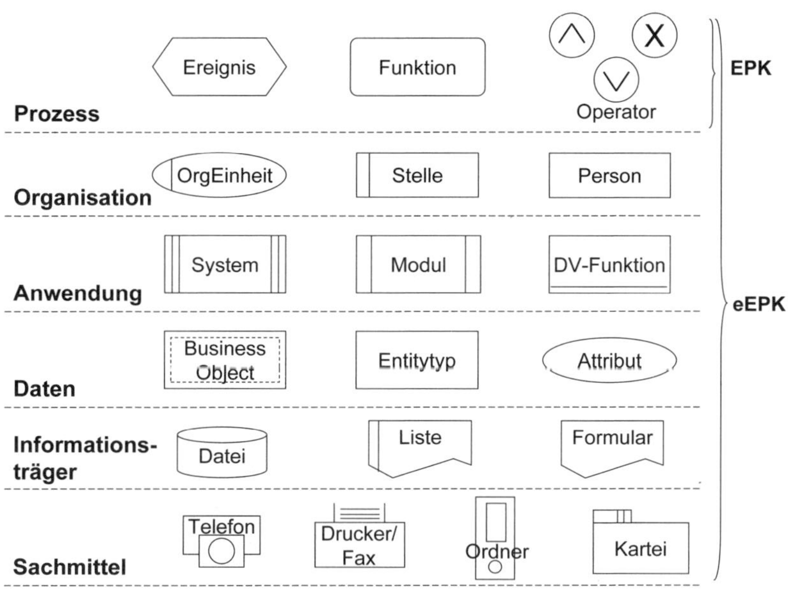

Abbildung 5-6: Modellierungselemente der (erweiterten) EPK

An dieser Stelle sei auf die Unterscheidung der Sachmittel Ordner bzw. Kartei und der zugehörigen Informationsträgern (Ordner-) Blatt und Karteikarte hingewiesen.

Abbildung 5-7 zeigt als einen Ausschnitt der EPK „Kreditantrag" aus Abbildung 5-5 die detaillierte Funktion „Kundendaten erfassen" als eEPK. Es wurden die Elemente zugehörige Stelle, DV-Anwendung, beteiligten Informationsobjekte und Sachmittel ergänzt.

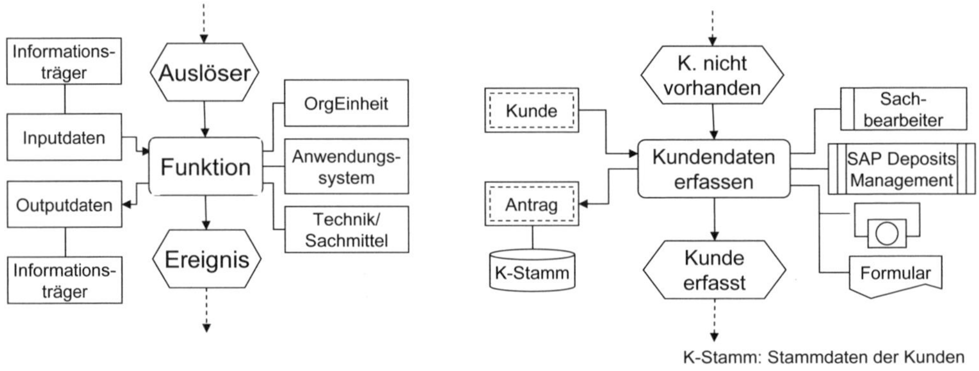

Abbildung 5-7: eEPK am Beispiel der Funktion „Kundendaten erfassen"

Die Zuordnung von Informationsträgern und Daten zu einer Funktion kann je nach Anwendungsfall auf drei verschiedene Arten erfolgen (vgl. Abbildung 5-8). In Variante 1 (links) sind Input- und Outputdaten direkt durch gerichtete Kanten mit der Funktion verbunden, die zugehörigen Informationsträger sind durch ungerichtete Kanten den Daten zugeordnet. In Variante 2 (mittig) sind die Informationsträger nicht den Daten, sondern über gerichtete Kanten der Funktion zugeordnet. In Variante 3 (rechts) sind werden die Informationsträger durch Attribute erweitert. Im Beispiel in Abbildung 5-7 ist der Informationsträger direkt mit der Funktion verbunden. Ebenfalls möglich ist auch hier eine Verbindung von Informationsträger und Daten wie in Variante 1. Für Input- und Outputdaten ist eine beliebige Kombination dieser Varianten möglich.

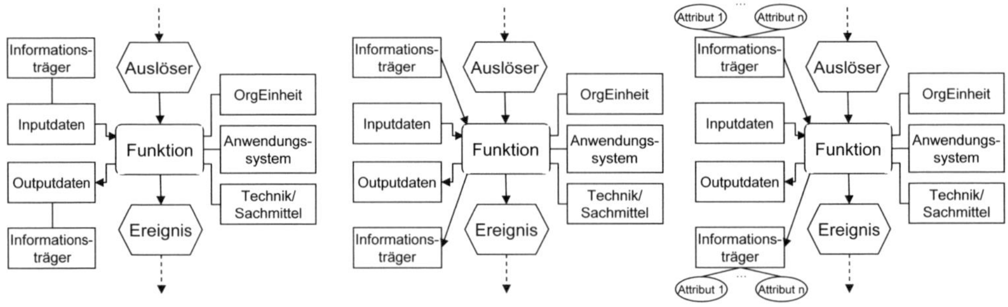

Abbildung 5-8: Zuordnung von Daten und Informationsträger zur Funktion

Die folgende Abbildung 5-9 zeigt die verschiedenen Möglichkeiten, wie Ereignisse bzw. Funktionen durch einen Operator zusammengeführt werden, bevor sie in eine Funktion bzw. ein Ereignis münden.

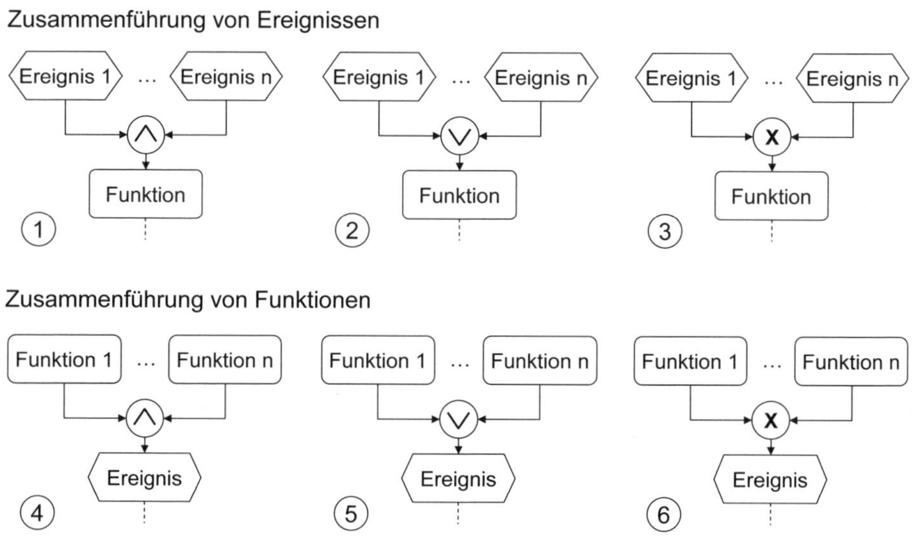

Abbildung 5-9: Operatoren zur Zusammenführung der Prozesspfade

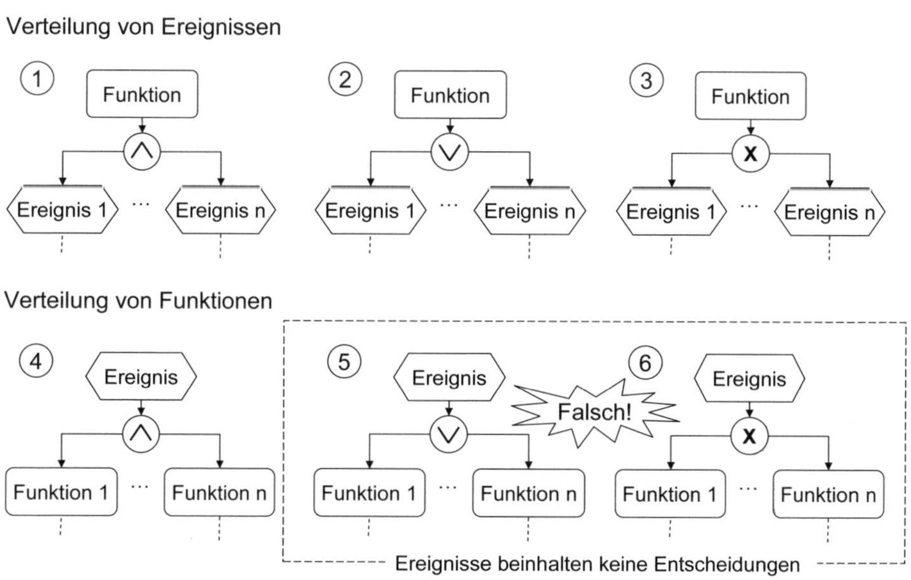

Abbildung 5-10: Operatoren zur Verteilung der Prozesspfade

Während beim Zusammenführen von Ereignissen bzw. Funktionen keine Einschränkungen bei der Verwendung der Operatoren gemacht werden müssen, muss bei der Verteilung von Ereignissen bzw. Funktionen nach einer Funktion bzw. einem Ereignis beachtet werden, dass Ereignisse keine Entscheidungen beinhalten. Wie Abbildung 5-10 zeigt, dürfen deshalb die Operatoren OR (Variante 5) und XOR (Variante 6) nicht verwendet werden, wenn auf ein Ereignis zwei oder mehr Funktionen folgen.
Ereignisse und Funktionen können auch durch eine Kombination von Operatoren zusammengeführt bzw. verteilt werden. Abbildung 5-11 zeigt dazu zwei Beispiele.

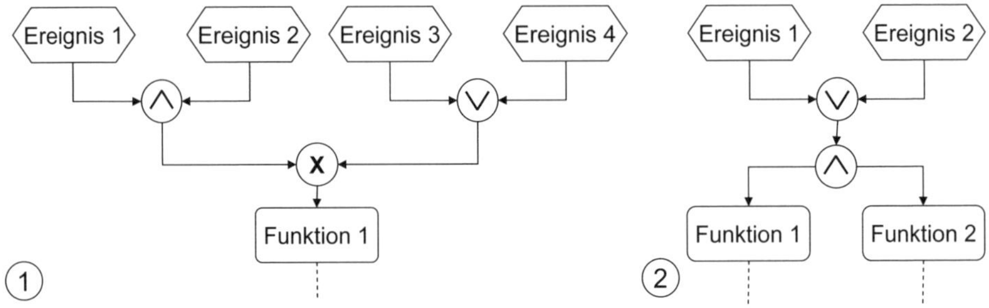

Abbildung 5-11:Kombinationen der Operatoren zur Verteilung der Prozessfade

5.3.1 Konventionen der (e)EPK

Bei der Modellierung einer EPK bzw. eEPK sollen folgende Regeln gelten:

- Ereignisse sind als Sechsecke darzustellen. In einer Farbdarstellung werden sie rot gefüllt.
- Ereignisse drücken immer einen Zustand aus, der gegenwärtig im Hintergrund vorliegt (oder wartend läuft). Beispiele sind: „Kundenanfrage liegt vor“ oder „Kundennummer ist nicht vorhanden“. Sie werden durch Substantive und Partizipien (Präsens oder Perfekt) benannt.
- Funktionen sind als Rechtecke mit abgerundeten Ecken darzustellen. In einer Farbdarstellung werden sie grün gefüllt.
- Funktionen werden durch Substantive und Infinitive benannt, z. B. „Kundendaten erfassen“.
- Jede Funktion stellt nur eine Tätigkeit dar. Die Modellierung der Funktion „Kundendaten erfassen und prüfen“ ist demnach falsch und muss in die Funktionen „Kundendaten erfassen“ und „Kundendaten prüfen“ aufgeteilt werden. Kriterium ist dabei, ob die beiden Aufgaben theoretisch auch von zwei Personen oder Systemkomponenten ausgeführt werden könnten. Alternativ kann eine aggregiertere Wortwahl getroffen werden, wie z. B. „Kundendaten bearbeiten“.
- Jede EPK oder eEPK beginnt und endet mit einem oder mehreren Ereignissen.
- Auf jedes Ereignis folgt eine Funktion, auf jede Funktion ein Ereignis. Sie folgen demnach immer im Wechsel aufeinander. Funktion und Ereignis sind durch gerichtete Kanten (Pfeile) miteinander verbunden.
- Auf ein Ereignis können mehrere Funktionen folgen bzw. dem Ereignis vorausgehen, auf eine Funktion können mehrere Ereignisse folgen bzw. dem Ereignis vorausgehen.

- Gehen von einem Ereignis mehrere Funktionen aus oder führen mehrere Funktionen zu demselben Ereignis, so sind diese durch einen logischen Operator (AND, OR, XOR) zu verknüpfen. Dasselbe gilt, wenn einer Funktion mehrere Ereignisse folgen bzw. dieser vorausgehen. Eine Funktion und ein Ereignis haben somit immer nur einen Ein- bzw. Ausgang.
- Kanten bzw. Pfeile einer EPK dürfen sich kreuzen, aber nicht überlagern. Münden zwei Kanten in einen Operator oder gehen von ihm aus, dürfen diese also nicht übereinander liegend an einem Punkt mit dem Objekt verknüpft werden, sondern müssen separat vorliegen (z. B. geht ein Pfeil von links, einer von oben und einer von rechts in einen OR Operatoren ein).
- Pfeile münden immer in Objekten nie in anderen Pfeilen. Ein Rücksprung in der EPK zu einem früheren Ereignis wird also nicht mit der Kante vor diesem Ereignis verknüpft, sondern direkt mit einem Objekt. Voraussichtlich hat das frühere Ereignis bereits einen bestehenden Eingang. Dann muss ein zusätzlicher Operator an der Stelle des Rücksprungs eingefügt werden, da nicht mehr als ein Pfeil auf ein Ereignis zeigen darf. In diesem neuen Operator (z. B. OR) mündet der Rücksprung und auch der bestehende Eingang des früheren Ereignisses. Der Ausgang des Operators wird mit dem Ereignis verbunden. Kurz gesagt: Der Operator muss beim Rücksprung noch dazwischen geschaltet werden, da das Zielobjekt nicht mehr als einen Eingang haben darf.
- Die Anordnung der Elemente der eEPK sind für jede Funktion, wie in Abbildung 5-7 links dargestellt, anzuordnen. Inputs sind nach Möglichkeit links und Outputs nach Möglichkeit rechts von der Funktion anzubringen.
- Informationsträger bzw. Sachmittel können entweder mit dem Informationsobjekt (Entity, Business Object) oder mit der Funktion direkt verbunden werden. Der Eindeutigkeit halber ist die Verbindung mit dem Informationsobjekt vorzuziehen. So geht dessen Informationsträger bzw. Sachmittel klar hervor.
- In Farbdarstellungen werden Organisations-Elemente gelb, Anwendungs-Elemente orange, Daten-Elemente blau und Sachmittel- und Informationsträger-Elemente weiß gefüllt.

5.3.2 Beurteilung des eEPK Modells

Die Modellierung von Geschäftsprozessen kann verschiedene betriebswirtschaftliche Aufgaben unterstützen: die Prozessanalyse, die Prozessoptimierung, die Dokumentation der Unternehmensstrukturen und der organisatorischen Veränderungen, die Planung und Spezifikation von Software sowie das Prozess-Controlling. Die EPK-Notation ermöglicht eine anwendungsübergreifende Modellierung von Abläufen, die nicht nur auf Softwaresysteme beschränkt ist, sondern Geschäftsprozesse über verschiedene Systeme und Unternehmen abbilden kann. Die erweiterte EPK stellt neben den Grundelementen Ereignis und Funktion zusätzliche Elemente der Daten-, Funktions- und Leistungssicht zur Verfügung, sodass sowohl organisatorische als auch informationstechnische Aspekte modelliert werden können. Neben der leichten Erlernbarkeit dieser Notationssprache trägt auch die Skalierbarkeit der Modellierung bezüglich Grob-, Fein- oder Detailebene zur ihrer weiten Verbreitung bei.

5.4 Entity Relationship-Modell (ERM)

Ein Entity Relationship-Modell (ERM) beschreibt ein Datenmodell auf Typebene und wird meist beim Datenbankentwurf verwendet (vgl. Chen 1976). Ein Entity ist dabei ein Objekt der realen Welt, z. B. eine Person, ein Gegenstand oder ein Ereignis. Ein Relationship ist die Beziehung zwischen zwei Entities. Gleichartige Entities und Relationships werden zu Entitytytpen und Relationshiptypen zusammengefasst und im Entity Relationship-Diagramm (ERD) als Rechtecke und Rauten dargestellt. Ein ERM enthält neben dem ERD auch die Beschreibung der verwendeten Typen in einem Data Dictionary.

Jeder Entitytyp wird durch seine Attribute näher beschrieben. Sie werden als Ovale dargestellt. Primärschlüssel, z. B. eine fortlaufende Nummer, identifizieren einen bestimmten Entity eindeutig und werden im Diagramm als unterstrichenes Attribut gekennzeichnet. Durch die Verwendung von Primärschlüsseln kann das Datenmodell durch Normalisierung in eine relationale Datenbankstruktur überführt werden (vgl. Kapitel 9 „Datenmodellierung und Datenintegration"). Neben einfachen Attributen gibt es auch zusammengesetzte Attribute, berechenbare Attribute und Wiederholungsattribute. Im Beispiel haben alle Entitytypen eine eindeutige Nummer als Primärschlüssel, die durch einen Unterstrich im ERD als solche gekennzeichnet ist (vgl. Abbildung 5-12). Der Entitytyp „Kunde" verfügt neben einem einfachen Attribut (K-Name) auch über ein zusammengesetztes Attribut (K-Adresse). Das Attribut „Rate" beim „Kredit" lässt sich aus dem „Kreditbetrag" und dem „Zinssatz" berechnen. Die „Qualifikation" des „Sachbearbeiters" ist ein Beispiel für ein Wiederholungsattribut.

Entitytypen sind untereinander über Relationshiptypen verbunden und können wie der Relationshiptyp „bearbeitet" über eigene Attribute verfügen. Wie die beteiligten Entitytypen zu einander in Beziehung stehen, wird über eine Zahl, die Kardinalität, ausgedrückt. Mögliche Beziehungen sind 1:1, 1:n oder n:m.

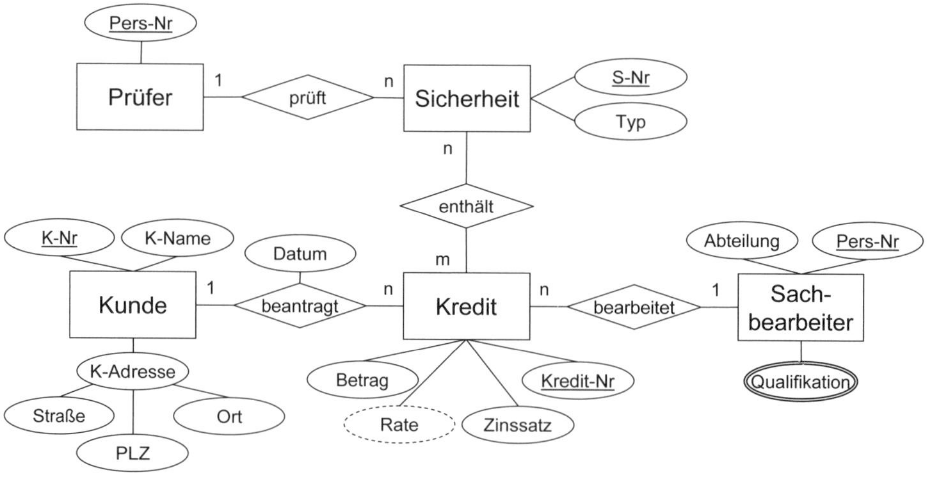

Abbildung 5-12: Entity Relationship-Diagramm „Kreditantrag"

5.4.1 Konventionen des ERM

Bei der Modellierung eines ERD sollen folgende Regeln gelten:

- Entitytypen sind als Rechtecke darzustellen. Sie werden durch Substantive im Singular benannt, z. B. „Kunde".
- Relationshiptypen sind als Rauten darzustellen. Sie werden durch Verben in der 3. Person Singular Präsens benannt, z. B. „beantragt". Die Benennung muss für jeden Relationshiptyp unterschiedlich sein.
- Es darf kein Entitytyp ohne eine Verbindung zu einem anderen Entitytypen geben. Das heißt alle Entitytypen sind durch Relationshiptypen miteinander verbunden. Ein ERD darf demnach nicht aus zwei oder mehr unverbundenen Teilen bestehen.
- Relationshiptypen stehen meist zwischen zwei Entitytypen. Relationshiptypen können dabei auch zwischen Entities eines Entitytypen bestehen und eine rekursive Beziehung darstellen. Zum Beispiel kann zum Entitytyp „Mitarbeiter" ein Mitarbeiter „A" der Vorgesetzte von einem Mitarbeiter „B" sein. Beide Entities „A" und „B" gehören zu demselben Entitytypen „Mitarbeiter". Es besteht also eine rekursive Beziehung „ist_Vorgesetzter_von". Relationshiptypen können auch zwischen mehr als zwei Entitytypen stehen (z. B. Lieferung von Teilen, die für ein Projekt benötigt werden).
- Die Art der Verbindung zwischen zwei Entitytypen ist durch Kardinalitäten auszudrücken. Mögliche Kardinalitäten sind 1:1, 1:n und n:m.
- Attribute sind als Oval darzustellen. Sie werden durch Substantive im Singular benannt, z. B. „Straße".
- Entitytypen müssen mindestens ein Attribut haben. Relationshiptypen können eigene Attribute haben, wenn diese keinem der beteiligten Entitytypen zugeordnet werden können.
- Jeder Entitytyp hat mindestens ein Attribut als Primärschlüssel. Primärschlüsselattribute sind unterstrichen.
- Wiederholungsattribute sind durch ein Oval mit doppelter Linie zu kennzeichnen.
- Berechenbare Attribute sind durch ein Oval mit gestrichelter Linie zu kennzeichnen.
- Zusammengesetzte Attribute sind durch ein Oval (Oberbegriff) darzustellen, von dem weitere Ovale ausgehen, z. B. „Adresse" mit „Straße", „PLZ" und „Ort".
- Eine ERD darf keine Zyklen enthalten.

5.4.2 Beurteilung des ERM

Das ERM wurde ursprünglich zur Datendefinition beim Datenbankentwurf oder für Informationssystem entwickelt. In seiner Darstellungsformen ähnelt es dem Klassendiagramm der UML-Notation (vgl. hierzu den nächsten Abschnitt) und kann auch zur Anforderungsspezifikation von Softwaresystemen eingesetzt werden. Die ERD-Notation kann auch um Elemente, wie Vererbung und Aggregation, erweitert werden. Diese müssen aber beim Überführen in eine relationale Datenbank wieder zu einfachen Relationshiptypen aufgelöst werden. Da im ERD nur ein statischer Systemzustand abgebildet werden kann, ist es für die Modellierung von Geschäftsprozessen und ihre zeitliche und logische Aktionsabfolge ungeeignet. Die Modellierung eines ERD ermöglicht eine übersichtliche Darstellung von Datenmodellen und ist gleichzeitig leicht erlernbar. Die weite Verbreitung trägt zusätzlich zur allgemeinen Verständlichkeit dieser Notationsform bei.

5.5 Unified Modeling Language (UML)

Die Unified Modeling Language (UML) von Booch, Jacobsen und Rumbaugh ist eine formale Sprache zur Spezifikation, Visualisierung, Konstruktion und Dokumentation von objektorientierten (Software-) Systemen, die von der Object Management Group (OMG) standardisiert und weiterentwickelt wird. Sie stellt verschiedene Diagramme zur Verfügung, mit denen sich der Modellierungsgegenstand aus unterschiedlichen Blickwinkeln darstellen lässt: Strukturdiagramme, wie das Klassendiagramm, zur Darstellungen statischer Strukturen und Verhaltensdiaramme, wie das Anwendungsfalldiagramm und das Aktivitätsdiagramm, zur Darstellung von dynamischen Strukturen. Nachfolgend werden die am häufigsten verwendeten Diagramme Klassendiagramm, Anwendungsfalldiagramm und Aktivitätsdiagramm erläutert. Die objektorientierte Entwicklung und die UML wird in Kapitel 10 „Bereitstellen von Informationssystemen – Auswahl und Eigenentwicklung" ausführlich im Kontext der IT-Unterstützung in der Systemanalyse erläutert. Die nachfolgenden Ausführungen sind auf die Modellierung der genannten Diagramme ausgerichtet.

5.5.1 Klassendiagramm

Mit Klassendiagrammen (engl. Class Diagram) lassen sich Datenstrukturen modellieren. Das Grundelement ist die Klasse, sie wird durch ihren Namen identifiziert. Eine Klasse kann nur mit ihrem Namen oder zusätzlich dazu mit ihren Attributen (z. B. „K-Adresse") und Methoden (z. B. „datenAendern()") dargestellt werden (vgl. Abbildung 5-13). Einzelne Klassen können durch Assoziationen zu einander in Beziehung gesetzt werden. Die einfachste Form ist dabei eine benannte Verbindungslinie. Durch einen Pfeil kann die Leserichtung der Verbindung gekennzeichnet werden. Die Zahlen an den Linienenden werden als Multiplizitäten bezeichnet und legen fest, wie viele Objekte der einen Klassen mit wie vielen Objekten der anderen Klasse in Beziehung stehen. Im Beispiel wird ein Kreditantrag nur von einem einzigen Sachbearbeiter bearbeitet, ein bestimmter Sachbearbeiter kann aber mehrere Kreditanträge bearbeiten. Neben der einfachen Assoziation kann auch eine inhaltlich stärkere Verbindung zwischen Klassen modelliert werden. Bei einer Aggregation befindet sich eine ungefüllte Raute an einem Ende der Linie. Dies bedeutet, dass die Klasse am Linienende ohne Raute ein Teil der Klasse am Linienende mit Raute ist. Im Beispiel in Abbildung 5-13 ist eine oder mehrere Sicherheiten ein Bestandteil des Kreditantrags. Eine noch stärkere Verbindung stellt die durch eine ausgefüllte Raute gekennzeichnete Komposition dar. Hier können die Teile nicht ohne das Ganze existieren. Mit einer Pfeilbeziehung lassen sich Vererbungsstrukturen modellieren.

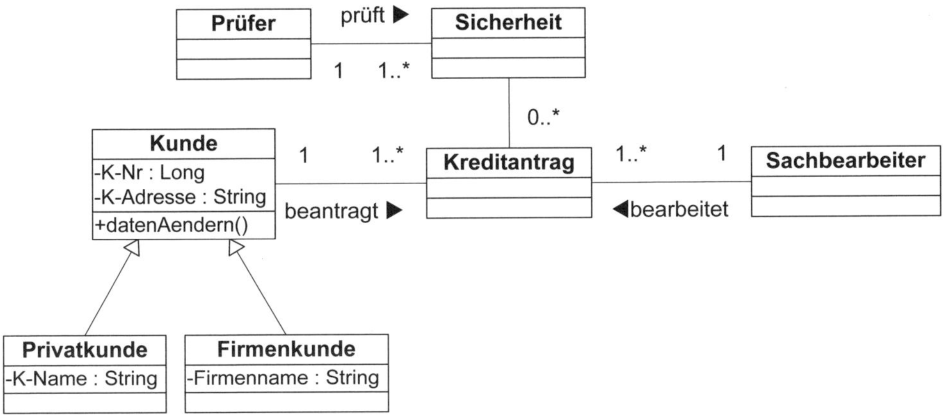

Abbildung 5-13: Klassendiagramm „Kreditantrag"

Wird die Menge der verwendeten Modellierungselemente auf diejenigen beschränkt, die auch in Entity Relationship-Modellen vorkommen, so kann das Datenmodell leicht in eine relationale Datenbank überführt werden (vgl. Allweyer 2005, S. 168).

5.5.2 Anwendungsfalldiagramm

Das Anwendungsfalldiagramm (engl. Use Case Diagram) dient dazu, die Interaktion der Objekte eines (Software-)Systems miteinander und mit den Benutzern anhand von konkreten Nutzungsszenarien bzw. Anwendungsfällen (engl. Use Case) darzustellen. Die Benutzer können dabei verschiedene Rollen einnehmen, die als einzelne Akteure dargestellt werden. Hat ein Nutzer verschiedene Interessen (z. B. Sicherheits-, Anwendungs-, Informations- oder Verfügbarkeitsinteressen) am System, so werden diese Interessen durch die entsprechenden Akteure vertreten. An einem Anwendungsfall können mehrere Akteure beteiligt sein. Akteure müssen nicht zwangsläufig natürliche Personen sein.

Ein Anwendungsfall kann durch eine include-Beziehung durch weitere Anwendungsfälle konkretisiert werden. Am Beispiel des Kreditantrags wird die Tätigkeit „Kreditantrag bearbeiten" durch die Tätigkeiten „Kreditantrag erfassen" genauer beschrieben (vgl. Abbildung 5-14). Wird die Funktionalität eines Anwendungsfalls nur unter bestimmten Voraussetzungen erweitert, so handelt es sich um eine extend-Beziehung. Im Beispiel werden die Kundendaten nur erfasst, wenn es sich um einen neuen Kunden handelt. Der Erweiterungsgrund (engl. Extension Point) wird am Anwendungsfall vermerkt („neuer Kunde"). Die include- und extend-Beziehung gibt keine Auskunft über die zeitliche Abfolge oder die Ablauflogik der Tätigkeiten. Sowohl für Anwendungsfälle als auch für Akteure können Vererbungsbeziehungen verwendet werden. So kann der Akteur „Kunde" durch „Privatkunde" und „Firmenkunde" spezialisiert werden, der Anwendungsfall „Kundendaten erfassen" durch „Firmenkunde erfassen" und „Privatkunde erfassen".

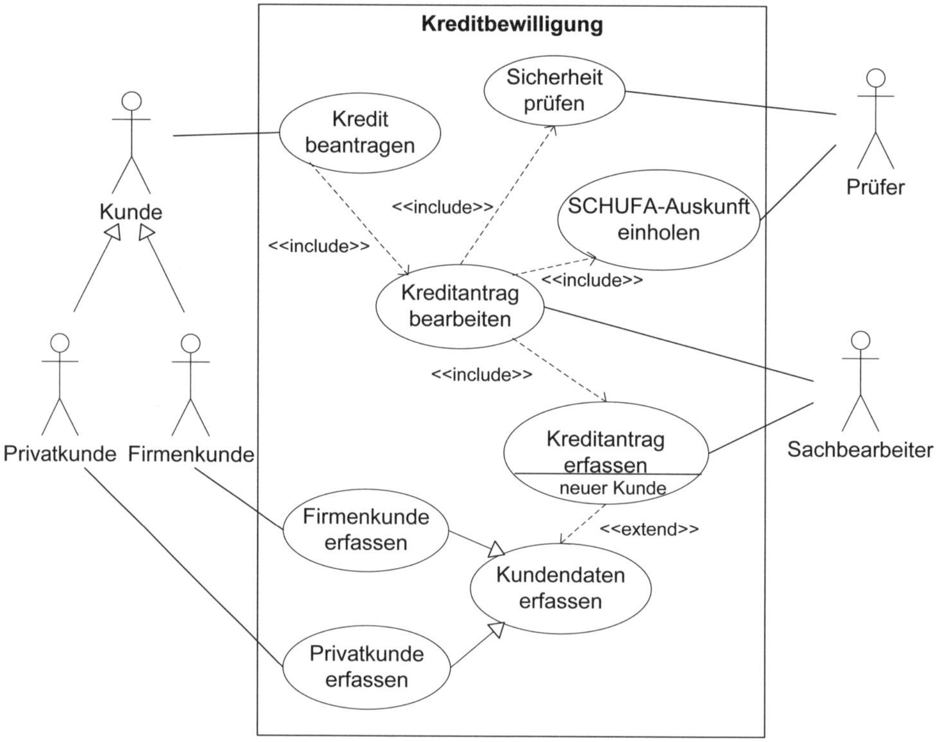

Abbildung 5-14: Anwendungsfalldiagramm „Kreditantrag"

5.5.3 Aktivitätsdiagramm

Aktivitätsdiagramme (engl. Activity Diagram) sind eine Kombination aus Flussdiagrammen und Petri-Netzen (vgl. Abschnitt 5.8 und Abschnitt 5.9). Sie stellen Aktivitäten und ihre zeitliche und logische Abfolge in sequenziellen, parallelen und alternativen Pfaden dar.

In Aktivitätsdiagrammen lassen sich Kontrollflüsse, Datenflüsse und Objektflüsse abbilden.

Jedes Aktivitätsdiagramm enthält mindestens einen Start- und einen Endknoten. Die einzelnen Aktionen werden durch abgerundete Rechtecke modelliert, die durch einen Kontrollfluss (Pfeil) zu einem Pfad verbunden werden. Neben dem Kontrollfluss lässt sich auch der Daten- bzw. Objektfluss im Diagramm darstellen. Hierbei wird zwischen Aktionen ein Rechteck mit dem Objektnamen eingefügt und durch einen Kontrollfluss mit den Aktionen verbunden. In Abbildung 5-15 ist nur der Kontrollfluss zwischen Aktionen eingezeichnet.

Alternative Pfade werden durch bedingte Verzweigungen (Raute) erzeugt. Durch horizontale Balken wird ein Pfad zu mehreren, parallelen Pfaden aufgespaltet (Parallelisierungsknoten) oder parallele Pfade zu einem Pfad zusammengeführt (Synchronisationsknoten). Auf diese Weise lässt sich Nebenläufigkeit modellieren. Werden Pfade durch den Synchronisationsknoten zusammengeführt, so stoppt der Ablauf an dieser Stelle bis die Flüsse aller Pfade eingetroffen sind. Pfade können auch durch eine einfache Zusammenführung (Raute) vereint werden, dabei erfolgt keine Synchronisation.

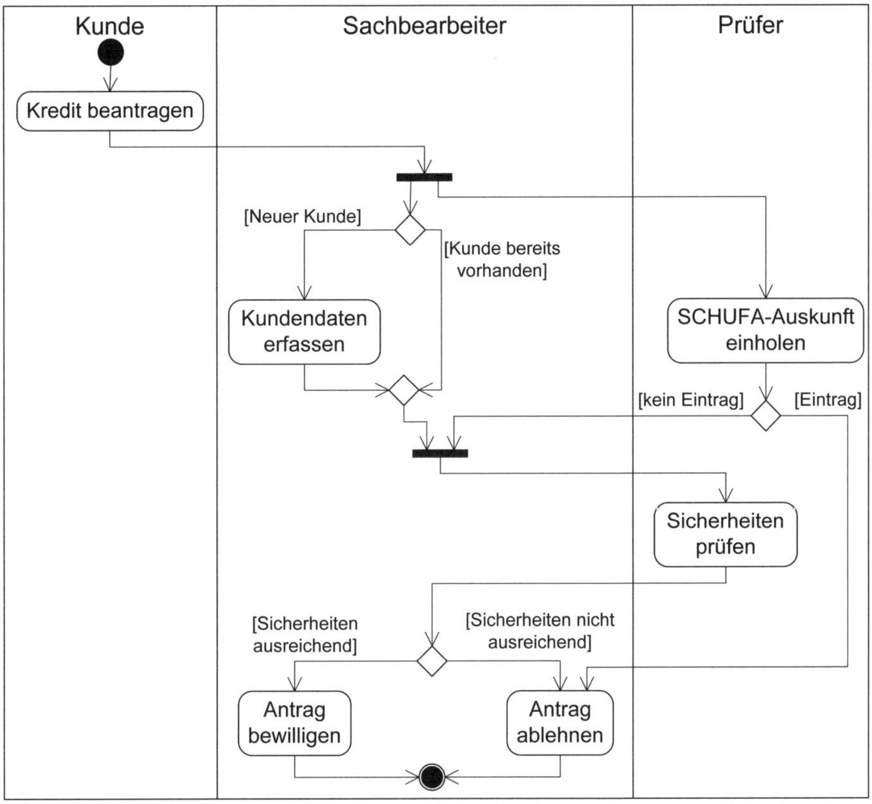

Abbildung 5-15: Aktivitätsdiagramm „Kreditantrag"

Im Beispiel ist das Diagramm in die Aktivitätsbereiche Kunde, Sachbearbeiter und Prüfer unterteilt und die einzelnen Aktivitäten den jeweiligen Verantwortlichen zugeordnet. Diese Darstellung wird als Swimlane bezeichnet und ermöglicht die Darstellung von organisatorischen Zuständigkeiten und Schnittstellen.

5.5.4 Konventionen der UML

Es gilt die Spezifikation zu UML 2.0 als Notationsvorschrift (vgl. hierzu ausführlich OMG 2005a; OMG 2005b). Darüber hinaus gelten die folgenden Konventionen.

Klassendiagramm

- Die Benennung von Klassen und Attributen erfolgt durch Substantive im Singular, z. B. „Kunde".
- Die Benennung von Methoden erfolgt durch Verben im Infinitiv, z. B. „datenAendern()".

- Die Benennung von Assoziationen erfolgt durch Verben in der 3. Person Singular, z. B. „bearbeitet".
- Generalisierung, Aggregation und Komposition sind unbenannt.
- Multiplizitäten können eine genaue Zahl (z. B. 1) oder ein Wertebereich (z. B. 0..1 oder 1..*) sein. Eine beliebig große Zahl ist durch * gekennzeichnet.
- Die Leserichtung in Klassendiagrammen ist durch eine ausgefüllte Pfeilspitze am Namen der Assoziation zu kennzeichnen.
- Klassen können in verschiedenen Assoziationen verschiedene Rollen einnehmen. Diese sind am jeweiligen Ende der Assoziation durch ein Substantiv im Singular anzugeben.
- Die Darstellung von Klassen erfolgt auch dann als dreigeteiltes Rechteck, wenn keine Attribute bzw. Methoden angegeben sind.
- Bei einer implementierungsnahen Modellierung, wie sie in Abbildung 5-13 dargestellt ist, können im Klassendiagramm Zugriffsmodifikatoren und Attributtypen verwendet werden. Dies muss für das gesamte Diagramm konsistent erfolgen. Hierbei ist zu beachten:
- Der Attributtyp ist nach dem Attributnamen durch einen Doppelpunkt getrennt anzugeben.
- Attribute oder Methoden, die auch von anderen Klassen benutzt werden können, sind durch den Zugriffsmodifikator + (Plus) andernfalls durch den Zugriffsmodifikator – (Minus) zu kennzeichnen.

Anwendungsfalldiagramm

- Die Benennung der Akteure erfolgt durch Substantive im Singular, z. B. „Kunde".
- Die Benennung der Anwendungsfälle erfolgt durch Substantive und Verben, z. B. „Kredit beantragen".
- Generalisierungsbeziehungen von Akteuren bzw. Anwendungsfällen sind unbenannt.
- Die Systemgrenze ist durch einen Rahmen darzustellen, der durch ein Substantiv im Singular benannt ist.
- Anwendungsfälle können durch include- oder extend-Beziehungen zueinander in Verbindung gesetzt werden. Dies erfolgt durch eine entsprechend benannte gerichtete Kante. Hierbei verweist der allgemeinere Anwendungsfall auf den spezielleren Anwendungsfall.
- Eine extend-Beziehung wird nur dann verwendet, wenn der speziellere Anwendungsfall nur unter bestimmten Umständen eintritt. Dieser Grund ist in einem abgetrennten Bereich am allgemeineren Anwendungsfall anzugeben (vgl. hierzu Anwendungsfall „Kreditantrag erfassen" und „Kundendatenerfassen" in Abbildung 5-14).

Aktivitätsdiagramm

- Jedes Aktivitätsdiagramm enthält mindestens einen Start- und einen Endknoten.
- Die einzelnen Aktionen werden durch abgerundete Rechtecke dargestellt, die durch einen Kontrollfluss (Pfeil) zu einem Pfad verbunden werden. Die Benennung erfolgt durch Substantive im Singular.
- Objekte und Daten werden durch Rechtecke dargestellt. Die Benennung erfolgt durch Substantive im Singular.

- Objekte oder Daten werden untereinander oder mit Aktionen durch einen Kontrollfluss verbunden.
- In eine Aktion, ein Objekt oder Datenelement geht nur ein einziger Kontrollfluss ein bzw. heraus.
- Alternative Pfade werden durch bedingte Verzweigungen (Raute) erzeugt. Die Verzweigungsbedingung ist an den ausgehenden Kanten anzugeben.
- Durch horizontale Balken wird ein Pfad zu mehreren, parallelen Pfaden aufgespaltet (Parallelisierungsknoten) oder parallele Pfade zu einem Pfad zusammengeführt (Synchronisationsknoten).
- Pfade können auch durch eine einfache Zusammenführung (Raute) vereint werden, dabei erfolgt keine Synchronisation.
- Erfolgt die Darstellung durch Swimlanes, so sind diese durch Substantive im Singular zu benennen.

5.5.5 Beurteilung des UML Modells

Aufgrund ihrer hohen Formalisiertheit und weiten Verbreitung besitzen UML-Diagramme einen großen Wiederverwendungswert. Die Möglichkeit, durch die verschiedenen Diagrammtypen die statische und dynamische Struktur eines Systems aus verschiedenen Perspektiven zu modellieren, macht die UML-Notation zu einer sehr mächtigen Modellierungssprache. Ihr Einsatzgebiet ist vor alle die (objektorientierte) Softwareentwicklung. Einzelne Diagramme lassen sich aber auch auf andere Systeme übertragen. Hierzu eignet sich vor allem das Klassendiagramm für die Modellierung der Datenstruktur. Die Verwendung von Anwendungsfall- und Aktivitätsdiagrammen für die Modellierung von Geschäftsprozessen ist nur eingeschränkt möglich. In der UML-Notation werden die Benutzung des Systems (Use Cases) und die Aktivitäten des Systems, die benötigten Funktionen zur Verfügung zu stellen, klar von einander getrennt und in unterschiedlichen Diagrammtypen modelliert. Werden Anwendungsfalldiagramme zur Modellierung von Geschäftsprozessen eingesetzt, so müssen sie in der Regel um Aktivitätsdiagramme ergänzt werden, die die Ablauflogik widerspiegeln. Die Verwendung für die Modellierung von systemunabhängigen Geschäftsprozessen wird dadurch erheblich eingeschränkt (vgl. Allweyer 2005, S. 205). UML unterstützt die Modellierung der Aufbauorganisation nicht, weshalb auch die Aktivitätsdiagramme keinen vollständigen Ersatz für Geschäftsmodellierungssprachen sind.

5.6 Business Process Modeling Notation (BPMN)

Die Modellierungssprache Business Process Modeling Notation (BPMN) wurde erstmals 2004 von der Business Process Management Initiative (BPMI) veröffentlicht und wird seit 2005 von der Object Management Group (OMG) standardisiert und weiterentwickelt (vgl. OMG 2006). BPMN stellt eine grafische Notationssprache dar, mit deren Hilfe Geschäftsprozesse modelliert werden können und die für alle Beteiligten (Analysten, Entwickler und Anwender) leicht zu verwenden und zu verstehen ist. In den BPMN-Standard sind Elemente anderer Modellierungssprachen eingeflossen, z. B. UML, Integrated Definiton Methods (IDEF) oder EPK. Der BPMN-Standard definiert auch wie BPMN-Diagramme in XML-basierte Prozessausführungssprachen, wie z. B.

die Business Process Execution Language for Web Services (BPEL4WS) überführt werden. BPMN stellt somit eine Brücke zwischen Geschäftsprozessmodellierung und Geschäftsprozessimplementierung dar.

Die grafische Darstellung der BPMN erfolgt in einem Business Process Diagram (BPD), dessen Elemente in vier Kategorien eingeteilt sind:

- Flow Objects,
- Connecting Objects,
- Swimlanes und
- Artifacts.

Flow Objects sind die Grundelemente der Geschäftsprozess-Diagramme. Sie lassen sich in Events, Acitvities und Gateways unterteilen (vgl. Tabelle 5-2).

Event	Ein Event ist etwas, was während eines Geschäftsprozess passiert und seinen Ablauf beeinflusst. Es hat in der Regel einen Auslöser und/oder ein Ergebnis.	Start; Intermediate; End
Activity	Eine Activity repräsentiert die Arbeit/Tätigkeit in einer Firma. Eine Activity kann ein Task oder ein Sub-Process sein, der sich aus mehreren Tasks zusammensetzt.	Task; Sub-Process (Collapsed); Sub-process (Expanded)
Gateway	Ein Gateway dient der Kontrolle von Flows. Die Art der Kontrolle, z. B. AND, OR, XOR, wird durch ein entsprechendes Symbol gekennzeichnet. Ein Gateway kann ein Entscheidungspunkt sein oder verschiedene, parallele Flüsse zusammenführen oder aufspalten.	Unspecified Gateway; AND; OR; XOR

Tabelle 5-2: Flow Objects

Connecting Objects verbinden Flow Objects miteinander. Es kann sich hierbei um einen Sequence Flow, einen Message Flow oder eine Association handeln (vgl. Tabelle 5-3).

Sequence Flow	Durch Sequence Flows wird die Reihenfolge zwischen Fllow Objects festgelegt.	
Message Flow	Ein Message Flow stellt den Nachrichtenaustausch zwischen zwei Prozessbeteiligten dar. Zum Beispiel ist in der Swimlane-Darstellung jeder Pool ein Prozessbeteiligter.	
Association	Durch Associations können Artifacts, wie Data Objects oder Text Annotations, Flow Objects zugeordnet werden. Sie zeigen den Input oder Output einer Activity.	

Tabelle 5-3: Connection Objects

Mithilfe von Swimlanes lassen sich die verschiedenen Aktivitäten ihren Verantwortlichkeits- oder Zuständigkeitsbereichen zuordnen. Es werden die Elemente Pool und Lane verwendet (vgl. Tabelle 5-4).

Pool	Ein Pool stellt einen Prozessbeteiligten dar und dient zur Abgrenzung von Activities von einander und zur Zuordnung von Activities in Zuständigkeitsbereiche.	
Swimlane	Lanes sind Unterteilungen eines Pools. Durch Lanes werden Activities organisiert und kategorisiert.	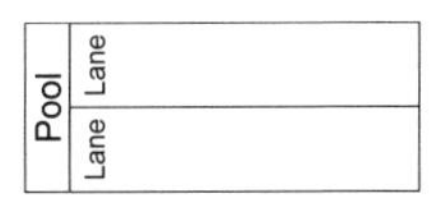

Tabelle 5-4: Swimlanes

Durch Artifacts können die Notationselemente kontextabhängig erweitert werden. Hierzu zählen die Elemente Data Object, Group und Annotation (vgl. Tabelle 5-5).

Data Object	Data Objects zeigen, welche Art von Daten durch eine Activity erzeugt oder von ihr benötigt wird. Sie werden durch Associations mit Activities verbunden.	
Group	Eine Group ermöglicht es, mehrere optisch zu einer Gruppe zu ordnen. Der Sequence Flow wird dadurch nicht beeinträchtigt.	
Annotation	Durch Annotations kann der Modellierung zusätzliche Informationen im Diagramm anzeigen.	

Tabelle 5-5: Artifacts

Die vorgestellten Elemente stellen nur die Grundelemente eines BPD dar. Für Modellierer, die nur ein geringes Maß an Präzision in ihrer Modellierung benötigen, um Prozessmodelle zur Dokumentation und Kommunikation zu erstellen, sind die vorgestellten Kernelemente ausreichend. Mit ihnen können leicht gut verständliche Diagramme erstellt werden. Eine Übersicht aller Elemente, der Modellierungskonventionen und ausführliche Beispiele sind der BPMN Final Adopted Specification 2006 der OMG zu entnehmen (vgl. OMG 2006).

Abbildung 5-16 zeigt das Beispiel „Kreditantrag" als BPD. Komplexere Teilprozesse sind als so genannte Sub-Process dargestellt. Der Teilprozess „Kundendaten erfassen" ist dabei als „Collapsed Sub-Process" (Oberbegriff ohne Prozesselemente) dargestellt, der Teilprozess „Kreditantrag bearbeiten" als „Expanded Sub-Process" (Oberbegriff mit Prozesselementen). Durch Annotations, die dem Verwendungszweck entsprechend gewählt werden können, kann die Verständlichkeit des Diagramms erhöht werden.

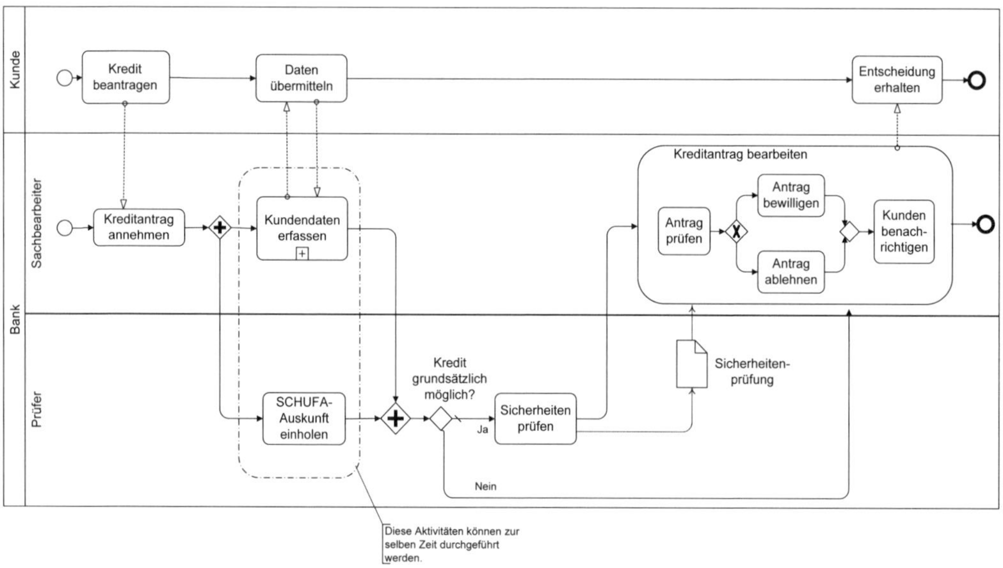

Abbildung 5-16: BPD „Kreditantrag"

Meist wird die Modellierung auf einem hohen Aggregationsniveau begonnen und ausgehend von diesem Übersichtsdiagramm verfeinert. Für Modellierer, die ein höheres Maß an Präzision benötigen, um Prozessmodelle zu erstellen, die eine detaillierte Analyse ermöglichen oder durch Business Process Management Systems (BPMS) verwaltet werden, stehen noch eine Reihe anderer Elemente zur Verfügung. Hierzu sei auch auf die weiterführende Literatur verwiesen.

Mithilfe von BPMN können die Vorteile verschiedener Modellierungssprachen, wie z. B. EPK und UML, in einer Sprache vereint werden, die auf die Modellierung von Geschäftsprozessen ausgerichtet ist. Je nachdem, ob das Diagramm eher als Verständigungs- und Kommunikationsmedium oder als Implementierungsvorschrift gedacht ist, kann ein unterschiedlicher Abstraktionsgrad gewählt werden. Der Detaillierungsgrad eines BPD ist dabei nicht nur in der Ausgestaltung der Prozessschritte skalierbar, sondern auch durch die Verwendung zusätzlicher Notationselemente. So können beispielsweise zeitliche Verzögerungen an Gateways und die Art der Wiederholung von Subprozessen integriert werden. Durch Business Process Diagrams sollen die Bedürfnisse von Modellierern, Implementierern und Anwendern der Geschäftsprozesse durch eine einzige Notationssprache gleichermaßen gut erfüllt werden.

5.7 Bonapart-Prozessmodell und KSA

Ein alternativer Prozessmodellierungsansatz ist das Bonapart-Prozessmodell. Es ist verwandt mit dem Datenflussdiagramm und mit der ereignisgesteuerten Prozesskette und basiert auf der *Kommunikationsstrukturanalyse* (KSA). Die KSA ist eine der ersten prozessorientierten Analysemethoden zur Untersuchung von Informationsflüssen in informationsverarbeitenden Bereichen, insbesondere also der Bürokommunikation. Sie wurde von Hoyer (1988) und weiteren Mitarbeitern im Rahmen eines Forschungsprojekts an der TU Berlin entwickelt und ging später in das Werkzeug und die hier vorgestellte Modellierungsmethode Bonapart ein.

Gemäß der KSA erfolgt die Abbildung eines Unternehmens mit den Basisobjekttypen Aufgabe, Stelle, Information und Informationsfluss. Attribute einer Aufgabe sind die zugrunde liegende Basistätigkeit, die Bearbeitungsdauer und die eingesetzten technischen Hilfsmittel. Jeder Aufgabe ist eine Stelle zugeordnet. Für diese Stelle sind wiederum Informationen über deren Kapazität vermerkt. Stellen werden weiterhin in eine hierarchische Struktur gebracht, indem untergeordnete und vorgesetzte Stellen mit ihr verknüpft werden. Aufgaben werden durch Informationsflüsse verbunden. Informationsobjekte können dabei bis auf Datenebene verfeinert werden und werden mit einem Medium assoziiert, auf dem die Information hinterlegt ist.

Der Bonapart Unternehmensmodellierungsansatz unterscheidet entsprechend zwei miteinander verbundene Modelle: die Aufbauorganisation und die Ablauforganisation. Erstere wird durch ein Organigramm wiedergegeben, welches die Unternehmenshierarchien mit ihren Abteilungen, Bereichen, Stellen, entsprechenden Kapazitätsmerkmalen bzw. Stellenbeschreibungen definiert. Die Ablauforganisation wird durch ein Prozessmodell repräsentiert. Dieses enthält die durch Informationsflüsse verbundenen Aufgaben, zugeordnete Stellen, Sachmittel, Speicher und Medien.

Die Unternehmensmodellierung nach der Bonapart Methode verwendet ein abstraktes Metamodell, welches möglichst zu Beginn der Modellierung erstellt wird, jedoch auch parallel (weiter-) entwickelt werden kann. Dieses Metamodell legt alle Modellelemente abstrakt fest und sorgt damit für Konsistenz in den erstellten Modellen. Die abstrakten Modelle werden auch als Szenarios bezeichnet und enthalten Klassendiagramme (bzw. Klassenbäume) mit den später modellierbaren abstrakten Modellklassen. So sind z. B. der Bereich und die Abteilung eine abstrakte Klasse – für beide findet sich keine direkte reale Entsprechung in einem Unternehmen. Ein spezieller Bereich kann dann im Prozessmodell daraus abgeleitet (instanziiert) werden, z. B. die Bereiche Qualitätssicherung oder Produktion. Insgesamt gibt es für das Organigramm das Organisationseinheitenszenario, das Leiterszenario, das Stellenszenario, und das Personenszenario bzw. die Personenbibliothek. Das spätere Prozessmodell bildet sich aus den Elementen des Aufgabenstrukturszenarios, des Informationszenarios, des Medienszenarios, des Sachmittelszenarios und des Speicherszenarios. Letzteres könnte beispielsweise ein hierarchisches Klassendiagramm enthalten, in dem festgelegt wird, dass Stammdatenbank, Ordner, Katalog und Auftragsbuch allesamt von der abstrakten Klasse Speicher abstammen (Vererbung, vgl. auch objektorientierte Modellierung mit UML in diesem Kapitel und später im Abschnitt 10.13.3).

Eine beispielhafte Ablauforganisation ist in Form eines Prozessmodells in Abbildung 5-17 dargestellt. Ausgehend von einer externen Größe („Kunde") gelangen Informationsobjekte auf Medien (bzw. Informationsträgern) über Informationsflüsse in das Unternehmen und werden dort bearbeitet. Verantwortlich sind dafür Sachbearbeiterstellen, die jeweils Computer und Datenbanken einsetzen und sich gegenseitig die Informationen zum Kreditantrag auf verschiedenen Medien weitersenden und die Prüferstelle. Der Modellersteller hat hierbei auch Arbeitsschritte von einander getrennt, die von einem Bearbeiter ausgeführt werden. Das kann z. B. sinnvoll sein, wenn beide Bearbeitungsschritte getrennte Zeiten beanspruchen und nicht immer zusammen ausgeführt werden.

Auffällig ist im Bonapartmodell, dass Entscheidungen nicht direkt grafisch hervorgehen. Diese sind nur den Eigenschaften und Verhaltensweisen zu entnehmen, welche für die einzelnen Modellelemente als Attribute angelegt wurden. Dazu gehören z. B. UND bzw. ODER Verknüpfungen als Ausgangsbedingung einer Aktivität oder Bearbeitungszeiten. Die Informationsobjekte werden auf die Kanten gezeichnet, mit denen die Informationsflüsse dargestellt werden. Dabei wird auch das jeweilige Trägermedium angegeben.

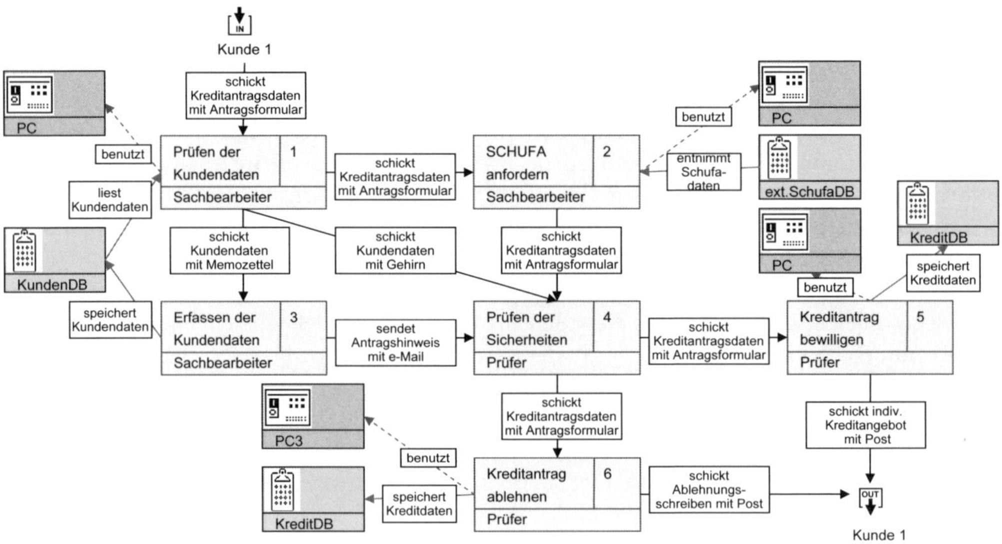

Abbildung 5-17: Die Ablauforganisation des Fallbeispiels in Bonapart Notation

5.8 Flussdiagramm

Eine einfache Möglichkeit, die erhobenen Arbeitsabläufe darzustellen und zu analysieren ist das Flussdiagramm, auch als Programmablaufplan (PAP) bezeichnet. Ein Flussdiagramm ist eine normierte grafische Darstellung, mit der Funktionen und Abläufe dargestellt werden können (vgl. Abbildung 5-18). Verzweigungen und Rücksprünge können durch logische Entscheidungen modelliert werden. Die Verzweigung ist dabei auf eine Entweder-Oder-Entscheidung beschränkt. Im Gegensatz zu Aktivitätsdiagrammen oder Petri-Netzen kann keine Nebenläufigkeit dargestellt werden. Im Beispiel müssen die Arbeitsschritte „Kundendaten erfassen“ und „SCHUFA-Auskunft einholen“ nicht parallelisiert werden.

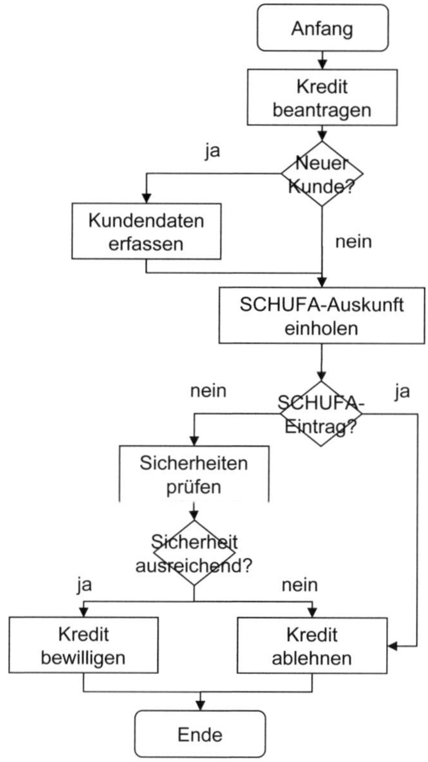

Abbildung 5-18: Flussdiagramm „Kreditantrag"

5.9 Petri-Netz

Petri-Netze wurden von Petri (1962) zur Koordination von nebenläufigen kommunizierenden Prozessen entwickelt und sind eine Fortführung der endlichen Zustandsautomaten. Mit ihnen lassen sich verteilte Systeme und ihre Abläufe modellieren. Formal handelt es sich bei einem Petri-Netz um einen gerichteten Graphen bestehend aus Knoten (Stellen oder Transitionen) und Kanten. Stellen, grafisch dargestellt als Kreise, sind die passiven Elemente (Systemzustand) eines Petri-Netzes und entsprechen in der EPK-Notation den Ereignissen. Transitionen, dargestellt als Rechtecke, sind die aktiven Elemente und entsprechen in der EPK-Notation den Funktionen. Sie sind durch Kanten mit Stellen verbunden und verändern den aktiven Systemzustand. Genauso wie in der EPK-Notation sich Ereignis und Funktion immer abwechseln müssen, kann auf eine Stelle nicht wieder eine Stelle und auf eine Transition nicht wieder eine Transition folgen. Der aktuelle Systemzustand wird durch eine Marke (engl. Token) gekennzeichnet. Im Beispiel ist der aktuelle Systemzustand „neuer Kreditantrag" durch einen Token schwarz markiert (vgl. Abbildung 5-19). Eine Transition kann nur dann schalten, das heißt eine Systemzustand in einen anderen überführen, wenn die Stelle vor der Transition mit einem Token belegt ist. Durch das Schalten wird der Token an die nachfolgende Stelle weitergegeben. In parallelen Pfaden kann jeder Pfad einen Token enthalten. Eine Transition, die parallele Pfade zusammenführt, kann erst dann schalten, wenn jede eingehende Stelle mit einer Marke belegt ist. Petri-Netze lassen sich die mathematische Ausdrücke beschreiben und verifizieren. Petri-Netze sind für die Modellierung komplexer Geschäftsprozesse nur bedingt einsetzbar.

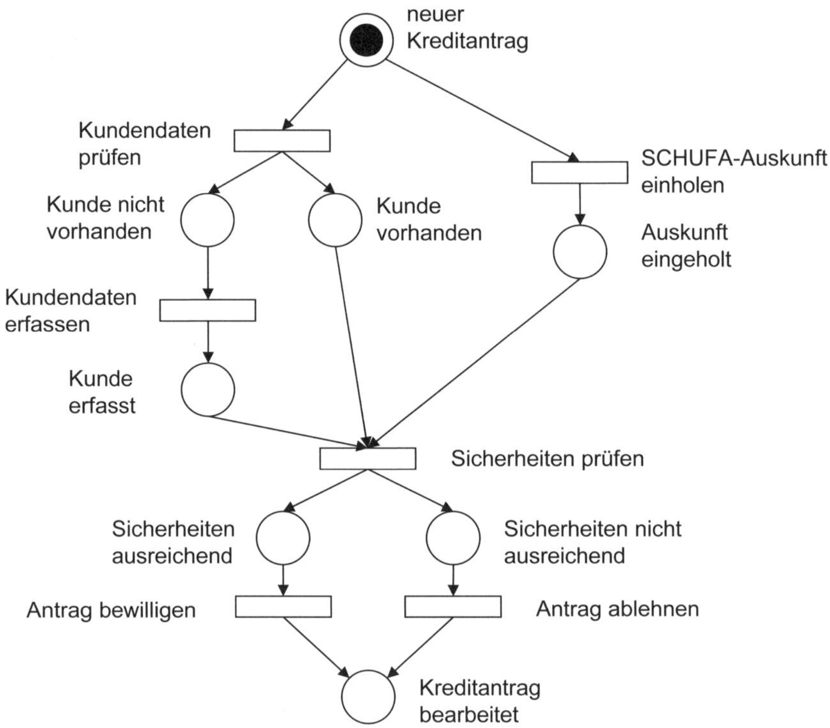

Abbildung 5-19: Petri-Netz „Kreditantrag"

5.10 System Dynamics

Mit den in diesem Kapitel bisher vorgestellten Modellen lassen sich zwar Istzustände abbilden und Sollmodelle entwerfen. Deren zeitliche Entwicklung abhängig von äußeren Einflüssen und internen Wirkungsbeziehungen lassen sich mit ihnen jedoch nicht untersuchen. Mit System Dynamics wird in diesem Abschnitt eine Methode vorgestellt, mit der die Entwicklung von komplexen dynamischen Systemen im Zeitverlauf simuliert werden kann, um so die Wirkung von Entscheidungen und Einflussfaktoren zu analysieren.

System Dynamics wurde von Forrester in den 1950ern an der Sloan School of Management des Massachusetts Institute of Technology (MIT) entwickelt und kann charakterisiert werden als eine Kombination von Theorien, Methoden und Philosophien, die zur Analyse des Verhaltens von Systemen aus unterschiedlichen Domänen, wie Management, Ökologie, Volkswirtschaft und

Medizin, notwendig sind. Aus praxisbezogener Sicht ist System Dynamics eine Methode zur Darstellung und Analyse von dynamischen Systemen. Basierend auf der Theorie der Informations-Feedback-Systeme, der formalisierten Entscheidungstheorie und der Simulationstechnik dient System Dynamics der Entscheidungsunterstützung in sozialen Systemen (vgl. Kapitel „Systhemtheorie und Modell"). Wesentlich für den Ansatz System Dynamics ist die Forderung, dass sich das Verhalten von Systemen aus dem Zusammenwirken systeminterner Rückkopplungsschleifen ergibt (vgl. Abbildung 4-3). Jedes System verfügt in diesem Sinne über vier Strukturebenen (vgl. Kortzfleisch und Krallmann 1979, S. 727):

- Geschlossene Systemgrenzen.
- Rückkopplungen.
- Elemente der Rückkopplungen.
- Elemente der Entscheidungsvariablen.

System Dynamics liegt die Annahme zugrunde, dass das Verhalten eines Systems durch seine Eigenschaften als Ganzes und nicht durch die Eigenschaften seiner Einzelteile bestimmt wird. Als Konsequenz dieser Annahme ergibt sich die Prämisse der geschlossenen Systemgrenzen, da das Systemverhalten nicht durch externe Faktoren, sondern durch seine innere Struktur bestimmt wird. Externe Faktoren können aber als Steuerungsgrößen in die Simulation mit einfließen.

Innerhalb eines Systems sind Entscheidungen in eine Struktur von Rückkopplungen zwischen den Systemelementen eingebunden, wobei positive und negative Rückkopplungen unterschieden werden (vgl. Vennix 1996, S. 45). Negative Rückkopplungen führen zu einer Abschwächung des Systemverhaltens, positive zu seiner Verstärkung. Eine positive Rückkopplung ist somit ein sich selbst verstärkender Wachstums- oder Schrumpfungsprozess. Negative Rückkopplungen sind dagegen zielorientiert und führen zu einem sich stabilisierenden Systemverhalten. Inwiefern diese Effekte jedoch in der Simulation zum Tragen kommen, hängt entscheidend von der jeweiligen Systemstruktur und der gewählten Parameterkonstellation ab.

Die Aktivitäten der Elemente der Rückkopplungen werden durch Entscheidungsvariablen sowie Zustands- und Flussgrößen dargestellt. Entscheidungsvariablen erhalten Input-Informationen, bearbeiten diese und generieren Output in Form von Handlungen oder neuen Information. Die Elemente der Entscheidungsvariablen verkörpern das implizit oder explizit vorgegebene Ziel der Entscheidung, die beobachtete Zielerreichung, die resultierende Zielabweichung und die daraus folgende Aktion zur sukzessiven Angleichung von Istwert an Sollvorgabe.

Zustandsgrößen akkumulieren die Ergebnisse von Aktionen, Flussgrößen stellen Datenströme dar, deren Regulatoren den Fluss in die Zustandsgröße hinein oder aus ihr heraus kontrollieren. Die Außenwelt gibt als externe Quelle oder Senke die jeweiligen Ausprägungen der Flussgröße ab bzw. nehmen diese auf und stellen gleichzeitig die Grenzen des Systems dar. Flussgrößen können aber auch zwischen zwei Zustandsgrößen existieren.

System Dynamics Elemente

In Abbildung 5-20 sind die Elemente eines System Dynamics Modells dargestellt. Hierbei ist zu beachten, dass es sich um eine beispielhafte Anordnung der Elemente handelt. Denkbar sind auch Rückkopplungen zwischen Zustandsgröße und ausgehender Flussgröße und Flussgrößen zwischen zwei Zustandsgrößen, das heißt mit internen Quellen und Senken.

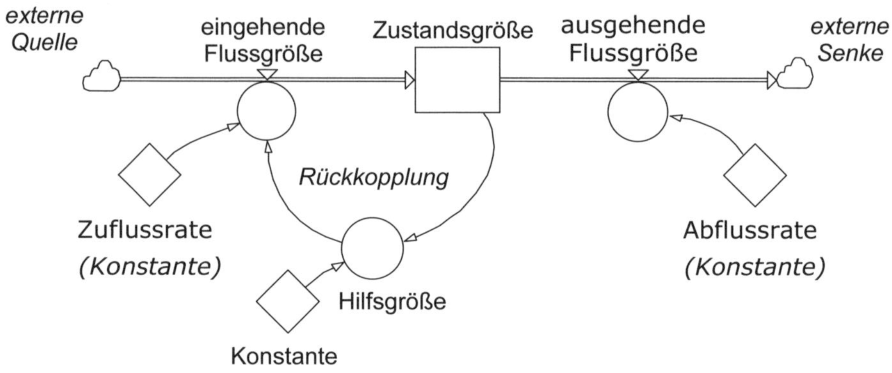

Abbildung 5-20: Elemente des System Dynamics Modells

Verschiedene Systemgrößen haben im Simulationsmodell verschiedene Eigenschaften. Es lassen sich vier Arten von Systemgrößen in System Dynamics Modellen unterscheiden (vgl. Bossel 2004, S. 84):

- Zustandsgrößen,
- Flussgrößen,
- Konstanten sowie
- Hilfsgrößen.

Zustandsgrößen sind die Speichergrößen des Systems (engl. Stocks). Sie geben den Zustand des Systems zu jedem Zeitpunkt an und sind nicht durch andere Systemgrößen austauschbar oder ersetzbar. Zustandsgrößen werden nur über Flussgrößen, nie direkt durch Hilfsgrößen- oder Konstanten verändert. Jede Zustandsgröße verfügt über einen Anfangswert, ihre Veränderung im Zeitablauf wird durch eine Differenzen- bzw. Differentialgleichung beschrieben.

Flussgrößen (engl. Flows) wirken verändert auf Zustandsgrößen. Flussgrößen können durch Vorgabe- oder Hilfsgrößen beeinflusst werden. Die Quellen und Senken von Flussgrößen können sowohl externe Größen sein als auch andere Zustandsgrößen des Systems. Die Veränderungsrate der Flussgröße, das heißt ihr Effekt auf die Zustandsgröße, kann abhängen von einer bestimmten Veränderungsrate (z. B. 5 Liter/Sekunde) oder einer algebraischen bzw. logischen Kombination aus Konstanten und/oder Hilfsgrößen (vgl. Tabelle 5-6). Flussgrößen liegen immer in der Dimension Mengeneinheit/Zeiteinheit vor.

Konstanten (engl. Constants) sind feste Systemparameter oder externe Einflussgrößen. Sie bilden externe Einflüsse auf das System ab. Hilfsgrößen (engl. Auxiliary Variables) dienen im System als Zwischengrößen und berechnen sich durch logische oder algebraische Gleichungen aus den Werten von Zustandsgrößen zu einem bestimmten Zeitpunkt, anderen Hilfsgrößen, Flussgrößen und/oder Konstanten. Konstanten und Hilfsgrößen zählen zu den Entscheidungsvariablen.

Die Simulation mit System Dynamics erfolgt bei komplexen Modellen mit darauf abgestimmten Simulationsprogrammen, wie z. B. Powersim, iThink und Vensim. Sie ermöglichen die grafische Modellierung unter Verwendung der System Dynamics Elemente, eine Überprüfung der Modellsyntax und die Analyse der Kennzahlenentwicklung verschiedener Simulationsläufe in Diagrammen. Die verschiedenen Simulationsparameter können nach abgeschlossener Modellbildung ebenfalls über eine grafische Benutzeroberfläche verändert werden.

Beispielsystem „Badewanne“

Als einführendes Beispiel in die Simulation mit System Dynamics und die Bedeutung von Rückkopplungsschleifen bei der Modellierung des Systemverhaltens dient das Beispielsystem „Badewanne“ (vgl. Abbildung 5-21).

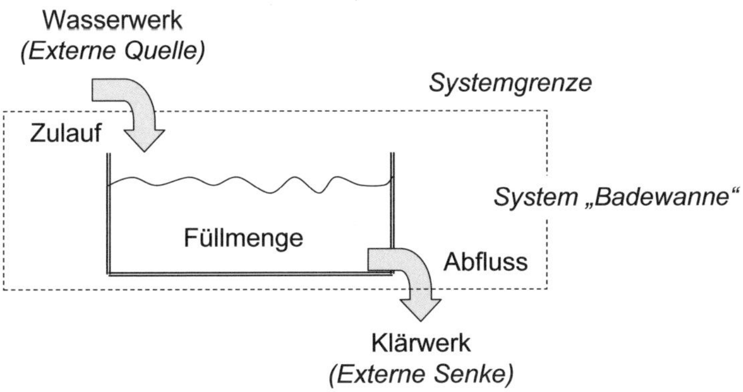

Abbildung 5-21: System „Badewanne“

Im Beispiel wird die Füllmenge einer Badewanne in Abhängigkeit der zulaufenden und ablaufenden Wassermenge untersucht. Der Zulauf und Ablauf von Wasser entspricht in der Realität den Wasserrohren, dem Wasserhahn und dem Ausguss bzw. Überlauf. Woher das Wasser in den Rohren kommt (z. B. vom Wasserwerk) und wohin es fließt (z. B. zum Klärwerk) ist nicht Teil des Systems. Das zu untersuchende Systemverhalten ist die Entwicklung der Füllmenge im Laufe der Zeit. Die maximale Füllmenge ist abhängig von der Größe der Badewanne, die Zunahme der Füllmenge von der Menge an Wasser, die pro Zeiteinheit zufließt oder abfließt. Diese ist beispielsweise durch den Durchmesser der Rohre, das Gefälle der Rohre sowie Ablagerungen an den Rohrwände bestimmt. Auch wie weit der Wasserhahn geöffnet ist und ob ein Abflusssieb den Abfluss behindert, hat Auswirkungen auf das Systemverhalten.

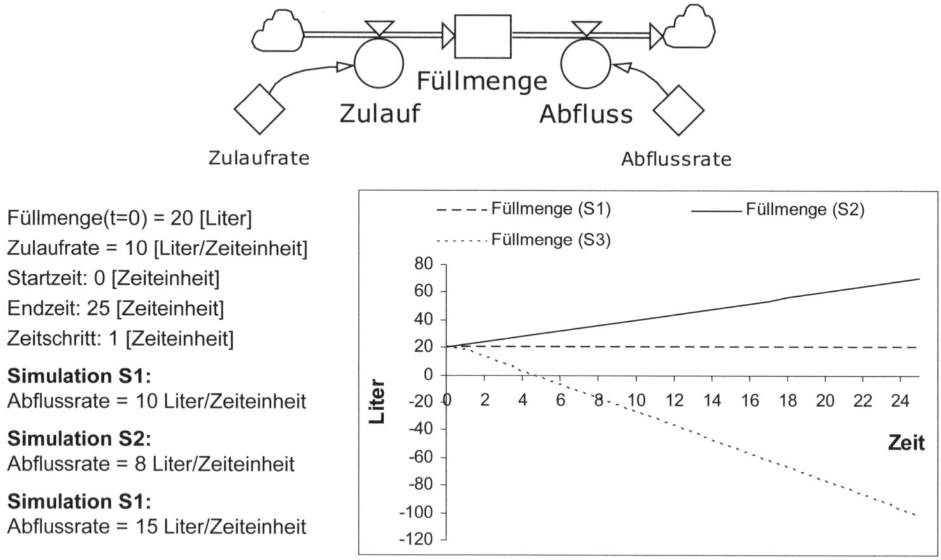

Abbildung 5-22: Simulation des Systems „Badewanne" ohne Rückkopplung

Das Modell ohne Rückkopplung in Abbildung 5-22 enthält als Systemelemente die Füllmenge (Zustandsgröße) und den Zulauf und Abfluss an Wasser (Flussgrößen). Der Zulauf an Wasser entsteht durch das Öffnen des Wasserhahns, der Ablauf durch einen unverschlossenen Abfluss. Die Zunahme der Füllmenge ist abhängig von der am Anfang in der Badewanne bereits vorhandenen Wassermenge und dem Wasserzulauf und Wasserabfluss pro Zeiteinheit. Je nach Zulauf- und Abflussmenge pro Zeiteinheit kann dies dazu führen, dass die Füllmenge stetig steigt, sie konstant bleibt oder sogar sinkt. Dabei sind im Modell auch negative Füllmengen möglich. Überschreitet die Füllmenge die Kapazität der Badewanne so läuft diese in der Realität über. Im Modell ist die Kapazität der Badewanne unbeschränkt.

Eine Zustandsgröße wächst oder schrumpft im Laufe der Zeit abhängig von den eingehenden und ausgehenden Flussgrößen. Dies ist mit dem Anwachsen oder Absinken der Wassermenge in der Badewanne zu vergleichen.

Der Wert einer Zustandsgröße zu einem bestimmten Zeitpunkt berechnet sich durch Integration der eingehenden Flussgrößen (Zuflüsse) abzüglich der ausgehenden Flussgrößen (Abflüsse) im betrachteten Zeitraum zuzüglich des Anfangswerts der Zustandsgröße. Aus diesem Grund muss jede Zustandsgröße auch immer einen Anfangswert zum Zeitpunkt t = 0 haben.

$$\text{Zustandsgröße}(t) = \int_{t_0}^{t} [\text{Zuflüsse}(s) - \text{Abflüsse}(s)]ds + \text{Zustandsgröße}(t_0)$$

Vereinfacht gesagt, heißt das, dass sich der Wert zum Zeitpunkt t aus dem Anfangswert zum Zeitpunkt t = 0 und der Different aus Zuflüssen und Abflüssen innerhalb dieses Zeitraums berechnet. Diese Differenz zu einem bestimmten Zeitpunkt wird auch als Veränderungsrate der Zustandsgröße bezeichnet. Die Gleichung für die Zustandsgröße lässt sich demnach auch schreiben als

$$\text{Zustandsgröße}(t) = \int_{t_0}^{t} \left(\frac{d(\text{Zustandsgröße})}{dt} \right) ds + \text{Zustandsgröße}(t_0)$$

Mit

$$\frac{\text{d(Zustandsgröße)}}{\text{dt}} = \text{Zuflüsse(t) - Abflüsse(t)}$$

Für jede Zustandsgröße kann für die Veränderungsrate, die das Verhalten der Zustandsgröße charakterisiert, eine Differentialgleichung aufgestellt werden. Die Veränderungsrate der Füllmenge lautet demnach:

$$\frac{\text{d(Füllmenge)}}{\text{dt}} = \text{Zulauf(t) - Abfluss(t)}$$

Für die Berechnung der Zustandsgrößen zu einem bestimmten Zeitpunkt spielt die Wahl des Zeitschritts, das heißt der Anzahl von Berechnungen im simulierten Zeitintervall, eine große Rolle. Während Integrale für kontinuierliche Systeme definiert sind, liegen bei der Simulation nur diskrete Messergebnisse vor. Unter der Annahme, dass die Veränderungsraten zwischen den Messzeitpunkten konstant sind und sehr kleine Zeitschritte vorliegen, können die Werte durch ein Näherungsverfahren ermittelt werden. Wird hier der Zeitschritt zu groß gewählt, können die Messwerte zu ungenau werden. Bei sehr kleinen Zeitschritten wird das Ergebnis hingegen durch Rundungsfehler verfälscht. Neben der Euler-Cauchy-Integration kommt vor allem bei komplexen Systemen die Runge-Kutta-Integration 4. Ordnung zum Einsatz, da sie über eine höhere Rechengenauigkeit verfügt (vgl. Bossel 2004, S. 182).

Das Modell ohne Rückkopplung bildet das Systemverhalten nur ungenügend ab, da es sich auf zu wenige Systemelemente beschränkt. Das Modell in Abbildung 5-23 erweitert das Beispiel, indem ein Rückkopplungsmechanismus eingebaut wurde. Der Ablauf von Wasser ist nicht unabhängig von der aktuellen Wassermenge. Durch Zunahme der Füllmenge steigt der Druck, mit dem das Wasser abfließt, und die abfließende Wassermenge pro Zeiteinheit nimmt zu. Denkbar ist auch, dass bei geschlossenem Abfluss Wasser beim Erreichen der maximalen Füllmenge durch den Überlauf abfließt. Diese Variante ist in Abbildung 5-23 dargestellt. Kann genug Wasser über den Überlauf abfließen, schwankt die Füllmenge um die Füllobergrenze, wenn nicht nimmt sie weiterhin zu, dabei aber nicht mehr so schnell.

Soll bei der Simulation eine Flussgröße in Abhängigkeit einer spezifischen Veränderungsrate untersucht werden oder setzt sich die Flussgröße aus verschiedenen Elementen zusammen, bietet es sich an, diese als eigenes Systemelement im Modell abzubilden. Diese Darstellung ist äquivalent dazu, den Zusammenhang in der Gleichung für die Flussgröße direkt anzugeben (vgl. Abbildung 5-22).

Die drei Simulationen zeigen das Systemverhalten mit Rückkopplung bei verschieden großen Abflussraten. In Simulation S1 entsprechen sich Abflussrate und Zulaufrate, das heißt pro Zeiteinheit fließt durch den Überlauf genauso viel Wasser aus der Badewanne wie durch den Wasserhahn in die Badewanne. Dadurch stellt sich nach Erreichen der Höchstmenge ein stabiler Zustand ein, bei dem sich die Wassermenge nicht mehr verändert. Hier ist darauf zu achten, dass die Rückkopplung einer zeitlichen Verzögerung von einer Zeiteinheit unterliegt, sodass sich die Füllmenge auf 60 Liter einstellt, obwohl die Reaktionsgrenze für den Überlauf bei 50 Litern liegt.

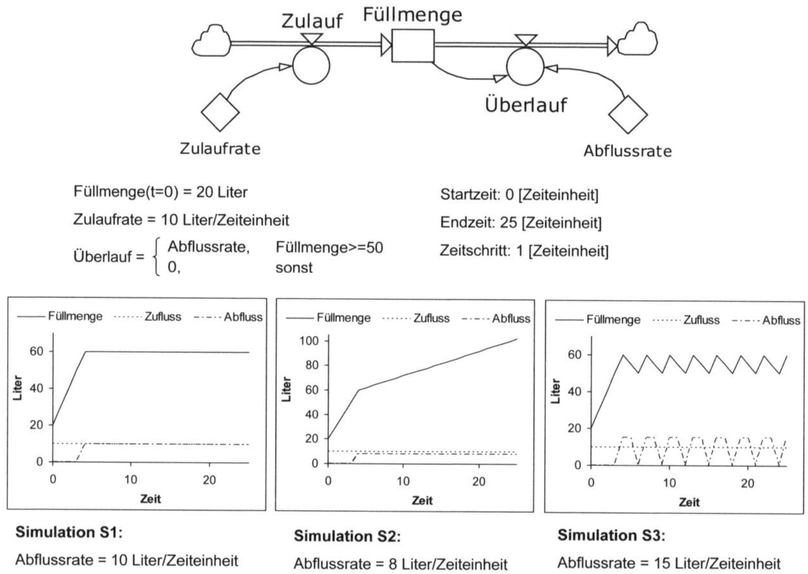

Abbildung 5-23: Simulation des Systems „Badewanne“ mit Rückkopplung

Die Simulationen S2 und S3 weisen Abflussraten auf, die unter bzw. über dem Zulauf liegen. Während es dadurch in S2 nur zu einem begrenzten Anwachsen der Füllmenge kommt, schwankt in S3 die Füllmenge um einen Sollwert, ohne diesen je einzunehmen. Es handelt sich hierbei um Untersteuern bzw. Übersteuern. Obwohl es meist wünschenswert ist, dass ein bestimmter Sollwert erreicht wird, sind auch in der Realität Sollintervalle nicht ungewöhnlich, bei denen eine Fehlertoleranz zugelassen wird, sodass der Wert um den Sollwert schwankt.

Vorgehensweise bei der Simulation

Das Beispielsystem „Badewanne“ macht deutlich, dass der Entwurf eines Simulationsmodells, die Durchführung der Simulation mit verschiedenen Parameterkonstellationen und Auswertung der Simulationsergebnisse ein komplexes Vorhaben ist. Das Vorgehen zum Erstellen einer Simulation mit System Dynamics gliedert sich in die folgenden Abschnitte (vgl. hierzu die Vorgehensweise von Forrester in Kapitel 4.2.5):

- Schritt 1: Systembeschreibung.
- Schritt 2: Modellbildung.
- Schritt 3: Modellvalidierung und Simulation.
- Schritt 4: Parameterkonfiguration.
- Schritt 5: Interpretation und Diskussion.

Im Folgenden werden die einzelnen Schritte anhand eines Beispiels erläutert.

Schritt 1: Systembeschreibung

Zur Phase der Systembeschreibung zählen die Datenerhebung und -dokumentation sowie die Verdichtung der gewonnenen Daten zu einem Wortmodell. Die Erhebung der benötigten Informationen erfolgt durch Methoden der Istaufnahme wie sie in Kapitel 6.5 ausführlich erläutert werden. Das Wortmodell umfasst die erhobenen Informationen in einem natürlichsprachigen Text.

Das folgende Wortmodell beschreibt das System „Adoption von Innovationen" (vgl. hierzu das „Bass Diffusion Model" in Sterman 2000, S. 332). Die notwendigen Informationen können beispielsweise. durch Befragung der Beteiligten oder Marktbeobachtung gewonnen werden.

„Die Ausbreitung von innovativen Produkten oder Technologien, im Folgenden als Adoption bezeichnet, lässt sich vereinfacht wie folgt darstellen: Die Anzahl der potenziellen Adoptoren beeinflusst positiv die allgemeine Adoptionsrate, die wiederum die Anzahl der Adoptoren erhöht. Die allgemeine Adoptionsrate ist abhängig von der Adoption durch Anzeigenwerbung (formelle Werbung) und der Adoption durch Mund-zu-Mund-Werbung (informelle Werbung). Die Adoption durch formelle Werbung wird durch die Anzahl der potenziellen Adoptoren und der Effektivität der Werbung bestimmt. Die Adoption durch informelle Werbung wird durch die Anzahl der potenziellen Adoptoren, die Anzahl der tatsächlichen Adoptoren, die Adoptionsrate und die Kontaktrate positiv beeinflusst, wohingegen sich die Gesamtbevölkerungszahl negativ auf diese Adoptionsart auswirkt. Die Gesamtbevölkerung beeinflusst die Anzahl der potenziellen Adoptoren positiv, die Anzahl der Adoptoren hingegen negativ."

Schritt 2: Modellbildung

In der System Dynamics Methode wird in einem ersten Schritt ein Wirkungsgraph aus der Systembeschreibung abgeleitet. Hierfür werden die Systemelemente und ihre Wirkungsbeziehungen in der Systembeschreibung identifiziert und diese in einem Wirkungsgraph als Rückkopplungsschleifen abgebildet. Am Wirkungsgraph erfolgt die Differenzierung der Systemgrößen, insbesondere die Identifikation der Zustandsgrößen. Ausgehend vom Wirkungsgraph wird in einem zweiten Schritt das eigentliche Simulationsmodell computergestützt erstellt.

Ausgehend von der jeweiligen Problemstellung, werden die Systemelemente und ihre Wirkungsbeziehungen untereinander identifiziert, z. B. „Ereignis B folgt auf Ereignis A". Diese Wirkungsbeziehungen werden in einem Wirkungsgraphen dargestellt, wobei die Systemelemente als Knoten abgebildet werden, die Wirkungsbeziehungen als gerichtete Kanten zwischen den Knoten. Hier ist darauf zu achten, dass nur direkte Wirkungsbeziehungen abzubilden sind. Für die direkten Wirkungsbeziehungen „Ereignis B folgt auf Ereignis A" und „Ereignis C folgt auf Ereignis B" darf die indirekte Wirkungsbeziehung „Ereignis C folgt auf Ereignis A" nicht direkt abgebildet werden. Sie ergibt sich aus den beiden direkten Beziehungen. Werden die Kanten mit Plus (+) oder Minus (-) gekennzeichnet, so kann für eine Rückkopplungsschleife die Orientierung angegeben werden. Überwiegen Beziehungen mit einem Minus, so handelt es sich insgesamt um eine negative Rückkopplungsschleife, andernfalls um eine positive.

Die nachfolgende Abbildung zeigt den Wirkungsgraph des Beispiels mit den Wirkungsbeziehungen und der Orientierung der Rückkopplungsschleifen. Für die Rückkopplung von Adoptoren und Gesamtbevölkerung wurde die Hilfsgröße Restbevölkerung gebildet.

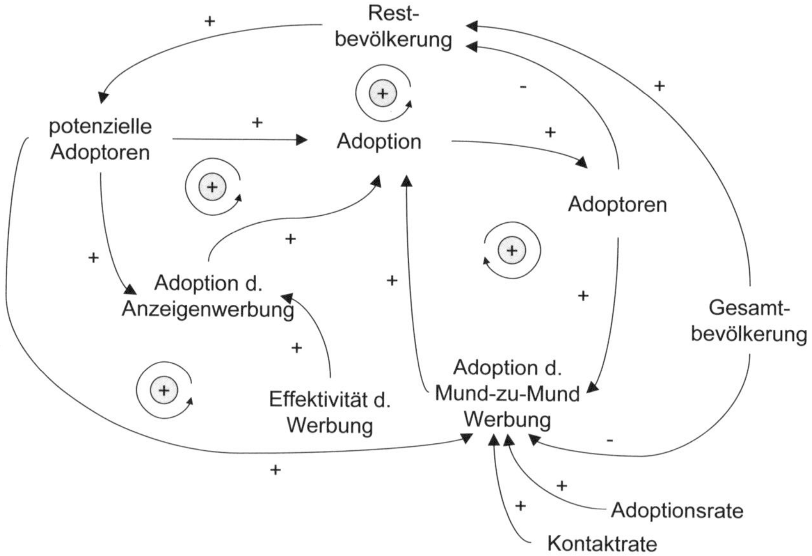

Abbildung 5-24: Wirkungsgraph „Adoption von Innovationen"

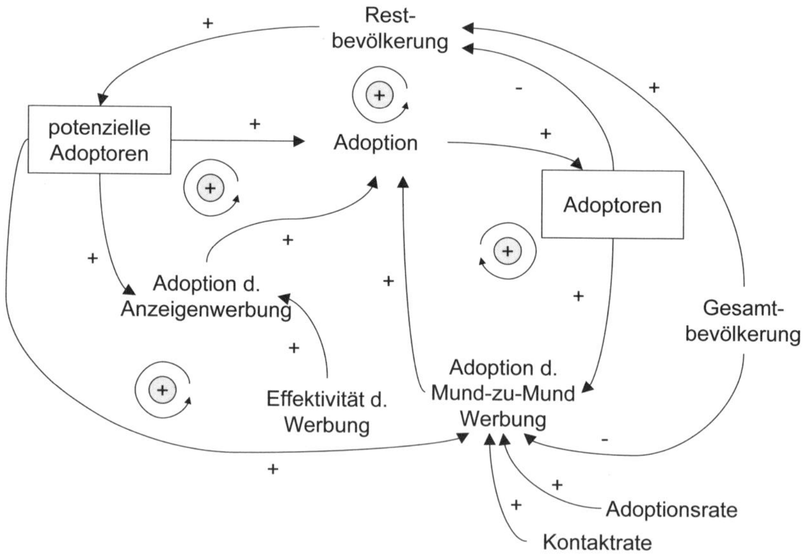

Abbildung 5-25: Wirkungsgraph „Adoption von Innovationen" mit Zustandsgrößen

Die Differenzierung von Systemgrößen und insbesondere die Identifikation von Zustandsgrößen bereiten häufig Schwierigkeiten. Hier hilft es, sich das System zu einem bestimmten Zustand „eingefroren" vorzustellen (vgl. Bossel 2004, S. 85): Alle Größen, die sich nicht aus anderen Größen im System berechnen lassen und deren Werte zwischengespeichert werden müssen, damit die Simulation nach dem „Auftauen" des System bruchfrei weiterlaufen kann, sind Zustandsgrößen. Im Beispiel handelt es sich bei den „potenzielle Adoptoren" und den „Adoptoren" um Zustandsgrößen. Die Systemgröße „Adoption" (allgemeine Adoptionsrate) ist eine Flussgröße. „Kontaktrate", „Adoptionsrate", „Gesamtbevölkerung" und „Effektivität der Werbung" sind Konstanten, „Adoption durch Mund-zu-Mund-Werbung" und „Adoption durch Anzeigenwerbung" sind Hilfsgrößen, die sich aus den Zustandsgrößen und Konstanten berechnen und die Flussgröße „Adoption" beeinflussen. Die Hilfsgröße „Restbevölkerung" wird aus den Größen „Adoptoren" und „Gesamtbevölkerung" gebildet. Im Wirkungsgraph werden nur die Zustandsgrößen als Rechtecke (Speicher) markiert (vgl. Abbildung 5-25).

Nachdem die Wirkungsbeziehungen im Wirkungsgraph abgebildet und die Systemgrößen differenziert wurden, kann das eigentliche Simulationsmodell erstellt werden (vgl. Abbildung 5-26).

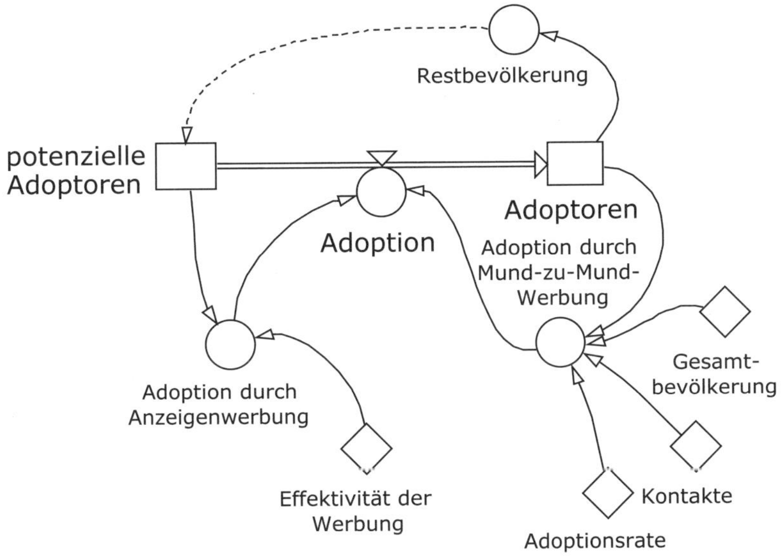

Abbildung 5-26: Simulationsmodell „Adoption von Innovationen" (in Anlehnung an Sterman 2000, S. 333)

Schritt 3: Modellvalidierung und Simulation

Bei der Modellvalidierung wird das Modell sowohl auf syntaktische als auch semantische Fehler überprüft. Während die verfügbaren Simulationsprogramme den syntaktischen Konsistenzcheck automatisch durchführen und Fehlerstellen aufzeigen, kann die semantische Fehlerüberprüfung meist nur durch Einbeziehen der Betroffenen oder Experten erfolgen. Liegt ein lauffähiges Modell vor, dann kann eine erste Simulation durchgeführt werden.

Für jedes Systemelement müssen die (Anfangs-) Werte und Gleichungen aufgestellt werden (vgl. Tabelle 5-6). In der Simulationssoftware werden sie für jedes grafische Element notiert. Das Programm überprüft anhand der Beziehungen, ob die Einheiten übereinstimmen.

Zustandsgrößen	
potenzielle Adoptoren	
potenzielle Adoptoren (t=0)	= Restbevölkerung [Person]
$\frac{d(\text{pot.Adoptoren})}{td}$	= - Adoption
Adoptoren	
Adoptoren(t=0)	= 0 [Person]
$\frac{d(\text{Adoptoren})}{td}$	= + Adoption
Flussgrößen	
Adoption	= Adoption durch Anzeigenwerbung + Adoption durch Mund-zu-Mund-Werbung [Person/Zeiteinheit]
Hilfsgrößen	
Adoption d. Anzeigenwerbung	= potenzielle Adoptoren * Effektivität der Anzeigenwerbung [Person/Zeiteinheit]
Adoption d. Mund-zu-Mund-Werbung	= Adoptoren * potenzielle Adoptoren * Adoptionsrate * Kontakte/Gesamtbevölkerung [Person/Zeiteinheit]
Konstanten	
Effektivität d. Anzeigenwerbung	= 0,011 [1/Zeiteinheit]
Gesamtbevölkerung	= 1.000.000 [Person]
Kontakte	= 100 [Person/Zeiteinheit]
Adoptionsrate	= 0,015 [1/Person]
Simulation	
Startzeit	0 [Zeiteinheit]
Endzeit	10 [Zeiteinheit]
Zeitschritt	0,5 [Zeiteinheit]

Tabelle 5-6: Systemelemente „Adoption von Innovationen"

Abbildung 5-27 zeigt das Ergebnis der Simulation mit den in Tabelle 5-6 gewählten Parametern (Szenario 1).

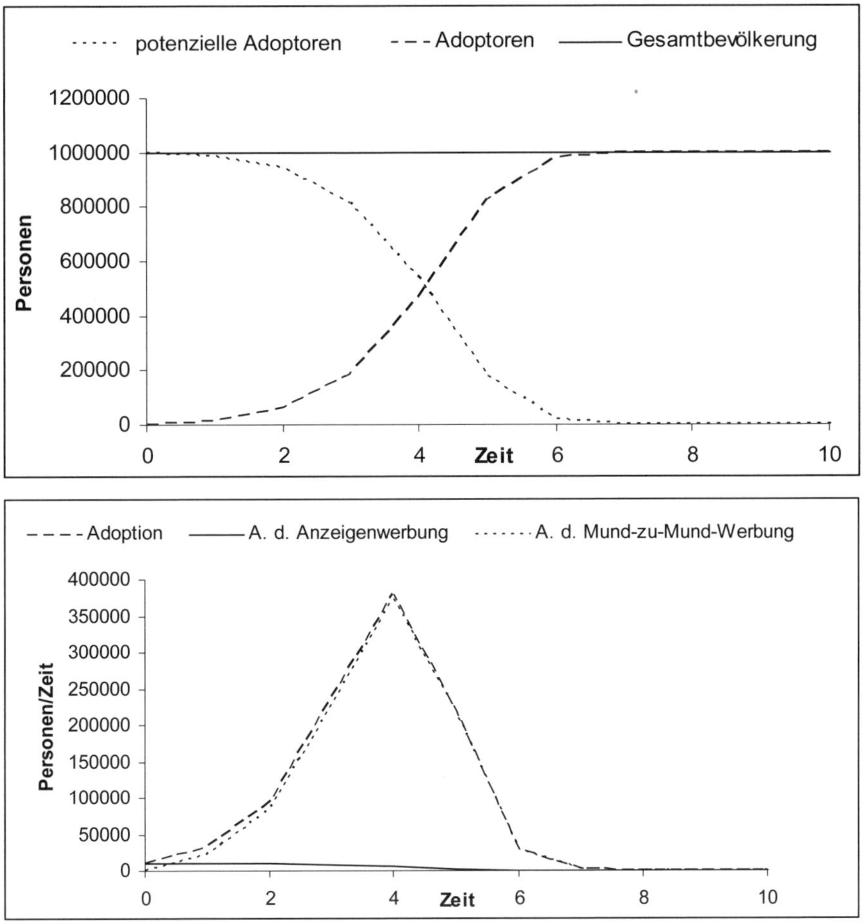

Abbildung 5-27: Simulation „Adoption von Innovationen"

Die Anzahl der potenziellen Adoptoren nimmt im Zeitverlauf ab, die Anzahl der tatsächlichen Adoptoren zu. Die Adoption durch Mund-zu-Mund-Werbung übertrifft die Adoption durch Anzeigenwerbung bei Weitem, sodass diese den Adoptionsprozess kaum beeinflusst. Die Adoption durch Mund-zu-Mund-Werbung wird stark durch die Anzahl der Adoptoren in der Bevölkerung beeinflusst, sodass sie steigt, so lange diese deutlich zunimmt. Nachdem die Zunahme der Adoptoren etwa im Zeitpunkt t=4 den Wendepunkt erreicht hat und immer langsamer steigt, nimmt die Adoption durch Mund-zu-Mund-Werbung entsprechend drastisch ab.

Schritt 4: Parameterkonfiguration

Nachdem das Simulationsmodell anhand einer ersten Parameterkonstellation untersucht wurde, werden in der Phase der Parameterkonfiguration Simulationsszenarien entworfen und durchgeführt. Diese werden mit der Referenzsimulation verglichen, um so die Auswirkungen verschiedener Parameter auf das Systemverhalten zu untersuchen.

Die gewonnen Einblicke in das Systemverhalten bei gegebener Parameterkonstellation bilden den Ausgangspunkt für weitere Simulationsszenarien. Aus Unternehmenssicht ist der geringe Einfluss der Anzeigenwerbung auf die Adoption nicht wünschenswert. Hier kann durch zielgerichtetes Experimentieren mit den Modellparametern der Einfluss der Anzeigenwerbung vergrößert und gleichzeitig analysiert werden, wie sich eine Veränderung auf das System und seine Elemente auswirkt (vgl. hierzu das Beispielsystem Badewanne in Abbildung 5-23). In dieser Phase der Simulation kann es auch notwendig werden, das Simulationsmodell zu überarbeiten und dabei Systemelemente zu entfernen, hinzuzufügen bzw. neu zu kombinieren, wenn die Wirkungsbeziehungen noch nicht ausreichend abgebildet wurden. Weitere Untersuchungsvarianten könnten die Veränderung des Systemverhaltens sein, wenn sich die Anzahl der Kontakte oder die Adaptionsrate ändert. Wenn die Zunahme und Abnahme der Gesamtbevölkerung in das System integriert werden soll, dann wird aus der Konstante „Gesamtbevölkerung" eine Zustandsgröße mit entsprechenden Zu- und Abflüssen, die die anderen Systemelemente beeinflussen.

Schritt 5: Interpretation und Diskussion

Die verschiedenen Simulationsdurchgänge und die Auswirkungen der gewählten Parameterkonstellationen müssen in ihrer Wirkung auf das System und das gewünschte Verhalten im Anschluss an die Simulation interpretiert und mit Experten diskutiert werden, um so zuverlässige Rückschlüsse auf das reale System treffen zu können.

Auf den ersten Blick mag im Beispiel der geringe Einfluss der Anzeigenwerbung auf den Adoptionsprozess unzureichend sein, sodass der Schluss gezogen werden kann, dass die Effektivität der Werbung erhöht werden muss. Bevor daraus Handlungsempfehlungen abgeleitet werden können, wie z. B. der Einsatz von formaler Werbung zu erhöhen, müssen die genauen Ursachen für das beobachtete Systemverhalten untersucht werden. Denkbar ist eine Marktkonstellation, in der auf Anzeigenwerbung verzichtet werden kann, da das Produkt oder die Technologien sich effektiver durch Mund-zu-Mund-Werbung verbreitet. Für jedes Problem stehen meist mehrere Lösungsalternativen zur Verfügung, die es in diesem Schritt abzuwägen gilt.

5.11 Ausblick auf die Systemanalyse im Unternehmen

In diesem Abschnitt wurden die Grundlagen der Systemtheorie und die sich daraus ableitende Entwicklung der Systemanalyse zunächst abstrakt als Methode zur systemischen Betrachtung eines Unternehmens vorgestellt. Die Systemanalyse basiert dabei auf einer zielgerichteten und validen Modellierung. Es kommt also darauf an, bestehende standardisierte Modellarten zu kennen und angemessen einzusetzen aber auch zu kombinieren, um das abstrakte Unternehmensmodell des vorherigen Abschnitts auf einer konkreteren Ebene zu erweitern und zu detaillieren.

Die Systemanalyse selbst ist somit eine Methode des systemischen und zielgerichteten Abbildens eines Unternehmens bzw. Unternehmensbereichs in einem angemessenen Modell zu anschließenden Analysen und Experimenten, mit deren Hilfe Eingriffe vorgeschlagen und auch durchgeführt werden können. Um diese Methodik genauer zu definieren und zu erläutern, werden im nächsten Abschnitt nun ein ganz konkretes Vorgehensmodell zum Einsatz der Systemanalyse im Unternehmen entwickelt und die wichtigsten Elemente eines unterstützenden Projektmanagements vorgestellt. Dort finden dann auch die hier im Überblick dargestellten Modellierungsmethoden ihren Einsatz.

5.12 Weiterführende Literatur

Zu System Dynamics:

Sterman, J. D.: Business Dynamics – System Thinking and Modeling for a Complex World. Irwin McGraw-Hill Verlag, Boston 2000.

5.13 Übungsaufgaben

1. Wie gehen Sie vor, um ein DFD von einem Sachverhalt zu generieren? Wozu dienen hierbei die Verfeinerungen von Prozessaktivitäten? Wie wird innerhalb der SSA mit Entscheidungsprozessen des Sachverhalts umgegangen?
2. Welchen Zusammenhang haben DFD, Data Dictionary und Prozessbeschreibung im Hinblick auf ihre Modellierung? Wo befinden sich Verknüpfungen bzw. Übergänge zwischen den Sichten?
3. Generieren Sie für die Fallstudie der MSD Bank eine eEPK des Kontoeröffnungsprozesses, analog zum, in diesem Kapitel vorgestellten, Bankprozess!
4. Vergleichen Sie die vorgestellen Modelle untereinander und bilden Sie sich einen Überblick, in welcher Situation bzw. bei welchen Voraussetzungen welches Modell zum Einsatz kommen sollte!
5. Welche Gemeinsamkeiten haben BPMN und UML?
6. In Abschnitt 5.10 ist das Verhalten des Systems „Badewanne" simuliert, wobei der Abfluss des Wassers durch einen Rückkopplungsmechanismus gesteuert wird. Auch der Zulauf von Wasser kann einem Rückkopplungsmechanismus unterliegen, indem kein Wasser mehr in die Badewanne fließt, wenn die Füllmenge ein Maximum erreicht hat. Denkbar ist, dass der Wasserhahn bei Erreichen einer bestimmten Wassermenge zugedreht wird. Dass dieser Vorgang ohne zeitliche Verzögerung abläuft, ist unwahrscheinlich. Entwerfen Sie ein Simulationsmodell mit System Dynamics, in dem das Beispielsystem „Badewanne" abgebildet ist, wobei das Zudrehen des Wasserhahns bei Erreichen der maximalen Füllmenge modelliert werden soll. Erweitern Sie hierzu das Modell mit Rückkopplung aus Abbildung 5-23! Wie lässt sich eine Verzögerung (Hilfsgröße) des Zudrehens abhängig von der Reaktionszeit (Konstante) modellieren? Orientieren Sie sich dafür an der in Abbildung 5-20 dargestellten Rückkopplungsschleife. Denkbar ist, dass sich das Systemelement „Verzögerung" eine Hilfsgröße im System ist, die sich durch algebraische Operationen aus der Zustandsgröße „Füllmenge" und der Konstante „Reaktionszeit" berechnet. Testen Sie das Modell mit verschiedenen Parameterkonstellationen!

Teil IV
Methoden der Systemanalyse

Begriffe: Vorgehensmodell, Istanalyse, Datenerfassung, Potenzialanalyse, Sollkonzeption, Projektplanung, Projektführung, Projektteam, Projektmanagementsystem.

In diesem Teil des Buchs wird ein bewährtes Vorgehensmodell der Systemanalyse mit seinen einzelnen Phasen und den dabei eingesetzten Methoden ausführlich vorgestellt und an Praxisbeispielen illustriert. Das Vorgehensmodell beginnt bei der Projektbegründung und führt über die Istanalyse, das Sollkonzept und die Entwicklung zur Implementierung prozessorientierter technischer und orgasatorischer Verbesserungsmaßnahmen im Unternehmen.. Die Systemanalyse wird in einem Projekt durchgeführt und erfordert Fähigkeiten des Projektmanagements und der Projektarbeit. Daher umfasst dieses Kapitel relevantes Wissen zur Projektorganisation, zum Projektplanung und zur Steuerung eines Projekts aus Sicht eines Projektmanagers. Da Führungsqualitäten im Projektteam besonders wichtig sind, werden diese ebenfalls vorgestellt.

Helmut Frank, Annette Bobrik und Nico Haarländer

6 Vorgehensmodell

Themenüberblick: Vorgehensmodell der Systemanalyse, Projektbegründung, Istanalyse, Istaufnahme, Potenzialanalyse, Istdokumentation, Sollkonzept, Realisierung, Eigenentwicklung, Standardsoftware, Customizing, Implementierung, rechtliche Aspekte, Unternehmensanforderungen, Partizipation, Humankriterien.

Lernziele: In diesem Kapitel lernen Sie den Ablauf einer Systemanalyse an den Phasen des Vorgehensmodells kennen. Es sollte jedem Systemanalytiker klar sein, dass mit einer Systemanalyse, ja sogar schon mit der Istaufnahme, in gewachsene Strukturen eingegriffen wird, in denen meistens ein höchst sensibles Gleichgewicht herrscht. Stellen Sie sich vor, Sie müssten in einem großen Unternehmen die Geschäftsprozesse analysieren und Potenziale erarbeiten, die an den Unternehmenszielen ausgerichtet sind. Sie würden sehr schnell erkennen, dass dies ein sehr komplexes Vorhaben ist und Sie ohne eine systematische Vorgehensweise scheitern bzw. keine Erfolg versprechende Lösung finden würden. Um eine strukturierte und systematische Vorgehensweise zu gewährleisten, wird im folgenden Kapitel ein Vorgehensmodell erarbeitet, das diese Anforderungen erfüllt.

6.1 Das Vorgehensmodell

Vorgehensmodellen kommt die Aufgabe zu, die Wirklichkeit mit ihren für den Sachverhalt wesentlichen Größen, Abhängigkeiten und Vorgängen vereinfacht abzubilden (vgl. Steffen 1993, S. 14). Dieses Abstraktionsprinzip liegt auch den Vorgehensmodellen zugrunde, die die Untergliederung einer Problemlösung in Teilaufgaben und die Art der Durchführung dieser Teilaufgaben beschreiben (vgl. Schwarze 1995, S. 3). Vorgehensmodelle umfassen somit Informationen über die zeitliche und logische Reihenfolge der Aufgaben sowie Angaben zu den Zielen einzelner Aktivitäten und den dabei anzuwendenden Methoden (vgl. Jost 1993, S. 12). Das im Folgenden verwendete Vorgehensmodell ist in fünf Phasen gegliedert (vgl. Abbildung 6-1):

- Projektbegründung.
- Istanalyse.
- Sollkonzept.
- Realisierung.
- Implementierung.

Neben dem hier vorgestellten Vorgehensmodell ist in der Literatur eine große Zahl weiterer Phasenschemata angegeben. Diese Phasenschemata unterscheiden sich zumeist lediglich im Detaillierungsgrad und in der Bezeichnung der einzelnen Phasenschritte und Aktivitäten, sodass eine erneute Aufzählung entbehrlich erscheint.

Die Darstellung des Ablaufs in einem Vorgehensmodell hat viele Vorteile, die insbesondere in der Planbarkeit der Entwicklungsarbeit liegen. In jeder Phase werden der erreichte Projektstand und die erzielten Ergebnisse festgehalten. Damit existiert ein explizites und kontrollierbares Zwischenergebnis. Meilensteine liefern eine eindeutige Aussage über den Projektstand. Die Gliederung der Systemanalyse in einzelne, detaillierte Teilaktivitäten ermöglicht die Planung und administrative Zuordnung von Ressourcen (z. B. Personal, Geldmittel, Rechnerausstattung) genauso wie die Terminfestlegung zur Festsetzung bestimmter Zwischenergebnisse.

Neben diesen Vorteilen, die wesentlich der Unternehmens- bzw. Projektleitung zugute kommen, weist die Strukturierung der Systemanalyse auch für den Systemanalytiker Vorteile auf, nicht zuletzt durch den vorgegebenen Weg, an den er sich halten kann. Außerdem gibt es für einzelne Phasen spezielle Methoden, die je nach Bedarf zum Einsatz kommen können. Die Genehmigung einzelner Zwischenergebnisse durch die Projekt- bzw. Geschäftsleitung enthebt den Systemanalytiker von der Gesamtverantwortung und sichert erzielte Ergebnisse und Absprachen. So trägt der Projektleiter, nicht der Systemanalytiker, die Verantwortung für die Verwirklichung von Teilen des Sollkonzepts, die nicht den Vorstellungen des Systemanalytikers entsprechen.

Die Phasen werden nicht starr durchlaufen, sondern dieses Vorgehensmodel kann als ein iterativer, (wiederholtes Ausführen einzelner Phasen) rückgekoppelter (Überprüfung von Wirkzusammenhängen), heuristischer Prozess verstanden werden. Unter heuristischem Vorgehen wird planvolles Experimentieren mit dem Ziel, eine möglichst günstige Lösung für das betrachtete Problem zu finden, verstanden. Heuristiken stehen im Gegensatz zu analytischen Lösungsverfahren.

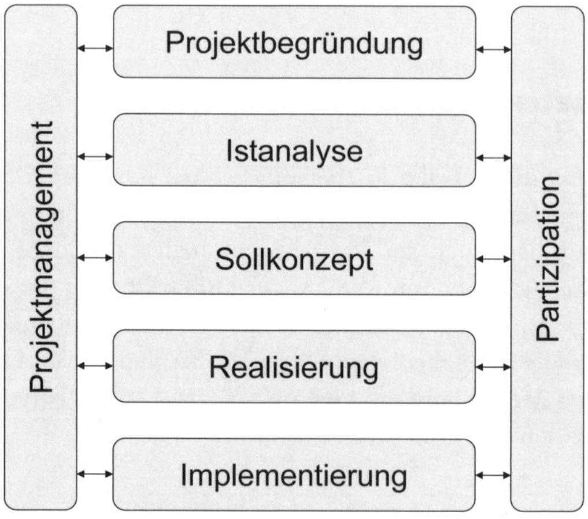

Abbildung 6-1: Vorgehensmodell der Systemanalyse im Unternehmen

In einer Vielzahl von Praxisprojekten hat sich das in diesem Kapitel vorgestellte Vorgehensmodell bewährt. Die genannten Beispiele sind Projekten entnommen, die in Zusammenarbeit mit namhaften Unternehmen der Wirtschaft durchgeführt wurden. Im Vordergrund stand dabei nicht die vollständige Neuentwicklung isolierter Informationssysteme, sondern die problemorientierte Untersuchung sozio-technischer Systeme. Die Vorschläge zur Beseitigung von Schwachstellen, die im Rahmen dieser Analysen erkannt wurden, beinhalten nicht ausschließlich IT-Systeme. Vielmehr berücksichtigen sie an vorrangiger Stelle die Bedürfnisse und Anforderungen der unmittelbaren Benutzer und schließen ebenso organisatorische Aspekte mit ein. Insofern wird bei der Systemanalyse im Unternehmen der ganzheitliche Ansatz der Systemtheorie verfolgt. Zudem werden Rahmenbedingungen beachtet, deren Außerachtlassen häufig die Integration neuer Technologien, aber auch neuer Ablaufregelungen erheblich behindert.

Bevor die Phasen und ihre Inhalte beschrieben werden, wird die Beteiligung der Benutzer an der Systemuntersuchung und -gestaltung erläutert.

6.2 Zu berücksichtigende Faktoren

Der Systemanalytiker arbeitet in jedem Projekt innerhalb definierter Grenzen und Rahmenbedingungen. Dies können Restriktionen in der Durchführung der Systemanalyse ebenso wie Anforderungen an die Projektdokumentation oder Besonderheiten der Unternehmenskultur sein. Im Folgenden soll auf rechtliche Aspekte der Systemanalyse, die für die meisten Unternehmen zur Anwendung kommen sowie unternehmensspezifische Rahmenbedingungen, die hier nur allgemein vorgestellt werden können, eingegangen werden.

6.2.1 Rechtliche Aspekte

In der Projektdurchführung sollte bereits am Anfang die Frage geklärt werden, in welchem Umfang Mitbestimmungsrechte des Betriebsrates oder der Arbeitnehmer selbst berücksichtigt werden müssen. Die Beteiligungsnotwendigkeit des Betriebsrates richtet sich nach den Vorschriften des Betriebsverfassungsgesetzes. Im Einzelnen sind dabei folgende Vorschriften von Bedeutung:

Unterrichtungsrecht des Betriebsrates nach § 80 Abs. 2 BetrVG

Nach § 80 Abs. 2 BetrVG ist der Betriebsrat zur Durchführung seiner Aufgaben „rechtzeitig und umfassend vom Arbeitgeber zu unterrichten". Auf Verlangen sind ihm jederzeit die zur Durchführung seiner Aufgaben erforderlichen Unterlagen zu gewähren. Außerdem sind ihm, soweit zur ordnungsgemäßen Erfüllung seiner Aufgaben erforderlich, seitens des Arbeitgebers sachkundige Arbeitnehmer als Auskunftspersonen zur Verfügung zu stellen.

Mitbestimmung des Betriebsrates nach § 87 Abs. 1 Nr. 6 BetrVG

Nach § 87 Abs. 1 Nr. 6 BetrVG hat der Betriebsrat u. a. ein Mitbestimmungsrecht bei der „Einführung und Anwendung von technischen Einrichtungen, die dazu bestimmt sind, das Verhalten oder die Leistung der Arbeitnehmer zu überwachen", wozu auch ein Zeiterfassungssystem gerechnet werden kann. Diese Vorschrift wird relevant, wenn im Rahmen der Istaufnahme technische Hilfsmittel, wie z. B. Videokameras oder Tonaufzeichnungsgeräte, eingesetzt werden.

Mitbestimmung des Betriebsrats nach § 90 BetrVG

Nach § 90 Abs. 1 Nr. 2 und 3 BetrVG hat der Arbeitgeber den Betriebsrat über die Planung von technischen Anlagen, Arbeitsverfahren und -abläufen rechtzeitig unter Vorlage der erforderlichen Unterlagen zu unterrichten.

Danach liegt die Planung einer technischen Anlage erst dann vor, wenn vorangehende unternehmerische Vorüberlegungen und Analysen (z. B. die Potenzialanalyse) abgeschlossen, und das Planungsziel und die Durchführungsmethoden bereits konkretisiert sind. Es muss also ein Plan vorliegen, aus dem sich ergibt, welche Betriebsänderungen der Arbeitgeber beabsichtigt und wie er diese durchführen will. Als brauchbare Trennlinie zwischen Vorüberlegungen und Planung kann der Beschluss der Unternehmensleitung, die im Sollkonzept gemachten Vorschläge zu konkretisieren, angesehen werden. Als äußerliche Dokumentation dieses Entschlusses dient z. B. die Entwicklung einer Konzeption für ein IT-System.

Die Rechte des Betriebsrates aus § 90 BetrVG setzen somit erst ab der Entscheidung der Unternehmensleitung über die Einführung eines bestimmten Systems, also frühestens nach Abschluss des Sollkonzepts, ein. Die Planung eines IT-Systems lässt Beteiligungsrechte des Betriebsrats nach § 90 Nr. 3 und 4 entstehen, die Planung eines derartigen Systems bedingt in der Regel einschneidende Veränderungen der Arbeitsverfahren und Arbeitsabläufe sowie der Arbeitsplätze selbst. Diese Veränderungen treffen dabei zunächst einmal die unmittelbar mit dem System Arbeitenden.

Des Weiteren hat der Arbeitgeber die vorgesehenen Maßnahmen und ihre Auswirkungen auf die Arbeitnehmer, insbesondere auf die Art ihrer Arbeit sowie die sich daraus ergebenden Anforderungen an die Arbeitnehmer gemäß § 90 Abs. 2 mit dem Betriebsrat so rechtzeitig zu beraten, dass Vorschläge und Bedenken des Betriebsrates bei der Planung berücksichtigt werden können.

Zur Durchsetzung seiner Rechte auf rechtzeitige und umfassende Unterrichtung und Beratung steht dem Betriebsrat die Möglichkeit einer Klage auf Erfüllung im arbeitsgerichtlichen Beschlussverfahren zur Verfügung.

Beratungsrecht des Betriebsrates nach § 111 BetrVG

Der Unternehmer hat laut § 111 BetrVG "den Betriebsrat über geplante Betriebsänderungen, die wesentliche Nachteile für die Belegschaft oder erhebliche Teile der Belegschaft zur Folge haben können, rechtzeitig und umfassend zu unterrichten und die geplanten Betriebsänderungen mit dem Betriebsrat zu beraten."

Unterrichtung des Arbeitnehmers nach § 81 BetrVG

Nach § 81 Abs. 4 BetrVG hat der Arbeitgeber den Arbeitnehmer über die aufgrund einer Planung von technischen Anlagen, von Arbeitsverfahren und Arbeitsabläufen oder der Arbeitsplätze vorgesehenen Maßnahmen und ihre Auswirkungen auf seinen Arbeitsplatz, die Arbeitsumgebung sowie auf Inhalt und Art seiner Tätigkeit zu unterrichten.

Schließlich sind bei der Gestaltung von Arbeitsplatz, Arbeitsablauf und Arbeitsumgebung sowie bei allgemeinen personellen Angelegenheiten und Berufsbildung die Paragraphen 91 bis 97 BetrVG zu beachten, die eine Mitwirkung des Betriebs- bzw. Personalrates vorschreiben.

Bezogen auf das Vorgehensmodell der Systemanalyse ist in den Phasen Projektbegründung, Istanalyse und Sollkonzept eine Beteiligung des Betriebsrates gesetzlich nicht festgelegt. Im Rahmen der Planung konkreter Maßnahmen greifen dann jedoch eine Reihe von Bestimmungen, die eine Beteiligung der Arbeitnehmervertretung erforderlich machen. Es ist daher zu empfehlen, den Betriebsrat frühzeitig vor der abschließenden Entscheidung einzuschalten und zu informieren. Bei einer restriktiven Informationspolitik des Arbeitgebers, der neue oder wesentlich veränderte IT-Systeme mittels des Direktionsrechtes einzuführen gedenkt, kommt es vielfach zu Konfrontationen. Diese Konfrontationen bringen nicht nur eine Verschlechterung des Arbeitsklimas mit sich, sondern können auch zur Aussetzung fest eingeplanter oder sogar vollzogener Maßnahmen und damit zu erheblichen wirtschaftlichen Einbußen führen. Dementsprechend kommt der Beachtung des Betriebsrats und einer sachgerechten Kommunikation zwischen Arbeitgeber, Betriebsrat und Mitarbeitern eine große Bedeutung zu.

Dies hat zwei Vorteile: Zum einen hat der Betriebsrat die Möglichkeit, die Entscheidungsgrundlagen und -inhalte nachzuvollziehen, zum anderen kann er die zu erwartenden Auswirkungen der Entscheidung abschätzen. Für die Einstellung des Arbeitgebers bezüglich des Zeitpunktes der Unterrichtung des Betriebsrates spielt die Unternehmensphilosophie eine entscheidende Rolle. Wenn keine gravierenden Konflikte zwischen Unternehmensleitung und Betriebsrat bestehen, wird eine Information im Zweifel eher früher erfolgen.

6.2.2 Unternehmensanforderungen

Jedes Unternehmen, das regelmäßig viele Projekte abwickelt, hat Richtlinien für die Projektdurchführung, insbesondere Projektorganisation, Projektabnahme und Projektdokumentation eingeführt, um eine effektive und effiziente Projektsteuerung zu gewährleisten (vgl. Kapitel 7 „Projektmanagement"). An derartige Anforderungen hat sich gegebenenfalls auch der Systemanalytiker, der vielleicht einen Teil eines größeren (Reorganisations-) Projekts durchführt, zu halten.

Die Unternehmenskultur kann bestimmte Verhaltensweisen erforderlich machen, z. B. könnte es eine Gepflogenheit sein, neue Kontakte zu bisher nicht eingebundenen Mitarbeitern immer über einen Mitarbeiter aus dem Unternehmen zu initiieren. Vielleicht schreibt ein Unternehmen auch vor, Mitarbeiter auf verschiedenen Ebenen der Unternehmenshierarchie unterschiedlich anzusprechen, eventuell gibt es strenge Regeln was den Dresscode angeht, wer welchen Parkplatz auf dem Unternehmensgelände nutzen darf usw.

Exkurs 6-1: Unternehmensanforderungen

Ein junger Systemanalytiker hat bei einem großen und bedeutenden Kunden seiner Unternehmensberatungsfirma den ersten Termin wahr zu nehmen. Es handelt sich um ein Gespräch mit einem Abteilungsleiter, bei dem die Vorgehensweise beraten werden soll. Aufgrund des hohen Verkehrsaufkommens muss er sich sehr beeilen. Auf dem Firmenparkplatz sind alle Parkplätze belegt, deshalb stellt er sein Auto auf einen reservierten Parkplatz, ohne zu realisieren, für wen dieser Parkplatz reserviert ist. Erleichtert kommt er pünktlich bei dem Abteilungsleiter an und ist im Gespräch sehr schnell bei den entscheidenden Punkten angekommen. Leider muss das Gespräch dann an einer wichtigen Stelle unterbrochen werden, weil die Sekretärin des Abteilungsleiters ihn nach seiner Autonummer fragt. Als er die Nummer bekannt gibt, bittet ihn die Sekretärin, sein Auto vom Parkplatz des Vorstandsvorsitzenden wegzufahren. Nach dieser zwangsweisen Unterbrechung, wurde das Gespräch deutlich „kühler" fortgesetzt.

Die Beispiele mögen überzeichnet vorkommen, sie sollen jedoch verdeutlichen, dass der Systemanalytiker die „Eigenheiten" eines Unternehmens oder einer Abteilung kennen lernen und respektieren sollte, um einen verzögerungsfreien Projektablauf sicherzustellen. Unter Umständen sind zusätzliche Zeiten für Kontaktanbahnung, Urlaubszeiten oder der frühen Feierabend am Freitag einzuplanen.

6.3 Partizipation als Kritischer Erfolgsfaktor

Jene Faktoren werden als kritische Erfolgsfaktoren bezeichnet, von deren Gelingen das Projektziel abhängig ist. Partizipation bedeutet Teilhabe. Die Partizipation ist schon in der griechischen Demokratie gebräuchlich gewesen und bedeutet die Berücksichtigung von mehr als einer Seite von Interessen bei der Entscheidung (vgl. Mumford 1984). Als partizipative Systemanalyse wird eine Systemgestaltung verstanden, an der die später vom Einsatz des Systems Betroffenen während der ganzen Entwicklungszeit beteiligt sind. Sie beinhaltet im Gegensatz zu traditionellen Ansätzen, eine stärkere Beteiligung der vom Systemeinsatz Betroffenen am eigentlichen Entwicklungsprozess. Die mit dem Begriff Partizipation verknüpften Inhalte der Benutzerbeteiligung sind sehr vielschichtig und reichen von der einfachen Information der Beteiligten bis zur Entscheidungsgewalt in der Projektgruppe und als ideale Endstufe zum autonomen Design. Als Gründe für die Verfolgung eines partizipativen Ansatzes werden u. a. genannt (vgl. Peschke 1986):

- die Berücksichtigung des Fachwissens der Anwender,
- die Akzeptanzsteigerung bei den Anwendern durch aktives Erleben des Entwicklungsprozesses,
- die Einbeziehung neuer Arbeitsträger, da Experten rar und teuer sind und
- die gesteigerte Bedeutung der Anwender die heute vermehrt auch gleichzeitig Auftraggeber sind.

Beteiligungsformen

Grundsätzlich wird zwischen der direkten, das heißt unmittelbaren Beteiligung der Betroffenen, und einer indirekten Beteiligung durch Repräsentanten unterschieden. Die repräsentative Mitwirkung als indirekte Beteiligung kann viele Formen der Interessenvertretung umfassen:

- gewählte Vertreter bestimmter Benutzergruppen (z. B. aus einer Gruppe von Maschinenbedienern, die einen Vertreter für ein Automatisierungsprojekt auswählen),
- ausgewählte Vertreter (durch Unternehmens- oder Projektleitung bestimmt),
- interessierte Benutzer, die ihre Interessen freiwillig und exemplarisch einbringen, aber nicht durch eine Wahl legitimiert sind,
- durch ihr Amt bestimmte Interessenvertreter, z. B. Betriebs- oder Personalräte oder
- Anwaltsplanung durch Einsatz eines Experten, der als Benutzeranwalt spezielle Gruppeninteressen vertritt und den Entwicklungsprozess in deren Sinne zu beeinflussen sucht.

Während die ersten drei Formen die Mitarbeit tatsächlich Betroffener vorsehen, sind in den beiden letzten Fällen Experten vorgesehen, die nicht zwangsläufig selbst Benutzer sind. Während jedoch Betriebsräte durch Wahlen legitimiert sind, agiert der Experte in der Anwaltsplanung ohne eine formale Anerkennung durch die Benutzer. Ein solcher Anwalt kann entweder bereits über genaue Kenntnisse der Interessenlage der Betroffenen verfügen oder im Sinne einer Anlaufstelle herangetragene Wünsche weiterleiten. Dieses Prinzip wird sinnvoll dann angewendet, wenn eine Interessenvertretung nicht existiert und eine direkte Mitwirkung der Benutzer wenig Erfolg verspricht bzw. nicht machbar erscheint.

Im Falle der Anwaltsplanung, der freiwilligen Mitarbeit interessierter Betroffener und der Auswahl "von oben" mangelt es an der Legitimation und eventuell auch an der Anerkennung durch die Basis der Betroffenen. Dagegen ist in den beiden anderen Fällen das nötige (arbeitsplatzbezogene) Sachverständnis problematisch, weil es unter Umständen nicht vorhanden ist.

Generell spielt die Frage der Qualifikation der Benutzer oder ihrer Vertreter eine ausschlaggebende Rolle in der Partizipation. Nicht nur die fachlichen, arbeitsplatzbezogenen Kenntnisse sind gefordert, auch IT-Kenntnisse sind immer häufiger notwendig, um sich in der Phase der Systementwicklung an der Alternativensuche und -auswahl wirklich aktiv beteiligen zu können. Darüber hinaus ist eine Qualifikation zur Gruppenarbeit und -diskussion nötig, um die eigenen Interessen effektiv einbringen zu können.

Ausprägungen der Partizipation

Partizipation muss neben der Form der Interessenvertretung vor allem nach der Ausprägung der Partizipationsmöglichkeiten selbst unterschieden werden. Tabelle 6-1 zeigt eine derartige Unterscheidung.

<table>
<tr><th>Partizipationsform
Partizipations-ausprägung</th><th>Direkte Partizipation der betroffenen Benutzer</th><th>Indirekte Partizipation durch Repräsentanten der Benutzer</th></tr>
<tr><td>1.) Die betroffenen Benutzer erhalten keine Vorabinformation über Mensch-Computer-Systeme.</td><td colspan="2">Keine Partizipation
(weder Mitwirkung noch Mitentscheidung)</td></tr>
<tr><td>2.) Die betroffenen Benutzer erhalten Vorabinformation über Mensch-Computer-Systeme.</td><td>Mit direkter Information der betroffenen Benutzer</td><td>Mit direkter Information über die Repräsentanten</td></tr>
<tr><td rowspan="2">3.) Die Meinung betroffener Benutzer wird gehört und in unterschiedlichem Ausmaß bei Entscheidungen berücksichtigt.</td><td colspan="2">Passive Mitwirkung
(Konventionelles Design)</td></tr>
<tr><td>Mit direkter Beeinflussungsmöglichkeit</td><td>Mit indirekter Beeinflussungsmöglichkeit</td></tr>
<tr><td rowspan="2">4.) Die betroffenen Benutzer wirken an Entscheidungen mit, können z.B. Modifikationen erzwingen (Vetorecht).</td><td>Basisdemokratische</td><td>Repräsentative</td></tr>
<tr><td colspan="2">Aktive Mitentscheidung</td></tr>
<tr><td>5.) Die betroffenen Benutzer sind an der Gestaltung von und an den Entscheidungen über Mensch-Computer-Systeme beteiligt.</td><td>Aktive basisdemokratische Partizipation</td><td>Aktive repräsentative Partizipation</td></tr>
<tr><td rowspan="3">6.) Die betroffenen Benutzer gestalten ihre Mensch-Computer-Systeme selbst und treffen völlig autonome Entscheidungen.</td><td>Basisdemokratisches</td><td>Repräsentatives</td></tr>
<tr><td colspan="2">Autonomes Design</td></tr>
<tr><td>• einzelner Benutzer
• von Benutzergruppen</td><td></td></tr>
</table>

Tabelle 6-1: Ausprägung der Partizipation

Bei der Beurteilung der Ausprägung der Partizipation sollten drei Faktoren unterschieden werden:

- die Kommunikation bzw. der Informationsaustausch (im Falle 2 nur eindeutig, bei 3.-5. in beide Richtungen zwischen Benutzern und Entwicklern
- die Entscheidungsbeteiligung (erst ab 4. gegeben) und
- die Gestaltungsbeteiligung (nur bei 5. und 6.).

Von echter Partizipation kann erst dann die Rede sein, wenn ein wechselseitiger Informationsaustausch zwischen Benutzern und Entwicklern gegeben ist, und eine Entscheidungs- und Gestaltungsbeteiligung vorliegt. Letzteres bedeutet, dass der Benutzer sowohl unpassende Systemvorschläge ablehnen kann (Entscheidung) als auch alternative Gestaltungen selbst mitentwickeln kann (Gestaltung).

Ein seltener Spezialfall der Partizipation ist das autonome Design, das als Extremfall einer hundertprozentigen Beteiligung angesehen werden kann. Hierbei ist der Benutzer gleichzeitig auch Entwickler in eigener Sache, ohne verantwortliche Beteiligung anderer "externer" Entwickler. Ein weiterer Sonderfall liegt mit der gemischten Projektgruppe vor, die nicht im Schema der Tabelle 6-1 berücksichtigt ist. Hier werden in das Entwicklungsteam Benutzer integriert, die als Kopplungsglied zwischen Entwicklern und Benutzern agieren und die Berücksichtigung der Bedürfnisse der Betroffenen sicherstellen sollen. Zwar ist dies eine unmittelbare Aufgabe des Analytikers, doch besteht ohne Partizipation die Gefahr, dass unter Termin- und Kostendruck dieser Aspekt nicht ausreichend berücksichtigt wird.

Voraussetzung für einen Beitrag zur Gestaltungsarbeit ist aber neben einer möglichst umfassenden Fachqualifikation eine weitgehende DV-Ausbildung. Doch auch bei guter DV-Ausbildung bleibt die Gefahr, dass die Benutzer im Entwicklungsteam als “Kommunikationshilfskräfte” zwischen Entwicklern und Benutzern pendeln und letztlich von keiner Gruppe mehr als Mitglied anerkannt werden. In einer solchen gemischten Projektgruppe besitzt der Benutzer meist weder ein Entscheidungsrecht noch ist er fachlich in der Lage, in DV-technische Entscheidungen eingreifen zu können. Wegen des gewünschten Projekterfolgs sollte jedoch seine Stimme einiges Gewicht besitzen und ihn von der Rolle als Datensammler und Testobjekt befreien.

Ebenen der Partizipation und Problembereiche

Neben der Beteiligungsform und der Ausprägung der Partizipation kann nach den Ebenen der Beteiligung unterschieden werden. Aus der Sicht der Unternehmensorganisation ergeben sich diese Ebenen als strategische, administrative und operative Partizipationsebenen.

Aus der Partizipation entstehen einige Problembereiche. So sind die Methoden und die Organisation der Kommunikation zwischen Entwicklern und Betroffenen zu klären. Bedeutsam ist die Sichtweise der Rolle eines Betroffenen durch die Entwickler. Diese können die Betroffenen als Gegner, als Korrektiv, als Partner oder nur als Adressat von Leistungen ansehen. Zudem können bei der Partizipation in folgenden Fragestellungen Probleme auftreten:

- Wie wird der Prozess der Auswahl und Entscheidung durchgeführt?
- Wie werden die Projektziele und Planungen in Ergebnisse und Wirkungen transformiert?
- Wie erfolgt eine Einführung und Qualifikation der Betroffenen?

Trotz dieser Probleme gibt es zur Partizipation der Betroffenen bei Systemanalyse-Projekten im Unternehmen keine ernsthafte Alternativen, wenn der Projekterfolg nicht gefährdet werden soll.

6.4 Projektbegründung

Die erste Phase des Vorgehensmodells, umfasst alle Aktivitäten zur Initialisierung eines Projekts. Wesentliche Aufgaben dieser Phase sind die Zielanalyse, die Abgrenzung des zu untersuchenden Systems sowie die Prüfung der rechtlich vorgeschriebenen Maßnahmen zur Mitbestimmung (vgl. Kapitel 7 „Projektmanagement“).

Entscheidende Voraussetzung für die Durchführung einer Systemanalyse ist die Aufstellung von Zielvorgaben. Dieser Phasenschritt wird als Zielanalyse bezeichnet. Der Aufbau eines hierarchischen Zielsystems ist häufig nicht möglich, da der Untersuchungsbereich „noch im Nebel“ liegt. Trotzdem muss auf einer Dokumentation der Projektziele vor Beginn der Istaufnahme bestanden werden, um die späteren Ergebnisse daran messen zu können.

Die Projektbegründung bzw. der Projektanstoß wird typischerweise nicht mit den Betroffenen, sondern mit Führungskräften des Unternehmens festgelegt. Die Dokumentation eines Projektauftrages enthält zumindest folgende Festlegungen (vgl. Stahlknecht und Hasenkamp 2005, S. 225):

- die Zielsetzung des Projekts,
- eine Abgrenzung des Untersuchungsgebiets,

- Handlungsanweisungen für die Projektdurchführung (z. B. Beteiligung der Benutzer, Einschaltung des Betriebsrates) sowie
- Festlegung von Eckdaten für Kosten und Projektdauer.

Obwohl es möglich ist, dass, wie oben beschrieben, der Untersuchungsbereich noch „im Nebel“ liegt, muss das Ergebnis der Projektbegründung ein „handfester“ Projektauftrag eventuell mit Machbarkeitsstudie und so weit wie möglich operationalisierten Zielen sein, damit die Ergebnisse überprüft werden können.

Exkurs 6-2: Zielsetzung

In der MSD Bank sollen die Geschäftsprozesse der Kontoeröffnung auf Medienbrüche untersucht werden. Dies ist eine klar umrissene Zielsetzung. Anders sieht es aus, wenn das Gefühl vorhanden ist, dass bei der Kreditvergabe nicht alles bestens läuft. Dies ist eine sehr schwammige Zielsetzung.

Falls die Systemanalyse nicht vom eigenen Organisationsteam durchgeführt wird, muss ein Pflichtenheft erstellt werden, um eine Ausschreibung in die Wege zu leiten. Es ist darauf zu achten, dass die Unternehmenskulturen des untersuchten und des untersuchenden Unternehmen möglicht gut zu einander passen, bzw. die oben beschriebenen Aspekte beachtet werden.

Häufig wird ein Projektauftrag nur für die Phasen bis zur Fertigstellung des Grobkonzeptes erteilt. Auf der Basis der dann vorliegenden Informationen wird entschieden, ob das Projekt bis zur Implementierung weiterverfolgt werden soll.

Abgrenzung des Untersuchungsgebietes

Eine Besonderheit der Systemanalyse – im Gegensatz zu anderen Projekten – liegt in der Abgrenzung des Untersuchungsgebiets. Es muss abgegrenzt werden, da nur das Untersuchungsgebiets relevant für die Zielsetzung ist. Auch die Vorschläge zur Neugestaltung orientieren sich an diesen Systemgrenzen. Schließlich sind Ressourcen wie Zeit und Geld stets knapp und müssen sorgfältig, auf den Untersuchungszweck abgestimmt, eingesetzt werden, um den Projekterfolg zu gewährleisten. Anforderungen der durch die Grenzziehung ausgeschlossenen relevanten Umwelt gehen nur als Spezifikationen in das System ein, unterliegen aber keiner Untersuchung.

Anhaltspunkt für die Zuordnung eines Elementes zum System oder zur Umwelt sind die Fragestellungen:

- Ist das Element relevant für die aufgestellten Ziele?
- Kann und soll das Element beeinflusst werden?

Ist ein betrachtetes Element für die aufgestellten Ziele nicht relevant, so gehört es zur irrelevanten Umwelt und wird nicht mehr betrachtet. Wenn z. B. der Einkauf untersucht wird, gehören die Kunden zur irrelevant Umwelt. Zur relevanten Umwelt gehört das Element dann, wenn es wichtig für das aufgestellte Zielsystem ist, aber nicht beeinflusst werden kann oder soll. Als Beispiel für ein solches Systemelement ist eine Sammlung von gesetzlichen Vorschriften zur Luftreinhaltung zu nennen, die für Produktionsunternehmen zwar relevant, aber nicht zu beeinflussen ist. Wird schließlich die zweite Frage auch positiv beantwortet, ist es zweckmäßig, das Element als Teil des Systems zu betrachten. Der Prozess der Abgrenzung ist in Abbildung 6-2 grafisch dargestellt.

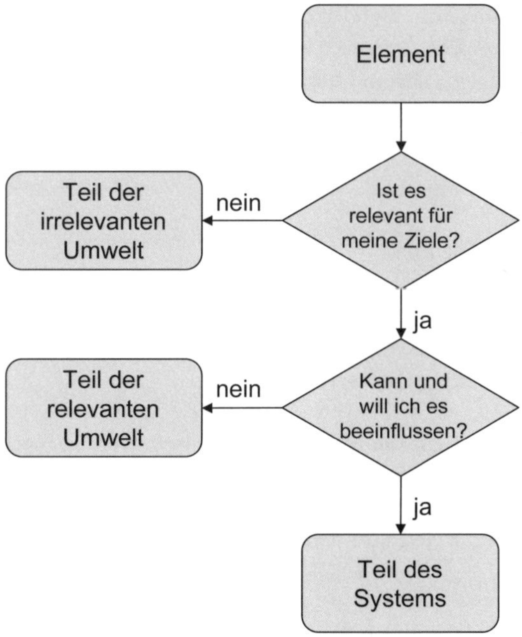

Abbildung 6-2: Prozess der Grenzziehung zwischen System und Umwelt

6.5 Istanalyse

Die Istanalyse ist die wichtigste Phase einer Systemanalyse im Unternehmen. Es findet die erste persönliche Begegnung der Mitarbeiter und der Systemanalytiker statt. Diese Begegnung kann ausschlaggebend für den weiteren Projektverlauf sein, je nach dem, wie sich die beiden „Parteien" begegnen.

Weiterhin basieren alle Vorschläge des späteren Sollkonzepts zu organisatorischen und IT-technischen Veränderungen auf den Ergebnissen dieser Projektphase. Trotzdem bestehen bei den Auftraggebern einer Systemanalyse häufig Vorbehalte gegen eine intensive Erhebung des gegenwärtigen Zustands, da nach deren Ansicht der Sachstand doch hinreichend bekannt sei. Diese Einschätzung führt häufig dazu, dass der Zeitbedarf für die Istaufnahme gegenüber den ursprünglichen Ansätzen verkürzt wird. Sie wirkt sich allerdings verhängnisvoll auf den weiteren Fortgang des Projekts aus. Fehlende Informationen müssen dann bei der Ausarbeitung des Sollkonzepts nach erhoben werden. Zudem kann auch ein verzerrtes Bild der Realität entstehen. Aus diesem

Grund ist eine ausreichend intensive Istaufnahme vorzusehen und gegenüber den Auftraggebern entsprechend zu begründen.

Exkurs 6-3: Istanalyse

Ein noch junger Systemanalytiker gab, im Auftrag seine Unternehmensberatung, eine Zeitschätzung für eine Systemanalyse ab. Der Auftraggeber war insgesamt einverstanden, das Zeitpaket für die Istanalyse war ihm jedoch deutlich zu groß. „Ich sage es mal salopp: Wie es in unserem Betrieb aussieht, wissen wir selbst, da braucht man nicht mehr so viel Zeit rein zu stecken, Sie sollen mir ja was Neues bieten, deshalb habe ich Sie ja geholt". Daraufhin wurde das Zeitbudget für die Istanalyse stark gekürzt.

Die Istanalyse gliedert sich wie folgt:

- Erfassung des Istzustands,
- Dokumentation des Istzustands und
- Analyse des Istzustands (Potenzialanalyse).

Auch bei diesen Unterphasen gilt die Möglichkeit des iterativen, rückgekoppelten, heuristischen Vorgehens. Die Istaufnahme und die Dokumentation erfolgen jedoch parallel bzw. knapp nacheinander. Was im Rahmen der Istaufnahme zu erfassen ist, leitet sich, das sollte selbstverständlich sein, aus den Untersuchungszielen und dem Untersuchungsobjekt- ab. Beispielhaft sollen einige Gebiete genannt werden:

- Geschäftsprozesse: Es wird untersucht, wie effizient und effektiv die Geschäftsprozesse an den jeweiligen Zielen ausgerichtet sind.
- Informationsfluss und Kommunikationsstruktur: Hier wird der Frage nachgegangen, ob die richtige Information zum richtigen Zeitpunkt über das richtige Medium in der richtigen Form am richtigen Ort vorliegt.
- Strukturen der Unternehmung: Sind die Unternehmensstrukturen (Aufbauorganisation) so gestaltet, dass sie die notwendigen Prozesse bestmöglich unterstützen?
- IT-Systeme und organisatorische Hilfsmittel: Gewährt das IT-System und die organisatorischen Hilfsmittel eine optimale Unterstützung der Arbeitsabläufe?
- Allgemeine Unternehmensdaten: Hier werden Daten erfasst, wie z. B. Rechtsform, Umsatz, Zahl der Mitarbeiter. Diese dienen zur groben Einschätzung des Unternehmens. Hier ist es sinnvoll, auch Kennzahlen zu erfassen, die den gegenwärtigen Zustand widerspiegeln und die sich möglicherweise nach Abschluss des Projekts ändern. Solche Kennzahlen können Belastungsgrößen pro Beschäftigter, Termintreue, Auslastungen und Bestände sowie Problemgrößen wie z. B. Fehlteile sein.

Das Mengengerüst oder das Kennzahlensystem bildet die Basis für die Prognose der Unternehmensentwicklung und liefert wichtige Hinweise für die Auslegung neuer Organisationsformen und DV-Systeme.

Der derzeitige IT-Einsatz wird durch die genutzte Hard- und Software sowie durch die Nennung der derzeitigen betrieblichen Funktionen, die EDV-unterstützt werden, dargestellt.

6.5.1 Istaufnahme

Der Begriff „Istaufnahme" umfasst die quantitative und qualitative Erfassung des Istzustands eines abgegrenzten Systems unter Berücksichtigung des Untersuchungszwecks (vgl. Pärli 1972, S. 26). In Abhängigkeit von diesem Untersuchungszweck kann es notwendig sein, z. B. die Ziele, die Strukturen, die Elemente, die formalen und informalen Prozesse, die Arbeitsabläufe, die Tätigkeiten, den Informationsbedarf, die Entwicklungstendenzen und die Anforderungen an das System zu erfassen.

Es sollte jedem Systemanalytiker klar sein, dass mit einer SA, ja sogar schon mit der Istaufnahme in gewachsene Strukturen eingegriffen werden, in denen meistens ein höchst sensibles Gleichgewicht herrscht.

Exkurs 6-4: Istaufnahme

Bei einem Genußmittelgroßhandel wurden jeden Morgen zwischen 10.00 Uhr und 11.00 Uhr ca. 20 Lieferwagen an einer langen Rampe beladen, mit denen anschließend Kioske beliefert wurden. Täglich, pünktlich um 10.30 kam ein großer LKW mit Zigaretten, der an dieser Rampe ca. ¼ Stunde entladen wurde. Dazu mussten alle Lieferwagen für diese Zeit weggefahren und anschließend wieder an die Rampe gefahren werden. Im Rahmen der Istanalyse wurde dieser Zustand erhoben und hinterfragt. Es stellte sich heraus, dass dies eine Anweisung des Geschäftsführers war. Die Zigaretten, die einen großen Wert darstellten, mussten sofort bei Eintreffen bezahlt werden. Der LKW konnte später, aber nicht früher kommen. Wäre der LKW nach der Beladung der Lieferwagen eingetrofffen, hätten mehr Zigaretten gelagert werden müssen, so jedoch konnten die eben angelieferten Zigaretten gleich noch mit ausgeliefert werden. Diese Handlungsweise ersparte dem Unternehmen jährlich ca. 20.000 .

Es haben sich zwei konträre Vorgehensweisen mit folgenden Extremen herauskristallisiert: Zum einen werden im Rahmen der Istaufnahme nur die Aufgaben erhoben, die ein Ziel, das durch Arbeit erreicht werden kann. Es wird relativ wenig Gewicht auf die im Unternehmen bestehende Vorgehensweise gelegt. Der signifikante Schwerpunkt liegt auf dem Sollkonzept. Es handelt sich hier, wohlgemerkt, nicht um die Vorgehensweise des Business Process Reengineering (vgl. hierzu Kapitel 8 „Systemanalyse zur Verbesserung von Geschäftsprozessen"). Zum anderen wird auf die Erfassung der Aufgaben und deren Erledigung im prozessualen Sinn mehr Zeit verwendet. Der Schwerpunkt liegt nicht auf dem Sollkonzept, sondern auf der Istaufnahme.

Es gibt sicher Situationen, in denen es sinnvoll ist, die erste Variante anzuwenden, nämlich dann, wenn sich aus der Aufgabenstellung klar die Folge der Abläufe und daraus auch das Sollkonzept ergeben. Im Allgemeinen wird jedoch die zweite Variante bevorzugt. Weshalb? Ein Unternehmen hat gewachsene Strukturen. Diese Strukturen müssen zuerst erkannt werden, um zu wissen, warum diese so gestaltet sind. Viele der Abläufe haben auch ihren Sinn, diese werden bei der ersten Version kaum betrachtet und es ergibt sich im Sollkonzept eventuell eine wenig effizientere Lösung.

Grundsätzlich sollte ein gegebenes Ziel mit möglichst geringem Aufwand umgesetzt werden. Deshalb sollten gewachsene Strukturen und Prozesse so wenig wie möglich und nur so viel wie nötig verändert werden, um das vorgegebene Ziel zu realisieren.

Bei der zweiten Vorgehensweise müssen in das Sollkonzept wesentlich weniger Ressourcen investiert werden, weil eine effiziente Analyse oft schon eine geeignete Lösung nahe legt. Zudem muss bei den Mitarbeitern weniger Überzeugungsarbeit geleistet werden, und die Schulung ist in der Regel weniger umfangreich. Weiterhin ist ein nicht zu unterschätzender Faktor, dass sich die Mitarbeiter in ihrer geleisteten Arbeit bestätigt sehen.

Durch längeren Kontakt bei der Istaufnahme, hauptsächlich bei der Interviewmethode, besteht auch die Möglichkeit Vertrauen aufzubauen und dadurch ist eine bessere Potenzialanalyse bzw. ein besseres Sollkonzept möglich.

Zunächst erfolgt eine Einführung in die Bedeutung der Partizipation bei der Aufnahme des Istzustands.

Partizipation bei der Istaufnahme

Die im Folgenden aufgeführten Methoden und Techniken der Istaufnahme beschreiben das Handwerkszeug, das auf jeden Fall beherrscht werden sollte. Es reicht jedoch bei weitem nicht aus, um eine erfolgreiche Systemanalyse durchzuführen. Wenn es dem Systemanalytiker nicht gelingt, in der Phase der Istaufnahme ein Vertrauensverhältnis bzw. ein Verhältnis gegenseitiger Achtung und Beachtung herzustellen, läuft das ganze Projekt Gefahr fehlzuschlagen oder nicht das Ergebnis hervorzubringen, das möglich gewesen wäre.

Daher müssen die Mitarbeiter rechtzeitig vor der Istaufnahme über Sinn und Zweck der Systemanalyse und die geplante Vorgehensweise informiert werden. Die Mitarbeiter sollten die Möglichkeit haben, über das bevorstehende Projekt zu diskutieren und ihre Vorbehalte zu äußern. Auf sachliche Argumente der Mitarbeiter muss auch sachlich, das heißt. ohne Polemik, eingegangen werden.

Exkurs 6-5: Argumente

Bei der MSD Bank ist eine heftige Diskussion am Gange. Eine Systemanalyse ist angekündigt worden, mit dem Ziel, die Abläufe zu straffen und ein neues IT-System einzuführen. Ein von allen geachteter, älterer Mitarbeiter spricht sich mit Vehemenz gegen die Systemanalyse aus, da sie sehr teuer sei, die Abläufe reibungslos vor sich gehen und nicht automatisch alles Neue besser sein müsse.

Schwieriger ist es, mit so genannten Killerphrasen umzugehen, wie z. B. „das haben wir immer schon so gemacht", "es klappt doch alles bestens, warum sollen wir da was ändern" usw. Der Systemanalytiker sollte erkennen, dass hinter solchen unsachlichen und abwertenden Äußerungen oftmals Ängste stehen können, die in den seltensten Fällen direkt genannt werden. Solche Ängste können sein:

- Sorge um den Verlust des Arbeitsplatzes,
- Angst vor Umsetzung innerhalb des Betriebes,
- Angst vor der Feststellung einer Unterauslastung am Arbeitsplatz,
- Verringerung der persönlichen Macht und des sozialen Status durch Neugliederung der Instanzen oder Kompetenzen,
- Gefühl der Unzulänglichkeit in Bezug auf neue oder andere Technologien und
- Angst vor Zwang, Gewohntes aufgeben zu müssen.

Diese Ängste können teilweise begründet und teilweise unbegründet sein. Ein Patentrezept, wie diesen Ängsten begegne werden kann, gibt es nicht. Auf jeden Fall sollten sie ernst genommen und akzeptiert werden. Zudem muss fair argumentiert und die Situation möglichst transparent dargestellt werden.

Es kann sinnvoller sein, eine Systemanalyse nicht durchzuführen, als sie gegen den Willen der Belegschaft durchzudrücken, da sonst für die Phase des Sollkonzepts notwendige Informationen fehlen und die Akzeptanz des entwickelten Systems sehr gering sein kann.

Zwischenmenschliche Prozesse bei der Erhebung

Molzberger verwendet eine Darstellung aus der Psychologie, um die Gesamtheit der Information, die über eine Organisation bzw. über ein System verfügbar sind, aufzuzeigen. Diese Information ist danach gegliedert, ob diese für einen Außenstehenden, für den Systemanalytiker, für einen Insider und den Mitarbeiter bewusst ist oder nicht. (vgl. Molzberger 1985, S. 5).

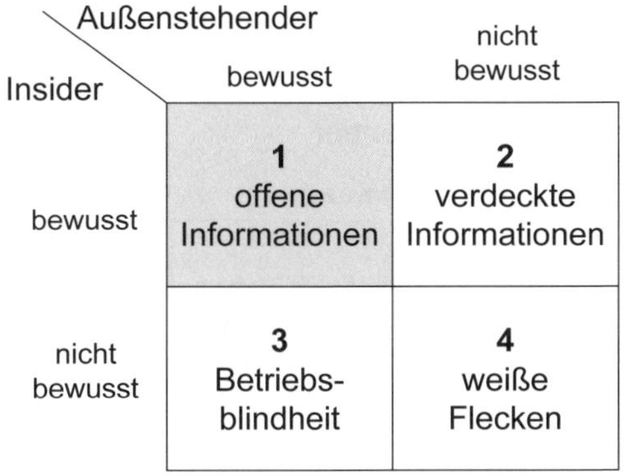

Abbildung 6-3: Informationsfenster

Der Bereich 1 in Abbildung 6-3 enthält Informationen, die für alle an der Systemanalyse Beteiligten zur Verfügung stehen, wie z. B. Organigramme, Stellenbeschreibungen, veröffentlichte Geschäftsberichte usw. Sie reichen im Allgemeinen für eine Systemanalyse bei weitem nicht aus.

Im zweiten Bereich befinden sich die formalen und informalen Informationen, die nicht von außen erkannt werden können. Auf diesem Gebiet ist der Analytiker auf die Mitarbeiter angewiesen. Hier kann es sich sowohl um formale Dinge handeln, die nicht gerne preisgegeben werden, als auch um informale Dinge, über die gerne geschwiegen wird. Diese Informationen sind nur möglich, wenn bei Beginn der Systemanalyse ein Vertrauensverhältnis hergestellt werden konnte.

Exkurs 6-6: Betriebsblindheit

Die Firma Möbel AG stellt exklusive Wohnschränke her. Es gibt nur wenige Lieferanten für das entsprechende Holz. Im Rahmen einer Systemanalyse gab der Einkäufer der Möbel AG zu, dass bei einem bestimmten Lieferanten ein Drittel der Holzlieferung schlecht sei. Dies müsse er akzeptieren. Deshalb würde er immer 33% mehr bestellen. Trotzdem sei das Holz immer knapp.

Er hatte offensichtlich nicht bemerkt, dass er jeweils mehr Holz bestellen müsste, da bei der zusätzlichen Menge ebenfalls ein Drittel nicht tauglich ist.

Das dritte Rechteck könnte mit Betriebsblindheit überschrieben werden. Die Mitarbeiter übersehen bestimmte Tatsachen, die dem erfahrenen Systemanalytiker sofort auffallen. In diese Kategorie gehört jedoch auch der Effekt des Nicht-Sehen-Wollens, weil z. B. die bestehende Lösung für den Mitarbeiter bequemer ist, oder andere Vorteile bietet. In dieser Situation ist das Einfühlungsvermögen und geschicktes Handeln des Systemanalytikers gefordert. Das Vertrauensverhältnis ist dabei ebenfalls entscheidend.

Ist in der Geographie ein Gebiet noch nicht erforscht, werden auf der Landkarte weiße Flecken eingetragen. Das vierte Rechteck versinnbildlicht die Informationen, die weder dem Analytiker noch dem Mitarbeiter zugänglich sind. Auch der Systemanalytiker hat blinde Flecken.

Dieses Feld kann nur – wenn überhaupt – durch Teamarbeit und kritischer Reflexion aller Beteiligten verkleinert werden. Der „gute Wille“ ist dabei unabdingbare Voraussetzung.

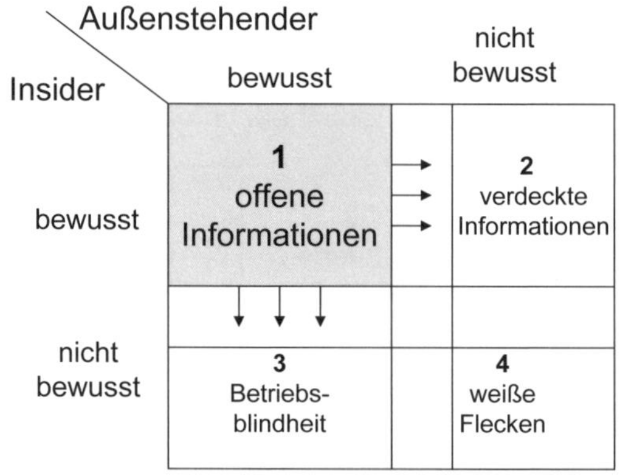

Abbildung 6-4: Verschiebungen im Informationsfenster

Zielsetzung der Istaufnahme sollte die Vergrößerung des ersten Bereiches sein, wodurch die Bereiche 2 und 3 verkleinert werden können (vgl. Abbildung 6-4). Dies impliziert, dass sowohl der Systemanalytiker als auch der Mitarbeiter nach der Istaufnahme über mehr Informationen verfügen. Daraus kann jedoch nicht geschlossen werden, dass sich automatisch auch der vierte Bereich verkleinert. Er kann meistens nie vollständig analysiert werden.

Wenn der Systemanalytiker den ersten Bereich vergrößern will, muss er folgende Aspekte berücksichtigen:

Dem Systemanalytiker sollte klar sein, dass mit der Systemanalyse bzw. mit der Istanalyse in Strukturen eingegriffen wird, die über Jahre gewachsen sind und die sich meistens in einem höchst sensiblen Gleichgewicht befinden. Für jeden Mitarbeiter haben sich z. B. bestimmte Rechte und Pflichten „eingeschliffen", die ungern verändert werden.

Der Systemanalytiker wird von dem Mitarbeiter sehr oft, besonders was die IT betrifft, als überlegener Fachmann angesehen. Dies schafft zunächst Unsicherheit beim Mitarbeiter. Gleichzeitig fühlt sich der Systemanalytiker in dem fremden Unternehmen auch nicht sicher, da er auf eine ihm unbekannte Welt trifft, die sich unter Umständen sehr reserviert zeigt. Damit ergibt sich die Situation, dass beide Seiten Ängste voreinander haben, diese aber möglichst gegenseitig verbergen wollen. Wenn sich dies durch Imponiergehabe ausdrückt, kann es kaum Basis für eine erfolgreiche Systemanalyse sein. Dieser Konflikt kann gelöst werden, wenn beide Seiten bereit sind, voneinander zu lernen und sich auf gleicher Augenhöhe begegnen. Der erste Schritt sollte auf jeden Fall von dem Systemanalytiker gemacht werden, da er in eine fremde Domäne „einbricht".

Es ist weiterhin wichtig, sein Gegenüber als Fachmann auf seinem Gebiet anzuerkennen. Sonst kann keine Arbeitsgrundlage mit anderen Menschen geschaffen werden. Entscheidend ist dabei die innere Haltung, nicht die Gesten, Worte und Rituale.

Der Systemanalytiker muss versuchen, die Denkwelt des Mitarbeiters, soweit wie für die Systemanalyse notwendig, kennen zu lernen und ihm auch seine Denkwelt zu vermitteln. Dies soll dazu führen, dass die Vorstellungen über das System, das die Entwickler und der Mitarbeiter im Kopf haben, auch weitgehend übereinstimmen. Der Analytiker sollte keine Lösung antizipieren, sondern so lange wie möglich „offen" bleiben.

Wenn diese Überlegungen umgesetzt werden, kann von einer echten Partizipation gesprochen werden, bei denen der Mensch im Mittelpunkt steht und nicht formale Überlegungen der Partizipation ausschlaggebend sind.

Darüber hinaus muss der Systemanalytiker ein ureigenes Interesse haben, dass die Mitarbeiter kreativ und positiv an die Istanalyse heran gehen, da dadurch die Ergebnisse wesentlich besser sind und die Akzeptanz bei weitem höher ist.

Zusätzlich kann auch noch der Gedanke der ethischen Verantwortung des Systemanalytikers angeführt werden.

Humankriterien bei der Istaufnahme

Eine Systemanalyse hat im Normalfall eine bestimmte Zielsetzung, z. B. Untersuchung und Gestaltung des Informationsflusses und der Kommunikationsstrukturen. Auf jeden Fall sollten bei der Gestaltung des Systems auch „arbeitspsychologische Anforderungen an eine menschengerechte Arbeitsgestaltung, so genannte Humankriterien, berücksichtigt werden" (vgl. Dunckel 1993,

S. 15). Dazu müssen jedoch die Weichen bei der Istaufnahme gestellt und die folgenden Faktoren analysiert werden:

- Der *Entscheidungsspielraum* drückt aus, inwieweit der Arbeitende innerhalb seiner Arbeitstätigkeit eigenständig über Ziele, Vorgehensweise und Mittel entscheiden kann.
- Das Humankriterium *Kommunikation* bezieht sich auf die Kommunikation, die für die Erledigung der Arbeitsaufgabe notwendig ist. Es wird gefragt, welche Teile der Arbeitsaufgabe mit anderen Personen abgestimmt werden müssen. Weiterhin ist es notwendig zu wissen, ob der Arbeitende unmittelbar mit dem jeweiligen Kommunikationspartner interagiert.
- *Psychische Belastungen* entstehen dann, wenn der Ablauf der Arbeit unnötig behindert wird und dieses Hindernis zusätzlich beseitigt werden muss. Genannt wird z. B. ein defekter Kopierer oder ein regelmäßiger Ausfall des IT-Systems.
- Unter *Zeitspielraum* wird die Möglichkeit des Mitarbeiters bezeichnet, seinen Arbeitsablauf selbständig zeitlich zu strukturieren.
- Die *Variabilität* kennzeichnet das Ausmaß, inwieweit von dem Arbeitenden im Rahmen seiner Tätigkeit variable, nicht gleichförmige Anforderungen verlangt werden.
- Bei dem Humankriterium *Kontakt* geht es insbesondere darum, diejenigen Informationen zu filtern, die aus dem unmittelbaren Kontakt mit gegenständlichen und sozialen Bedingungen entstehen.
- Bei der *körperlichen Aktivität* wird beurteilt, inwieweit verschiedene Bewegungen und Körperhaltungen zur Durchführung der Aufgabe notwendig und erlaubt sind.
- Die *Strukturierbarkeit* drückt aus, inwieweit die wesentlichen Zusammenhänge mit anderen Arbeitsaufgaben durchschaut werden.

Bei der Berücksichtigung dieser Aspekte erfolgt eine ganzheitliche Betrachtungsweise. Die Abläufe des Arbeitshandelns des Mitarbeiters werden betrachtet und nicht ergonomische Einzelheiten der operativen Ausstattung oder reine Informationsflüsse zwischen Arbeitsplätzen.

Methoden der Istaufnahme

In diesem Abschnitt werden die wichtigsten Methoden zur Erfassung des Istzustands vorgestellt.

Grundsätzlich wird zwischen der Primär- und der Sekundärerhebung unterschieden (vgl. Abbildung 6-5). Bei der Primärerhebung werden Informationen erstmalig und eigens für den Erhebungszweck gewonnen. Demgegenüber wird bei der Sekundärerhebung auf bereits vorhandene Dokumente und Quellen zurückgegriffen (Grochla 1982, S. 359). Folgende Methoden werden am häufigsten in der Literatur genannt und in der Praxis eingesetzt (vgl. Acker, 1977, S. 17; Grupp 1987 S. 44; Walter 1992, S. 25; Wittlag, 1993, S. 49):

- Inventurmethode.
- Interviewmethode.
- Fragebogenmethode.
- Berichtsmethode.

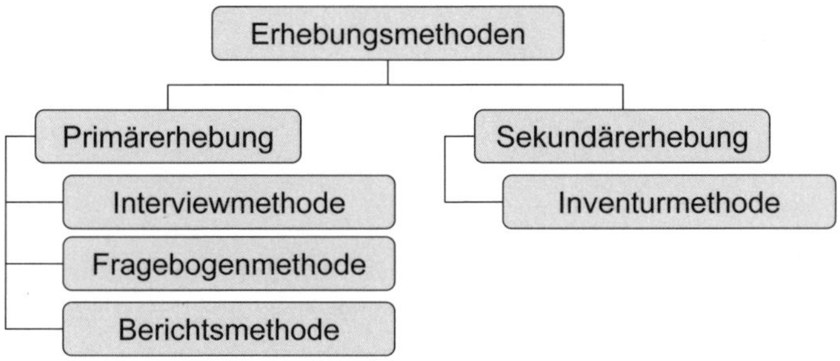

Abbildung 6-5: Methoden der Istaufnahme

Daneben wird die Ableitung noch als weitere Methode verwendet. Es werden wenige typische Tatbestände untersucht und von vergleichbaren Erfahrungen auf das zu untersuchende Unternehmen geschlossen. Die besondere Schwierigkeit besteht bei dieser Methode darin, die wirklich typischen Tatbestände auszuwählen und die richtigen Schlüsse zu ziehen. Es besteht die Gefahr der Verallgemeinerung. Auf diese Methode wird im Weiteren nicht näher eingegangen.

Die beste Methode gibt es nicht. In der Praxis hat es sich bewährt, mehrere Methoden kombiniert zu verwenden, z. B. die Inventurmethode mit der Fragebogen- und der Interviewmethode. Welche Methoden im Einzelnen eingesetzt werden, ist jedoch vom Untersuchungsgegenstand und dem Untersuchungsziel abhängig. Ein zusätzliches Kriterium für die Auswahl der Verfahren kann sowohl die Qualifikation der Analytiker als auch die Qualifikation der Mitarbeiter des zu untersuchenden Systems sein.

Inventurmethode

Die Inventurmethode ist eine allein vom Aufnahme-Team durchzuführende Tätigkeit, die sich nicht auf Informanten des aufzunehmenden Systems stützt. Sie besteht im Wesentlichen aus dem Studium schriftlich fixierter Unterlagen (Dokumentenanalyse), die Informationen über die Arbeitsabläufe und die Struktur des Untersuchungsobjekts enthalten (vgl. Wittlage 1993, S. 101).

Ähnlich wie bei einer körperlichen Bestandsaufnahme, z. B. der jährlichen Ermittlung des Warenbestandes, werden die zweckdienlichen Informationen und Daten gezählt und beschrieben. Dies kann sowohl am Arbeitsplatz während der Arbeitszeit erfolgen als auch außerhalb des Arbeitsplatzes bzw. der Arbeitszeit. Folgende Unterlagen können z. B. herangezogen werden:

- Organisations- und Aufgabenpläne (Organigramme).
- Stellen- und Arbeitsplatzbeschreibungen.
- Arbeitsablaufdiagramme.
- Beschreibung der IT-Architektur.
- ausgefüllte Vordrucke, Ausdrucke und Datenträger.
- Statistiken, Berichte (z. B. Personal-, Überstundenstatistiken).
- Bilanzen.
- Betriebsabrechnungsbogen.
- Kennzahlen.
- Revisionsberichte.

- Alte Planungsunterlagen.
- Inventurverzeichnis.
- Ausbildungsunterlagen.
- Telefonverzeichnisse.
- Raumpläne.

Ohne vorherige Information der Belegschaft kann die Aufnahme, insbesondere wegen der Durchsicht der Unterlagen zur Bestimmung des Mengengerüstes, als Überprüfung ausgelegt werden. Als Folge werden dann Dokumente unter Umständen zurückgehalten. Auch Daten, die nicht dokumentiert werden, beeinträchtigen die Aussagefähigkeit der Istaufnahme. Der Systemanalytiker sollte beachten, welche Unterlagen nicht vorhanden sind, aber auch, welche Fakten bereits überholt sind (z. B. Organisationspläne).

Dazu benötigt der Systemanalytiker zum einen ausreichende Erfahrung und zum anderen Informationen aus anderen Methoden der Istaufnahme, wie z. B. Interview oder Fragebogen. Aus der Tatsache, dass die Inventurmethode vom Systemanalytiker allein durchgeführt wird, kann allerdings nicht geschlossen werden, dass diese Methode keine Unterstützung seitens des Unternehmens erfordert. Insbesondere die Beantwortung der Frage, welche Informationen überhaupt für eine Inventurmethode vorliegen und die Beschaffung dieser Dokumente kann (zeit-) aufwendiger werden als zunächst vielleicht angenommen wird.

Da viele Unterlagen in der Regel nicht auf den Untersuchungszweck hin ausgerichtet sind, muss das Aufnahme-Team die Informationen und Daten jeweils selbst auswählen und bewerten. Das setzt Erfahrung und Fachwissen voraus. Je spezifizierter die Dokumente sind, desto geringere Anforderungen werden an die Mitglieder des Teams gerichtet.
Die Inventurmethode hat folgende Vor- und Nachteile:

- Der Betriebsablauf wird wenig gestört, was auch zu Kostenvorteilen führt. Falls die Unterlagen nicht direkt am Arbeitsplatz benötigt werden, können sie außerhalb des eigentlichen Arbeitsbereichs bzw. der Arbeitszeit durchgesehen werden. Aber auch die Durchsicht von Unterlagen am Arbeitsplatz oder in den Abteilungen dürfte nur geringfügigen Einfluss auf den Arbeitsablauf haben, da die Belegschaft keine Auskünfte geben muss.
- Die Ergebnisse sind von der Qualität der Dokumente abhängig. Auch wenn alle gewünschten Unterlagen zur Verfügung stehen, kann durch die Inventurmethode allein nicht festgestellt werden, ob die in der Vergangenheit dokumentierten Sachverhalte derzeit und in der Zukunft, noch Gültigkeit haben.
- Der Datenfluss und die Prozesse können bei der Inventurmethode nur schwer oder gar nicht festgestellt werden.
- Eine negative Einstellung der Belegschaft kann während der Untersuchung wegen der fehlenden persönlichen Gespräche kaum abgebaut werden.
- Durch eine vollständige Durchsicht der Unterlagen kann allerdings das Mengengerüst der Daten (Häufigkeits-, Verbrauchs-, Zeitdaten etc.) sehr genau aufgenommen werden.

Interviewmethode

Bei der Interviewmethode findet eine persönliche Befragung der betroffenen Mitarbeiter statt. Dabei wird einerseits zwischen standardisiertem und nicht-standardisiertem Interview und andererseits zwischen offenem und verdecktem Interview unterschieden (vgl. Abbildung 6-6).

Beim *standardisierten Interview* werden die Fragen vorher schriftlich fixiert, um sie jeweils wortgenau stellen zu können. Zusätzlich ist es erforderlich, die Fragen genau in der vorher festgelegten Reihenfolge abzuarbeiten. Zusatzfragen sind bei dieser Art des Interviews nicht vorgesehen.

Abbildung 6-6: Arten der Interviewmethode

Im Gegensatz dazu können beim *nicht-standardisierten Interview* die Fragen in beliebiger Reihenfolge gestellt werden, wobei jedoch ein roter Faden vorhanden sein muss. Falls sich beim Gespräch Zusatzfragen als notwendig erweisen, können diese jederzeit gestellt werden. Diese Form des Interviews kann somit in Anlehnung an ein Gespräch erfolgen.

Das *verdeckte Interview* wird dann angewandt, wenn der Mitarbeiter nicht merken soll, dass er befragt wird, was ihm beim *offenen Interview* bewusst ist. Die erstere Methode ist, bis auf extrem wenige Ausnahmen, grundsätzlich abzulehnen.

Nach dem Teilnehmerkreis kann eine Unterscheidung in Einzelbefragung, Gruppenbefragung und Konferenzen getroffen werden.

Exkurs 6-7: Befragung am Arbeitsplatz

Beim Interview am Arbeitsplatz eines Sachbearbeiters der MSD Bank bekommt der Systemanalytiker sehr schnell mit, dass ein sinnvoller Arbeitsablauf überhaupt nicht möglich ist, da die Arbeit sehr häufig – meistens durch interne – Telefongespräche gestört wird.

Bei der *Einzelbefragung* wird jeder Mitarbeiter einzeln befragt. Die Dauer des Interviews korreliert stark mit der Größe und Komplexität des Aufgabengebiets und der Stellung des Befragten im Unternehmen. Sie sollte in der Regel ca. 45 Minuten nicht überschreiten, da sonst die Aufmerksamkeit zu stark nachlässt. Falls dann nicht alle erforderlichen Informationen erfasst wurden, muss ein zweites oder gar drittes Interview geführt werden. Es ist jedoch auch möglich, nach einer Pause das zweite oder dritte Interview anzuschließen. Es empfiehlt sich, auf jeden Fall das erste Interview am Arbeitsplatz zu führen, damit der Interviewer sich auch ein Bild vom Arbeitsplatz des Interviewten machen kann. Darauf folgende Interviews sollten, wenn möglich, in einem separaten Raum geführt werden, da dann niemand mithören kann und es keine Störungen von außen gibt. Die Befragung von Mitarbeitern mit prinzipiell gleichen Funktionen (z. B. Einkäufer der gleichen Abteilung, die jedoch verschiedene Warengruppen bearbeiten) bringt zwar redundante Ergebnisse, ergibt jedoch gleichzeitig Kontrollmöglichkeiten. Das Ausmaß der Redundanz kann dabei vom Interviewer gesteuert werden.

Bei *Gruppenbefragungen* werden mehrere Mitarbeiter eines Arbeitsgebiets gemeinsam befragt. Dabei sollten aus Gründen der Gruppendynamik nur Mitarbeiter der gleichen betrieblichen Hierarchiestufe zusammengefasst werden, da sonst die Gefahr besteht, dass Aussagen durch die Anwesenheit des Vorgesetzten beeinträchtigt werden. Das Ergebnis kann auch durch starke informale Führer oder Solidarität der Mitarbeiter untereinander ("man kann doch einem Kollegen nicht in den Rücken fallen") verfälscht werden.

Bei der *Konferenzmethode* werden Mitarbeiter aus verschiedenen fachlichen Bereichen des Unternehmens zusammengezogen. Neben der Befragung steht bei der Konferenz die Diskussion im Vordergrund. Auch hier sollte auf gleiche betriebliche Stellung geachtet werden, jedoch ist es hier nicht so wichtig, wie bei der Gruppenbefragung, da kein so fest gefügter „Block" vorhanden ist.

Der *Workshop* ist mit der Gruppenbefragung und der Konferenzmethode verwandt. Die Gruppe setzt sich mit einem bestimmten Thema, in diesem Stadium meistens ein Thema der Istaufnahme, auseinander. Oft ist es ein Erfahrungsaustausch zwischen den Teilnehmern, der dann vom Systemanalytiker moderiert wird. Abhängig vom Einsatz bestimmter Methoden, z. B. der Metaplan-Methode, die mit Visualisierung über eine Pin-Wand arbeitet, kann auch teilweise die Anonymität gewährleistet werden. Dadurch können auch mehrere Hierarchiestufen eingebunden werden.

Bevor mit den Interviews begonnen wird, muss eine gründliche Vorbereitung stattfinden. Der Untersuchende sollte:

- die oben genannten Unternehmensanforderungen kennen,
- sich mit dem Fachgebiet und dem Aufgabenbereich des zu Interviewenden befassen,
- wissen, wo der Mitarbeiter in der Unternehmenshierarchie eingeordnet ist,
- abhängig von der Art des Interviews die genauen Fragen oder den roten Faden festlegen und
- idealerweise einige Eigenschaften des Gesprächspartners kennen.

Exkurs 6-8: Vorlieben des Gesprächspartners

Der Abteilungsleiter der MSD Bank, der über einen kritischen Punkt interviewt werden soll, ist begeisterter Skiläufer. Der Systemanalytiker ist ebenfalls ambitionierter Skiläufer und weiß um die Vorlieben seines Gesprächspartners. Schnell kommen sie ins Gespräch über die besten Pisten in Europa, wie St. Moritz, Zermatt, Marmolata, Les 2 Alpes usw. Dabei geht die Zeit sehr schnell vorbei und es bleibt nur noch wenig Raum für den eigentlichen Gesprächspunkt. Trotzdem wird schnell eine Einigung erzielt.

Es ist sinnvoll, die Reihenfolge der Interviews am Arbeitsablauf zu orientieren, da dann Aussagen über das gleiche Arbeitsgebiet wegen des zeitlichen Zusammenhangs schneller kontrolliert werden können.

Bei der Gestaltung der Fragen bzw. bei der Fragestellung sind im Wesentlichen folgende Punkte zu berücksichtigen, die teilweise auch für die weiter unten beschriebene Fragebogenmethode gelten (vgl. Acker 1977, S. 24):

- Es sind Fragen zu stellen, die eine sachliche Antwort ermöglichen ("Welche Informationen erhalten Sie zur Erledigung der Aufgabe?").
- Es muss sorgfältig überlegt werden, ob für die Erfassung eines bestimmten Sachverhalts eine offene oder geschlossene Frage besser geeignet ist. Die geschlossene Frage erlaubt nur eine Auswahl unter vorgegebenen Antworten (Geben Sie Ihre Informationen mit der Post, dem Telefon oder über das Netz weiter?). Bei der offenen Frage sind auch Antworten möglich, an die der Fragende nicht gedacht hat. (Wie geben Sie Ihre Informationen weiter? Dann könnte die Antwort auch Fax heißen.) Andererseits muss der Befragte sich an alles erinnern, was mit der Antwort zusammenhängt und muss diese Antwort auch selbst formulieren.
- Die Fragen müssen in einer sinnvollen Reihenfolge gestellt werden. Sachliche Fragen, bei denen Werturteile, Gefühlsmomente oder Tabus eine sehr geringe Rolle spielen, können in zusammenhängender Form gestellt werden. In anderen Fällen kann es aus Kontrollgründen jedoch besser sein, Fragen, die sich auf den gleichen Gegenstand beziehen, über das Interview zu streuen.
- Schwierige Tatbestände sollten durch indirekte Fragen erfasst werden. Wenn z. B. der Informationsaustausch innerhalb eines Systems zu prüfen ist, nützt es wenig, die Beteiligten zu fragen, ob sie ausreichend und rechtzeitig über alles informiert sind. Die Aussagen daraufhin sind oft falsch, zu allgemein bzw. subjektiv gefärbt. Daher müssen Fragen entwickelt werden, die indirekt einen Maßstab für die Beurteilung eines Informationssystems liefern. Zum Beispiel kann zu einem bestimmten Thema ein Rundschreiben gestartet und dann nach Inhalten aus diesem Schreiben gefragt werden.
- Suggestivfragen sollten vermieden werden ("Sind Sie nicht auch der Ansicht, dass, ..."). Meistens wird diese Art der Fragen so beantwortet, wie es die Frage herausfordert. Es gibt jedoch auch eine Minderheit von Leuten, die in das andere Extrem verfällt und die Frage genau so beantwortet, wie es nicht erwartet wird. In beiden Fällen ist die Antwort jedoch beeinflusst.
- Kommentare und Gefühlsäußerungen sollten vermieden werden. Durch sie ist der Befragte leicht geneigt, Äußerungen entweder ganz zu unterlassen oder ihnen eine bestimmte Färbung zu geben.
- Bei passiv formulierten Antworten sollte nachgefragt werden. Es genügt z. B. nicht, wenn der Befragte äußert „Der Beleg wird elektronisch abgelegt.", denn dann ist weiterhin unklar, wer dies macht.
- Das Interview sollte nicht hastig geführt werden. Wird nach einer Antwort sofort eine neue Frage gestellt, hindert dies den Befragten daran, ergänzende Bemerkungen zu seinen Antworten zu machen. Ein Schweigen von Seiten des Interviewers nach einer Antwort kann jedoch bei dem Befragten zu einem Nachdenken über seine Antwort und eventuell zu weiteren Bemerkungen führen.

- Die Fragen und Begriffe sollten dem Niveau des Gesprächspartners angepasst sein. Sowohl bei zu schwierigen als auch bei zu leichten Fragen kann es zu Missverständnissen oder Frustrationen kommen.

Die Schwierigkeiten bei der Interviewmethode liegen zum einen darin, dass die Erfassung teilweise in den Persönlichkeitsbereich sowohl des Befragers als auch des Befragten verlagert wird. Zum anderen können persönliche Vorurteile entstehen oder vorhanden sein. Dadurch können bei beiden Personen Emotionen auftreten, die das Ergebnis beeinträchtigen (vgl. Abbildung 6-7).

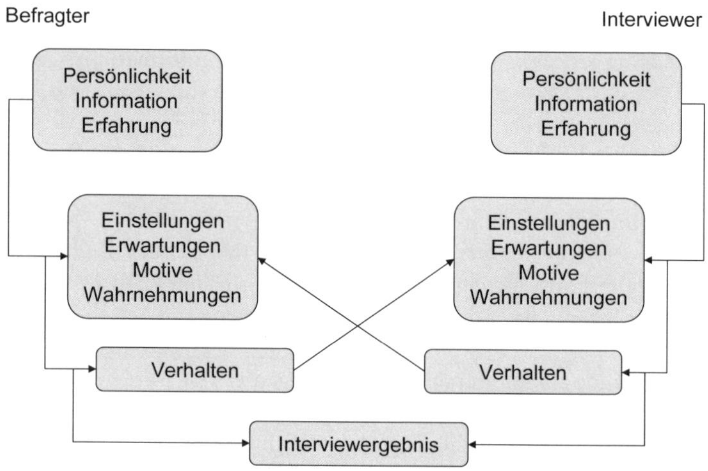

Abbildung 6-7: Beziehungen zwischen Interviewer und Befragten (in Anlehnung an Grochla 1982, S. 362)

Die Interviewer müssen neben den notwendigen Fachkenntnissen auch die Fähigkeit besitzen, ein Interview gut zu führen und die entsprechenden Schlüsse ziehen zu können. Dazu werden idealerweise Geschicklichkeit, Anpassungsfähigkeit, Unvoreingenommenheit, Kontaktfähigkeit und psychologisches Einfühlungsvermögen benötigt. Nur qualifizierte Personen können z. B. bei einem nicht-standardisierten Interview die Fragen so stellen, dass auch sämtliche gewünschte Informationen richtig und vollständig ermittelt werden. Das trifft insbesondere dann zu, wenn nur Abteilungs- oder Gruppenleiter befragt werden und somit eine Kontrollmöglichkeit, wie bei den Sachbearbeitern aus gleichen Aufgabengebieten, nicht möglich ist.

Bei der Interviewmethode ist die Frage der Dokumentation besonders evident, da es gilt, das Gesprochene auf eine sinnvolle Art und Weise festzuhalten. Es gibt u. a. die Möglichkeit, das Gespräch auf einen Tonträger aufzunehmen, während des Interviews Notizen zu machen oder nur zuzuhören und dann nach dem Gespräch den Inhalt zu protokollieren.

Von dem Gebrauch eines Tonträgers ist in den meisten Fällen abzuraten, da die Akzeptanzschwelle sehr hoch und der Befragte normalerweise dadurch noch mehr befangen ist. Die Auswertung dieser Unterlagen ist zudem sehr zeitaufwendig. Der Betriebsrat hat in diesem Fall ein Mitbestimmungsrecht.

Empfehlenswert ist es, während des Gesprächs mitzuschreiben. Dem Interviewten ist in der Regel klar, dass sich nicht alles merken kann, was gesprochen wurde, und es werden deshalb normalerweise keine Einwände erhoben. Bei komplexen Sachverhalten ist es jedoch sehr schwierig, sich auf das Gespräch zu konzentrieren und gleichzeitig mitzuschreiben. In diesem Fall ist es besser, das Interview zu zweit zu führen: Einer fragt überwiegend, der andere notiert hauptsächlich.

In seltenen Fällen ist es angeraten, während des Interviews nur zuzuhören. Dann sollte sofort nach Beendigung des Gespräches ein Gedächtnisprotokoll angefertigt werden. Es ist fast unmöglich, mehrere verschiedene Interviews nacheinander zu führen und die Ergebnisse dann hinterher noch exakt schriftlich wiederzugeben.

Folgende Vor- und Nachteile bringt die Anwendung der Interviewmethode mit sich (vgl. Pärli 1972, S. 111):

- Durch die Befragung wird der Betriebsablauf gestört, da es während der Befragung den Mitarbeitern nicht möglich ist, ihrer Arbeit nachzugehen. Eventuell werden auch andere Mitarbeiter im selben Raum durch das Interview beeinträchtigt. Zusätzlich muss auf dienstliche Termine der Betroffenen Rücksicht genommen werden. Dazu kommen noch Faktoren, wie Urlaub und Krankheit. Dadurch erhöht sich der Zeitaufwand für die Interviewer erheblich.
- Durch den unmittelbaren persönlichen Kontakt zwischen dem Interviewer und dem Befragten können beim Einsatz der Interviewmethode besonders gut qualitative Faktoren erfasst werden.
- Die Verarbeitungsvorgänge mit ihren auftretenden Problemen und Einflussgrößen können erfasst werden.
- Eine Erfassung des Datenflusses wird bedingt ermöglicht. Der Informationsfluss kann ebenfalls bedingt durch die gesamte Organisation verfolgt und die verschiedenen Stationen der Verarbeitung können erkannt werden.
- Die zukünftige Entwicklung kann durch Meinungsäußerung der befragten Personen erfasst werden.
- Im Gespräch hat jeder Befragte die Möglichkeit, seine eigenen Vorstellungen darzulegen. Dabei geht es in diesem Punkt weniger um künftige Konzeptionen als vielmehr um das Äußern von mehr oder weniger individuellen Wünschen und Vorstellungen. Daraus können oft wertvolle Anregungen für die Gestaltung der neuen Organisation entstehen. Zusätzlich bekommt der Mitarbeiter das Gefühl, an dem organisatorischen Konzept aktiv beteiligt zu sein.
- Es ist leichter, im Gespräch eine ehrliche Antwort auf Fragen zu bekommen, als im Fragebogen
- Die Einstellung der Mitarbeiter zu geplanten organisatorischen Maßnahmen kann durch die Interviewmethode sehr gut festgestellt werden. Durch den persönlichen Kontakt kann relativ leicht ermittelt werden, wer Befürworter, Gegner oder Kritiker des neuen Systems ist. Sowohl aktive als auch passive Widerstände aus Unkenntnis können im persönlichen Gespräch geklärt werden. Missverständnisse werden dadurch seltener.
- Eine Abgrenzung wichtiger von unwichtigen Tatbeständen wird ermöglicht.
- Schwieriger ist es, das Mengengerüst der Daten zu erfassen und die benötigten Bearbeitungszeiten festzustellen, da die zu befragenden Personen relativ schnell und in der Regel ohne Hilfsmittel eine Auskunft geben müssen. Dazu kommt noch die subjektive Betrachtungsweise des Befragten, das heißt die Zeit- und Mengenangaben können verzerrt sein.

Fragebogenmethode

Bei der Fragebogenmethode werden Aufnahmebogen mit klar vorgegebenen Fragen gleichzeitig an Mitarbeiter des aufzunehmenden Bereichs verteilt. Es wird zwischen dem Standardfragebogen und dem differenzierten Fragebogen unterschieden.

Während beim Standardfragebogen alle Mitarbeiter den gleichen Fragebogen erhalten, wird beim differenzierten Fragebogen zwischen Mitarbeitern aus verschiedenen Bereichen und verschiedenen hierarchischen Ebenen unterschieden. Die Fragen werden gezielt für eine bestimmte Gruppe ausgearbeitet. Wenn nicht sehr einfache Sachverhalte abgefragt werden sollen, empfiehlt sich die Verwendung eines differenzierten Fragebogens. Sonst könnte es im Extremfall passieren, dass das Vorstandsmitglied nach Typ, Baujahr und Zustand seines Computers gefragt wird. Grundsätzlich gibt es die Möglichkeit, offene oder geschlossene sowie direkte oder indirekte Fragen zu stellen (vgl. auch Interviewmethode).

Bei offenen Fragen ist eine Antwortalternative nicht vorgegeben, der Befragte formuliert die Antwort selbst. Da der Befragte seine Meinung selbst verbalisieren muss, ist die Auswertung und der Vergleich dieser Art von Fragen komplizierter. Andererseits ermöglichen offene Fragen die Erfassung spontaner Antworten. Zusätzlich besteht die Möglichkeit, beliebig differenziert zu antworten.

Die geschlossene Frage erlaubt eine normierte Antwort, die Antwortformulierung ist also vorgegeben. Dadurch sind die Antworten in der Regel vollständig und vergleichbar; es fehlen jedoch Antwortalternativen, die im Voraus nicht bedacht worden sind.

Bei der direkten Frage wird ein Tatbestand direkt abgefragt, bei der indirekten Frage wird versucht, die Antwort über Umwege zu erhalten. Beispiel: „Wer ist Ihr direkter Vorgesetzter?" als direkte bzw. „Von wem bekommen Sie Ihre Arbeitsanweisungen?" als entsprechende indirekte Frage.

Die Vorbereitungsphase für die Fragebogenmethode nimmt einen relativ großen Zeitraum in Anspruch. Der Systemanalytiker sollte nicht nur Organisationswissen besitzen, sondern auch über sehr gute Fachkenntnisse verfügen. Darüber hinaus sollten mindestens einige Mitglieder des Teams mit den betrieblichen Verhältnissen und Eigenarten vertraut sein, um die Fragen auf betriebliche Besonderheiten und Schwachstellen hin ausrichten zu können. Natürlich müssen auch die Fragen entsprechend den bereits bei der Interviewmethode geschilderten Grundsätzen formuliert und psychologische Aspekte der Betroffenen berücksichtigt werden (vgl. Pärli 1972, S. 113; Acker 1977, S. 20; Schwarz 1975, S. 233). Dabei ist zusätzlich zu beachten, dass, abhängig von der Anzahl der Fragen verschiedene Arten von Fragen gestellt werden sollten:

- Einführungsfragen erleichtern den Einstieg.
- Übungsfragen bereiten den Befragten auf den Sachverhalt vor.
- Unterbrechungsfragen sollen der Monotonie vorbeugen und vom Thema ablenken.
- Kontrollfragen überprüfen den Wahrheitsgehalt der Aussagen.
- Anregungsfrage zeigen den Befragten, dass ihre Mitarbeit erwünscht ist.

Die Fragen sind dem Bildungsniveau der zu befragenden Personen anzupassen und so klar und eindeutig zu formulieren, dass es bei der Beantwortung zu möglichst wenigen Missverständnissen kommen kann. Die Fragen sind in Themenkomplexen (z. B. Arbeitsablauf, Tätigkeiten) zu stellen und so aufzubauen, dass eine spätere Auswertung soweit wie möglich erleichtert wird. Grundsätzlich sollte von allgemeinen zu speziellen Fragen übergegangen werden.

Der Fragebogen sollte einen Freiraum enthalten, in dem die Mitarbeiter Vorschläge unterbreiten bzw. nicht erfragte, aber wichtige Angaben machen können.

Bei der Durchführung der Fragebogenmethode ist der zeitliche Aspekt von großer Bedeutung. Da der Analytiker keinen direkten Einfluss auf das Ausfüllen hat, ist es wichtig, die Abgabezeit genau zu fixieren und auf die strikte Einhaltung zu achten. Dabei muss beachtet werden, dass für eine fundierte Beantwortung ausreichend Zeit gewährleistet sein muss, andererseits der Zeitraum nicht zu lange sein darf, damit die Möglichkeiten der Absprachen eingeschränkt werden (vgl. Pärli 1972, S. 115).

Da die Istaufnahme mithilfe der Fragebogenmethode von den Mitarbeitern selbst durchgeführt wird, hat dieses Verfahren Auswirkungen auf den Betriebsablauf. Will man die gleichzeitige Belastung mehrerer Abteilungen vermeiden, kann die Verteilung der Fragebogen über einen gewissen Zeitraum erfolgen. Diese Vorgehensweise geht jedoch zu Lasten der Aktualität des Ergebnisses.

Die Ergebnisse der Fragebogenmethode werden im Wesentlichen durch die Qualität der Aufnahmebogen und die Beziehungen zwischen den Mitgliedern des Untersuchungsteams und den Mitarbeitern beeinflusst. Hier gilt besonders, dass die Mitarbeiter über Sinn und Zweck der Istaufnahme vorher informiert sein müssen. Da die Analytiker an der Istaufnahme nicht teilnehmen, kommt es auf ein gutes Vertrauensverhältnis zwischen den Fragern und Befragten an. Wenn das Misstrauen bei den Mitarbeitern nicht beseitigt werden kann, werden die Angaben auf den Fragebogen in der Regel oft nicht stimmen (vgl. Klein 1971, S. 40).

Es empfiehlt sich, an einige Mitarbeiter vorab Fragebogen zu verteilen, um zu überprüfen, ob die Fragen verständlich und eindeutig sind, und inhaltlich das abdecken, was erfragt werden soll. Die Beantwortung dieser Fragebogen sollte unter den gleichen Bedingungen stattfinden, wie später die allgemeine Befragung.

Bei einer anderen Gruppe, die ebenfalls vorab Fragebogen erhält, sollte der Systemanalytiker bei der Beantwortung anwesend sein, und unverständliche Fragen sofort „reklamiert" werden. Entsprechend wird der Fragebogen geändert.

Aus Vereinfachungsgründen bietet es sich an, die Fragebogen online zu versenden und online ausfüllen zu lassen. Es sollte jedoch kritisch bedacht werden, dass dadurch kein persönlicher Kontakt mit dem Befragten möglich ist und ein dadurch wichtiger Teil der Istaufnahme ziemlich anonym verläuft. Wenn der Systemanalytiker die Fragebogen persönlich verteilt, kann er Vertrauen erzeugen, den vertrauensvollen Umgang mit den Fragebogen noch einmal zusichern und eventuell Fragen zur Systemanalyse beantworten.

Letztendlich kommt es bei dieser Frage wieder auf die Art des Projekts an, zusätzlich können Alter und Gewohnheiten der Mitarbeiter eine entscheidende Rolle spielen.

Die Vor- und Nachteile entsprechen wegen der Verwendung der Fragetechnik im Großen und Ganzen denjenigen der Interviewmethode. Die Fragebogenmethode eignet sich jedoch besonders gut für die Aufnahme der Organisationsstruktur und der Arbeitsabläufe, da sie den Mitarbeitern Gelegenheit gibt, nach längerem Überlegen zu antworten. Antworten auf Fragen nach Arbeitsmengen und -zeiten sind allerdings mit besonderer Vorsicht zu genießen, da besonders auf diesem Gebiet mit, bewusster oder unbewusster, subjektiver Färbung der Antworten zu rechnen ist. Außerdem bestehen verstärkte Manipulationsmöglichkeiten, da die Mitglieder des Analyseteams bei der Istaufnahme nicht anwesend sind.

Grundsätzlich ist damit zu rechnen, dass die Antworten „vorsichtiger“ gegeben werden, als beim Interview, da sie schriftlich fixiert sind.

Die nachfolgende Abbildung zeigt einen Ausschnitt aus einem typischen Fragenbogen:

Fragebogen

Name :

Funktion :

Telefonverbindung :

wann erreichbar :

1.) Nennen Sie bitte stichpunktartig Ihre wichtigsten Aufgaben.

2.) Welche Informationen erhalten Sie zur Aufgabenerledigung?

Z. B. Schriftstücke, Arbeitsunterlagen, Informationen, die zur Erledigung der Aufgabe benötigt werden	Woher bekommen Sie diese Unterlagen und Informationen?	Wie erhalten Sie diese? (schriftlich, telefonisch, ...)

3.) Welche Informationen und Unterlagen leiten Sie weiter?

Z. B. Schriftstücke, Arbeitsunterlagen	Wer erhält diese Unterlagen und Informationen?	Wie leiten Sie diese weiter? (schriftlich, telefonisch, ...)

4.) Welche Karteien, Statistiken und Dateien benutzen Sie zur Aufgabenerledigung? Legen Sie bitte ein aussagekräftiges Blatt davon zu dem ausgefüllten Fragebogen.

Z. B. Karteien, Statistiken und Dateien, die benutzt werden	Wie oft werden diese aktualisiert?	Wer aktualisiert oder führt diese?

5.) Von wem erhalten Sie Ihre Anweisungen?

6.) Wer vertritt Sie bei Ihrer Abwesenheit (z. B. Urlaub, Krankheit, Dienstreise)?

7.)Wen vertreten Sie?

8.) Stört Sie etwas an Ihrem Arbeitsgebiet? Wenn ja, was?

9.) Welche Verbesserungsvorschläge haben Sie?

Vielen Dank für Ihre Unterstützung !

Abbildung 6-8: Beispielhafter Fragebogen (Auszug)

Berichtsmethode

Die Berichtsmethode ist vom Vorgehen und von der Durchführung betrachtet mit der Fragebogenmethode verwandt. Mit ihrer Hilfe wird eine ausführliche Beschreibung der in Frage kommenden Arbeitsgebiete verlangt.

Für die Berichtsmethode gibt es die Möglichkeit der völligen Formfreiheit oder die Vorgabe gewisser Richtlinien, die z. B. den Aufbau des Berichts und bestimmte Mindestbestandteile vorschreiben.

Wenn völlige Formfreiheit gegeben ist, kann jeder Mitarbeiter den Bericht nach seinem Ermessen gestalten. Somit ist jeder Mitarbeiter für die Vollständigkeit seines Berichts selbst verantwortlich. Er muss nicht nur über genaue Kenntnisse des zu erfassenden Arbeitsgebiets verfügen, sondern er sollte auch in der Lage sein, Wichtiges von Unwichtigem zu trennen und seine Gedanken und Überlegungen schriftlich fixieren zu können. Dabei kann es sich als schwierig erweisen, anhand der formfreien Berichte und der individuellen Darstellungsweisen (z. B. verschiedene Bezeichnungen für gleiche Belege) Übergänge von einem Arbeitsgebiet zum folgenden festzustellen. Diese Schwierigkeiten sind dann nicht von Bedeutung, wenn

- ein mit den tatsächlichen Gegebenheiten übereinstimmender Organisationsplan vorliegt, aus dem der Informationsfluss durch die Unternehmung – zumindest ansatzweise – entnommen werden kann, oder
- die Arbeitsgebiete vorwiegend als in sich geschlossen betrachtet werden können, das heißt die Zahl der Verknüpfungen sich in eng begrenztem Rahmen hält.

In diesen Fällen können die Berichte über den Organisationsplan in Zusammenhang gebracht und nachträglich in der Auswertungsphase aufeinander abgestimmt werden. Oft stehen die Berichtenden jedoch unter Beweiszwang und stellen ihre Arbeit sehr ausführlich dar.

Die Berichtsmethode empfiehlt sich bei Arbeitsabläufen, die schwer zu kategorisieren sind, weil sie immer wieder verschieden ablaufen oder sehr kreativ sind. Dies kann z. B. bei Werbeagenturen oder dem Top-Management der Fall sein.

Bei der Vorgabe von Richtlinien wird auf die völlige Formfreiheit verzichtet und eine zwingende Gliederung vorgeschrieben, in der die aufzunehmenden Tatbestände eventuell spezifiziert werden. Die Vorgabe von Richtlinien zur Erstellung des Berichts erleichtert die Auswertung der Aufnahme erheblich.

Die Vorbereitungsarbeiten bei diesem Verfahren sind relativ gering, da lediglich Richtlinien vorzugeben und die Mitarbeiter über den Zweck der Bericht aufzuklären sind. Eventuell ist es jedoch notwendig, den Berichtenden eine ausführliche Unterrichtung zu geben.

Wegen der oben genannten Anforderungen wird die Berichtsmethode nicht bei allen Mitarbeitern angewandt. In erster Linie kommen besondere Fachkräfte sowie Führungskräfte, wie Abteilungs- oder Hauptabteilungsleiter, in Frage. Es ist jedoch darauf zu achten, dass die Berichtenden den Bericht nicht ohne fundierte eigene Sachkenntnis durch Verdichtung von Berichten untergeordneter Mitarbeiter erstellen.

Für die Abgabe der Berichte sollte den Mitarbeitern eine Frist gesetzt werden. Dies ist jedoch nicht so streng zu handhaben wie bei der Fragebogenmethode, da keine direkten Fragen beantwortet werden müssen. Die Darstellung ihres Arbeitsbereiches kann für die Mitarbeiter sehr zeitaufwendig sein. Hier ergibt sich die Gefahr eines oberflächlichen und pauschalen und damit weniger aussagefähigen Berichts.

Da die Istaufnahme bei diesem Verfahren von den Mitarbeitern selbst durchgeführt wird, wird der Arbeitsablauf im Grunde stark behindert. Dies kann jedoch dadurch eingeschränkt werden, dass die Erstellung auf bestimmte Hierarchieebenen beschränkt wird.

Der Vorteil der Berichtsmethode liegt in der genaueren Beschreibung der Arbeitsgebiete. In Abhängigkeit von der Tiefe und Breite der Beschreibung kann dies jedoch auch ein Nachteil sein, wenn ein Arbeitsgebiet in epischer Breite dargestellt wird. Zusätzlich sind die Betroffenen aktiv beteiligt und können Lösungsvorschläge und organisatorische Anregungen unterbreiten, wodurch sie sich eher mit dem erarbeiteten Konzept identifizieren können.

Die Problematik der Berichtsmethode ist in der individuellen Erfassung begründet, wodurch auch die Gefahr besteht, dass die Berichte nicht alle erforderlichen Angaben enthalten. Auch bei dieser Methode gilt, dass den Mengen- und Zeitangaben kritisch gegenüberzustehen ist.

Abschluss der Istaufnahme

Es sollte ein klarer Termin vorgegeben sein, zu welchem Stichtag oder zu welchem Ereignis (z. B. Abgabe der Fragebogen) die Istaufnahme zeitlich abgeschlossen wird. Ereignisse, die danach eintreten werden (im Normalfall) nicht berücksichtigt.

Exkurs 6-9: Beschreibung für den Mitarbeiter

Bei der Zwischenpräsentation ergibt sich ein heftiges Wortgefecht zwischen dem Systemanalytiker und einem leitenden Mitarbeiter. Das Sollkonzept basiert auf der Istaufnahme und der Potenzialanalyse. Der Abteilungsleiter zweifelt die Ergebnisse, die seinen persönlichen Bereich betreffen an, da sein Interview und sein Fragebogen falsch wiedergegeben worden seien. Der Systemanalytiker hat auf jeden Fall „schlechte Karten".

Jedem Mitarbeiter erhält, nach Abschluss der Istaufnahme, die verbale oder grafische Beschreibung (je nach Kenntnisstand) der Istaufnahme, sein Arbeitsgebiet betreffend, ausgehändigt.

Dies hat verschiedene Gründe:

- Der Mitarbeiter kann seine Aussagen in der Beschreibung wieder finden, wenn nicht, muss sie nach gemeinsamer Absprache eventuell verändert werden.
- Es ergibt sich die Möglichkeit, Irrtümer und Missverständnisse auszuräumen.
- Der Mitarbeiter „anerkennt" dadurch die Istaufnahme und stimmt der Richtigkeit zu.
- Dieses „Dokument" ist eine gemeinsame verbindliche Grundlage für die weitere Vorgehensweise.
- Sowohl für den Systemanalytiker als auch für den Mitarbeiter werden dadurch potenzielle Spannungsfelder der Istaufnahme minimiert.

In der Praxis hat es sich bewährt, die Beschreibung der Istaufnahme an die Mitarbeiter mit einem Anschreiben zu versehen, in dem gebeten wird, eventuell mögliche Korrekturen bis zu einem bestimmten Zeitpunkt anzumerken und zurückzuschicken. Nach der Verstreichung dieses Termins wird davon ausgegangen, dass die Istbeschreibung in der vorliegenden Form korrekt ist.

Im Laufe der Istaufnahme fallen den beteiligten Projektmitarbeitern Unzulänglichkeiten, Unregelmäßigkeiten und Anomalien auf, die schon während der eigentlichen Aufnahmephase (intern) festgehalten werden sollten, damit sie nicht verloren gehen. Allerdings ist es unzweckmäßig, eine schwachstellenfixierte Istaufnahme durchzuführen, da in diesem Fall keine unvoreingenommene Systemaufnahme mehr erfolgt. Es ist zum Zeitpunkt der Istaufnahme noch nicht bekannt, welche Fakten zur Begründung von Vorschlägen des Sollkonzepts herangezogen werden müssen.

6.5.2 Istdokumentation

Die Istdokumentation ist keine Phase die zeitlich zwischen Istaufnahme und Potenzialanalyse liegt. Vielmehr stellt sie sowohl eine begleitende und unterstützende Tätigkeit während dieser beiden Phasen dar als auch den Abschluss der Istanalyse. Obwohl die Istaufnahme einen möglichst objektiven Blick auf das Unternehmen gewährleisten soll, wird sie dennoch von der Istdokumentation dahingehend beeinflusst, dass je nach gewähltem Untersuchungsziel verschiedene Erhebungsmethoden besser oder schlechter geeignet sind, die nötigen Informationen zu erfassen. Wie in Kapitel 5 „Modellüberblick“ dargestellt sind verschiedene Modelle als Dokumentationsform für verschiedene Untersuchungsziele unterschiedlich gut geeignet und bringen eigene Anforderungen an die zu erhebenden Daten mit. Dies kann dazu führen, dass im Nachhinein eine Modellierungssprache nur unter zusätzlichem Aufwand verwendet werden kann, wenn diese Anforderungen nicht auch bei der Istaufnahme berücksichtigt wurden. Nachfolgend wird die Istdokumentation anhand von drei Fragen erläutert :

1. Warum wird dokumentiert?
2. Was wird dokumentiert?
3. Wie wird dokumentiert?

Tiefer gehende Ausführungen zur Modellbildung sind Kapitel 4 und 5 zu entnehmen.

Warum wird dokumentiert?

Die Istdokumentation dient in erster Linie der schriftlichen Erfassung und Fixierung des erhobenen Istzustands und der Ergebnisse der Potenzialanalyse, erfüllt darüber hinaus aber noch weitere, tief greifende Funktionen:

- Dokumentation zur Eigenreflexion: Das Niederschreiben der im Laufe der Istaufnahme gewonnen Erkenntnisse ermöglicht es, eigene Schlussfolgerungen auf ihre Richtigkeit zu überprüfen und die gewonnen Erkenntnisse zu hinterfragen. Dadurch kann das Risiko verringert werden, dass schon in der Phase der Istanalyse Verbesserungsvorschläge einfließen und ein objektiver Blick auf den Untersuchungsgegenstand verhindert wird.
- Dokumentation zur Ergebnisüberprüfung: Lücken fallen oft erst beim Dokumentieren auf, insbesondere wenn eine formale Sprache zur Dokumentation verwendet wird. Erst wenn die einzelnen Erkenntnisbausteine zu einem Gesamtbild zusammengesetzt werden, kann die Vollständigkeit der Erhebung überprüft werden.
- Dokumentation zur Kommunikation: Nicht alle Inhalte können über natürliche Sprache kommuniziert werden, da sie den Gesprächspartnern einen großen Interpretationsspielraum lässt. Häufig lassen sich komplexe Zusammenhänge einfacher in einem Modell oder Bild verdeutlichen. Dokumentation dient also auch dazu, die Ergebnisse der Istaufnahme und die

daraus gewonnen Erkenntnisse zu kommunizieren. Und zwar nicht nur innerhalb des Projektteams, sondern auch mit dem Auftraggeber oder den beteiligten Mitarbeitern.
- Dokumentation zur Modellbildung: Die Dokumentation der Ergebnisse der Istaufnahme stellt eine modellhafte Abbildung des relevanten Unternehmensausschnitts dar. Hierbei werden die Ergebnisse zusammengefasst und verdichtet und nur die für das Projektziel relevanten Informationen dargestellt.

Exkurs 6-10: Partizipation in der Istdokumentation

In dem Bankunternehmen MSD Bank wird eine Systemanalyse durchgeführt. Nachdem im Rahmen der Istaufnahme mit einigen Mitarbeitern Interviews durchgeführt und an die beteiligten Abteilungen Fragebogen verteilt wurden, erfolgt eine Zwischenpräsentation beim Auftraggeber über den erhobenen Istzustand und die identifizierten Verbesserungspotenziale. Leider hatten die Mitarbeiter keine Gelegenheit im Vorfeld zu den erhobenen Informationen Stellung zu nehmen. Aufgrund eines Missverständnisses in der Befragung stimmen die präsentierten Informationen nicht mit dem tatsächlichen Gegebenheiten überein. Ein Fehler, der durch die Partizipation der Mitarbeiter auch in der Phase der Istdokumentation hätte, vermieden werden können. Der Auftraggeber ist darüber sehr verärgert und der weitere Projektverlauf gestaltet sich sehr schwierig.

Auch wenn augenscheinlich Klarheit und gemeinsames Aufgaben- und Situationsverständnis bei allen Projektbeteiligten herrscht, wird erst durch die Modellierung und Dokumentation des Istzustands deutlich, ob tatsächlich alle notwendigen Informationen erhoben wurden und alle Beteiligte dasselbe Verständnis des Istzustands haben. Die Istdokumentation sollte deshalb nicht nur zum reinen Selbstzweck durchgeführt werden. Auch in dieser Phase müssen regelmäßig die Ziele und der Beitrag zum Projekterfolg überprüft werden.

Was wird dokumentiert?

Nicht alle Merkmalsausprägungen des morphologischer Kasten der Informationsmodellierung von Rosemann (1996) finden sich in der Istdokumentation wieder (vgl. hierzu ausführlich Kapitel 4 „Systemtheorie und Modell").

Aus Beschreibungssicht stellen Objekte, Organisation und Prozesse die Grundelemente dar, die modelliert und dokumentiert werden können. Objekte können dabei noch einmal in Daten und Funktionen unterteilt werden. Aufgrund seines beschreibenden Charakters handelt es sich bei der Istdokumentation auf Beschreibungsebene in der Regel um ein Fachkonzept.

Dem Gegenstand der Istanalyse folgend kann sich der Geltungsanspruch der Istdokumentation nur auf ein Istmodell beziehen, das in der anschließenden Phase des Sollkonzepts dazu dient, darauf aufbauend ein Soll- bzw. Idealmodell zu erstellen. Wichtig ist es hierbei, nicht schon in der Istanalyse einen Sollzustand zu entwerfen. Die Istdokumentation weist im Allgemeinen als Form eines Unternehmensmodells eine hohe inhaltliche Individualität auf. Hinsichtlich Verständlichkeit, Zugänglichkeit und Formalisiertheit liegt die Diagrammsprache zwischen der natürlichen Sprache und der Skriptsprache und ist als Dokumentationssprache am besten geeignet. Während eine natürliche Sprache nicht genug von individuellen Gegebenheiten abstrahiert, ist eine Skriptsprache schon zu sehr auf eine System- oder Programmentwurf ausgelegt. Der Abstraktionsgrad liegt im Bereich der Ausprägungs- oder Typebene. Die Herausforderung in der Istdokumentation liegt darin, dass die in der Istaufnahme befragten Mitarbeiter die gestellten Fragen anhand von konkreten Beispielen (Ausprägungsebene) beantworten. Die erhobenen Informationen müssen dann in der Istdokumentation zu abstrakteren Informationsobjekten und Prozessen verdichtet werden (Typebene).

Die für die Istdokumentation relevanten Modellierungsarten sind unter Berücksichtigung der Elemente der Beschreibungssicht die Daten- und Funktionsmodellierung, die Organisationsmodellierung und die Prozessmodellierung. Aufgrund der aktuellen Entwicklungen im Bereich der Serviceorientierten Architekturen können sie um die Servicemodellierung ergänzt werden.

Wie wird dokumentiert?

Die Frage, wie der Istzustand dokumentiert wird, bezieht sich nicht nur auf den formalen Aspekt des richtigen Dokumentationsmediums und der richtigen Modellierungssprache, sondern auch auf den Dokumentationsprozess selbst. Deshalb wird nachfolgend zunächst die allgemeine Vorgehensweise bei der Istdokumentation vorgestellt, um daran anschließend auf die gängigen Dokumentationstypen einzugehen.

Die iterative Vorgehensweise der Dokumentation ist an den Autoren-Kritiker-Zyklus von Züllighoven (1998) angelehnt. Der Autoren-Kritiker-Zyklus besteht aus den Phasen Analysieren, Modellierung und Bewerten (vgl. Züllighoven 1998, S. 9). Im Rahmen der Systemanalyse stellen die Analysten die Autoren dar. Zunächst werden in der Phase der Istaufnahme die notwendigen Informationen in Form von Interviews, Fragebogen und Berichten erhoben, protokolliert und ausgewertet (Analysieren). Hierbei wird meist auf natürlicher Sprache bzw. auf das Verfassen natürlichsprachiger Texte zurückgegriffen. Mithilfe von formalen Dokumentationssprachen erfolgt darauf aufbauend eine erste Darstellung des Istzustands (Modellierung). Die an der Istaufnahme beteiligten Mitarbeiter (Kritiker) überprüfen den dokumentierten Istzustand auf Vollständigkeit und Richtigkeit (Bewerten). Die Änderungen werden dann von den Analysten (Autoren) in die Darstellung eingearbeitet. Dieser Vorgang kann beliebig oft wiederholt werden, bis eine zufrieden stellende Darstellung des Istzustands erreicht wird. Wird auf die Beteiligung der Mitarbeiter verzichtet, kann es leicht passieren, dass wichtige Details und Rahmenbedingungen nicht erfasst werden, wodurch die Potenzialanalyse und die anschließende Sollkonzeption unzureichende oder falsche Ergebnisse liefern werden. Auch in der Istdokumentation trägt also die Partizipation der Mitarbeiter erheblich zum Erfolg des Projekts bei.

Modellierungswerkzeug		Anwendungsfall
SSA	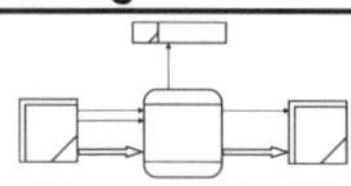	• Abfolge von Prozessschritten und Entscheidungsabläufe. • Einfache bis komplexe, auch nebenläufige Prozesse. • Verwendung der Betriebsmittel. • Systemüberblick.
EPK	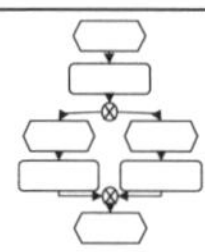	• Abfolge von Prozessschritten und Entscheidungsabläufe. • Einfache bis komplexe, auch nebenläufige Prozesse. • Verwendung der Betriebsmittel (detailliert). • Detaillierte Prozessmodellierung.
ERD	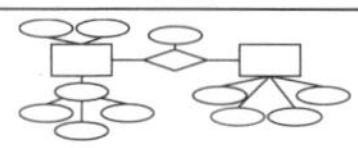	• Modellierung eines Informations-/Datenmodell. • Statische Sicht auf das System. • Datenbankstruktur.
Klassendiagramm	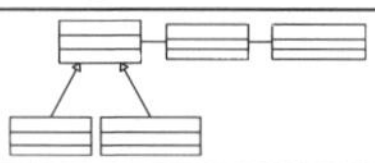	• Modellierung eines Informations-/Datenmodell. • Statische Sicht auf das System. • Softwareentwurf.
Use Case-Diagramm	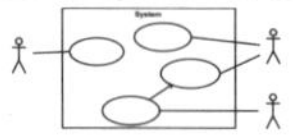	• Modellierung der Anwendungsfälle für ein System. • Überblick über Systembenutzung. • Softwareentwurf.
Aktivitätsdiagramm	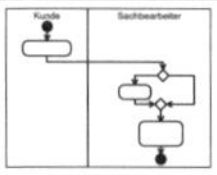	• Abfolge von Prozessschritten und Entscheidungsabläufe. • Einfache bis komplexe, auch nebenläufige Prozesse. • Softwareentwurf.
Fluss-diagramm	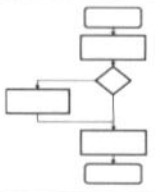	• Abfolge von Prozessschritten und Entscheidungsabläufe. • Einfache Prozesse, keine nebenläufigen Prozesse. • Ablauflogik.
Petri-Netz	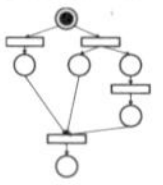	• Abfolge von Prozessschritten und Entscheidungsabläufe. • Einfache bis komplexe, auch nebenläufige Prozesse. • Ablauflogik.
System Dynamics	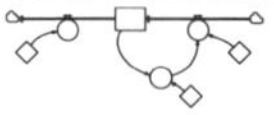	• Modellierung von dynamischen Verhalten eines Systems. • Simulation verschiedener Lösungsszenarien.
BPMN	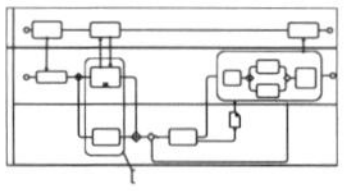	• Detaillierte Modellierung von Geschäftsprozessen. • Vereint verschiedene Sichtweisen, z. B. Modellierer, Implementierer und Anwender. • Vereint Vorteile verschiedener Modelle. • Detaillierungsgrad skalierbar.
Bonapart	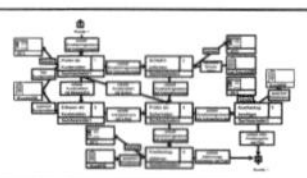	• Abfolge von Prozessschritten und Entscheidungsabläufe. • Informationsflüssen in informationsverarbeitenden Bereiche.

Tabelle 6-2: Modellierungswerkzeuge und ihre Anwendungsfälle

In Tabelle 6-2 werden verschiedene Dokumentations- und Modellierungssprachen und ihr Anwendungsbereich vorgestellt, eine ausführlichere Darstellung der einzelnen Modelle ist dem Kapitel 5 „Modellüberblick" zu entnehmen.

6.5.3 Potenzialanalyse

In der Phase der Potenzialanalyse werden im Rahmen der Zielsetzung die erhobenen Fakten kritisch analysiert, um Schwachstellen zu erkennen und sie zu begründen.

Partizipation in der Potenzialanalyse

Es kann davon ausgegangen werden, dass jeder Mitarbeiter sein Arbeitsgebiet am besten kennt. Sowohl bei der Istaufnahme als auch bei der Potenzialanalyse gilt es, diese Kenntnisse zu nutzen. Zusammen mit dem Fachwissen des Systemanalytikers ist die Summe der Erkenntnisse mehr als ihre Teile.

In der Praxis hat es sich bewährt, nach der Istaufnahme und Dokumentation mit den Mitarbeitern eine Fragerunde unter dem Thema: „Welche Verbesserungsmöglichkeiten sehen Sie in ihrem Arbeitsbereich?" durchzuführen.

Dadurch ergeben sich folgende Vorteile:

- Die Mitarbeiter werden in die Potenzialanalyse eingebunden und sind dadurch auch mehr an den Ergebnissen interessiert.
- Selbst erkannte Schwächen sind nicht so peinlich.
- Der Systemanalytiker profitiert vom Wissen der Mitarbeiter.

Zusätzlich wird der Systemanalytiker die Istaufnahme anhand der Dokumentationen gründlich aus verschiedenen Blickwinkeln analysieren, um die vorhandenen Potenziale zu erkennen. Natürlich sind ihm im Laufe der Istaufnahme auch Schwachstellen, die den Mitarbeiter bereits bekannt waren, genannt worden. Zusätzlich werden die Mitarbeiter, wie oben beschrieben, angeregt durch die Fragen des Systemanalytikers, Schwachstellen im eigenen Bereich zu entdecken. Dies bedeutet keineswegs eine Schmälerung der Arbeit des Systemanalytikers, sondern zeigt, dass er den Benutzer als "Teilhaber" betrachtet hat.

Hat der Systemanalytiker die Potenzialanalyse abgeschlossen, bietet es sich an, diese mit den Mitarbeitern besprechen. Einmal um den Mitarbeiter mit einzubeziehen, zum zweiten um mögliche Fehler zu vermeiden. Es kann nämlich sein, dass der Systemanalytiker wichtige Aspekt übersehen hat oder sie nicht kennt.

Es bedeutet für den Systemanalytiker in dieser Phase einen großen Erfolg, viele und wichtige Schwachstellen aufzudecken. Trotzdem sollte er sie mit dem nötigen Einfühlungsvermögen diskutieren. Der Analyse des Istzustands kommt innerhalb des Vorgehensmodells der Systemanalyse eine besondere Bedeutung zu. Zum einen müssen Verbesserungsvorschläge aus den ermittelten Schwachstellen hergeleitet und begründet werden können. Zum anderen ist eine wirtschaftliche Rechtfertigung z. B. der Einführung eines neuen oder wesentlich erweiterten IT-Systems nur möglich, wenn die gefundenen Schwachstellen quantifiziert und nach Möglichkeit bewertet worden sind.

Einordnung der Potenziale

Die scheinbar triviale Frage, was eine Schwachstelle im Sinne der durchgeführten Systemanalyse ist, ist bei genauerem Hinsehen gar nicht mehr so trivial. Einfach ausgedrückt sind Potenziale die Schwachstellen, die im Rahmen der Systemanalyse behoben werden können.

Wenn z. B. die Performance des IT-Systems nicht zufrieden stellend ist, aber kein Budget für eine Neuanschaffung eingeplant ist, wird dies nicht als Schwachstelle im Sinne der Systemanalyse gesehen.

Noch deutlicher wird dies, wenn z. B. bei einer Marketing-Analyse der Standort als großer Nachteil gesehen wird, dieser aber nicht verändert werden kann.

In der Praxis empfiehlt es sich jedoch, zunächst eher mehr Schwachstellen zu nennen, als zu wenige, da sonst die Gefahr besteht, Potenziale, die genützt werden könnten, nicht zu „heben“. Dabei spielt die Erfahrung eine große Rolle.

Als Checkliste zur Überprüfung des dokumentierten Istzustands auf Schwachstellen und Verbesserungsmöglichkeiten kann Tabelle 6-3 herangezogen werden (vgl. Grupp 1987, S.89).

Personalprobleme	• Häufiger Personalausfall. • Personalüberlastung. • Unzureichende Ausbildung und Erfahrung. • Starke Personalabhängigkeit.
Organisationsprobleme	• Mehrfache Erfassung. • Hohe Fehleranzahl. • Hohe Verfahrenskosten.
Terminprobleme	• Häufige Arbeitsrückstände. • Warteschlangen, Stoßbelastungen.
Informationsprobleme	• Zu wenig Informationen. • Zu späte Informationen. • Benutzerunfreundliche Informationen.
Organisationsniveau und Führungsstil	• Leistungshemmender Führungsstil. • Schlechtes Betriebsklima. • Niedriges Organisationsniveau. • Koordinationsmängel.

Tabelle 6-3: Problemkreise der Potenzialanalyse (Grupp 1987, S. 89)

Es bietet sich an, die gefundenen Schwachstellen nach folgenden Kriterien zu gliedern:

- Organisatorische Schwachstellen ergeben sich aus aufbau- oder ablauforganisatorischen Festlegungen oder deren Fehlen, z. B. das Fehlen einer klaren Vertretungsregelung im Urlaubs- bzw. Krankheitsfall.
- Informationelle Schwachstellen ergeben sich aus einem unzureichenden, unterbrochenen oder sehr lang dauerndem Informationsfluss. Sie sind häufig eng mit organisatorischen Schwachstellen verbunden. Typische informationelle Schwachstellen sind z. B. Medienbrüche, die erzwingen, dass eine bereits per Computer erfasste Information nochmals eingegeben werden muss.
- Technische Schwachstellen beschreiben Unzulänglichkeiten in der technischen Ausstattung des untersuchten Betriebsbereiches. So stellt ein häufig auftretender Defekt an der Vereinzelungseinrichtung eines Schraubautomaten eine typische technische Schwachstelle dar.

Schließlich werden alle Schwachstellen, die sich nicht eindeutig einer der drei genannten Kategorien zuordnen lassen, als sonstige Schwachstellen aufgeführt. Dazu gehören auch Schwachstellen, die dem Aufnahmeteam aufgefallen sind, aber außerhalb des durch die Projektziele definierten Auftrages liegen. Innerhalb dieser Gliederung sind die Schwachstellen nach Bedeutung zu gliedern. Dabei werden weniger bedeutende Schwachstellen zuerst und schwerwiegendere Schwachstellen zum Schluss genannt. So wird erreicht, dass allen Schwachstellen die gleiche Aufmerksamkeit geschenkt wird.

Die Folgen der einzelnen Schwachstellen werden, soweit dies möglich ist, quantifiziert und bewertet. Als Quantifizierungskriterien geeignet sind Zeiten, Mengen und Personenangaben.

Die organisatorische Schwachstelle „Vertretungsregelung" kann dahingehend quantifiziert werden, dass statt des benannten Vertreters nunmehr acht möglicherweise beteiligten Personen um Auskunft oder Entscheidung gebeten werden müssen. Allerdings ist eine monetäre Bewertung dieser Auswirkung kaum möglich.

Die informationelle Schwachstelle „Medienbruch" kann dahingehend quantifiziert werden, dass die erneute Eingabe der Auftragsdaten etwa 20 Minuten dauert. Unter Hinzunahme der Häufigkeit des Auftretens und eines kalkulatorischen Stundensatzes kann diese Schwachstelle auch monetär bewertet werden. Ebenso kann aus den Ausfallzeiten des Schraubautomaten eine finanzielle Bewertung abgeleitet werden.

Insbesondere bei der Untersuchung von betrieblichen Informations- und Kommunikationssystemen werden immer wieder Schwachstellen festgestellt, die sich einer Quantifizierung entziehen. Solche qualitativen Schwachstellen sind z. B. (vgl. Stahlknecht und Hasenkamp 2005, S. 244):

- unvollständige, inkonsistente oder redundante Datenbestände,
- unzureichende Aussagefähigkeit der Datenbestände,
- mangelnde Aktualität der Daten,
- fehlende Führungsinformationen und
- ungenügende Kostenkontrolle.

Bei diesen Schwachstellen, deren Auswirkungen nicht in Zahlen ausgedrückt werden können, ist eine Darstellung ihrer Auswirkungen unter Berücksichtigung der Geschäftsentwicklung, der Konkurrenzsituation, veränderter Kundenanforderungen etc. vorzunehmen.

6.6 Sollkonzept

In der Phase des Sollkonzepts werden ein oder mehrere alternative Konzepte entworfen, die den ermittelten Istzustand verbessern und die identifizierten Schwachstellen beseitigt. Der Schwerpunkt dieser Phase liegt auf der Konzeption, das heißt der Planung der Maßnahmen, die in der Phase Realisierung entwickelt und in der Phase Implementierung im Unternehmen eingeführt werden.

Zunächst soll ein Problem angesprochen werden, das jeden Systemanalytiker mehr oder weniger betrifft, nämlich die Schwierigkeit, den Kopf von Lösungen bis zu dieser Phase freizuhalten. Oft wird geglaubt, bereits in einer frühen Phase der Istaufnahme eine sehr gute Lösung gefunden zu haben. Problematisch dabei ist, dass die nicht zur Lösung passenden Informationen eventuell bewusst oder unbewusst unterdrückt werden. Sich dieser selektiven Wahrnehmung bewusst zu sein hilft, Kritik und alternative Lösungsmöglichkeiten zuzulassen.

In Abhängigkeit vom Grad der Partizipation in der Systemanalyse wird die Lösung im Idealfall von den Mitarbeitern selbst erarbeitet (vgl. Tabelle 6-1). Hierdurch wird eine stärkere Identifikation der Mitarbeiter mit der Lösung erreicht, was sich bei der Realisierung und Einführung im Unternehmen als Vorteil erweist. Demgegenüber ist es auch möglich, ohne Benutzerbeteiligung eine fertige Lösung zu präsentieren, die oft dann auch an höherer Stelle (die meistens mit dem System nicht arbeiten muss) akzeptiert wird. Probleme treten dann meist nach der Installation des Systems auf, weil der Benutzer erst dann mit dem System konfroniert wird, eine andere Vorstellung hatte und nicht gefragt wurde. Der Benutzer ist oft auch nicht bereit, dieses „aufgezwungene" System anzunehmen und mit bestimmten Fehlern zu leben, die ja letztendlich jedes System hat. Es besteht zusätzlich die Gefahr, Fehler, die unabhängig von der EDV sind, dieser anzulasten.

Der Schlüssel zur Entwicklung eines erfolgreichen Sollkonzepts liegt in dem geschickten Management der vielfältigen Anforderungen, die an die Lösung gestellt werden. Dabei gilt es einerseits Nutzen und Aufwand der Lösung abzuschätzen, andererseits muss der Systemanalytiker auch die Interessen der verschiedensten im Unternehmen vorhandenen Personen und Gruppen berücksichtigen und dabei die Umsetzbarkeit der Lösung ausloten. So kann ein objektiv sinnvolles Sollkonzept in einem Unternehmen auf Ablehnung stoßen, weil in einem anderen zurück liegenden Projekt negative Erfahrungen mit einer bestimmten Software aufgrund einer fehlerhaften Implementierung gemacht wurden. Solche Stimmungen und Tendenzen im Unternehmen gilt es zu erfassen und bei der Sollkonzeption zu berücksichtigen.

Die vorgeschlagenen Maßnahmen zur Behebung der Schwachstellen können von ihrer Bedeutung her in drei Gruppen gegliedert werden:

Maßnahmen, die unmittelbar notwendig sind, die geringen Mitteleinsatz erfordern oder nur geringe organisatorische Veränderungen mit sich bringen, sollten im so genannten „Muss-Konzept" zusammengefasst werden. Eine Verwirklichung dieser Vorschläge ist am ehesten möglich, und sollte auch auf jeden Fall durchgeführt werden.

Maßnahmen, die ebenfalls notwendig sind, aber einen höheren Mitteleinsatz erfordern und auch größere organisatorische Veränderungen bewirken, sind im so genannten „Soll-Konzept" im engeren Sinne zusammenzufassen.

Schließlich fallen unter den Begriff „Kann-Konzept" alle vorgeschlagenen Maßnahmen die erheblich Eingriffe in die Organisation bedeuten, grundsätzlich neue Lösungsansätze verfolgen und erhebliche finanzielle Aufwendungen verursachen. Die Ideallösungen finden sich eher im „Kann-Konzept", während die Reallösungen sich eher im „Muss-Konzept" und „Soll-Konzept" finden.

Jede Maßnahme bedeutet für das Unternehmen und seine Mitarbeiter eine Veränderung. Veränderungen kann grundsätzlich positiv oder negativ gegenüber gestanden werden. Jemand, der eine Veränderung positiv sieht, wird als Promotor, wer negativ eingestellt ist, wird als Opponent bezeichnet. Für eine erfolgreiche Veränderung kommt es nach Krüger „in erheblichem Maße darauf an, positive Änderungsbereitschaft zu erzeugen und negative zu vermeiden oder zu überwinden". Wie Promotoren und Opponenten entstehen zeigt Abbildung 6-9.

Krüger unterscheidet dabei drei Ebenen des Wandels:

- Die sach-rationale Dimension kommt auf den Stufen Informationsbeschaffung und Prognose der Konsequenzen zum Tragen,
- die politisch-verhaltensorientierte Dimension bei subjektivem Empfinden und möglichen Verhalten und
- die wertmäßig-kulturelle Dimension bei Bewertung der Prognosen und Einstellung zur Veränderung.

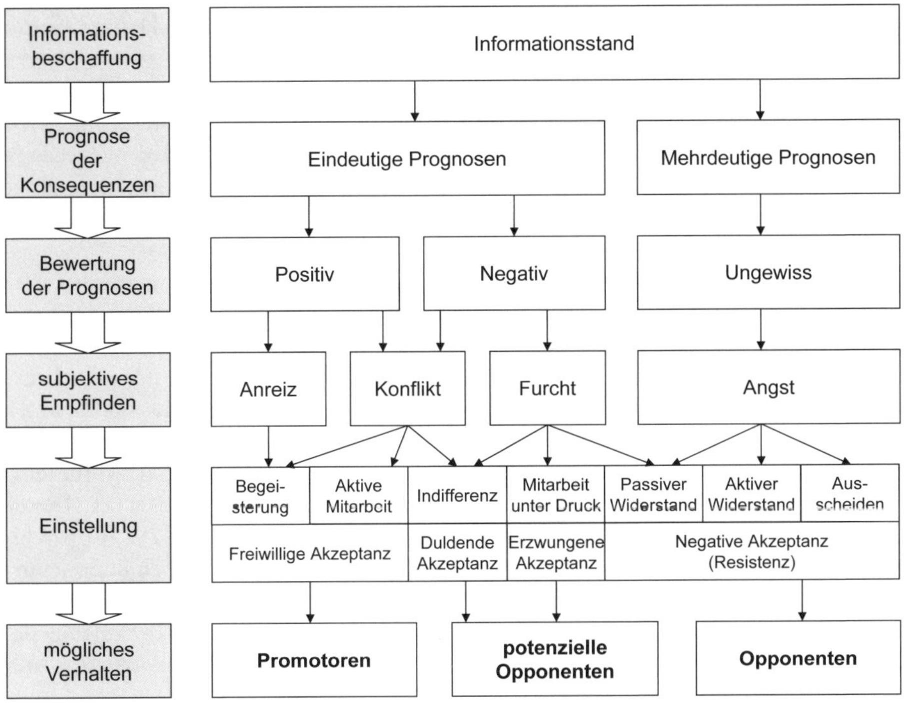

Abbildung 6-9: Promotoren und Opponenten (Krüger 1998, S. 234)

Es reicht also nicht aus, auf der sachrationalen Ebene beispielsweise über eine bevorstehende Veränderung zu informieren, vielmehr ist vom Systemanalytiker zu hinterfragen, welche Personenkreise potenzielle Promotoren und Opponenten sind, um diese Personen dann in allen Dimensionen des Wandels anzusprechen und für die Veränderung zu gewinnen (oder sicherzustellen, dass eine Veränderung nicht am Widerstand eines oder mehrerer Opponenten scheitern kann).

Hauschildt (1997, S. 168) unterscheidet drei verschiedene Typen von Promotoren, die unterschiedliche Beiträge zur erfolgreichen Veränderung im Unternehmen leisten:

- Fachpromotoren sind in der Lage, Wissens- und Könnensdefizite zu überwinden,
- Machtpromotoren sind hilfreich beim Überwinden von Willens- und Verhaltensbarrieren,
- Prozesspromotoren wirken Einstellungsbarrieren entgegen.

Berücksichtigung von Humankriterien beim Sollkonzept

Wurden in der Analysephase die Humankriterien bereits berücksichtigt, ist es wesentlich leichter, sie bei der Gestaltung des Systems mit einzubeziehen. Wenn dies versäumt wurde, müssen sie jetzt, allerdings mit wesentlich größerem Aufwand und nicht mit demselben Erfolg, eingebracht werden.

Dunckel räumt den Humankriterien Entscheidungsspielraum, Kommunikation und Belastung bei der Gestaltung der Arbeitsaufgabe eine besondere Bedeutung für die Persönlichkeitsförderung zu (vgl. Dunckel 1993, S. 294). Zwischen den Humankriterien, vor allem den Hauptdimensionen, können Interdependenzen bestehen.

Die Höhe des Entscheidungsspielraums wird im Wesentlichen von Entscheidung und Planungserfordernissen bestimmt. Es ist z. B. bei der Neu- oder Weiterentwicklung eines EDV-Systems zu beachten, dass die Bearbeitung komplexer Vorgänge nicht auf verschiedene Stellen verteilt wird, und eine zusammengefasste Vorgangsbearbeitung nicht in die Bearbeitung standardisierbarer Vorgänge aufgespalten wird. Der Ablauf von Arbeitsschritten ohne eigene Eingriffsmöglichkeiten muss nach Möglichkeit vermieden werden.

Die Qualität aufgabenbezogener Kommunikation ist davon abhängig, inwieweit zur Erledigung der Arbeitsaufgabe kommuniziert werden muss und auf welche Art und Weise dies geschieht. Es ist dafür zu sorgen, dass es keinen mehr oder weniger isolierten Stellen gibt und dass die Kommunikation nicht nur über Medien, sondern auch von Angesicht zu Angesicht stattfindet.

Psychische Belastungen entstehen durch Hindernisse, die den Arbeitsablauf stören, und durch Überforderungen. Mehr Kompetenz kann z. B. das Hindernis „Fragen stellen müssen" beseitigen. Oft können Hindernisse auch durch bessere Arbeitsmittel, wie z. B. Telefonanrufbeantworter, oder ganz einfache Regeln, wie z. B. Sprechstunden, ausgeräumt werden. Gerade bei Veränderung der EDV fühlen sich Mitarbeiter ohne Schulung permanent überfordert, da es oft psychischen Stress verursacht, mit einem neuen System zu arbeiten. Eine gründliche Schulung kann diese Belastung verringern.

Durch die zu berücksichtigenden Zeitpunkte und Bearbeitungsfristen bei der Erledigung einer Aufgabe wird der Zeitspielraum festgelegt. Hier können z. B. mehrere Einzelaufgaben zu einem Abgabetermin zusammengefasst werden.

Im Sinne des Humankriteriums Variabilität sollte zur Aufgabenerledigung möglichst wenig gleichförmige Anforderungen verlangt werden. Das bedeutet, dass ein Mischarbeitsplatz anzustreben ist. Durch die Art und Anzahl der Zugänge zu Informationen ist der Kontakt zu materiellen und sozialen Gegebenheiten festgelegt. Es sollte darauf geachtet werden, dass Informationen auf möglichst vielfältige Art und Weise empfangen werden können. Es muss dafür gesorgt werden, dass der Mitarbeiter Rückmeldungen über seine Arbeitsleistungen erhält und dass die Tätigkeit für den Mitarbeiter nicht zu abstrakt wird, sondern dass ihm der Bezug zum Materiellen erhalten bleibt. Auch bei der körperlichen Aktivität ist der Mischarbeitsplatz wichtig. Die ergonomische Gestaltung der Arbeitsmittel ist von besonderer Bedeutung. Bewegungspausen können eingerichtet oder vorgegeben werden. Die Strukturierbarkeit kann dadurch erreicht werden, dass die organisatorischen Zusammenhänge und Abläufe verdeutlicht werden und der Mitarbeiter die Möglichkeiten hat, diese Abläufe auch zu verändern. Es scheint sich auf den ersten Blick betriebswirtschaftlich nicht zu lohnen, Arbeitsplätze nach den oben genannten Humankriterien zu gestalten. Es sieht aus, als ob es zu aufwendig und dadurch zu teuer wäre. Dem ist entgegenzuhalten, dass in den meisten Unternehmen das Humankapital das wichtigste Kapital ist, auch wenn es bis jetzt oft noch nicht erkannt wird.

Zudem ist ein zufriedener Mitarbeiter wesentlich kreativer und produktiver als sein unzufriedenes Pendant, die Krankheitsrate und die Fluktuationsrate sind niedriger. Und das wirkt sich letztendlich auf die Kosten aus.

Gestaltungsobjekte

Abbildung 6-10 zeigt die drei wesentlichen Gestaltungsobjekte eines Systemanalytikers für das Sollkonzept. Das Dreieck bringt zum Ausdruck, dass die drei Objekte in einer starken Abhängigkeit zueinander stehen. Eine Veränderung eines der Objekte hat fast immer Auswirkungen auf die beiden anderen.

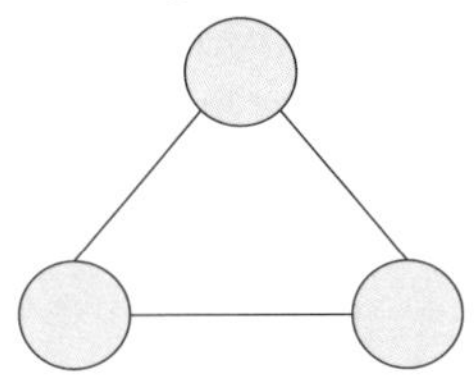

Abbildung 6-10: Gestaltungsobjekte der Systemanalyse

So sind größere Änderungen der Organisation immer auch mit Änderungen der involvierten IT-Systeme und der Verhaltensweisen der Mitarbeiter verbunden. Umgekehrt scheitern viele Veränderungsmaßnahmen, weil der Fokus der Änderung allein auf der IT liegt. Wird eine neue IT Lösung eingeführt, ohne dabei auch die organisatorischen Abläufe explizit neu zu gestalten und die betroffenen Mitarbeiter im Sinne der Partizipation zu beteiligen und auf dem neuen System hinreichend zu schulen, so sind Probleme mit der neuen Lösung im Unternehmensalltag vorprogrammiert.

- Verbesserungen der Organisation können Änderungen der Aufbau- und/oder der Ablauforganisation des Unternehmens sein (vgl. zur Prozessorientierung Kapitel 8).
- Verbesserungen der IT können die Verbesserung oder Erweiterung eines existierenden IT-Systems sein, aber auch die Ablösung durch eine neue Lösung.
- Verbesserungen auf Seiten der Mitarbeiter sind motivatorische Verbesserungen, Schulung von Führungskräften oder Weiterbildungen.

Gestaltungstechniken

Herauszufinden, welche Maßnahmen in der jeweiligen Situation die richtigen sind, ist die wesentliche Herausforderung für den Systemanalytiker. Hier gibt es keine Patentrezepte, vielmehr sind Erfahrung, analytische Fähigkeiten und Einfühlungsvermögen gefragt. Trotzdem werden an dieser Stelle einige Methoden zur Generierung und Bewertung von Gestaltungsalternativen genannt.

Grochla unterscheidet zwischen Techniken der diskursiven Generierung von Gestaltungsalternativen und Techniken der intuitiven Generierung von Gestaltungsalternativen. Erstere zielen darauf ab, durch Rekombination vorhandener Informationen neue Lösungsansätze zu entwickeln, während intuitive Techniken durch freies Assoziieren neue Ideen entwickeln (vgl. Grochla 1995, S. 389). Zu den intuitiven Techniken zählt auch das bekanntere Brainstorming. Im Brainstorming wird versucht innerhalb kurzer Zeit (15-30 min) möglichst viele Ideen zu finden. Dabei kommen folgende Prinzipien zur Anwendung (vgl. Grochla 1995, S. 393):

- Keine Kritik während des Brainstormings üben, damit die Spontaneität des Teilnehmer nicht gehemmt wird.
- Freies Assoziieren wird unterstützt, auch „Spinnereien" sind erlaubt, um die Phantasie der Diskussionsteilnehmer zu fördern.
- Quantität geht vor Qualität bei der Suche nach Ideen.
- Aufgreifen und Rekombinieren von Ideen durch die anderen Teilnehmer ist erwünscht.

In der Praxis wird immer eine Kombination diskursiver und intuitiver Techniken zur Anwendung kommen. Wichtig ist hierbei ein angemessenes Verhältnis zu finden, das eine effiziente Arbeitsweise im Systemanalyseprojekt ermöglicht.

Bewertung von Gestaltungsalternativen

Zur Bewertung von Lösungsalternativen im Sollkonzept ist eine Kombination formalisierter Bewertungsverfahren und subjektiver Bewertungsvorgänge zu wählen.

Subjektive Bewertungsvorgänge berücksichtigen Erfahrungswerte des Systemanalytikers und weiche Faktoren, wie Promotoren und Opponenten, einer Lösungsalternative sowie mikropolitische Aspekte. An ihnen entscheidet sich Erfolg oder Misserfolg einer vorgestellten Lösungsalternative. Formalisierten Bewertungsverfahren wird das Attribut der Objektivität zugeschrieben. Kein Lösungsvorschlag wird Bestand haben, wenn er sich nicht auch objektiv begründen lässt. Auf der anderen Seite ist in der Praxis häufig zu beobachten, dass Entscheidungen für oder gegen eine Lösungsalternative anhand subjektiver Kriterien gefällt werden und das objektive Bewertungsschema im Nachgang der Entscheidung erstellt wird. Die Realität ist komplex und alle Faktoren für eine korrekte formale Bewertung zu identifizieren und zu erheben ist aufgrund der zeitlichen Restriktionen des Projekts und der kognitiven Restriktionen des Menschen unmöglich. Grochla schreibt daher, dass es bei der Anwendung formaler Bewertungsverfahren eher um einen Zwang zu einer bewussteren und rationaleren Bewertung der Alternativen geht. Der Bewertungsvorgang wird intersubjeketiv nachvollziehbar, aber eben nicht objektiv (vgl. Grochla 1995, S. 408). Wer diese Methoden einsetzt und eine „seriöse" Bewertung vornehmen will, sollte sich über den damit verbundenen Aufwand im Klaren sein.

In die Kategorie der formalen Bewertungsverfahren fällt die Nutzwertanalyse. Sie ist für die Bewertung organisatorischer Gestaltungsalternativen besonders geeignet, da sie sowohl quantitative als auch qualitative Zielkriterien in einem mehrdimensionalen Zielsystem berücksichtigen kann. Sie besteht aus folgenden fünf Schritten (vgl. Tabelle 6-4):

1. Einengung des Entscheidungsfeldes: Um nicht in der weiteren Bearbeitung zu viele Entscheidungsalternativen berücksichtigen zu müssen werden im ersten Schritt die Alternativen herausgefiltert, die wenig Chance auf Realisierung haben bzw. aufgrund von k.o.-Kriterien nicht weiter berücksichtigt werden sollen.

2. Auswahl der Zielkriterien und Festlegung der Zielgewichte: Im zweiten Schritt sollen die Kriterien, anhand derer die Alternativen bewertet werden, festgelegt werden. Durch die Zuordnung von Zielgewichten werden die Kriterien priorisiert.
3. Ermittlung der Zielbeiträge: Die Zielbeiträge geben an, welche Ausprägung die einzelnen Alternativen in den jeweiligen Kriterien erreichen. Im Fall von qualitativen Kriterien sollte so weit als möglich auf subjektive Einschätzungen verzichtet werden. Beispielsweise kann die Bewertung von Alternativen durch Hinzuziehung von Experten fundiert werden.
4. Transformation der Zielbeiträge in einheitliche Zielwerte: Die im dritten Schritt ermittelten Zielbeiträge müssen noch normiert, das heißt in eine einheitliche, kardinale Skala transformiert werden. Hier kann z. B. eine Punkteskala von 1 bis 10 oder von 1 bis 100 gewählt werden. Dabei ist für jedes Zielkriterium festzulegen, wie die Transformation erfolgt.
5. Ermittlung der Nutzwerte für jede Alternative: Auf Basis der Zielwerte wird nun im letzten Schritt für jede Alternative der Nutzwert ermittelt, indem für jede Alternative die Zielwerte mit ihren Gewichten multipliziert und dann aufsummiert werden. Die Alternative mit dem höchsten Nutzwert ist die vorteilhafteste. Der Nutzwert ist dimensionslos, auch sagt der Abstand von zwei Nutzwerten nichts aus.

		Organisationsalternativen					
Zielkriterien	Zielgewichte	Funktionale Organisation		Divisionale Organisation		Matrix-organisation	
	g	x1	x1*g	x2	x2*g	x3	x3*g
Klare Zuordnung von A, V, K	0,2	10	2,0	8	1,6	2	0,4
Geringe Personalkosten	0,2	8	1,6	4	0,8	0	0
Hierarchieunabhängige Kommunikation	0,05	0	0	6	0,3	10	0,5
Möglichkeit zu einer stärkeren Partizipation	0,05	2	0,1	8	0,4	10	0,5
Weniger Schnittstellen	0,2	10	2,0	5	1,0	0	0
Bessere Personalentwicklung	0,15	4	0,6	8	1,2	10	1,5
Mehr Unternehmertum	0,15	0	0	10	1,5	10	1,5
Summe	1,0	6,3		6,8		4,4	

Tabelle 6-4: Nutzwertanalyse (Vahs 2004, S. 479)

Weitere formale Bewertungsverfahren sind die Kosten-Nutzen-Analyse oder auch die Amortisationsrechnung (engl. Return On Investment, ROI). Während die Kosten-Nutzen-Analyse (vgl. Grochla 1995, S. 398) der monetären Größe noch eine Nutzendimension entgegensetzt, berücksichtigt die Amortisationsrechnung ausschließlich monetäre Größen. Die Reduzierung eines Gestaltungsproblems auf monetäre Aspekte macht diese Verfahren zwar beliebt, führt jedoch dazu, dass qualitative Aspekte, die sich schwer in monetäre Größen transformieren lassen, in den Hintergrund gedrängt werden.

Je nach Art des Projekts können folgende Ergebnisse einzeln oder in Kombination den Abschluss des Sollkonzepts bilden:

- Pflichtenheft: Ein Pflichtenheft beschreibt alle aus Sicht des Anwenders relevanten Funktionen einer zukünftigen IT-Lösung. Es bildet die Grundlage für den Softwareauswahlprozess oder die Softwareeigenentwicklung.
- Entscheidungsvorlage, Handlungsempfehlungen: Entscheidungsvorlagen fassen wesentliche Gestaltungsalternativen mit ihren Vor- und Nachteilen zusammen um Entscheidungen auf höherer Ebene, z. B. im Lenkungsausschuss eines Projekts, herbeizuführen. Handlungsempfehlungen sind fundiert begründete Gestaltungsempfehlungen für den Projektauftraggeber.
- Dokumentation und Präsentation: Der Abschluss des Sollkonzepts ist in der Regel ein wichtiger Meilenstein eines Projekts. Alle relevanten Ergebnisse werden in einer Dokumentation zusammengefasst, um einen einfachen Rückgriff auf die Informationen in späteren Phasen zu ermöglichen. Eine Präsentation der Ergebnisse gibt allen Beteiligten die Möglichkeit, auf einer einheitlichen Informationsbasis über die erreichten Ergebnisse zu diskutieren und zu entscheiden. Ergebnis einer solchen Diskussion kann natürlich auch sein, dass eine Maßnahme nicht umgesetzt wird. Bei einer Präsentation kommt es ohne Zweifel neben den ausgearbeiteten Inhalten ganz entscheidend auf die Fähigkeiten des/der Präsentierenden sowie anschließende Moderation der Diskussion an.

Viele Systemanalyseprojekte enden nach dem Sollkonzept, da Unternehmen häufig Empfehlungen für ein Problem auf Basis einer externen Analyse anfordern, die Implementierung dann aber selbst durchführen wollen. Dies gilt insbesondere für kleinere Projekte. In großen Veränderungsprojekten und in Projekten mit Verbesserungen an IT-Systemen greifen Unternehmen auch in den Phasen Realisierung und Implementierung auf externe Unterstützung zurück.

6.7 Realisierung

Das im Rahmen des Sollkonzepts erstellte Pflichtenheft dient als Auftragsgrundlage für die technische Realisierung. Hierbei ist zunächst eine Entscheidung zwischen der Eigenentwicklung (engl. Make) oder den Einkauf von Standardsoftware (engl. Buy) zu treffen, die so genannte Make or Buy-Entscheidung (vgl. auch die ausführliche Darstellung im Kapitel 10 zur Auswahl und Eigenentwicklung von IT).

6.7.1 Auswahlkriterien Eigenentwicklung versus Standardsoftware

Für die Entscheidung zwischen dem Kauf einer Standardlösung und der Eigenentwicklung kommen verschiedene Kriterien in Betracht, die zum Teil situationsabhängig geprägt sind, zum Teil aber auch eindeutig einer Alternative zugeordnet werden können (vgl. Abbildung 6-11). Hierbei sind vor allem die individuellen Einsatzbedingungen entscheidend. Die Berücksichtigung der Benutzerakzeptanz der gewählten Lösung und des vorhandenen Mitarbeiter-Know-hows beeinflusst nachhaltig den langfristigen Erfolg der Systemeinführung und ermöglicht die Partizipation der späteren Anwender am Entscheidungsprozess.

Zu den Service-Merkmalen gehören u. a. die Installation, Mitarbeiterschulungen und Seminare, Customizing, Wartung und Reparatur, Entsorgung aber auch Finanzierungsmodalitäten.

Nach DIN ISO 9126 umfasst Softwarequalität die „Gesamtheit der Merkmale und Merkmalswerte eines Softwareprodukts die sich auf dessen Eignung beziehen, festgelegte oder vorausgesetzte Erfordernisse zu erfüllen". Qualitätsanforderungen für Anwendungssoftware betreffen die Produktbeschreibungen, die Benutzerdokumentation sowie den Programmeinsatz (DIN ISO/IEC 12119) und beinhalten die folgenden Qualitätsmerkmale (DIN 66272): Funktionalität, Zuverlässigkeit, Benutzbarkeit, Effizienz, Änderbarkeit und Übertragbarkeit (vgl. Stahlknecht und Hasenkamp 2005, S. 310; Disterer et al. 2003, S. 532).

Ein deutlicher Vorteil einer Standardlösung gegenüber einer Eigenentwicklung besteht nicht nur in Bezug auf Service und Qualität darin, dass auf die Erfahrungen von Referenzkunden zurückgegriffen werden kann, um die Eignung der Lösung und die Zuverlässigkeit des Anbieters besser beurteilen zu können.

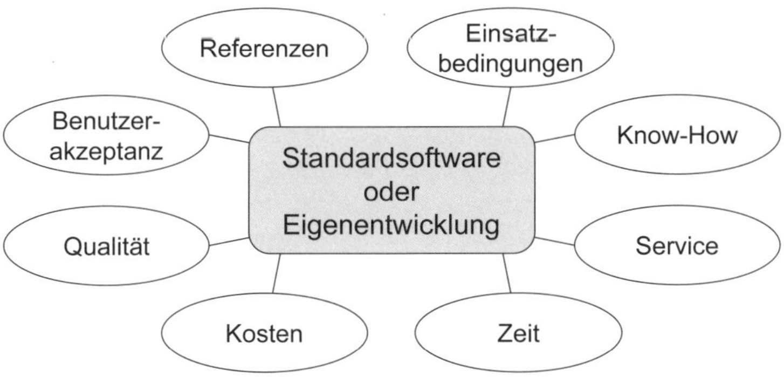

Abbildung 6-11: Auswahlkriterien Standardsoftware versus Eigenentwicklung

Neben den reinen Anschaffungs- und Installationskosten stellen auch Betrieb, Wartung, Verwaltung und Schulungen wichtige Kostenfaktoren dar, sodass sowohl direkte als auch indirekte Kosten in die Bewertung miteinbezogen werden. Aufgrund des fehlenden Entwicklungsaufwands weisen Standardlösungen häufig geringere Anschaffungskosten auf, jedoch kann die Berücksichtigung der Gesamtkosten (engl. Total Cost of Ownership, TCO) insgesamt auch für eine Eigenentwicklung sprechen. Auch in der Realisierungsphase ist es vorteilhaft wie beim Sollkonzept auf Methoden der Investitionsplanung (Amortisationsrechnung, ROI, Kosten-Nutzen-Analyse, Nutzwertanalyse) bei der Alternativenauswahl zurückgegriffen werden.

Tendenziell nimmt die Eigenentwicklung mehr Zeit in Anspruch als der Kauf einer bestehenden Lösung. Jedoch kann ein notwendiges Customizing diesen Vorteil deutlich verringern oder kompensieren, wenn Anpassungen an die betrieblichen Gegebenheiten erforderlich sind (vgl. Laudon et al. 2006, S. 574).

6.7.2 Eigenentwicklung

Die Entwicklung einer Individuallösung stellt ein zeit- und ressourcenaufwendiges Projekt dar, weshalb wesentlich häufiger auf Standardlösungen zurückgegriffen wird. Neben den im Sollkonzept definierten Anforderungen an das Endprodukt muss im Rahmen der Eigenentwicklung auch ein Pflichtenheft für den Entwicklungsprozess selbst erstellt werden. Für den Softwareentwicklungsprozess existieren verschiedene Vorgehensmodelle, zu den bekanntesten gehören das Wasserfallmodell von Royce und das Spiralmodell von Boehm (vgl. hierzu Kapitel 10 „Bereitstellen von Informationssystemen – Auswahl und Eigenentwicklung).

Das Wasserfallmodell gliedert den Entwicklungsprozess in die Phasen Planung, Definition, Entwurf, Implementierung & Modultest, Systemtest & Abnahme und Betrieb, Pflege & Wartung, die kaskadisch aufeinander folgen. Jede Phase schließt mit einer Meilensteinsitzung ab, im erweiterten Modell sind Rücksprünge in vorhergehende Phasen möglich (vgl. Royce 1970; Disterer et al. 2003, S. 543).

Beim Spiralmodell handelt es sich um ein iterativ-inkrementelles Vorgehen. Jede Phase des Entwicklungsprozesses, z. B. die Phasen des Wasserfallmodells, stellt einen Zyklus dar, der vier Schritte umfasst (vgl. Boehm 1986):

- Klärung der Ziele, Erhebung von Anforderungen, Bestimmung der Randbedingungen.
- Risikoanalyse, Entwurf und Erstellung eines Prototyps.
- Implementierung und Anwendertest.
- Auswertung der Iteration und Planung der nächsten Iteration bzw. Stopp des Projekts.

Zu Beginn jedes Zyklus wird eine Risikoanalyse durchgeführt und über den weiteren Projektverlauf entschieden. Am Ende jedes Zyklus wird in einem Meilensteintreffen der Projektfortschritt bewertet und der nächste Zyklus konkretisiert bzw. das Projekt beendet.

Um schon frühzeitig im Entwicklungsprozess ausgewählte Merkmale des Systems oder von Systemteilen in einer realistischen Anwendungsumgebung testen zu können, werden Vorabversionen (Prototypen) mit begrenzten Funktionalitäten erstellt. Häufig werden beim Prototyping Benutzerschnittstellen und Benutzeroberflächen als Demonstrationsprototypen erstellt, die bedingt funktional sind, ohne dass die darunter liegende Systemarchitektur bereits implementiert wurde. Prototyping bietet damit die Möglichkeit, den Anwender schon früh im Entwicklungsprozess einzubeziehen, indem er anhand einer prototypischen Vorabversion des Anwendungssystems seine Änderungswünsche äußern kann. Dadurch kann die Entwurfs- und Entwicklungszeit verkürzt werden und die Gefahr einer Fehlentwicklung an den Kundenwünschen vorbei sinkt (vgl. Stahlknecht und Hasenkamp 2005, S. 219; Züllighoven 1998, S. 638).

Hinsichtlich ihrer Verwendung wird zwischen Wegwerf-Prototypen und wieder verwendbaren Prototypen unterschieden. Wegwerf-Prototypen, wie sie im Rapid Prototyping erstellt werden, dienen nur dem Erkenntnisgewinn, das endgültige System wird völlig neu erstellt. Beim evolutionären Prototyping werden wieder verwendbare Prototypen erstellt, die schrittweise verbessert werden und in die Systemlösung eingehen. Die Gefahr besteht hierbei, dass Prototypen vorschnell in die echte Anwendung integriert werden und auf eine sorgfältige Analyse- und Entwurf-Phase verzichtet wird (vgl. Stahlknecht und Hasenkamp 2005, S. 220).

Da die Einführung eines neuen Systems zu dem noch keine Erfahrungen bezüglich Stabilität und Zuverlässigkeit vorliegen mit erheblichen Risiken verbunden ist, sollte die Einführung eines ausgereiften Prototyps in einem Pilotbereich bzw. an einem ausgewählten Pilotprozess erfolgen. Mithilfe der gewonnen Erfahrungen kann die Software gegebenenfalls angepasst oder erweitert werden, bevor ein Systemeinsatz im ganzen Unternehmen erfolgt (vgl. Züllighoven 1998, S. 638).

Exkurs 6-11: Outsourcing

In dem Bankunternehmen MSD Bank wurde eine Systemanalyse durchgeführt. Das Sollkonzept sieht die Einführung einer neuen Software zur Unterstützung der Kundenakquise vor. Nachdem ein Pflichtenheft erstellt wurde, zeigt sich, dass es am Markt keine zufrieden stellende Lösung gibt. Das beauftragte Beratungsunternehmen verfügt über nicht genug Kapazitäten die Entwicklung selbst durchzuführen und die MSD Bank hat sich vor einiger Zeit gegen eine eigene Abteilung für die Entwicklung von firmeneigenen Informationssystemen entschieden. Deshalb soll ein Fremdunternehmen mit der Softwareentwicklung beauftragt werden. Neben festen Vertragspartnern, an die regelmäßig Aufträge vergeben werden, kommt hier auch analog zur Standardsoftware, die Auswahl eines anderen Entwicklungsunternehmens in Frage. Dieser Vorgang wird als Outsourcing bezeichnet. Der Auswahlprozess des geeigneten Unternehmens ähnelt dem der Standardsoftware, muss aber in der Anforderungsspezifikation neben dem fertigen Produkt auch den Entwicklungsprozess berücksichtigen.

Eine besondere Form der Eigenentwicklung ist die Endbenutzerentwicklung, bei der Informationssysteme eigenständig durch den Anwender mit wenig oder keiner Unterstützung durch Technikspezialisten entwickelt, erweitert und an seine Bedürfnisse angepasst werden können (vgl. Laudon et al. 2006, S. 575). Hier kommen Programmiersprachen der vierten Generation, Grafiksprachen und PC-Software-Tools zum Einsatz. Der Entwicklungsprozess ähnelt dabei nur bedingt dem klassischen Softwareentwicklungsprozess.

6.7.3 Standardsoftware

Aufgrund der Vielzahl bereits verfügbarer Anwendungssysteme wird häufig die Entscheidung getroffen, auf Standardsoftware zurückzugreifen, da sie meist schneller und kostengünstiger im Unternehmen eingesetzt werden kann. Als Standardsoftware gilt jede Art von Software, die in unterschiedlichen Unternehmen eingesetzt werden kann, sich an die individuelle Unternehmensstruktur anpassen lässt ohne den Programmcode zu ändern (Customizing) und deren Entwicklung abgeschlossen ist, wodurch der Beschaffungspreis im Gegensatz zur Eigenentwicklung eindeutig feststeht (vgl. Disterer et al. 2003, S. 385). Die Integration einer neuen Softwarelösung ist in der Regel jedoch mit einem erheblichen Aufwand verbunden und kann nicht ohne weiteres rückgängig gemacht werden. Um einen langfristigen Erfolg sicher zustellen, sollte das Auswahlverfahren sorgfältig durchgeführt werden (vgl. Kapitel 10.6 „Outsourcing von Informationssystemen"). Der zeitliche Aufwand für Auswahl und Einkauf einer Standardlösung wird dabei häufig zu niedrig eingeschätzt, je nach Projektumfang muss jedoch von einem Zeitrahmen von mindestens 4 Monaten ausgegangen werden.

Aufbauend auf dem Pflichtenheft des Sollkonzepts und unter Berücksichtigung der Zieldefinition wird ein Anforderungskatalog erstellt, durch den anhand von objektiven und nachvollziehbaren Kriterien das Produkt ausgewählt und mit dessen Hilfe der Erfolg der Softwareeinführung beurteilt werden kann. Mögliche Auswahlkriterien können den folgenden Kategorien zugeordnet werden: Funktionsumfang, Benutzerfreundlichkeit, Integrationsfähigkeit und Flexibilität, Systemeinführung und Systemeinsatz, Netzwerkfähigkeit, Hardware- und Softwareressourcen, Dokumentation, Kosten und Anbieterqualität (vgl. Stahlknecht und Hasenkamp 2005, S. 300; Laudon et al. 2006, S. 575).

Gronau (2001) gliedert den Auswahlprozess in sechs sich teilweise überlappende Phasen eines eigenständigen Projekts, an dessen Anfang die Zieldefinition und die Anforderungsspezifikation stehen. Stahlknecht und Hasenkamp (2005) hingegen integrieren diese in die Phase der Ausschreibung bzw. Angebotseinholung, an die sich die Phase der Grobbewertung der Angebote und die Phase der Feinbewertung und Endauswahl anschließen, die mit dem Vertragsschluss endet.

Vor dem Einholen von konkreten Angeboten stehen die Marktanalyse und die Identifikation von relevanten Anbietern. Hierfür kann auf

- Fachzeitschriften und Bücher,
- Messebesuche,
- Internet-Recherche,
- Übersichten von Dienstleistern und
- Erfahrungen, Expertenbefragungen und Referenzprojekte

zurückgegriffen werden.

Von den grundsätzlich in Frage kommenden Anbietern werden anschließend nähere Produktinformationen und Demo-Versionen angefragt (engl. Request for Information), um nach einer groben Vorauswahl eine Liste mit relevanten Anbietern zu erstellen (engl. Short-List). Diese Vorauswahl dient dazu, ungeeignete Angebote frühzeitig aus dem Auswahlprozess auszuschließen und die Menge der in Frage kommenden Anbieter auf wenige, etwa 3 bis 5, zu beschränken. K.o.-Kriterien sind u. a. ein zu hoher Preis, ein unzureichender Leistungsumfang oder ein zu hoher Anpassungsaufwand. Die relevanten Anbieter erhalten eine Ausschreibung in Form detaillierter Fragen bzgl. Anforderungsspezifikation, mit der Bitte, ein Angebot abzugeben (engl. Request for Proposal; vgl. Laudon et al. 2006, S. 575).

In der anschließenden Feinauswahl kann die Eignung der Software durch

- Einzelgespräche,
- Einsicht in die Systembeschreibungen und Benutzerhandbücher,
- Präsentation und Vorführung (engl. Proof of Concept),
- Einholen von Referenzen und
- Vergleichsrechnungen

geprüft werden. Für Vergleichsrechnungen bieten sich dieselben Verfahren wie im Sollkonzept an, z. B. Nutzwertanalyse und Gesamtkostenrechnung (TCO). Soweit möglich, sollte bei der Präsentation und Vorführung der Software durch den Anbieter bereits mit Unternehmensdaten gearbeitet werden (vgl. Stahlknecht und Hasenkamp 2005, S. 302).

Konnte ein geeigneter Anbieter identifiziert werden, so schließt sich die Phase der Vertragsverhandlungen an, an deren Ende ein Implementierungsplan erstellt wird.

6.7.4 Customizing

Es existiert eine Reihe von Softwarelösungen, die zwar als Standardsoftware am Markt angeboten werden, die aber auf die individuellen betrieblichen Anforderungen beim Kunden angepasst werden können oder müssen. Hierzu zählt beispielsweise SAP R/3. Dieser als Customizing bezeichnete Anpassungsprozess kann je nach Ausprägung mehrere Wochen oder Monate dauern und deutliche Parallelen zur Eigenentwicklung aufweisen.

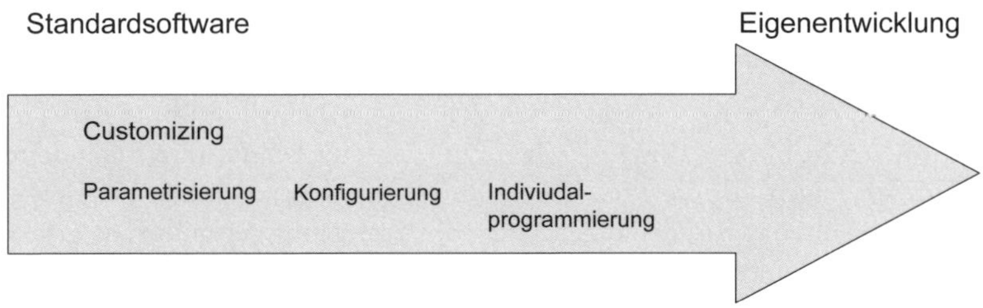

Abbildung 6-12: Standardsoftware, Customizing und Eigentwicklung

Stahlknecht und Hasenkamp (2005) unterscheiden grundsätzlich drei Ausprägungen des Customizing (vgl. Abbildung 6-12):

- Parametrisierung: Bei der Parametrisierung wird anhand von Parameterkonfigurationen eine Auswahl an Programmfunktionen vorgenommen. Diese müssen vorher im Programm implementiert sein.
- Konfiguration: Bei der Konfiguration werden die gewünschten Programmbausteine zu einem Software-Paket zusammengesetzt. Die Programmbausteine (Module) sind mehr oder wenige selbständige Teilprogramme mit definierten Schnittstellen.
- Individualprogrammierung: Bei der Individualprogrammierung wird ein Programmkern auf die Kundenwünsche und -bedürfnisse angepasst oder erweitert, wobei keine Beschränkung auf bereits bestehende Parameter oder Module besteht.

Der Anpassungsaufwand aber auch der Zuschnitt auf die Kundenanforderungen nimmt beim Customizing von der reinen Parametrisierung über die Konfiguration bis hin zur Individualprogrammierung zu, sodass letztendlich die Grenze zur Eigenentwicklung fließend ist.

6.8 Implementierung

Der Implementierungsphase wird in der Literatur weniger Beachtung geschenkt als den vorhergehenden Phasen. Zum einen weil die Implementierung von Veränderungen nicht zu den Kerntätigkeiten des Systemanalytikers zählt, zum anderen weil in der Implementierungsphase die großen Schlachten scheinbar bereits geschlagen sind, geht es doch vordergründig lediglich darum, das in den vorherigen Phasen Erarbeitete umzusetzen.

So wichtig es ist, in den vorhergehenden Phasen sorgfältig zu arbeiten, können doch auch in der Implementierungsphase Fehler gemacht werden, die zu einem Scheitern eines Projekts führen, z. B. die mangelhafte Schulung der Anwender. Wie kann also eine Veränderung in der Implementierungsphase umgesetzt werden? Welche speziellen Methoden und Techniken können hier eingesetzt werden? Zunächst ist zu konstatieren, dass es auch bei der Implementierung keinen Königsweg gibt. Vielmehr hängt die Vorgehensweise von vielen Faktoren ab. Ganz allgemein sind hier die sachlogischen, politischen und kulturellen Gegebenheiten im Unternehmen zu nennen (vgl. Hansmann et al. 2005, S. 270). Konkret hängen die Maßnahmen z. B. von der Anzahl der beteiligten Mitarbeiter, dem Umfang der Veränderung, wie der Anzahl und der Bedeutung der involvierten Prozesse, und dem vorgegebenen Zeitrahmen ab.

Für die Implementierung können folgende Roll-out Strategien unterschieden werden:

Bei der als *Big Bang* (dt. *Bombenwurf*) bezeichneten Variante erfolgt die Einführung in allen betroffenen Bereichen gleichzeitig. Hierbei lassen sich die kürzesten Einführungszeiträume realisieren, die potenziellen Reibungsverluste zwischen Einheiten, die bereits unter veränderten Abläufen arbeiten und denjenigen, die die alten Vorgehensweisen pflegen, können hier ausgeschlossen werden. Dem steht ein höheres Risiko des Scheiterns der Umsetzung gegenüber, da es keine Erprobungsphase gibt und die Interdependenzen zwischen den beteiligten Einheiten am größten sind.

Der *pilotierte* Roll-out ermöglicht es hingegen, an einem kleineren Ausschnitt die Wirkung der Veränderung zu testen, bevor die weitere komplette Umstellung erfolgt. So können eventuelle Probleme bei der Umsetzung identifiziert und abgestellt werden, bevor sie ihre volle schädliche Wirkung entfalten können.

Die *stufenweise* Einführung ermöglicht ein sukzessives Erlernen der Veränderung durch die Mitarbeiter. Wie beim pilotierten Roll-out können auch hier die gemachten Erfahrungen bei der Einführung für die weitere Verbesserung der Implementierung genutzt werden.

Die Implementierung soll die betroffenen Mitarbeiter befähigen, in der veränderten Umgebung effizienter als zuvor ihre Aufgaben im Unternehmen zu erfüllen. Das heißt sie müssen informiert werden und unter Umständen auch geschult werden, um die Veränderungen in der täglichen Arbeit umzusetzen zu können. Auch während der Implementierung geht es noch darum, Akzeptanz für die Veränderung zu schaffen, wenn auch die Spielräume für Akzeptanzänderungen wesentlich geringer sind als in den vorherigen Phasen.

Für die Kommunikation von Veränderungen existieren in Unternehmen eine ganze Reihe von Medien und Instrumenten, die sich in drei Kategorien unterteilen lassen und:

1. Angesicht zu Angesicht (engl. Face to Face) Kommunikation, wie Dialog, Informationsbesprechungen, Teamübergreifende Besprechungen, Vorträge und Präsentationen, Workshops und Seminare Kaskadenkommunikation oder Walking around (das informelle Gespräche auf dem Flur): Der Vorteil dieser Kommunikationsform ist die Nutzung verschiedener Kommunikationskanäle, wie Sprache, Mimik, Gestik und Tonfall. Auch beinhaltet diese Kommunikationsform die Möglichkeit des direkten Feedbacks zur Klärung von Fragen und Beseitigung von Unklarheiten. Der Nachteil ist der relativ hohe Zeit und Koordinationsaufwand, da alle Beteiligten an einem Ort zusammentreffen müssen.

2. Elektronische Medien, wie Webauftritt (Intranet), E-Mail, Newsgroups und Chat, Telefon und Mailbox oder Fax: Diese Instrumente bieten den Vorteil der unmittelbaren Verfügbarkeit. Sie können kurzfristig zur Verfügung gestellt werden und weisen gegenüber gedruckten Medien in der Regel auch einen Kostenvorteil auf. Allerdings wird die Wirksamkeit dieser Medien insbesondere im Vergleich zur Face to Face Kommunikation als geringer eingeschätzt (Bernecker und Reiß 2002, S. 352).
3. Printmedien, wie Mitarbeiterzeitschrift, Rundschreiben, Newsletter, Aushänge, Handbücher und Dokumentation, Broschüren, Prospekte und andere Druckschriften: Printmedien zählen zu den traditionellen Kommunikationsformen in Unternehmen und genießen nach wie vor einen hohen Stellenwert. Insbesondere in Bereichen wo elektronische Medien nicht verfügbar oder nicht akzeptiert sind, sind sie ein regelmäßiges Instrument der Kommunikation. Ihre Wirksamkeit ist jedoch aufgrund der fehlenden direkten Rückkopplung ebenso eingeschränkt wie bei den elektronischen Medien.

Sicherlich eignen sich nicht alle dargestellten Instrumente in jeder Veränderungssituation. Vielmehr muss das Ziel sein, einen für die Veränderung und den Kontext passenden Instrumentenmix zu finden, um die Veränderungen effektiv und effizient zu kommunizieren.

Die Grenzen zwischen Information und Schulung sind fließend. Von Schulung soll aber eher in solchen Fällen gesprochen werden, wenn es um das Erlernen einer Handlung geht. Hierzu zählt insbesondere der Umgang mit neuer oder veränderter Software.

Für die Einführung von Software stellt Gronau ein eigenes Vorgehensmodell vor, dass in Kapitel 10.6 „Einführung von Informationssystemen" abgebildet ist. Die schrittweise Überführung des Testbetriebs in den Produktivbetrieb ermöglicht es, sicherzustellen, dass es zu keinem Zeitpunkt zu einer Beeinträchtigung des Produktivbetriebes durch die Softwareumstellung kommt (vgl. Gronau 2001, S. 145).

Sind die Veränderungen implementiert, wird nach Möglichkeit nach einiger Zeit überprüft werden, ob die eingeführten Veränderungen auch tatsächlich in der Praxis angenommen wurden. Dabei ist auch vorteilhaft zu erheben, ob die Mitarbeiter aus der täglichen Arbeit heraus weitere Anregungen für Verbesserungen mitgeben können. Hier kann sich eine weitere kontinuierliche Verbesserung oder gegebenenfalls eine erneute Systemanalyse anschließen.

6.9 Weiterführende Literatur

Zur Vertiefung der einzelnen Systemanalysephasen dienen die entsprechenden Kapitel in diesem Buch.

6.10 Übungsaufgaben

1. Warum ist es wichtig, im Rahmen einer Systemanalyse die Humankriterien zu berücksichtigen?
2. Nennen Sie drei Vorteile der Partizipation!

3. Sie befinden sich in der Phase des Sollkonzepts. Um einige Fragen sinnvoll klären zu können, müssten Sie noch einmal in die Istaufnahme einsteigen? Die Zeit drängt. Was würden Sie tun?
4. Warum wird das vierte Feld im Informationsfenster als kritisch bezeichnet?
5. Welches ist die beste Aufnahmemethode im Rahmen einer Systemanalyse!
6. Erfragen Sie einen Sachverhalt mit einer offenen oder einer geschlossenen Frage?
7. Welchen Zweck erfüllt die Istdokumentation im Rahmen der Istanalyse?
8. Erläutern Sie den Autoren-Kritiker-Zyklus! Inwiefern trägt dieses Vorgehen zum Erfolg der Systemanalyse bei?
9. Anhand welcher Kriterien kann in der Realisierungsphase eine Entscheidung zwischen Eigenentwicklung (Make) oder Standardsoftware (Buy) getroffen werden?
10. Grenzen Sie Eigenentwicklung, Outsourcing, Customizing und Einkauf von Standardsoftware inhaltlich voneinander ab!
11. Erklären Sie den Unterschied zwischen Promotoren und Oponenten!
12. Welche Vorteile sehen Sie in der Anwendung der Nutzwertanalyse? Welche Nachteile sehen Sie?
13. Für die Kommunikation von Veränderungen gibt es Medien und Instrumente, die sich in 3 Kategorien aufteilen lassen. Welche Instrumente bzw. Medien würden Sie verwenden bei der stufenweise Einführung von Standardsoftware?

Helmut Frank und Matthias Trier

7 Projektmanagement

Themenüberblick: Projekt, Projektmanagement, Projektplanung, Projektauftrag, Projektorganisation, Projektstrukturplan, Work Breakdown Structure (WBS), Zeitplanung, Gantt-Diagramm, Netzplan, Kapazitätsplanung, Kapazitätsbelastungsdiagramm Kostenplanung, Earned-Value-Analyse, Projektrealisierung, Controlling eines Projekts, Führung eines Projektteams, IT im Projektmanagement, Projektinformationssystem, Projektmanagement-System, Projektrückblick.

Lernziele: In diesem Kapitel lernen Sie, eine Systemanalyse zu planen. Diese wird als ein Projekt durchgeführt. Sie erlernen daher die Merkmale eines Projekts und die Phasen und Methoden des Projektmanagements. Während der Projektbegründung wird zunächst eine angemessene Organisationsform ausgewählt und geschaffen. Einen Schwerpunkt des Kapitels bildet die Einführung in gängige Methoden der Projektplanung. Das beinhaltet die Planung von Arbeitspaketen, Zeiten, Ressourcen, Kosten und Finanzierung. Der Einsatz von Informationssystemen zur Unterstützung des Projektmanagements wird vorgestellt. Bei der Durchführung des Projekts wird Ihnen ein Überblick über die zu treffenden Entscheidungen und Kontrollinstrumente gegeben. Darüber hinaus benötigen Sie Führungskompetenzen zur Teamleitung. Grundlegendes Wissen über die erforderlichen Methoden und Softskills erhalten Sie daher im zweiten Abschnitt dieses Themenbereichs.

7.1 Einleitung und Begriffe

Die Systemanalyse im Unternehmen wird als ein Projekt organisiert und durchgeführt. Das Thema Projektmanagement spielt dabei eine große Rolle und muss als eine Kernkompetenz eines Systemanalytikers eingestuft werden. Daher werden in diesem Kapitel die Methoden des Projektmanagements vorgestellt. Die entsprechenden Methoden werden inzwischen von mehreren Projektmanagement-Organisationen zusammengetragen und zu Quasi-Standards verdichtet, um damit Personen und Unternehmen als „standardkonforme" Projektbetreiber zu zertifizieren. Die Vorteile entstehen dabei insbesondere bei der Kooperation im Projektgeschäft zwischen mehreren (in der Regel großen) Unternehmen. Wenn die Projektbeteiligten nach einem bestimmten Standard vorgehen, ist die Zusammenarbeit im gemeinsamen Vorhaben einfacher. Zwei wesentliche Projektassoziationen sind hierbei die International Project Management Association (IPMA) und das Project Management Institute (PMI).

In dem vorgegebenen, knappen Rahmen dieses Buches kann das Projektmanagement nur konturenhaft beleuchtet werden. Daher werden nur die für ein Systemanalyseprojekt relevanten Methoden vorgestellt. In einigen Fällen wird dabei auf entsprechende Methoden des PMI Vorgehensmodells eingegangen bzw. verwiesen.

Ein besonderer Schwerpunkt wird in diesem Themenfeld auf verhaltensorientierte Aspekte des Projektmanagements gelegt, denn Kompetenzen im Projektmanagement sind nicht nur mit mechanistischen Planungsmethoden, sondern auch mit „weichen" Führungsaufgaben verbunden. Die besten Technologien, Methoden und Problemlösungsverfahren nützen nichts, wenn ein Projektleiter nicht in der Lage ist, klare Ziele zu setzen, Menschen zu führen und zu motivieren oder Konfliktpotenziale zu erkennen und zu vermeiden. Voraussetzung dafür ist dessen präzise Sensorik gegenüber dem Projektteam, den Betroffenen (vgl. auch Change Management) und dem politischen Unternehmensumfeld. Auf diesen äußerst kritischen Erfolgsfaktor wird in der gängigen Literatur oft nicht deutlich genug hingewiesen oder er wird nur am Rande abgehandelt.

7.1.1 Projekt

Unternehmen verrichten Arbeit zur Erfüllung von Aufgaben. Der immer schnellere technologische, wirtschaftliche und soziale Wandel stellt dabei hohe Anforderungen an die Flexibilität der Organisation bezüglich der Planung, Überwachung und Steuerung. Die eingerichtete Organisationsstruktur (oft als Linie bezeichnet) ist dadurch bei bestimmten Vorhaben durch hierarchische Grenzen eingeschränkt. Deshalb erfolgt die Bearbeitung von Aufgaben nicht nur im operativen Tagesgeschäft, sondern auch in Projekten. Während ersteres meist wiederkehrende Aktivitäten beinhaltet, wird nach DIN 69901 unter einem Projekt ein Vorhaben verstanden, das gekennzeichnet ist durch die

- Einmaligkeit (der Bedingungen in ihrer Gesamtheit),
- Zielvorgabe,
- zeitliche,
- finanzielle,
- personelle und andere Begrenzungen,
- Abgrenzung gegenüber anderen Vorhaben und eine
- projektspezifische Organisation.

Das Project Management Institute PMI (2004) definiert dagegen Projekt als eine „vorübergehende Anstrengung zur Erzeugung eines einmaligen Produktes, Dienstes oder Ergebnisses". Die weiteren Begriffsbestimmungen in der Literatur (vgl. Kessler und Winkelhofer 2002, S. 9; Schelle 1989, S. 4; Stahlknecht und Hasenkamp 2002, S. 218) erweitern oder interpretieren die DIN-Norm. Insbesondere ist dabei ergänzend zu erwähnen, dass Projekte in der Regel komplex in ihrem Umfang sind. Beispiele für Projekte können sein:

- Entwicklung eines neuen Produktes (z. B. eines Fahrzeugmodells oder einer Finanzdienstleistung),
- Änderung einer Organisationsstruktur mit entsprechender personeller Umbesetzung,
- Einführung neuer oder geänderter Prozesse in Unternehmen,

- Entwicklung oder Integration eines neuen IT-Systems oder
- Erstellung einer Großanlagen bzw. eines Gebäudes.

Exkurs 7-1: Produkteinführung

In dem Bankunternehmen MSD Bank werden mehrere hundert Geschäftsprozesse abgewickelt. Dabei kommen verschiedene Informationssysteme zum Einsatz, um beispielsweise die Kundendaten zu verwalten, Kreditanträge zu verfolgen und zu bearbeiten, Konten anzulegen, zu sperren oder aufzulösen, Zahlungsverkehr durchzuführen und vieles mehr.

In diesem Kontext kann es vorkommen, dass ein neuer Vertriebskanal für ein Kreditprodukt eingeführt werden soll. Hiervon sind in der Regel einige Geschäftsprozesse betroffen: Es müssen bisherige Antragsformulare um die neue Option angepasst und elektronifiziert werden, die Produktparameter müssen mit den aus den Filialen eingehenden Anträgen vereinheitlicht werden. Weiterhin müssen Mitarbeiter geschult werden, die Produktaufträge im Backoffice richtig zu prüfen und zu bearbeiten, die entsprechenden Daten zu erstellen und zu verwalten.

Obwohl solche Änderungen in einem Unternehmen regelmäßig vorkommen, werden sie meist als ein Projekt abgewickelt. Sie sind insofern einmalig, als das sie ein Ziel umsetzen, welches sich im Speziellen von anderen Vorhaben unterscheidet. Es werden mehrere IT-Systeme umgestellt bzw. angepasst und neue Prozess- aber auch Controllingabläufe entworfen, sodass eine gewisse Komplexität vorliegt. Das Ende des Projekts ist die hoffentlich erfolgreiche Einführung des Produkts. Ein Budget ist erforderlich, um die Änderungen an der Software und dem Internetauftritt vorzunehmen und die entsprechenden Abläufe zu entwickeln und einzuführen. Dabei werden Personal- und IT-Kosten entstehen.

Einige der oben genannten Aspekte werden näher betrachtet: Die Einmaligkeit bezieht sich nicht auf die Aktivitäten als solche, sondern auf das ganze Projekt. So werden die Tätigkeiten in einem Systemanalyse-Projekt, wie z. B. Interview führen oder Schwachstellen analysieren, stets dieselben sein, jedoch immer in einem anderen Umfeld.

Es wird davon ausgegangen, dass jedes Unternehmen als Ganzes eine Zielsetzung hat. Bei einem Projekt wird dieser Aspekt fokussiert, das heißt, ohne eine Zielvorgabe ist ein Projekt sinnlos. Der spezielle Auftrag setzt das Projekt „auf die Schiene" und bekräftigt den besonderen Charakter eines Projekts. Verstärkt wird dies durch die zeitliche Determinierung. Ein Projekt hat einen definierten Beginn und ein definiertes Ende. Mit dem Projektende sollte das Ziel erreicht sein und die Zielsetzung entfällt dadurch (vgl. Schelle 1989, S. 5). Auch das Projektteam ist in seiner Arbeitsstruktur insofern temporär, da es nach Erreichung des Projektziels in der Regel aufgelöst und neuen Projektaufgaben zugeordnet wird. Das geschaffene Ergebnis bzw. Objekt (z. B. das neue Softwarewerkzeug oder der veränderte Geschäftsprozess) besteht dabei andauernd fort und ist nicht temporär.

Ein Projekt befindet sich in Konkurrenz um Ressourcen mit der „Alltagsarbeit" im Unternehmen. Deshalb muss oft in zähen Verhandlungen um diese Ressourcen gekämpft werden, damit die Ziele des Projekts mit den vorgegebenen determinierenden Faktoren erreicht werden können.

Der Begriff Komplexität lässt sich nicht scharf fassen, die Grenzen sind fließend. Einflussgrößen auf das Ausmaß an Komplexität im Kontext eines Projekts können sein:

- Wissenschaftlicher Neuheitsgrad,
- Anzahl der im Projekt aufgewendeten Personentage (vgl. Kapazitätsplanung),
- Relationen und Abhängigkeiten zwischen den einzelnen Elementen,
- Risiko der Zielerreichung oder
- Betreten von Neuland.

Ein Projekt benötigt eine Organisationsstruktur. Die verschiedenen Organisationsformen für ein Projekt werden später in diesem Abschnitt gegenübergestellt und diskutiert. Grundsätzlich kann zwischen einem internen und einem externen Projekt unterschieden werden. Bei einem internen Projekt ist, auf das Unternehmen bezogen, der Auftraggeber identisch mit dem Auftragnehmer, z. B. wenn eine Organisationsabteilung innerhalb ihres Unternehmens in einem Bereich eine Systemanalyse durchführt. Trotzdem wird auch hier in der Regel von einem Auftraggeber (z. B. Bereich Forschung) und einem Auftragnehmer, (z. B. Organisationsabteilung) gesprochen. Bei einem externen Projekt ist das Projektergebnis die Marktleistung, z. B. wenn für ein anderes Unternehmen Individualsoftware entwickelt wird.

7.1.2 Projektmanagement

Projektmanagement ist die Anwendung von Kompetenzen und Fähigkeiten, Werkzeugen und Techniken auf Projektaktivitäten mit dem Ziel, die (identifizierten) Anforderungen und (teils unidentifizierten) Bedürfnisse aller Stakeholder (Zielgruppen) des Projekts zu erfüllen bzw. zu übererfüllen. Dabei kommt es auf die Balance zwischen Umfang, Zeit, Kosten und Qualität des Projektergebnisses an. (vgl. PMI 2004)

Die Kompetenzbereiche des Projektmanagements umfassen dabei gemäß PMI (2004) Integrationsmanagement aller wesentlichen Projektelemente, Umfangsmanagement (engl. Scope), Zeitmanagement, Kostenmanagement, Qualitätsmanagement, Human Ressource Management, Kommunikationsmanagement, Risikomanagement und Beschaffungsmanagement.

Kotter unterscheidet zwischen Management und Führung (engl. Management and Leadership) und fordert, dass ein Projektmanager beide Tätigkeiten durchführen muss. Insbesondere ist hierbei also festzuhalten, dass neben den vielen einsetzbaren Methoden zur Planung, Steuerung und Kontrolle eines Projekts auch die Führungsqualitäten des Projektmanagers wichtig sind. Wie gut kann er das Team formen und fördern, aber auch persönliche Konflikte beilegen? Wie gut versteht er es zu motivieren, wie klar kommuniziert er Aufgaben und Zuständigkeiten? Wie trägt er zu effizienten Meetings und zur effizienten Kommunikation bei? Diese sehr wichtigen aber „weichen" Aspekte – die Softskills – werden daher im zweiten Teil dieses Abschnittes aufgegriffen und Ansätze vorgestellt.

Nach DIN 69901 wird *Projektmanagement* definiert als die Gesamtheit von

- Führungsaufgaben,
- Führungsorganisation,
- Führungstechniken und

- Führungsmittel für die Abwicklung eines Projekts.

Eine Gruppe von inhaltlich zusammengehörigen Projekten wird als Programm bezeichnet und der entsprechende Verantwortliche als Programm Manager. So können z. B. Elektronikunternehmen Programm Manager aufweisen, welche die Starts der unterschiedlichen Produktversionen (engl. Release) verantworten.

Ein Teil eines Projekts heißt Sub-Projekt oder Teilprojekt. Diese sind oft an externe Unternehmen ausgelagert, beschränken sich auf eine Projektphase oder auf eine Funktionseinheit (z. B. Produktion).

Exkurs 7-2: Projektführung

Ein erfahrener Unternehmensleiter in der Handelsbranche berichtete bei einem Vortrag einmal, dass er gern bei Einstellungsgesprächen nachfragt, ob die prospektiven Kandidaten auf die Arbeitsstellen Erfahrungen im Projektmanagement hätten. Viele der Kandidaten bejahten dies sofort und verwiesen auf entsprechende Veranstaltungen, welche sie an der Universität belegt hatten.

Ziemlich schnell stellte sich jedoch heraus, dass das einzige Wissen der Leute in den Fakten der Projektplanung lag. Hier konnten viele Gefragte diverse Methoden aufzählen, um Zeiten zu planen, Risiken zu bewerten, Kosten einzuschätzen etc. Jedoch auf die Frage, was Sie denn machen würden, nachdem der Plan fertig ist und es los gehen soll, wie Sie dabei ihr Team zusammenführen würden und wie sie das Projekt trotz etwaiger negativer Voreinstellungen seitens der überraschten Belegschaft oder trotz Änderungen in der Unternehmenspriorität partizipativ umsetzen wollen, kam oft nur ein Schweigen.

Der Unternehmensleiter betonte, dass derlei Führungsaufgaben im Projekt oft zu kurz kämen und letztlich die kleinen Tricks der Projektdurchführung nur aus der Erfahrung heraus gelernt werden können. Somit sollte also die Frage nach Erfahrung im Projektmanagement (im Unterschied zur Projektplanung) mit Vorsicht beantwortet werden.

7.1.3 Prozess des Projektmanagements

Der Standard des Project Management Instituts definiert die fünf folgenden „Prozessgruppen" des Projektmanagements:

- Projektbegründung (engl. Project Initiation),
- Projektplanung,
- Projektsteuerung (engl. Project Execution),
- Projectcontrolling und
- Projektabschluss (engl. Project Closing).

Es handelt sich dabei jeweils um Prozessabläufe mit spezifischen Aufgabenbereichen für das Projektmanagement. Synonym zur Prozessgruppe wird der Begriff Projektmanagementphasen verwendet. Diese stehen in einem wechselseitigen Zusammenhang und haben im Verlauf des Projekts eine unterschiedliche Gesamtbedeutung. So nehmen natürlich Begründungs- und Planungsprozesse am Anfang die wichtigste Rolle ein. Im Rahmen der Projektbegründung findet auch die Festlegung der Projektorganisation statt. Im Prozess dominieren dann Steuerungs- und Controllingprozesse. Am Ende kommt den ordnungsgemäßen Abschlussprozessen, wie z. B. der Dokumentation, Übergabe und Abnahme die höchste Bedeutung zu. Die Abfolge dieser Prozesse kann somit auch als ein Projektlebenszyklus aufgefasst werden.

7.2 Projektbegründung

Am Anfang des Projektlebenszyklus steht die Begründung des Projekts mit dem Ziel der Initiierung und formalen Autorisierung des neuen Projekts. Der Auslöser ist dabei außerhalb des Projektumfangs in den Unternehmensprozessen zu suchen und steht häufig in Zusammenhang mit Unternehmenserfordernissen und -strategien. Hierbei sind auch Planungen aus einem übergeordneten Projektportfolio- oder Projektprogramm für die Begründung eines neuen Projekts ausschlaggebend.

In der Regel beginnt die Projektbegründung nach der Identifikation eines entsprechenden Bedarfs (im Projektprogramm, durch einen Kunden, durch einen betroffenen Unternehmensbereich oder durch einen unternehmensinternen Projektsponsor) zunächst mit Ausarbeitung eines Projektvorschlags. Synonym werden auch oft die Begriffe Projektantrag (engl. Project Proposal) verwendet. Inhalt dieses Dokuments ist die Beschreibung der Bedeutung des Projekts, des Zusammenhangs zur Strategie des Unternehmens, des Umfangs (engl. Scope), der konkreten Ziele, der Aufgaben, des Nutzens und des Aufwands. Fast immer wird in dieser Phase auch eine (Grob-) Planung des Projektablaufs entwickelt, um beispielsweise die Kosten des Projekts zu schätzen. Damit nimmt dann die Projektinitiierung bereits Schritte der Projektplanungsphase vorweg. Diese beiden Phasen finden in der Praxis daher oft auch parallel zu einander statt. Der Projektantrag (bzw. das Proposal) enthält dann bereits die inhaltlichen Punkte des Projektauftrags (vgl. die Aufzählung weiter unten).

Bei erhöhtem Erfolgsrisiko erfolgt nach dem Projektantrag oft eine Machbarkeitsstudie (engl. Feasibility), die den Aufwand und den Ertrag des geplanten Projekts und die Chance der erfolgreichen Realisierung überprüfen soll. Hierbei kann auch die Auswahl zwischen mehreren möglichen Alternativen eine Rolle spielen. Der Umfang ist abhängig von der Größe des Projekts.

Spätestens nach dieser Studie bzw. nach der Verhandlung über die Inhalte des Projekts erfolgt unternehmensintern die Projektbewilligung bzw. der offizielle Projektauftrag (engl. Project Charter). Dieser Auftrag übernimmt oder konkretisiert die im Projektvorschlag genannten Inhalte und legt sie verbindlich fest. In der Regel entsteht dabei ein umfassendes Vertragsdokument. Abhängig von der Größe des Projekts, Unternehmensorganisation und der Strategie des Top-Managements wird diese Phase über einen Projektausschuss abgewickelt oder der potenzielle Projektleiter ist bereits in dieser Phase involviert. Bestandteile eines Projektauftrags sind:

- Konkretes Projektziel,
- Nutzen (qualitativ, gegebenenfalls quantitativ),
- Stakeholder bzw. Zielgruppe,

- Messgrößen zum Nachweis des Projekterfolgs (bezogen auf die Ziele) bzw. Abnahmebedingungen,
- Hauptaufgaben (was wird gemacht und warum),
- Projektumfangsdefinition (engl. Scope),
- Grobe Vorgehensplanung mit Milestones aus Planungsphase,
- Bestimmung der einzubringenden Ressourcen durch den Auftraggeber und den Auftragnehmer (betroffene Bereiche und deren Beteiligungspflichten, Budgetierung, sonstiger Aufwand),
- Bestimmung hinsichtlich des Zeitrahmens des Projekts,
- Randbedingungen des Projekts,
- organisatorische Kompetenzerfordernisse,
- Risiken des Projekts (eventuell Risikoplanung bzw. Haftungsregelungen),
- Festlegung der Projektorganisation (Kompetenzen im Vergleich zur restlichen Organisation) und gegebenenfalls
- Zusatzvereinbarungen (Vertragsklauseln).

7.3 Festlegung der Projektorganisation

Im Rahmen der Projektbegründung ist festzulegen, wie das Projekt in die bestehende (Unternehmens-) Organisation eingebunden wird. Dabei sind zwei Perspektiven der Projektorganisation zu unterscheiden: Entweder das Projekt wird intern im eigenen Unternehmen durchgeführt. Ein Beispiel ist die Einführung einer Prozessänderung in mehreren Unternehmensbereichen durch die IT-Abteilung. Alternativ kann das Projekt aber auch durch ein Unternehmen für ein anderes Unternehmen z. B. als Beratungsprojekt durchgeführt werden. Wenn mehr als eine Organisation aktiv am Projekt beteiligt ist, müssen auch mehrere Festlegungen über die Einbettung des Projekts in die entsprechenden organisatorischen Umfelder getroffen werden.

Bei der Festlegung der Organisation müssen die widersprüchlichen Ziele Stabilität (Abwicklung des Projektauftrags ohne große Abweichungen und Störungen) und Flexibilität (z. B. Änderung der Projektdeterminanten) berücksichtigt werden (vgl. Gronau 2001, S. 54). In der Praxis entwickelten sich folgende Organisationsformen:

- Projektorganisation in der Linie,
- Stabs-Projektorganisation,
- Matrix-Projektorganisation und
- Reine Projektorganisation.

Die verschiedenen Projektorganisationsformen haben Vor- und Nachteile. Jede Unternehmung wird versuchen, die für sie günstigste Konstellation anzuwenden. Es müssen u. a. folgende Punkte berücksichtigt werden:

- Struktur der bereits vorhandenen Organisationsform,
- Größe und Dauer des Projekts,
- Bedeutung des Projekts für das Unternehmen,
- Bedeutung von Risikofaktoren,
- Verfügbarkeit von Ressourcen,

- Erforderliche Autorität des Projektmanagers,
- Budgetverantwortung beim Projektmanager oder bei einer Linienfunktion,
- Vorhandene Erfahrungen mit Projektorganisation,
- Zeitliche Auslastung (Teilzeit- vs. Vollzeit) der Projektteilnehmer und
- Anzahl bereits laufender Projekte.

7.3.1 Projektorganisation in der Linie

Findet die Abwicklung eines Projekts über die bestehenden funktionalen Organisationseinheiten statt, wird von einer Linienprojektorganisation (engl. Functional Project Organization) gesprochen. Kieser und Kubicek (1992, S. 146) bezeichnen diese Form auch als eine institutionalisierten Selbstbestimmung auf Zeit, da verschiedene Bereiche am Projekt beteiligt sind. Entweder wird aus den Reihen der entsprechenden Bereiche bzw. Funktionseinheiten ein Ausschuss gebildet, der die Führungsaufgaben für das Projekt wahrnimmt, oder ein einzelner Manager übernimmt diese Aufgabe. Mitarbeiter der involvierten Bereiche der Linienorganisation übernehmen die Verantwortung für Arbeitspakete (vgl. Abbildung 7-1).

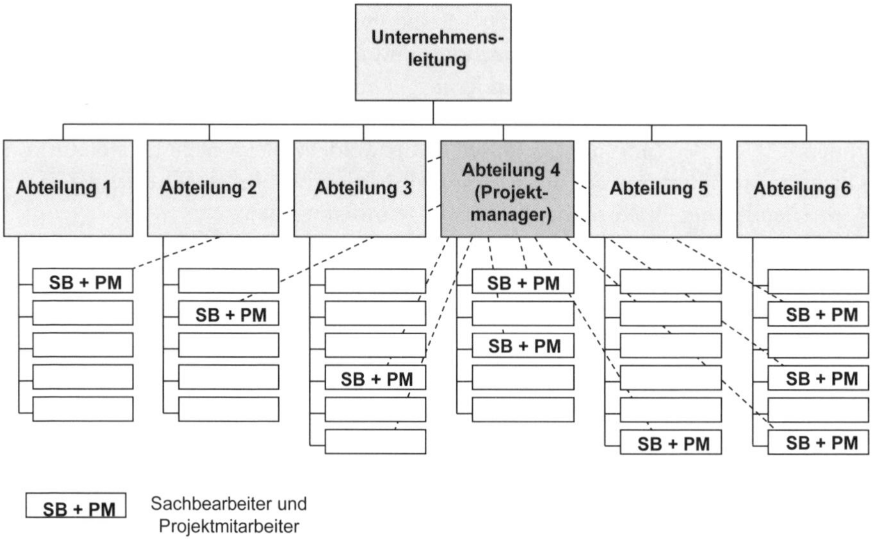

Abbildung 7-1: Projektorganisation in der Linie

Die Vorteile sind darin zu sehen, dass das bestehende Organisationsgefüge nicht verändert werden muss und die Mitarbeiter nach Beendigung des Projekts (nahtlos) ihre bisherigen Aufgaben wieder (voll) übernehmen können. Es muss kein Personal versetzt oder entlassen werden. Sinnvoll ist es auch, wenn das Projekt inhaltlich innerhalb einer Funktionseinheit abgewickelt werden kann oder wenn die Linienmitarbeiter mit wenig Zeitaufwand pro Woche ein wenig zeitkritisches Projekt nebenher abwickeln können und die alternative eigene Projektstelle unterausgelastet wäre.

Nachteilig ist, dass nur kleinere Projekte auf diese Art und Weise bewältigt werden können, da die Arbeit meist neben den eigentlichen Aufgaben stattfindet und das eingesetzte Personal sich weniger bzw. gar nicht in Linienaktivitäten einbringen kann. Bei einem komplexen Projekt überfordert die Koordination und die speziellen Aufgaben des Projekts die „Linie“ (vgl. Dörfel 1995, S. 5), bzw. die Reaktionsgeschwindigkeit bei Projektabweichungen ist sehr gering, da bei klassischen Liniensystemen der Kontakt der verschiedenen Bereiche in der Regel über die Instanzen abgewickelt wird. Oft wickelt z. B. der Konstruktionsbereich seine Arbeit unabhängig von der Produktionsabteilung oder der Marketingabteilung ab. Taucht in der Konstruktion dann Abstimmungsbedarf auf, werden die Fragen solange an die Vorgesetzten weitergeleitet bis sie in die Leitungsebene gelangen, in der Produktions- und Konstruktionsverantwortliche zusammenarbeiten. Antworten werden anschließend wieder in die Arbeitsebene zurückgegeben. Weiterhin besteht die Gefahr einer mangelnden Identifizierung mit dem Projekt oder die eines Gewissenkonflikts zwischen Projektaufgabe und Linienaufgabe bei knapper Zeit. Diese Ressourcenkonkurrenz kann auch eine schwierige Hürde für den Projektleiter werden und viele Ineffizienzen bei der Zeitplanung mit sich bringen.

7.3.2 Reine Projektorganisation

Die reine Projektorganisation steht der Projektabwicklung in der Linie gegenüber. Sie kann insbesondere angemessen sein, wenn

- besonders wichtige Projektaufgaben anstehen,
- die in kürzester Zeit sicher durchgeführt werden müssen,
- die Frage der Wirtschaftlichkeit sekundär ist oder
- es sich um sehr große oder lang dauernde Projekte handelt.

Bei dieser Organisationsform wird für die Dauer des Projekts quasi eine eigene Organisationseinheit gebildet und alle materiellen und personellen Ressourcen eingegliedert (vgl. Abbildung 7-2).

Typischerweise wählen Unternehmen diese Form der Projektorganisation, welche ihren Umsatz über die Projektabwicklung im Auftrag von Kundenunternehmen erzielen, wie z. B. Architekturunternehmen, Ingenieurbüros, Beratungsunternehmen, Bauunternehmen etc. Alternativ gibt es in nicht ausschließlich projektbasierten Unternehmen meist eine Abteilung die als projektbasierte Organisationseinheit fungiert.

Die Stellen dieser Organisationseinheit sind dem Projektleiter fachlich und disziplinarisch unterstellt. Der Projektleiter trägt die alleinige Verantwortung für den Projekterfolg.

Die wesentlichen Vorteile ergeben sich aus der alleinigen Ausrichtung auf das Projektziel, andere Aufgaben müssen nicht nebenher bewältigt werden. Konfliktsituationen durch geteilte Weisungsbefugnisse können nicht entstehen, da der Projektleiter die volle Kompetenz hat. Bei auftretenden Störungen oder gewünschten Änderungen im Projekt kann rasch reagiert werden, die Kommunikationswege sind im Vergleich kurz. Das angewandte und gewonnene Know-how steht gesammelt zur Verfügung, da es nicht im Alltagsgeschäft untergeht.

Dem stehen auch gravierende Nachteile gegenüber. Die benötigten personellen Ressourcen müssen bei Projektbeginn aus der Linie abgezogen oder neu eingestellt werden. Problematisch ist die Wiedereingliederung nach Beendigung des Projekts, sowohl für das Unternehmen, das entsprechende Stellen bereithalten oder die Mitarbeiter entlassen muss, als auch für die Mitarbeiter, deren angestammte Plätze besetzt oder nicht mehr vorhanden sind. Es besteht auch die Gefahr, dass sich ein „Unternehmen im Unternehmen" etabliert, mit allen negativen Folgeerscheinungen, wie z. B. einer anderen Kultur, ein anderes Gehaltsgefüge, Parallelentwicklungen usw.

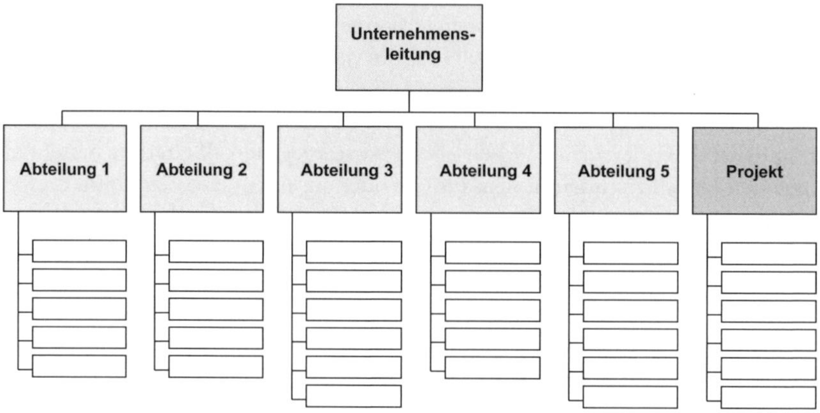

Abbildung 7-2: Reine Projektorganisation

7.3.3 Stabs-Projektorganisation

Zwischen der Projektabwicklung in der Linie oder in einer reinen Projektorganisation gibt es zahlreiche Zwischenstufen, wie z. B. die Stabs-Projektorganisation (vgl. Abbildung 7-3).

Hier wird statt eines Projektleiters oder eines Projektleistungsausschusses aus der Linie ein spezieller Projektleiter aus einer Stabseinheit eingesetzt. In der Regel ist dieser Projektleiter direkt der obersten Leitung unterstellt und hat gegenüber der Linie keine Weisungs- und Entscheidungsbefugnisse, er ist lediglich für die Planung, Koordination, Information und Beratung zuständig. Daraus folgt, dass er eigentlich nicht die erforderliche formale Kompetenz für das Erreichen des Projektziels und für die Termin- und Kosteneinhaltung hat. Diese Verantwortung wird ihm jedoch in der Praxis oft „zugeschoben", obwohl er in seiner Position eher die Aufgaben eines Koordinators übernehmen müsste. Hier entsteht ein Spannungsfeld zwischen den Erwartungen an den Stabprojektleiter und seinen formalen Möglichkeiten.

Der Vorteil dieser Organisationsform liegt darin, dass keine Veränderungen der Organisation notwendig sind, und – wenn bereits ein Stab-Liniensystem vorhanden ist – keine zusätzlichen Stellen geschaffen werden müssen. Ebenfalls gibt es keine Probleme nach Beendigung des Projekts, da das bestehende Organisationsgefüge kaum oder gar nicht verändert werden muss. Der Stabsprojektleiter wird speziell mit der Abwicklung des Projekts beauftragt und muss sich nicht, wie bei der Linienprojektorganisation, nebenbei noch um das Tagesgeschäft der Linien kümmern.

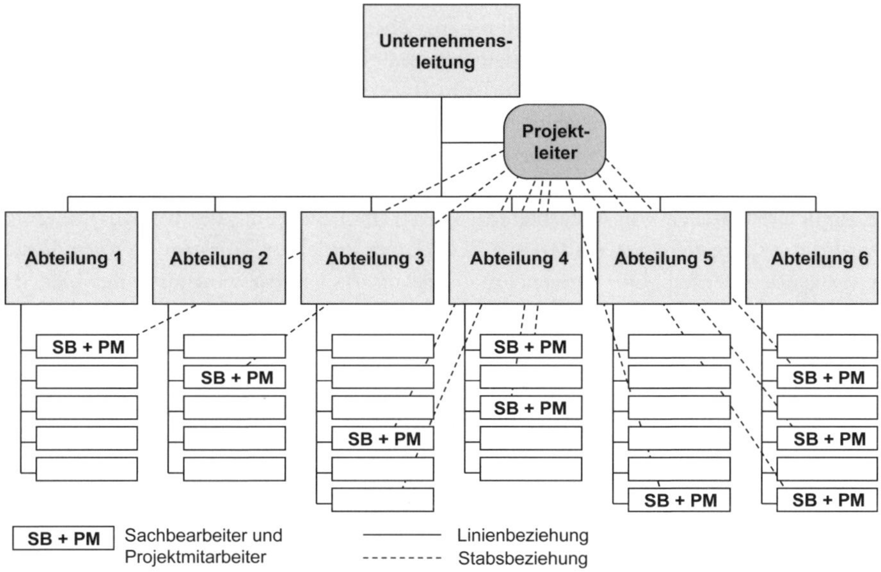

Abbildung 7-3: Stabs-Projektorganisation

Die Nachteile liegen auf der Hand. Es bestehen von Seiten der Stabsstelle lediglich informale Einflussmöglichkeiten, gestützt durch die Macht der Instanz, bei der die Stabsstelle angesiedelt ist. Entscheidungen müssen jedoch immer von den Linieninstanzen getroffen werden. Dadurch besteht die Gefahr, dass das Projekt nur schleppend vorankommt, weil die Linie Prioritäten bei den eigenen Aufgaben setzt. Bei Projektabweichungen ist die Reaktionsgeschwindigkeit träge.

Diese Organisationsform steht und fällt mit der Person des Projektleiters und der informalen Macht, die ihm „seine Instanz" verleiht. Sie kann jedoch auch eine Bewährungsprobe für höhere Aufgaben für eine Persönlichkeit sein, die die gestellte Aufgabe – trotz der vorhersehbaren Schwierigkeiten – meistert. Die Stabs-Projektorganisation wird überwiegend gewählt, wenn in einem Unternehmen noch wenig Projekterfahrung vorhanden ist oder es um die Durchführung einfacher Vorhaben geht.

7.3.4 Matrix-Projektorganisation

Bei der Matrix-Projektorganisation wird das der Linienorganisation zugrunde liegende Prinzip der „Einheit der Auftragserteilung" durchbrochen. Die Mitarbeiter, die die Projektaufgaben durchführen, bleiben auf ihren Stellen in den Fachabteilungen und ihrem bisherigen Vorgesetzten disziplinarisch unterstellt. Die fachliche Weisungsbefugnis gegenüber den am Projekt beteiligten Stellen hat der Projektleiter. Er trägt auch die Gesamtverantwortung für den Projekterfolg.

Dadurch entstehen zwei sich überlagernde und ergänzende Leitungssysteme, die Linienorganisation und die Projektorganisation (vgl. Abbildung 7-4). „In Bezug auf den Projektleiter gilt: Er soll in allgemeinen Fragen über das ‚was' und das ‚wann' einen stärkeren Einfluss auf den Entscheid haben, bei der Frage des ‚wie' hingegen der Zweckbereichsleiter." (Hill et al. 1994, S. 207)

Bei den Stellen der Matrix-Projektorganisation entstehen Kompetenzschnittstellen, die genau definiert sein sollten. Es sind relativ aufwendige organisatorische Regelungen notwendig.

Bei der Matrix-Projektorganisation sind die Informations- und Koordinationswege kürzer als der hierarchisch determinierte Ablauf der Linienorganisation. Interdisziplinäre Gruppen und verschiedene Bereiche, und dadurch Spezialwissen und besondere Erfahrungen, können relativ schnell zusammengefasst werden. Auch hier gibt es bei Projektbeginn und Projektende keine Probleme bezüglich der Stellen von Mitarbeitern. Durch die Bündelung der Informationen in einer Hand wird der Synergieeffekt gefördert. In der Matrix-Projektorganisation können Ressourcen flexibler verwendet werden. Die Unternehmensorganisation selbst wird auch flexibler, dadurch können verkrustete Strukturen aufgelöst werden.

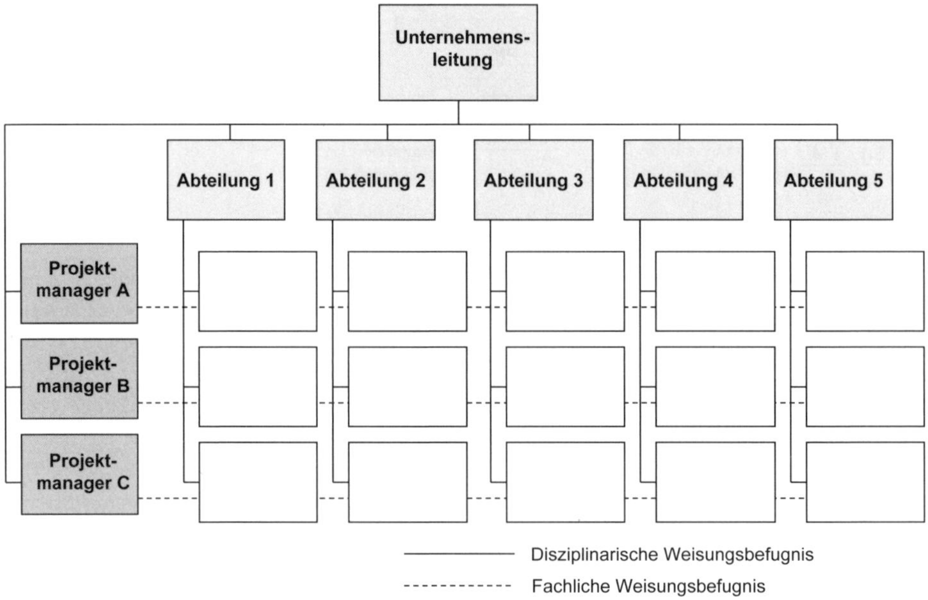

Abbildung 7-4: Matrix-Projektorganisation

Diese Organisationsform birgt jedoch ein hohes Konfliktpotenzial in sich. Die Mitarbeiter erhalten von zwei verschiedenen Instanzen Anweisungen und leiden erheblich darunter, wenn diese nicht relativ widerspruchsfrei sind. Dies wiederum setzt eine partnerschaftliche Arbeit des Projektleiters und des Fachvorgesetzten voraus. Es besteht jedoch die Gefahr, dass die Fachabteilung die Projektleitung dominiert oder umgekehrt. In der Praxis zeigt sich, dass die Linie Schwierigkeiten hat, das Liniendenken abzulegen und flexibel zu handeln (vgl. Reschke 1989, S. 880). Aus diesen Gründen wird meist zusätzlich ein Schiedsgremium installiert. Das macht den Entscheidungsprozess jedoch schwerfälliger.

Das PMI definiert neben dieser Matrixorganisationsform noch die schwache und die mittlere (engl. balanced) Matrixorganisation für kleinere Vorhaben. In ersterer wird eine direkte Projektarbeitsebene aus Mitgliedern der Linienbereiche geschaffen, die aber nicht über die Hierarchieebenen, sondern direkt kommunizieren und sich untereinander gemeinsam koordinieren. Die mittlere Matrixorganisation bezeichnet den gleichen Aufbau, nur das einer der Mitarbeiter zu einem Projektmanager ernannt wird. Dieser hat jedoch wiederum nur eher koordinierende Aufgaben und verfügt nicht über Budget und Autorität.

Aus dem oben Gesagten wird klar, dass es die ideale Projektorganisationsform nicht gibt. Es bedarf der sorgfältigen Abwägung der Vor- und Nachteile unter Berücksichtigung des Projektziels und der Rahmendaten des Unternehmens, um die jeweils günstigste Lösung zu finden.

Hierbei kann es auch zu Kombinationen kommen, in denen mehrere Unterprojekte über verschiedene Wege abgewickelt werden. Beispielsweise könnte ein funktional organisiertes Projekt fachspezifische Aufgaben einer Abteilung umsetzen. Gleichzeitig arbeitet ein Mitglied dieser Gruppe gemeinsam mit anderen Abteilungen einem Matrixprojektleiter zu.

7.3.5 Organisation des Projektteams

Neben der Integration eines Projektteams in die bestehende Organisationsstruktur muss auch definiert werden, aus welchen organisatorischen Einheiten das Projektteam selbst bestehen soll und welche Unterstützungs-, Kontroll- und Entscheidungseinheiten geschaffen werden.

Der erste Schritt ist die Bestimmung des verantwortlichen Projektleiters. Dabei kann diese Bezeichnung auch Verwirrung stiften, denn der vermeintliche Leiter ist in einem ansonsten hierarchiefreien Projektteam eher ein nach innen gerichteter unterstützender bzw. koordinierender Organisator, der organisatorische Aufgaben für die Gruppe übernimmt, sie aber nicht anweist.

Die Projektmitarbeiter bilden in der Regel aufgabenorientierte Untergruppen. Diese wählen gegebenenfalls einzelne Teilprojektsprecher bzw. Teilprojektleiter. Die bewusste Überlappung der Untergruppen durch einzelne, an jeweils zwei Gruppen teilnehmenden Personen („Linking Pins“, vgl. Likert 1967) kann in diesem Kontext eine geeignete Konfigurationsmöglichkeit sein.

Wenn keine projektexternen Serviceeinheiten im Unternehmen, wie z. B. Finanzorganisation oder Beschaffung zur Unterstützung von Projekten etabliert sind, kann neben der direkt aufgabenbezogenen Aufteilung noch die Zuordnung verschiedener organisatorischer Aufgaben zu verantwortlichen Personen nötig werden, um z. B. die Dokumentation, die Reiseorganisation oder interne Kommunikationshilfsmittel und -systeme zu organisieren.

Neben bzw. auch über dem Projektleiter können ebenfalls Entscheidungsgremien eingesetzt werden, die insbesondere bei größerem Projektrisiko, bei aktivem Interesse der Unternehmensführung oder bei einer umfassenderen Stakeholdergruppe zur Absicherung qualitativ hochwertiger Projektergebnisse beitragen können. Verwendete Bezeichnungen für diese Entscheidungsebene über dem Projektleiter sind Steering Commitee, Projektlenkungsausschuss oder Lenkungsgremium. Oft treffen sich diese Gremien in regelmäßigen Abständen, z. B. einmal pro Monat, und der Projektleiter berichtet über seine Projektfortschritte und die nächsten Schritte. Das Gremium kann daraufhin den Projektleiter bei seiner Entscheidungsfindung bzw. der Projektausrichtung beeinflussen.

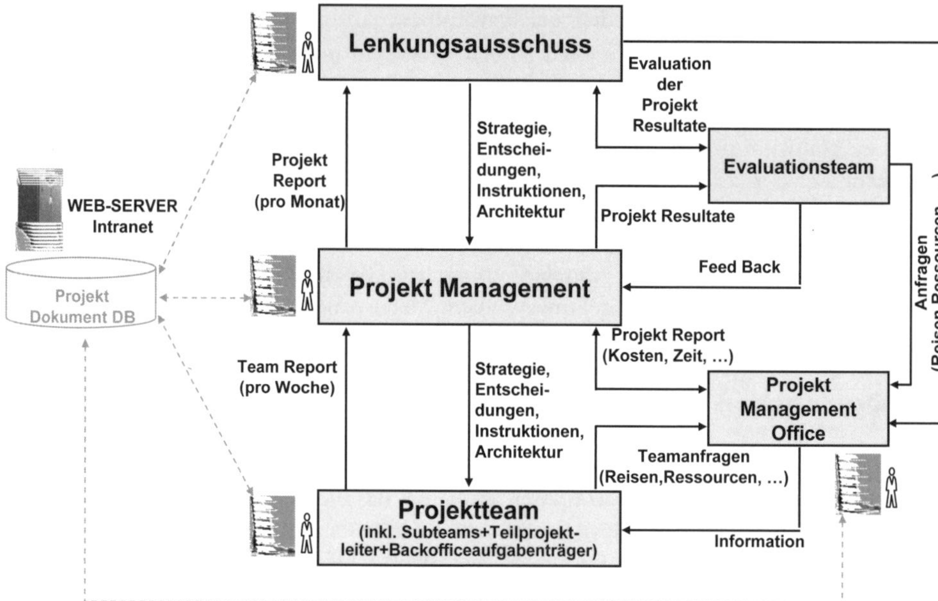

Abbildung 7-5: Organisation um das Projektteam

Eine alternative Entscheidungsebene kann ein Project Management Office sein. Hierbei handelt es sich quasi um einen „Manager der Projektmanager". Daher wird diese Einheit meistens bei der gleichzeitigen Abwicklung von mehreren Projekten in einem Unternehmen etabliert und steht in Verbindung mit dem weiter oben vorgestellten Projektprogramm. In der Abbildung 7-5 ist ein Beispiel für eine um die Projektgruppe befindliche Organisationsstruktur aufgezeigt.

7.4 Projektplanung

Eine weitere Stufe des Projektlebenszyklus ist die Projektplanung. Der Einsatz von entsprechenden Planungsmethoden und -instrumente beginnt in der Praxis, wie oben schon beschrieben, meist bereits parallel zur Projektbegründung, da bereits dort oft erste grobe Vorausplanungen von Kosten und Zeiten erforderlich werden.
Unter Planung wird allgemein die gedankliche Vorwegnahme zukünftigen Handelns im Hinblick auf ein bestimmtes Ziel verstanden. Das Ziel der Planung ist erreicht, wenn der Weg bzw. die logisch aufbauenden Maßnahmen klar strukturiert sind. Je weiter eine Planung in die Zukunft reicht und umso mehr sich das Projekt auf unbekanntes Terrain wagt, desto gröber wird zwangsläufig die Planbarkeit zu Beginn sein. Gleichzeitig wächst das Risiko, dass die Planvorgaben wirklich eingehalten werden können. Es sollte daher nur geplant werden, was planbar ist. Vor diesem Hintergrund ist es eine wichtige Aufgabe, relevante Informationen für den geplanten Projektverlauf zu sammeln und dabei mit verschiedenen Stufen der Genauigkeit und Unsicherheit über die enthaltenen Angaben zu arbeiten. Hier gilt es genau abzuwägen, inwiefern zukünftige feinste Verästelungen ohne gegenwärtig ausreichende Information festgelegt oder aber offen gelassen werden. Über die zu frühe Definition kann die Projektplanung auch zu früh eingeengt werden und das

Projekt wird unflexibler bei externen Änderungen. Gleichzeitig wird das übernommene Risiko, wirklich bei dem versprochenen Zustand anzukommen, für den Projektverantwortlichen größer.

Ratsam ist eine ständige Planrevision und daraus folgend eine rollierende Projektplanung (engl. Rolling Wave Planning), die sich nach neuen relevanten Informationen oder Änderungen iterativ in immer neuen Versionen aktualisiert und verfeinert. Die Projektplanungsaufgaben sind in der Übersicht die folgenden (vgl. hierzu insbesondere auch die PMI Standards in PMI 2004, S. 48):

1. Umfangsplanung und -Definition (engl. Scope Definition),
2. Definition der wesentlichen Projektergebnisse (engl. Deliverables),
3. Ableitung einer Ergebnishierachie bzw. des *Projektstrukturplans* (engl. Work Breakdown Structure, WBS),
4. Definition der erforderlichen Aktivitäten (Arbeitspakete, engl. Work Packages) und Meilensteine,
5. Sequenzierung der Aktivitäten und Meilensteine,
6. Schätzung der erforderlichen Dauer zur Durchführung der Aktivitäten,
7. Ableitung der *Zeitplanung* in der Form von Netzwerkdiagrammen bzw. Aktivitätsabfolgeplan (Gantt-Diagramm),
8. Schätzung der erforderlichen Ressourcen zur Durchführung einzelner Aktivitäten und Ableitung der *Kapazitätsplanung* in Form eines Kapazitätsbelastungsdiagramms (engl. Ressource Calendar),
9. Kostenschätzung pro Aktivität auf Basis der Ressourcenschätzung,
10. Entwicklung einer *Kostenplanung* pro Zeiteinheit (engl. Cost Baseline),
11. *Finanzplanung* zur Sicherstellung der Verfügbarkeit der Finanzmittel im entsprechenden Zeitabschnitt,
12. Qualitätsplanung,
13. Personalplanung (engl. Staffing),
14. Kommunikationsplanung (gegenüber den Stakeholdern),
15. Qualitative und quantitative Risikoidentifikation sowie Risikomanagementplanung und
16. Beschaffungsplan für die Beschaffung der im Projekt verwendeten Ressourcen.

Die in diesem Buch fokussierten *Hauptplanungselemente* dieser umfassenden Abfolge sind der Projektstrukturplan sowie die Zeit-, Kapazitäts-, Kosten- und Finanzplanung. Die letzten vier Planungsbestandteile stehen dabei in einem sehr engen Abhängigkeitsverhältnis. So kann kein Zeitplan entwickelt werden, ohne zu wissen, ob durch Parallelisierung von Zeitschritten die verfügbare Kapazität überschritten wird. Werden später die Kostenbedingungen nicht eingehalten, müssen Änderungen an Kapazitäts-, Zeit-, und Finanzplanung vorgenommen werden. Steht zu einem bestimmten Zeitfenster keine ausreichende Finanzierungsquelle zur Verfügung, müssen Aktivitäten nach hinten verlagert werden.

Durch diese gegenseitigen Abhängigkeiten wird die Planung als iterativer Prozess durchgeführt. Es ist ohne eine – eventuell mehrmalige – Rückkoppelung keine konsistente Planung möglich. Diese findet nach Erstellung des jeweiligen Plans statt. Trotzdem steht zu jedem Zeitpunkt im Planungsablauf ein Planungselement im Vordergrund (vgl. auch Abbildung 7-6).

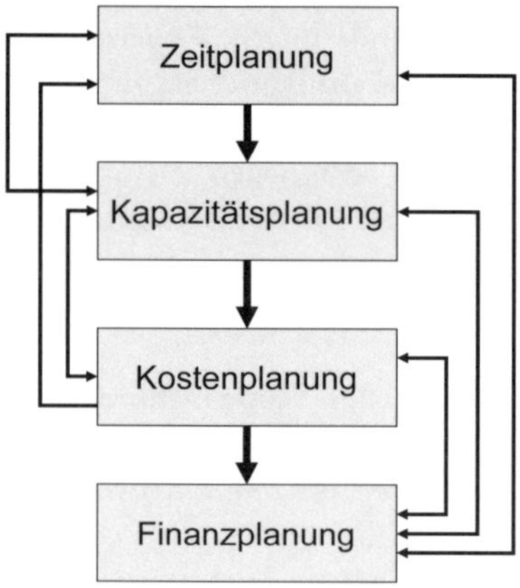

Abbildung 7-6: Iterative Planung

Bei der Projektplanung zeigt sich, wie wichtig eine aussagekräftige Zielplanung und Zielsetzung ist, da nur anhand von eindeutigen Zielen Prioritäten bei der Planung gesetzt werden können. Bei einer simultanen Planung, die nur mithilfe von Informationssystemen zu bewältigen ist, finden diese Rückkopplungen permanent statt (vgl. hierzu auch den späteren Abschnitt zu Informationssystemen für das Projektmanagement).

7.4.1 Projektstrukturplan

In der Regel ist ein Projekt sehr komplex. Um es handhabbar zu machen, muss es entsprechend strukturiert werden. Das entsprechende Instrument für diesen Schritt ist der Projektstrukturplan (PSP). Seine Struktur wird aus der Projektziel- und der Projektumfangsdefinition abgeleitet. Dies entspricht den Projektplanungsaufgaben 2, 3 und 4 der Liste im vorigen Abschnitt. Es ist sowohl eine objektorientierte als auch funktionenorientierte Gliederung möglich.

Die Projektstruktur wird durch DIN 69901 definiert als die Gesamtheit der wesentlichen Beziehungen zwischen den Elementen eines Projekts. Die gleiche DIN definiert den Projektstrukturplan als die Darstellung dieser Projektstruktur. Diese wird repräsentiert als Aufteilung des vollständigen Arbeitsvolumens eines Projekts in sinnvolle Arbeitspakete (engl. Work Packages). Zwischenebenen im hierarchischen PSP können z. B. Projektphasen, Teilergebnisse (engl. Deliverables) oder Teilprojekte als Aggregation vieler zusammengehöriger Aufgabenpakete sein. DIN 69901 definiert das Arbeitspaket als Teil des Projekts, der im Projektstrukturplan nicht weiter aufgegliedert ist und auf einer beliebigen Gliederungsebene liegen kann.

Analog hierzu definiert das Project Management Institute die *Work Breakdown Structure* (WBS) als hierarchische Gliederung der durch das Projektteam auszuführenden Arbeit, um die Projektziele zu erreichen und die entsprechenden Planergebnisse (engl. Deliverables) zu erzielen. Die unterste Ebene bilden dabei auch hier die Arbeitspakete (engl. Work Packages) (PMI 2004, S. 112). Schematisch könnte ein Projektstrukturplan, wie in der folgenden Abbildung 7-7 aussehen:

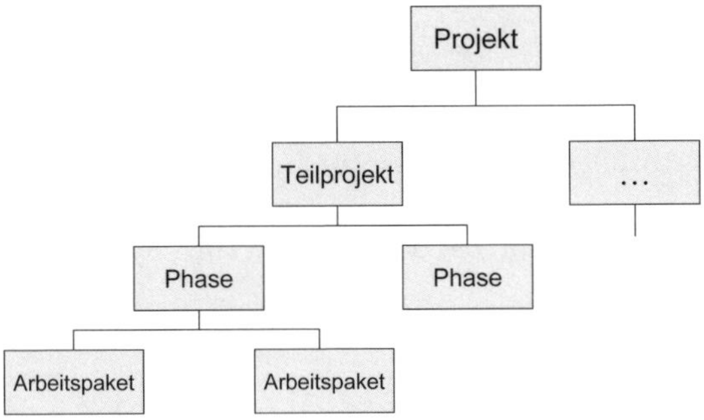

Abbildung 7-7: Schema Projektstrukturplan

Der Projektstrukturplan gibt zwar einen hierarchischen Projektaufbau wieder, ist jedoch stark vom jeweiligen Projekt abhängig. Es gibt keinen allgemeingültigen oder optimalen Aufbau eines Projektstrukturplans. Dies drückt sich auch in der weitgehenden DIN-Definition aus. Die Aufstellung des bestmöglichen Projektstrukturplans ist ein wesentlicher Erfolgsfaktor für jedes Projekt.

Exkurs 7-3: Ein Projektstrukturplan für eine Systemanalyse

Bei einem Produzenten für Werkzeugmaschinen soll eine Standardsoftware zur Unterstützung der operativen Geschäftsprozesse eingeführt werden. Eine Möglichkeit zur Erstellung eines Projektstrukturplans ist, das gesamte Projekt in Teilprojekte für alle funktionalen Module, wie Logistik, Rechnungswesen oder Personal, zu zerlegen. Dadurch enstehen bestimmte Komponenten eines Systems. Für jede Komponente können als nächstes die Projektphasen zerlegt werden, wie z. B. Istanalyse, Sollkonzept etc. Diese so gewonnenen Phasen werden auf die verschiedenen Aufgaben des Projektmanagements (z. B. Projektplanung) bezogen. Dadurch ergeben sich Arbeitspakete je Projektfunktion, z. B. könnten in der Phase der Istanalyse die Istaufnahme, die Dokumentation und die Potenzialanalyse Arbeitspakete der Projektplanung sein. In derselben Phase wird die Projektkontrolle während der Durchführung des Projekts die geplanten Vorgänge überprüfen und eventuell steuernd eingreifen. Generell bedeutet dies, dass die Phasen eines (Teil-) Systems strukturiert werden und dann die entsprechenden Projektmanagementaufgaben in diesen Teilen durchgeführt werden. Unter der Objektstruktur werden die Komponenten subsumiert, die sich nicht direkt aus dem Ergebnis (Produkt) ableiten lassen, wie z. B. Entwurfsdokumente, Testdaten und Testwerkzeuge.

7.4.2 Zeitplanung

Ausgehend von den im Projektstrukturplan definierten Arbeitspaketen wird in der Zeitplanung nach einer Analyse der Ablaufstruktur der Zeitrahmen bestimmt, in dem das Projekt umgesetzt wird. Dies entspricht den Schritten 5, 6 und 7 der Liste der Projektplanungsaufgaben. Dabei werden im Rahmen der Zeitplanung für die unterste Ebene des Projektstrukturplans, die Arbeitspakete, einzelne Vorgänge bestimmt. Ein weiteres Grundelement der Zeitplanung sind Ereignisse. Nach DIN 69900 sind beide Begriffe wie folgt definiert:

- Ein Vorgang ist ein Ablaufelement, das ein bestimmtes Geschehen beschreibt. Anfang und Ende sind definiert.
- Ein Ereignis ist ein Ablaufelement, das das Eintreten eines bestimmten Zustands beschreibt.

Einfach gesagt drückt der Vorgang aus, welche Aktivität getan werden muss, und das Ereignis, welche Situation erreicht ist. Herausragende Ereignisse, die für den Projektablauf besondere Bedeutung haben, werden als Meilensteine bezeichnet. Beispiele für Meilensteine können „Istaufnahme abgeschlossen" oder „Grobkonzeptphase abgeschlossen" sein. Da die DIN-Norm nichts über den Umfang eines Vorgangs oder Ereignisses aussagt, muss hier eine geeignete Größe gefunden werden. Davon abhängig ist der Feinheitsgrad der Planung.

In einem ersten Schritt werden für alle abgeleiteten Vorgänge die *Anordnungsbeziehungen* bzw. die Abhängigkeiten festgelegt, um die Vorgänge in eine logische und zeitliche Reihenfolge zu bringen. Hilfreich sind dabei die Fragen:

1. Welche Vorgänge gehen unmittelbar voraus, das heißt, welche Vorgänge müssen beendet sein, damit der Vorgang beginnen kann?
2. Welche Vorgänge schließen sich unmittelbar an, das heißt, welche Vorgänge können unmittelbar nach der Beendigung des Vorgangs beginnen?

Da bei der Ermittlung der Vorgänger und Nachfolger jede Abhängigkeit zwischen Vorgängen doppelt erfasst wird, genügt es in der Regel, nur die Vorgänger oder die Nachfolger zu bestimmen. Auf diese Weise entsteht eine logische und zeitliche Sequenz für die auszuführenden Aktivitäten des Projekts.

Häufig wird bei der Analyse des Projektstrukturplans festgestellt, dass ein großer Teil der Anordnungsbeziehungen nicht zwingend vorgegeben ist. So muss z. B. bei einer Autoinspektion das Auto zuerst auf die Hebebühne gefahren werden, bevor die Räder abgenommen werden können. Bei welchem Rad dann begonnen wird, die Bremsen zu überprüfen, ist belanglos. Es wäre in diesem Fall möglich die Aktivitäten parallel ausführen zu lassen oder ein beliebiges Rad zuerst zu wählen. Analog kann in der Reihenfolgeplanung nach Zweckmäßigkeit entschieden werden, ob die Aktivitäten parallelisiert werden oder eine der möglichen Reihenfolgen festgelegt wird.

Der Ablaufplan sagt aus, welche Vorgänge/Ereignisse voneinander abhängig sind und welche nicht, und ob die Vorgänge/Ereignisse zwingend oder gewählt angeordnet sind. Durch die drei Grundelemente Vorgang, Ereignis und Anordnungsbeziehungen kann jeder Projektablauf hinreichend genau beschrieben werden. Die Kenntnisse des Projektablaufs sind für die Planung, Durchführung, Steuerung und Kontrolle des Projekts unabdingbar.

Nach der Sequenzierung der Aktivitäten muss für jeden determinierten Vorgang seine *Ausführungszeit* bestimmt werden. Dies ist relativ einfach, wenn Erfahrungswerte vorliegen, da dann auf diese zurückgegriffen werden kann. Sind diese nicht vorhanden, muss die voraussichtliche Dauer der Vorgänge geschätzt werden. Die Genauigkeit der Schätzung hängt wesentlich von der Erfahrung des Schätzenden ab.

Bei größeren Projekten sollte deshalb nicht nur das Projektmanagement die Zeiten schätzen, sondern die Projektbeteiligten einbeziehen. Wichtig ist, dass alle Schätzungen in den gleichen Zeiteinheiten stattfinden, z. B. Stunden, Personentage, Wochen oder Monate.

Sind die Dauer und die Reihenfolge der Aktivitäten bekannt, kann die Zeitplanung in Form eines Verlaufsplans, dem Gantt-Diagramm, dargestellt werden.

In Anlehnung an DIN 69900 sollen dabei folgende *Regeln* für das Erscheinungsbild des Gantt-Diagramms gelten:

1. Ein Vorgang wird durch einen Eintrag in die Vorgangsliste an der Y-Achse des Gantt-Diagramms und durch eine endliche Linie oder einen Block mit einer der Zeit auf der X-Achse entsprechenden Länge in gleicher Höhe im Diagrammbereich repräsentiert.
2. Die Vorgänge auf der Y-Achse können hierarchisch gegliedert werden.
3. Reine Überschriften sind Sammelbezeichnungen für mehrere Vorgänge. Sie können auf der Y-Achse normal eingetragen werden, erhalten aber im Diagrammbereich keinen eigenen Vorgang, sondern eine schwarze dicke Linie, die vom Beginn des ersten Teilvorgangs bis zum Ende des letzten Teilvorgangs führt und an beiden Enden mit einem senkrechten schwarzen Dreieck mit der Spitze nach unten abgeschlossen wird.
4. Ein Ereignis wird als Raute oder als ein nach unten zeigendes Dreieck repräsentiert. Es hat in der Regel keine zeitliche Dauer, sondern beschreibt einen Zeitpunkt.
5. Anordnungsbeziehungen zwischen zwei abhängigen Vorgängen bzw. auch Abhängigkeiten zu Ereignissen werden durch gerichtete Kanten mit Pfeilspitze dargestellt.
6. Auf der X-Achse wird die Zeit abgetragen. Üblich sind Tage oder Wochen. Die X-Achse kann auch über der Diagrammfläche angeordnet werden.
7. Auf der Y-Achse werden listenartig die eingetragenen Vorgänge und Überschriften aufgelistet. Hierarchische Gliederung ist dabei möglich. Die Vorgänge sollen nach Möglichkeit von oben nach unten in chronologische Reihenfolge aufgelistet werden. Gelegentlich können Rücksprünge aus Übersichtlichkeitsgründen erforderlich sein.

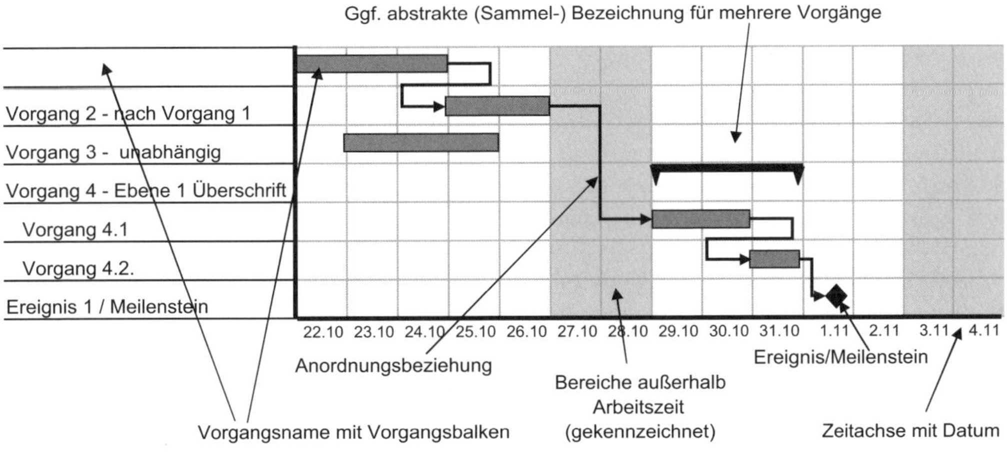

Abbildung 7-8: Elemente eines Gantt-Diagramms

Eine Beispielgrafik, welche ein diese Regeln berücksichtigendes Gantt-Diagramm enthält, zeigt Abbildung 7-8.

Anhand eines einfachen Beispiels lässt sich die Zeitplanung illustrieren. Drei Prozessberater führen eine Potenzialanalyse der Kontoeröffnungsprozesse durch. Sie lesen dazu das Organisationshandbuch als eine Einführung in die vom Unternehmen beschlossenen Prozessstandards. Mit diesem Wissen im Hinterkopf befragen sie zunächst den Filialleiter und ergänzen dessen Darstellung mit drei Interviews mit den Filialmitarbeitern. Einen dieser Mitarbeiter befragen sie am ersten Tag, um die Interviews gegebenenfalls noch anzupassen, die anderen zwei Interviews können dann beide am zweiten Tag durchgeführt werden. Im Anschluss erfolgt eine Dokumentation von Teilprozessen pro Interviewten und diese werden dann zu einem Gesamtprozessmodell integriert. Während das Modell im Unternehmen freigegeben wird, beginnen die Berater bereits mit der Potenzialanalyse und können bereits drei Tage später eine Präsentation der Ergebnisse als Projektabschluss durchführen. Das Projekt kann zunächst zu einem Projektstrukturplan disagreggiert werden. Aus diesem werden dann die Vorgänge und die wesentlichen Ereignisse abgeleitet. Diese können in einer Vorgangsliste (vgl. Tabelle 7-1) aufgeführt werden.

Nr	**Bezeichnung**	**Dauer**
1	Isterfassung – Sekundärmethode: Organisationshandbuch	3 Tage
2	Isterfassung – Interview mit Filialleiter mit Auswertung	2 Tage
3	Isterfassung – 3 Interviews mit Filialangestellten	3 Tage
4	Istdokumentation – Teilprozesse gemäß Interviewprotokoll	2 Tage
5	Istdokumentation – Integriertes Prozessmodell	3 Tage
6	Freigabe des Prozessmodells	2 Tage
7	Potenzialanalyse gemäß Interviews und gemäß Prozessanalyse	3 Tage
8	Projektabschluss über Präsentation der Potenziale	0 Tage

Tabelle 7-1: Vorgangsliste mit Angabe der Dauer

Nach der Bestimmung der Anordnungsbeziehungen kann die Vorgangsliste als Gantt-Diagramm dargestellt werden (vgl. Abbildung 7-9). In diesem ist zu erkennen, dass das Projekt voraussichtlich nach 15 Tagen fertig gestellt sein wird. Diese Dauer wird aber in der Praxis oft noch von zwischenzeitlich auftauchenden Kapazitätsengpässen geändert, da in einem solchen Fall parallel stattfindende Vorgänge zeitlich auseinander gezogen werden müssen, weil nur die verfügbaren Mitarbeiter bzw. Ressourcen eingeplant werden können.

Als das Team sich nach 10 Tagen (Hälfte der Zeit) trifft, vergleicht es die bisher fertig gestellte Arbeit mit dem Plan im Gantt-Diagramm. Hierzu werden die bereits erledigten Vorgänge in einer zweiten Farbe eingefärbt. So kann optisch der gegenwärtige Projektstand als Fortschrittsdiagramm kenntlich gemacht werden (vgl. Abbildung 7-10). Im Rahmen der oben bereits vorgestellten rollierenden Planung werden hierbei auch häufig neue Versionen des Gantt-Diagramms zur Aktualisierungen der Planung erstellt.

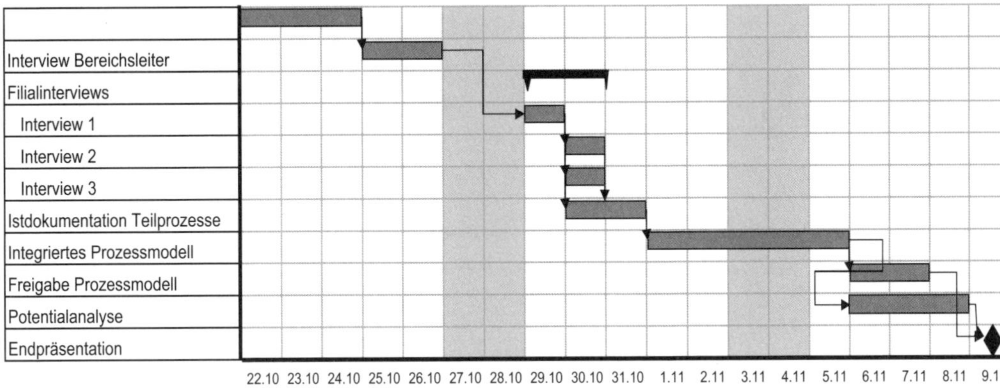

Abbildung 7-9: Beispiel eines Gantt-Diagramms

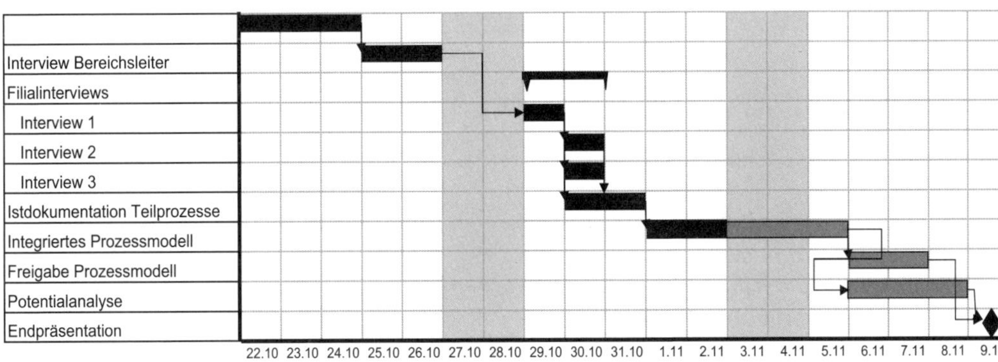

Abbildung 7-10: Beispiel eines Fortschrittsdiagramms

Eine alternative Darstellungsform der logischen Abfolge ist der Netzplan. Hierzu gibt es die Methoden Critical Path Method (CPM) und Project Evaluation and Review Technique (PERT). Während CPM von einer definierten Aktivitätsdauer ausgeht, berücksichtigt PERT zusätzlich Unsicherheiten bezüglich der Ausführungsdauer einer Aktivität. Hierbei gibt es eine optimistische, eine wahrscheinliche und eine pessimistische Schätzung, aus denen eine erwartete Dauer abgeleitet und in den Netzplan übernommen wird.

Der Netzplan der Prozessanalyse ist in Abbildung 7-11 dargestellt. Die Aktivitäten werden in Rechtecken dargestellt. Oben links steht der früheste Startzeitpunkt, oben rechts der früheste Endzeitpunkt. Diese Zeitpunkte werden zunächst in Richtung des zeitlichen Ablaufs gemäß der logischen Reihenfolge fortgeführt. Münden zwei oder mehrere Pfeile in ein nachfolgendes Rechteck, kann dieses erst zum spätesten Endzeitpunkt der Vorgänger starten. Nachdem diese Terminierung bis zur letzten Aktivität durchgeführt wurde, findet ein weiterer Durchgang entgegen der Zeitachse vom letzten zum ersten Vorgang des Netzplans statt. Unten rechts steht dabei der spätestmögliche Endzeitpunkt, unten links der spätestmögliche Beginn des jeweiligen Vorgangs. Unterscheiden sich die Zahlen in der oberen Reihe von denen der unteren, bedeutet das, dass hier ein Pufferzeitraum (engl. Slack Time) vorliegt. So könnte die Freigabe auch einen Tag später starten. Weiterhin kann der Kritische Pfad bestimmt werden. Das ist der Weg durch das Netzwerk in dem die Aktivitäten keine Pufferzeiträume besitzen. Erkennbar ist er daran, dass für alle Aktivitäten gilt: der frühestmögliche Start ist gleich dem spätestmöglichen Start und das frühestmögliche Ende ist gleich dem spätestmöglichen Ende. Jede Verzögerung in diesem Ablauf verzögert auch den Abschluss des Projekts.

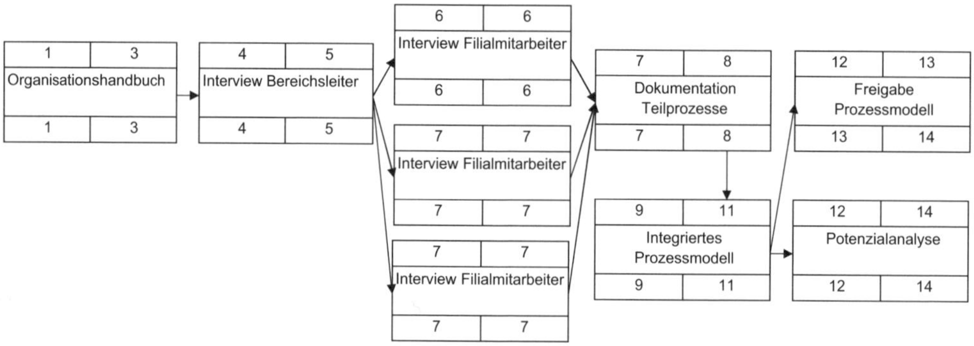

Abbildung 7-11: Beispiel eines Netzplans

Mithilfe der Netzplantechnik kann festgestellt werden:

1. In welcher Zeit das Projekt durchgeführt werden kann bzw. ob der vorgegebene Endtermin eingehalten werden kann?
2. Welches die kritischen Vorgänge bzw. Pfade sind, von denen die Gesamtdauer des Projekts abhängt (engl. Critical Path)?
3. Welche Vorgänge nicht streng termingebunden sind, sondern zeitlich verschoben oder ausgedehnt werden können und wie weit?
4. Wie sich Störungen während der Projektdurchführung auf den Gesamtablauf auswirken?

Besonders in komplexen Abfolgen werden im Gantt-Diagramm viele Abhängigkeiten nicht erkenntlich. Dafür sind sie sehr plakativ und übersichtlich und lassen kurze und lange Vorgänge erkennen. Sie sind weit verbreitet und schnell erstellt. Gantt-Diagramme sind für die das Projekt ausführenden Stellen geeignet und für kleine Projekte. Die abstrakten Netzpläne sind für planende und überwachende Stellen und für große und sehr große Projekte geeignet, um die Zusammenhänge und kritischen Pfade zu identifizieren.

7.4.3 Kapazitätsplanung

Die erste Version der Zeitplanung hat als Ergebnis zunächst eine inhaltlich logische Abfolge. In diesem Stadium werden meist noch keine (oder höchstens intuitive) Erkenntnisse über verdeckte Abhängigkeiten berücksichtigt, welche durch die Zuordnung knapper Ressourcen entstehen. Es kann z. B. vorkommen, dass Vorgänge, die zeitlich parallel geplant wurden, wegen knapper Ressourcen nicht gleichzeitig durchgeführt werden können. Um die Verfügbarkeit zu gewährleisten, wird daher nach der Zeitplanung eine Kapazitätsplanung durchgeführt. Diese steht mit der

Zeitplanung in engem Zusammenhang, da dort die inhaltlichen Abhängigkeiten hervorgehen, welche als Restriktionen für die Kapazitätsplanung zu berücksichtigen sind. Die Aufgabe der Kapazitätsplanung ist es, die während eines Projekts benötigten Kapazitäten (Personal, Maschinen und Materialien) hinsichtlich Qualität und Leistungsvermögen, Zeitpunkt und Ort des Einsatzes termingerecht zu planen, sodass eine optimale und die inhaltlich logischen Abhängigkeiten des Arbeitsablaufs berücksichtigende Auslastung der Ressourcen stattfindet.

Es muss also ein Plan entwickelt werden, der ausweist, welche Ressourcen zu welchem Zeitpunkt in welchen Mengen an welchen Orten bereitgestellt werden müssen, unter Beachtung der entsprechenden Restriktionen. Auch hier muss berücksichtigt werden, dass ein bestimmter Vorgang mit verschiedenen Kombinationen von Produktionsmitteln durchgeführt werden kann.

Der erste Schritt der Kapazitätsplanung besteht darin, dass für die einzelnen Zeitintervalle (Tage, Wochen, Monate) die notwendigen Einsatzmengen der jeweiligen Ressourcen ermittelt werden. Es wird der Bedarf pro Vorgang/Ereignis z. B. pro Facharbeiter über alle Vorgänge summiert. Ein einfaches Beispiel könnte wie in Tabelle 7-2 aussehen. Für ein Projekt werden so viele Kapazitätsbelegungspläne erstellt, wie verschiedene Ressourcen eingesetzt werden.

Vorgang	**Dauer**	**Facharbeiter**
A	4	8
B	15	5
C	18	7
D	7	7

Tabelle 7-2: Ermittelte Einsatzmenge pro Vorgang

Dies kann grafisch durch ein Kapazitätsbelastungsdiagramm (KBD) dargestellt werden. Dabei sollen die folgenden *Regeln* gelten (vgl. auch Abbildung 7-12):

1. An der X-Achse des Kapazitätsbelastungsdiagramms werden Zeiteinheiten abgetragen, in der Regel durchnummerierte Werktage (1...n) ohne arbeitsfreie Feiertage bzw. Wochenenden.
2. An der Y-Achse werden die Ressourceneinheiten abgetragen, z. B. die durchnummerierte Personenzahl (1...m).
3. Die Zeichnungsfläche enthält eine Darstellung der Kapazität als gestapelte und beschriftete Rechtecke der Größe n Zeiteinheiten (X-Achse) mal m Ressourceneinheiten (Y-Achse) mit Bezeichnung der Aktivität bzw. eines repräsentierenden Kürzels (üblicherweise A, B etc.). Entstehende Vielecke werden dabei in Rechtecke zerlegt und erhalten je die gleiche Beschriftung.
4. Kapazitätsrechtecke stapeln sich auf andere Kapazitätsrechtecke. Sollten sie eine größere X-Ausdehnung haben, kann es erforderlich sein, den überragenden Teil „herabrutschen" zu lassen, in dem das gesamte Rechteck an der Stelle geteilt und beide Teile je gleich bezeichnet werden.
5. Eine waagerechte Begrenzung ist zur Kennzeichnung der maximal verfügbaren Kapazität und eine senkrechte Linie für den spätesten Endzeitpunkt einzuzeichnen.

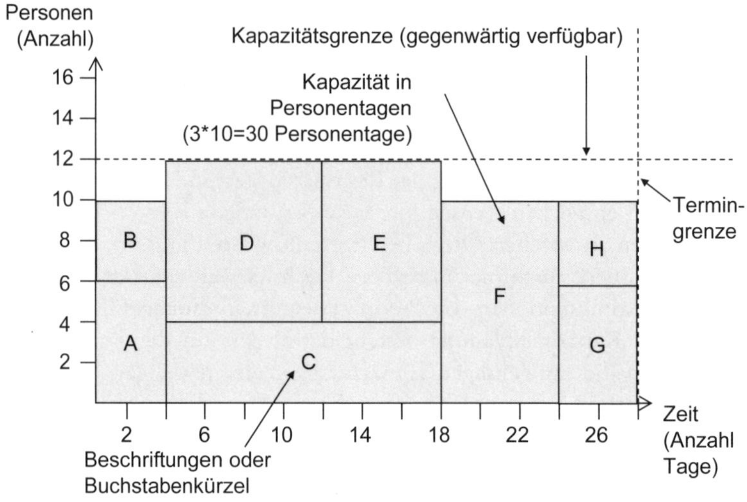

Abbildung 7-12: Elemente eines Kapazitätsbelastungsdiagramms

Entsprechend diesen Konventionen zeigt das Kapazitätsbelastungsdiagramm in Abbildung 7-13 die in der Vorgangsliste zusammengestellten Vorgänge. Ihm kann entnommen werden, dass die Vorgänge B und C die Fertigstellung von Vorgang A abwarten und danach parallel ablaufen. Weiterhin kann D starten bevor C beendigt wurde. Weiterhin zeigt es, dass die Arbeitspakete bei dieser Anordnung nach 26 Tagen abgeschlossen sind, aber die maximal verfügbare Kapazität von 12 Mitarbeitern von Tag 19 bis 21 nicht eingehalten wird. In diesem Zustand wird die Kapazitätsplanung als termintreu aber nicht kapazitätstreu bezeichnet. Grafisch kann dieser Umstand erkannt werden, indem festgehalten wird, welche der Begrenzungslinien nicht eingehalten wird. Im Beispiel wird die Terminbegrenzungslinie nicht durchbrochen, daher wird das Projekt termintreu also zum Termin fertig. Jedoch ist die Kapazitätsgrenze überschritten, wodurch die Konfiguration im Beispiel nicht mehr die maximal verfügbare Kapazität einhält und daher nicht kapazitätstreu ist.

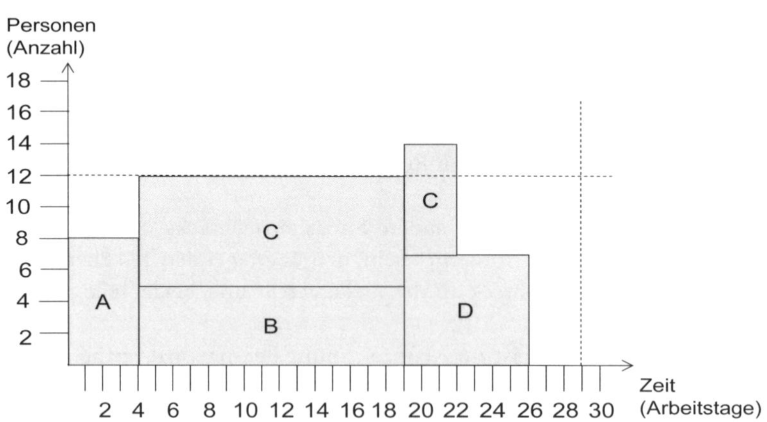

Abbildung 7-13: Beispiel eines Kapazitätsbelastungsdiagramms

Die erforderliche Kapazität ist im Beispiel in dieser Anordnung nicht nur an drei Tagen unzulässig hoch, sie ist außerdem starken Schwankungen unterworfen. Jedes Projektmanagement hat großes Interesse, eine möglichst gleichmäßige Kapazitätsauslastung zu erreichen. Wenn in einem Projekt Zeitpuffer vorhanden sind, kann sich der nächste Schritt mit der Glättung der Kapazitätskurven befassen, ohne dass die Gesamtdauer des Projekts verändert wird, das heißt, dass die vorhandenen Puffer aufgebraucht werden.

Da in dem obigen Beispiel der Endtermin erst nach 29 Tagen ist, könnte ein geglättetes Kapazitätsbelastungsdiagramm, wie in Abbildung 7-14 aussehen. Im Maximum werden dann nur noch 12 anstelle von 14 Einheiten benötigt.

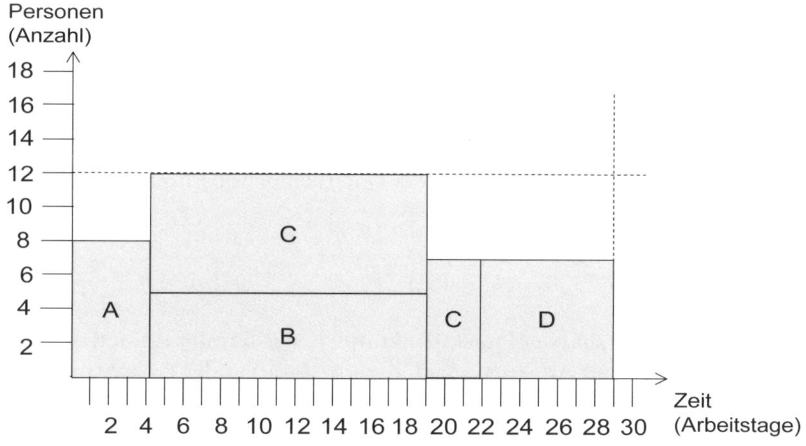

Abbildung 7-14: Beispiel eines geglätteten Kapazitätsbelastungsdiagramms

Exkurs 7-4: Weitere Glättungsmöglichkeiten

Das Kapazitätsbelastungsdiagramm könnte noch weiter geglättet oder verkürzt werden, wenn die im Gantt-Diagramm erkennbaren logischen Abhängigkeiten dabei eingehalten bleiben. Wenn das obige Diagramm z. B. keine zwingenden inhaltlichen Abhängigkeiten zwischen den Aktivitäten A, B, C und D aufwiese, könnte es z. B. in 24 Tagen oder aber mit nur 10 Personen durchgeführt werden. Bei letzterem könnte Aktivität A vier Tage mit 8 Personen laufen. Danach könnte Aktivität B mit drei Personen durchgängig bis zum Tag 29 laufen. Zeitgleich setzt Aktivität C mit 7 Personen über 18 Tagen ein, gefolgt von Aktivität D mit 7 Personen und 7 Tagen. Bei diesen Verschiebungen im Kapazitätsbelastungsdiagramm ist es wichtig, zu beachten, dass Vorgänge eventuell nicht beliebig aufgeteilt werden können. So kann es praktisch nicht sinnvoll sein, dass Aktivität B mit nur drei Personen pro Tag durchgeführt wird, wenn es beispielsweise um die Durchführung von Interviews in Zweiergruppen geht.

Manchmal kann in der Praxis keine termin- bzw. kapazitätstreue Planung gewährleistet werden. Dann entsteht in diesem Planungsabschnitt für das Projektmanagement die Frage, ob zusätzliche Ressourcen beschafft werden können oder inwiefern der Endtermin nach hinten verlagert werden kann.

Bezüglich einer termintreuen Planung durch Kapazitätserweiterung stehen verschiedene Alternativen zur Verfügung, wie

- die Einstellung von neuem Personal,
- ein Umsetzen von Personal aus anderen Bereichen,
- der Kauf oder die Miete von zusätzlichen oder besseren Maschinen oder
- die Fremdvergabe von Arbeiten.

Bei der kapazitätstreuen Planung muss geklärt werden, um wie viele Einheiten der Projektendtermin überschritten wird, wenn nur die verfügbaren Ressourcen verwendet werden. Bei der gemischten Planung werden sowohl beim Termin als auch bei den Kapazitäten Abstriche gemacht.

Die entsprechende Entscheidung des Projektmanagements muss von der Zielsetzung des Projekts und der aktuellen wirtschaftlichen Lage des Unternehmens bestimmt werden.

7.4.4 Kostenplanung

Basis für die Kostenplanung sind der Projektstrukturplan, der Terminplan und der Kapazitätsplan. Während Schelle (1989, S. 333) Arbeitpakete als unterste Position des Projektstrukturplans für die Kostenschätzung verwendet, geht Schwarze (1974, S. 154) davon aus, dass Vorgänge bzw. Ereignisse für die Kostenplanung herangezogen werden. Beide Verfahren erzielen eine Gesamtsumme, nur hat das vorgangsorientierte Verfahren den Vorteil, die Kosten im Zeitablauf (z. B. pro Monat) anzugeben und gegebenenfalls bereits Kapazitätsengpässe berücksichtigt zu haben. Es wird daher in diesem Buch verwendet. Bei der Kostenschätzung verhält es sich so ähnlich wie bei der Zeitplanung. Entweder kann auf Erfahrungswerte zurückgegriffen oder es muss geschätzt werden. Auch hier ist es besser, einen größeren Personenkreis, eventuell auch eine Expertenrunde die Kosten schätzen zu lassen. In der Regel bestehen jedoch bereits Kostensätze pro Ressourceneinheit, wie z. B. für einen Berater- oder einen Entwicklertag oder die Tagesmiete spezieller Labors, Maschinen oder Geräte.

Aufgrund der Kostenschätzung werden zuerst die direkten Kosten pro Ressourceneinheit ermittelt. Dies kann erfolgen, indem für alle eingesetzten Kapazitäten die entsprechenden Kapazitätsbelastungsdiagramme analysiert werden. Wenn im obigen Beispiel Aktivität A die ersten vier Tage jeweils 8 Personen bindet, und pro Person ein interner Tageskostensatz von 400 Euro (entspricht 50 Euro Bruttokosten pro Stunde) anfällt, kann leicht berechnet werden, dass an Personalkosten die ersten vier Tage pro Tag 3200 Euro anfallen. Nutzen diese Personen noch Geräte, wie z. B. Laptops oder spezielle Maschinen kommen je nach Kostensatz pro Ressource pro Zeiteinheit noch weitere Kosten hinzu (z. B. 10 Euro pro Tag pro Person für die Benutzung von Computern). Insgesamt entstehen somit 3520 Euro direkte Kosten der Ressourcennutzung pro Tag. So können entweder die Kosten pro Zeiteinheit (also z. B. Monat) oder pro Vorgang (z. B. Aktivität A) aggregiert werden.

Nicht so einfach ist die Verrechnung der indirekten Kosten, wenn beispielsweise ein Büroraum belegt wird oder ein projektexterner Verwaltungsapparat Kosten für die Administration der Projektorganisation aufschlägt. Im einfachsten Fall bestehen bereits Zuschlagssätze (z. B. 10 Prozent Management- oder Verwaltungskostenaufschlag).

Indirekte Kosten können entweder mithilfe eines plausiblen Schlüssels den Teilkosten oder insgesamt dem gesamten Projekt zugeordnet werden. Analog dazu gibt es für das gesamte Projekt direkte und indirekte Kosten. Insgesamt ergeben sich also die Kategorien (vgl. Schwarze 1974, S. 154):

- direkte Kosten der Vorgänge,
- indirekte Kosten der Vorgänge,
- direkte Kosten des gesamten Projekts und
- indirekte Kosten des gesamten Projekts.

Weiterhin ist zu beachten, dass es sich hierbei um Plankosten handelt. Das sind Angaben über wahrscheinlich entstehende Kosten in der Zukunft. Wie diese ins Verhältnis mit tatsächlich anfallenden Kosten zu setzen sind, wird im Abschnitt Projektcontrolling dargestellt.

Ein neuerer und im Kontext der Kostenplanung interessanter Ansatz ist der Design-to-Cost-Ansatz (vgl. Schelle 1989, S. 334). Wie im vorherigen Abschnitt gezeigt, kann ein Projekt mit sehr unterschiedlichen Kosten realisiert werden, je nach dem, wie der Ressourceneinsatz geplant bzw. gesteuert wird. Für die Entwicklung oder Fertigung wird beim Design-to-Cost-Ansatz ein weitgehend festgelegter Kostenansatz als weitere Restriktion für die Projektplanung vorgegeben. Die Anforderungen an das Produkt haben sich an diesem Kostenrahmen zu orientieren, die wichtigen bzw. kritischen Funktionen des Produkts haben im Zweifel Priorität, sodass weniger wichtige Funktionen nicht ausgeführt werden. Dies ist auch ein Beispiel für Abhängigkeiten zwischen den Teilplänen der Projektplanung.

7.4.5 Finanzplanung

Die Finanzplanung wird mit dem Ziel aufgestellt, die Sicherheit der Finanzierung zu gewährleisten und die finanziellen Mittel in Bezug auf das Projekt optimal einzusetzen. Dazu ist es notwendig, betriebswirtschaftliche Analysen, wie z. B. Cash-Flow, Storno-Risiko, Make-or-Buy, oder Wirtschaftlichkeitsberechnungen durchzuführen. Diese werden im Rahmen dieses Buchs nicht näher erläutert. Vielmehr wird an dieser Stelle auf Spezialliteratur des Finanzwesens verwiesen (vgl. z. B. Perridon und Steiner 2004).

Generell muss in diesem Planungsschritt gewährleistet werden, dass das verfügbare Kapital und die liquiden Mittel in mindestens ausreichendem Maße vorhanden sind. Wie bei der Kapazitätsplanung ist auch darauf zu achten, dass die „finanzielle Kapazität" nicht überschritten wird. Eventuell erfordert auch die Finanzplanung eine nachträgliche Veränderung bei Zeit- oder Kapazitätsplanung, da z. B. aus finanziellen Gründen ein investitionsintensiver Vorgang erst später begonnen werden kann und sich dadurch das Projekt verlängert.

7.4.6 Weitere Teilpläne der Projektplanung

Neben den Hauptplänen, die in den vorigen Abschnitten vorgestellt wurden, kann die Projektplanung noch weitere Planungsaspekte beinhalten, wie z. B. die Qualitätsplanung, die Personalplanung, die Risikoplanung oder die Beschaffungsplanung. Diese werden im Rahmen dieses Buchs nur kurz vorgestellt.

Im Rahmen der *Qualitätsplanung* wird sichergestellt, dass die Projektergebnisse einschlägige oder vereinbarte Qualitätsmaßstäben oder -standards einhalten.

Die Qualität ist hierbei nach DIN 55350 definiert als die Beschaffenheit einer Einheit bezüglich ihrer Eignung, festgelegte und vorausgesetzte Erfordernisse zu erfüllen. Nach der gleichen DIN wird die Qualitätssicherung definiert als die Gesamtheit der Tätigkeit des Qualitätsmanagements, der Qualitätsplanung, der Qualitätslenkung und der Qualitätsprüfung. Da in einem Projekt das Qualitätsmanagement zu den Aufgaben des Projektmanagements zählt, kann diese Definition so für das Projektmanagement übernommen werden.

Inhaltlich sind vorhandene Qualitätsvorgaben, -checklisten und -messverfahren zu identifizieren und auf das Projekt anzuwenden. Das erfolgt in erster Linie durch die Planung und Durchführung bestimmter Messverfahren und eine definierte Verfahrensweise zur Reparatur, Verbesserung oder Entsorgung von als abweichend eingestuften Projektelementen (z. B. Produkte). Die Planung kann entsprechende Mess- und Lenkprozesse enthalten sowie Änderungsanforderungen oder Verfahren zur vorbeugenden Qualitätssicherung.

Die *Personalplanung* (vgl. auch Kapazitätsplanung) definiert erforderliche Personalbestände, deren Zuständigkeiten und Kompetenzen. Das kann vorausschauende Einplanung individueller Personen gemäß deren konkreter Verfügbarkeit sein (engl. Staffing). Hierbei müssen andere Aufgaben, Stellenwechsel oder Urlaubspläne berücksichtigt werden. Zusätzlich müssen in der Personalplanung die Berichtsstrukturen (engl. Reporting) festgelegt werden: Wer muss gegenüber welcher übergeordneten Person Rechenschaft zu welchen Aufgaben ablegen?

Die *Risikoplanung* wird insbesondere in finanzintensiven Projekten erforderlich. Hierzu werden Risiken, welche das Projektergebnis beeinflussen, qualitativ identifiziert, bezüglich ihrer Eintrittswahrscheinlichkeit und der Auswirkungen bewertet und in eine Risikoliste (Risiko Register) übernommen. Danach erfolgt der Versuch der Quantifizierung (z. B. in Zusatzkosten bzw. zusätzlicher Projektdauer). Ein Verfahren zur Risikosimulation kann die Monte-Carlo Simulation sein, in der je nach Risikoeintrittswahrscheinlichkeit statistische Verteilungen für alle Vorgangsdauern angenommen werden und damit eine Wahrscheinlichkeitsberechnung für das Gesamtprojektende berechnet bzw. simuliert werden kann.

Ein weiteres Element der Risikoplanung ist die Reaktionsplanung (engl. Risk Response), in der vorausschauend Aktionspläne zur Reaktion auf eingetretene Risiken entworfen und gegebenenfalls bereits eingeübt werden. Weiterhin müssen gegebenenfalls bestimmte Vertragsklauseln zur rechtlichen Regelung der Haftung bei eintretenden Risiken in den Projektauftrag einbezogen werden.

Zuletzt kann in der *Beschaffungsplanung* festgestellt werden, wann welche externen Ressourcen bezogen werden müssen, um den Projektfluss nicht zu gefährden (z. B. Laptops, Maschinen, externe Zusatzkapazitäten, etc.).

7.5 Projektsteuerung und Führung im psychosozialen Spannungsfeld

Nachdem ein Projektplan vorliegt, kann die eigentliche Umsetzung der Projektaufgaben beginnen. Hierbei kommen im Rahmen des Projektmanagements Projektsteuerungsprozesse zum Einsatz.

Ziel ist es, die geplanten Projektaufgaben (bzw. Projektergebnisse) in der geforderten Qualität, in der vorgegebenen Zeit unter Beachtung der geplanten Kosten umzusetzen. Dieser Zielkorridor aus Qualität, Zeit und Kosten wird auch als „Magisches Dreieck" bezeichnet (vgl. Abbildung 7-15).

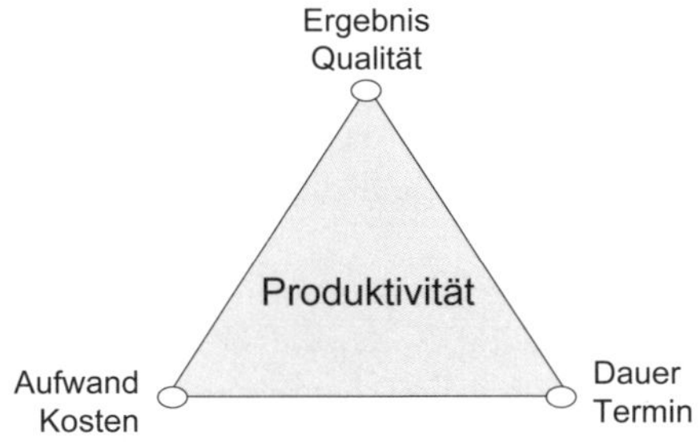

Abbildung 7-15: Magisches Dreieck des Projektmanagements

Im Laufe der Projektsteuerung muss der Projektmanager viele Entscheidungen treffen. Exemplarisch zählt Platz die folgenden auf (vgl. Platz 1989, S. 653):

- Auswahl technischer Alternativen,
- Freigabe von Projektergebnissen/Meilensteinergebnissen,
- Abschluss einer Phase,
- Freigabe von Arbeitspaketen zur Bearbeitung,
- Beginn einer neuen Phase,
- Behandlung von Änderungen,
- Einsatz von Steuerungsmaßnahmen und
- Zuteilung von Ressourcen.

Um die erforderlichen Informationen als Basis für die Entscheidung zu erhalten, ist ein unterstützendes Projektinformationssystem und ein damit arbeitendes Projektcontrolling erforderlich, welches permanent Ist- und Sollzustände vergleicht und bei Abweichungen dem Projektmanagement entsprechende Entscheidungsalternativen zur Gegenlenkung vorschlägt. Das Informationssystem und das Projektcontrolling werden in den nächsten Abschnitten separat erläutert.

Die Projektsteuerung verlangt jedoch nicht nur eine verantwortungsvolle Analyse der vom Controlling bereitgestellten Projektinformationen und Entscheidungsvorschläge zur Einleitung von Steuerungsaktivitäten, um im Zielkorridor des magischen Dreiecks zu bleiben. Vielmehr bedarf die tatsächliche Steuerung eines Projekts umfassendes (systemisches) Wissen über die detaillierten Wirkzusammenhänge der Projektaktivitäten, strategischen Vorausblick, hohe (politische) Durchsetzungskraft bei Ressourcenengpässen und organisatorischen Barrieren, eine sensible

Wahrnehmung der Projektentwicklung, viel Erfahrung im Umgang mit ungeplanten Situationen und Übung in der Führung eines Projektteams.

Insbesondere der letzte Aspekt stellt große Anforderungen an einen Projektleiter, da er als Führungskraft in einem mehrdimensionalen Spannungsfeld agieren muss. Hierbei sind die Grenzen zwischen strukturellen und *psychosozialen Aspekten* fließend, da Ursache und Wirkung nicht immer eindeutig zugeordnet werden können. Die strukturellen Spannungen sind, wie oben bereits beschrieben, in der Organisationsform begründet. Unabhängig davon, welche Projektorganisationsform gewählt wurde, muss das Projekt entweder mit der Linie oder neben der Linie durchgeführt werden. Dass sich Aufgabe, Kompetenz und Verantwortung zu decken haben, ist ein eherner Grundsatz der Organisation. Häufig wird in der Projektorganisation davon abgewichen.

In der Linie werden die vertikalen Kommunikationsstränge institutionalisiert und gepflegt, weniger die horizontalen. Die Mitarbeiter des Projekts kommen aus der Linie oder verbleiben in der Linie und verfügen dadurch in der Regel über ein bestimmtes Hierarchie- und Bereichsdenken, das kontraproduktiv für ein Projekt ist, da ein Projekt bereichsübergreifende Kooperation und wenig hierarchische Macht, sondern fachliche Qualifikation erfordert (vgl. Lomnitz 1989, S. 926).

Die psychosozialen Spannungen ergeben sich aus der persönlichen Kommunikation und Interaktion. Der Projektleiter ist gleichzeitig Untergebener und Vorgesetzter. Jeder Mensch, der am Projekt mittelbar oder unmittelbar mitarbeitet, hat seine eigenen Ziele, Vorstellungen, Erwartungen und Ängste. Jeder offenbart ein anderes Verhalten und pflegt seine eigene Selbstdarstellung. Oft wird etwas anders gesagt als es gemeint ist oder eine verbale Botschaft ist mehrdeutig.

Wenn ein Projektleiter sich in diesem Spannungsfeld behaupten will, kommt seinen Erkenntnissen, Verhaltensweisen und Kooperationsformen besondere Bedeutung zu. Es ist für den positiven Projektverlauf entscheidend, dass er die Widersprüche und Spannungen, die einem Projekt immanent sind, analysiert und auf dieser Basis ein Bewusstsein für sein Handeln herstellt, zuerst für sich und dann für die mittelbar und unmittelbar Beteiligten am Projekt. Aufgrund seiner Position kann davon ausgegangen werden, dass er über ein herausragendes Fachwissen verfügt und dadurch keine Probleme entstehen. Für die Lösung dieser Konflikte gibt es keine Patentrezepte. Es werden im Folgenden nur einige Aspekte genannt, mit denen die Reibungsverluste deutlich verringert werden können.

Grundsätzlich setzt der Projektleiter mit seiner Vorgehensweise und mit seinem Handeln Maßstäbe für die Projektarbeit. Der Projektleiter muss für sachliche Richtigkeit und Klarheit sorgen. Seine Aufgabe ist es, die Projektvereinbarungen gründlich zu prüfen. Sachliche Mängel, Widersprüche oder Unklarheiten in der Zielvereinbarung oder der Prioritätensetzung sollten deutlich gemacht und keine faulen Kompromisse eingegangen werden. Der Projektleiter muss unbequem sein und die Auftraggeber nicht aus ihrer Verantwortung entlassen, z. B. sollte er sich nie auf unklare Aufgabenverteilungen („für diese Aufgabe wird sich später schon noch jemand finden"), verwaschene Ziele („irgendwie kriegen Sie das schon in den Griff") oder unklare Prioritätenregelungen („das Projekt hat höchste Priorität, leider brauchen wir die Kapazitäten auch in der Linie") einlassen. Es kann sicher davon ausgegangen werden, dass solche Probleme am Projektanfang sich im Laufe des Projekts potenzieren. In der Praxis wird gegen diesen Grundsatz häufig verstoßen, oft könnte vielen Projekten bereits bei Beginn das Scheitern vorausgesagt werden. Das Paradoxe dabei ist, dass dies auch einigen Insidern bekannt ist. Trotzdem wird das Projekt wegen bestimmter Interessen begonnen und so lange wie möglich fortgeführt. Es gilt die Aussage: „Wir haben schon sehr viel gute Projekte begonnen…“. Die Politik und Meinungen des eigenen Managements sollten ermittelt werden, sodass der Projektleiter ungefähr weiß, worauf er sich einlässt.

Der Projektleiter sollte sich Fach- und Machtpromotoren für das Projekt suchen. Dadurch hat er es einfacher, Entscheidungen durchzusetzen, da er über eine Lobby verfügt. Er sollte nicht der Ansicht sein, dass Probleme Zeichen von Schwäche, Fehler oder Mängel sind, die eigentlich nicht vorkommen dürften und unter den Teppich gekehrt werden müssen, sondern Probleme sollten offen ausgesprochen und ausdiskutiert werden (vgl. Balck 1989, S. 1041). Dazu gehört auch das Innehalten, um Positionen zu überprüfen, eigene Fehler zuzugeben und diese zu revidieren.

Die *Interaktion und Kommunikation* nimmt im Projekt eine wichtige Stelle ein. Der Grundvorgang einer Kommunikation ist der, dass ein Sender eine Nachricht an einen Empfänger übermittelt. Nach Schulz von Thun gibt es vier Aspekte, „die vier Seiten einer Nachricht“ (Schulz von Thun 1992, S. 30):

- Sachinhalt: Jede Nachricht enthält Informationen auf der Sachebene.
- Selbstoffenbarung: In jeder Nachricht offenbart sich der Sender auch selbst.
- Beziehung: Aus der Nachricht geht ferner hervor, was der Sender vom Empfänger hält, in welcher Beziehung er zu ihm steht. Für diese Ausprägung hat der Empfänger ein besonders empfindliches Ohr.
- Appell: Durch die Nachricht soll Einfluss auf den Empfänger genommen werden.

Diese Aspekte werden in Abbildung 7-16 in einem Kommunikationsmodell dargestellt. Wenn z. B. ein Beifahrer dem Fahrer sagt: „Da vorne ist grün“, steckt in dieser Nachricht vordergründig, dass die Ampel grün ist. Abhängig vom Sender und Empfänger kann das weiterhin heißen: „Gib Gas, ich habe es eilig, du brauchst meine Hilfestellung, besser wäre ich gefahren“ (vgl. Winkelhofer 1997, S. 396).

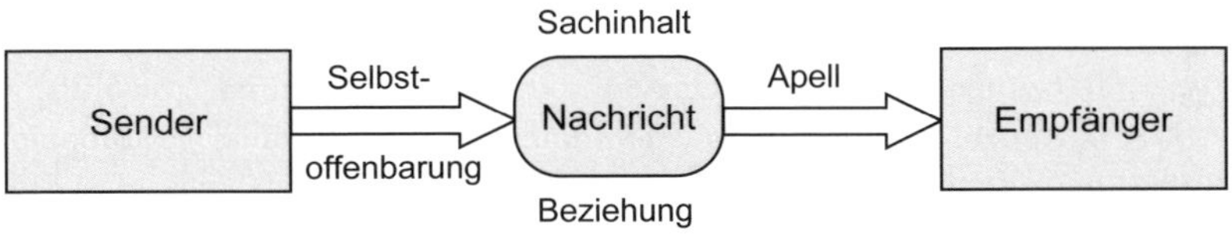

Abbildung 7-16: Kommunikationsmodell nach Schulz von Thun

Daraus folgt, dass bei der Kommunikation folgende Aspekte analytisch hinterfragt werden: (vgl. Schulz von Thun 1992, S. 13):

- Sachaspekt: Gelingt es Sachinhalte klar und verständlich mitzuteilen? Entstehen klare Sachinhalte?
- Beziehungsaspekt: Wie wird mit dem Mitmenschen gegenüber durch die Art der Kommunikation umgegangen? Wie wird mit einem selbst umgegangen?
- Selbstoffenbarungsaspekt: Was wird dem Anderen durch das Gesagte von der Persönlichkeit gegeben? Was wird auf dieser Ebene erhalten?
- Appellaspekt: Was wird bei dem Anderen bewirkt oder ausgelöst? Was soll bei einem selbst ausgelöst werden?

Die wichtigste Regel sollte jedoch lauten: „Die Stimmigkeit der Kommunikationsaspekte hat immer Vorrang." (Schulz von Thun 1992, S. 262). Nach Watzlawick ist es dem Menschen nicht möglich, nicht zu kommunizieren, da jedes Verhalten als Signal dient.

Ein guter Projektleiter sollte sich des Instruments *Coaching* bedienen. Beim Coachen werden Probleme aus der Arbeitswelt, die sowohl persönlicher als auch fachlicher Natur sein können, mit einem externen Berater besprochen. Coaching kann folgendermaßen charakterisiert werden (vgl. Winkelhofer 1997, S. 400):

- Begleitung auf Zeit,
- Hilfe zur Selbsthilfe,
- kompaktes, umfassendes Maßnahmebündel zur Hilfe insbesondere bei beruflichen Aufgaben und Problemen,
- Summe von Hilfsmaßnahmen zur Lösung persönlicher, komplexer Problemstellungen,
- Hilfestellung bei der Ablösung alter Denkmuster durch neue,
- Hilfestellung bei der Gestaltung des Wertewandels,
- Möglichkeit, der Vereinsamung von Führungskräften entgegenzuwirken,
- Gelegenheit zum Erlernen von Techniken, die helfen, besser mit Stresssituationen umzugehen,
- Gelegenheit zum Erlernen kommunikativer Fähigkeiten und
- Prozess zur Entwicklung der Persönlichkeit.

Durch Coaching soll das systematische Denken in einem vernetzten System gefördert werden. Sicherlich spiegelt das Coaching auch die hohen Anforderungen wider, die an das (Projekt-) Management gestellt werden.

Die *Teamentwicklung* bzw. die Teamarbeit sind in einem Projekt ein entscheidender und kritischer Erfolgsfaktor. Bei der Teamentwicklung können vier verschiedene Phasen unterschieden werden (vgl. Winkelhofer 1997, S. 432):

- Formierungsphase (engl. Forming),
- Konfliktphase (engl. Storming),
- Normierungsphase (engl. Norming) und
- Arbeitsphase (engl. Performing).

In der *Formierungsphase* finden sich die Gruppenmitglieder ohne Strukturen, Normen oder konkreten Zielen zusammen. Die Gruppe entdeckt, testet und bewertet die gegenseitigen Verhaltensweisen, der Gruppenleiter ist besonderen Beobachtungen ausgesetzt. In der *Konfliktphase* installiert sich die soziale Organisation in der Gruppe. Es entstehen Konflikte zwischen Mitgliedern und zwischen Mitgliedern und Untergruppen. Die Konfliktregelung hängt von der Art des „miteinander Umgehens" ab. Die Rolle des Leiters ist für die spätere Gruppenarbeit von entscheidender Bedeutung. In der *Normierungsphase* werden die Widerstände überwunden und die Konflikte beigelegt. Aus den Einzelmitgliedern wird eine arbeitsfähige Gruppe, es entsteht ein Gruppengefühl. In der *Arbeitsphase* besteht das gemeinsame Bewusstsein, dass das Ziel gemeinsam besser erreicht werden kann als einzeln und dass die Teilnehmer voneinander lernen können.

Dazu bedarf es jedoch einiger Regeln des miteinander Umgehens, von denen einige beispielhaft genannt werden:

- Jedes Gruppenmitglied soll ernst genommen werden.
- Der Einzelne in der Gruppe wird so behandelt, wie man selbst behandelt werden will.
- Offenheit und Ehrlichkeit wird sich selbst und anderen gegenüber geübt.
- Fairness und Toleranz werden praktiziert.
- Bei einem Aspekt wird stets der positive Anteil gesucht, um nicht destruktiv zu sein.
- Eine ganzheitliche Sicht der Dinge wird anstrebt – es werden keine Partikularinteressen vertreten.
- Konstruktive Kritik wird gern akzeptiert.

Zusammenfassend lässt sich sagen, dass das Handeln im psychosozialen Spannungsfeld des Projekts einen sehr hohen Stellenwert hat. Deshalb müssen die oben genannten Aspekte entsprechend berücksichtigt werden, sonst besteht die Gefahr, dass ein Projekt scheitert oder weit unter seinen Möglichkeiten bleibt.

7.6 Projektcontrolling

Im vorigen Abschnitt wurde bereits angedeutet, dass ein Projektmanager zur Ausführung von Steuerungsmaßnahmen ein *Projektcontrolling* benötigt. Dieses beinhaltet die laufende Überprüfung des Istzustands im Vergleich zum Sollzustand. Falls hierbei Abweichungen erkennbar sind, müssen diese und die sich daraus ergebenden Konsequenzen analysiert und Entscheidungsalternativen vorbereitet werden. Diese nimmt dann der Projektmanager vom Projektcontrolling entgegen und leitet entsprechend seine Entscheidungen bzw. Steuerungsmaßnahmen ein. So wird ein Regelkreis zwischen Steuerung und Controlling hergestellt.

Projektcontrolling wird in diesem Zusammenhang also als ein System zur Führungsunterstützung für den oder die Projektmanager verstanden, mit der Maßgabe, die Prozesse des Projekts im Hinblick auf Zielsetzung und Zielerreichung zu optimieren. Die Aufgaben des Projektcontrollings sind als begleitende Funktion vom Beginn bis zum Abschluss eines Projekts wahrzunehmen (vgl. Patzak und Rattay 1998, S. 315). Insbesondere sind das Planung, Steuerung, Kontrolle, Review und Koordination aller beteiligten Einheiten.

Wie die Projektorganisation, muss auch das Projektcontrolling in eine bestehende Organisation eingefügt werden. Die generellen Möglichkeiten sind (vgl. Daum und Lawa 1999, S. 922):

- Übernahme der Controllingaufgaben durch den Projektleiter, quasi als Selbst-Controlling,
- Übernahme der Aufgaben durch das zentrale Controlling,
- Schaffung einer internen eigenständigen, projektbezogenen Controllingeinheit und
- Übertragung der Aufgaben an einen externen Controller.

Wie meistens gibt es keine beste Lösung, da die Auswahl der Möglichkeiten situationsabhängig erfolgen muss. Die Vor- und Nachteile der Varianten entsprechen teilweise analog den Formen der Projektorganisation. Des Weiteren gilt:

- In der ersten Version werden zwei Funktionen von einer Instanz (Leitungsstelle) wahrgenommen. Einmal die Führungsunterstützung und zum zweiten die Führung. Grundsätzlich ist dies abzulehnen, da in bestimmten Bereichen der Kontrollierte sich selbst kontrolliert. Zusätzlich entsteht eine Vermischung von verschiedenartigen Aufgaben, unter der die Transparenz leidet und es kann leicht zu einer Überforderung kommen.
- Bei der Übernahme der Aufgaben durch das zentrale Controlling besteht die Gefahr, dass das Projekt nicht „ernst" genommen wird, mit den entsprechenden Nachteilen der Führungsunterstützung für den Projektmanager.
- Eine eigenständige, projektbezogene Controllingeinheit kann dem Projekt am besten „dienen", es besteht jedoch die Neigung zum „Projektegoismus".
- Der externe Controller kann unabhängig sein, da er nicht in das Machtgefüge des Unternehmens eingebunden und nicht betriebsblind ist. Andererseits muss er sich in die vorhandenen formalen Prozesse und Strukturen einarbeiten und versuchen, die informellen Prozesse zu durchschauen.

Hauptcharakteristik ist die Führungsunterstützung durch ein Informationssystem (vgl. auch den nachfolgenden Abschnitt zum Informationssystem), in das ein Planungs-, Steuerungs- und Überwachungssystem integriert ist. Der Schwerpunkt liegt dabei weniger in der allumfassenden Informationsversorgung, als vielmehr in der ergebnisorientierten, bestmöglichen Gestaltung und Koordination von Informationsnachfrage, -bedarf und -angebot. Das Projektcontrolling muss demnach den Informationsbedarf feststellen, der für die zu treffenden Entscheidungen besteht, und dann die entsprechenden Informationen bereitstellen. Dabei ist es wichtig, die Differenz zwischen Bedarf, Nachfrage und bereitgestellten Informationen zu minimieren, um eine Informationsüberdeckung bzw. -unterdeckung zu vermeiden (vgl. Steinle und Bruch 1999, S. 25).

Abweichungen zwischen Planung und Realisierung sollten weiterhin so früh wie möglich erkannt werden, damit möglichst schnell reagiert werden kann. Diesen Zweck erfüllt ein *Frühwarnsystem*, das Abweichungen ankündigt, bevor sie eingetreten sind, damit entsprechend gegengesteuert werden kann. Wenn sich entweder durch Soll-Ist-Vergleiche oder durch andere Analysen eine Abweichung (Differenz) abzeichnet, muss versucht werden, die Ursachen zu ermitteln, da die Abweichungen oft nur Symptome sind. Kosten- und Terminüberschreitungen sind immer nur die Folge tiefer liegender Ursachen, wie z. B. Zieländerungen oder Planungsfehlern (vgl. Platz 1989, S. 651).

Ein wesentliches Instrument des Projektcontrollings ist das *Kostencontrolling*. Die Gegenüberstellung der Soll-Kosten der geleisteten Arbeit mit den Ist-Kosten kann hierbei zu einem Trugschluss führen, wenn z. B. das Projekt zu einem bestimmten Zeitpunkt zwar nur 80 Prozent der bis dahin verplanten Kosten verursacht hat, tatsächlich aber nur 50 Prozent der Arbeit erledigt worden sind. In diesem Fall müssen die Ist-Kosten ganz anders bewertet werden, da bis zur 80 prozentigen inhaltlichen Fertigstellung noch hohe Kosten anfallen.

Mithilfe der *Earned-Value-Analysis* (EVA, dt. Arbeitswertanalyse) können die Kosten erfasst werden, die nach dem Stand der Projektarbeit planmäßig angefallen wären (vgl. PMI 2004). Die wesentlichen zu berechnenden Kenngrößen sind folgende:

- bis zum Messzeitpunkt eingeplanten Kosten, die kumulierten Plankosten (engl. Budgeted Cost for Work Scheduled, BCWS),

- bis zum Messzeitpunkt tatsächlich angefallenen Kosten, die sogenannten kumulierten Ist-Kosten (engl. Actual Cost for Work Performed, ACWP) und
- die tatsächlich ausgeführte Arbeit bewertet mit den ursprünglich vorgesehenen Plankosten, der kumulierte Earned Value (engl. Budgeted Cost for Work Performed, BCWP bzw. EV).

Während die ersten beiden Kosten direkt verständlich sind, ist die letzte Kennzahl eine Art fiktive Hilfsgröße. Sie bewertet die tatsächlich umgesetzte Arbeit mit dem ursprünglich dafür angenommenen (Plan-) Kosten. Vereinfachend ausgedrückt ist das der abrechnungsfähige Betrag für ein Arbeitspaket nach den ursprünglich im Projektvertrag vereinbarten Rechnungsbeträgen. Er entspricht dem erreichten (Vertrags-) Wert des Werks, den das Projektteam mit dem Abschluss der Arbeitspakete sozusagen „verdient" hat. Diese Zwischengröße kann nun dabei helfen, die zeitliche Abweichung (in Geldeinheiten!) und die tatsächliche finanzielle Abweichung vom Plan einzeln zu bewerten und damit aufzudecken. Wird z. B. die Differenz zwischen BCWP mit ACWP betrachtet, ist ein direkter Vergleich der geplanten mit den tatsächlichen Kosten möglich. Hier wird der Zeitfaktor herausgekürzt, da für beide Größen als Basis die erledigten Arbeitspakete berücksichtigt werden. Auf ähnliche Weise kann nun auch ein Indikator für die zeitliche Abweichung durch den Vergleich von BCWP (bzw. EV) und BCWS gebildet werden. Hier wird verglichen, welche geplanten Kosten für die im Projektplan vorgesehene Arbeit bereits umgesetzt oder ausgegeben sein müssten und welche Kosten laut Plan für die tatsächlich erwirtschafteten Arbeitspakete berechnet werden müsste. Die Differenz zeigt in Geldeinheiten an, welche Arbeitspakete noch nicht absolviert und damit also auch noch nicht wertmäßig „verdient" wurden. Ein Rechenblatt zur Earned-Value-Analysis ist in Tabelle 7-3 dargestellt.

Aktivität	**Jan**	**Feb**	**Mrz**	**Apr**	**Mai**	**Jun**	**Jul**	**Plan**	**%Fertig**	**EV**
Prototyp Konzeption	3	1						4	100	4
Prototyp Entwicklung		8	6					14	100	14
Anforderungskatalog			2	5				7	100	7
Entwicklung				20	20	20		60	50	30
Test					4	11	5	20	20	4
Dokumentation						2	2	4	0	0
Training							6	6	0	0
Plankosten pro Monat	3	9	8	25	24	33	13			
Plankosten kumuliert (BCWS)	3	12	20	45	69	102	115			
Ist-Kosten pro Monat	4	8	7	25	14					
Ist-Kosten kumuliert (ACWP)	4	12	19	44	58					
Earned Value pro Monat (EV)	3	9	8	15	11					
Earned Value kumuliert (BCWP)	3	12	20	35	46					
BCWP (= kumulierter EV)	46	(Budgeted Cost for Work Performed)								
BCWS	69	(Budgeted Cost for Work Scheduled)								
ACWP	58	(Actual Cost for Work Performed)								
CV=BCWP-ACWP	-12	(Cost Variance)								
SV=BCWP-BCWS	-23	(Schedule Variance)								
CPI=BCWP/ACWP	0,793	(Cost Performance Index)								
SVI=BCWP/BCWS	0,667	(Schedule Performance Index)								
vorauss. Zeit der Fertigstellung	10,5	(= geplante Gesamtzeit von 7 Monaten / SVI)								
vorauss. Kosten der Fertigstellung	145	(= geplante Gesamtkosten von 115 / SVI)								

Tabelle 7-3: Rechenbeispiel Earned-Value-Analysis

Exkurs 7-5: Rechenbeispiel Earned-Value-Analysis

Das Rechenblatt in Tabelle 7-3 enthält die Aktivitäten eines Systementwicklungsprojekts. Es beginnt mit der Konzeption eines Prototypen bis hin zum Training der zukünftigen Nutzer. In den Monatsspalten sind die anfallenden Kosten zur Umsetzung der Aktivität abgetragen. Die Entwicklung kostet beispielsweise 20000 Euro im April, Mai und Juni. Die Tabelle zeigt für diese Aktivität weiterhin an, dass insgesamt 60000 Euro eingeplant sind. Die Entwicklung ist zum Betrachtungszeitpunkt zu 50 Prozent fertiggestellt, sodass ein Earned Value von 30000 Euro „verdient" wurde (letzte Spalte). Unter den Aktivitäten wurden wichtige Kennzahlen berechnet, z. B. die anwachsenden Plankosten im Verlauf des Projekts (BCWS), die kumulierten Ist-Kosten und schließlich der „verdiente" bzw. umgesetzte Wert des Plans (BCWP). Bis zum Monat Mai wurden so 69000 Euro verplant. Tatsächlich sind erst 58000 Euro angefallen. Ist das jedoch nun ein Zeichen dafür, dass insgesamt Geld gespart wurde? Aufschluss über diese Frage bietet die Messung der tatsächlich umgesetzten Arbeit bewertet zu den ursprünglich im Projektplan angesetzten Kosten. Laut Plan hat die bis Mai tatsächlich absolvierte Arbeit einen („abrechenbaren") Wert von 46000 Euro. Mit dieser Zahl kann der Projektleiter nun einen genaueren Einblick erzielen. Wird die ausgeführte Arbeit zu Plankosten bewertet und dies mit der Bewertung zu tatsächlichen Kosten verglichen, entsteht die reine Kostenabweichung (engl. Cost Variance). 12000 Euro des Plans wurden demnach noch nicht umgesetzt (46000-58000). Werden die geplanten Kosten der bis Mai geplanten Arbeit und der bisher tatsächlich umgesetzten Arbeitspakete miteinander verglichen, drückt die Differenz in Geldeinheiten aus, wie viel der Arbeit noch nicht erledigt wurde. Somit sind die 23000 Euro Differenz im Beispiel der in Geld gemessene Rückstand hinter dem Plan (engl. Schedule Variance). Die Verhältnisse von BCWP/ACWP und BCWP/BCWS drücken den prozentualen Wirkungsgrad bezüglich der Kosten und der Arbeitsmenge aus und helfen dabei, den voraussichtlichen Zeitpunkt der Fertigstellung und die absehbare Endsumme der Kosten zu prognostizieren. So ist der Wirkungsgrad bezüglich der Zeiten (engl. Schedule Performance Index) 66 Prozent. Das Projekt wird, einen linearen Verlauf vorausgesetzt, nach 10,5 Monaten fertig gestellt (7 Monate/0,66=10,5).

7.7 Projektrückblick

Der Projektrückblick (engl. Review, Lessons Learned) wird meist nicht als eine direkte Phase des Projektprozesses verstanden, da er nach dem Abschluss des Projekts stattfindet. Naturgemäß ist keine Einflussnahme auf das abgeschlossene Projekt mehr möglich. Trotzdem ist der Rückblick von großer Bedeutung, da er nachträglich eine ganzheitliche und systematische Projektbetrachtung ermöglicht. Dadurch können wertvolle Informationen für die Planung, Steuerung, Kontrolle und Koordination zukünftiger Projekte gewonnen werden.

Im Mittelpunkt steht die Erstellung eines Projektabschlussberichts. Grundlegendes Ziel dieses Berichts ist die kritische Betrachtung der Planung, das Aufzeigen von Abweichungsursachen und daraus abgeleitet die kritischen Faktoren (Erfolgs- oder Misserfolgsfaktoren) des Projekts. Gleichzeitig soll erkannt werden, ob und wie das Projektteam in der Lage war, auf entsprechende Abweichungen vom Plan zu reagieren (vgl. Daum und Lawa 1999, S. 934). Zusätzlich kann die

Organisationsform einer kritischen Überprüfung unterzogen und daraus Rückschlüsse auf die gesamte Organisation gezogen werden. Optimal ist es, wenn die Ergebnisse in eine Projektdatenbank überführt werden, mit deren Hilfe flexible Auswertungen nach verschiedenen Kriterien und ein Projekt-Benchmarking möglich sind. Einen guten Überblick über die anzusprechenden Sachverhalte gibt das Project Management Institute (PMI 2004, S. 230). Die wesentlichen Elementen eines Projektrückblicks sind:

- Aktualisierungen einer Lessons Learned Dokumentenbasis,
- Eingaben in bestehende Wissensmanagementsysteme,
- Aktualisierungen der Unternehmensprozeduren und Standards,
- Verbesserungen an Fähigkeiten, Produkten und Services und
- Aktualisierungen des Risikomanagementplans.

7.8 Informationssysteme für das Projektmanagement

Ein entscheidendes Element in der Steuerungs- und Überwachungsphase ist ein umfassendes *Projektinformationssystem* (auch Projektmanagement-System, PMS) mit dem globalen Ziel der Unterstützung des Projektziels und der dazu notwendigen Entscheidungen. In der DIN 69901 wird der Begriff Projektinformationssystem definiert als „Gesamtheit der Einrichtungen und Hilfsmittel und deren Zusammenwirken bei der Erfassung, Weiterleitung, Be- und Verarbeitung, Auswertung und Speicherung der Projektinformation.“ Damit muss sich das System keineswegs auf IT-gestützte Funktionen beschränken, sondern umfasst auch Dokumentationssysteme, Prozessmodelle, Standards, Aktionspläne etc.

Die Aufgabe des Projektinformationssystems ist es, allen am Projekt direkt und indirekt Beteiligten die erforderlichen Informationen vollständig, einheitlich, übersichtlich, verständlich, aktuell und rechtzeitig zur Verfügung zu stellen. Es muss dabei geregelt werden, wie die Informationen gespeichert werden (im besten Falle auf einer zentralen Datenbank), wer für die Pflege zuständig ist und wer Schreib- und Lesezugriff (auf das IT-System) hat. Einen Überblick über die vom Projektinformations- bzw. -managementsystem abgedeckten Funktionen zeigt Abbildung 7-17.

Mithilfe des Informationssystems können folgende Fragen in Bezug auf wichtige Projektparameter beantwortet werden (vgl. Kessler und Winkelhofer 2002, S. 173):

- Leistung: Sind Schwierigkeiten erkennbar, die beherrschbar oder nicht beherrschbar sind?
- Termine: Ist ein Terminverzug zu erkennen? Ist der Endtermin gefährdet oder nicht realisierbar?
- Ressourcen: Sind die benötigten Ressourcen in ausreichendem Maße vorhanden? Gibt es Engpässe mit Auswirkungen?
- Kosten: Gibt es Abweichungen Soll/Ist und in welchen Größenordnungen? Kann das Budget für Vorgänge, Ereignisse oder Arbeitspakete eingehalten werden?
- Finanzierung: Läuft die Finanzierung planmäßig? Gibt es Kapital- oder Liquiditätsengpässe?

Abhängig von der Komplexität und Größe eines Projekts sind solche Aussagen jedoch ohne ein IT-gestütztes Projektmanagement-System kaum mehr zu leisten.

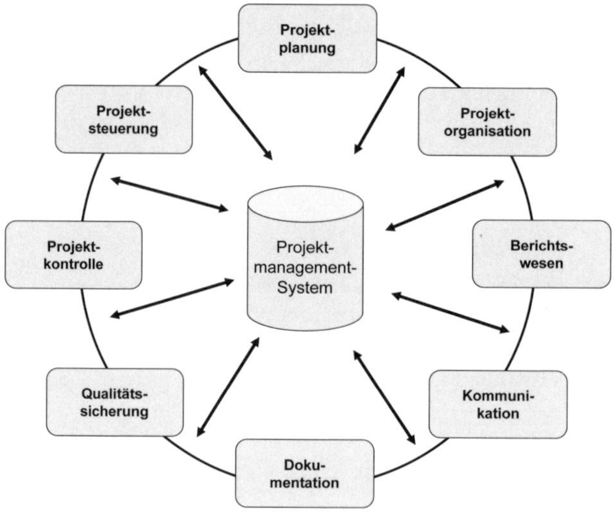

Abbildung 7-17: Elemente eines Projektmanagement-Systems

Auf dem Markt werden heute eine Vielzahl von Projektmanagement-Systemen angeboten, die das Projektmanagement und das Projektcontrolling unterstützen. Eine Beispielperspektive auf ein solches IT-gestütztes Projektmanagement-System zeigt die folgende Abbildung 7-18. Der Nutzer kann verschiedene Planungsansichten auswählen und in der aktuellen Ansicht z. B. ein Gantt-Diagramm bearbeiten. Im späteren Verlauf des Projekts können auch Informationen über den Projektfortschritt dazu verwendet werden ein Fortschrittsdiagramm zu erzeugen und ständig zu aktualisieren.

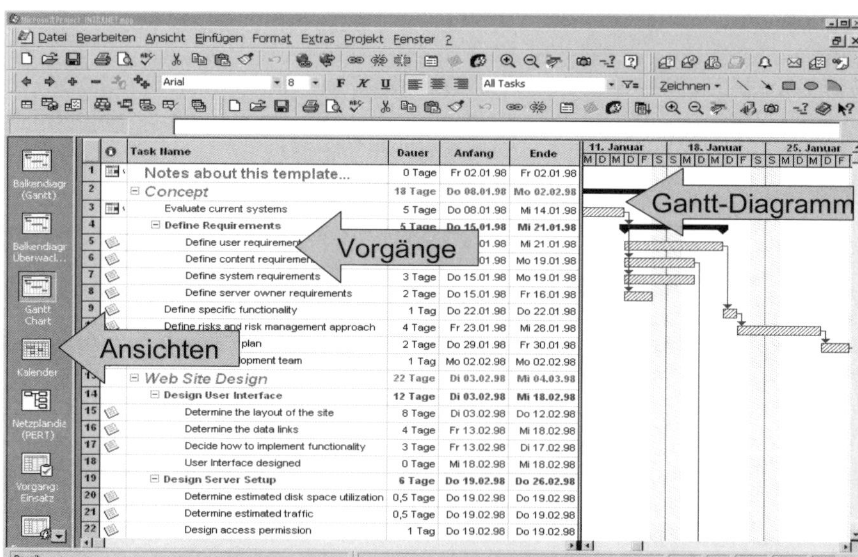

Abbildung 7-18: Ansicht einer IT-gestützten Projektplanung

Eine große Auswahl von Projektmanagement-Systemen ist z. B. unter der Internetadresse http://www.managementsoftware.de zu finden. Es kann davon ausgegangen werden, dass dies in etwa die wichtigsten Projektmanagement-Systeme auf dem deutschen Markt sind.

Es ist einleuchtend, dass es *das* Projektmanagement-System nicht gibt, sondern dass jedes System über spezifische Stärken und Schwächen verfügt. Deshalb muss genau überlegt werden, welche Anforderungen an dieses Werkzeug gestellt werden. Dazu bedarf es einer Analyse der Aktivitäten des Projektmanagements. Darauf aufbauend muss ein Anforderungsprofil bzw. ein Pflichtenheft erstellt werden. Beispielhaft werden einige Aspekte genannt. Dabei kann zwischen allgemeinen und speziellen Anforderungen unterschieden werden.

Allgemeine Aspekte – Benutzerfreundlichkeit:

- Lernprogramme,
- Kurzübersicht,
- Groupware-Funktionen,
- Assistent,
- grafische Aufbereitung und
- Plattform.

Allgemeine Aspekte – Service:

- Hot-Line,
- 24-Std.-Service sowie
- vor-Ort-Service.

Spezielle Anforderungen:

- Balkendiagramm und/oder Netzplan,
- Zeiteinteilung in Wochen, Stunden und Minuten,
- Verschiedene Arten von Zeitschätzung,
- Ressourcendifferenzierung Personal – Material,
- termintreue und kostengünstigste Kapazitätsplanung,
- verschiedene Kostenarten,
- Earned-Value-Analysis (dt. Arbeitswertanalyse),
- Multi-Projekt Darstellung,
- Zeichenprogramm für das Berichtswesen und
- E-Mail-Unterstützung.

In der nachfolgenden Marktanalyse müssen die Leistungsprofile mit dem Anforderungsprofil verglichen werden. Falls ein geeignetes oder gangbares System gefunden wird, sollte dies gekauft werden. Andernfalls ist zu überlegen, ob ein Projektmanagement-System selbst entwickelt wird (voraussichtlich zu sehr viel höheren Kosten) oder an den Ansprüchen Abstriche gemacht werden müssen. Es ist zu betonen, dass der Einsatz eines Software-Werkzeugs nur unterstützende Funktion hat, aber nicht den Menschen ersetzen kann. Dieser Aspekt wird auch durch das Project Management Institute (PMI 2004, S. 228) betont, welches über das Informationssystem hinaus die wichtige Rolle der aktiven und zeitgerechten Distribution der Informationen an alle interne und externen Interessensgruppen fordert. Dabei sind die aktiven Kommunikationsfähigkeiten des Managers genauso relevant wie der Einsatz von Distributionsmethoden wie Projekttreffen, Dokumentverteilung oder die Verwendung elektronischer Kommunikationstools.

7.9 Weiterführende Literatur

Zu Projekt Management und Projektmanagement Standards:

PMI: A Guide to the Project Management Body of Knowledge, Third Edition (PMBOK Guides), Project Management Institute, 2004.

7.10 Übungsaufgaben

1. In welcher Projektorganisationsform würden Sie ein Projekt abwickeln, welches unter wenig Zeitdruck arbeiten kann, für das keine eigene Stelle eines Projektmanagers zur Verfügung steht und wo primär vorhandene Expertise einer Abteilung zum Einsatz kommen kann?
2. Welche Pläne sind im Rahmen der Projektplanung zu erstellen und in welchem Zusammenhang stehen diese?
3. Welche Führungskompetenzen sollte ein Projektmanager haben und warum?
4. Was ist zu erwarten, wenn Sie ein Projekt mit einem speziell dafür neu zusammengestellten Projektteam aus Personen, die sich noch nicht kennen, abwickeln müssen?
5. Wie können Sie in den einzelnen Phasen (bzw. Prozessgruppen) eines Projekts sinnvoll Informationssysteme zur Unterstützung einsetzen?
6. Ihr Controller sagt: „Zum heutigen Zeitpunkt haben wir nur 90 Prozent der dem Plan zu entnehmenden Finanzmittel benötigt.“ Können Sie daraus ableiten, dass Sie als Projektmanager gute Arbeit geleistet haben? Begründen Sie!
7. Stellen Sie einen kleinen Marktüberblick über gängige und spezielle Funktionalitäten von Projektmanagement Software zusammen?

Teil V
Gestaltungsansätze im Unternehmen

Begriffe: Prozessverbesserung, Prozessmodellierung, Datenintegration, Prozessorientierte IT, Workflow Management, Enterprise Application Integration, Serviceorientierte Architekturen, Wissensmanagement, Netzwerkanalyse.

In diesem Teil des Buchs werden praktische Gestaltungsfelder für eine prozessorientierte Systemanalyse vorgestellt. Mit Systemanalyse können organisatorische Prozessdokumentationen und Prozessverbesserungen sowie systematische Datenintegrationen vorgenommen werden. Weiterhin kann aus der Analyse der prozessorientierte Einsatz von Informationstechnologien abgeleitet werden. Das beinhaltet Workflow Management, Enterprise Application Integration und Service orientierte Architekturen. Für weniger strukturierte Prozesse kann Systemanalyse im Kontext von Wissensmanagement Verwendung finden. Für jedes Gestaltungsfeld wird das wesentliche technische und methodische Wissen dargestellt, um ein Systemanalyseprojekt in dem jeweiligen Anwendungsbereich durchzuführen.

Stephan Aier und Nico Haarländer

8 Systemanalyse zur Verbesserung von Geschäftsprozessen

Themenüberblick: Business Process Reengineering, Geschäftsprozessoptimierung, kontinuierliche Prozessverbesserung, Prozessmanagement, Prozessmodellierung, Standardisierung, Outsourcing.

Lernziele: In diesem Abschnitt erlernen Sie die Anwendung von Methoden, Geschäftsprozesse im Unternehmen zu gestalten und zu verbessern. Dafür ist es zunächst notwendig, ein grundsätzliches Verständnis über mögliche Ansätze sowie deren Vor- und Nachteile zu erlangen. Darüber hinaus werden Sie lernen, wie sie Werkzeuge der Prozessmodellierung praktisch für die Verbesserung nutzen können. Im Ergebnis sind Sie damit in der Lage, im Unternehmen in Abhängigkeit von der konkreten Situation einen geeigneten Ansatz zur Gestaltung und Verbesserung von Geschäftsprozessen auszuwählen und umzusetzen.

8.1 Ansätze der Prozessgestaltung

Bevor in einem Projekt die Frage geklärt werden kann, wie die betrachteten Geschäftsprozesse im Detail gestaltet werden sollen, muss vorher festgelegt werden, welches die Ziele der Prozessgestaltung sind und in welchem organisatorischen Umfeld dieses Gestaltung durchgeführt wird. Im Folgenden werden das radikale Business Process Reengineering (BPR), die projektorientierte Geschäftsprozessoptimierung (GPO), die kontinuierliche Prozessverbesserung (KVP) sowie das Geschäftsprozessmanagement vorgestellt. Für die Anwendung einer Methode zur Verbesserung von Geschäftsprozessen ist es wichtig zu verstehen, dass es sich hier nicht um disjunkte Ansätze handelt, sondern um ein Kontinuum zwischen den Polen des radikalen Bruchs mit allen bestehenden Prozessen und Strukturen auf der einen Seite sowie der kontinuierlichen aber jeweils marginalen Anpassung auf der anderen Seite (vgl. Abbildung 8-1).

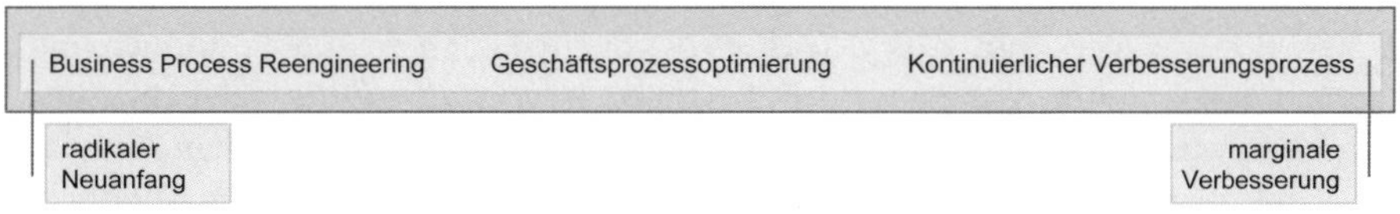

Abbildung 8-1: Kontinuum der Ansätze zur Geschäftsprozessgestaltung

Neben den hier vorgestellten Ansätzen existiert eine Vielzahl weiterer Vorgehensweisen, die sich alle auf diesem Kontinuum einordnen lassen. Jede Unternehmensberatung hat praktisch ihre eigene Methode entwickelt, was es schwierig macht den Überblick zu behalten und die Unterschiede der einzelnen Ansätze zu erkennen. Zusätzlich sind die verwendeten Bezeichnungen für die Ansätze einem gewissen Zeitgeist unterworfen. Was vor ein paar Jahren im Management angesagt war, kann heute Kopfschütteln hervorrufen und morgen unter einem neuen Namen ein Revival erleben. Wichtig ist sich nicht von Anglizismen und Superlativen blenden zu lassen, sondern den jeweiligen Kern einer Methode zu verstehen und zu bewerten.

8.1.1 Business Process Reengineering (BPR)

Das Business Process Reengineering geht zurück auf Hammer und Champy, die ihren Ansatz so beschreiben:

„Business Reengineering ist genau genommen [ein] fundamentales Überdenken und radikales Redesign von Unternehmen oder wesentlichen Unternehmensprozessen. Das Resultat sind Verbesserungen um Größenordnungen in entscheidenden, heute wichtigen und messbaren Leistungsgrößen in den Bereichen Kosten, Qualität, Service und Zeit." (Hammer und Champy 1994, S. 48)

BPR ist in die Kategorie der praxisgeleiteten Organisationsforschung einzuordnen, da die Autoren untersuchen, wie Unternehmen, die eine erfolgreiche Reorganisation durchgeführt haben, vorgegangen sind (Hammer und Champy 1994, S. 14). Ein wesentliches Merkmal des BRP ist, dass die vorhandene Situation im Unternehmen, das heißt Organisation, Prozesse, IT-Systeme, bei der Neugestaltung beinahe komplett unberücksichtigt bleibt. Die Unternehmensprozesse werden losgelöst von dem Istzustand im Unternehmen neu entwickelt. Hammer und Champy schlagen die Durchführung eines BPR in fünf Schritten vor (Hammer und Champy 1994, S. 153):

1. Identifikation und Dokumentation der Prozesse
2. Auswahl der für das Reengineering geeigneten Prozesse
3. Verständnis für die ausgewählten Prozesse schaffen
4. Vollständiger Neuentwurf der Prozesse
5. Umsetzung der neu entworfenen Prozesse

Die untersuchten Unternehmen wiesen die im Folgenden dargestellten Merkmale auf, die Hammer und Champy gleichzeitig als Gestaltungsempfehlungen vorschlagen.

Zusammenfassung mehrerer Positionen

Hammer und Champy sehen es als das wesentliche gemeinsame Merkmal aller radikal neu gestalteten Unternehmensprozesse an, dass viele ehemals voneinander getrennte Positionen und Aufgaben integriert und zusammengefasst werden. Bei dieser Integration werden einer einzelnen Person Aufgaben übertragen, die zuvor von vielen Spezialisten wahrgenommen wurden. Alternativ kann auch ein Team diese Aufgaben übernehmen. Ein Team ist eine Gruppe von Mitarbeitern, die gemeinsam die Fähigkeiten besitzen, die für die Abwicklung beispielsweise eines Auftrags benötigt werden. Hammer und Champy nennen diese Aufgabenträger Caseworker bzw. Case Teams (vgl. Hammer 1993, S. 78). Die Integration von Aufgaben bei Caseworkern und Case Teams kann Vorteile bringen, da Übergaben verringert bzw. aufgehoben werden und die daraus resultierenden Fehler, Verzögerungen und Nacharbeiten abnehmen.

Zusammenfassung von Entscheidungsbefugnissen

Vertikale Komprimierung wird die Übertragung von Entscheidungsbefugnissen, die früher von Vorgesetzten wahrgenommen wurden, auf die die Aufgaben wahrnehmenden Mitarbeiter, genannt. Diese treffen selbst die Entscheidungen, die in der Vergangenheit Managern vorbehalten waren.

Neuordnung der Reihenfolge von Prozessschritten

Einen wichtigen Punkt stellt das Überdenken der Reihenfolge, in der Unternehmensprozesse bisher erledigt wurden, dar. Um die Gesamtdurchlaufzeit der Prozesse zu verkürzen, sollen mögliche parallel durchzuführende Prozessschritte auch parallel durchgeführt werden. Diese Entlinearisierung (Hammer und Champy 1994, S. 82) beschleunigt den Ablauf auf zweierlei Weise. Wegen der Parallelität von Arbeitsgängen wird weniger Zeit benötigt. Aufgrund der kürzeren Zeitspanne zwischen Früh- und Spätphase der Prozesse können weniger weit reichende Veränderungen durchgesetzt werden, die unter Umständen zur Folge haben können, dass anfängliche Arbeiten irrelevant werden. Dieses Phänomen ist eine in der Auftragsabwicklung häufig anzutreffende Fehlerquelle.

Definition von Prozessvarianten

Anstatt einen einheitlichen Unternehmensprozess, beispielsweise die Auftragsabwicklung, zu definieren, der für jede nur erdenkliche Variante eine entsprechende Verzweigung im Ablauf enthält, schlagen Hammer und Champy vor, verschiedene Prozessvarianten einzuführen, die sich nach dem Grad der Schwierigkeit der Problemstellung unterscheiden. Durch eine zu Beginn erforderliche und durchgeführte Klassifikation des Kundenwunsches und Zuordnung zu einer der verschiedenen Prozessvarianten wird es ermöglicht, auf eine Vielzahl von Eventualverzweigungen und Prüfungselementen im Prozessablauf zu verzichten. Dadurch werden einfache Vorgänge und solche von mittlerer Komplexität nicht durch die nur für wenige Ausnahmefälle erforderlichen komplexen Feedback-Schleifen behindert, was die Gesamtdurchlaufzeit über alle Prozessvarianten hinweg senkt.

Sinnvolle Zuordnung von Arbeitsinhalten

Ein weiteres Merkmal, das sich durch neu gestaltete Unternehmensprozesse zieht, ist eine Verlagerung von Arbeiten über zuvor vorhandene aufbauorganisatorische Grenzen hinweg. Beispiele dafür können in der autonomen Abwicklung von Einkäufen, z. B. für Kleinmaterialien und

Bürobedarf durch die einzelnen Abteilungen ohne Überwachung und Genehmigung durch den Zentraleinkauf liegen. Ferner ist es denkbar, Lagerhaltungsaktivitäten beim Kunden und im Extremfall auch durch den Kunden abzuwickeln, anstatt dies selbst vorzunehmen (Hammer und Champy 1994, S. 85).

Geringerer Überwachungs- und Kontrollbedarf

Maß für die Einführung von Überwachungs- und Kontrolltätigkeiten bei prozessorientiert reorganisierten Unternehmen ist der wirtschaftliche Sinn dieser Überwachungsmaßnahmen. Konventionelle Prozesse strotzen nach Ansicht von Hammer und Champy vor Überwachungs- und Kontrollmechanismen, die eingebaut wurden, um einen Missbrauch des Systems zu verhindern. Viele Kontrollaufgaben haben lediglich den Zweck zu verhindern, dass unbefugte Tätigkeiten von Mitarbeitern ausgeführt werden. Viele Unternehmen verkennen jedoch den hohen Kostenaufwand, der mit einer so strengen Kontrolle verbunden ist. Nach dem Business Reengineering weisen die entstehenden Unternehmensprozesse nur noch pauschale oder nachträgliche Kontrollen auf. Diese verhindern Missbrauch im begrenzten Umfang zunächst nicht. Sie sorgen jedoch auch dafür, dass Missbrauchstatbestände nicht ansteigen. Zudem verringert sich der Kostenanteil an solchen Kontrollaufgaben erheblich.

Reduzierung von Abstimmungsarbeiten

Durch Business Reengineering können Abstimmungen, als weitere nicht wertschöpfende Tätigkeiten, auf ein Mindestmaß gesenkt werden. Dies liegt daran, dass die Zahl externer Kontaktpunkte im Unternehmensprozess erheblich verringert wird. Dadurch verringert sich auch das Auftreten widersprüchlicher Daten, die abgeglichen werden müssen.

Schaffung einzelner Anlaufstellen für Kunden

Der Einsatz von Caseworkern oder Case Teams ist ein durchgängiges Merkmal neu gestalteter Prozesse. Dieser Mechanismus erweist sich als sinnvoll, wenn die Prozessschritte so komplex und so stark aufgegliedert sind, dass ihre Integration in einer einzigen Person oder einem kleinen Team nicht möglich wäre. Durch Etablierung eines Case Managers kann ein Puffer zwischen dem komplexen Unternehmensprozess und dem Kunden geschaffen werden. Der Case Manager verhält sich so, als wäre er für die Durchführung des gesamten Prozesses verantwortlich, selbst wenn diese Möglichkeit nicht der Fall ist. Dies setzt voraus, dass der Case Manager Zugang zu allen Informationssystemen hat, die von den tatsächlich mit dem Prozess beauftragten Mitarbeitern verwendet werden (Hammer und Champy 1994, S. 93).

Konkrete Anweisungen, wie diese Maßnahmen umgesetzt werden sollen, sind in dem Werk von Hammer und Champy nicht zu finden. Dieser Umstand wird auch von anderen Autoren kritisiert und lässt sich auf ähnliche Ansätze jener Zeit übertragen. So schreibt beispielsweise Gaitanides, dass die „programmatische Radikalität [der Ansätze] im umgekehrten Verhältnis zu ihren Hinweisen für praktischen Umsetzung steht" (Gaitanides 1994b, S. V). Auch fehlt dem BPR ein fundierter theoretischer Unterbau. So verzichten Hammer und Champy vollständig auf die Nennung von Literaturangaben.

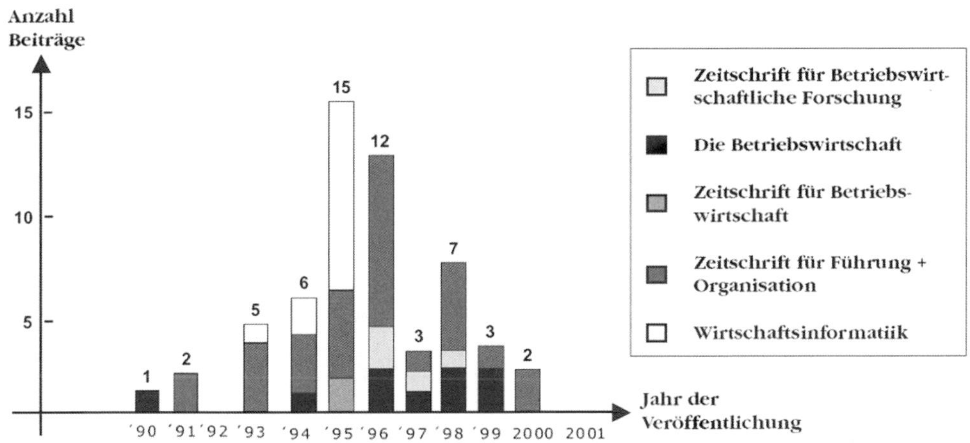

Abbildung 8-2: Veröffentlichungen zum BPR (Hess und Schuller 2005, S. 356)

Dass es sich beim BPR um eine Modeerscheinung handelt, legt Abbildung 8-2 nahe, die die Anzahl wissenschaftlicher Publikationen zum Thema BPR zwischen 1990 und 2000 wiedergibt. Allweyer schreibt dazu: „Das ursprüngliche Konzept des Business Process Reengineering gilt mittlerweile als überholt. Die meisten Projekte [...] gelten als gescheitert. [...] Mit der vollständigen Ablösung der bestehenden Prozesse geht man [...] ein hohes Risiko ein. Erweisen sich die neu gestalteten Prozesse in der Praxis doch als ungeeignet, kann dies für das Unternehmen eine existentielle Bedrohung darstellen [...].“ (Allweyer 2005, S. 83).

Bashein stellt gar den Nutzen des BPR grundsätzlich in Frage: „Unfortunately, consultants tell us, the companies most likely to succeed with reengineering are those most likely to succeed without it.” (Bashein et al. 1994, S. 9)

Zusätzlich ist im Beratungsalltag festzustellen, dass bereits die Verwendung von Begriffen, wie Business Reengineering, Prozessanalyse, Prozessoptimierung etc., bei vielen Mitarbeitern zu einer Blockadehaltung und im Management zu einer gewissen Frustration führt – haben doch viele Mitarbeiter und Manager eher schlechte Erfahrungen mit dem radikalen Ansatz gemacht.

Bei aller Kritik bleibt jedoch festzuhalten, dass der Ansatz von Hammer und Champy in Theorie und Praxis zu einem Wechsel der Perspektive geführt hat. Stand vorher die Betrachtung der Aufbauorganisation und der Unternehmensfunktionen im Vordergrund, so ist heute allgemein anerkannt, dass die Ablauforganisation eine mindestens ebenso große Rolle bei der Analyse und Optimierung von Unternehmen spielt. Der dem BPR zugrunde liegenden Denkansatz, jederzeit bereit zu sein, sich von bestehenden Prozessen zu lösen und vollkommen neue Prozesse zu entwerfen, kann auch für Projekte sehr hilfreich sein, die in der Summe kein radikales BPR darstellen.

8.1.2 Geschäftsprozessoptimierung (GPO)

Prozessoptimierung oder Geschäftsprozessoptimierung wird ähnlich oft gebraucht wie das oben beschriebene Business Process Reegineering. Für einige Autoren ist es in der Tat lediglich die deutsche Übersetzung. Durchgesetzt hat sich aber die Verwendung des Begriffs für einen ähnlichen, jedoch weniger radikalen Ansatz der Verbesserung.

Die Prozessoptimierung ist ein Projekt, dessen Ziel es ist, bestimmte Prozesse unter Berücksichtigung der Ist-Situation des Unternehmens – also anders als beim Business Process Reengineering – und mit einer stärkeren Partizipation der Mitarbeiter (vgl. Brenner und Paulus 2005, S. 10) zu optimieren. „Business Reengineering und Geschäftsprozessoptimierung sind, obgleich die Begriffe nicht selten synonym verwendet werden, unterschiedliche Ansätze zur Restrukturierung der Geschäftsprozesse eines Unternehmens." (vgl. Gadatsch 2003, S. 10)

Brenner und Paulus grenzen die Geschäftsprozessoptimierung als Bottom-Up-Ansatz vom Top-Down-Ansatz des Business Reengineering ab. „Im Gegensatz zum stark top-down geprägten [...] Business Process Reengineering ist das Konzept der Geschäftsprozessoptimierung stärker bottom-up geprägt [...] Die Beteiligung der Mitarbeiter und die Kenntnis des Ist-Prozesses sind Grundvoraussetzungen für die Geschäftsprozessoptimierung." (vgl. Brenner und Paulus 2005, S. 10) Die Prozessoptimierung wird laut Brenner und Paulus von Teams durchgeführt die in „mehreren strukturierten Workshops" die Methodik der Prozessanalyse auf Istabläufe anwenden, um „Maßnahmen zur Umsetzung [...] [von Soll-Prozessen]" zu definieren. Dabei wird die Prozessperformance hinsichtlich Kosten, Zeit und Qualität untersucht (vgl. Brenner und Paulus 2005, S. 11).

	Business Reengineering	**Geschäftsprozessoptimierung**
Wirkung auf die existierende Organisation	**Tiefgreifende Veränderung** Ersatz der alten Organisation Völlige Neukonzeption	**Verbesserung** der bestehenden Organisation
Veränderung der Organisation	Quantensprünge des Wandels, das heißt **radikale Veränderung**	Organisationsentwicklung auch in kleinen Schritten **Moderate Veränderung**
Methode der Prozessbeschreibung	Prozessverstehen, das heißt **Verzicht auf Details**	**Prozessanalyse** durch formale **detaillierte Beschreibung**

Tabelle 8-1: Vergleich von Business Reengineering und Geschäftsprozessoptimierung

Tabelle 8-1 stellt die wesentlichen Unterschiede zwischen BPR und GPO dar (vgl. Gadatsch 2003, S. 19).

Obwohl viele verschiedene Ansätze der Prozessoptimierung entwickelt wurden, macht ein Blick auf die Vorgehensmodelle schnell deutlich, dass die grundsätzliche Vorgehensweise der Aufnahme, Analyse und Optimierung beim GPO die gleiche ist wie in der Systemanalyse. Der Unterschied der Ansätze liegt im Gestaltungsobjekt, also im Gegenstand der Betrachtung: Die Systemanalyse bleibt hier allgemein und analysiert das System als Ganzes, während die GPO vorrangig auf die Prozesse fokussiert. Dies drückt sich aus in einer Istaufnahme von Prozessen (zumindest primär, weitere Erhebungen spielen natürlich auch in der GPO eine Rolle), die keinen Halt an der Grenze von Unternehmensbereichen macht, sowie in einer vorwiegend ablauforientierten Neugestaltung der Prozesse unter Einbeziehung des Know-hows der Mitarbeiter im Unternehmen.

8.1.3 Kaizen und Kontinuierlicher Verbesserungsprozess (KVP)

Ausgangspunkt der Entwicklung von Kaizen sind die USA. 1898 führte die Firma Eastman Kodak ein Vorschlagswesen für Verbesserungen ein. Insbesondere Toyota entwickelte in Japan aus dieser Idee einen systematischen Ansatz, der als Vorläufer von Kaizen gilt. Das Wort Kaizen geht zurück auf die japanischen Wörter „Kai" und „Zen". „Kai" bedeutet Veränderung oder Ersatz, „Zen" bedeutet „zum Besseren". Im Deutschen hat sich der Begriff Kontinuierlicher Verbesserungsprozess durchgesetzt, im englischsprachigen Raum heißt der Ansatz „continuous improvement process" (vgl. Zollondz 2002, S. 230).

Kaizen ist eine „Führungsphilosophie, die eine kontinuierliche Weiterentwicklung anstrebt." (Zollondz 2002, S. 229) Neben der Verbesserung von Produkten und der Ausrichtung auf den Kunden geht es diesem Ansatz um eine Verbesserung aller Aktivitäten der in die Organisation eingebundenen Mitarbeiter. Im Gegensatz zu anderen Reorganisationsansätzen fußt Kaizen in erster Linie auf dem „gesunden Menschenverstand" und ist aufgrund der eher kleinen Verbesserungen investitionsarm (vgl. Steinbeck et al. 1994, S. 38). Treiber von Kaizen sind die Mitarbeiter selbst, die – gestützt durch eine fehlertolerante Unternehmenskultur – eigenständig Verbesserungen vorschlagen. Dies wird durch Anreizsysteme unterstützt.

Kaizen wirkt durch seine operative Ausrichtung auf die Arbeitsprozesse eines Unternehmens und hier insbesondere auf einzelne für den Mitarbeiter erkennbare Arbeitsschritte (vgl. Schmelzer und Sesselmann 2004, S. 255). Dabei wird grundsätzlich alles in Frage gestellt. Ziel ist es, Tätigkeiten, die für das Unternehmen keinen Wert erbringen, aus dem Ablauf zu entfernen. Die Einführung von Kaizen lässt sich beispielsweise in fünf Schritte gliedern:

1. Kaizen-Vorgehen planen
   Kaizen sollte in allen Geschäftsprozessen angewendet werden. Dazu ist ein Projektleiter zu ernennen, der Ziele festlegt, das Kaizen-Training konzipiert und die Aufgaben der Beteiligten definiert.
2. Kaizen starten
   Es wird ein Training durchgeführt, aus dem heraus bereits so viele Maßnahmen wie möglich angestoßen werden sollten.
3. Ziele vereinbaren
   Aus den Zielen der Geschäftsprozesse werden die Ziele des Kaizen abgeleitet und mit den Mitarbeitern vereinbart.
4. Verschwendungen ermitteln und beseitigen
   Der Schwerpunkt der Verbesserung betrifft den unmittelbaren Arbeitsbereich.
5. Verbesserungen messen
   Die Wirkung der Kaizen-Verbesserungen wird in regelmäßigen Messungen von Prozesszeit, Termintreue und Prozessqualität überprüft. In Reviews werden die Mitarbeiter über die Fortschritte informiert.

Kaizen ist vor allem im japanischen Kulturkreis erfolgreich, da die ständige Verbesserung ohnehin in der Kultur des Landes verankert ist. Eine Übertragbarkeit des Ansatzes auf andere Kulturkreise ist aufgrund des hohen Stellenwertes der Eigeninitiative der Mitarbeiter oft schwierig (vgl. Zollondz 2002, S. 226).

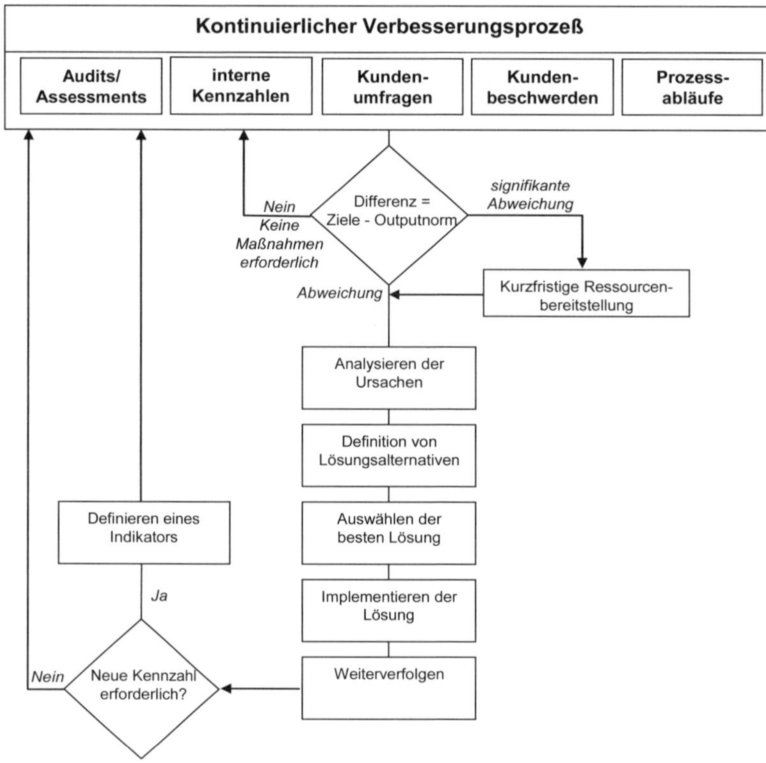

Abbildung 8-3: Der kontinuierliche Verbesserungsprozess (Gaitanides et al. 1994, S. 119)

8.1.4 Prozessmanagement

Prozessmanagement oder Geschäftsprozessmanagement hat sich bei vielen Autoren (vgl. beispielsweise Schmelzer und Sesselmann 2004, S. 5; Horváth & Partner 2005, S. 4) sowie in der Praxis als Oberbegriff für eine prozessorientierte Organisationsgestaltung etabliert. Das Prozessmanagement ist danach erst als Resultat der Kombination verschiedener prozessorientierter Managementkonzepte zur Umsetzung der Prozessorientierung in Unternehmen als übergeordnete Managementdisziplin entstanden (vgl. Helbig 2003, S. 22). Zu diesen Ansätzen zählen

- Business Reengineering,
- Geschäftsprozessoptimierung,
- Lean Management,

- Lean Production,
- Total Quality Management,
- Wertkettenkonzept,
- Fraktale Fabrik,
- Fraktales Unternehmen,
- Virtuelles Unternehmen,
- Six Sigma und weitere (vgl. Maurer 1996, S. 6).

Hierbei verstehen sich die einzelnen Managementansätze als Werkzeuge des Prozessmanagements oder stehen zumindest in enger Verbindung zu ihm (vgl. Schmelzer und Sesselmann 2004, S. 8). Uneinigkeit herrscht darüber, welche der vielen im Laufe der Jahrzehnte entstandenen Managementansätze dem Geschäftsprozessmanagement zuzuordnen sind und welche mit ihm lediglich in Verbindung stehen. Schmelzer und Sesselmann sehen beispielsweise in Six Sigma lediglich eine Ergänzung des Geschäftsprozessmanagements (vgl. Schmelzer und Sesselmann 2004, S. 8), Schmieder bezeichnet es als eine von mehreren Geschäftsprozessmanagement-Methoden (vgl. Schmieder 2005, S. 28).

Aus dem Wortsinn von Prozessmanagement ergibt sich, dass es sich um die Tätigkeit des Managens von Prozessen handelt. Unter Managen wird ein Regelkreis aus Überprüfen der Zielerreichung, Entdecken neuer Optimierungspotenziale und Verbessern des Istzustands verstanden (vgl. Scheer und Cocchi 2006, S. 33). Abbildung 8-4 zeigt in schematischer Darstellung einen Regelkreis für das Prozessmanagement (vgl. Mau 2003, S. 57). Die Steuerung von Prozessen setzt entsprechende Kontrollmechanismen voraus, die gegebenenfalls eine Analyse und Neugestaltung von Prozessen auslösen. Als Change Management sollen in diesem Zusammenhang Maßnahmen verstanden werden, die die Veränderungen, die durch das Prozessmanagement ausgelöst werden, begleiten und unterstützen.

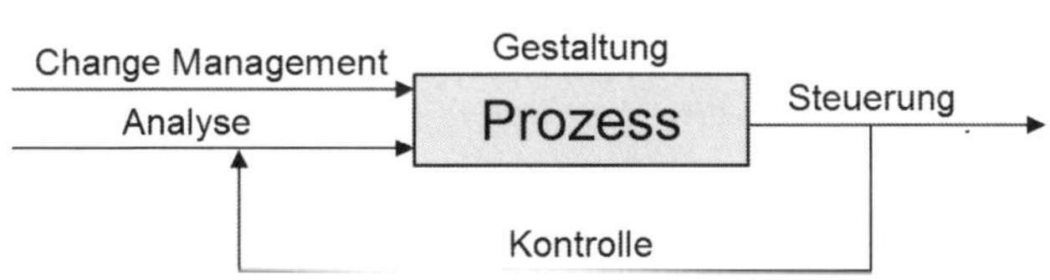

Abbildung 8-4: Regelkreis Prozessmanagement (Mau 2003, S. 57)

Im Gegensatz zu den beiden zuerst genannten Ansätzen dieses Kapitels – dem BPR und der GPO – ist das Prozessmanagement also kein projektgetriebener Ansatz zur einmaligen Verbesserung, sondern zielt auf eine auf Dauer angelegte Institutionalisierung von Denkweisen und Verfahren im Unternehmen ab. Dazu gehört die Prozessorientierung eines Unternehmens – salopp gesagt, das Denken und Handeln in Prozessen.

Neben der Erkenntnis, welche Prozesse im Unternehmen existieren und wie sie aussehen – vielfach wird in diesem Zusammenhang von einer Prozessarchitektur oder einem Unternehmensprozessmodell gesprochen – bedeutet Prozessorientierung, Verantwortungsbereiche entlang von Prozessen zu definieren. Dies kann entweder zusätzlich zur bestehenden Linienverantwortung in Form einer Matrixprojektorganisation geschehen oder aber als alleiniges Strukturierungskriterium. Im zuletzt genannten Fall orientiert sich die Aufbauorganisation eines Unternehmens vollständig an den Unternehmensprozessen. Hierbei ist jedoch zu beachten, dass – wie bereits in Abschnitt 2.3.4 dargestellt – nur dann wirklich von einer Prozessorientierung gesprochen werden kann, wenn tatsächlich Prozesse kundenorientiert oder auch produktorientiert definiert werden und nicht einfach aus einer Umwidmung der bisherigen Funktionen in Prozesse resultieren.

Die reine Prozessorganisation ist in der Praxis selten zu finden. Zum einen sind die Risiken der kompletten Umstellung von Funktionen zu Prozessen zu groß – die Mitarbeiter wären mit solch einem fundamentalen Wandel schlicht überfordert – zum anderen würde der Zugewinn an Kundennähe und Geschwindigkeit mit einem Verlust an funktionaler Spezialisierung „erkauft". Die Auflösung funktionaler Einheiten würde auch zu einem Wegfall der damit verbundenen Kostenvorteile führen (vgl. z B. Maurer und Schwickert 1997, S. 13).

Zum „Handeln in Prozessen" gehört die regelmäßige Bewertung von Prozessen als Voraussetzung für die Identifikation und Umsetzung von Verbesserungsmöglichkeiten. Es ist offensichtlich, dass ein effektives Prozessmanagement beides benötigt: Prozesskontrolle und Prozessverantwortung, denn eine schlechte Prozessleistung hat nur dann Konsequenzen, wenn auch jemand dafür verantwortlich gemacht werden kann. Dies ist gerade ein Hauptproblem funktionaler Strukturen. Dass Prozesse nicht optimal funktionieren ist vielfach bekannt. Wegen häufig wechselnder oder oftmals unklarer Verantwortung im Prozess kann jedoch keine klare Zuordnung der Probleme vorgenommen werden. Verantwortung wird mit Verweis auf die anderen beteiligen Bereiche delegiert. Die eindeutige Definition einer Prozessverantwortung verhindert solche Tendenzen. Hier kann sehr wohl eindeutig zugeordnet werden, wer welche Probleme in welchen Prozessen zu verantworten hat. Liegt eine Prozessorientierung in Form einer Matrix vor, ist genau abzugrenzen, wie weit die Kompetenz der Prozessverantwortlichen geht. Die Ausprägung reicht von einer reinen Moderationsfunktion ohne fachliche und disziplinarische Weisungsbefugnisse über fachliche Weisungsbefugnisse gegenüber den Prozessbeteiligten bis hin zu einer disziplinarischen Weisungsbefugnis, die bei einer reinen Prozessorganisation zu finden ist.

Bei der Festlegung von Prozesskennzahlen gelten ähnliche Hinweise wie bei der Definition von Prozessen. Eine Prozesskennzahl muss auch dem Wesen nach einen Bezug zu Prozessen haben. Beispiele für Prozesskennzahlen sind Durchlaufzeiten, die Anzahl gefertigter Produkte einer definierten Qualität oder die Anzahl nicht bearbeiteter Störungen zu einem Zeitpunkt. Dabei gilt die Regel, dass eine Prozesskennzahl leicht zu erheben sein muss um für ein auf Dauer angelegtes Prozessmanagement geeignet zu sein. Geeignet sind z. B. bereits in IT-Systemen vorhandene Werte. Werte, die aufwendig erhoben werden müssen, wie beispielsweise durch Befragung von Mitarbeitern, können ergänzend herangezogen werden.

Geschäftsprozessmanagement ist also ein Konzept der Organisationsgestaltung und -veränderung. Es versteht sich als ganzheitlicher Ansatz, der auf Dauer angelegt ist und die Methoden der Innovation und der kontinuierlichen Verbesserung vereint. Wohl aus der Erkenntnis heraus, dass sich das Prozessmanagement in der Praxis noch nicht durchgesetzt hat schließen zahlreiche Autoren in ihrem Verständnis des Prozessmanagements den projektartigen Ansatz einmaliger Innovationsvorhaben – also auch die Einführung des Prozessmanagements mit den damit verbundenen Umwälzungen im Unternehmen mit ein (vgl. Schmelzer und Sesselmann 2004, S. 7, Helbig 2003, S. 17 sowie Gaitanides 1994a, S. 12). Nach dieser Sichtweise lässt sich das Prozessmanagement wie bei Helbig beispielsweise in fünf Phasen einteilen, wie in Abbildung 8-5 dargestellt.

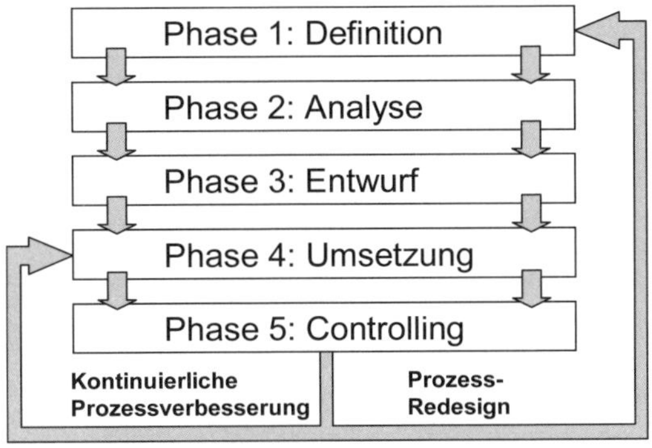

Abbildung 8-5: Phasen des Prozessmanagements (in Anlehnung an Helbig 2003, S. 40)

Die erste Phase der Definition umfasst hauptsächlich die Identifikation und Auswahl der relevanten Prozesse. Es werden Zielsetzungen für das Projekt entwickelt, organisatorische Vorbereitungen getroffen und eine Befragung der internen und externen Kunden durchgeführt. Die Definitionsphase ist jedoch nicht nur unter dem Aspekt der einmaligen Durchführung zu Beginn des Prozessmanagements zu sehen. Denn das Phasenmodell sieht zwei Regelkreise unterschiedlicher Reichweite vor, die das Prozessmanagement je nach Art und Umfang der erforderlichen Veränderungen in einen Regelkreis der Prozesserneuerung (Prozess-Redesign) oder der Prozessverbesserung (kontinuierliche Prozessverbesserung) führen. Dabei steht die Definitionsphase immer als Vorbereitungsphase vor einer Prozesserneuerung. Ob man sich der Sichtweise anschließen mag, dass eine kontinuierliche Verbesserung von Prozessen ohne eine entsprechende Analyse und den Neuentwurf abläuft soll hier nicht weiter diskutiert werden. Vielmehr wird an dieser Stelle noch einmal darauf hingewiesen werden, dass auch in der Literatur eine trennscharfe Definition der im Kontext Prozessmanagement verwendeten Begriffe nicht existiert.

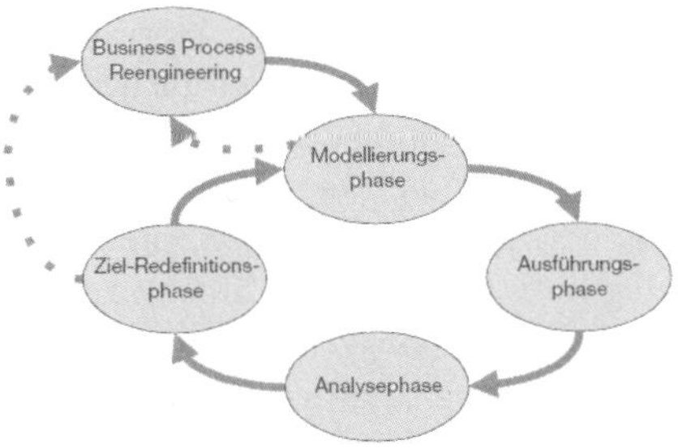

Abbildung 8-6: Kontinuierliches Prozessmanagement (Becker 2002, S. 100)

Die Phasen Umsetzung und Controlling werden von beiden Regelkreisen durchlaufen. Mit der Zuordnung der Phasen zu den beiden Regelkreisen legt Helbig auf die Prozesserneuerung ein deutlich stärkeres Gewicht als auf die Prozessverbesserung. Im Gegensatz zu Helbig wird im Ansatz von Becker et al. das kontinuierliche Prozessmanagement stärker betont (vgl. Becker 2002, S. 99). Er ist in Abbildung 8-6 dargestellt.

Im Gegensatz zum obigen Ansatz werden bei diesem Ansatz auch die Phasen der Analyse und Neugestaltung (Modellierung) durchlaufen. Die Abgrenzung des Kontinuierlichen erfolgt hierbei von dem radikalen Ansatz des Business Process Reengineering.

Auch wenn der Begriff Prozessmanagement in der Vergangenheit arg strapaziert wurde und häufig lediglich als weiche Klammer für verschiedenste Managementansätze verwendet wurde, so lassen sich dem Prozessmanagement im Kern zwei wichtige Konzepte zuordnen:

Zum einen bedeutet Prozessmanagement die prozessorientierte Gestaltung eines Unternehmens, die der Betrachtung der Abläufe und der Ausrichtung am Kunden den Vorrang vor der funktionalen Spezialisierung einräumt. Solange Unternehmen tendenziell funktional ausgerichtet sind, wird diese Betrachtungsweise attraktiv bleiben.

Zum anderen ist Prozessmanagement ein Ansatz zur regelmäßigen Verbesserung der Prozesse durch Messung von Prozessleistung, Analyse und Optimierung. Dabei haben alle Varianten von der inkrementellen Verbesserung im Sinne des Kaizen bis zur radikalen Erneuerung im Sinne des Business Process Reengineering ihre Berechtigung und können geeignete Instrumente zur Steigerung der Leistungsfähigkeit eines Unternehmens sein.

8.2 Werkzeuge zur Prozessanalyse und -gestaltung

Die Vielzahl der Methoden hat auch eine Fülle von Werkzeugen zur Prozessgestaltung hervorgebracht. Sie alle zu beleuchten würde Rahmen und Anspruch dieses Buchs nicht gerecht. An dieser Stelle werden lediglich einige bewährte Werkzeuge vorgestellt, die je nach Projektauftrag um weitere Tools ergänzt werden können.

8.2.1 Prozesslandkarte

Ein wichtiges Instrument zur Vorstrukturierung von Prozessen ist die Prozesslandkarte. Es existieren verschiedene Darstellungsformen von Prozesslandkarten. Neben der Bezeichnung Prozesslandkarte werden auch die Begriffe Prozessmodell (vgl. Horváth & Partner 2005, S. 51) Prozessstruktur-Darstellung (vgl. Gaitanides 1994a, S. 45) oder auch Prozessarchitektur verwendet. Gemeinsam ist ihnen die hierarchische Darstellung der in beliebig viele Stufen gegliederten Prozesse. Die Prozessabfolge ist relativ vorgegeben, die Hierarchie wird wie in Abbildung 8-7 dargestellt, vorwiegend sequenziell durchlaufen (vgl. Specker 2005, S. 59).

Ziel dieser Prozessdarstellung ist es, die Prozessabläufe so zu visualisieren, dass die jeweils relevanten Prozesse sowohl den beteiligten Managementebenen als auch den unmittelbar von der Prozessgestaltung betroffenen Mitarbeitern transparent gemacht werden. Sie soll Anstoß zum Nachdenken über die vorhandene Aufbauorganisation oder Ablaufstruktur geben (vgl. Gaitanides 1994a, S. 40).

Die Erstellung einer Prozesslandkarte kann eine der ersten Aufgaben in einem Prozessoptimierungsprojekt sein. Sind im Unternehmen keine Erfahrungen mit derartigen Modellen vorhanden ist damit zu rechnen, dass diese auf den ersten Blick sehr einfache Aufgabe zu einem schwierigen und langwierigen Unterfangen wird. Die konstruktivistische Perspektive der Prozessorientierung macht deutlich, dass Prozesse von verschiedenen Personen ganz unterschiedlich gesehen werden können. Nach Striening ist die „Definition eines Prozesses und seiner Subprozesse im Endeffekt eine Frage der Pragmatik" (vgl. Striening 1988, S. 190).

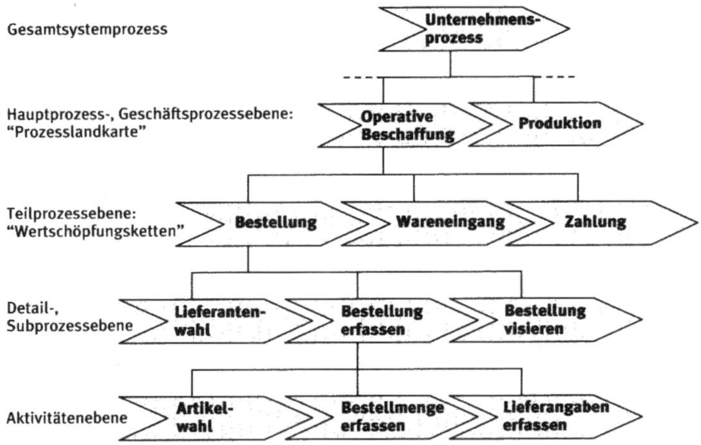

Abbildung 8-7: Prozesslandkarte (Specker 2005, S. 59)

Nach welchen Kriterien sollen Prozesse also ausgewählt und definiert werden? Nach Gaitanides ist die Definition dessen, was als Prozess abzubilden ist, der subjektiven Problemsicht entsprungen und nicht nur aus den Beobachtungen realer Vorgänge ableitbar (vgl. Gaitanides 1983, S. 65). Er schlägt vor, die Probleme, die das Prozessoptimierungssprojekt ausgelöst haben, zur Grundlage der Betrachtung zu machen. In einer Präzisierung sollen die zunächst vage formulierten Probleme in Teilprobleme konkretisiert werden, um handlungsrelevante Problembereiche zu erhalten. Dann können die entsprechenden Prozesse zugeordnet werden.

Prozesse lassen sich in einer Hierarchie von Ober- und Unterprozessen darstellen. Auf der obersten (nullten) Ebene kann jedes System als ein einziger Gesamtsystemprozess aufgefasst werden. Dieser Gesamtsystemprozess wird durch darunter liegende Hauptprozesse (erste Ebene) verfeinert, die als Teilprozesse in weiteren Ebenen weiter detailliert werden können. Diese Prozesse bilden die Grundlage für weitere Betrachtungen der Prozesssicht. Die Verwendung von Bezeichnungen, wie Hauptprozess, Teilprozess, Unterprozess etc. ist bei großen Projekten oder bei einer Vielzahl von Projekten schwer konsistent zu halten. Die einfache Durchnummerierung der Ebenen hat den Vorteil, dass diese leicht angepasst werden kann und in Projekten keine Diskussion über die verwendeten Begriffe entsteht.

Die Vorgehensweise bei der Bildung der verschiedenen Prozessebenen erfolgt analog der Identifikation der Unternehmensprozesse (vgl. Gaitanides 1994a, S. 45). Die Prozesslandkarte zeigt auf, wo der jeweils betrachtete Prozess in der gesamten Prozesslandschaft des Unternehmens eingebettet ist und an welche anderen Prozesse er angrenzt. Dieser erste Schritt ist wichtig, um einen Überblick über die Prozessgrenzen zu erhalten und den Aktionsradius der Projektteams festzulegen (vgl. Best und Weth 2005, S. 56). Allerdings reicht diese Zuordnung nicht aus, um alle Wechselwirkungen der verschiedenen Prozesse zu berücksichtigen. Erst die vollständige Modellierung, z. B. in Form von eEPK oder BPMN zeigt alle Schnittstellen eines Prozesses auf.

8.2.2 Kundenlieferantenbeziehung (LIPOK/SIPOC)

Ein häufig im Kontext von Six Sigma genanntes Werkzeug für die Prozessgestaltung ist die Modellierung von Kundenlieferantenbeziehungen. Seine Verwendung ist nicht auf Six Sigma beschränkt und lässt sich ebenso wie die Prozesslandkarte ohne Vorkenntnisse einsetzen, da es keine speziellen Symbole verwendet. Die Abkürzung LIPOK steht für Lieferant, Input, Prozess, Output, Kunde (engl.: Supplier, Input, Process, Output, Customer). In einem LIPOK wird systematisch die Schnittstelle eines Prozesses mit seiner Umwelt dargestellt. Auf der einen Seite werden die Eingangsgrößen (Input) eines Prozesses benannt sowie die jeweiligen Quellen (Lieferanten), auf der anderen Seite die Ausgangsgrößen (Output) und die jeweiligen Senken (Kunden). Abbildung 8-8 zeigt ein Beispiel für ein einfaches LIPOK

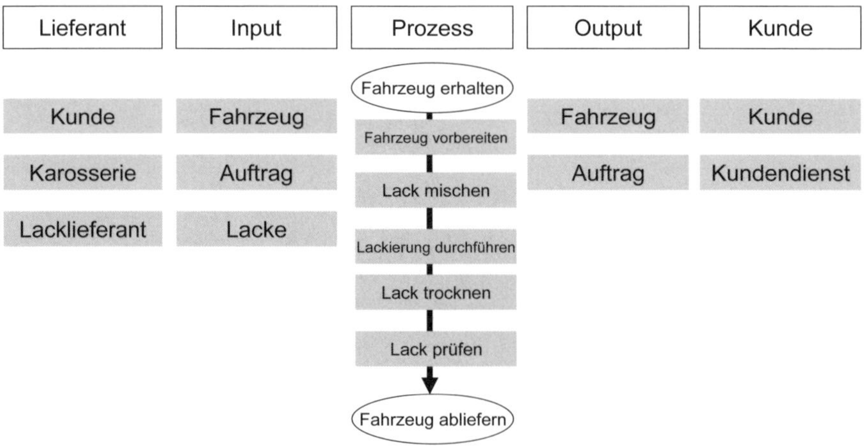

Abbildung 8-8: LIPOK (John et al. 2005, S. 25)

Ein LIPOK muss nicht zwangsläufig auf externe Kunden und Lieferanten beschränkt sein. Vielmehr lässt sich das Kundenlieferantenverhältnis auch auf die Situation in Unternehmen anwenden. Immer wenn an einer Prozessschnittstelle Informationen oder Material übergeben werden, kann diese Schnittstelle in Form eines LIPOK abgebildet werden.

Werden zu allen Teilprozessen eines Prozesses LIPOKs erstellt, so werden schnell Diskrepanzen in der Einschätzung von Schnittstellen sichtbar, indem der benannte Output eines Teilprozesses mit dem benannten Input des nachfolgenden Teilprozesses abgeglichen wird. Obige Darstellung lässt sich noch um die Definition von Qualitätseigenschaften ergänzen. Dabei wird zum einen gefragt, wie der Input eines Prozesses beschaffen sein muss, damit der Prozess optimal ausgeführt werden kann, zum anderen wird gefragt, welche Anforderungen der Prozesskunde an den Prozessoutput stellt.

Das LIPOK eignet sich insbesondere zur Diskussion und Verständigung auf Schnittstellen zwischen Teilprozessen, an denen Parteien aus unterschiedlichen Organisationseinheiten beteiligt sind. Es kann zusätzlich als Ausgangsbasis für die Festlegung von Service Level Agreements (SLA) verwendet werden.

8.2.3 Prozessmodelle

Da auf verschiedene Prozessmodelle bereits in Kapitel 5 „Modellüberblick" eingegangen wurde, werden an dieser Stelle lediglich ausgewählte Aspekte der Modellierung vor dem Hintergrund der praktischen Anwendung angesprochen. Es gibt ein paar Grundregeln, die dem Modellierer seine Aufgabe wesentlich erleichtern.

Der Modellierer ist nur das Werkzeug, was zu modellieren ist, bestimmt der Interviewpartner, das heißt der oder die Mitarbeiter, mit denen das Prozessmodell erstellt wird. Der Modellierer ist der Methodenexperte, er weiß, wie die Symbole aussehen, und wie ein konsistentes Modell zu erstellen ist. Wie der Prozess abläuft und wie einzelne Aktivitäten im Prozess zu bezeichnen sind, entscheidet der Mitarbeiter. Die Beachtung dieser Regel ist nicht nur eine Frage der Höflichkeit, vielmehr ist Prozessmodellierung eine höchst subjektive Angelegenheit bei der es auch darum geht Mitarbeiter als Promotoren für die Veränderung zu gewinnen. Das kann nur gelingen, wenn diese aktiv eingebunden sind und die Rolle des Gestalters übernehmen. Trotzdem bleibt der Berater kritisch und stellt Rückfragen oder Verständnisfragen, die zu einer Verbesserung des Prozessmodells beitragen.

Modelle sollen einfach und übersichtlich sein. Da Abläufe in Unternehmen in der Regel komplex sind, ist diese Anforderung nicht leicht umzusetzen. Viele Mitarbeiter tendieren auch dazu, in Interviews diese Komplexität vollständig darstellen zu wollen, z. B. um zu zeigen, wie gut sie sich mit ihrem Arbeitsgebiet auskennen. Aufgabe des Modellierers ist hier, die wesentlichen für die Problemstellung relevanten Aspekte herauszufiltern und abzubilden. Dabei helfen einfache Regeln wie maximal sieben Aktivitäten pro Teilprozess zu modellieren.

Die Bezeichnung von Aktivitäten sollte in Form von Objekt und Verrichtung stattfinden. Also z. B. „Auftrag eingeben" statt „Dateneingabe". Die Verwendung von Subjekt und Verb hilft Aktivitäten korrekt zu identifizieren. Der konsequenten Anwendung dieser Regel sind sicher praktische Grenzen gesetzt. Einem gestandenen Abteilungsleiter zu erklären, es müsse Kreditantrag prüfen statt Prüfung Kreditantrag heißen, ist bestenfalls unfreiwillig komisch und kann die Stimmung in einem Modellierungsworkshop leicht gegen einen wenden.

Zunächst sollten die Normalfälle des Prozessablaufs modelliert werden. Wichtige Sonderfälle können ebenfalls in das Modell eingepflegt werden. Ausnahmen im Prozessverlauf sollten – wenn überhaupt – in einer Fließtextbeschreibung des Prozesses aufgenommen werden.

Prozessmodelle eignen sich gut zur Visualisierung und schnellen Erfassung des Prozessablaufs, sind aber selten ausreichend zur Darstellung von Prozessen. Je nach Projektziel können die Modelle um eine systematische Erfassung quantitativer Aspekte der Prozesse ergänzt werden. Hierzu zählen u. a. die Häufigkeit eines Prozessdurchlaufs, Durchlaufzeiten, die Anzahl der beteiligen Mitarbeiter, gegebenenfalls mit prozentualer Angabe deren Auslastung durch den Prozess sowie Prozesskosten. Diese Aspekte lassen sich gut in tabellarischer Form aufnehmen und auswerten. Qualitative Aspekte können in Form einer natürlichsprachlichen Beschreibung ergänzt werden.

Prozessmodelle bilden immer den notwendigen Hintergrund für eine Analyse und Optimierung. Die eigentlichen Verbesserungspotenziale sind aber selten explizit in den Modellen ersichtlich. Vielmehr bleibt es die wesentliche Aufgabe eines Systemanalytikers, diese zu erkennen und Lösungswege aufzuzeigen. Prozessmodelle sind, sofern sie im Konsens erarbeitet wurden, hierfür eine geeignete Diskussionsgrundlage.

8.3 Vorgehensmodell der Prozessanalyse und -gestaltung

Mit dem Vorgehensmodell und den Methoden der Systemanalyse stehen auch geeignete Werkzeuge für die Prozessanalyse und -gestaltung zur Verfügung.

Projektbegründung

Prozessverbesserung ist meist schon in der Definitionsphase durch Abteilungsgrenzen und funktionales Denken in Unternehmen behindert, indem bei einer Optimierung häufig an den Grenzen einer Abteilung oder Organisationseinheit halt gemacht wird, obwohl der eigentliche Prozess noch weiter geht oder nicht betrachtbare Unternehmensteile wichtige Beiträge liefern. Hier ist darauf zu achten, dass möglichst abgeschlossene Prozesse von Anfang bis Ende analysiert werden können und alle für den oder die Prozesse relevanten Größen, insbesondere alle Lieferanten und Kunden der Prozesse in die Analyse mit einfließen, z. B. durch zusätzliche Befragung nach Anforderungen oder Betrachtung der Prozessschnittstellen.

Istanalyse und Sollkonzeption

Die Aufnahme und Analyse der Istprozesse erfolgt mit den Methoden der Systemanalyse. Folgende vier Punkte können darüber hinaus in einem prozessorientierten Kontext hilfreich sein:

1. Schritt: Überblick über Prozesse und Produkte
2. Schritt: Betrachtung der wesentlichen Inputs und Outputs jedes Prozesses
3. Schritt: Aufnahme und Modellierung aller wesentlichen Prozessschritte jedes Prozesses
4. Schritt: Alle dabei aufgefallenen großen und kleinen Dinge im „Themenspeicher“ sammeln.

Die Gestaltung von Geschäftsprozessen erfolgt schon aus Gründen der Partizipation meist im Team. Darüber hinaus werden selten die Prozesse allein betrachtet, sondern oft auch die für deren Ausführung verwendeten Informationssysteme. Im Ergebnis sind bei der Prozessgestaltung oft sehr unterschiedliche Anspruchsgruppen mit einer jeweils individuellen Sicht auf den Betrachtungsgegenstand beteiligt. Daraus resultiert die unbedingte Notwendigkeit, ein gemeinsames Bild vom Ist- bzw. vom Sollzustand zu entwickeln. Die Entwicklung eines entsprechenden Prozessmodells erfüllt diese Anforderung.

Die Erstellung dieses gemeinsamen Bildes stellt eine wesentliche Übung dar, bei welcher die meisten Potenziale sichtbar werden. Auf Basis dieses gemeinsamen Bildes lassen sich in Workshops mit den Prozessverantwortlichen Sollprozesse erstellen, die die entdeckten Potenziale berücksichtigen. In sehr komplexen Umgebungen können auch Hilfsmittel der Prozessmodellierungswerkzeuge, wie spezielle Reports, Simulationen oder Optimierungen helfen, bessere Sollprozesse zu entwerfen. Typische Beispiele für ein solches Vorgehen sind komplexe Produktionsprozesse in der fertigenden Industrie.

8.4 Trends der Prozessgestaltung

Neben der Frage nach Methoden und der organisatorischen Verankerung einer Prozessgestaltung ist für den praktischen Einsatz im Unternehmen auch die inhaltliche Dimension von Bedeutung. Darum werden im Folgenden die wichtigsten aktuell zu beobachtenden Trends für die Ausgestaltung von Prozessen beschrieben.

8.4.1 Standardisierung

Eine oft genannte Zielstellung ist der Einsatz von Standards. Das primäre Ziel einer Standardisierung ist eine höhere Kompatibilität zweier Elemente. Dabei betreffen Standards alle Bereiche und Ebenen eines Unternehmens. Neben einem verstärkten Einsatz technischer Standards, werden auch Geschäftsprozesse stärker an Standards gebunden. Der Vorteil der Standardisierung liegt in der leichteren Kombinierbarkeit und Austauschbarkeit von Elementen, die dem gleichen Standard folgen. Standards stabilisieren zum einen die Schnittstellen beliebiger Elemente und führen damit zum anderen zu mehr Flexibilität (vgl. Dietrich 2003; Dietrich 2004a).

Die aus der Standardisierung mutmaßlich entstehende Stabilität fördert wiederum die von Osterloh betonte Orientierungsdimension. Hier ist die Frage, wie eine Organisation gestaltet werden muss, um die Alternativengenerierung zu fördern (vgl. Osterloh 1998, S. 302). Stabilität stellt eine Voraussetzung für Transparenz dar. Transparenz wiederum ist die notwendige Voraussetzung, sich in Systemen zu orientieren, um diese zielgerichtet zu verändern.

Durch die immer stärker werdende überbetriebliche Vernetzung von Geschäftsprozessen und Leistungsbeziehungen und damit dem Aufkommen von Wertschöpfungsnetzen (vgl. Österle und Winter 2003, S. 3) ist auch die Standardisierung an den jeweiligen Schnittstellen notwendig. Nur durch diese Standardisierung können flexibel neue Partner eingebunden oder bestehende Partner ausgetauscht werden. Auch die Auslagerung bislang interner Prozesse an externe Dienstleister (Outsourcing) wird durch eine bereits intern vorhandene Standardkonformität erleichtert.

Die Standards helfen dabei vor allem ein auch unternehmensintern einheitliches Vokabular zu fördern. Darüber hinaus bieten Standards auch eine Möglichkeit, in einem Unternehmen schnell Know-how für neue Betätigungsfelder aufzubauen. In Standards werden zwar selten so genannte „Best-Practices" dokumentiert, jedoch sind die hier beschriebenen Anätzen meist gut erprobt und von verschiedenen Parteien diskutiert worden. Damit helfen Standards auch, in kurzer Zeit neue und komplexe rechtliche Anforderungen an Unternehmen, wie dem unter dem Stichwort *Compliance* diskutierten Sarbanes-Oxley-Act, zu genügen.

Als zentrale Koordinationsinstitutionen für Standards haben sich vor allem ISO, ANSI und im deutschsprachigen Bereich DIN etabliert. Diese Institutionen schaffen selten selbst Standards, vielmehr koordinieren und Dokumentieren sie die Aktivitäten interessierter Partner – meist Unternehmen.

Tabelle 8-2 führt einige allgemeine Standards für die Anwendung im Unternehmen auf. Darüber hinaus gibt es eine Vielzahl sehr spezieller Standards für bestimmte Branchen und Einsatzbereiche.

Dokument Standard	**Typ**	**Beschreibung**
PMBOK 2004	Projektmanagement, ANSI, IEEE Norm	Sammlung von Konzepten, Erfahrungen und Ansätzen für das Projektmanagement
PRINCE2	Projektmanagement	Prozessorientiertes Framework für das Projektmanagement, unabhängig von der Branche und dem Projekttyp
CMMI	Prozessverbesserungsansatz	Capability Maturity Model Integration (CMMI) ist ein Prozessverbesserungsansatz. CMMI unterstützt bei der Integration organisatorischer Funktionen, beim setzen und priorisieren von Verbesserungszielen sowie beim Aufsetzten von Qualitätsmanagementprozessen.
CMM	Methode	The Capability Maturity Model (CMM) ist eine Methode für die Messung und Bewertung der Reife von Softwareentwicklungsprozessen.
ISO10006	Projektmanagement-Standard	Qualitätsmanagement – Richtlinien zur Qualitätsverbesserung im Projektmanagement.
ISO 15288	Standard für Systementwicklung	Standard für Systementwicklungs-Lebenszyklus-Prozesse eines Unternehmens.
ISO 19760	Anwendungsrichtlinie	Vorschläge für die Verfeinerung und Anwendung der Prozesse der ISO 15288.
ISO 9001:2000	Standard für Qualitätsmanagement	Standard der die Anforderungen an Qualitätsmanagementsysteme definiert
IEEE 1220	Standard	Standard für die Anwendung und das Management von Systementwicklungsprozessen – Verfeinerung der ISO 15288.
SCOR	Supply-Chain-Referenzmodell	SCOR ist ein Prozessreferenzmodell für das Supply-Chain-Management.
ITIL	Ansatz für IT-Servicemanagement	ITIL (Information Technology Infrastructure Library) ist ein de-facto-Standard im Bereich des IT-Service-Managaments.
COBIT	Framework	The Control Objectives for Information and related Technology (COBIT) ist ein Framework welches Unterstützung bei der Einhaltung gesetzlicher Compliance-Anforderungen wie dem Sarbanes-Oxley-Act unterstützt.

Tabelle 8-2: Standards für die Unterstützung der Prozessgestaltung

8.4.2 Outsourcing

Beim Outsourcing von Prozessen werden diese Prozesse oder Teile davon an externe Dienstleister ausgelagert. Typische Beispiele sind die Fertigung einzelner Komponenten, wie z. B. Fahrzeugsitze in der Automobilindustrie, oder die Auslagerung der IT-Entwicklung oder des IT-Betriebs. Das Outsourcing kann sehr unterschiedlich bezogen auf den Umfang und die tatsächlich zu beobachtenden Wirkungen sein.

Bezüglich des Umfangs reicht das Outsourcing beispielsweise in IT-Bereichen von der Auslagerung einzelner Softwareentwicklungsaufgaben bis zur kompletten Fremdvergabe aller IT-Aktivitäten.

Bezüglich der tatsächlich zu beobachtenden Wirkungen reicht das Outsourcing von der ausschließlichen Veränderung von Rechtsbeziehungen bis zur physischen Verlagerung ganzer Produktionsstätten auf andere Kontinente. Im ersten Fall bleiben unter Umständen alle bisherigen Mitarbeiter an ihren bisherigen Beschäftigungsorten und erhalten lediglich einen neuen Arbeitgeber.

Im zweiten Fall sind die originären Produktionsstätten oft von der Schließung und die Belegschaft von Entlassungen betroffen. Die mit dem Outsourcing verbundenen Ziele sind vielschichtig:

- Konzentration auf das Kerngeschäft,
- Kostensenkung durch größere Effizienz, Economies-of-Scale oder Senkung der Ressourcenkosten,
- Größere Flexibilität von Kapazitäten,
- Verringerung des Risikos,
- Optimierung der Finanzierungsstruktur,
- Einkauf externen Know-hows,
- Entlastung der Managementkapazitäten sowie
- Erschließung neuer Absatzmärkte.

Einige der genannten Ziele werden in der Praxis jedoch nicht immer erreicht. Insbesondere eine mögliche Kostensenkung oder eine erhöhte Flexibilität werden oft durch den zunehmenden Kommunikationsbedarf oder unflexible vertragliche Vereinbarungen überkompensiert. Darum ist eine Entscheidung für ein Outsourcing und dessen konkrete Gestaltung auch immer eine strategische Überlegung die für jeden konkreten Fall wohl durchdacht werden muss

8.5 Weiterführende Literatur

Davenport, T.: Process Innovation – Reegineering Work through Information Technology, Harvard Business School Press, Boston 1993.

Hammer, M.; Champy, J.: Business Reengineering – Die Radikalkur für das Unternehmen. 2. Auflage, Campus Verlag, Framkfurt a.M. 1994.

Österle, H.; Winter, R.: Business Engineering – Auf dem Weg zum Unternehmen des Informationszeitalters, 2. Auflage, Springer, Berlin et al. 2003.

Porter, M.: Competitive Advantage – Creating and Sustaining Superior Performance, Free Press, New York, NY 2004.

Gaitanides, M.: Prozessorganisation: Entwicklung, Ansätze und Programme des Managements von Geschäftsprozessen, 2. Auflage, Vahlen, München 2007.

8.6 Übungsaufgaben

1. Nennen Sie Kriterien anhand derer Sie in der Phase der Projektbegründung mit Ihrem potenziellen Auftraggeber entscheiden, ob Sie ein Business Process Reengineering-Projekt oder ein Prozessverbesserungsprojekt aufsetzen wollen.
2. Welche Indikatoren veranlassen Sie, ein Projekt zur Einführung eines kontinuierlichen Verbesserungsprozesses aufzusetzen?
3. Warum ist es wichtig Ist- bzw. Sollprozesse für die Prozessgestaltung grafisch modelliert zu haben?
4. Welche Gründe können gegen ein radikales Prozess-Outsourcing sprechen?

Helmut Frank und Christian Schröpfer

9 Datenmodellierung und Datenintegration

Themenüberblick: Datenbankmanagementsysteme, Datenbanken, Datenbankverwaltungssystem, relationales Datenbankmodell, Vorgehensmodell des Datenbankentwurfes, Datenintegration zur Unterstützung der Prozessintegration, anfrageorientierte und auswertungsorientierte Datenintegration, erweitertes Datenwörterbuch, Datenaustauschstandards.

Lernziele: In diesem Kapitel lernen Sie, wie Daten in Unternehmen verwaltet werden. In der Regel werden Daten in Unternehmen in Datenbankmanagementsystemen verwaltet, die mehrere Datenbanken integrieren. Sie lernen in diesem Kapitel die Grundlagen der Datenbanken kennen. Danach erfahren Sie anhand eines Vorgehensmodells, wie Sie im Unternehmen eine relationale Datenbank einführen können, um das Datenmanagement effizienter zu gestalten. Neben der Einführung einzelner Datenbanken stellt sich bei Prozessoptimierungen in und zwischen Unternehmen jedoch häufig das Problem der Datenintegration. Deshalb lernen Sie anschließend wie durch anfrageorientierte Datenintegration verschiedene bestehende Datenbanken miteinander integriert werden können und wie durch auswertungsorientierte Datenintegration auf mehrere bestehende Datenbanken zu Auswertungszwecken zugegriffen werden kann. Abschließend erhalten Sie einen Überblick über Datenstandards, die die Integration von Daten wesentlich erleichtern.

9.1 Einleitung und Begriffe

Die effiziente Verwaltung von Daten spielt in der Systemanalyse eine große Rolle. Sie ist oft Grundlage für prozessorientierte IT-Systeme und damit Voraussetzung für Prozessverbesserungen. Beispiele für den Einsatz von Datenbanktechnologien und Datenintegration im Rahmen von Systemanalyseprozessen sind die Einführung eines Datenbanksystems, die Zusammenführung mehrerer verteilter Datenbestände aus verschiedenen Systemen in einem konsistenten Datenbankverwaltungssystem und die Einführung einer standardbasierten Datenkommunikation zwischen zwei Unternehmen.

Die Bedeutung der Information nimmt in der heutigen Gesellschaft sowohl innerhalb als auch außerhalb des kommerziellen Bereichs exponentiell zu. Im kommerziellen Bereich wird inzwischen die Information als eigenständiger Produktionsfaktor, der Kosten verursacht und Nutzen bringt, verstanden.

In diesem Kapitel wird nach DIN 44300, Teil 2 (Deutsches Institut für Normung 1988b) unter Information zweckorientiertes bzw. zielgerichtetes Wissen verstanden. Daten sind Informationen, die weiterverarbeitet werden.

Durch den technologischen Fortschritt und den daraus resultierenden Entwicklungen, wie z. B. die Globalisierung, nimmt die Menge der zu verarbeitenden Daten immer schneller zu. Dadurch erhöhen sich die Anforderungen an die Verfügbarkeit, Speicherung, Verwaltung und Zugriffszeit der Daten signifikant.

Unternehmen, die jederzeit in der Lage sind, entscheidungsrelevante Informationen abzurufen, können erhebliche Wettbewerbsvorteile erlangen. Deshalb gibt es heute kaum noch ein Unternehmen, das für die Informationsverarbeitung kein Datenbanksystem einsetzt, da es dafür keine Alternative gibt. Ansonsten müssten die Informationen (Daten) auf Papier oder in nicht integrierten Dateien abgelegt werden, dies würde zu schwerwiegenden Problemen führen. (vgl. Kemper und Eickler 2006, S. 17)

Vereinfacht ausgedrückt, muss die zunehmende Menge der Informationen flexibel und einfach zu verarbeiten sein sowie kostengünstig und sicher aufbewahrt werden.

Genauer ausgeführt, werden folgende Anforderungen an ein Datenbanksystem gestellt (vgl. Kemper und Eickler 2006, S. 17, Stahlknecht und Hasenkamp 2005, S. 183):

- Datenintegrität: Die relevante Realität muss zielgerichtet, aktuell, exakt und widerspruchsfrei modelliert sein. Aus dieser Forderung leiten sich die nächsten zwei Punkte ab.
- Redundanzfreiheit: Dieselben Daten sollten nicht mehrmals gespeichert sein, z. B. werden die Daten eines Kunden nur einmal erfasst, auch wenn verschiedene Bereiche darauf zugreifen.
- Keine Inkonsistenz: Eine mögliche Folge von Redundanz ist Inkonsistenz. Sie ist dann gegeben, wenn redundante Daten verschiede Werte aufweisen, z. B. die Adresse zweimal gespeichert und die Hausnummer verschieden ist. Wenn Daten aus bestimmten Gründen, wie z. B. der Performance, redundant gespeichert werden, muss das System dafür sorgen, dass sie trotzdem konsistent sind.
- Logische Datenunabhängigkeit: Sie besteht dann, wenn es möglich ist, die Struktur z. B. einer Tabelle zu ändern, ohne die ganze Tabelle neu zu erzeugen und alle Anwenderprogramme, die auf diese Tabelle zugreifen, ebenfalls zu ändern. Das bedeutet, dass es möglich sein muss, z. B. bei Kunden ein neues Attribut E-Mail einfügen zu können.
- Physische Datenunabhängigkeit: Die physische Speicherung – und dadurch eventuell die Zugriffsart – kann verändert werden, weil z. B. das Speichermedium gewechselt wurde, ohne dass das Anwendungsprogramm davon berührt wird. Ebenso sollte ein Wechsel der Plattform bzw. ein Wechsel der Hardware ohne Änderung der Anwendungsprogramme möglich sein.
- Flexibilität: Sowohl beliebige Abfragen als auch fortlaufende Verarbeitung müssen möglich sein.
- Mehrfachzugriff: Mehrere autorisierte Benutzer können gleichzeitig auf die gespeicherten Daten zugreifen.
- Softwareergonomie (Benutzerfreundlichkeit): Sowohl der professionelle Benutzer (z. B. Systemadministrator oder Programmierer) als auch der Endanwender sollten für ihre Zwecke leicht und verständlich mit dem Datenbanksystem umgehen können.

- Datensicherheit: Die Daten müssen vor Beeinträchtigung, insbesondere Verlust, Zerstörung, Verfälschung und Missbrauch bewahrt werden – vgl. dazu DIN 44300, Teil 1 (Deutsches Institut für Normung 1988a). Nach Störungen muss der korrekte Zustand wieder hergestellt werden können.
- Datenschutz: Die schutzwürdigen Belange von Betroffenen vor Beeinträchtigung durch die Verarbeitung ihrer Daten sind zu wahren – vgl. dazu DIN 44300, Teil 1 (Deutsches Institut für Normung 1988b). Diese ergeben sich aus den einschlägigen Gesetzen und Vorschriften (z. B. Bundesdatenschutzgesetz). Voraussetzung dafür ist die korrekte Datensicherheit.

9.2 Das Datenbanksystem

Ein Datenbanksystem besteht aus einer Datenbank und einem Datenbankverwaltungssystem, wie in Abbildung 9-1 symbolisch dargestellt.

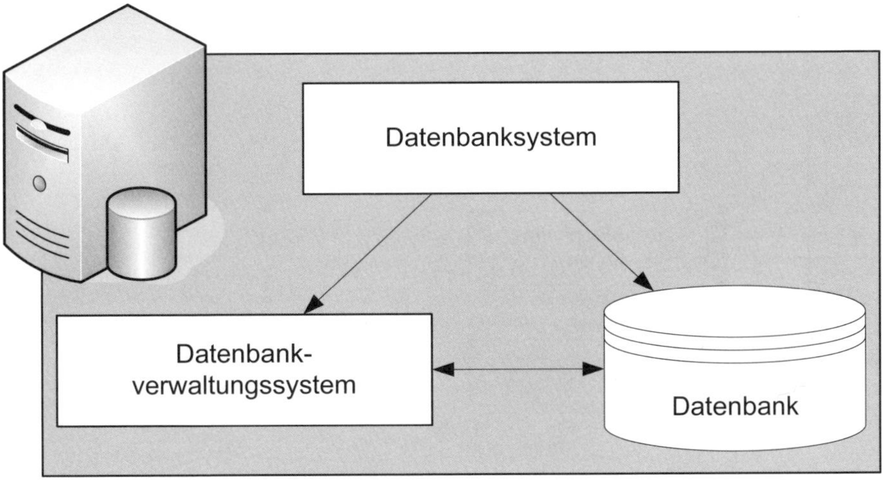

Abbildung 9-1: Datenbanksystem

Unter einer Datenbank werden gespeicherte Daten verstanden, die logisch miteinander verknüpft sind.

Die Gesamtheit der Programme, die die Verwaltung der Inhalte der Datenbank gemäß den oben genannten Anforderungen ermöglichen, wird als Datenbankverwaltungssystem bezeichnet. Auch im deutschsprachigen Raum hat sich die Abkürzung DBMS (engl. Data Base Management System) durchgesetzt.

Umgangssprachlich wird oft von einer Datenbank gesprochen, wenn ein Datenbanksystem gemeint ist. Der Schwerpunkt dieses Kapitels liegt auf dem Gebiet der Datenbank.

9.2.1 Datenbank

Um beim Entwurf einer Datenbank einen bestimmten Grad der Datenunabhängigkeit zwischen der (gesamten) logischen Struktur, der physischen Speicherung und den einzelnen Anwendungen aus Benutzersicht zu gewährleisten, wurde 1975 das ANSI/X3/SPARC-Modell (Standards Planning Requirements Committee des ANSI – American National Standards Institute) eingeführt. Dieses Architekturmodell besteht aus drei Datensichten. Die Begriffe Datensicht und Datenschema werden hier synonym verwendet (vgl. Abbildung 9-2).

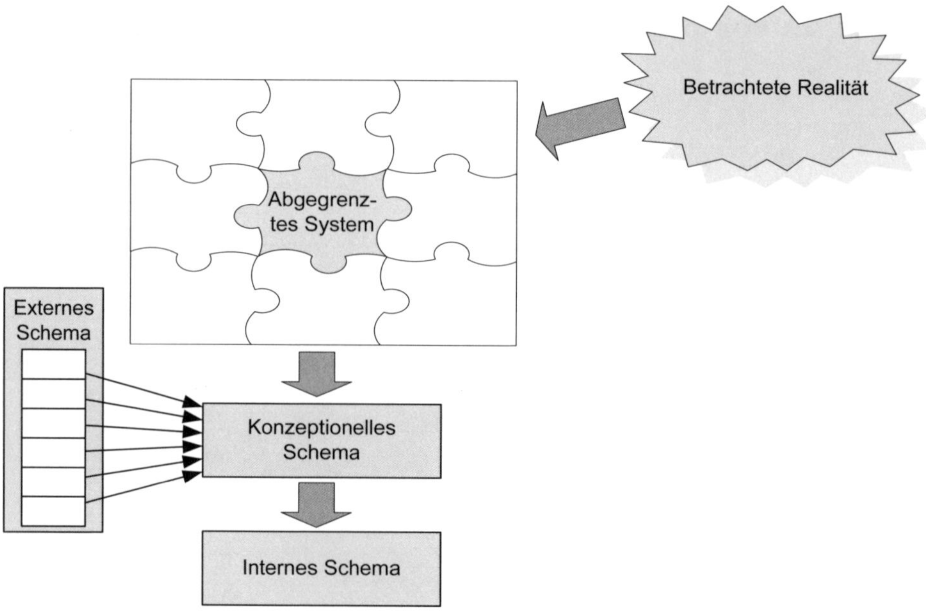

Abbildung 9-2: SPARC-Modell

Jeder Benutzer einer Datenbank benötigt in der Regel zur Erledigung seiner Aufgaben nur eine Teilmenge der in der Datenbank gespeicherten Daten. Zum Beispiel benötigt ein Sachbearbeiter in der Personalabteilung eines Unternehmens nur die Daten des Personals, eventuell auch davon nur eine Untermenge. Zu seiner Aufgabenerledigung muss er nicht auf die Kundendaten zugreifen. Dies fließt in den verschiedenen Sichten ein.

Unter der *konzeptionellen Sicht* wird die modellhafte Beschreibung des Realitätsausschnitts, der in der Datenbank abgebildet wird, verstanden. Von der physischen Speicherung und den einzelnen Anwendungen aus Benutzersicht wird abstrahiert. Es wird also die integrierte Gesamtanforderung aller Anwender berücksichtigt.

Die *externe Sicht* beschreibt die Ausschnitte des konzeptuellen (Gesamt-) Schemas, die für die einzelnen Anwendungen relevant sind. Das bedeutet, dass die Zugriffsrechte bzw. die Zugriffsbeschränkungen für den jeweiligen Benutzer genau festgelegt sein müssen.

Die *interne Sicht* beschreibt die Datenspeicherung und die Datenverwaltung.

Zuerst wird die *logische Struktur* der Daten, unabhängig vom zu verwendenden Datenbankmodell beschrieben. Weitgehend verbreitet ist die grafische Darstellung nach dem Entity Relationship-Modell. Die Grundformen dieses Modells gehen auf Chen (vgl. Chen 1976) zurück.

Im zweiten Schritt wird die *grafische Darstellung* in ein Datenbankmodell überführt.

Das relationale Datenbankmodell ist marktbeherrschend. Deshalb wird im Abschnitt 9.4 „Relationales Datenmodell" ausführlich darauf eingegangen. Die Beziehungen im relationalen Datenbankmodell werden in Tabellen dargestellt.

Das Hierarchische und das Netzwerk-Datenbankmodell haben heute so gut wie keine Bedeutung mehr, obwohl es sehr wahrscheinlich noch einige laufende Versionen gibt.

Abzuwarten bleibt, wie sich das objektorientierte Datenbankmodell entwickeln wird, eventuell ist dieses Modell die Grundlage für die nächste Generation von Datenbanksystemen (vgl. Kemper und Eickler 2006, S. 25).

Die Generierung des konzeptuellen Schemas wird auf den nächsten Seiten ausführlich behandelt.

Die *interne Sicht* betrachtet die physische Datenorganisation. Sie legt fest, wie die aus der konzeptionellen Sicht generierten Daten auf den entsprechenden Speichermedien abgelegt werden, unter Berücksichtigung der möglichst geringen Zugriffszeit und der optimalen Speicherplatzausnutzung. Die physische Datenorganisation übernimmt das DBMS.

9.2.2 Datenbankverwaltungssystem

Seit den 80er Jahren werden nur noch Datenbankverwaltungssysteme (engl. Database Management System, DBMS) auf den Markt gebracht, die auf der Basis eines relationalen, objektorientierten oder objekt-relationalen Modell entwickelt worden sind (vgl. Stahlknecht und Hasenkamp 2005, S. 183).

In diesem Abschnitt werden nur relationale Datenbankverwaltungssysteme betrachtet. Diese müssen so gestaltet sein, dass sie die am Anfang des Kapitels aufgeführten Anforderungen insgesamt erfüllen, unter Berücksichtigung der externen, der konzeptionellen und der internen Sicht. Das DBMS muss also über bestimmte Komponenten verfügen, die auch die jeweiligen Sichten „bedienen". Diese sind verschiedene Sprachen, Funktionen und das Data Dictionary (vgl. Abbildung 9-3).

Um die *konzeptionelle Sicht* zu beschreiben, wird eine Sprache benötigt, die Relationen (Tabellen) erzeugt bzw. löscht. Abstrakt wird diese Sprache Datendefinitionssprache (engl. Data Definition Language, DDL) genannt. Konkret können es Elemente von SQL, wie z. B. CREATE oder DROP sein.

Bezogen auf die *interne Datensicht* wird die Datenspeicherung und Datenverwaltung mithilfe einer Beschreibungssprache (engl. Data Storage Description Language, DSDL) vollzogen. Zusätzlich werden noch Funktionen bereitgestellt, die die im einleitenden Abschnitt dieses Kapitels genannten Anforderungen erfüllen. Beispiele sind Kennworttabellen für den Datenschutz bei unbefugter Benutzung, Transaktionen, die dafür sorgen, dass eine Datenbank bei Störungen und mehrfachen Zugriff konsistent bleibt, und Log-Funktionen, die die Protokollierung übernehmen.

Für die *externe Sicht* wird eine Datenmanipulationssprache (engl. Data Manipulation Language, DML) verwendet. Diese teilt sich auf in eine Abfragesprache (engl. Query Language, QL), die wie der Name sagt, das Abfragen von Daten erlaubt (SELECT), und in eine „eigentliche" Datenmanipulationssprache, mit der die Attributwerte der Relationen eingefügt, gelöscht oder geändert werden (INSERT, UPDATE, DELETE).

Um die Möglichkeiten der DML zu erweitern, z. B. bestimmte formatierte Ausgaben, wie Rechnungen, kann diese in eine höhere Programmiersprache „eingebettet" sein, es sind also Schnittstellen vorhanden, sodass im Rahmen einer höheren Programmiersprache auf eine Datenbank zugegriffen werden kann, z. B. SQL in Java.

Wie zu sehen ist, kann die Definition, die Manipulation und die Abfrage in einer Sprache zusammengefasst werden, nämlich SQL (engl. Structured Query Language), die in DIN 66315 genormt ist.

Das Data Dictionary (DD) kann in das DBMS integriert oder als eigenständige systemnahe Software installiert sein. Es enthält Metadaten zur Dokumentation der in der Datenbank abgespeicherten Datenobjekte, z. B.:

- Benutzer der verschiedenen Tabellen,
- Angaben über die Benutzer,
- Datentypen der Attribute in den Tabellen,
- Domäne der Attributwerte und
- Daten über die Benutzer.

Es gibt nicht *ein* bestimmtes Data Dictionary, es ist abhängig von den Vorstellungen des Benutzers.

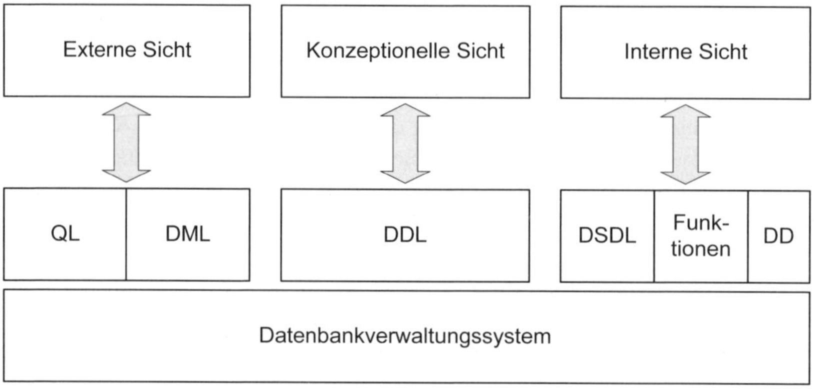

Abbildung 9-3: Komponenten des Datenbankverwaltungssystems (in Anlehnung an Stahlknecht und Hasenkamp 2005, S. 187)

9.3 Vorgehensmodell des Datenbankentwurfs

Um ein Datenbanksystem zu erhalten, das möglichst allen Anforderungen der Benutzer entspricht, dies sollte das oberste Ziel sein, muss ein konzeptionell „sauberer" Entwurf vorausgehen.

Bei der folgenden Betrachtungsweise wird davon ausgegangen, dass die Realität auf einer definierten Abstraktionsebene durch Beschreibung von Objekten und deren Beziehungen ausreichend abgebildet werden kann.

Es bietet sich auch hier an, die Vorgehensweise der Systemanalyse unter der Zielsetzung des Datenbankentwurfs einzusetzen, um eine vollständige und systematische Vorgehensweise zu gewährleisten. Daraus folgt, dass im abgegrenzten Bereich eine Istanalyse durchgeführt wird. Im Rahmen des Sollkonzepts wird ein Pflichtenheft erstellt, dessen Spezifikation in das Datenmodell eingeht (vgl. dazu Kapitel 6 „Vorgehensmodell“). Daraus wird dann nach den entsprechenden Regeln ein relationales Datenbankmodell entworfen.

Eine unsystematische Vorgehensweise rächt sich bitter. Es gibt die Faustregel, dass eine Fehlerkorrektur in der Anforderungsanalyse Faktor 1, in der Entwurfsphase Faktor 10 und in der Realisierungsphase Faktor 100 kostet. Wird der Fehler erst im Einsatz erkannt, steigen die Kosten nochmals drastisch. (vgl. Kemper und Eickler 2006, S. 29)

Die abgegrenzte Abbildung der Realität wird am Beispiel einer Bank nachvollzogen (vgl. Hinz 2006).

In dieser Bank gibt es Kunden, die ein Konto haben. Von diesen Kunden interessieren der Name und der Vorname, die Adresse mit Postleitzahl, Ort und Straße, die Telefonnummer(n), das Geburtsdatum und das Alter. Für die Kunden existiert eine fortlaufende Kundennummer.

Von dem Konto werden die eindeutige Kontonummer, der Kontostand, die Währung, der Habenzins, die Höhe des Dispositionskredites und die Höhe des Dispositionszinses festgehalten. Ein Kunde kann mehrere Konten haben und ein Konto kann von mehreren Kunden geführt werden.

Für das Konto werden die Zahlungsvorgänge gespeichert. Es gibt eine eindeutige Vorgangsnummer, das Datum, den Betrag, den Empfänger und den Absender, den Zweck und Soll- oder Habenbuchung. Auf einem Konto können viele Zahlungsvorgänge gespeichert werden, ein Zahlungsvorgang lässt sich nur einem Konto zuordnen.

Ein Kunde kann nur ein Schließfach mieten und umgekehrt. Von dem Schließfach wird eine eindeutige Schließfachnummer, die Filiale, bei der das Schließfach ist, die Größe des Schließfaches und Beginn und Ende der Anmietung festgehalten.

Ein Kunde verfügt über ein Depot. Es werden die eindeutige Depotnummer und die Bewertungswährung (kann mit der Bank vereinbart werden, wenn es z. B. zur Gewinnbewertung für Steuern notwendig ist) notiert. Ein Kunde kann nur über ein Depot verfügen, über ein Depot kann jedoch von mehreren Kunden verfügt werden.

Das Depot enthält sowohl Aktien als auch Anleihen.

Für die Anleihen gibt es eine eindeutige Wertpapierkennnummer, die für jedes am Markt befindliche Wertpapier vergeben wird, das Kaufdatum, den Einstandskurs, das Land aus dem die Anleihe stammt, die entsprechende eindeutige Länderidentifikation, den Nominalzins, die Anzahl der Anleihen und der Devisenkurs zum Kaufdatum.

Ähnlich ist es bei der Aktie. Auch hier existiert die Wertpapierkennnummer, das Kaufdatum, das Land und die Länderidentifikation. Zusätzlich gibt es die Branche, aus der die Aktie stammt, den Nennwert, mit dem die Aktie ausgegeben wurde, der Einstandskurs, der Devisenkurs und die Anzahl der Aktien. Bei dem Rating kann es von unterschiedlichen Finanzdienstleistern unterschiedliche Empfehlungen geben.

Beide Wertpapiere können in verschiedenen Depots gehalten werden. In einem Depot können jedoch auch verschiedene Wertpapiere erfasst werden.

Die Objekte dieser Realwelt sind Kunden, Konten, Zahlungsvorgänge, Schließfächer, Depots, Anleihen und Aktien. Diese Objekte verfügen über bestimmte Eigenschaften bzw. Attribute, durch die sie beschrieben werden. Da eine vollständige Beschreibung der Objekte wegen ihrer Komplexität nicht möglich und vor allen Dingen nicht notwendig und gewünscht ist, werden nur die relevanten Eigenschaften modelliert. Zum Beispiel ist der Name und die Adresse des Kunden unverzichtbar, über den Beruf kann diskutiert werden, während die Schuhgröße kaum interessant sein dürfte.

Jedes einzelne Objekt, z. B. Konto, unterscheidet sich von anderen Objekten durch die Attributwerte bzw. Attributausprägungen. Der Attributwert des Attributs Kontonummer kann dann z. B. 1030185588 sein.

Wie sich leicht erkennen lässt, bestehen zwischen den Objekten bestimmte Beziehungen. Zum Beispiel mietet ein Kunde ein Schließfach, ein Depot enthält Anleihen und ein Konto speichert Zahlungsvorgänge usw.

Diese Beziehungen sind auch zu erfassen. Es soll nochmals darauf hingewiesen werden, dass die ausgewählten Objekte, ihre Attribute und die Beziehungen zwischen den Objekten ausschließlich von der Zielsetzung der Modellbildung abhängig sind.

Die Gesamtheit aller gleichartigen Objekte wird zu einem Objekttyp zusammengefasst, und die gleichartigen Beziehungen zu Beziehungstypen. So gibt es z. B. einen Objekttyp „Depot", der bestimmte Eigenschaften hat, und den Beziehungstyp „enthält", der eventuell auch bestimmte Eigenschaften hat. Das heißt, es wird eine bestimmte Struktur generiert, die sich im Allgemeinen wenig ändert.

9.3.1 Primärschlüssel

Auf jedes Objekt muss eindeutig zugegriffen werden können. Dasselbe Objekt darf nicht zweimal angelegt werden. Dazu bedarf es einer eindeutigen Identifizierung. Dies gewährleistet das Schlüsselattribut, das Primärschlüssel (engl. Primary Key) genannt wird. Dieser Primärschlüssel kann auch aus mehreren Attributen bestehen.

In der Gesamtheit aller Objekte, die einem Objekttyp zugeordnet werden, darf der Wert eines Primärschlüssels nur einmal vorkommen. Dadurch sind alle Objekte eindeutig voneinander zu unterscheiden. Der Name und der Vorname z. B. eines Kunden wären demzufolge kein geeigneter Primärschlüssel, da die Gefahr besteht, dass bei zwei oder mehr Kunden die Vornamen und die Nachnamen gleich sind. Wenn nun das Geburtsdatum zum Primärschlüssel hinzugefügt werden würde, würde dies eventuell bei einem kleineren Unternehmen ausreichen, jedoch bestimmt nicht bei der Bundesanstalt für Angestellte. Aus diesem Grund wird oft ein identifizierendes (künstliches) Attribut eingefügt, wie z. B. die Kunden- oder Matrikelnummer.

An den Primärschlüssel wird die Anforderung gestellt, dass er minimal ist. Wenn z. B. eine Kundennummer verwendet wird, darf der Nachname nicht mehr hinzugefügt werden, da er zur eindeutigen Identifizierung nicht notwendig ist.

Neben dem Primärschlüssel gibt es auch Suchattribute, deren Ziel es ist, mehrere Datensätze zu erhalten. Dies ist z. B. der Fall, wenn alle Kunden aus einem bestimmten Bezirk gesucht werden sollen. Jeder einzelne Datensatz wird über die entsprechende Postleitzahl identifiziert. Da dieses Attribut jedoch kein Primärschlüssel, also nicht eindeutig identifizierend ist, werden mehrere Kunden mit der gleichen Postleitzahl ausgegeben.

9.3.2 Entity Relationship-Modell

Das Entity Relationship-Modell (ERM) gewährleistet einen konzeptionellen Ansatz. Die Grundformen dieses Modells gehen auf Chen (vgl. Chen 1976) zurück. Es hat in der Zwischenzeit eine Vielzahl von Abwandlungen erfahren.

Mit dem ERM ist es möglich, das abgegrenzte System auf eine für alle Beteiligten verständnisvolle Weise darzustellen. Daraus resultiert auch die große Akzeptanz bei den Anwendern. Als Basis der Modellierung dienen beim ERM die Objekttypen und die Beziehungen zwischen den Objekttypen.

Die grafische Darstellung eines ERM wird Entity Relationship-Diagramm (ERD) genannt. In diesem Diagramm werden die Objekttypen als Entity-Typen und die Beziehungstypen als Relationship-Typen bezeichnet. Es ist also die Struktur der Datensätze zu erkennen und nicht die Inhalte der einzelnen Datensätze.

Entity-Typen werden durch „Rechtecke" und Attribute durch „Ellipsen" dargestellt. Der Primärschlüssel wird unterstrichen. Jedes Attribut wird durch Verbindungskanten mit „seinem" Entity-Typ verbunden (vgl. Abbildung 9-4).

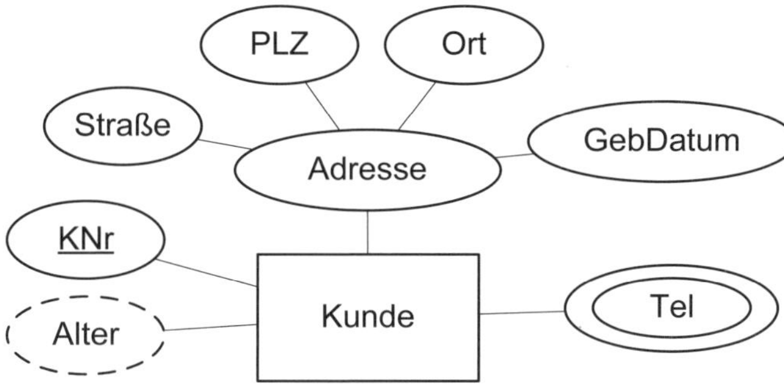

Abbildung 9-4: Entity-Typ mit Attributen

Wie aus dem obigen Beispiel ersichtlich ist, setzt sich die Adresse aus der Postleitzahl, dem Ort und der Straße mit der Hausnummer zusammen. Dies wird als zusammengesetztes Attribut bezeichnet.

Wiederholungs- oder Mehrfachattribute werden durch eine doppelte Ellipse dargestellt. Diese liegen dann vor, wenn ein Attribut eines Objekts des entsprechenden Entity-Typs mehrere Werte annehmen kann. Ein Beispiel sind mehrere Telefonnummern.

Wie aus dem oben Gesagten bekannt ist, gibt es auch eine Verbindung zwischen einem Kunden und einem Konto, z. B. hat der Kunde Paul Meier ein Konto. Folglich gibt es auch eine Beziehung zwischen dem Entity-Typ Kunde und dem Entity-Typ Konto. Gleichartige Beziehungen werden zu Beziehungstypen, also Relationship-Typen zusammengefasst. Die Relationship-Typen werden im ERD durch Rauten dargestellt (vgl. Abbildung 9-5). Ein Relationship-Typ kann eigene Attribute haben.

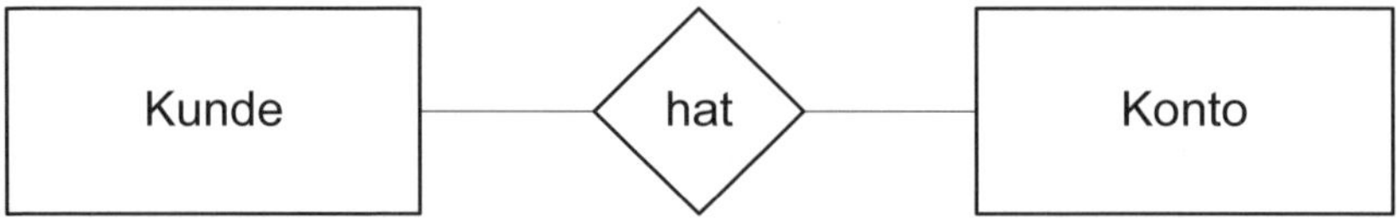

Abbildung 9-5: Relationship-Typ

Nach Chen dürfen Objekttypen nur mit Beziehungstypen und Beziehungstypen nur mit Objekttypen in Verbindung treten.

Nun gilt es noch zu beschreiben, welche quantitativen Beziehungen zwischen Entities eines Entity-Typen und Entities des benachbarten Entity-Typen, die ja durch Relationship-Typen verbunden sind, bestehen.

Die Beziehungen können vom Typ 1:1, 1:n oder n:m sein. Dies wird Kardinalität oder Komplexität der Beziehungen genannt. Wenn *ein* Student *ein* Fahrrad besitzt, ist dies eine 1:1-Beziehung (vgl. Abbildung 9-6).

Abbildung 9-6: 1:1-Beziehung

Besitzt *ein* Student ein Rennrad, ein Reiserad und ein Mountainbike, also *mehrere* Fahrräder, ist dies eine 1:n-Beziehung (vgl. Abbildung 9-7).

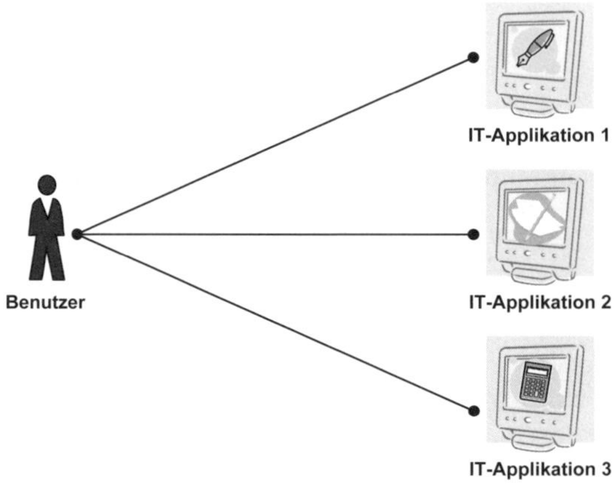

Abbildung 9-7: 1:n-Beziehung

Besitzen *mehrere* Studenten aus einer Wohngemeinschaft *gemeinsam* diese 3 Fahrräder, ist dies eine n:m-Beziehung (vgl. Abbildung 9-8).

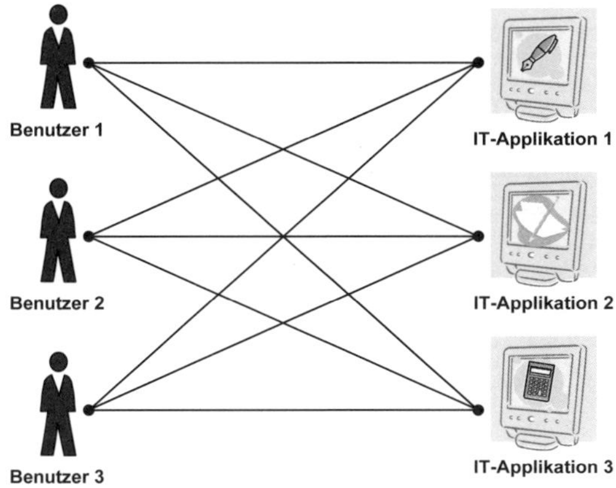

Abbildung 9-8: n:m-Beziehung

Allgemein gesagt:

- 1:1-Beziehung: Für jedes Entity der beteiligten Entity-Typen darf höchstens eine Beziehung zu einem anderen Entity bestehen. Es kann auch keine Beziehung bestehen, z. B. wenn ein Student kein Fahrrad hat.
- 1:n-Beziehung: Für jedes Entity des als ersten genannten Entity-Typs darf eine Beziehung zu mehreren Entities des zweiten Entity-Typs bestehen, während umgekehrt nur höchstens eine Beziehung erlaubt ist.
- n:m-Beziehung: Für jedes Entity der beteiligten Entity-Typen dürfen beliebig viele Beziehungen bestehen.

Eine Anwendung dieser Beziehungen auf ein Bankenbeispiel zeigt Abbildung 9-9.

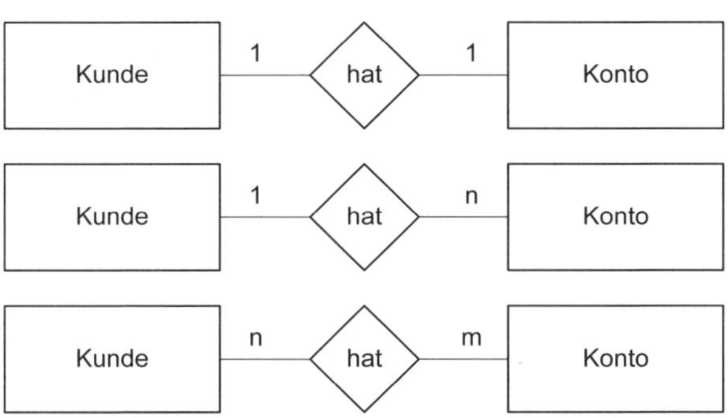

Abbildung 9-9: Kardinalitätsangaben in 1, n, m-Notation

Daneben gibt es noch die min, max-Notation. Es wird angegeben, wie viele konkrete Beziehungen mindestens (min) und wie viele höchstens (max) vorkommen. Wenn beliebig viele Beziehungen möglich sind, wird max = * gesetzt. Wenn keine Beziehung bestehen kann, wird der Wert = 0 gesetzt.

Das vollständige ERD des betrachteten, abgegrenzten Systems der Bank ist in Abbildung 9-10 dargestellt.

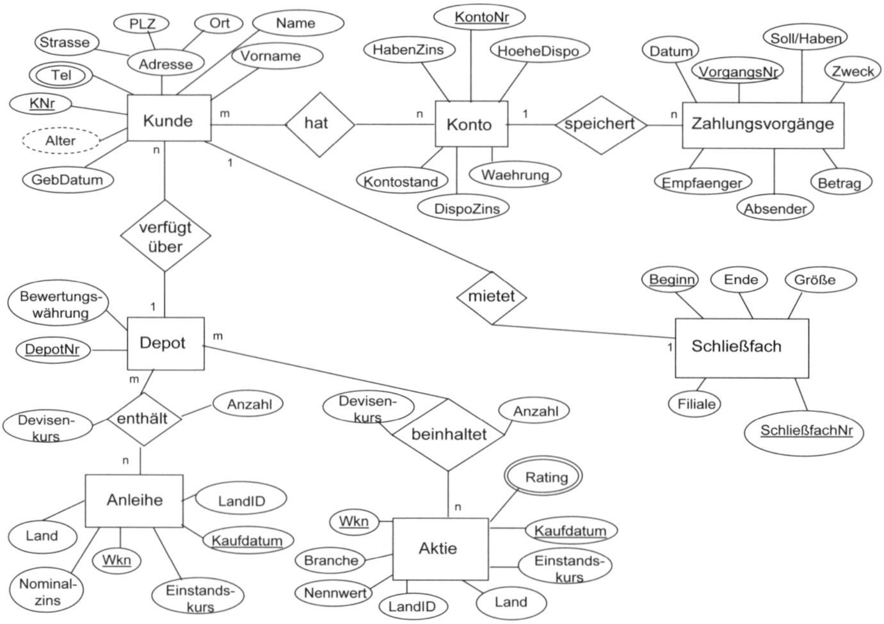

Abbildung 9-10: ERD einer Bank in Auszügen

9.4 Relationales Datenbankmodell

Das von Codd entwickelte relationale Datenbankmodell oder Relationenmodell wird im Folgenden in Form von Tabellen verwendet. Codd hat die Merkmale des Relationenmodells in 12 Regeln zusammengefasst (vgl. Codd 1990). Die Grundbegriffe lassen sich folgendermaßen formulieren (vgl. Stahlknecht und Hasenkamp 2005, S. 172):

- Jede Relation ist eine zweidimensionale Tabelle. Sie entspricht einem Entity-Typ. Relationship-Typen können auch in einer Tabelle abgebildet werden.
- Jede Zeile der Tabelle entspricht einem Tupel. Es wird ein bestimmtes Entity des entsprechenden Entity-Typs beschrieben.
- Die Spalten entsprechen den Attributen. Jedes Entity wird mit seinen Attributwerten beschrieben.
- Jede Zeile muss sich von allen anderen durch mindestens einen Attributwert unterscheiden.
- Die Reihenfolge der Spalten und der Zeilen kann beliebig angeordnet werden.
- Die Anzahl der Attribute heißt Grad (der Relation).
- Die Domäne bezeichnet den Wertebereich aller möglichen Attributwerte eines Attributes (z. B. Alter kann die Werte von 18 – 80 annehmen).

- Attribute sind stets atomar, das heißt nicht in kleinere Einheiten zu zerlegen. Ein Attribut kann jedoch aus mehreren Teilen bestehen, z. B. das Attribut Straße und Hausnummer, wird dann jedoch als Einheit betrachtet.

9.4.1 Überführung in Tabellen

Nun folgt der zweite Schritt im konzeptionellen Schema. Aus Gründen der Übersichtlichkeit werden nur die Entity-Typen Kunde, Depot, Schließfach und Anleihe mit ihren Relationship-Typen dargestellt. Bevor mit der Normalisierung begonnen wird, werden mithilfe des ERD Tabellen generiert. Dabei gilt es, bestimmte Regeln zu beachten.

Jeder Entity-Typ wird in eine Tabelle überführt. Die Attribute des Entity-Typs kennzeichnen die Spalten der Tabelle. Die Tabelle erhält normalerweise den Namen des Entity-Typen. Der Primärschlüssel wird unterstrichen. Dies erscheint unproblematisch, da der Primärschlüssel im ERD bereits gekennzeichnet wurde. Für das Bankbeispiel entstehen dabei die in Abbildung 9-11 gezeigten Tabellen.

Kunde

<u>KNr</u>	Name	Vorname	Adresse PLZ Ort Straße	Tel Tel	GebDatum	Alter

Schließfach

<u>SchließfachNr</u>	<u>Beginn</u>	Ende	Größe	Filiale

Depot

<u>DepotNr</u>	Bewertungswährung

Anleihe

<u>Wkn</u>	<u>Kaufdatum</u>	Land	LandID	Nominalzins	Einstandskurs

Abbildung 9-11: Überführung in Tabellen

Grundsätzlich werden Relationship-Typen auch in Tabellen überführt, wobei die Primärschlüssel der beteiligten Entity-Typen die Spalten der Tabelle kennzeichnen. Hat ein Relationship-Typ eigene Attribute, bilden diese die weiteren Spalten der Tabelle. Der Tabellenname entspricht dem Namen in der Raute.

Jetzt muss der Primärschlüssel gekennzeichnet werden. Dieser ist von der Art der Beziehung abhängig. Es gilt:

- Bei einer 1:1-Kardinalität kann einer der beiden Primärschlüssel der benachbarten Entity-Typen Primärschlüssel sein. Der Datenbankdesigner kann sich hier eine der beiden Möglichkeiten aussuchen.
- Bei einer 1:n Beziehung wird der Primärschlüssel des Entity-Typs übernommen, der auf der mit „n“ gekennzeichneten Seite steht.
- Bei einer n:m Kardinalität reicht keiner der beiden Primärschlüssel der beteiligten Entity-Typen alleine aus, es müssen beide übernommen werden. Bei bestimmten Konstellationen ist es

möglich, dass zusätzlich ein Attribut des Relationship-Typen zur Bildung des Primärschlüssels herangezogen werden muss.

In Abbildung 9-12 folgt die Darstellung der Tabellen für die Relationship-Typen.

verfügt_über

KNr	DepotNr

mietet

KNr	SchließfachNr

enthält

DepotNr	Wkn	Devisenkurs	Anzahl

Abbildung 9-12: Tabellen für Relationship-Typen

Oft werden für Relationship-Typen mit der Kardinalität 1:1 oder 1:n keine eigenen Tabellen gebildet, sondern der Primärschlüssel des verbundenen Entity-Typs wird in die Tabelle des jeweiligen anderen Entity-Typs übernommen, ebenso die „eigenen" Attribute des Relationship-Typs (falls vorhanden). Letztendlich ist dies eine Frage der Handhabbarkeit. Für das Beispiel sieht das wie in Abbildung 9-13 dargestellt aus.

Kunde

KNr	Name	Vorname	Adresse PLZ Ort Straße	Tel Tel	GebDatum	Alter	Depotnr*

Schließfach

SchließfachNr	Beginn	Ende	Größe	Filiale	KNr*

Depot

DepotNr	Bewertungswährung

Anleihe

Wkn	Kaufdatum	Land	LandID	Nominalzins	Einstandskurs

enthält

DepotNr*	Wkn*	Kaufdatum*	Devisenkurs	Anzahl

Abbildung 9-13: Verbundene Entity-Typen

9.4.2 Fremdschlüssel

Aus diesem Beispiel ist ersichtlich, dass Attribute, die in einer Tabelle Primärschlüssel sind, auch in einer anderen Tabelle aufgeführt werden. Dies ist z. B. bei der Tabelle „Kunde" oder der Tabelle „enthält" der Fall. Immer wenn ein Attribut aus einer anderen Tabelle stammt und dort Primärschlüssel ist, ist es in der übernehmenden Tabelle Fremdschlüssel (engl. Foreign Key) und wird als solcher mit einem * gekennzeichnet. Primärschlüssel, z. B. in Relationship-Tabellen, können gleichzeitig auch Fremdschlüssel sein. Im Gegensatz zu den Primärschlüsseln können die Fremdschlüssel erst am Ende in den fertigen Tabellen gekennzeichnet werden und nicht schon im ERD. Der Fremdschlüssel hat eine wichtige Funktion, er verweist (intern) auf die Tabelle, in der er

Primärschlüssel ist. Entitätstabellen verweisen nicht auf Relationstabellen, sondern immer umgekehrt. Eine Relationstabelle besitzt daher immer (mindestens) zwei Fremdschlüssel, die aus den zu verbindenden Entity-Typen stammen. Wenn die Relationstabelle, wie oben gezeigt, nicht angelegt wird, verweist ein Fremdschlüssel einer Entity-Tabelle auf eine andere Entity-Tabelle mit dem entsprechenden Primärschlüssel.

Das soeben Beschriebene ist ein wichtiger Aspekt bei der Referenziellen Integrität, die weiter unten behandelt wird.

9.4.3 Normalisierung

Unter Normalisierung wird ein Prozess verstanden, der der schrittweisen Verfeinerung eines relationalen Schemas (Tabellen) dient. Bei dem Prozess werden die Attribute so auf die entsprechenden Relationen verteilt, dass keine Redundanz und folglich keine Inkonsistenz auftritt. Es darf jedoch kein Informationsverlust auftreten.

Die Tabellen sind ein relationales Schema, das nach Codd (vgl. Codd 1990) unnormalisiert ist und in 3 Schritten in die dritte Normalform überführt wird.

Erste Normalform

Eine Relation (Tabelle) entspricht der ersten Normalform, wenn

- in jeder Relation nur atomare Attribute gespeichert sind,
- die Relation keine Wiederholungsattribute enthält und
- in der Relation keine abgeleiteten Attribute enthalten sind.

Attribute sind dann atomar, wenn sie nicht weiter aufgeteilt werden können, wie z. B. Name und Vorname sowie PLZ, Ort und Straße. Die atomaren Attribute werden ohne die Oberbegriffe in der Tabelle verwendet. Im Beispiel fällt das Attribut Adresse weg.

Das Attribut Telefonnummer ist ein Wiederholungsattribut, da es in einem Tupel (einer Zeile) mehrfach in einer Spalte vorkommt. Es wird eine selbständige Relation gebildet (Tabellenname: Kuntel). Diese Tabelle beinhaltet das Schlüsselattribut der Ausgangstabelle (KN1) und das Wiederholungsattribut (Tel). Fraglich ist nun, wie der Primärschlüssel aussieht. Sind alle Telefonnummern verschieden und jede eindeutig einem Kunden zuzurechnen, ist der Primärschlüssel die Telefonnummer. Sind aber zwei Kunden Geschäftspartner und haben deshalb dieselben Telefonnummern, muss der Primärschlüssel die Kundennummer und die Telefonnummer umfassen. Es wird davon ausgegangen, dass alle Telefonnummern verschieden sind und jede eindeutig einem Kunden zuzurechnen ist.

Falls sich irgendwelche Attribute aus anderen Attributen errechnen lassen (z. B. Alter aus Geburtsdatum), so genannte abgeleitete Attribute, werden diese entfernt. Zum einen müsste das Alter jedes Jahr aktualisiert werden, zum anderen tritt kein Informationsverlust auf, da das Alter jederzeit aus dem Geburtsdatum errechnet werden kann.

In der ersten Normalform würde das Beispiel wie in Abbildung 9-14 dargestellt aussehen.

Kunde

KNr	Name	Vorname	PLZ	Ort	Straße	GebDatum	Depotnr*

Kuntel

KNr*	Tel

Schließfach

SchließfachNr	Beginn	Ende	Größe	Filiale	KNr*

Depot

DepotNr	Bewertungswährung

Anleihe

Wkn	Kaufdatum	Land	LandID	Nominalzins	Einstandskurs

enthält

DepotNr*	Wkn*	Kaufdatum*	Devisenkurs	Anzahl

Abbildung 9-14: Erste Normalform

Zweite Normalform

In der *zweiten Normalform* werden nur Tabellen betrachtet, deren Primärschlüssel aus mehreren Attributen bestehen. Es wird gefordert, dass die Relation in der ersten Normalform ist und jedes Nichtschlüsselattribut voll funktional vom gesamten Schlüssel abhängig ist, nicht jedoch nur von Schlüsselteilen. Ist ein Attribut nicht vom gesamten Schlüssel abhängig, wird es mit dem Teil des Schlüssels, von dem es abhängig ist, in eine neue Tabelle überführt. Der Primärschlüssel ist der Teilschlüssel der Ausgangsrelation. Relationen, bei denen der Primärschlüssel nur aus einem Attribut besteht oder alle Attribute zum Primärschlüssel gehören, sind in diesem Fall in der zweiten Normalform.

Die Tabellen „Schließfach", „Anleihe" und „enthält" gilt es zu betrachten. Bei der Tabelle Schließfach sind die Filiale und die Größe nur von der Schließfachnummer abhängig und nicht vom Beginn der Anmietung (vgl. dazu Abbildung 9-15). Aus diesem Grund wird eine neue Tabelle generiert (Tabellenname: Schließgröfi).

Schließfach

SchließfachNr	Beginn	Ende	KNr*

Schließgröfi

SchließfachNr*	Filiale	Größe

Abbildung 9-15: Zweite Normalform der Tabelle „Schließfach"

Anleihe

Wkn	Kaufdatum	Nominalzins	Einstandskurs

Anla

Wkn*	Land	LandID

Abbildung 9-16: Zweite Normalform der Tabelle „Anleihe"

Bei der Tabelle Anleihe ist das Land und die LandID nur von der Wertpapierkennnummer abhängig, wie in Abbildung 9-16 gezeigt, wird eine neue Tabelle gebildet (Tabellenname: Anla).

Bei der Betrachtung der Tabelle „enthält" gibt es eine Besonderheit. Der Devisenkurs und die Anzahl sind abhängig von der Wertpapierkennnummer und dem Kaufdatum, nicht jedoch von dem Depot. Wenn diese Attribute jetzt definitionsgemäß in eine neue Tabelle überführt werden würden, hätte diese den Schlüssel „Wkn" und „Kaufdatum". Die Tabelle „Anleihe" existiert aber bereits. Folglich wird der „Devisenkurs" und die „Anzahl" einfach an die Tabelle „Anleihe" angehängt. Das bedeutet im Weiteren, dass bei der Generierung des ERD die Attribute „Devisenkurs" und „Anzahl" fälschlicherweise dem Relationship-Typ „enthält" zugeordnet wurden. Dieser „Fehler" wird durch die zweite Normalform korrigiert (vgl. Abbildung 9-17).

Die Tabellen „Anleihe" und „enthält" würden jetzt folgendermaßen aussehen:

Anleihe

<u>Wkn</u>	<u>Kaufdatum</u>	Nominalzins	Einstandskurs	Devisenkurs	Anzahl

enthält

<u>DepotNr*</u>	<u>Wkn*</u>	<u>Kaufdatum*</u>

Abbildung 9-17: Korrektur der Tabelle „Anleihe"

Dritte Normalform

Eine Relation befindet sich in der *dritten Normalform*, wenn sie in der zweiten Normalform ist und keine Abhängigkeiten zwischen Nichtschlüsselattributen existieren. Abhängige Nichtschlüsselattribute, die von anderen Nichtschlüsselattributen abhängig sind, werden in neue Tabellen überführt. Der Primärschlüssel der neuen Tabelle ist das Nichtschlüsselattribut, von dem das andere Nichtschlüsselattribut abhängig ist.

Tabelle „Anla" ist in diesem Fall die einzige relevante Tabelle, da bei der Tabelle „Kunde" der „Ort" nicht eindeutig von der „Postleitzahl" abhängt, weil es mehrere Orte mit der gleichen Postleitzahl gibt. Anders sieht es jedoch bei „Land" und „LandID" aus. Jedem Land auf der Welt ist eine eindeutige ID zugeordnet. Das „Land" ist also abhängig von der „LandID". Abbildung 9-18 zeigt das Ergebnis (Tabellenname: Laid).

Anla

<u>Wkn*</u>	LandID

Laid

<u>LandID*</u>	Land

Abbildung 9-18: Dritte Normalform der Tabellen „Anla" und „Laid"

Um einen besseren Überblick zu bekommen, sind in Abbildung 9-19 alle Tabellen in der dritten Normalform dargestellt.

Kunde

KNr	Name	Vorname	PLZ	Ort	Straße	GebDatum	Depotnr*

Kuntel

KNr*	Tel

Schließfach

SchließfachNr	Beginn	Ende	KNr*

Schließgröfi

SchließfachNr*	Filiale	Größe

Depot

DepotNr	Bewertungswährung

Anleihe

Wkn	Kaufdatum	Nominalzins	Einstandskurs	Devisenkurs	Anzahl

Anla

Wkn*	LandID

laid

LandID*	Land

enthält

DepotNr*	Wkn*	Kaufdatum*

Abbildung 9-19: 3. Normalform alle Tabellen

9.4.4 Referenzielle Integrität

Die Referenzielle Integrität sorgt für die Korrektheit und Konsistenz der Beziehungen zwischen den Relationen. Sie bezieht sich auf die Verbindungen der Datenbanktabellen durch Primär- und Fremdschlüssel. Diese Verbindungen dürfen nicht verletzt werden, sonst geht der Zusammenhalt und die Aussagekraft der Datenbank verloren. Zum Beispiel dürfen die Daten eines Kunden nicht gelöscht werden, wenn von diesem Kunden noch offene Rechnungen vorhanden sind.

Dabei gibt es drei grundsätzliche Dinge zu beachten, um die Referenzielle Integrität nicht zu verletzen.

1. Wenn eine Tabelle a auf eine andere Tabelle b referenziert, muss diese Tabelle b schon (bzw. immer noch) existieren. Die Tabelle „Schließfach" kann im Sinne der Referenziellen Integrität nur existieren, wenn die Tabelle „Kunde" existiert.
2. Wenn eine Spalte a auf eine Spalte b referenziert, muss nicht nur die Tabelle existieren in der sich diese Spalte b befindet, sondern auch die Spalte b selbst. Die Spalte „KNr" der Tabelle „Kuntel" kann im Sinne der Referenziellen Integrität nur existieren, wenn die Spalte „KNr" in der Tabelle „Kunde" existiert.
3. Wenn ein Wert einer Spalte a auf eine Spalte b referenziert, muss nicht nur die Tabelle und die Spalte b selbst existieren, sondern auch der Wert auf den referenziert wird. Der Wert 04900

in der Spalte „LandID“ der Tabelle „Laid“ kann im Sinne der Referenziellen Integrität nur existieren, wenn in der Tabelle „Anla“ ebenfalls der Wert 04900 unter „LandID“ existiert.

Beim Anlegen bzw. Löschen von Tabellen müssen diese Regeln in umgekehrter Reihenfolge angewandt werden. Zum Beispiel muss zuerst die Tabelle „Kunde“ und dann die Tabellen „Kuntel“ und „Schließfach“ angelegt werden, und es müssen zuerst die Tabellen „Kuntel“ und „Schließfach“ gelöscht werden und dann die Tabelle „Kunde“.

9.5 Unterstützung der Prozessintegration durch die Integration heterogener Datenbanksysteme

Um Prozesse in Unternehmen durchgängig unterstützen zu können, müssen häufig Mitarbeiter über Abteilungsgrenzen hinweg und aus verschiedenen Anwendungen heraus auf Daten zugreifen. Diese Daten sind, obwohl sie unterschiedlichen Anwendungen zugeordnet sind und primär in unterschiedlichen Abteilungen gepflegt werden, inhaltlich eng verwandt. Deshalb ist ein Zugriff aus abteilungsübergreifenden Anwendungen oft wünschenswert. Eine einheitliche Datensicht zumindest in Teilbereichen, z. B. einheitliche geographische Informationen in einem Energieunternehmen oder einheitliche Kundensicht über alle Abteilungen hinweg, ist oft unablässig und gewinnt immer mehr an Bedeutung. Jedoch wird in Unternehmen häufig, insbesondere wenn sie historisch gewachsen sind, eine Vielzahl unterschiedlicher Datenbanken verwendet. Diese Datenbanken werden für verschiedene Anwendungen betrieben, können auf unterschiedlichen Datenbankschemata und Datenbanktechnologien basieren sowie auf unterschiedlicher Hardware laufen. Deshalb ist oft ein hoher datenbankbezogener Integrationsaufwand nötig, um eine optimale Prozessunterstützung zu gewährleisten. Prozessintegration ist ohne Datenintegration nicht zu erreichen. Das Problem der Datenintegration stellt sich insbesondere bei der Anbindung von Legacy-Datenbanken an neuere Anwendungssysteme und beim Zugriff auf Daten und Informationen, die vorher in unterschiedlichen Datenbanken gehalten wurden sowie durch andere Strukturen und Zugriffsmechanismen gekennzeichnet sind.

Grundsätzlich gibt es zwei Klassen von Datenbankanwendungen, die anfrageorientierten und die auswertungsorientierten Systeme. Anfrageorientierte Systeme werden für das Tagesgeschäft verwendet, z. B. Bestellabwicklung und Produktionsauftragsbearbeitung. Diese Systeme werden auch als OLTP-Systeme (engl. Online Transaction Processing) bezeichnet. Die auswertungsorientierten Systeme werden für die Auswertung großer Datenmengen verwendet und greifen oft aus Performancegründen nicht direkt auf die transaktionsbasierten Systemen zu. Diese beiden Klassen der Datenbankanwendungen spiegeln sich auch in der Datenintegration wider, genau dann wenn die Daten über mehreren Systeme bzw. Datenbanken verteilt sind.

Im Folgenden werden zwei Konzepte der Datenintegration behandelt, die anfrageorientierte Datenintegration (engl. On-Demand-Integration) und die auswertungsorientierte Integration (engl. In-Advance-Integration). Bei der anfrageorientierten Datenintegration erfolgt der Datenzugriff zum Zeitpunkt der Anfrage auf die Einzeldatenbanken. Bei der auswertungsorientierten Datenintegration werden die Daten in regelmäßigen Abständen aus den Quelldatenbanken ausgelesen, integriert und in einer neuen Datenbank abgelegt. Neben den beiden Möglichkeiten der

Datenintegration werden Standards behandelt, die insbesondere im kollaborativen Unternehmensumfeld helfen sollen einheitliche Datenmodelle einzuführen.

9.6 Anfrageorientierte Datenintegration

Bei der anfrageorientierten Datenintegration geht es um den Zugriff auf die operativen Systeme. Dabei wird zu einer Anfrage ermittelt, in welchen Datenbanken die gefragte Information abgelegt ist, die Teilinformationen in den einzelnen Datenbanken mit einzelnen Anfragen abgerufen und nach der Integration als Ergebnis der globalen Anfrage zurückgegeben.

Abbildung 9-20 zeigt die Funktionsweise einer auf Wrappern und einem Integrator basierenden Lösung. Wrapper kapseln Einzeldatenbanken, die zur Schnittstelle des Integrators nicht kompatibel sind, und stellen deren Inhalt über eine standardisierte Schnittstelle zur Verfügung. Integratoren setzen auf diesen Schnittstellen auf und führen die Ergebnisse der Anfragen an die einzelnen Datenbanken zusammen. Im Einzelnen funktioniert das folgendermaßen: Zunächst bestimmt ein Integrator mithilfe von Metadaten, in welche Teilanfragen er eine globale Anfrage zerlegen muss und an welche Datenbanken er diese senden muss. Die Wrapper, die eine einheitliche Zugriffssprache bereitstellen, erledigen dann die eigentliche Datenbankanfrage und setzen das lokale Abfrageergebnis in das globale Schema um. Das Ergebnis wird an den Integrator weitergeleitet, der die Ergebnisse zusammensetzt und an den ursprünglichen Anfrager weiterleitet. Gibt es mehrere Integratoren für verschiedene Anwendungen, wird auch von Mediatoren gesprochen. Eine wesentliche Aufgabe bei der Einführung einer anfrageorientierten Datenintegration ist die Ableitung des zentralen Schemas und des Mappings zu den einzelnen Schemata, die Bestimmung in welchen Datenbanken welche Informationen abgelegt sind sowie die Auswahl des Konzepts, der Technologie und der Produkte zur Integration.

Der hier beschriebene Ansatz zur anfrageorientierten Datenintegration beschäftigt sich mit reinen Datenanfragen. Häufig muss jedoch aus Prozessen heraus im Rahmen von Transaktionen auf Daten in verteilten Datenbanken lesend und schreibend zugegriffen werden. Dies erfordert technisch noch komplexere Lösungen. Das Problem wird in Exkurs 9-1 behandelt.

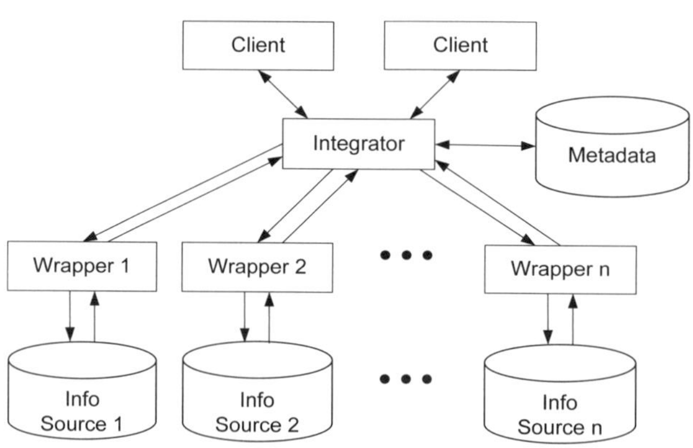

Abbildung 9-20: Anfrageorientierte Integration mittels Integrator und Wrappern (in Anlehnung an Vossen 2000, S. 649)

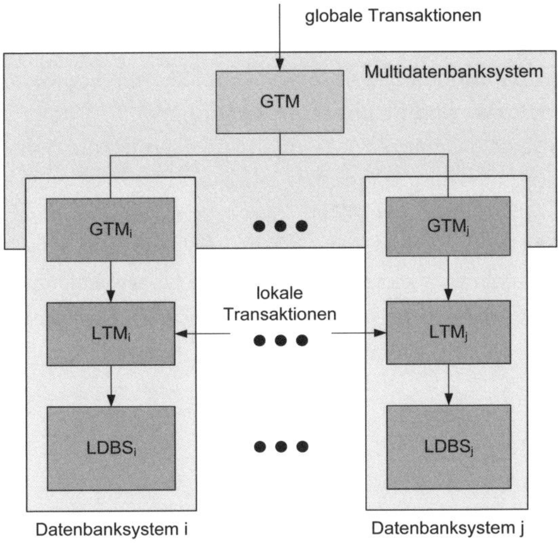

Abbildung 9-21: Modell eines Multidatenbanksystems mit globalem Transaktionsmanager (in Anlehnung an Vossen 2000, S. 629)

Exkurs 9-1: Transaktionsverarbeitung in heterogenen, verteilten Systemen

Beim Zugriff auf Unternehmensdatenbanken ergeben sich zahlreiche Probleme. So müssen auf eine Datenbank viele Benutzer gleichzeitig lesend und schreibend zugreifen können. Dabei müssen jedoch die oben genannten Anforderungen an ein Datenbanksystem erfüllt bleiben. Die Schreib- und Lesezugriffe der Benutzer dürfen nicht zu Inkonsistenzen führen. Außerdem müssen auftretende Fehler abgefangen und korrigiert werden. Deswegen wurde das Konzept der Transaktionen in Datenbanken eingeführt. Das Konzept der Transaktionsunterstützung bei Datenbanken beschäftigt sich mit dem Problem des zeitlich verzahnten Zugriffs mehrerer Anwender auf eine Datenbank und der Fehlertoleranz bei der Abarbeitung von Aufträgen. „Zur Behandlung der beiden Aufgaben Konkurrenz-Kontrolle und Fehlertoleranz kennt jedes (Mehrbenutzer-) DBMS das Konzept der Transaktion, worunter generell eine Folge von Operationen verstanden wird, welche eine gegebene Datenbank in ununterbrechbarer Weise von einem konsistenten Zustand in einen (nicht notwendig verschiedenen) konsistenten Zustand überführt." (Vossen 2000, S. 522) Die dahinter stehende Technologie wird als OLTP (engl. Online Transaction Processing) bezeichnet. OLTP-Systeme sind in der Lage, eine Vielzahl gleichzeitiger Transaktionen mit hoher Performanz auszuführen.

Bei heterogen verteilten Datenbanksystemen werden die Probleme des parallelen Zugriffs und der Fehlerkontrolle verstärkt, weil die Transaktionsunterstützung der einzelnen Datenbanken keine globale Transaktionsunterstützung realisiert. Hinzu kommt das Problem der Datenintegration auf syntaktischer und semantischer Ebene. Die Gründe dafür liegen in der autonomen Gestaltung der einzelnen Datenbanken, der Entwurfsautonomie u. a. bezüglich Datenschema, Anfragesprache, Entwurf und Transaktionsunterstützung, der unabhängigen Abarbeitung der lokalen Transaktionen (Ausführungsautonomie) sowie der unkoordinierten Kommunikation untereinander (Kommunikationsautonomie). Zusätzliche zentral koordinierende Mechanismen und Integrationsmechanismen sind demnach notwendig.

Um die Transaktionsunterstützung in heterogen verteilten Datenbanken zu realisieren, wird ein globaler Transaktionsmanager eingesetzt, der aus einer zentralen und mehreren lokalen Komponenten besteht (vgl. Abbildung 9-21). Dieser regelt die Verteilung der zentralen Anfragen auf die lokalen Orte und erstellt einen „global korrekten" Schedule, das heißt transaktionsgerechte Abfolge der einzelnen Anfragen unter genauer Überwachung der lokalen Aktivitäten. Die beschriebene Funktionalitäten von Transaktionsmanagern sind eine Kernfunktionalität von TP-Monitoren (engl. Transaction Processing Monitor; vgl Kapitel 11 zum Thema EAI).

Exkurs 9-2: Einführung der anfrageorientierten Datenintegration in der MSD Bank

In der MSD Bank wurden bisher die Verbindungen zu den Kunden kaum gemanagt und erfolgten eher transaktionsorientiert. Nach Marktbeobachtung und aufgrund einer sich verschlechternden Wettbewerbsposition gegenüber der Konkurrenz entschließen sich Unternehmensführung und IT dazu, ein modernes Customer Relationship Management (CRM, dt. Kundenbeziehungsmanagement) einzuführen. Dafür muss ein neues CRM-System eingeführt werden. In der MSD Bank wurde Microsoft Dynamics CRM ausgewählt.

Bisher existierte keine zentrale Kundendatenbank. Die Funktionalität, die für verschiedene Kundenmanagementaufgaben benötigt wird, ist in vielen verschiedenen Tools in der Systemlandschaft verteilt. Diese Funktionalität wird nun so weit wie möglich im CRM-System konsolidiert und eine zentrale Kundendatenbank aufgebaut. Das CRM-System ersetzt jedoch nur einige Systeme. Deshalb werden bestehende Systeme weiterbetrieben. Aus vielen dieser bestehenden Applikationen sind Zugriffe auf die Kundendatenbank nötig. Die Anbindung der Kundendatenbank an die bestehenden Systeme wird über den Microsoft BizTalk Server realisiert (vgl. auch [Exkurs 11.2 Einführung einer EAI-Plattform zur Senkung des Integrationsaufwandes]). Zunächst wird entschieden, welche der bestehenden Programme auf welche Daten der Kundendatenbank lesend bzw. schreibend zugreifen müssen. Im zweiten Schritt wird für jede Applikation die Art der Anbindung an den BizTalk Server ausgewählt und spezifiziert. Die Anbindung wird durch zahlreiche existierende Adapter erleichtert. Programme, die schon eine XML-Schnittstelle aufweisen, können sehr einfach angebunden werden. Mit dem BizTalk Mapper wird ein Mapping der Daten der Kundendatenbank zu den Daten der Applikation realisiert, welches dann basierend auf einem XSLT (engl. Extensible Stylesheet Language Transformation) automatisch ausgeführt werden kann. Gleichzeitig wird das CRM-System, u. a. mit seiner Kundendatenbank, an den BizTalk Server angebunden, und somit die Anbindung zwischen dem CRM-System und den anderen Applikationen realisiert.

In Zukunft steht damit eine konsistente Datenhaltung der Kundendaten für alle Applikationen im Unternehmen zur Verfügung. Prozesse können ohne Medien- oder Systembrüche gestaltet werden.

9.7 Auswertungsorientierte Datenintegration – Data Warehouse

Neben den transaktionsorientierten Anwendungssystemen spielen analytische Informationssysteme in Unternehmen eine bedeutende Rolle. Diese Systeme beschaffen und speichern Daten und werten sie aus. Sie unterstützen das Management in der Entscheidungsfindung, Planung und Kontrolle der betrieblichen Abläufe (vgl. Disterer et al. 2003, S. 484). Sie sind in verschiedenen Ausprägungen anzutreffen: Management-Informationssysteme (engl. Management Information Systems, MIS), Führungsinformationssysteme (FIS) und Entscheidungsunterstützungssysteme (engl. Decision Support Systems, DSS). Grundlage dieser Informationssysteme sind Systeme zur Datenanalyse, insbesondere Data Warehouses (dt. Datenwarenhäuser). Sie sind ein besonderer Bestandteil der Datenbanklandschaft eines Unternehmens. Die folgenden Abschnitte geben einen Überblick über die Grundlagen der Konzepte und Techniken der Datenanalyse in Unternehmen und veranschaulichen deren Anwendung für die Lösung von Problemen in Unternehmen.

9.7.1 Einheitliche Datensicht zu Analysezwecken – Data Warehouse

Um Entscheidungsträgern im Unternehmen faktenbasierte Entscheidungen zu ermöglichen, müssen Daten auf verschiedenen Verdichtungsstufen, das heißt auf verschiedenen Aggregationsebenen und nach verschiedenen Kategorien, zusammengefasst bereitgestellt und ausgewertet werden. Die Informationen sollen dabei vollständig, genau und aktuell sein. Beispielsweise benötigen die Manager in der MSD Bank die regionale Verteilung von Anzahl und Gesamtsumme der Hypothekendarlehen in Deutschland, um eine Entscheidung bezüglich eines neuen Produktes im Bereich Hypothekendarlehen treffen zu können. Das Problem in mittleren und großen Unternehmen ist jedoch, dass die Informationen über verschiedene Datenbanken im Unternehmen verteilt sind. Zudem sind die transaktionsorientierten Systeme nicht für den Zugriff zu Analysezwecken geeignet. Sie sind auf die Analyse und Bearbeitung von Daten auf einem kleinen Teil der Datenbank optimiert und nicht für einen gleichzeitigen Zugriff auf große Teile des Datenbestandes. Der starke Zugriff der Analysesysteme kann zu Überlastungen in den operativen Systemen führen. Außerdem unterstützen die transaktionsorientierten Systeme die historische Sicht auf die Daten gar nicht oder nur unzureichend.

Data Warehouses sind ein Ansatz zur auswertungsorientierten bzw. materialisierten Datenintegration. Aus den operativen Datenbanken werden die zu integrierenden Daten extrahiert und in einer neuen Datenbank abgelegt. Dabei kann eine Format- und Qualitätsanpassung durchgeführt werden. Die Separation der auszuwertenden Daten aus den operativen Systemen grenzt den Ansatz von dem anfrageorientierten Ansatz basierend auf Integratoren und Mediatoren ab. „Ein Data Warehouse ist darauf ausgerichtet, themenorientierte und vereinheitlichte Daten über lange Zeiträume und mit Zeitbezug zur Entscheidungsunterstützung aus unterschiedlichen Datenquellen periodisch zu sammeln, nutzungsbezogen aufzubereiten und bedarfsgerecht zur Verfügung zu stellen." (Disterer et al. 2003, S. 494) Abbildung 9-22 stellt die grundsätzliche Architektur eines Data Warehouses dar. Data Warehouses stellen die Grundlage für weitere Datenanalysekonzepte, wie OLAP (engl. On-line Analytical Processing) oder Data Mining dar, die im nächsten Abschnitt erläutert werden.

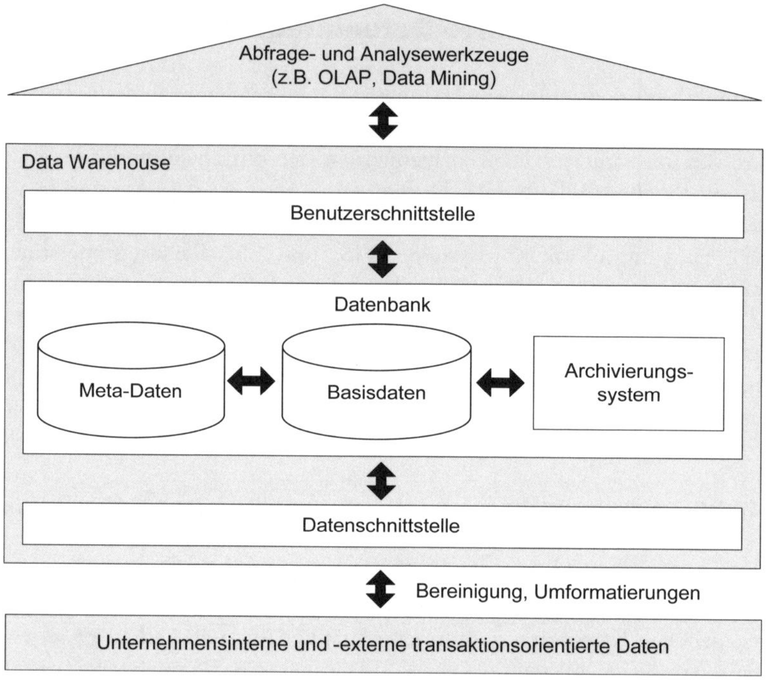

Abbildung 9-22: Architektur Data Warehouse (in Anlehnung an Disterer et al. 2003, S. 496)

9.7.2 Auswertungstechniken – OLAP und Data Mining

Basierend auf den Datenbeständen des Data Warehouses können die eigentlichen Auswertungen mithilfe der OLAP (engl. On-line Analytical Processing) und Data Mining ausgeführt werden.

„On-line Analytical Processing (OLAP) ist ein Ansatz zur dynamischen multidimensionalen Analyse von Unternehmensdaten. Betriebswirtschaftliche Kennzahlen werden als Fakten in ein Bezugsgrößensystem gespeichert, das einen freien dimensionsübregreifenden Zugriff auf Informationen über Konsolidierungspfade ermöglicht." (Disterer et al. 2003, S. 499) Zentrale Bedeutung für OLAP hat die mehrdimensionale Sicht auf die Daten. Der Datenbestand kann demnach als mehrdimensionaler Datenraum gesehen werden. Das bedeutet, dass Fakten ein Maß sowie mehrere Dimensionen zugeordnet sind. Die Fakten spannen damit einen mehrdimensionalen Datenraum auf. Ein dreidimensionaler Datenwürfel bezogen auf die MSD Bank ist in Abbildung 9-23 dargestellt. In dem Datenraum können dann die Daten nach einer bestimmten Kombination von Dimensionen geschnitten werden. Zusätzlich ist entlang der Dimensionen eine Aggregation möglich, z. B. nach Regionsgröße – Europa, DACH (Deutschland, Österreich und Schweiz) oder Deutschland. Ein Beispiel aus Abbildung 9-23 ist die Information über die Anzahl oder Gesamtsumme der Konsumentenkredite in Deutschland zwischen 0 und 1000 Euro, welches sich auf den linken unteren vorderen Datenwürfel bezieht.

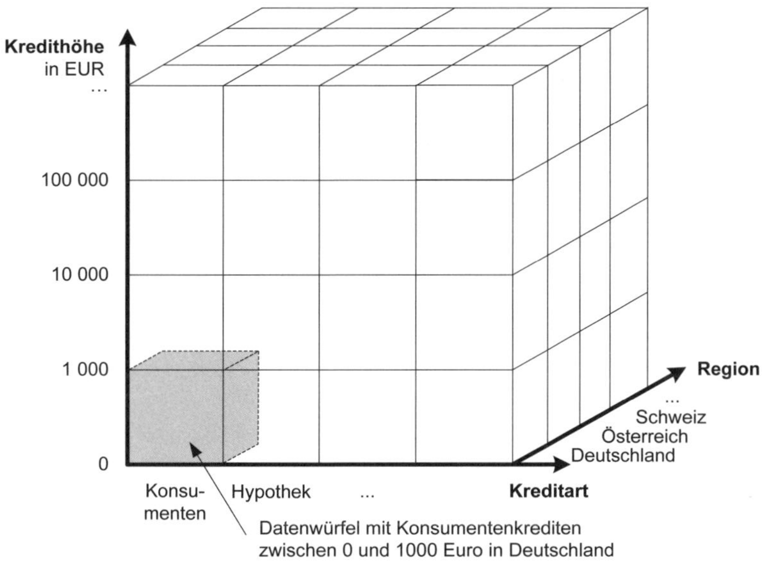

Abbildung 9-23: Dreidimensionaler Datenwürfel
(in Anlehnung an Vossen 2000, S. 683)

Auch Data Mining ist ein analysegetriebener Ansatz für große Datenmengen. Im Gegensatz zum OLAP ist es jedoch dessen Ziel, bisher unbekannte Muster, das heißt Regelmäßigkeiten und Auffälligkeiten, in den zu untersuchenden Daten zu finden und zu dokumentieren. Zentrale Data Mining-Fragestellungen sind Klassifikation, Cluster-Bildung, Finden von Beziehungen und Abfolgen.

Exkurs 9-3: Einführung eines Data Warehouses zur Verbesserung der Entscheidungsqualität

In einer Bank befinden sich zahlreiche operative Systeme. In der Vergangenheit hat sich das Management jedoch oft beschwert, dass es die nötigen Daten als Grundlage für Entscheidungen nicht hatte. Analysen zu folgenden Fragen konnten beispielsweise nicht beantwortet werden:

- Wie ist der Anlagebetrag bei den Sparprodukten mit dem Vorhandensein von Girokonten korreliert?
- Wie hängt die Höhe der Werbeausgaben für Aktionen in den verschiedenen Regionen mit dem Umsatz der beworbenen Produkte im Zeitraum von 2 Monaten nach der Werbeaktion zusammen?
- Wie hat sich die Nutzung des Online-Portals für die verschiedenen Produkte im Vergleich zur Nutzung der Filialen und des Telefonbankings in den letzten 2 Jahren verändert?

Die Folge waren Entscheidungen, die sich im Nachhinein als falsch herausgestellt hatten. Da dadurch großer Schaden entstanden ist, entschloss sich das Management dazu, die bestehenden Datenbanken für Datenanalysen zu integrieren und dazu ein Data Warehouse einzuführen. Es handelt sich um ein umfangreiches IT-Projekt. Die notwendigen Investitionen müssen daher mit dem Nutzen durch die bessere Verfügbarkeit der Daten abgewogen werden. Der zusätzliche Nutzen besteht in der besseren Verfügbarkeit entscheidungsrelevanter Daten, die schnellere und besser fundierte Entscheidungen und Planungen ermöglichen.

Bei der Einführung des Data Warehouses im Beispielunternehmen müssen u. a. folgende Datenbanken miteinander integriert werden: verschiedene Produktdatenbanken (Girokonten, Sparkonten, Hypothekendarlehen, ...), das Online-Portal, die Datenbank der Telefonbanking-Anwendung und der CRM-/Marketingapplikation sowie die Kundendatenbank. Folgende Schritte sind während der Planung zu berücksichtigen: Zunächst müssen die für das Management relevanten Daten bestimmt werden. Dabei ist es sinnvoll, historische und weitere potenzielle Datenanfragen und Fragestellungen zu berücksichtigen. Die späteren Konsumenten des Systems, wie Strategieabteilung, Produktentwicklung und Management, sind intensiv in die Anforderungsaufnahme und den Entwicklungsprozess einzubinden. Weiterhin ist ein Data Warehouse-Produkt und gegebenenfalls unterstützende Tools anhand eines Kriterienkataloges auszuwählen (vgl. auch Kapitel 10). Datensicherheit, die Kompatibilität mit bestehenden Systemen sowie die Auswertungsfunktionalität sind dabei wichtige Kriterien. Danach ist die logische Datenstruktur mit ihren Dimensionen und Metriken im Data Warehouse zu entwickeln und technisch aufzusetzen sowie die Anbindung der einzelnen Datenbanken technisch zu lösen.

9.8 Einheitliche unternehmensinterne und unternehmensübergreifende Datensicht

Sollen Prozesse mithilfe der IT effizienter gestaltet werden, müssen im Rahmen von Integrationsprojekten Applikationen miteinander verbunden und Daten aus verschiedenen Datenbanken integriert werden. Bei einer Zusammenarbeit zwischen Unternehmen bzw. Unternehmensabteilungen gibt es bezüglich des Datenaustauschs zwei Problemfelder: das Problem der technischen Zusammenarbeit und die Probleme des syntaktischen und semantischen Verstehens zwischen den Parteien. Wenn Geschäftsprozesse unternehmens- und abteilungsübergreifend ablaufen sollen, müssen zwangsläufig Daten ausgetauscht werden. Dabei müssen jeweils die technische Infrastruktur, die syntaktische Ebene und die semantische Ebene zwischen den beteiligten Seiten in Übereinstimmung gebracht werden. Dies ist die Voraussetzung für Schnittstellen mit geringen Reibungsverlusten.

Ein eindeutiger Abgleich der auszutauschenden Daten, deren Syntax und Semantik zwischen den beteiligten zu integrierenden Systemen ist unabdingbar. Eine eindeutige Beschreibung vereinfacht dieses Unterfangen insbesondere dann, wenn sie einem anerkannten und weit verbreiteten Standard entspricht. Darauf aufbauend lässt sich die Eindeutigkeit von Informationen gewährleisten und unmissverständliche Kommunikation zwischen Parteien und Applikationen ermöglichen. Deshalb werden Standards für die eindeutige Beschreibung von Informationen sowie deren Syntax und Semantik und für den Datenaustausch entwickelt und eingesetzt. Mit der Entwicklung und Pflege sowohl branchenübergreifender als auch branchenspezifischer Standards für den Datenaustausch zwischen Unternehmen beschäftigen sich internationale Standardisierungsgremien und -organisationen. Im Unternehmen selbst können zudem erweiterte Datenwörterbücher helfen.

9.8.1 Erweitertes Datenwörterbuch

Insbesondere für Großunternehmen lohnt sich der Einsatz von erweiterten Datenwörterbüchern (engl. Data Dictionary oder Data Repository). Dabei handelt es sich um ein zusätzliches Werkzeug für Datenbankbenutzer, -designer und -administratoren (vgl. auch Kapitel 5 „Modellüberblick"). Darin werden Informationen über Bedeutung, Schemata, Entwurfsentscheidungen, Nutzungsstandards, Beschreibungen von Anwendungsprogrammen und Benutzerinformationen abgelegt. Zu den Schemata gehören Namen, Integritätsbedingungen sowie Attribute mit deren Wertebereichen. Ziel ist es, den Speicherort, die Struktur und das Format von Informationen eindeutig zu beschreiben und den Benutzern zugänglich zu machen. Das erweiterte Datenwörterbuch ist mit dem datenbankinternen Systemkatalog (engl. ebenfalls Data Dictionary) vergleichbar, ist aber von diesem zu unterscheiden. Ein unternehmensweites Datenwörterbuch enthält zusätzliche Informationen und ist speziell auf den direkten Zugriff durch den Benutzer ausgerichtet. Der datenbankinterne Systemkatalog wird vor allem für die Auswertung und Optimierung von Datenbankanfragen und -einträgen vom Datenbanksystem selbst verwendet.

Wurde im Unternehmen ein erweitertes Datenwörterbuch angelegt und gepflegt, werden Prozessverbesserungen oder -veränderungen, bei denen der Datenzugriff eine Rolle spielt bzw. Systeme miteinander integriert werden müssen, wesentlich vereinfacht. Mithilfe des Datenwörterbuchs sind nämlich die Daten eindeutig beschrieben und es ist klar, auf welche Datenbank wie zugegriffen werden muss.

9.8.2 Standards für den elektronischen Datenaustausch

Der Einigungsprozess zwischen zwei Partnern im Rahmen der Integration kann sehr aufwendig sein, insbesondere wenn dieser bilateral bei jedem Integrationsprojekt neu durchlaufen werden muss. Deshalb wird seit langer Zeit an Standards zum elektronischen Datenaustausch gearbeitet. Stellt jeder Teilnehmer der angestrebten Integration sicher, dass er eine Schnittstelle gemäß dem spezifischen Datenaustauschstandard anbietet, ist der Integrationsaufwand wesentlich geringer. In diesem Fall wird die Realisierung eines effizienten Prozessablaufs und Datenaustauschs zwischen Unternehmen oder Unternehmensteilen vereinfacht. Es existieren zahlreiche Ansätze bzw. Standards für den vollautomatischen, asynchronen elektronischen Datenaustausch (engl. Electronic Data Interchange, EDI).[1] Neuere Spezifikationen verwenden auch synchrone Kommunikation. Es gibt sowohl branchenübergreifende als auch branchenspezifische Standards. Beispiele für branchenübergreifende Standards sind UN/EDIFACT (engl. United Nations Electronic Data

1 Quellen werden für diesen Abschnitt aufgrund der Vielzahl der Standards nicht angegeben. Weitere Informationen sind auf den entsprechenden Webseiten der Standardisierungsorganisationen und in den Standarddokumentationen zu finden.

Interchange For Administration, Commerce and Transport), ebXML (engl. Electronic Business Extensible Markup Language) und OAGIS (engl. Open Application Group Integration Standard). Beispiele für branchenspezifische Standards sind HL7 (engl. Health Level 7) für das Gesundheitswesen, VDA-Normen (Verband der Automobilindustrie) und ODETTE (engl. Organization for Data Exchange by Tele Transmission in Europe) für die Automobilindustrie, EANCOM für die Konsumgüterindustrie, SID (engl. Shared Information/Data Model) von der TMF (engl. Tele Management Forum) für die Telekommunikationsindustrie, SWIFT (engl. Society for Worldwide Interbank Financial Telecommunication) und UNIFI (engl. UNIversal Financial Industry message scheme – ISO 20022) für die Finanzindustrie sowie RosettaNet für die High-Tech-Industrie und Logistik. UN/EDIFACT, ebXML, SWIFT und UNIFI werden näher erklärt. Die erwähnten Standards sind zumeist Teil von umfassenden B2B-Integrationsansätzen bzw. B2B-Architekturen, die auch auf die Prozessmodellierung im Sinne der Choreografie eingehen.

Vorteile des automatischen Datenaustauschs sind die Vermeidung menschlicher Fehler, die hohe Geschwindigkeit auch bei großen Datenmengen und die hohe Effizienz. Bei der Auswahl eines entsprechenden Standards ist sowohl darauf zu achten, dass er den inhaltlichen Anforderungen entspricht, als auch dass die treibende Standardisierungsorganisation entsprechende fachliche Kompetenz besitzt (bisherige inhaltliche Arbeit der Organisation bzw. ihrer Mitglieder) und dass der Standard von einer anerkannten de-jure- oder de-facto-Standardisierungsorganisation weiterentwickelt und gepflegt wird. Die ständige Weiterentwicklung, öffentliche Zugänglichkeit und Anerkennung der treibenden Organisation eines Standards sind eine entscheidende Einflussgrößen für Verbreitungsgrad und damit Zukunftssicherheit sowie Investitionsschutz.

UN/EDIFACT (engl. United Nations Electronic Data Interchange For Administration, Commerce and Transport) wird von der UNECE (engl. United Nations Economic Commission for Europe) veröffentlicht und ständig weiterentwickelt. EDIFACT wurde erstmals 1988 von den Vereinten Nationen verabschiedet. Da EDIFACT ein Datenaustauschformat ist, kann es über verschiedene Übertragungsprotokolle übermittelt werden, z. B. über E-Mail oder FTP. Es sind etwa 200 verschiedene Nachrichten definiert, z. B. für Lieferabruf, Rechnung und Lagerstandsbericht. Die Nachricht besteht aus einem Umschlag mit Absender, Empfänger, Zeitinformationen und Prüfelementen sowie der eigentlichen Nachricht, in der die Datenelemente enthalten sind. Auf Basis von UN/EDIFACT werden zahlreiche branchenspezifische Teilstandards entwickelt, so z. B. ODETTE für die europäische Automobilindustrie und EANCOM für die Konsumgüterindustrie.

ebXML (engl. Electronic Business Extensible Markup Language) ist eine von der UN/CEFACT (engl. United Nations Centre for Trade Facilitation and Electronic Business) und der OASIS (engl. Organization for the Advancement of Structured Information Standards) seit 1999 entwickelte Sammlung von Standards zum elektronischen Austausch von Geschäftsdaten mittels des XML-Standards. Das Ziel war und ist eine komplette B2B-Architektur zu entwickeln, die sowohl eine Modellierungssprache und -methode für Geschäftsprozesse und Datenaustausch als auch die erforderliche technische Infrastruktur abdeckt. Damit soll EDIFACT durch einen auf dem zukunftsfähigen XML basierenden Standard ersetzt werden und dabei Erkenntnisse aus der Vergangenheit für Verbesserung genutzt werden. Eine erste Spezifikation wurde Mitte 2001 veröffentlicht. Die fachlichen Aspekte und Modellierungsaspekte werden auf Basis der UMM (engl. UN/CEFACT Modeling Methodology) von der UN/CEFACT weiterentwickelt – die technologischen Aspekte von der OASIS.

Ein Teil der *UN/CEFACT-Architektur* sind die Core Components (dt. Kernkomponenten). Core Components sind wiederverwendbare Informationsbausteine. Die betreffende Spezifikation (engl. Core Components Technical Specification, CCTS) definiert Sprachkonstrukte und Regeln zur semantischen und strukturellen Beschreibung von generischen wiederverwendbaren Informationsbausteinen. Derzeit werden von der UN/CEFACT Bibliotheken von solchen wiederverwendbaren Informationsbausteinen entwickelt.

Eng verknüpft mit den Standards zum Datenaustausch ist auch die Frage der Pflege und Erweiterung dieser Modelle, kurz der Governance-Probleme rund um das Datenmodell. Ein einheitliches und zentral autorisiertes Datenmodell, auch kanonisches Datenmodell genannt, ist zwar für übergreifende Prozesse ideal, engt aber aufgrund langwieriger Abstimmungen oft die Flexibilität einzelner Abteilungen ein. Es ist demnach ein Kompromiss zwischen einem zentral gepflegten, für alle verbindlichen Datenmodell mit geringer Flexibilität auf lokaler Ebene und einem dezentralen, sehr flexiblen Datenmodell zu finden. Letzteres verursacht einen hohen Integrationsaufwand. Die UN/CEFACT schlägt in der CCTS eine Core Component Library und eine zentralistische Methode zur Erweiterung der Bibliothek vor (vgl. UN/CEFACT CCTS 2003). Die Core Components sind jedoch eigentlich für den inter-organisationalen Einsatz vorgesehen.

SWIFT (Society for Worldwide Interbank Financial Telecommunication) ist eine 1973 gegründete, internationale Genossenschaft aus Geldinstituten. SWIFT standardisiert und betreibt Zahlungsverkehr, Wertpapiertransaktionen und Kommunikation zwischen den angeschlossenen Banken, Brokerhäusern, Börsen und anderen Finanzinstituten. Dazu betreibt SWIFT ein abgeschottetes Netzwerk. Eine SWIFT-Nachricht besteht aus verschiedenen Teilen. Die Nachrichtenformate sind als Message Types (MT) definiert, z. B. MT101 für Lastschriften. SWIFT basiert nicht auf XML. Unter anderem um der zunehmenden Verbreitung von XML Rechnung zu tragen und alle vorhandenen Finanzstandards zu integrieren, wurde der *UNIFI*-Standard (UNIversal Financial Industry message scheme – ISO 20022) von der ISO (International Organization for Standardization) unter Mitarbeit der SWIFT erarbeitet und 2004 veröffentlicht. ISO 20022 basiert auf ISO 15022 (standardisiert Nachrichtentypen für die Kommunikation zwischen Teilnehmern in der Finanzindustrie) und ISO 15000 (ebXML). In ISO 20022 werden zunächst mittels UML die kollaborativen Geschäftsprozesse modelliert und dann daraus die zum Datenaustausch notwendigen Nachrichten entwickelt. Geschäftsprozessmodelle und Schemata werden in einem zentralen, öffentlich zugänglichen Repository abgelegt. Im Standard wird u. a. die Modellierungsmethode, die Struktur und die Inhalte des Repositorys, die Zugriffsrechte sowie die Rechte und Pflichten der an der Registrierung und Pflege des Repositorys beteiligten Gruppen spezifiziert.

Exkurs 9-4: Datenaustauschstandards – Beispiele

EDIFACT: Ausschnitt aus einer EDIFACT-Nachricht (vgl. e-com Logistics 1998)

```
UNH+1+IFTMCS:S:93A:UN:SE0026'
BGM+Z01'
DTM+137:19951212:102'
DTM+Z04:19951215:102'
MOA+Z01:539:SEK'
```

Core Components: Aggregate Core Component "Address.Details" und einige darin benutzte Basic Core Components (vgl. UN/CEFACT UN/CCL 2006)

Address. Details	The location at which a particular organization or person may be found or reached.
Address. Identification. Identifier	A unique identifier for this address.
Address. Format. Code	A code specifying the format of this address.
Address. Postcode. Code	A code specifying the postcode of the address.
Address. Post Office Box. Text	The unique identifier, expressed as text, of a container commonly referred to as a box, in a post office or other postal service location, assigned to a person or organization, where postal items may be kept for this address.
Address. Block Name. Text	The block name, expressed as text, for an area surrounded by streets and usually containing several buildings for this address.

SWIFT: Ein SWIFT-BIC der UBS AG in der Schweiz – UBSWCHZH80A

9.9 Zusammenfassung

Dieses Kapitel hat einen Einblick in die Bedeutung von Daten, Datenbanken und die Datenintegration für Unternehmen gegeben. Um Daten im Unternehmen effizient verarbeiten zu können, werden Datenbanken und Datenbanksysteme eingesetzt. Besonders häufig sind dies relationale Datenbanken. Das Vorgehensmodell zum Entwurf einer relationalen Datenbank wurde überblicksartig dargestellt. Zunächst wurden die Anforderungen an ein Datenbanksystem definiert. Dann wurden die Komponenten eines Datenbanksystems, nämlich Datenbankverwaltungssystem und Datenbank mit ihren Elementen, erläutert. Anhand eines kleineren Beispiels wurde ein relationales Datenbankmodell unter Berücksichtigung der Normalisierung entworfen. Dieser Phase würde in der Realität die Phase der Implementierung folgen. Dazu muss zuerst die Datenbank erstellt und dann die entsprechenden Daten eingefügt werden.

Der zweite Teil des Kapitels hat einen Überblick über die bei Integrationsprojekten wichtigen Aspekte des Datenmanagements in Unternehmen gegeben. Bei der anfrageorientierten Datenintegration geht es um globale Anfragen nach Informationen, die in verschiedenen operativen Datenbanken verteilt sind. Mittels eines Integrators und Wrappern werden die angefragten Informationen ermittelt und konsolidiert als Ergebnis der globalen Anfrage zurückgegeben. Zentraler Fokus der auswertungsorientierten Datenintegration ist die Aufbereitung der in den transaktionsbasierten Systemen verteilten Daten zur Datenauswertung in so genannten Data Warehouses. Wichtige Technologien für die eigentliche Datenauswertung sind das OLAP und das Data Mining. Zur Vereinfachung der Integration zwischen Unternehmen bzw. Unternehmensteilen haben sich zahlreiche branchenübergreifende und branchenspezifische B2B-Integrationsstandards entwickelt, deren wesentlicher Bestandteil die einheitliche und eindeutige Datenbeschreibung ist. Beispiele hierfür sind UN/EDIFACT, SWIFT, UNIFI und ebXML bzw. UN/CEFACT.

9.10 Weiterführende Literatur

Zu Datenbanken und Datenintegration

Elmasri, R.; Navathe, S. B.: Grundlagen von Datenbanksystemen. 3. Aufl. München 2002.
Heuer, A.; Saake, G.: Datenbanken: Konzepte und Sprachen. 2. Aufl. Bonn 2000
Kemper, A.; Eickler, A.: Datenbanksysteme – Eine Einführung, 6. Aufl., München, Wien 2006.
Vossen, G.: Datenmodelle, Datenbanksprachen und Datenbankmanagementsysteme, 4. Aufl., München, Wien 2000.

9.11 Übungsaufgaben

1. Was wird unter Referenzieller Integrität verstanden?
2. Nennen Sie jeweils ein Beispiel für eine 1:1, 1:n und n:m Kardinalität!
3. Wann ist eine Tabelle in der ersten, zweiten bzw. dritten Normalform?
4. Welche Anforderungen werden an ein Datenbanksystem gestellt?
5. Erläutern Sie den Zusammenhang zwischen dem Management von Daten in Datenbanken bzw. der Datenintegration und der Prozessorientierung in Unternehmen!
6. Unterscheiden Sie zwei Formen der Datenintegration und erklären Sie diese kurz!
7. Erläutern Sie die Ihnen bekannten Möglichkeiten zur Datenauswertung bei der auswertungsorientierten Datenintegration!
8. Nennen Sie 7 Datenaustauschstandards, klassifizieren Sie diese und nennen Sie das jeweilige Anwendungsgebiet!

Vladimir Stantchev

10 Bereitstellen von Informationssystemen – Auswahl und Eigenentwicklung

Themenüberblick: IT-Organisation, Informatikstrategie, Outsourcing, Einführung von Informationssystemen, Systementwicklung, Software Engineering, Vorgehensmodelle, Analysephase, Designphase.

Lernziele: In diesem Kapitel lernen Sie, wie im Rahmen der Realisierungsphase der Systemanalyse Informationssysteme bereitgestellt werden. Grundsätzlich können diese erworben (Buy) oder selbst entwickelt werden (Make). Sie erlernen zuerst die Grundlagen der IT-Organisation im Unternehmen, die Planung, Betrieb, Pflege, Wartung und Support der Informationssysteme gewährleistet. Danach werden die Bestandteile einer Informatikstrategie vorgestellt. Der Rest des Kapitels beschreibt die zwei grundsätzlichen Alternativen zur Bereitstellung von Informationssystemen detailliert. Die Kaufentscheidung wird dabei im Kontext von Outsourcing mit seinen unterschiedlichen Formen vorgestellt. Sie lernen, wie Sie bei Auswahl und Einführung vorgehen. Die Eigenentwicklung von Software ist von eigenen Vorgehensmodellen geprägt. Sie lernen diese aus Sicht der objektorientierten Softwareentwicklung (OOSE) kennen, wobei der Schwerpunkt auf der Analyse- und Designphase liegt. Sie werden auch lernen die Eignung von unterschiedlichen UML Diagrammtypen zur Modellierung von typischen Fragestellungen zu beurteilen.

10.1 Einleitung

Das Bereitstellen von Informationssystemen ist Bestandteil der Realisierung einer Sollkonzeption aus Sicht der Systemanalyse. Aufgabe der Entwicklung als erste Phase der Realisierung ist, eine bestmögliche IT-Unterstützung für die Sollprozesse zu entwickeln. Die zwei grundsätzlichen Alternativen sind eine Eigenentwicklung (Make) oder Auswahl von Informationssystemen und Kaufentscheidung (Buy) mit unterschiedlich ausgeprägten Outsourcing-Aspekten. Die Realisierung beinhaltet auch die Einführung des neuen Systems und dessen Integration innerhalb der Unternehmens-IT (vgl. Kapitel 11 „Prozessorientierte IT-Systeme und –Architekturen“). Betrieb, Wartung und Support der bereits eingeführten Informationssysteme sowie auch die Planung von neuen sind Aufgaben der IT-Organisation eines Unternehmens.

10.2 Struktur und Aufgaben der IT-Organisation

Aufgabe der IT-Organisation ist die informationstechnologische Unterstützung für die Geschäftsprozesse im Unternehmen zu gewährleisten. Eine Übersicht der Abhängigkeiten ist in Abbildung 10-1 dargestellt. Die organisatorische Ausprägung dieser Abhängigkeiten ist je nach Unternehmen unterschiedlich, doch die Unterteilung der Aufgaben in strategische, taktische bzw. managementbezogene und operative ist generell akzeptiert.

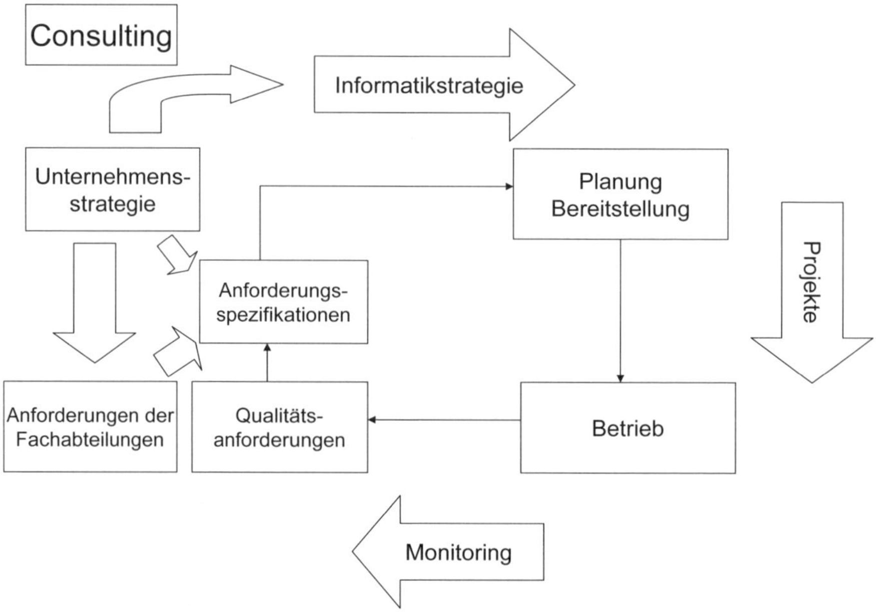

Abbildung 10-1: Kreislauf der IT-Organisation

Die Grundlage dabei stellt die Informatikstrategie dar. Diese wird vom strategischen IT-Management (Unternehmensleitung, CEO, CIO) erstellt und enthält wesentliche strategische Vorgaben zu den eingesetzten Informationssystemen (IS-Strategie), zu der zu deren Betrieb notwendigen Architektur und Infrastruktur (IT-Strategie) und zu den Managementprozessen innerhalb der IT-Organisation (IM-Strategie). Vorgehen, Spezifizierungsgrade und Ansätze zur Erstellung der Informatikstrategie sind im Abschnitt 10.4 beschrieben. Neben der Erstellung der Informatikstrategie ist die zweite wichtige Aufgabe des strategischen IT-Managements die Erstellung der Informationsinfrastruktur.

Die Informatikstrategie und die Informationsinfrastruktur sind Grundlage für das taktische IT-Management. Hier findet die Planung und Bereitstellung der benötigten IT-Unterstützung statt. Insbesondere werden Realisierungsprojekte geplant und durchgeführt. Dabei handelt es sich sowohl um Eigenentwicklungsprojekte (Vorgehen – vgl. Abschnitt 10.8), als auch um Outsourcing-Projekte (vgl. Abschnitt 10.5). Hier wird auch das Anwendungportfolio verwaltet, das die Informationssysteme enthält, die zur Realisierung der Informatikstrategie notwendig sind.

Das operative IT-Management hat die Aufgabe den Betrieb der einzelnen Informationssysteme zu gewährleisten. Darunter fallen sowohl die Erbringung der IT-Dienste, wie auch der Support von Nutzern.

10.3 Organisationsgestaltung und IT-Unterstützung

Je nach Ausprägung von Organisation und Geschäftsprozessen kann die IT-Unterstützung unterschiedlich ausfallen. Zum einen existieren viele Standardanwendungen (etwa Office-Pakete), die stellenbezogene oder prozessorientierte Büroabläufe unterstützen. Ferner verfügen Warenwirtschaftssysteme (engl.Enterprise Resource Planning System, ERP) über Standardkomponenten zur Unterstützung von gängigen Geschäftsprozessen in Bereichen wie Finanz- und Rechnungswesen, Personalwirtschaft, Materialwirtschaft, Produktion und Vertrieb. Außerdem können unternehmensspezifische Geschäftsprozesse mit Workflow-Management-Systeme unterstützt werden. Die langfristige Ausrichtung der IT-Unterstützung an der aktuellen und zukünftigen Entwicklung von Unternehmensorganisation und Geschäftsprozessen sichert die Informatikstrategie.

10.4 Informatikstrategie

Die Informatikstrategie wird vom strategischen IT-Management (Unternehmensleitung, CEO, CIO) erstellt. Darin enthalten sind strategische Vorgaben zu den eingesetzten Informationssystemen (IS-Strategie), zu der dafür notwendigen Architektur und Infrastruktur (IT-Strategie) und zu den Verwaltungsabläufen innerhalb der IT-Organisation (IM-Strategie). Die Informatikstrategie lässt sich aus der Unternehmensstrategie und den Rahmenbedingungen (Gesetze, Verordnungen, Standards zum Informationsaustausch, Technologieentwicklung), meistens unter zu Hilfenahme externer Berater (vgl. Abbildung 10-1), entwickeln. Die Zusammenhänge zwischen den drei Teilbereichen der Informatikstrategie sind in Abbildung 10-2 dargestellt.

Die IS-Strategie (oft auch als Anwendungsportfolio bzw. IS-Portfolio bezeichnet) ist dabei an der Organisation des Unternehmens ausgerichtet (Geschäftsbereiche, Fachabteilungen) und berücksichtigt deren Anforderungen aus Geschäftsprozesssicht. Insbesondere sind hier enthalten: Art und Umfang der benötigten Informationssysteme, Priorisierung und Budgetrichtlinien. Dabei können Informationssysteme nach deren Beitrag zur Sicherung des bestehenden Erfolgs des Unternehmens und nach deren Zukunftspotenzialen bewertet werden (vgl. Ward et al. 1990, S. 30, 240, 267).

Die IT-Strategie beschreibt, wie die Realisierung und Bereitstellung der Anwendungen aus dem IS-Portfolio aus Technologiesicht zu gestalten ist und welche Vorgehen dabei bevorzugt sind. Handelt es sich dabei um Eigenentwicklung von Informationssystemen, so werden hier entsprechende Vorgehensmodelle des Software Engineerings (vgl. auch Abschnitt 10.9) spezifiziert. Ferner werden auch Vorgehen zur Einführung von Standardanwendungen bzw. Oursourcing festgelegt (vgl. auch Abschnitt 10.5). Hier werden auch grundsätzliche Entscheidungen zur Erbringung der IT-Unterstützung, wie Architektur (z. B. SOA), spezifiziert. Diese beschreiben die Relationen zwischen Hardware- und Kommunikationsarchitektur auf der einen Seite, und Anwendungen und Datenhaltung auf der anderen Seite (vgl. Earl 1988, S. 96).

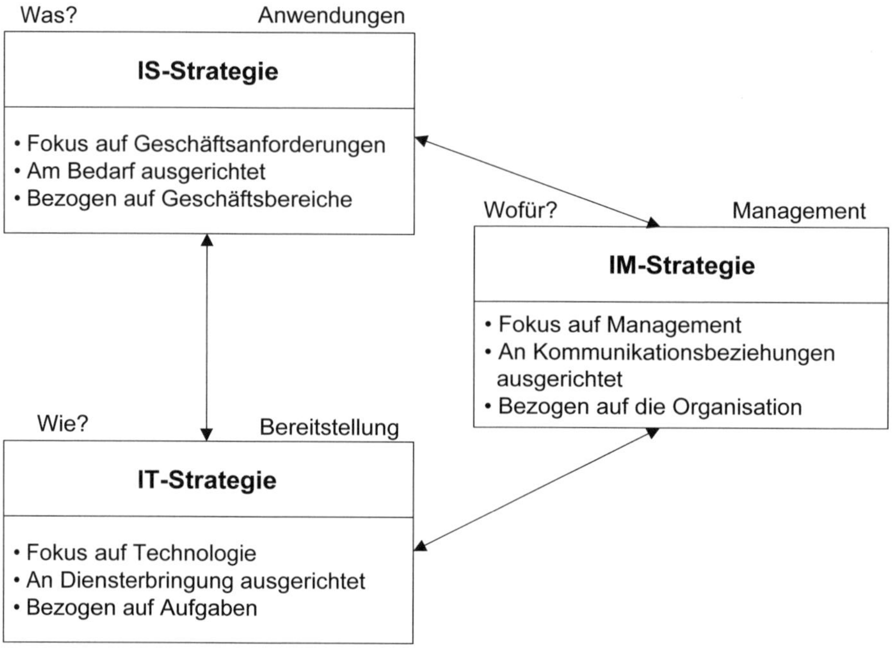

Abbildung 10-2: Die drei Bestandteile der Informatikstrategie (in Anlehnung an Earl 1988, S. 64)

Wichtige Gestaltungsbereiche der Hardwarearchitektur sind:

- Konfiguration und geographische Verteilung der Hardware (nach Standorten) sowie Trends wie Server Konsolidierung.
- Kompatibilitätsregeln – zu unterstützende Schnittstellen, z. B. Win32 API, POSIX.
- Betriebssysteme – Standardbetriebssysteme im Unternehmen und strategische Ziele, wie Vereinheitlichung von Server-Betriebssystemen.
- Hardware- und Lieferantenauswahl – Standard Hardwarearchitekturen, Anforderungen an Lieferanten.

Im Rahmen der Kommunikationsarchitektur werden Kommunikationswege und Kommunikationsstandards sowie Netzwerktopologien festgelegt.

Innerhalb der Datenarchitektur werden folgende Bereiche spezifiziert:

- Design und geographische Verteilung der Datenbanken.
- Daten- und Funktionenmodell, inklusive der Syntax und Semantik der Daten.
- Standards und Protokolle für den Datenaustausch, z. B. ODBC, JDBC auf der technischen Ebene, oder OASIS, ebXML, RosettaNet auf der semantischen Ebene.
- Sicherheitsrichtlinien und Zugriffsrechte.

Im Bereich der Anwendungsarchitektur wird Folgendes spezifiziert:

- Schnittstellen zwischen geplanten und bestehenden Systemen, inklusive Integrationsrichtlinien.
- Integrationsgrade der Informationssysteme.
- Gemeinsam verwendete Komponenten und Services.
- Vorgehensmodelle bei Eigenentwicklung (Softwaretechnik, engl. Software Engineering).
- Vorgehen bei Outsourcing (Integration, Service Levels).
- Vorgehen bei Auswahl und Einführung von Standard-IS.

Die einzelnen Elemente können dabei unterschiedliche Spezifizierungsgrade aufweisen. Generell wird zwischen Parametern (Designgrundsätze), Schemata (logische/physische Modelle), Policies (verbindliche Weisungen) und Plans unterschieden (vgl. Earl 1988, S. 96).

Im Rahmen der Informationsmanagement-Strategie (IM-Strategie) werden folgende Bereiche definiert:

- Ziel und Zweck des IT-Einsatzes (engl. Mission statement).
- IT-Governance Richtlinien.
- Beziehung zur Unternehmensleitung, Geschäftsbereichen und Fachabteilungen.
- Festlegung der Prozesse für Planung, Entscheidung und Kontrolle innerhalb der IT-Organisation.
- IT-Organisationsparadigma (zentral vs. dezentral).

Dabei gibt es unterschiedliche generische IM-Strategien (z. B. Central Planning, Leading Edge, Free Market), die je nach aktueller und zukünftiger Bedeutung eingesetzt werden können.

10.5 Outsourcing von IT

Outsourcing von IT ist neben Eigenentwicklung und Betrieb die zweite grundsätzliche Art IT-Unterstützung von Geschäftsprozessen zu gewährleisten. Eine Outsourcing Beziehung ist durch folgende Eigenschaften gekennzeichnet:

- Eine Leistung, die ein Unternehmen bisher selbst erstellt hat, wird zukünftig von einem Outsourcing-Anbieter erbracht.
- Dauer der Outsourcing Beziehung ist ein oder mehr Jahre (3-5 Jahre im Durschschnitt).
- Es erfolgt in der Regel ein Übergang von Vermögen (Human Resources oder Infrastruktur) vom Unternehmen zum Outsourcing-Anbieter.

10.5.1 Ziele von IT-Outsourcing

Eine Outsourcing Entscheidung kann aus operativer Sicht motiviert sein. Mögliche Ziele, die ein Unternehmen hier anstrebt, sind:

- Senkung und Diversifizierung von Prozesskosten,
- Kapitalfreisetzung und

- Prozessverbesserung durch verbesserte Qualität der einzelnen Dienste (engl. Service Levels).

Neben operativen Erwartungen spielen auch strategische Überlegungen eine wichtige Rolle bei einer Outsourcing Entscheidung. Aus strategischer Sicht kommen folgende Ziele in Frage:

- Fokus auf Kernkompetenzen,
- Business Transformation,
- Zugang zu neuen Fähigkeiten und Technologien sowie
- Flexibilität bei der Reorganisation.

Diese Aspekte sollten bei der Wahl des Outsourcing-Partners und bei der Ausgestaltung des Outsourcing-Vertrages berücksichtigt werden.

10.5.2 Formen von Outsourcing

Outsourcing von IT kann je nach Komplexität und Tiefe unterschiedliche Formen annehmen (vgl. Abbildung 10-3). Eine verbreitete und relativ einfache Form ist das Outsourcing von Datenverarbeitungsdiensten, so genannte *Processing Services* (Lohnabrechnung, Rechnungslegung). Diese Form gewinnt mit der Einführung von SOA im Unternehmen weiter an Bedeutung, da damit die Komposition von solchen Services zu Anwendungen (und deren Abrechnung) automatisiert werden kann.

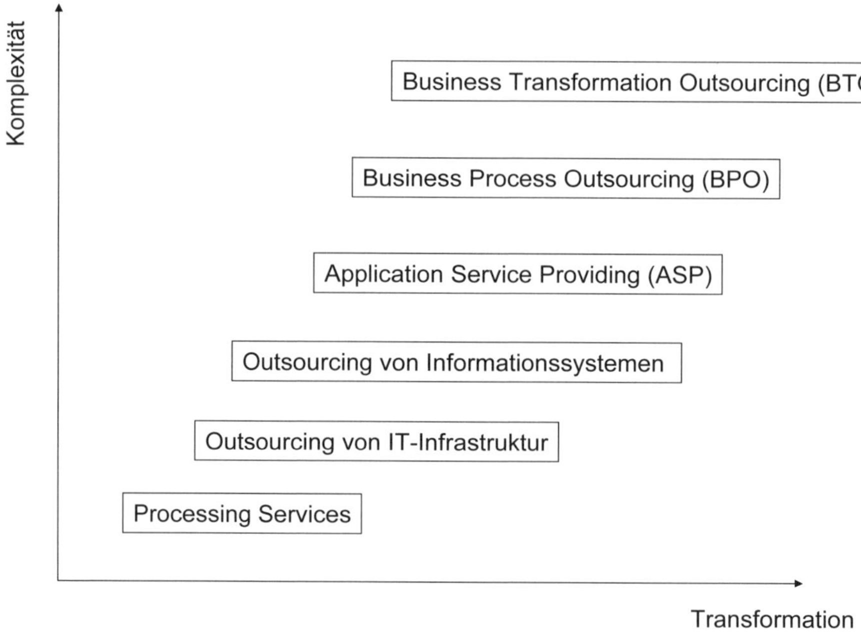

Abbildung 10-3: Formen von Outsourcing nach Komplexität und Transformation

Zwei weitere bedeutende Formen sind das Outsourcing von IT-Infrastruktur und das Outsourcing von Informationssystemen. Dabei können von den typischen Aufgaben, die hier anfallen (Planung, Realisierung und Betrieb), entweder alle oder nur Teile davon vom Dienstleister erbracht werden. Das Application Service Providing (ASP) vereinigt diese zwei Formen, indem sowohl Informationssystem als auch die dafür notwendige Infrastruktur vom Provider bereitgestellt wird.

Business Process Outsourcing (BPO) ist Outsourcing von Geschäftsprozessen und zugehöriger IT (sowohl Informationssysteme als auch IT-Infrastruktur). Geht es dabei um Prozesse innerhalb der IT, so kann die Einführung von Prozessrichtlinien durch die Definition der entsprechenden Geschäftsprozesse einen ersten Rahmen für eine Outsourcing Beziehung geben.

Business Transformation Outsourcing (BTO) bezeichnet einen Trend, der einen Schritt weiter geht. Während beim Outsourcing von Geschäftsprozessen eine Prozessübernahme von Einzelaktivitäten erfolgt, so werden hier Wertschöpfungsstufen ausgegliedert und neu strukturiert.

10.5.3 Outsourcing im Vorgehensmodell der Systemanalyse

Outsourcing ist eine Möglichkeit die Realisierungsphase durchzuführen. Anhand der Sollkonzeption für die entsprechende Organisationseinheit wird ein Pflichtenheft mit den Anforderungen an das zukünftige Informationssystem erstellt. Diese Dokumente stellen die Grundlage für eine Outsourcing Entscheidung. Je nach Informatikstrategie und Wettbewerbsstrategie sowie unter Berücksichtigung der möglichen Risiken und Vorteilen wird diese Entscheidung unterschiedlich ausfallen. Zuerst wird die Fragestellung Make-or-Buy, also selber entwickeln und betreiben, oder ausgliedern beantwortet. Dabei können unterschiedliche Methoden, wie etwa die Nutzwertanalyse, eingesetzt werden.

Die Entscheidung für Outsourcing kann unterschiedliche Formen je nach Komplexität einnehmen (vgl. Abbildung 10-3). Ist eine Entscheidung für Outsourcing gefallen, werden Angebote der externen Dienstleister eingeholt und diese mit dem internen Informationsverarbeitungsangebot verglichen. Dabei werden sowohl Funktionsumfang als auch Service Levels verglichen. Anschließend werden die Vertragsverhandlungen durchgeführt. Eine detaillierte Aufstellung des Vorgehens bei Outsourcing von Informationssystemen zeigt der nachfolgende Abschnitt 10.6.

10.6 Outsourcing von Informationssystemen

Outsourcing von Informationssystemen kann sich auf Standard Informationssysteme oder speziell angefertigte Systeme beziehen oder Mischformen einnehmen. Das hier beschriebene Vorgehen zur Auswahl und Einführung von Standardsoftware ist angepasst auch auf Mischformen anwendbar. Standardsoftware ist heute in den meisten Unternehmen der wichtigste Bestandteil betrieblicher Informationssysteme. Die Entscheidung Standardsoftware einzusetzen ist ein Aspekt des IT-Outsourcing. Dies erfolgt in Form von Projekten, die aus einer Folge von Auswahl- und Implementierungsentscheidungen bestehen. Diese Entscheidungen lassen sich in zwei Phasen klassifizieren – die Phase der Systemauswahl und die Phase der Einführung im Unternehmen.

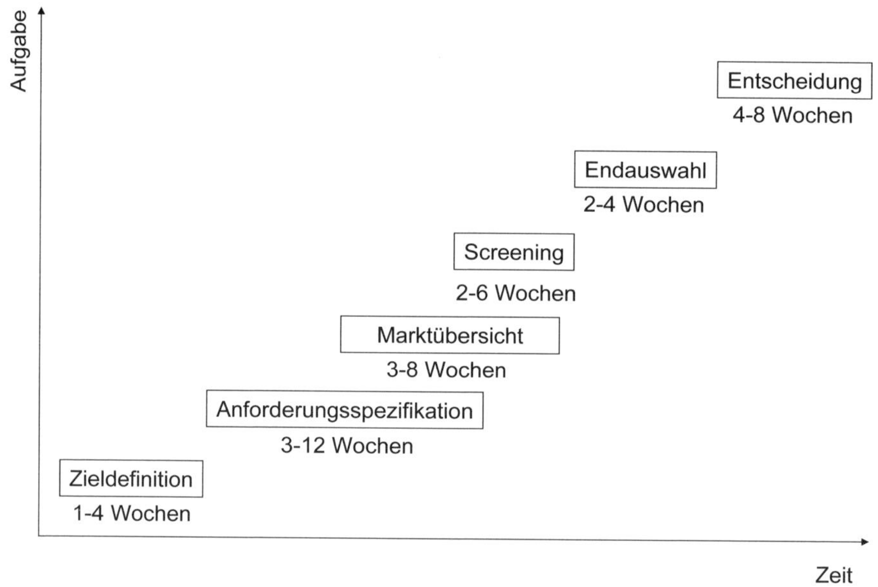

Abbildung 10-4: Phasenmodell der Auswahl von Standardsoftware (vgl. Gronau 2001, S. 101)

Das Phasenmodell für die Auswahl nach dem sich das hier beschriebene Vorgehen richtet, ist in Abbildung 10-4 dargestellt. Erfahrungsgemäß dauert die Auswahl mindestens 16 Wochen. Je nach Ausprägung der IT-Strategie und IT-Governance kann die Auswahl auch wesentlich länger dauern.

10.6.1 Projektorganisation der Auswahlphase

Die Auswahlphase verläuft in der Form eines Projekts. Dementsprechend finden die Themen aus Kapitel 7 „Projektmanagement" hier Anwendung. Bereits zu Beginn der Auswahlphase müssen die wichtigsten Fragen der Projektorganisation geklärt werden:

- Wer ist verantwortlich für das Projekt (Projektleitung)?
- Wer ist Mitglied des Projektteams?
- Wer kontrolliert den Projektablauf und entscheidet bei Problemfällen, die innerhalb des Projektteams nicht gelöst werden können?
- Wer wird auf welche Weise während des Projekts informiert?

10.6.2 Fehler bei der Anbieterauswahl

Für die Auswahl von Produktionsplanung und -steuerungssystemen führt Stein eine empirische Untersuchung durch, deren wesentliche Ergebnisse sich auch auf andere Arten von Standardsoftware übertragen lassen (vgl. Stein 1996). Dabei wurden u. a. folgende Fehler ermittelt:

- Eine überzogene Erwartungshaltung, die hofft, durch den Einsatz einer neuen Standardsoftware alle bisher auftretenden Probleme lösen zu können, etwa unzureichende Datenaktualität oder unbefriedigende organisatorische Abläufe.
- Wenn auf Analysen und Konzepte weitgehend verzichtet wird, stehen unter Umständen nicht ausreichend Kriterien zur verlässlichen Anbieterauswahl zur Verfügung. So verhindert eine Konzentration auf favorisierte Hardwareplattformen bzw. auf nach eigenen Angaben marktführende Anbieter die unbedingt erforderliche hohe Gewichtung funktionaler Aspekte. Dies hat einen wesentlichen Einfluss auf den Erfolg der Standardsoftwareeinführung.
- Wird im Vorfeld der Auswahlphase keine Wirtschaftlichkeitsbetrachtung gefordert, kann auch der zu planende Budgetrahmen nicht ausreichend begründet werden.

Die Unsicherheit über den Erfolg der Softwareeinführung wird durch die lange Dauer des Auswahlprozesses und den damit verbundenen Wandel der ursprünglichen Annahmen ebenfalls erheblich gesteigert. Ferner spielen Fragen der Integrationsfähigkeit eine Rolle – z. B. existieren entsprechende EAI Adapter für die Anwendung, bzw. verfügt sie über geeignete Schnittstellen, die eine Integration in der Unternehmensarchitektur (etwa SOA) erlauben.

10.6.3 Vorbereitung – Risikoanalyse und Machbarkeitsstudie

Zur Vorbereitung der Softwareauswahl wird eine Risikoanalyse vorgenommen. Werden dabei hohe Risiken festgestellt, kann eine Machbarkeitsstudie (engl. Feasibility Study) durchgeführt werden (vgl. Kapitel 7 „Projektmanagement“). Daraus wird die Projektdurchführungsstrategie erarbeitet. Ferner steht in der Vorbereitungsphase die Risikoplanung an, damit im späteren Verlauf des Projektes aktives Risikomanagement möglich ist. Hier geht es um die Identifizierung von Risiken hinsichtlich Organisation, Technologie, Zeiten, Ressourcen und Personal.

10.6.4 Vorbereitung – Festlegung des Budgets

Während der Projektvorbereitung sollte auch die Frage der Budgetierung geklärt sein. Das Projektbudget sollte von den zuständigen, durch die IT-Governance spezifizierten Stellen genehmigt werden. Das Budget umfasst folgende Positionen als Einmalaufwand:

- Kosten für die Software (Lizenzkosten),
- Kosten für Einführungsunterstützung, Beratung, Customizing etc.,
- Integrationskosten,
- Kosten für Programmanpassungen,
- Kosten für Schulungsmaßnahmen und
- Kosten für Hardware und weitere IT-Infrastruktur.

Im ersten Schritt werden zunächst nur die externen Kosten zusammengestellt. Als Faustregel kann dabei gelten, dass die Lizenzkosten in der Regel nicht mehr als ein Viertel der gesamten externen Kosten der Standardsoftwareeinführung ausmachen (vgl. hierzu auch Knolmayer 1997, Potthoff

1998). Mit steigender Komplexität der IT Landschaft im Unternehmen werden die Integrationskosten immer wichtiger.

Bei Application Service Providing (ASP) bzw. anderen *Software-as-a-Service* Modellen können Kosten für Laufzeitlizenzen, Standard Service Levels und Support angesetzt werden. In diesem Fall würden die Kosten für Hardware und IT-Infrastruktur niedriger ausfallen.

10.6.5 Zieldefinition – Business Case

Der Business Case ist ein schriftliches Dokument, das vor dem eigentlichen Projektstart zur Rechtfertigung der Projektnotwendigkeit und Untersuchung der Wirtschaftlichkeit erstellt wird. Der Business Case dient dazu im Rahmen des „Change Managements" zukünftige Szenarien zu kommunizieren und das Projekt gegenüber anderen Vorhaben abzugrenzen. Er ist die Grundlage für die projektbezogenen Entscheidungsprozesse und stellt eine Verbindung zwischen Unternehmens- und Projektzielen her. Ferner ist der Business Case eine wichtige Informationsquelle für das IT-Management – die zukünftig einzusetzende Standardsoftware wird Bestandteil des IT-Portfolios, das IT Finanz-Management übernimmt die finanzielle Abwicklung des Projekts und Richtlinien der IT-Governance, bzw. Vorgaben der IT-Strategie finden bei dem Projekt Anwendung. Der Business Case beschreibt:

- Projektumfang.
- Alternative Szenarien: Ist-Situation, Sollkonzept, Kannkonzept, Musskonzept.
- Risiken.
- Operative Geschäftspotenziale: z. B. Nutzen, Kostenersparnisse, Produktivitätsanstieg.
- Strategische Geschäftspotenziale: z. B. Fokus auf Kernkompetenzen, Business Transformation, Flexibilität bei der Reorganisation.
- Road Map, Vorgehen, Zeitplanung, Ressourcen.
- Kalkulation der geschätzten Projektkosten.

Fokus des Business Case liegt auf den Aspekten Geschäft, Prozesse und Nutzen. Der Nutzen wird dabei quantifizierbar belegt.

10.6.6 Anforderungsspezifikation

Die Anforderungsspezifikation ist die Grundlage für die Auswahl eines Standardsoftwareanbieters. Dabei geht es um Merkmale und Verhalten des gewünschten Systems aus Anwendersicht. Umfang und Tiefe sind aus der Informatikstrategie des Unternehmens abzuleiten. In der Praxis reicht das Spektrum von einer völlig fehlenden Anforderungsspezifikation (ersetzt durch eine Informatikstrategie, die Lieferanten statt Anforderungen vorschreibt) bis hin zu Kriterienkatalogen, die mehrere tausend Anforderungen umfassen. Eine vernünftige Vorgehensweise würde zwischen diesen zwei Extremen liegen.

Die entscheidende Frage bei der Auswahl einer Standardsoftware besteht darin, zu klären, inwieweit sich der versprochene Funktionsumfang des Programms auf die konkreten Einsatzmerkmale im Unternehmen abbilden lässt. Eine vollständige Antwort auf diese Frage kann nur durch eine testweise Einführung der Standardsoftware im Unternehmen beantwortet werden. Da meistens mehrere Alternativen verglichen werden müssten, scheidet diese Variante aufgrund des damit verbundenen Aufwands aus. Daher besteht eine wesentliche Anforderung in der Phase der Erstellung der Anforderungsspezifikation darin, eine grobe Auswahl der geeigneten Anbieter und Systeme vorzubereiten. Um die Auswahlphase kurz gestalten zu können, darf die Anforderungsspezifikation nicht zu viele einzelne Anforderungen enthalten. Beispiele für eine zu detaillierte Anforderungsspezifikation wären Gruppierung von Knöpfen auf einer Eingabemaske oder Anzahl der Stellen, mit denen Artikel- oder Kundennummern im System abgebildet werden können.

Die einzelnen Anforderungen dürften auch nicht zu detailliert sein, um eine Konzentration auf wesentliche Unterschiede zwischen den Anbietern bzw. Produkten zu ermöglichen.

Die Anforderungsspezifikation konzentriert sich auf wesentliche unverzichtbare funktionale und nichtfunktionale Anforderungen. Diese können prozess- (z. B. Kundenmerkmale im Bestellwesen), branchen- (z. B. Dokumentationspflichten in der Luftfahrt) oder fertigungstypspezifisch (z. B. die Planung und Steuerung einer Prozessfertigung) sein. Ferner ergeben sich Anforderungen aus allgemeingültigen Vorschriften für Unternehmen (z. B. aufgrund des Sarbanes-Oxley Act) bzw. Vorgaben der Informatikstrategie (einzusetzende Prozessrichtlinien, Architekturgrundsätze, Schnittstellen). Die Anforderungen werden entsprechend klassifiziert. Nichtfunktionale Anforderungen beschreiben Systemeigenschaften, wie Antwortverhalten und Verfügbarkeit (Stantchev und Malek, 2006, S. 31). Je nach Einsatzsituation können diese unterschiedlich gewichtet werden.

Die Anforderungen sind die Grundlage für die Anbieterauswahl. Dementsprechend wird die Erfüllbarkeit so formuliert, dass Missverständnisse bei der Beantwortung ausgeschlossen sind. Als Antworten werden nur „ja", „nein" und eventuell noch „machbar mit Zusatzaufwand" zugelassen.

Anforderungen stellen die Erwartungen an das zukünftige System aus Sicht der Anwender dar und enthalten keine Implementierungseigenschaften. Die konkrete Realisierung ist in der Formulierung der Anforderung noch nicht enthalten.

10.6.7 Erstellung von Anforderungsspezifikationen

Die Erstellung der Anforderungsspezifikation kann in den Arbeitsschritten Sammeln, Bewerten und Verdichten gegliedert werden.

Im ersten Arbeitsschritt werden Anforderungen gesammelt und nach Themengebieten, wie im vorigen Abschnitt beschrieben, gegliedert. Ferner werden sich ausschließende und redundante Anforderungen identifiziert und beseitigt.

Im zweiten Arbeitsschritt, der Bewertung von Anforderungen, ist gemeinsam mit den Stakeholdern eine differenzierte Bewertung aller ermittelten Anforderungen nach Prioritäten vorzunehmen. Dabei werden nur unverzichtbare Anforderungen mit einer A-Priorität versehen, wichtige, aber nicht unverzichtbare Anforderungen mit B-Priorität und weitere Anforderungen mit C-Priorität. Nachdem eine Kategorisierung der Anforderungen erfolgt ist, muss der Anforderungskatalog von den Entscheidungsträgern verabschiedet werden. In diesem Arbeitsschritt wird empfohlen, sich im weiteren Verlauf des Auswahlprozesses auf die A-Anforderungen zu beschränken und so eine Verdichtung des Anforderungskataloges vorzunehmen. Diese Verdichtung hat den Vorteil, die Erfüllung dieser Kriterien durch die Anbieter leichter überprüfen zu können.

Die Bedeutung des so ermittelten und verabschiedeten Anforderungskataloges liegt nicht nur in der Hilfe beim Auswahlprozess. Vielmehr stellt die Anforderungsspezifikation auch eine wesentliche Bewertungsgrundlage für den Erfolg des Standardsoftware-Einführungsprojekts dar. Empfehlenswert ist es darüber hinaus, den Anforderungskatalog zum verbindlichen Vertragsbestandteil zu machen, um dem Anbieter von Standardsoftware keine Rückzugsmöglichkeiten auf die von ihm „normalerweise" zur Verfügung gestellte Funktionalität zu eröffnen.

10.6.8 Marktübersicht – Vorauswahl von Anbietern

Die Anforderungsspezifikation ist die Grundlage für die Vorauswahl von Anbietern. Dabei wird eine Liste mit ca. 10 Alternativen erstellt. Diese Marktübersicht kann aus unterschiedlichen Informationsquellen erfolgen:

- Fachzeitschriften und Bücher,
- Messebesuche,
- Recherche im WWW sowie
- Übersichten von Dienstleistern.

Wenn im Unternehmen eine SOA (vgl. Kapitel 11 „Prozessorientierte IT-Systeme und -Architekturen") als Gestaltungsgrundsatz der Informationssysteme gilt und eine Vorauswahl von Service-Anbietern benötigt wird, so können hierzu UDDI-Verzeichnisse und WSDL-Beschreibungen durchsucht werden.

10.6.9 Screening – Anbieterbefragung

Ziel dieser Phase ist es, aus der Anbieter-Vorauswahl ca. drei bis vier Systeme zu selektieren und deren Leistungsspektrum zu überprüfen. Dabei spielen auch Unternehmensmerkmale des Anbieters (z. B. Marktposition, wirtschaftliche Situation) eine Rolle. Als Informationsquellen können entsprechende Marktstudien und Unternehmensberichte herangezogen werden.

Die Anbieterbefragung erfolgt schriftlich, um die Antworten der Anbieter zu dokumentieren. Diese können bei einem eventuellen Vertragsabschluss als Vertragsbestandteil aufgenommen werden.

Zur Sicherstellung der Vergleichbarkeit von Anbieterantworten kann bei den funktionalen Anforderungen eine Lückenanalyse (engl. Gap-Analysis) durchgeführt werden. Lücken hier werden mit den zwei Antwortoptionen „mit Zusatzaufwand realisierbar" und „nicht vorgesehen" versehen.

10.6.10 Endauswahl

Im Rahmen dieser Phase werden Refernzkunden- bzw. Testinstallationen der zur Auswahl stehenden Systeme verglichen. Je nach Komplexität und Investitionsumfang können die Anbieter der bei der Befragung ausgewählten Systeme anschließend zu einer Präsentation eingeladen werden. So werden die Anbieter mit unternehmensspezifischen Stammdaten und Prozessen konfrontiert und können erste Ansätze für die Abbildung dieser Daten und Prozesse unternehmensintern vorstellen.

Testinstallationen innerhalb des Unternehmens sind zur Bestimmung der Eignung auch hilfreich. Ist dann eine positive Anbieterauswahl erfolgt, kann mit Vertragsverhandlungen begonnen werden (vgl. Gronau 2001, S. 131). Es ist auch sinnvoll, insbesondere wenn die Informatikstrategie eine Zwei-Lieferanten-Strategie vorschreibt, mit zwei Anbietern zu verhandeln, damit bessere Vertragsbedingungen erreicht werden. Weitere Vorgaben der Informatikstrategie (z. B. die Einbeziehung externer Berater bei der Kaufentscheidung) werden auch berücksichtigt.

10.7 Einführung von Informationssystemen

Der Einführungsprozess von Informationssystemen kann in die Phasen Projektorganisation überprüfen, Feinspezifikation, Prototyping, Pilotbetrieb und Produktivbetrieb unterteilt werden (vgl. Abbildung 10-5).

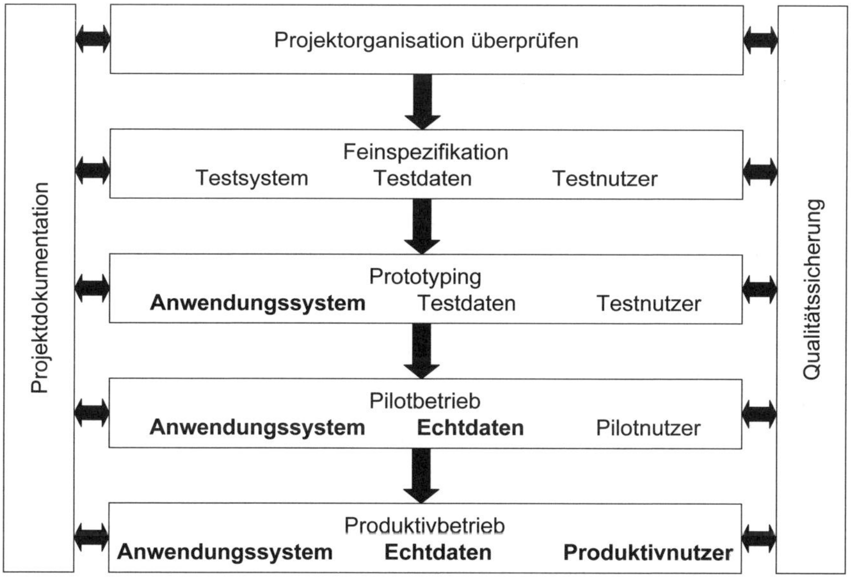

Abbildung 10-5: Vorgehensmodell zur Einführung von Informationssystemen

Eine Überprüfung der Projektorganisation ist am Anfang der Einführung notwendig, da nunmehr auch der Softwareanbieter sowie möglicherweise weitere Dienstleister (z. B. Analysten, IT-Outsourcing-Anbieter) in die Projektarbeit eingebunden werden müssen.

Die anschließende Phase der Feinspezifikation wird als Workshop-Phase bezeichnet, da dies die typische Arbeitsform zur gemeinsamen Erarbeitung von Detaillösungen für die zu unterstützenden Geschäftsprozesse darstellt. Hier wird das Testsystem aufgesetzt und die notwendigen Anpassungen werden analysiert und dokumentiert.

In der Prototyp-Phase wird ein Standardsoftwaresystem beim Anwender installiert. Dieses System enthält weitgehend die bei der Feinspezifikation dokumentierten Anpassungen. Ziel dieses Arbeitsschrittes ist der Test der vorgenommenen Einstellungen und Anpassungen.

Anschließend erfolgt der Probebetrieb, der sich durch die Integration von Echtdaten von der vorhergehenden Phase unterscheidet. Hier wird auch die Integrationsfähigkeit mit anderen Informationssystemen getestet.

Verläuft der Pilotbetrieb erfolgreich, so wird anschließend der Produktivbetrieb aufgenommen. Hier arbeiten erstmals alle Mitarbeiter, die an den durch die Standardsoftware abgebildeten Prozessen beteiligt sind, mit dem neuen System.

10.7.1 Feinspezifikation

Aufgabe dieser Phase ist es, das einzuführende Informationssystem so zu konfigurieren, dass es den organisatorischen Abläufen im Unternehmen entspricht. Dies beinhaltet auch die Abbildung der Organisationsstruktur im System und das Einstellen der Funktions- und Geschäftsprozessparameter.

Solche Einstellungen könnten u. a. sein (vgl. Appelrath und Ritter 2000, S. 100):

- Unternehmensspezifische Einstellungen im Allgemeinen (Betriebskalender mit Feiertagen), landesspezifische Einstellungen (Währung, Sprache),
- Festlegung der von den einzelnen Unternehmensbereichen genutzten oder geplanten Nummernkreise für Artikel, Kunden, Lieferanten, Organisationseinheiten, Belege etc.,
- Festlegungen zum Aufbau und zur Pflege von Stammdatenstrukturen (Regeln, Zugriffsrechte),
- Eingabe der im System verwendeten Maßeinheiten und der Umrechnungsvorschriften zwischen Maßeinheiten und
- Festlegung der einzusetzenden Kontenrahmen für Kostenrechnung, Controlling und Buchhaltung sowie die Zuordnung der Konten zu den Positionen der Bilanz bzw. der Gewinn- und Verlustrechnung.

Ebenfalls in den Aufgabenbereich gehören Fragen der Systemintegration, u. a. die Festlegung von Schnittstellenspezifikationen zu anderen Informationssystemen und die organisatorische Einbettung dieser Schnittstellen.

Der Umfang der einzustellenden Parameter bewegt sich zwischen einigen Dutzend bei funktionsspezifischer Software über einige 100 bei kleineren ERP-Systemen bis hin zu mehreren 1000 bei unternehmensweit eingesetzten Systemen, wie SAP R/3.

Häufige Fehler bei der Parameterfestlegung sind (vgl. Dittrich et al. 2000, S. 9):

- Eine aufgabenwidrige Parameterverwendung liegt vor, wenn ein bestimmtes Konfigurationsziel mit der falschen Stellgröße verfolgt wird. So ist z. B. bei der Einstellung von Dispositionsparametern zwischen dem nur auf die Mindestbestellgröße wirkenden Parameter minimale Losgröße und dem auf alle Bestellmengen wirkenden Rundungswert zu unterscheiden, der alle Bestellmengen auf ein Vielfaches seines Betrages aufrundet.
- Nichtbeachtung wirksamer Parameter, z. B. Verzicht auf das Setzen eines Sicherheitsbestandes.
- Zwangsweises Außerkraftsetzen von Parameterwirkungen, etwa durch Wahl des Losgrößenverfahrens "feste Bestellmenge" mit der Folge, dass der oben beschriebene Rundungswert durch

das Losgrößenverfahren ignoriert wird und stattdessen ein oder mehrere Lose mit der "festen" Menge erzeugt werden.

Darüber hinaus sind in dieser Phase folgende Probleme zu erkennen:

- Hoher Termindruck, insbesondere bei Projekten, die alle Module gleichzeitig in Betrieb nehmen, führt zu Zeitmangel bei der Parametereinstellung und damit auch zu mangelnder Sorgfalt. Statt individuell ermittelter passender Parameterwerte werden Initialwerte oder Defaultwerte belassen, deren Auswirkungen nicht überprüft werden.
- Fehlendes Controlling des betriebswirtschaftlichen Erfolges des neuen Systems, insbesondere des Einflusses auf wirtschaftliche Größen, wie Kapitalbuchung oder Dispositionsmängel, und deren Auswirkungen.
- Die ungeprüfte Parameterübernahme aus Altsystemen kann dann zu Problemen führen, wenn unterschiedliche, auf diesen Parametern basierende Verfahren genutzt werden. In diesem Fall ist die Parameterübernahme nicht sinnvoll.
- Die Parameterübernahme aus ähnlichen Unternehmen sollte wohlüberlegt und spezifisch stattfinden.

Die Einstellungen der Feinspezifikation werden dokumentiert und im nachfolgenden Projektabschnitt Prototyping getestet. Fehler beim Prototyping können oft nur durch Neuspezifikation und neues Prototyping beseitigt werden.

10.7.2 Prototyping

Ziel dieser Phase ist es, die zuvor eingestellten Parameter des Informationssystems unter realitätsnahen Bedingungen zu testen. Dazu ist die Übernahme der Stammdaten aus den Altsystemen erforderlich. Das erlaubt die nichtfunktionalen Eigenschaften des Systems zu testen: Performanz, Verfügbarkeit, Antwortverhalten. Dies ist insbesondere bei großen ERP-Systemen der Zeitpunkt, in dem es sich herausstellt, ob die vorgesehene IT-Infrastruktur ausreichend zur Einhaltung dieser Eigenschaften sein wird. Ferner können jetzt weitere Mitarbeiter an die Bedienung des Systems herangeführt werden.

Hier gehört auch die Überprüfung, ob die eingestellten Berechtigungen korrekt die gewollte organisatorische Aufgabenverteilung wiedergeben. Die Begriffe des Systems müssen formal und inhaltlich mit den Begriffen aus den Unternehmensabläufen übereinstimmen.

10.7.3 Produktivbetrieb – Stetige Optimierung

Der Lebenszyklus von Standardsoftware muss bei der Auswahlentscheidung für Informationssysteme berücksichtigt werden. Dieser Lebenszyklus kann in die Phasen Evaluation, Implementierung und stetige Optimierung gegliedert werden (vgl. Gabriel und Lohnert 2000, S. 186).

Die Phase der stetigen Optimierung ist der „Pflege und Wartung“ Phase der Softwareentwicklung ähnlich und kann folgende Aufgaben beinhalten:

- erneute Anpassung der eingestellten Parameter,
- erneute Umstellung der betrieblichen Abläufe,
- funktionale Erweiterung des Informationssystems durch weitere Module oder durch individuell erstellte Add-Ons und
- Entscheidung zum Ersatz des Informationssystems durch eine neue Version bzw. durch ein anderes System.

In der Phase der stetigen Optimierung liegen die größten Kostenanteile (vgl. Curth und Giebel 1989, S. 7; Klösch und Gall 1995, S. 4; Müller 1997, S. 1). Entwicklungen im Bereich der Technologie und der Organisationslehre, Veränderungen bei den Unternehmenszielen und bei der Informatikstrategie stellen immer wieder neue Anforderungen an die Informationssysteme im Unternehmen. Folglich besteht ständig eine Lücke zwischen Anforderungen und Zustand der Informationssystemarchitektur (vgl. Hufgard und Wenzel-Däfler 1999, S. 425).

Abschließend ist die Bedeutung des Managements der Auswahlprozesse und der Beziehungen zu den Anbietern zu unterstreichen. Eine gut durchdachte Informatikstrategie bietet die geeigneten Rahmenbedingungen hierfür.

10.8 Eigenentwicklung von Informationssystemen

Software wird an unterschiedlichen Stellen als wichtiger Bestandteil der IT-Unterstützung von Geschäftsprozessen eingesetzt. Es existieren viele Standardanwendungen, die stellenbezogene oder prozessorientierte Büroabläufe (etwa Office-Pakete) unterstützen. Ferner verfügen Enterprise Resource Planning Systeme über Standardkomponenten zur Unterstützung von gängigen Geschäftsprozessen in Bereichen, wie Finanz- und Rechnungswesen, Personalwirtschaft, Materialwirtschaft, Produktion und Vertrieb.

Eine optimierte IT-Unterstützung setzt jedoch oft voraus, dass solche Standardanwendungen angepasst und erweitert werden müssen. Ferner sind in vielen größeren Unternehmen Eigenentwicklungen im Einsatz, die unternehmenskritische Funktionen bereitstellen. Das Vorgehen vom Sollkonzept zur Integration ist in Abbildung 10-6 dargestellt. Die Entwicklung, Pflege und Wartung von solchen Erweiterungen bzw. Anwendungen sind Aufgaben der Software-Systementwicklung.

Die Entwicklung von Software ist eine ingenieurmäßige Tätigkeit. Dies setzt die Verwendung von Prinzipien, Vorgehensmodellen und Werkzeugen (Tools) voraus. Nachfolgend werden gängige Vorgehensmodelle dargestellt und erläutert. Anschließend geht es um Dokumente, Sichten und Notationen bei der Systementwicklung, wobei der grundlegenden Notation der objektorientierten Entwicklung – UML (Unified Modeling Language) – ein besonderes Augenmerk geschenkt wird. Es werden die Analyse- und Designphasen und ihre Anwendung in iterativen Vorgehensmodellen behandelt.

Die Systementwicklung erfolgt, genauso wie die Auswahl von Standardsoftware in Form von Projekten. Dementsprechend finden hier die im Abschnitt 10.5 beschriebenen Tätigkeiten (Projektorganisation, vorbereitende Maßnahmen, Budget, Business Case, Anforderungsspezifikation etc.) Anwendung.

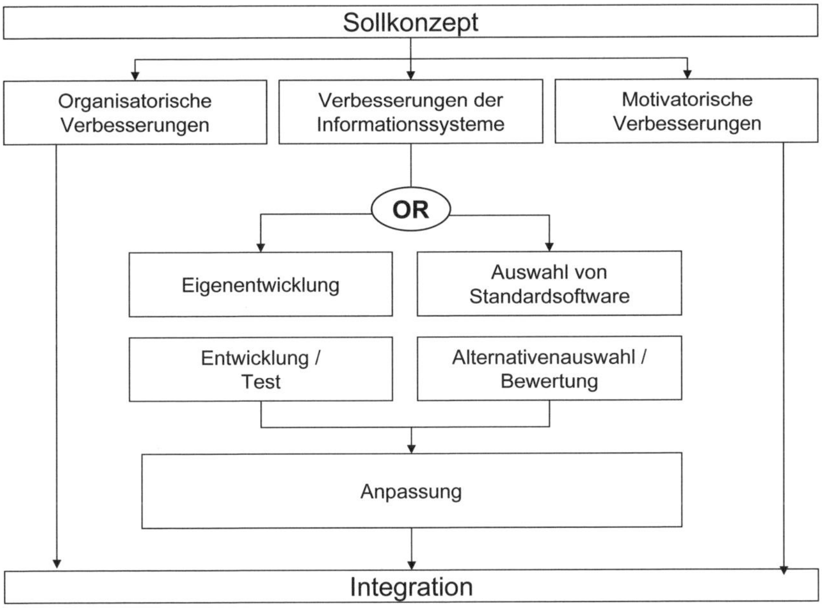

Abbildung 10-6: Vom Sollkonzept zur fertigen IT-Lösung

10.9 Vorgehensmodelle des Software Engineering

Die Komplexität von Software und deren Entwicklung ist eine der grundlegendsten Problemstellungen bei der Systementwicklung. Vorgehensmodelle versuchen entgegenzusteuern, indem sie Entwicklungsprojekte in strukturierte idealtypische Phasen gliedern. Somit wird eine schrittweise Lösungsfindung ermöglicht und es werden Rollen und ihre Aufgaben in einer logischen und zeitlichen Reihenfolge angeordnet. Dies ermöglicht auch eine eventuelle Parallelisierung von Aktivitäten.

Der Projektfortschritt kann anhand von Meilensteinen, die als Ergebnisse einer Phase definiert sind, nachvollzogen werden.

Bedeutende Vorgehensmodelle im Software Engineering sind (vgl. auch Kapitel 6 „Vorgehensmodell"):

- Wasserfallmodell,
- V-Modell,
- Spiralmodell,
- RUP (Rational Unified Process) sowie
- Extreme Programming.

Im Folgenden wird die objektorientierte Softwareentwicklung und speziell die Phasen Analyse und Design vorgestellt. Anschließend werden Besonderheiten dieser Phasen bei dem Einsatz innerhalb von iterativen Modellen, wie dem Rational Unified Process (RUP) und Microsoft Solutions Framework (MSF) präsentiert.

10.10 Grundsätze der Objektorientierung

Die Objektorientierung bezeichnet nicht nur das Programmierparadigma bestimmter Programmiersprachen, sondern einen Ansatz der ganzheitlichen Systementwicklung. Die Idee ein System als eine Organisation von Objekten zu betrachten, die Eigenschaften und Verhalten haben, ist nahe liegend. Dementsprechend waren objektorientierte Sprachen schon in den 60er Jahren des 20. Jahrhunderts präsent. Dadurch, dass sie primär im akademischen Umfeld eingesetzt wurden, fehlte es jedoch an Vorgehensmodellen und Analyseverfahren, die speziell auf die Objektorientierung ausgerichtet waren. Diese wurden nach und nach durch die Arbeiten von folgenden Autoren entwickelt: Booch, Jacobson, Coad und Yourdon, Rumbaugh, Wirfs-Brock und Johnson, Shlaer und Mellor, Martin und Odell, Henderson-Sellers, Firesmith (vgl. Oestereich 1998, S. 19).

Die Methoden von Booch, Coad und Yourdon, und Rumbaugh haben sich im Laufe der Zeit als Grundlage für eine allgemeingültige Vorgehensweise etabliert (Unified Method, 1995). Die Integration der von Jacobson geprägten Use Cases (Anwendungsfälle) führte zur Entstehung der Unified Modeling Language (UML), die 1997 in der Version 1.1 bei der Objekt Management Group (OMG) zur Standardisierung eingereicht und akzeptiert wurde. Aktuell (2006) ist UML in der Version 2.1 standardisiert und beinhaltet auch Konzepte zur Abbildung von Geschäftsprozessen.

10.11 Objekte und Klassen

Prozedurale Analyse-, Entwurf- und Programmierkonzepte bieten Problemlösungen, die Abläufe (Prozeduren) abbilden. Dabei werden Geschäftsprozesse schrittweise in einem System umgesetzt.

Die Objektorientierung dagegen versucht reale Objekte aus der Problemdomäne zu identifizieren und zu charakterisieren. Dabei werden Kategorien gebildet, Zusammenhänge dargestellt und neue Objekte aus bekannten Kategorien abgeleitet (Erler 2000, S. 16). Diese Objektkategorien werden als Klassen bezeichnet. Zur vollständigen Beschreibung einer Klasse gehören drei Komponenten: Name, Zustand und Verhalten. Hinweise wie Klassen zu benennen sind und wie sie innerhalb der Problemdomäne identifiziert werden können sowie Ansätze zur Überführung von Geschäftsprozessen zu Klassen und Objekte folgen im Abschnitt 10.12. Der Zustand beschreibt die statische Eigenschaft eines Objekts, das Verhalten – die dynamische Eigenschaft (vgl. Abbildung 10-7).

Ein Objekt wird als Instanz der Klasse bezeichnet, die als seine „Bauanleitung" gedient hat. Im Rahmen von Objektdiagrammen können Objekte, wie in Abbildung 10-8 gezeigt, beschrieben werden. Hier werden Objekte als Rechtecke mit unterstrichenen Objektnamen dargestellt. Wenn Klassen modelliert werden, oder bei der Darstellung eines Objekts die Klasse mit angegeben werden soll, so wird vor dem Klassennamen ein Doppelpunkt vorangestellt.

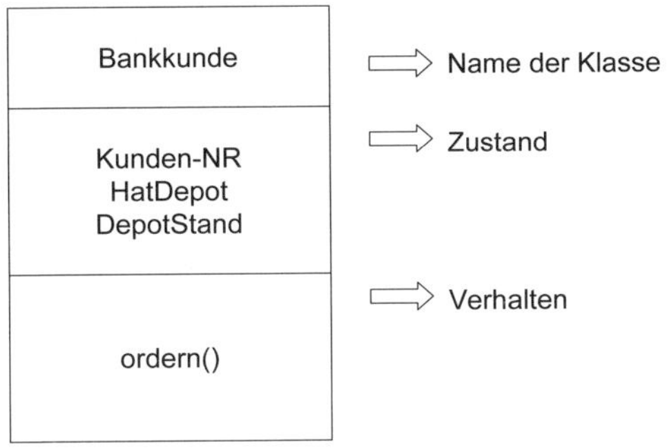

Abbildung 10-7: Komponenten der Beschreibung einer Klasse

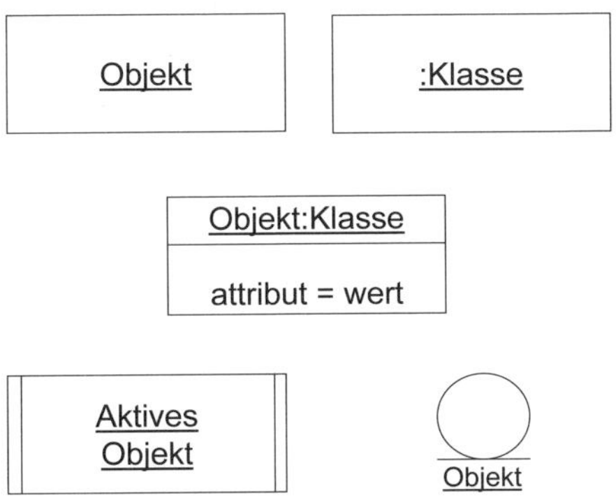

Abbildung 10-8: Notationen von Objekt und Klasse in Objektdiagrammen (UML 2.1)

10.11.1 Objektzustand

Der Objektzustand manifestiert sich in den Attributwerten. So könnten Bankkunden durch Kundennummer und Depot (vorhanden, nicht vorhanden) ansatzweise beschrieben werden. Dementsprechend enthält auch die Klasse Bankkunde solche Attribute, die dann für jedes Objekt mit einem Anfangszustand initialisiert werden. Die Wertbelegung dieser Attribute für einzelne Objekte kann im Rahmen von Objektdiagrammen dargestellt werden (vgl. Abbildung 10-8).

10.11.2 Objektverhalten

Das Objektverhalten wird durch die Methoden, die die Klasse definiert, beschrieben. So wäre ein Aspekt des Verhaltens eines Bankkunden durch die Methode *ordern()* beschrieben (vgl. Abbildung 10-7). Das Verhalten (die dynamischen Eigenschaften) beeinflusst auch den Zustand (die statischen Eigenschaften). So wird sich der Attributwert *DepotStand* nach Durchführung der *ordern()* Methode verändern.

10.12 Phasen des objektorientierten Software Engineerings

Das Software Engineering ist Teil des Software Lebenszyklus und beinhaltet die Phasen Analyse (OOA), Design (OOD) und Programmierung (OOP) (vgl. Rumbaugh 1993, S. 4).

Davor liegt die Phase des Projekt-Setups, die ungefähr mit der Erstellung des Business Case aus Abschnitt 10.6 verglichen werden kann. Wird als Ergebnis dieser Phase eine Entscheidung für Eigenentwicklung getroffen, so kann mit der Analysephase angefangen werden.

10.13 Objektorientierte Analyse

Die objektorientierte Analyse ist die erste Phase des objektorientierten Software Engineerings (OOSE). Sie wurde mit dem Ziel entwickelt den Methodenbruch zwischen prozeduralen Konzepten in der Analysephase und objektorientierten Konzepten in der Implementierungsphase zu beseitigen. Dabei wurden hier auch eine Vielzahl bewährter Analyseansätze und Notationen angewendet und weiterentwickelt (vgl. Abbildung 10-9).

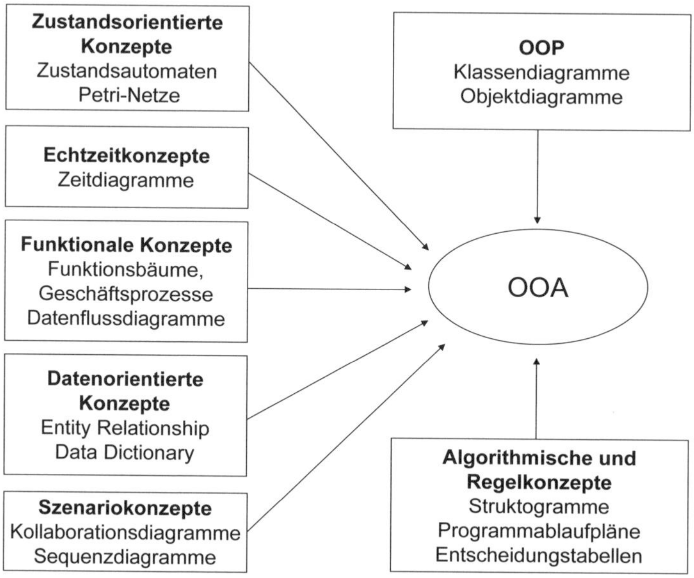

Abbildung 10-9: Entstehung der objektorientierten Analyse aus früheren Analysekonzepten (vgl. Balzert 1996b, S. 239)

Ziel der objektorientierten Analyse ist es, die mit IT zu unterstützende Problemdomäne zu verstehen und für die Zwecke der OOSE zu modellieren. Wichtigster Input dabei sind die Sollkonzeption und die Anforderungen, die im Rahmen der zuvor zu treffenden Entscheidungen (vgl. Abschnitt 10.5) erstellt wurden. Im Idealfall liegt schon ein ausformuliertes Pflichtenheft vor, das die wesentlichen funktionalen und nichtfunktionalen Anforderungen an das zukünftige System enthält.

Im Rahmen der objektorientierten Analyse werden unterschiedliche Modelle erstellt, die einerseits die Objekte und ihre Relationen darstellen, andererseits den dynamischen Ablauf und die Funktionen wiedergeben.

Folgende UML Diagrammtypen können in der OOA zum Einsatz kommen:

- Anwendungsfalldiagramme (Use-Case) beschreiben Anwendungsfälle als Teil von Geschäftsprozessen. Dabei werden Akteure, Geschäftspartner und Fremdsysteme für jeden Anwendungsfall identifiziert und eine Abbildung zwischen Anwendungsfällen und Geschäftsprozessen vorgenommen.
- Klassendiagramme und Objektdiagramme zeigen die aus Sicht der OOA identifizierten Klassen und Instanzen mit ihren Beziehungen, Schnittstellen und Parametern.
- Verhaltensdiagramme eignen sich zur Abbildung des dynamischen Ablaufs (Zustand, Aktivitäten, Abarbeitungsreihenfolge). Insbesondere werden hierzu folgende Diagrammtypen verwendet:
- Zustandsdiagramme bieten die Möglichkeit Objektzustände im Rahmen einer Zustandsmaschine (state machine) darzustellen.
- Aktivitätsdiagramme, stellen eine Erweiterung der Zustandsdiagramme um Parameter und Bedingungen dar.
- Sequenz-, Kommunikations- und Zeitdiagramme ermöglichen die Darstellung der Interaktion zwischen Klassen anhand des Nachrichtenaustausches und dessen Reihenfolge. Hierbei können auch Zustandsveränderungen und gegebenenfalls zeitliche Zusicherungen gemacht werden.

Implementierungsdiagramme in UML werden in der Designphase (OOD) eingesetzt, um Implementierungsentscheidungen darzustellen. Hier geht es primär um die funktionale Modularisierung (*Paketdiagramme*), die Komponentisierung (*Komponentendiagramm*) und das Deployment (*Einsatz- und Verteilungsdiagramm*) der Anwendung.

Die Hauptaufgabe der OOA nach Coad und Yourdon (vgl. Coad und Yourdon 1990, Coad und Yourdon 1991a.) liegt in der Erstellung eines Schichtenmodells der Problemdomäne.

Die Schichten dieses Modells sind:

- Schicht der Klassen und Objekte (engl. Class and Object layer),
- Schicht der Strukturen (engl. Structures layer),
- Schicht der Themen (engl. Subjects layer),
- Schicht der Attribute (engl. Attributes layer) und
- Schicht der Services/des dynamischen Verhaltens (engl. Service layer).

Diese werden in einen komplexen Klassen- und Objektdiagramm dargestellt. Dabei baut jede Schicht auf den zuvor erstellten auf. Aus Sicht der Analysephase im Rahmen der IT-Unterstützung von Geschäftsprozessen sind also primär die Anwendungsfalldiagramme und die Klassendiagramme als UML-Modelle relevant.

10.13.1 Klassen und Objekte definieren

Die schrittweise Erstellung des Modells beginnt mit der Erstellung der Schicht der Klassen und Objekte (engl. Class and Object layer). Hier geht es primär darum mögliche Klassen innerhalb der Problemdomäne zu identifizieren. Dabei können zum einen die Anforderungsspezifikation des zukünftigen Systems und die Sollkonzeption der entsprechenden Geschäftsprozesse studiert werden. Ferner liefern vorhandene Modelle bzw. Systeme innerhalb der Problemdomäne weitere Ansatzpunkte.

Es wird empfohlen bei der Benennung von Klassen Substantive, bzw. Adjektive und Substantive im Singular zu verwenden (z. B. Rechnung, InterneRechung). Wird in einer Klasse eine Gruppe oder Sammlung beschreiben, so wird hier das kollektive Substantiv und nicht die Pluralform benutzt (z. B. Bestellübersicht statt Bestellungen). Es werden die Bezeichnungen und Fachbegriffe innerhalb der Problemdomäne benutzt.

Mögliche Kandidaten für Klassen können sich aus folgenden Themen ergeben:

- Strukturen,
- Modelle der anderen Sichten, etwa der datenorientierten Sicht, (vgl. Kapitel 9 „Datenmodellierung und Datenintegration“)
- andere Systeme,
- Geräte,
- Vorkommnisse und Sachen, die zu merken sind,
- Rollen der Mitarbeiter,
- Funktionen und Teilprozesse,
- Standorte, Arbeitsplätze und
- Organisationseinheiten.

Nachdem daraus eine erste Liste mit potenziellen Klassen erstellt wurde, geht es darum, welche Klassen ausgeschlossen werden können. Das heißt, hier geht es um Objekte, die in der realen Problemdomäne zu beobachten sind, für das zukünftige System jedoch nicht von Bedeutung sind. So können z. B. Nutzereingaben über einen Terminal erfolgen. Eine Klasse *Terminal* wäre jedoch nur notwendig, wenn das System bestimmte Informationen über die Terminals verwalten soll (z. B. an welchem Terminal die Daten eingegeben wurden bzw. wie viele Terminals frei sind). Grundsätzlich können also Klassen ausgeschlossen werden, die keine Attribute aufweisen.

Später, beim Festlegen des Verhaltens, spielen auch die Services (Methoden, Operationen) einer potenziellen Klasse eine Rolle für die Entscheidung, ob eine Klasse erstellt wird oder nicht. Als Mindestanforderung gelten dabei folgende Services: CREATE (erzeugen), CONNECT (verbinden), ACCESS (zugreifen), RELEASE (freigeben).

Im Rahmen des Systems werden typischerweise mehrere Objekte einer Klasse existieren und über mehrere Attribute verfügen. Eine Klasse, aus der nur ein Objekt erzeugt wird, ist jedoch erlaubt, wenn dies der Problemdomäne entspricht.

Die Attribute und Operationen, die für eine Klasse definiert werden, sind für alle Objekte dieser Klasse anwendbar. Ist dies nicht der Fall, so ist eine Hierarchiebildung in Richtung Generalisierung-Spezialisierung angebracht.

In der Analysephase werden typischerweise nur Klassen berücksichtigt, die Anforderungen der Problemdomäne widerspiegeln. Klassen, die entwurfs- bzw. implementierungsspezifisch sind, sind nicht Bestandteil des Schichtenmodells der objektorientierten Analyse. Typische Beispiele für solche Klassen wären Architekturdetails (zentralisiert, verteilt, Replikationen), Datenzugriffsklassen sowie auch Klassen, die Dispatching und Scheduling innerhalb der Anwendung regeln. Dadurch kann das Modell in der Analysephase nah an den fachlichen Anforderungen gehalten werden.

Klassen, die ableitbare Daten abbilden (z. B. lässt sich Alter aus dem Geburtsdatum ableiten), sind redundant und somit nicht Bestandteil des Analysemodells. Ferner werden in der Analysephase keine Klassen zum Abspeichern von Zwischenschritten und Zwischenberechnungen berücksichtigt – das ist Aufgabe der Designphase, wo zusätzliche Klassen hinzugefügt werden.

10.13.2 Strukturen definieren

Nachdem die Klassen identifiziert wurden, erfolgt ihre Gruppierung und Strukturierung (engl. Structures layer). Es werden Relationen zwischen den Klassen gebildet. Folgende Relationen aus UML (UML 2.1) können dabei angewendet werden (vgl. Abbildung 10-10):

- Vererbung,
- Assoziation,
- Aggregation und
- Komposition.

Im Folgenden werden diese Relationen ausführlich beschrieben.

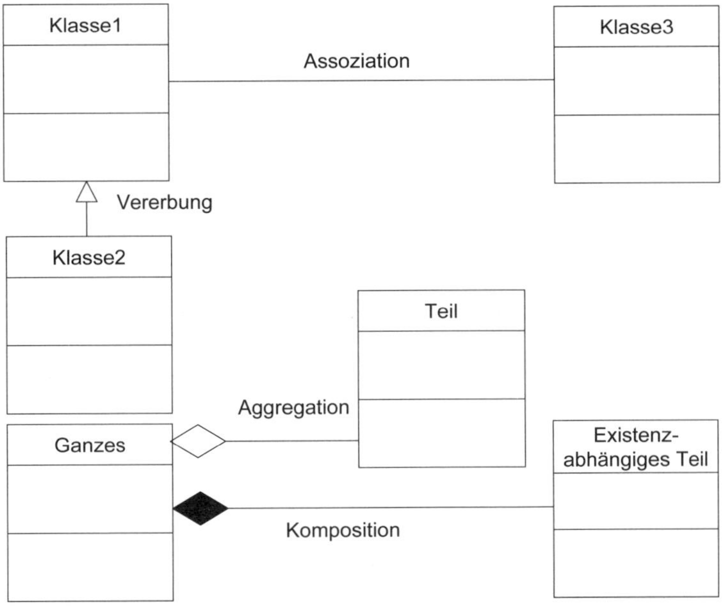

Abbildung 10-10: UML Relationen zwischen Klassen in der Analysephase (vgl. UML 2.1)

10.13.3 Vererbung

Vererbung ist die Relation im Rahmen der Objektorientierung, die eine Generalisierung-Spezialisierung-Struktur ermöglicht. Dabei wird versucht, Klassen, die Überschneidungen bei Attributtypen und Verhalten haben, so zu gestalten, dass allgemein zutreffenden Eigenschaften in einer Oberklasse spezifiziert werden. So könnte etwa eine Oberklasse Mitarbeiter mit Eigenschaften, wie Name, Personalnummer und beantragen(), existieren, während Spezialisierungsklassen, wie Filialleiter, Kundenberater, Finanzanalyst, spezielle Eigenschaften wie einstellen(), anbieten() oder bewerten(), implementieren (vgl. Abbildung 10-11). Weitere typische Generalisierung-Spezialisierung-Beziehungen wären etwa Mitarbeiter – Sachbearbeiter und Manager; Person – Student und Dozent; Transportmittel – PKW und LKW. Ferner bietet sich eine Spezialisierung an, wenn eine Klasse Eigenschaften aufweist, die nicht für alle Instanzen dieser Klasse anwendbar sind.

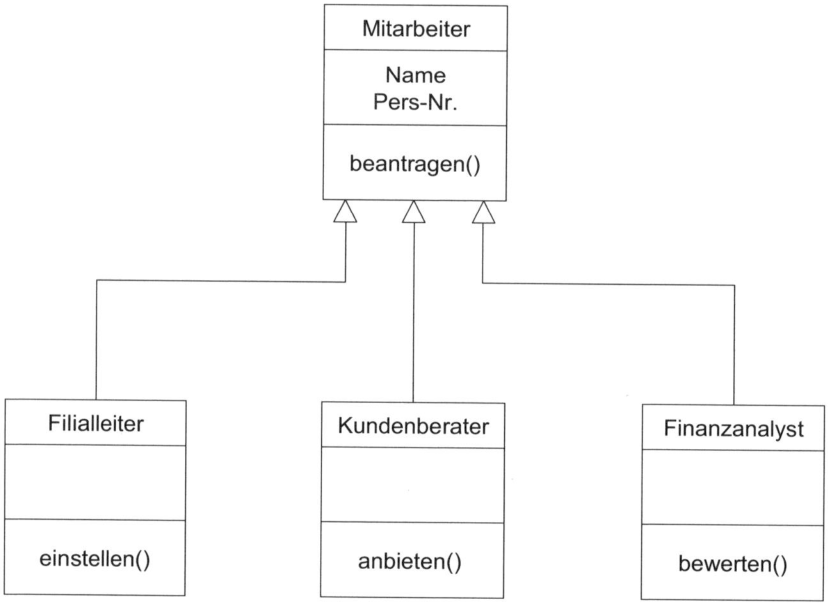

Abbildung 10-11: Vererbung als Relation zur Abbildung von Generalisierung-Spezialisierung-Strukturen

Grundsätzlich wird bei der Generalisierung unterschieden, ob aus der Generalisierungsklasse direkt Objekte erzeugt werden können oder nicht. Beim zweiten Fall wird die Generalisierungsklasse als eine *abstrakte Klasse* bezeichnet. Coad/Yourdon nennen diese zwei Typen von Generalisierung *Generalization as Class-&-Object* und *Generalization as Class*. Eine Darstellung dieser Generalisierung in der früheren Notation von Coad/Yourdon ist in Abbildung 10-12 veranschaulicht.

Abstrakte Klassen enthalten also Generalisierungen, die nicht direkt Objekte der realen Welt abbilden, sondern Gattungen bzw. Klassifizierungsbezeichnungen. In der UML-Notation wird eine abstrakte Klasse durch kursiv gesetzten Klassennamen gekennzeichnet (vgl. Abbildung 10-13).

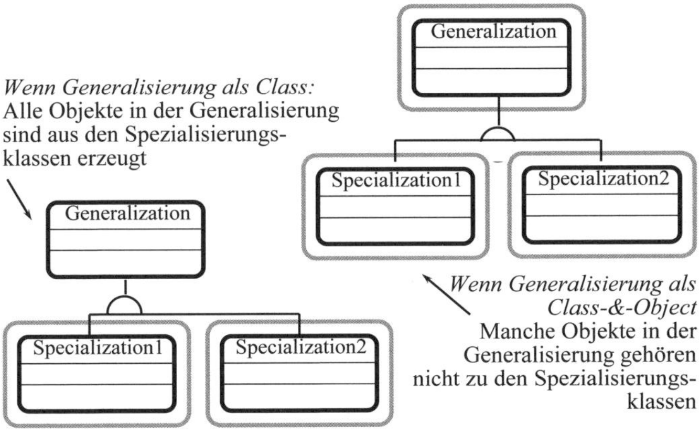

Abbildung 10-12: Generalisierungstypen und ihre Notation nach Coad und Yourdon

Aus Sicht der objektorientierten Analyse kann eine Generalisierungsstruktur sowohl eine Hierarchiestruktur aufweisen (wie etwa in Abbildung 10-11 und Abbildung 10-13 dargestellt), als auch in Form eines Gitters vorliegen (vgl. Abbildung 10-14). Die Hierarchiestruktur wird dabei als *Einfachvererbung* bezeichnet, die Gitterstruktur – als *Mehrfachvererbung*.

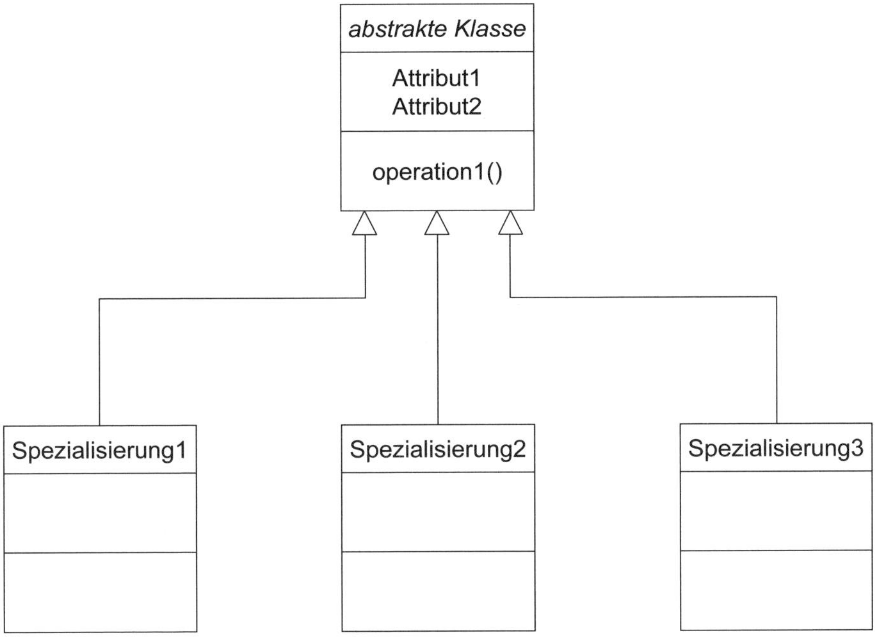

Abbildung 10-13: Vererbung mit einer abstrakten Generalisierungklasse

Es empfiehlt sich Generalisierungstrukturen immer entsprechend der Problemdomäne zu definieren. Eine Generalisierung, die als Ziel hat, gemeinsame Attributen zu extrahieren, ähnlich wie bei der Normalisierung von Tabellen (vgl. Kapitel 9 „Datenmodellierung und Datenintegration") ist nicht sinnvoll.

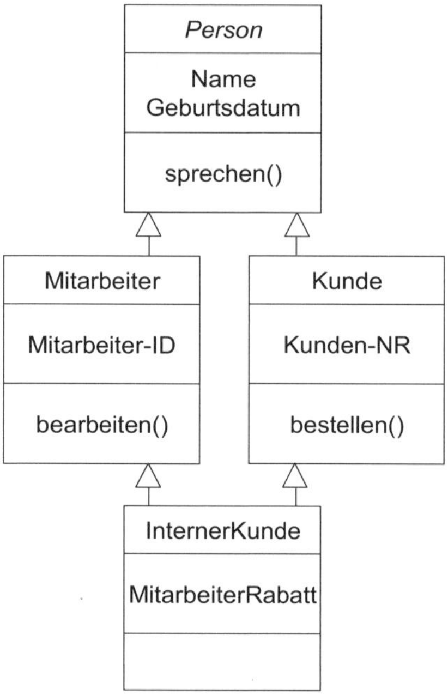

Abbildung 10-14: Generalisierungsstruktur als Gitter (Mehrfachvererbung)

10.13.6 Assoziation

Eine Assoziation beschreibt Beziehungen zwischen Objekten (*Objektverbindungen*). Dabei können diese Objekte vom gleichen Typ sein oder zu unterschiedlichen Klassen gehören (vgl. Abbildung 10-15). Im ersten Fall wird von einer *rekursiven Assoziation* gesprochen. Es wird noch mal zwischen *direkter Rekursion* (Relation zwischen Objekten einer Klasse) und *indirekter Rekursion* (Relation zwischen Objekten unterschiedlicher Spezialisierungsklassen einer Oberklasse) unterschieden. Eine Assoziation wird in der Analysephase genau spezifiziert. Dazu gehören die Multiplizität (wie viele Objekte auf der einen Seite der Assoziation mit wie vielen Objekten auf der anderen Seite in Relation stehen können, vgl. Kardinalität im Kapitel 9 „Datenmodellierung und Datenintegration), die Leserichtung und die Rollennamen (vgl. Oestereich 1998, S. 50). Sonderformen der Assoziation sind die attributierte Assoziation und die mehrgliedrige Assoziation.

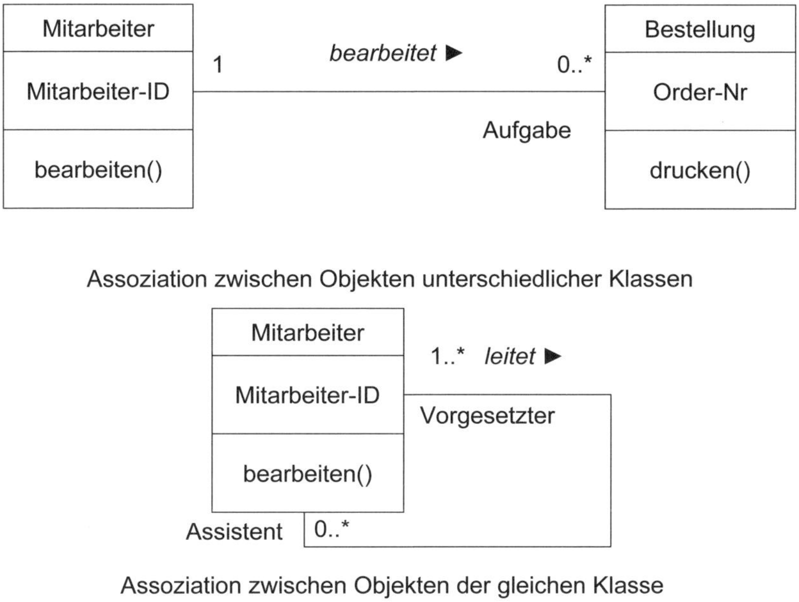

Abbildung 10-15: Assoziationen zwischen Objekten

10.13.5 Aggregation

Die *Aggregation* beschreibt eine besondere Form der Beziehung zwischen Objekten unterschiedlicher Klassen – aus Sicht der aggregierten Klasse handelt es sich um die *Teil-von* Beziehung. Aus Sicht der Aggregationsklasse ist es die *hat* Beziehung. Hierbei besteht ein Objekt aus einer Menge anderer Objekte, das heißt seine Attribute sind durch andere Objekte beschrieben. Wenn Objekte der aggregierten Klasse ihre Existenz nur als Bestandteil der Aggregationsklasse führen können, so handelt es sich um eine *Komposition*. So ist eine Zahlungsoption erst als Bestandteil einer Rechnung greifbar (vgl. Abbildung 10-16). Während eine Aggregation durch eine weiße Raute notiert wird, wird Komposition durch eine schwarze Raute gekennzeichnet.

Typische Strategien für die Suche nach Aggregationsstrukturen innerhalb der Analysephase sind:

- Identifikation von Bauteilen, bzw. Bestandteilen (Auto: Motor, Rad, Sitz; Bestellung: Artikel, Zeit, Lieferart),
- Identifikation von Inhalt (Supportanfrage: Anwendung, Problem, Fehlermeldung) oder
- Mitglieder von Gruppen bzw. Sammelbegriffen (Kursteilnehmer: Studenten; Projektgruppe: Leiter, Entwickler).

Wenn jedoch die aggregierten Klassen als einziges Attribut Zustandsinformationen liefern, ist die Aggregation zu hinterfragen. So machen Objekte vom Typ Zahlungsstatus, die den Zustand bezahlt bzw. nicht bezahlt wiedergeben sollen, keinen Sinn. Stattdessen könnte ein Attribut *boolean IstBezahlt* eingeführt werden. Dieses *boolean* Attribut enthält dann „wahr" oder „falsch" als Information im Bezug auf die Eigenschaft *IstBezahlt*. Dies ist insbesondere bei der Programmiersprachen nahen Modellierung empfehlenswert, denn solche im Vorfeld stattfindenden Überlegungen, vereinfachen die Programmierphase.

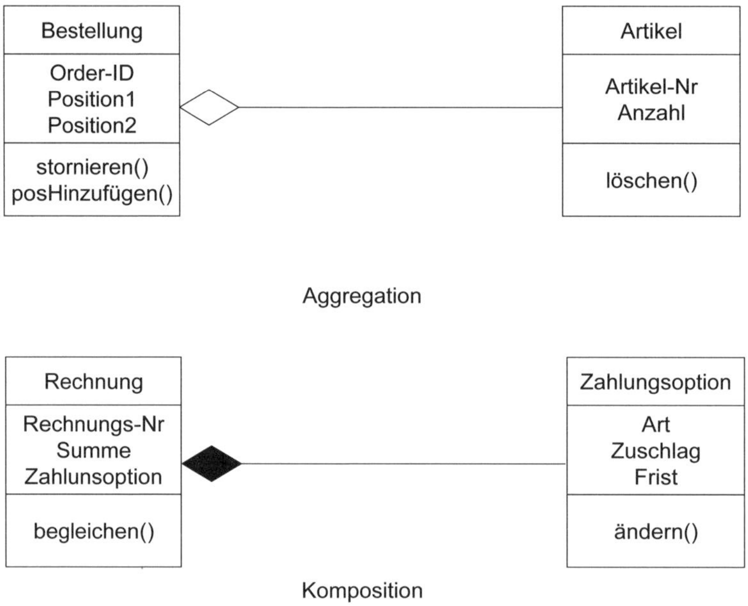

Abbildung 10-16: Aggregation und Komposition in UML

10.13.6 Themen definieren

Die Definition von Themen (engl. Subjects layer) erfolgt anhand der Anwendungsfalldiagramme (Use-Cases). Diese beschreiben Aktivitäten eines Systems aus der Sicht der beteiligten Akteure, Geschäftspartner und externen Systeme. Dabei sind die Aktivitäten so gestaltet, dass sie zu einem Endergebnis führen, das auch als Output einer Funktion innerhalb eines Geschäftsprozesses betrachtet werden kann. Ein Anwendungsfall wird stets durch einen Akteur initiiert und ist ansonsten eine vollständige Beschreibung einer typischen Interaktion zwischen dem Anwender und dem System. Diese Interaktion ist eine sachlogische Reihenfolge von Einzelschritten und kann unterschiedliche Szenarien enthalten.

Aus Sicht der Serviceorientierung kann ein Anwendungsfall auch als ein Business Service betrachtet werden, der zur Bearbeitung eines Geschäftsvorfalls als Teil eines Geschäftsprozesses dient. Die Einzelschritte werden häufig auch als Aktivitäten bezeichnet. Die Struktur eines Anwendungsfalls ist in Abbildung 10-17 dargestellt.

Diese Form der rein textuellen Beschreibung kann Abhängigkeiten zwischen den Einzelschritten nicht wiedergeben. Dementsprechend können Anwendungsfälle durch Verhaltensdiagramme ergänzt werden. Die Zusammenhänge zwischen verschiedenen Anwendungsfällen lassen sich in Anwendungsfalldiagrammen abbilden (vgl. Oestereich 1998, S. 207).

– Af.-Nr. Name des Anwendungsfalles
- Akteure
- Vorbedingungen: ...
- Nachbedingungen: ...
- Nicht-funktionale Anforderungen: ...
- Beschreibung: ..
- Variationen: ...
- Regeln: ...
- Services: ...
- Ansprechpartner: ...
- Anmerkungen / offene Fragen: ...
- Dialogbeispiele oder - muster: ...
- Diagramme: ...

Abbildung 10-17: Struktur eines Anwendungsfalls

Anwendungsfälle werden aus der Anforderungsspezifikation unter Mitarbeit von zukünftigen Anwendern definiert und in UML modelliert. Das grafische Modell eines Anwendungsfalls besteht aus einer Ellipse, zu der sich die textuelle Beschreibung (vgl. Abbildung 10-17) bezieht. Die Ellipsen der einzelnen Anwendungsfälle werden innerhalb der Anwendungsfalldiagramme um Akteure und gegebenenfalls Geschäftspartner und externe Systeme erweitert. Dabei unterscheidet UML 2.1 zwischen Systemanwendungsfällen und Geschäftsanwendungsfällen, zwischen aktiven und passiven sowie auch zwischen abstrakten und konkreten Geschäftspartnern (Abbildung 10-18).

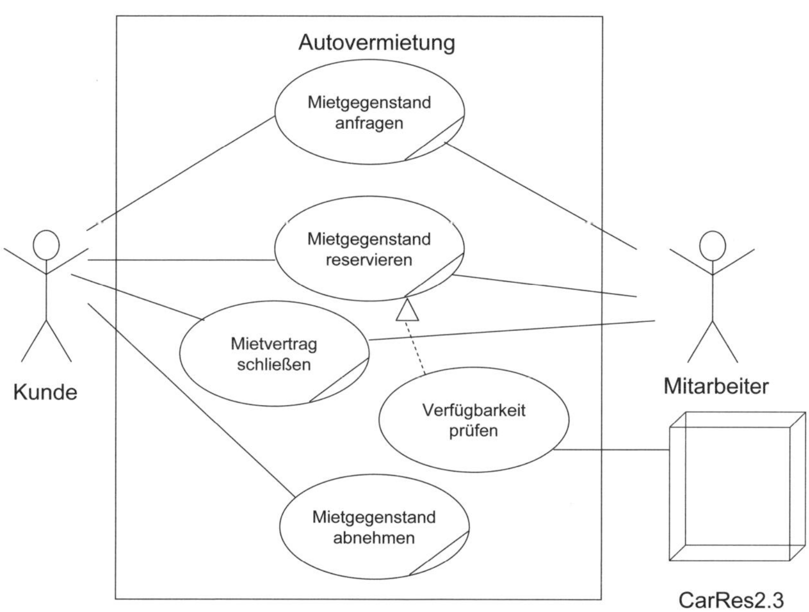

Abbildung 10-18: Anwendungsfall Autovermietung

In der UML sind drei Arten von Beziehungen zwischen Anwendungsfällen definiert (vgl. Oestereich 1998, S. 217; vgl. Abbildung 10-19.):

- <<Include>>
  Innerhalb eines Anwendungsfalles kommt ein anderer Anwendungsfall vor, z. B. ein Feature oder ein sekundärer Anwendungsfall.
- <<Extend>>
  Erweiterung eines Anwendungsfalles durch einen anderen Anwendungsfall, wobei meistens eine Bedingung für die Erweiterung angegeben wird.
- Generalisierung
  Vererbung von Verhalten und Bedeutung.

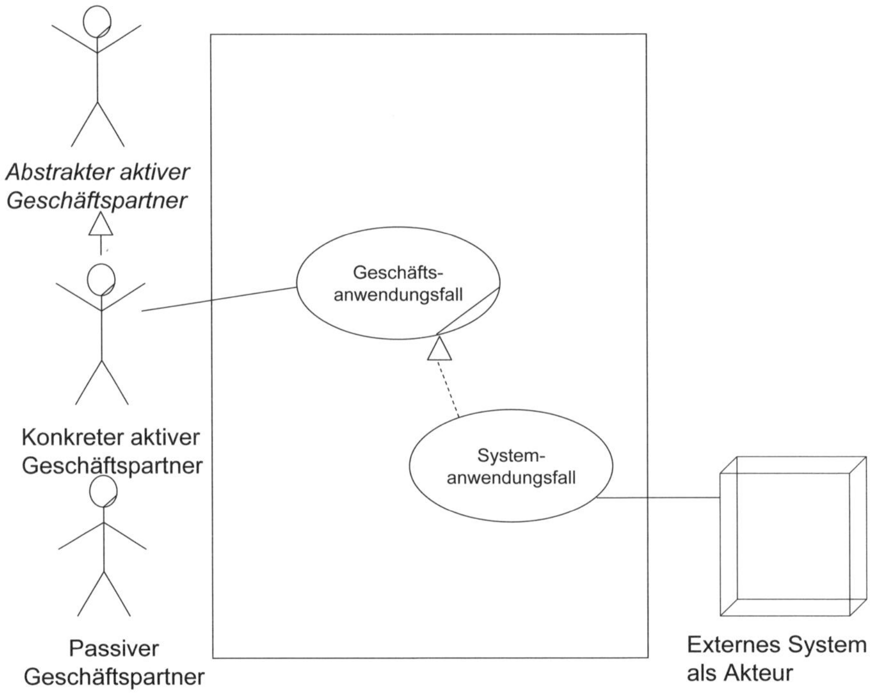

Abbildung 10-19: Geschäfts- und Systemanwendungsfälle, Akteure in UML (UML 2.1)

Die Beziehungen zwischen Anwendungsfällen in UML sind in Abbildung 10-20 dargestellt.

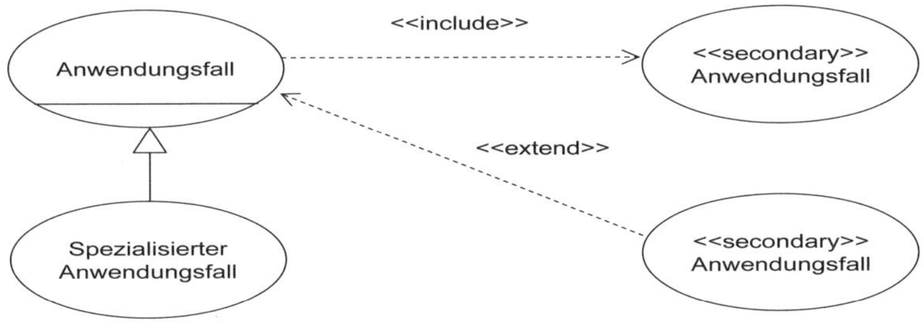

Abbildung 10-20: Beziehungen zwischen Anwendungsfällen in UML (UML 2.1)

Mithilfe der erstellten Anwendungsfalldiagramme lässt sich das Klassendiagramm weiter verfeinern. Insbesondere lassen sich dabei weitere Assoziationen feststellen. Soweit Klassen, wie Kunde, Mietvertrag, Mietgegenstand, bereits definiert sind, können jetzt Assoziationen, wie Kunde reserviert Mietgegenstand oder Kunde fragt Mietgegenstand an, herausgearbeitet werden. Ferner lässt sich anhand der Anwendungsfälle die Datenperspektive sowie auch die funktionale und die Verhaltensperspektive des zukünftigen Systems besser spezifizieren. Somit können zum einen die Attribute der Klassen genauer bestimmt werden (Attributes Layer). Zum anderen lassen sich jetzt auch die Operationen der einzelnen Klassen und die Dynamik ihrer Interaktion (Services Layer) besser abschätzen.

Ein verfeinertes Klassendiagramm, das dem in Abbildung 10-18 dargestellten Anwendungsfalldiagramm entspricht, lässt sich wie folgt erstellen: Die Klassen Kunde, Mietvertrag und Mietgegenstand lassen sich mit relevanten Attributen und Operationen erweitern und mittels sinnvoller Vererbungshierarchien strukturieren (Abbildung 10-21).

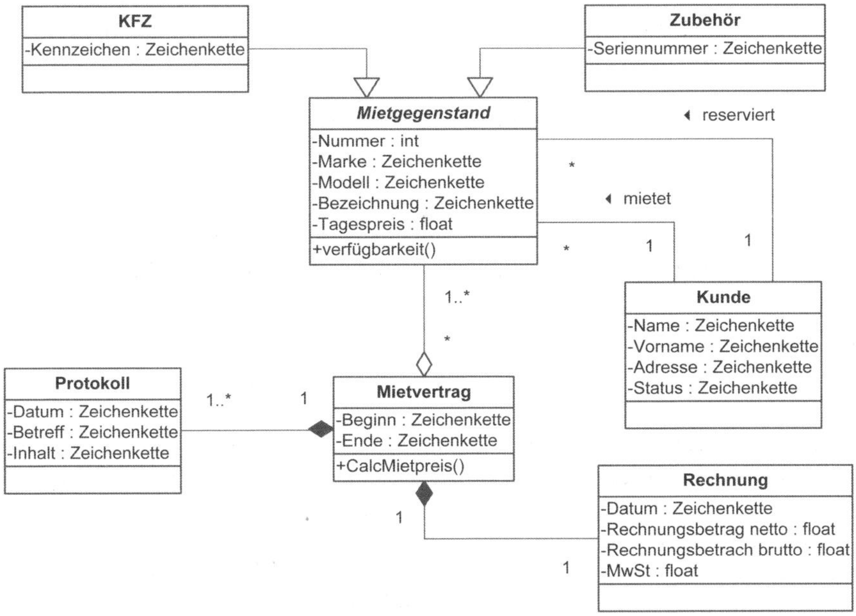

Abbildung 10-21: Klassendiagramm Autovermietung

Modelle der Analysephase und insbesondere Klassendiagramme sind keine standardisierten Lösungen für eine Problemstellung. Es ist höchst wahrscheinlich, dass zwei Analysten-Teams bei gleicher Problemdomäne unterschiedliche Klassendiagramme modellieren würden. Oft gibt es größere Entscheidungsspielräume, in dessen Rahmen sich der Analytiker für eine oder eine andere Alternative entscheiden kann bzw. muss (vgl. Rumbaugh 1993, S. 27).

10.14 Designphase

Während die Analysephase die Aufgabe hat, ein objektorientiertes Modell der Problemdomäne zu liefern, wird in der Designphase ein objektorientiertes Modell des zukünftigen Softwaresystems erstellt. Dabei geht es darum, das anwendungsorientierte Analysemodell an den spezifischen Anforderungen der bei der Implementierung zu verwendenden Technologien (Programmiersprache, Architektur, Klassenbliotheken, Middleware, Application Server) auszurichten. Insofern spezifiziert das Analysemodell das Problem und das Designmodell die Lösung (vgl. Abbildung 10-22).

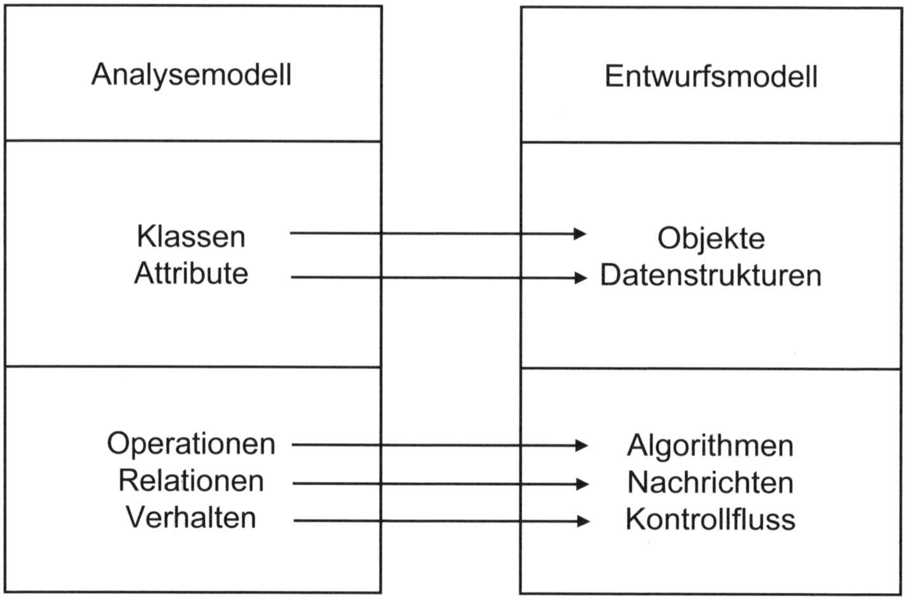

Abbildung 10-22: Vom Analysemodell zum Entwurfsmodell

Für viele Problemdomänen und insbesondere für typische Designentscheidungen existieren die so genannten *design patterns* (dt. Entwurfsmuster). Typische Entwurfsmuster sind: master/worker, observer, model (view) controller, bridge, singleton, façade.

Auch der objektorientierte Entwurf hatte viele verschiedene Einflüsse (vgl. Abbildung 10-23). Insbesondere sind hier die Einflüsse von Booch OOD (vgl. Booch 1994) und Rumbaughs Object Modeling Technigue (vgl. Rumbaugh 1991) hervorzuheben.

Das nachfolgend beschriebene Verfahren des objektorientierten Designs (OOD) vereinheitlicht folglich viele Elemente dieser Einzelverfahren zu einem Gesamtkonzept.

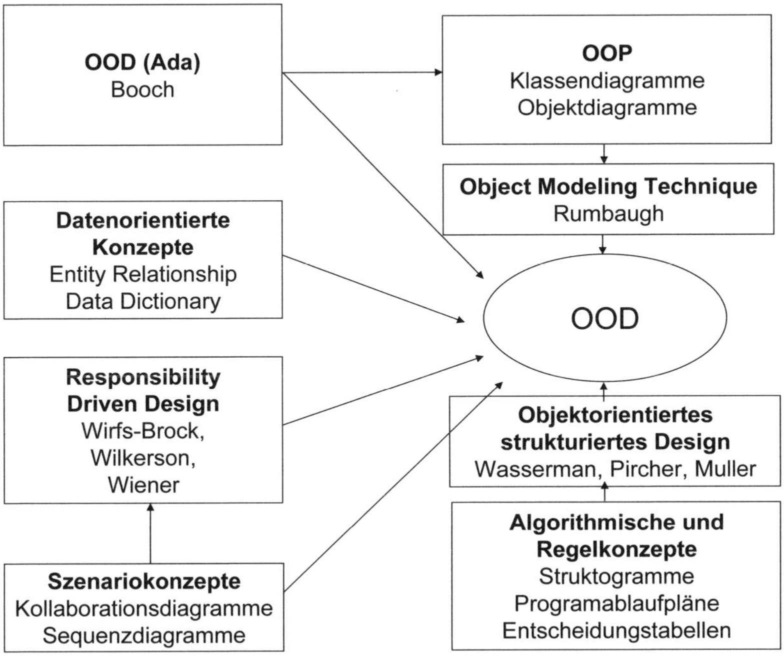

Abbildung 10-23: Einfluss früherer Konzepte und OO Verfahren auf OOD

10.14.1 Ziele von OOD

OOD hat folgende Zielsetzung aus Sicht der nichtfunktionalen Eigenschaften des zukünftigen Systems:

- Zerlegbarkeit – eine Entwurfsmethode, die große Probleme in Teilprobleme zerlegt.
- Komponierbarkeit – inwiefern die Entwurfsmethoden sicherstellen, dass Programmkomponenten wieder verwendet werden können (engl. Reuse).
- Verständlichkeit – inwiefern sich Komponenten verstehen lassen, ohne auf weitere Komponenten und Informationen zu verweisen.
- Kontinuität – die Möglichkeit kleine Veränderungen im Programm durchzuführen, ohne dabei viele zusätzliche Komponenten anpassen zu müssen.
- Fehlertoleranz – eine Eigenschaft der Systemarchitektur, die die aus Fehlern innerhalb eines Moduls resultierenden Seiteneffekte minimiert.

Diese Ziele sind sowohl bei der Überführung der Analysemodelle in Designmodelle, als auch bei der Wahl von Implementierungs- und Deploymentoptionen zu berücksichtigen.

10.14.2 Komponenten

Im objektorientierten Design werden generische Komponenten angewendet (vgl. Coad und Yourdon 1991b). Diese sind:

- Problembereichskomponenten,
- Benutzerschnittstellen,
- Taskmanagementkomponenten und
- Datenverwaltungskomponenten.

Die Modellierung und Spezifizierung dieser Komponenten erfolgt, wie in der Analysephase, mit den UML Diagrammtypen.

Problembereichskomponenten implementieren direkt funktionale Anforderungen an das Softwaresystem. Sie sind die generischen Designkomponenten, die am nahesten zu den OOA Modellen stehen. Modifikationen und Erweiterungen ergeben sich hier primär aus implementierungsspezifischen Anforderungen.

Im Rahmen des Entwurfs von Problembereichskomponenten können diese Anforderungen Veränderungen in folgenden Bereichen begründen:

- Klassifikation/Klassenhierarchie – Es sollen z. B. existierende Oberklassen benutzt werden.
- Aggregation und Assoziation – Diese können z. B. durch Verwendung von Containerklassen aus Klassenbibliotheken abgebildet werden.
- Attribute – Für bestimmte Attribute sollen vorhandene Klassen benutzt werden.
- Operationen – Hier sind oft Änderungen an den Schnittstellen und bestimmte Aufrufmodalitäten, die sich aus den gewählten Implementierungstechnologien ergeben, notwendig.
- Datenhaltung und Verwaltung – Hier werden oft vorhandene Containerklassen bzw. Bibliotheken für das Speichern von Objekteigenschaften (Datenbanken, Exportdokumente, Formatvorschriften) verwendet.

Wie aus der Auflistung ersichtlich ist, spielt die Wiederverwendbarkeit (engl. Reuse) von Klassen eine große Rolle. Zum einen kann es sich dabei um Klassen handeln, die die verwendete Entwicklungsumgebung bietet (etwa Borland C++ Container Classes, Klassen des Java Development Kits (JDK), Klassen der .NET Framework Klassenbibliothek). Zum anderen kann es sich um Klassenbibliotheken handeln, die für spezifische Problemdomänen existieren. Diese können auf dem Markt erhältlich sein oder aber beim Softwareunternehmen bzw. beim Auftraggeber vorliegen.

Im Rahmen der Klassifikation geht es auf der einen Seite darum, Klassen aus einem Problembereich um die so genannten *Root* Klassen zu gruppieren. Hier können auch typische Containerklassen, wie *ReservationConfirmationQueue* (zur Behandlung von Reservierungsbestätigungen im Rahmen der in Abbildung 10-18 dargestellten Anwendungsfällen), definiert werden. Auf der anderen Seite werden hier Klassen zur Abbildung von generalisierten Protokollen, die von mehreren Klassen genutzt werden, spezifiziert. Es erfolgt auch die Anpassung von Vererbungsstrukturen an die entsprechende Programmiersprache (Mehrfach- vs. Einfachvererbung).

Bei der Attributspezifikation im Rahmen des Entwurfs von Problembereichskomponenten fallen folgende Aufgaben an:

- Attribute hinzufügen, um die Aggregations- und Assoziationsbeziehungen zu unterstützen,
- die genauen Datentypen sowie default-Werte der Attribute spezifizieren und
- Attribute aufbrechen (Adresse – Strasse, Nr, PLZ) sowie implizite Attribute hinzufügen (IDs, Nr. etc.).

Bei der Spezifikation von Operationen stehen im Rahmen des Entwurfs von Problembereichskomponenten folgende Aufgaben an:

- Hinzufügen von Argumenten und Rückgabetypen zu jeder Operation,
- Dokumentation für einfache Operationen mithilfe von funktionellen Ansätzen (Pseudocode, DFD),
- Hinzufügen von Impliziten Operationen, die für das Designverständnis notwendig sind, und
- Aufbrechen von komplexen Operationen in einzelnen Modulen.

Benutzerschnittstellen halten fest, wie Menschen das System steuern werden und wie die Systeme den Nutzern Informationen präsentieren werden. Bei ihrem Entwurf werden alle externen Systeme (meist Menschen) modelliert, die mit den Problembereichskomponenten interagieren werden.

Eine Schnittstelle für Mensch-Maschine-Interaktion kann auch rollenbasiert zu den einzelnen Problembereichskomponenten definiert werden. Der saubere Ansatz ist jedoch die Mensch-Maschine-Interaktion auf Systemebene zu betrachten und eine separate Mensch-Maschine-Interaktion-Komponente hinzuzufügen. Prototyping ist im Rahmen des Entwurfs von Benutzerschnittstellen besonders wichtig. Dabei sollten auch Standards für look-and-feel von Betriebssystemen und anderen unternehmensweit eingesetzten Anwendungen beachtet werden und die Klassendiagramme an Anzeigetyp (GUI, Konsole) und zu verwendende Klassenbibliotheken (z. B. Windows Forms, Java Swing) angepasst werden.

Das Vorgehen bei dem Design von Benutzerschnittstellen erfolgt ähnlich und aufbauend auf den Anwendungsfalldiagrammen, die bei der Analyse erstellt wurden. Zum einen werden Rollen von Systemnutzern definiert und ihre Anforderungen an das System werden verglichen. Daraus wird die Befehlshierarchie für die Mensch-Maschine-Interaktion festgelegt. Diese enthält:

- Menüfenster,
- Menüleisten,
- Ein- und Ausgabemasken,
- Icons und
- Befehlsketten.

Aus der Befehlshierarchie können die eigentlichen Anzeigen und Eingaben für die Mensch-Maschine-Interaktion entworfen und erste Prototypen erstellt werden. Die Klassen variieren in Abhängigkeit des Typs der Benutzerschnittstelle (Konsole, GUI, Drucker, mobile Geräte) und bei der Implementierung genutzten Klassenbibliotheken bzw. Frameworks. Beispiele für Klassen, aus denen Spezialisierungen erzeugt werden, sind:

- Menu,
- Screen,
- Display,

- ContextMenu,
- DialogBox und
- PrinterPage.

Taskmanagementkomponenten haben die Aufgabe konkurrierende Aufgaben (engl. Tasks) zu kontrollieren und zu koordinieren. Diese Tasks können sowohl innerhalb eines Subsystems als auch in mehreren Subsystemen organisiert sein.

Der Entwurf von Taskmanagementkomponenten beginnt mit der Strukturierung von Tasks (Ketten von Operationen). So könnte im Rahmen des Anwendungsfalls „Mietgegenstand reservieren" (vgl. Abbildung 10-18) die Festlegung des Mietpreises als Task angesehen werden. Innerhalb dieses Tasks werden folgende Operationen aufgerufen:

- Standardpreis erfragen – gibt den Standardpreis für einen Fahrzeugtyp zurück.
- Nachfrage testen – gibt an für wie viele Fahrzeuge des entsprechenden Typs bereits Anfragen bzw. Reservierungen für den Zeitraum haben (Angabe in Prozent). Sollte diese bereits bei 100% liegen, so kann je nach Nachfrage für andere Fahrzeugtypen unter Umständen ein kostenloses Upgrade angeboten werden.
- kundenspezifische Merkmale berücksichtigen – gibt an, ob es sich z. B. um einen Premiumkunden oder um einen Kunden der noch nicht 25 Jahre alt ist, handelt.
- Abhol- und Rückgabeort berücksichtigen – gibt an, ob eventuell Flughafenzuschläge, bzw. Nachtzuschläge an bestimmten Orten anfallen.
- Zahlungsweise berücksichtigen – gibt an, ob z. B. bei Barzahlungen Zuschläge erhoben werden.

Dabei ist für jeden Task zu entschieden, welche Operationen nebenläufig (*concurrent*) stattfinden können und welche sequenziell. Danach erfolgt die Festlegung von Verantwortungen für Tasks und die Zuordnung dieser Verantwortungen zu den Klassen.

Datenverwaltungskomponenten sind für das Speichern und Auslesen von Objekten zuständig. Der Entwurf von Datenverwaltungskomponenten beginnt mit der Bestimmung des zu verwendenden Datenbankmanagementsystems (DBMS). Diese ist von der Art der gewählten Datenhaltung (dateibasiert, relational, objektorientiert) bedingt. Die am weitesten verbreitete Art der Datenhaltung sind die relationalen Datenbankmanagementsysteme. Bei der objektorientierten Programmierung werden zunehmend objektorientierte Datenbankmanagementsysteme eingesetzt. Die Auswirkungen dieser Entscheidung auf dem Klassenentwurf zeigt Abbildung 10-24.

Danach steht das Normalisieren der Daten (vgl. Kapitel 9 „Datenmodellierung und Datenintegration") und das Festlegen des Datenlayouts an. Anschließend wird das entsprechende Produkt, das für die Datenhaltung verwendet wird (z. B. MySQL oder Microsoft SQL Server), je nach Anforderungen aus dem Pflichtenheft bzw. aus der Informatikstrategie des Unternehmens, bestimmt. Daraus ergibt sich eine Anzahl von anwendbaren Schnittstellen bzw. Adapter für die Datenbank (z. B. JDBC, ADO.NET, ODBC). Je nach Problemstellung wird daraus die entsprechende Bibliothek ausgewählt und Spezialisierungsklassen werden aus deren Klassen entworfen. Anschließend erfolgt der Entwurf der Datenverwaltung für nicht-persistente Daten.

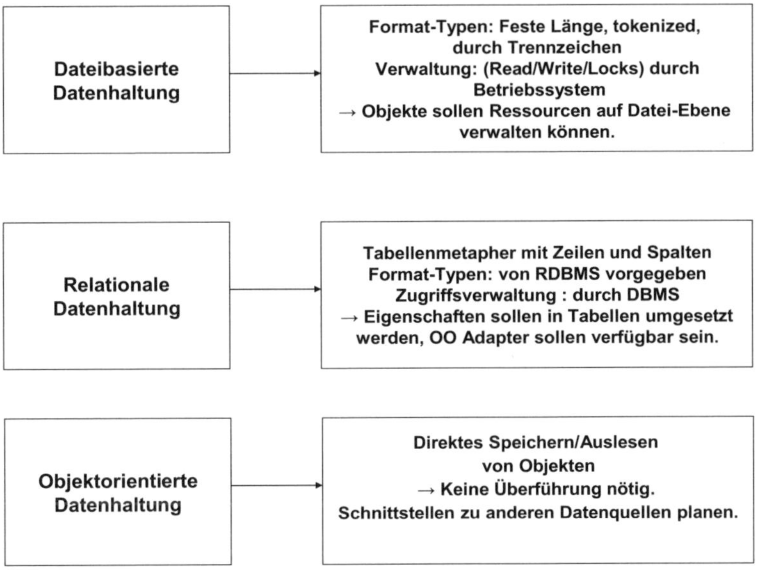

Abbildung 10-24: Auswirkungen der gewählten Datenhaltung auf den Systementwurf

10.15 Vor- und Nachteile der objektorientierten Analyse und Design

Zu den Vorteilen der objektorientierten Analyse und des Designs gehören:

- Erweiterte Modellierungs- und Spezifizierungsmöglichkeiten mithilfe von UML,
- Möglichkeit sowohl Strukturen als auch Operationen von komplexen Strukturen zu spezifizieren,
- Definition von neuen abstrakten Datentypen und
- Abbildung von Problemstellungen sehr nahe an den tatsächlichen Gegebenheiten.

Oft aufgeführte Nachteile der objektorientierten Analyse und des Designs sind etwa das Fehlen von standardisierten Datenmodellen und objektorientierten Abfragesprachen. Dementsprechend ist eine Kombination des objektorientierten Ansatzes mit Best Practices bei der Entwicklung von Datenstrukturen (vgl. Kapitel 9 „Datenmodellierung und Datenintegration“) sinnvoll.

10.16 Analyse- und Designphasen innerhalb iterativer Modelle

Der Nachteil von streng sequenziellen Vorgehensmodellen ist, dass Fehler in den frühen Phasen nicht richtig behoben werden können. Solche Fehler fallen typischerweise in den nachfolgenden Phasen auf, da sie dort neue Probleme aufwerfen. Deshalb versuchen sequenzielle Modelle wie das Wasserfallmodell (vgl. Kapitel 6 „Vorgehensmodell") einen Feedback von späteren Phasen für Korrekturen der Ergebnisse der frühen Phasen zu ermöglichen. Meistens ist dies jedoch nur zwischen benachbarten Phasen möglich. Es kann auch keine Parallelbearbeitung der einzelnen Phasen erfolgen.

Iterative Vorgehensmodelle bilden den Software-Lebenszyklus besser ab als traditionelle Phasenmodelle. Ein typisches iteratives Vorgehensmodell stellt das Spiralmodell dar (vgl.Abbildung 10-25). Dieses wurde 1988 von Boehm beschrieben (vgl. Boehm 1988) und arbeitet auf Basis der Prototypen. Es sind pro Iteration vier Teilbereiche zu bearbeiten:

- Ziele festlegen, Alternativen identifizieren und klassifizieren,
- Risikobewertung and Abwägung von Alternativen,
- Erstellen und Testen der Prototypen und
- Planung der nächsten Iteration.

Das Spiralmodell ist somit sehr flexibel, legt einen großen Wert auf Risikominimierung und erlaubt zeitnah Fehler zu entdecken und zu beseitigen. Da der Verwaltungsaufwand hier eher groß ist, bietet sich dieses Vorgehensmodell primär für größere Projekte an.

Beispiele für weitere iterative Vorgehensmodelle aus der Praxis sind Rational Unified Process (RUP) und Microsoft Solutions Framework (MSF), die nachfolgend etwas genauer betrachtet werden.

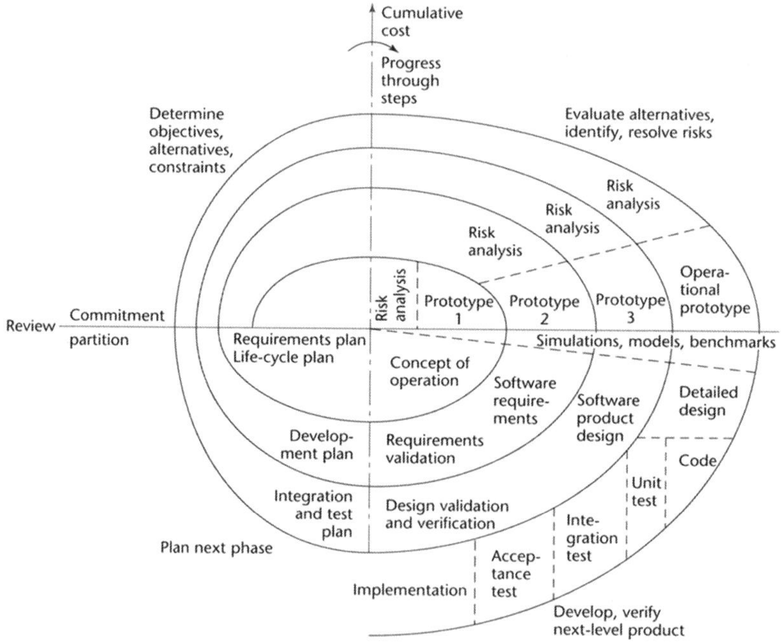

Abbildung 10-25: Spiralmodell (vgl. Boehm 1988)

10.17 Rational Unified Process (RUP)

Die von Rational entwickelte Vorgehensweise lässt sich durch folgende vier Stichpunkte charakterisieren (vgl. Rational 1998, S. 10):

- Anwendungsfall-orientiert ("Use Case driven"),
- architekturzentriert,
- iterativ sowie
- inkrementell.

Wie alle iterativen Vorgehensmodelle trägt auch RUP dem Umstand Rechnung, dass es bei der Entwicklung von komplexen Softwaresystemen, die jahrelang eingesetzt, gepflegt und erweitert werden, eine rein sequenzielle Anordnung der Aufgaben Analyse, Design und Implementierung wenig Sinn macht. RUP bietet daher ein Rahmenwerk (vgl. Abbildung 10-26), das an den spezifischen Anforderungen von Organisation und zu entwickelndes Produkt angepasst werden kann. Hier wird das Systemmodell bei jeder Iteration inkrementell erweitert. Die bei RUP verwendete Modellierungssprache ist UML.

10.17.1 Prinzipien bei RUP

RUP beschreibt sechs Prinzipien (engl. Best Practices). Diese sind (Rational 1998):

- Iterative Softwareentwicklung (engl. Develop Software Iteratively),
- Management von Anforderungen (engl. Manage Requirements),
- Einsatz von komponentenbasierten Architekturen (engl. Use Component-Based Architectures),
- Visuelle Modellierung von Software (engl. Visually Model Software),
- Qualitätssicherung von Software (engl. Verify Software Quality) sowie
- Kontrolle der Software-Änderungen (engl. Control Changes to Software).

Diese Empfehlungen sind die Grundlage für das Vorgehensmodell von RUP.

10.17.2 Dimensionen bei RUP

Es gibt zwei Dimensionen bei RUP, die anhand der Achsen in Abbildung 10-26 beschrieben werden können. Die vertikale Achse beschreibt dabei die statischen Aspekte der Softwareentwicklung – Aktivitäten, Workflows und Ergebnisse. Die horizontale Achse beschreibt dabei die dynamischen Aspekte, wie Phasen und Iterationen.

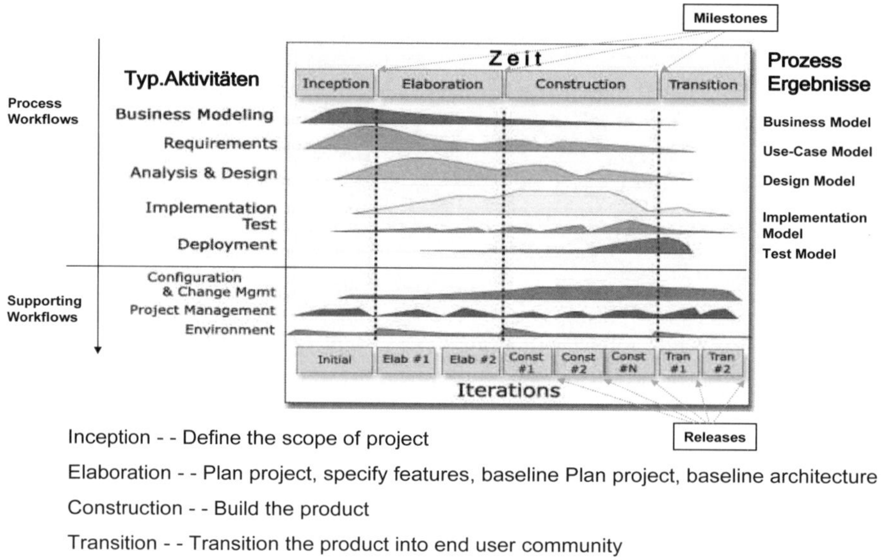

Abbildung 10-26: Vorgehensmodell zur Eigenentwicklung mit RUP (vgl. Rational 1998)

10.17.3 Prozess-Workflows bei RUP (Statische Aspekte)

RUP unterscheidet Prozess-Workflows, die im Gegensatz zu dem Spiralmodell parallel stattfinden und jeweils ein Modell als Ergebnis haben:

- Business Modeling – Hier entsteht ein Business Modell als Ergebnis. Aus Sicht der Prozessorientierung geht es hier darum, die Geschäftsprozesse, die das zukünftige IT-System unterstützen sollen, zu modellieren.
- Anforderungen (engl. Requirements) – Hier entsteht ein Use-Case Modell als Ergebnis und es findet eine Anforderungsanalyse statt. Die Anforderungen, die sich aus den Geschäftsprozessen ergeben, werden in Anwendungsfalldiagrammen dargestellt.
- Analyse & Design – Hier entsteht ein Design Modell als Ergebnis. Dieses wird anhand der Anforderungen als Entwurfsmodell erstellt. Dabei kann das in Abschnitt 10.13 und 10.14 beschriebene Vorgehen angewandt werden.
- Implementation – Neben der eigentlichen Anwendung wird hier ein Implementierungsmodell als Ergebnis geliefert. Somit ist die Anwendung in jeder Version vollständig dokumentiert.
- Test – Als Ergebnis entsteht ein Test Modell.
- Deployment – Hier wird das Installieren und Verteilen der Anwendung spezifiziert und erarbeitet.

Neben diesen Workflows gibt es noch die unterstützenden Aufgaben – Configuration and Change Management, Projektmanagement (vgl. Kapitel 7 „Projektmanagement") und Environment.

10.17.4 Phasen und Iterationen bei RUP (Dynamische Aspekte)

Die Zeitachse bei RUP wird durch die Phasen und durch die Iterationen beschrieben. Dabei kann eine Phase aus einer oder aus mehreren Iterationen bestehen.

Die erste Phase ist die Phase der *Ideenfindung* (engl. Inception). Es werden typische Aufgaben zur Projektvorbereitung (vgl. Kapitel 7 „Projektmanagement“) wie Risikoanalyse und Planen der Meilensteine (vgl. Rational 1998) durchgeführt. Grundlagen hierzu sind erste Versionen des Business Modells und des Anwendungsfallmodells.

Die zweite Phase ist die Phase der *Ideenentwicklung* (engl. Elaboration). Hier ist die Architektur der Anwendung zu klären. Dementsprechend finden hier die Hauptaktivitäten in den Workflows Analyse & Design und Implementierung statt. Es gibt jedoch ständig Rückkopplungen mit dem Business Modell und dem Anwendungsfallmodell, die dabei eventuell verändert werden können. Dementsprechend kann diese Phase mehrere Iterationen durchlaufen.

Die dritte Phase ist die Phase der Erstellung (engl. Construction). Es werden unter Anwendung der Architektur die einzelnen Funktionalitäten des Systems nach und nach entwickelt. Diese Phase hat mehrere Iterationen, die durch einzelne Releases gekennzeichnet sind. Als Meilenstein am Ende dieser Phase steht eine relativ ausgereifte Systemversion (engl. Release Candidate).

Die vierte Phase ist die Phase der Überführung (engl. Transition). Dabei wird die Systemversion aus der Erstellungsphase unter Mitwirkung von Testnutzern bzw. Beta-Testern zur eigentlichen Release-Version überführt.

10.17.5 Bewertung von RUP

RUP ist mittlerweile eines der am weitesten entwickelten Vorgehensmodelle in der OOSE. Da Prozessmodell und Methodik parallel und zum Teil von den gleichen Personen vorangetrieben werden, ist RUP die erste Wahl beim Erstellen objektorientierter Software. Durch die Übernahme von Rational Inc. durch IBM fand eine weitere Verbreitung der Tools, die RUP unterstützen (z. B. Rational Rose) und eine enge Integration in der Produktpalette von IBM statt.

RUP kann jedoch manchmal bei kleinen Projekten mit zu viel Zusatzaufwand verbunden sein. In diesem Fall wären organisationell einfachere Vorgehensmodelle, wie Extreme Programming, besser geeignet.

10.18 Microsoft Solutions Framework (MSF)

Microsoft Solutions Framework ist das Vorgehensmodell zur Softwareentwicklung, das bei Microsoft intern verwendet wird. Aufgrund des komplexen und langen Lebenszyklus der entwickelten Softwareprodukte hat es eine stark ausgeprägte iterative Komponente. Da es sich bei MSF um ein Vorgehensmodell handelt, das intern in einer sehr dynamischen Organisation eingesetzt wird, ist es schwierig alle Aspekte davon festzuhalten. Die Beschreibung in diesem Buch richtet sich nach Dietrich (2004) und wurde durch Gespräche mit entsprechenden Microsoft Mitarbeitern ergänzt. MSF weist ähnlich wie RUP statische und dynamische Aspekte auf. Die statischen Aspekte (Rollen und Aufgaben) sind durch das Team Modell und durch Pfade (engl. Tracks) dargestellt, die dynamischen Aspekte – durch Zyklen und Iterationen.

10.18.1 Prinzipien bei MSF

Ähnlich wie RUP wird MSF von einigen Prinzipien geprägt. Diese sind:

- Ermächtigung (engl. Empowerment) – Das Projektteam kann innerhalb des Projektrahmens frei entscheiden.
- Gemeinsame Projektvision (engl. Shared Project Vision) – Alle Teammitglieder (und auch die Kunden) verstehen die Ziele in gleicher Weise.
- Projektziel – Das Projektziel ist ein Produkt. Somit ist eine klare Fokussierung auf die Ergebnisse, und nicht auf die einzelnen Abläufe gegeben.
- Höchste Qualität (engl. Zero-Defect).
- Kundenorientierung.
- Lernbereitschaft.

An diesen Prinzipien sind sowohl die statischen, wie auch die dynamischen Aspekte von MSF ausgerichtet.

10.18.2 Team Modell bei MSF (Statische Aspekte)

Bei dem MSF Team Modell handelt es sich um ein Team aus gleichberechtigten Partnern (engl. Team of Peers). Der Verzicht auf Hierarchien und Weisungsbefugnisse minimiert so den Verwaltungsaufwand. Das Team Modell bei MSF sieht folgende Aufgaben vor:

- Das Programmmanagement (engl. Program Management) stellt sicher, dass die Lösung innerhalb der Projektvorgaben (Zeit, Kosten) geliefert wird. Diese Aufgabe ist mit der Aufgabe eines Projektmanagers (vgl. Kapitel 7 „Projektmanagement“) vergleichbar. Bei MSF hat jedoch der Programm Manager eine eher technische Sicht auf das Projekt, ähnlich wie die eines Systemarchitekten.
- Das Produktmanagement (engl. Product Management) kümmert sich darum, die Kundenzufriedenheit weiter zu erhöhen. Dabei geht es darum sowohl die Interessen des Kunden gegenüber dem Team als auch die Interessen des Teams beim Kunden zu vertreten. Kunde ist dabei die Quelle der Projektfinanzierung.
- Die Nutzererfahrung (engl. User Experience) trägt dazu bei, die Effektivität bei der Nutzung der Anwendung zu steigern. Diese Rolle vertritt die Interessen des Systembenutzers im Team. Speziell geht es darum Benutzeranforderungen zu definieren, die Benutzerfreundlichkeit zu verbessern, Support-Systeme zu erstellen und die Schulung der Endbenutzer zu organisieren.
- Das Release Management kümmert sich um das reibungslose Deployment und das Sicherstellen der Wartbarkeit, Auslieferungs- und Installationsfähigkeit der Anwendung, inklusive Schulungen für den IT-Betrieb, Service und Support.
- Die Entwicklung (engl. Development) erstellt die Anwendung nach den entsprechenden Spezifikationen. Speziell geht es um die Erstellung der Features zur Erfüllung der Kundenerwartungen, Festlegen der physischen Aspekte des Systemdesigns und die Abschätzung des Aufwandes für die Realisierung einzelner Features.

- Das Test Team ist für die Qualitätssicherung zuständig. Die Person in der Test-Rolle entwickelt die Teststrategie und die Testpläne und übernimmt die Verantwortung für die Systemintegration (engl. Build).

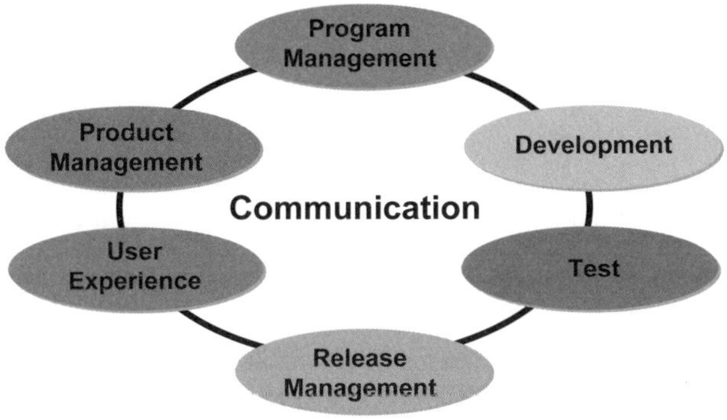

Abbildung 10-27: Team Modell bei MSF (in Anlehnung an Dietrich 2004b)

Dabei sind alle Rollen mit Ausnahme von Entwicklung und Test als Schnittstellen zu außenstehenden Gruppen tätig. Die Rollen Entwicklung und Test sollten keinen direkten Kontakt zu diesen Gruppen haben, da sonst die Anwendung Funktionen enthalten könnte, die nicht geplant waren und dementsprechend auch nicht bezahlt werden.

Das Team Modell kann je nach Komplexität der Aufgabenstellung verkleinert oder erweitert werden (vgl. Dietrich 2004b). Es können einzelne Feature Teams gebildet werden, die jeweils eine Gruppe von Funktionen nach dem Team Modell strukturiert und dann wieder durch die Rolle Release Management eines Leitteams integriert werden können. Eine weitere Möglichkeit besteht darin eine Rolle mit mehreren Personen zu besetzen (so genannte. Funktionteams, engl. Function Teams). So kann die Rolle des Produktmanagements auf Personen verantwortlich für Marketing, Produktplanung und Öffentlichkeitsarbeit und Gruppen-Produktmanagement aufgeteilt werden.

10.18.3 Prozessmodell bei MSF (Dynamische Aspekte)

Das Prozessmodell bei MSF basiert grundsätzlich auf das Spiralmodell, das um Meilensteine erweitert wurde. Es ist auf den spezifischen Anforderungen einer Organisation anpassbar. Es gibt Meilensteine, die extern sichtbar sind und die so genannten Interim-Meilensteine. Die ersten dienen dabei als Synchronisationspunkt, an dem alle Team-Mitglieder entscheiden können, dass jetzt die nächste Projektphase beginnen wird. Für jeden Meilenstein werden durch MSF Ergebnisse (engl. Deliverables) definiert. Zu jedem Meilenstein gibt es eine primär treibende Rolle. Die Meilensteine sind:

- Vision akzeptiert (engl. Vision Approved) mit dem Produktmanagement als primär treibende Rolle,
- Projektplan akzeptiert (engl. Project Plan Approved) mit dem Programmmanagement als primär treibende Rolle,

- Projektumfang abgeschlossen (engl. Scope Complete) mit der Entwicklung und der Nutzererfahrung als primär treibende Rollen und
- Release mit dem Test Team und das Release Management als primär treibende Rollen.

Die Releases bei MSF weisen eine Ähnlichkeit mit den Releases bei RUP auf. Releases finden mehrmals statt. Diese können als Meilensteine aufgefasst werden, die oft extern sichtbar sind (z. B. Beta Release, Release Candidate, Release to Manufactoring). Interim-Meilensteine bei den Releases können angenommene Systemintegrationen (engl. Accepted Build) und tägliche Systemintegrationen (engl. Daily Build) sein. Diese stellen, insbesondere bei komplexeren Systemen sicher, dass während der Entwicklung der einzelnen Systemkomponenten eine Integration immer möglich ist und bieten die Möglichkeit täglich eine lauffähige Version des Systems bereitzustellen.

10.18.4 Bewertung von MSF

Das Team Modell von MSF lässt sich flexibel an unterschiedlichen Projekt- und Teamgrößen anpassen. „MSF kombiniert die Vorteile eines Meilenstein-getriebenen Prozesses mit der Flexibilität eines iterativen Prozessmodells“ Die versionierten Releases des Prozessmodells erlauben die Festlegung von klaren und erreichbaren Zielen, die durch das Team Modell und von allen an dem Erfolg des Projekts interessierten Gruppen gleich beurteilt werden. Die Priorisierung von Features und deren Einplanung in Releases wird erleichtert, womit auch eine kontinuierliche inkrementelle Lieferung von Features möglich wird. Dadurch fühlen sich Kunden besser abgesichert, da schon mit einem frühen Release bereits eine marktfähige Anwendung existiert. Durch die tägliche Systemintegration kann dem Kunden auch jederzeit eine lauffähige Version, die den aktuellen Entwicklungsstand wiedergibt gezeigt werden.

Aufgrund seiner Entstehung ist MSF an den Anforderungen der Entwicklung von großen Systemen mit einem langen Lebenszyklus ausgerichtet (obwohl es berichtet wird, dass es erfolgreiche MSF Teams mit nur einem Mitglied gibt). Dementsprechend können bei spezifischen Projektbedingungen andere Vorgehensmodelle besser geeignet sein.

10.19 Zusammenfassung

Die IT-Organisation hat die Aufgabe die informationstechnologische Unterstützung für die Geschäftsprozesse im Unternehmen zu gewährleisten. Dabei gibt es drei Management-Aspekte: strategisch, taktisch und operativ.

Aufgabe des strategischen Managements ist die Informatikstrategie zu erstellen. Das taktische Management sorgt für die Realisierung der Informatikstrategie. Dies erfolgt in Projektform. Das operative Management kümmert sich um den Betrieb der Informationssysteme.

Die Schlüsselfrage in der Realisierungsphase einer Sollkonzeption, die Informationssysteme vorsieht, ist Make-or-Buy. Eine Entscheidung, IT als Dienstleistung zu beziehen (Buy), kann auch als Outsourcing bezeichnet werden. Dabei werden je nach Komplexität und Transformation der betroffenen Geschäftsprozesse unterschiedliche Outsourcing- Formen unterschieden.

Outsourcing von Informationssystemen kann sich auf Standard-Informationssysteme oder speziell angefertigte Systeme ausrichten oder aber Mischformen einnehmen. Das hier beschriebene Vorgehen zur Auswahl und Einführung von Standardsoftware ist angepasst auch auf Mischformen anwendbar.

Eigenentwicklung von softwarebasierten Informationssystemen ist die zweite grundsätzliche Alternative (Make) in der Realisierungsphase. Die Entwicklung von Software erfolgt ingenieurmäßig. Dies setzt die Verwendung von Prinzipien, Vorgehensmodellen und Werkzeugen (Tools) voraus. Innerhalb der verschiedenen Vorgehensmodelle des Software Engineering sind die Phasen Analyse und Design der Phase der eigentlichen Programmierung vorgeschaltet. Die Hauptaufgabe der objektorientierten Analyse liegt in der Erstellung eines Schichtenmodells der Problemdomäne.

Während die Analysephase die Aufgabe hat, ein objektorientiertes Modell der Problemdomäne zu liefern, wird in der Designphase ein objektorientiertes Modell des zukünftigen Softwaresystems erstellt. Dabei geht es darum, das anwendungsorientierte Analysemodell an den spezifischen Anforderungen der bei der Implementierung zu verwendenden Technologien (Programmiersprache, Architektur, Klassenbliotheken, Middleware, Application Server) auszurichten. Insofern spezifiziert das Analysemodell das Problem und das Designmodell die Lösung.

Iterative Vorgehensmodelle (etwa das Spiralmodell) bilden den Software-Lebenszyklus besser ab als traditionelle Phasenmodelle. Beispiele für iterative Vorgehensmodelle aus der Praxis sind RUP und MSF.

10.20 Weiterführende Literatur

Zur Informatikstrategie:

(Ward et al. 1990):
Ward, J.; Griffiths, P.; Whitmore, P.: Strategic Planning for Information Systems. John Wiley & Sons, Inc. 1990.

Zu Outsourcing:

(Bragg 1998):
Bragg, S.M.: Outsourcing: A Guide To... Selecting the Correct Business Unit... Negotiating the Contract... Maintaining Control of the Process, John Wiley & Sons, Inc. 1998.

(Greaver 1998):
Greaver, M.F.: Strategic Outsourcing : A Structured Approach to Outsourcing Decisions and Initiatives, AMACOM 1998

(Lux und Schön 1996):
Lux, W.; Schön, P.: http://www.amazon.de/exec/obidos/ASIN/3540614567/ controllerhome-pOutsourcing der Datenverarbeitung, Springer, Berlin 1996.

Zu UML und Objektorientierung:

(Balzert 1996b):
Balzert, H.: Objektorientierte Systemanalyse? Konzepte, Methoden, Beispiele. Heidelberg-Berlin-Oxford, 1996.

(Coad und Yourdon 1990):
Coad P.; Yourdon, E.: Object-Oriented Analysis. Yourdon Press, Prentice Hall, Englewood Cliffs 1990.

(UML 2.1):
URL: http://www.oose.de/uml

Zum Microsoft Solutions Framework:
(Turner 2006):
Turner, M.S.V.: Microsoftt Solutions Framework Essentials, Microsoft Press, Redmond, WA, 2006.

10.21 Übungsaufgaben

1. Sie übernehmen eine anspruchsvolle Rolle im taktischen IT-Management eines internationalen Unternehmens (Hauptsitz in Kalifornien, USA, Niederlassungen in EU, China, Japan und Südafrika). Ihre erste Aufgabe besteht darin eine unternehmensweite Standardisierung der verwendeten CRM-Systeme durchzuführen. Eine Eigenentwicklung ist von der Informatikstrategie nicht vorgesehen. Wie würden Sie vorgehen?
2. Sie sollen bei einem neu gegründeten Unternehmen die IT-Abteilung aufbauen. Welche Abteilungen würden Sie vorsehen?
3. Sie arbeiten in der Projektmanagement-Abteilung der IT einer großen Bank. Erstellen Sie einen Business Case für die Erneuerung der Betriebssysteme auf den Arbeitsplatzrechnern!
4. Erstellen Sie im Rahmen einer objektorientierten Analyse ein Klassendiagramm anhand des Fallbeispiels in Kapitel 13 „Fallstudie"!
5. Erstellen Sie daraus ansatzweise ein Designmodell! Bei der Implementierung sind serviceorientierte Architekturen als Gestaltungsgrundsatz und Java Web Services als Technologie vorgegeben.
6. Sie sollen die Entwicklung eines Systems zur IT-Unterstützung des Fallbeispiels in Kapitel 13 „Fallstudie" übernehmen. Dabei sollen Sie MSF als Vorgehensmodell anwenden. Wie würden die konkreten Aufgaben der einzelnen Rollen aussehen? Betrachten Sie nur die Rollen, die als Schnittstellen zu außenstehenden Gruppen tätig sind!

Oliver Holschke, Philipp Offermann, Marten Schönherr und Christian Schröpfer

11 Prozessorientierte IT-Systeme und -Architekturen

Themenüberblick: Prozessunterstützung durch IT, Workflow-Management-Systems (WFMS), Enterprise Application Integration (EAI), Serviceorientierte Architektur (SOA)

Lernziele: In diesem Kapitel lernen Sie, wie strukturierte Geschäftsprozesse durch IT-Systeme und -Architekturen unterstützt werden können. Dazu werden Sie die Paradigmen Workflow-Management-Systems (WFMS), Enterprise Application Integration (EAI) und, als Vereinigung, die serviceorientierte Architektur (SOA) kennen lernen. WFMS unterstützen verteilt ablaufende Prozesse, bei denen verschiedene Mitarbeiter Daten gemeinsam bearbeiten. Die Enterprise Application Integration betrachtet Altsysteme in Unternehmen, um diese im Sinne des Gesamtprozesses miteinander zu integrieren. Die serviceorientierte Architektur schließlich führt die Technologien des WFMS und der EAI zusammen und ermöglicht damit die technische Unterstützung von Prozessen bei gleichzeitiger Integration von Altsystemen. Die SOA stellt damit eine durchgängige Umsetzung von prozessorientierten IT-Architekturen dar. Es ist das Ziel dieses Kapitels, Sie durch die Lektüre in die Lage zu versetzen, die aufgezeigten Potenziale der beschriebenen IT-Architekturen in einem untersuchten Unternehmen zu identifizieren und die Verbesserung der Prozesse entsprechend zu planen.

11.1 Einleitung und Begriffe

Geschäftsprozesse können nicht nur für sich genommen optimiert werden. Es ist auch möglich, Prozesse durch IT-Systeme zu unterstützten. Üblich ist es bereits, einzelne Aktivitäten, wie die Ressourcenplanung im Unternehmen (ERP), das Kundenmanagement oder die Buchhaltung, durch entsprechende Anwendungen zu unterstützten. Ziel der Systemanalyse ist es jedoch, vollständige Geschäftsprozesse durch IT-Systeme und -Architekturen zu unterstützen. Im Sinne des Frameworks für die Systemanalyse handelt es sich dabei um Software zur Unterstützung von vollständigen Prozessen.

Sie werden in diesem Kapitel Workflow-Management-Systems (WFMS, dt. Vorgangssteuerungssystem), Enterprise Application Integration (EAI) und die serviceorientierte Architektur (SOA) kennen lernen. WFMS unterstützen verteilte Prozesse, bei denen mehrere Mitarbeiter einen Datensatz, z. B. ein Dokument, bearbeiten. Meist wird dabei ein Prozessmodell mit Angaben zum Datenfluss sowie zu den Benutzerschnittstellen angereichert, um es ausführbar zu machen.

Enterprise Application Integration verfolgt einen anderen Ansatz, um Prozesse zu unterstützen. Ausgegangen wird von im Unternehmen vorhandenen Altsystemen. Wie oben beschrieben, unterstützen diese Systeme oft nur einzelne Aktivitäten, nicht aber ganze Geschäftsprozesse. Diese Systeme im Sinne der Prozesse miteinander zu integrieren, ist Ziel der EAI. Basis der Integration sind meist die Daten, die in den Systemen verarbeitet bzw. gespeichert werden.

Die serviceorientierte Architektur vereint die WFMS mit der EAI. Technologisch ist diese Vereinigung z. B. durch XML möglich geworden. Aktivitäten, ob Benutzerinteraktion wie in WFMS, Datenintegration wie in der EAI oder andere fachliche oder technische Tätigkeiten, werden in Services zusammengefasst. Zur Unterstützung von Prozessen werden den Aktivitäten in Geschäftsprozessmodellen Services zugeordnet und die Prozesse ausführbar gemacht. Mit dieser Herangehensweise stellt die SOA die zurzeit beste Umsetzung von prozessunterstützenden IT-Architekturen dar.

Im Rahmen der Systemanalyse besteht entweder die Möglichkeit, dass während der Projektbegründung die Anforderung gestellt wird, z. B. zwei Systeme miteinander zu integrieren, oder aufgrund eines aktuellen Trends in der Industrie eine SOA zu implementieren. Oder es stellt sich während der Potenzialanalyse heraus, dass z. B. bei der Bearbeitung eines Dokuments durch mehrere Mitarbeiter viele Medienbrüche auftreten oder dass die Daten eines Systems nicht in einem anderen System zur Verfügung stehen, obwohl dies hilfreich wäre. In diesen Fällen wird während der Erstellung des Sollkonzepts die IT-Architektur sowie die IT-Systeme, wie in diesem Kapitel beschrieben und geplant. Die Entwickelung und Integration in das Unternehmen finden entsprechend des Vorgehensmodells während der folgenden Phasen statt.

Nach Lektüre dieses Kapitels sollten Sie daher in der Lage sein, Potenziale zu erkennen, die sich durch die beschrieben Architekturen ergeben. Außerdem sollten Sie ein Sollkonzept im Sinne der Architekturen erstellen können.

11.2 Workflow-Management-Systems

Für Deiters und Striemer stellen Workflow-Management-Systems (WFMS, dt. Vorgangssteuerungssystem) eine besondere Gattung von CSCW-Systemen (vgl. Kapitel 12 „Systemanalyse im Wissensmanagement") dar, die Abläufe nach einem vorher definierten Modell steuern und sich besonders für stark strukturierte und arbeitsteilige Organisationen eignen (vgl. Deiters und Striemer 1998, S. 100) (vgl. auch Abbildung 12-16). Spezifischer auf die Funktionalität eines WFMS geht Schwab ein. Er sieht dessen Hauptaufgabe bei der Abwicklung eines konkreten Vorgangs in der aktiven Steuerung, Koordination der einzelnen Bearbeitungsergebnisse, der Integration von automatisierbaren Aufgaben in die Vorgangsbearbeitung, in einer weitgehenden Fehlerbehandlung und Dokumentation der Bearbeitungsergebnisse (vgl. Schwab 1996, S. 296).

WFMS bieten weitreichende Möglichkeiten zur Unterstützung verteilter Vorgangsbearbeitung. Ihr effektiver Einsatz ist jedoch mit bestimmten Restriktionen bezüglich der zu unterstützenden Arbeitsabläufe verbunden. Maurer beschreibt zahlreiche Prozessmerkmale, die den WFMS-Einsatz begünstigen (vgl. Maurer 1996, S. 18):

- *Gut strukturierte Prozesse:* Die zu unterstützenden Prozesse müssen gut strukturiert sein. Der grundsätzliche Ablauf, die Informationsbedarfe der Einzeltätigkeiten und die Bearbeiter müssen zur Konfigurationszeit eindeutig feststehen.

- *Stabile Prozessstruktur:* Da die Konfiguration des WFMS eine aufwendige Tätigkeit darstellt, sollte die Prozessstruktur grundsätzlich stabil sein. Häufige Änderungen in den Arbeitsabläufen führen zu einem hohen Aufwand durch die ständige Aktualisierung der Workflow (dt. Vorgangssteuerung) -Modelle.
- *Hohe Frequenz der Geschäftsvorfälle:* Der Vorteil eines WFMS macht sich vor allem bei einer häufigen Ausführung des Workflows bemerkbar.
- *Stark arbeitsteilige Prozessausführung:* Durch den elektronischen Vorgangstransport bieten sich WFMS für Arbeitsabläufe mit sehr vielen und räumlich weit verteilten Bearbeitern an.
- *Zahlreiche heterogene Einzelapplikationen:* WFMS ermöglichen die Integration verschiedener Einzelapplikationen unter einer einheitlichen Oberfläche und erleichtern so deren Bedienung.

Die stärkste Beschränkung des Einsatzspektrums von WFMS ergibt sich daraus, dass Prozesse gut strukturiert sein müssen. Aus diesem Grund erweitern viele Entwicklungsbemühungen das Einsatzspektrum mit dem Ziel, auch den Bereich der semi-strukturierten Prozesse abzudecken.

11.2.1 Referenzarchitektur

Abbildung 11-1 stellt eine Referenzarchitektur für WFMS im Überblick dar (vgl. WfMC 1995, S. 14). Hier werden drei Arten von Systemelementen unterschieden: die System- bzw. Softwarekomponenten, die in ihrer Gesamtheit das eigentliche WFMS ausmachen, die System- und Kontrolldaten, die für den Betrieb notwendig sind, sowie die externen Applikationen und Daten, die mit dem WFMS interagieren. Auch der menschliche Benutzer ist mit seinen verschiedenen Rollen berücksichtigt (vgl. Derszteler 2000, S. 153).

Die Referenzarchitektur ist als Client/Server-System konzipiert, in dessen Mittelpunkt der eigentliche Workflow-Server steht, der den Workflow-Ausführungsservice (engl. Workflow Enactment Service) erbringt. Er kommuniziert mit Bestandteilen des WFMS und externen Komponenten direkt über Programmierschnittstellen oder indirekt über gemeinsam verwendete Daten. Der Workflow-Ausführungsservice beinhaltet die Workflow Engine, die für Steuerung und Ablauf der Prozessinstanzen zuständig ist. Weiterhin greift die Workflow Engine noch auf für sie relevante Daten externer Applikationen zu.

Ein weiterer Bestandteil des WFMS ist das Prozessdefinitionswerkzeug, mit dem die Prozess- und Organisationsmodelle entwickelt werden. Der Arbeitslistenverwalter stellt die Schnittstelle zwischen dem Workflow-Server und dem Anwender dar. Er identifiziert alle für einen Benutzer bestimmten Prozessaktivitäten und führt sie ihm zur Bearbeitung zu. Die Benutzungsschnittstelle läuft auf dem Rechner des Bearbeiters und dient zur Interaktion mit dem Anwender. Externe Applikationen zur Bearbeitung bzw. Unterstützung einzelner Prozessaktivitäten werden entweder am jeweiligen Arbeitsplatz durch den Anwender oder von der Workflow Engine ausgeführt.

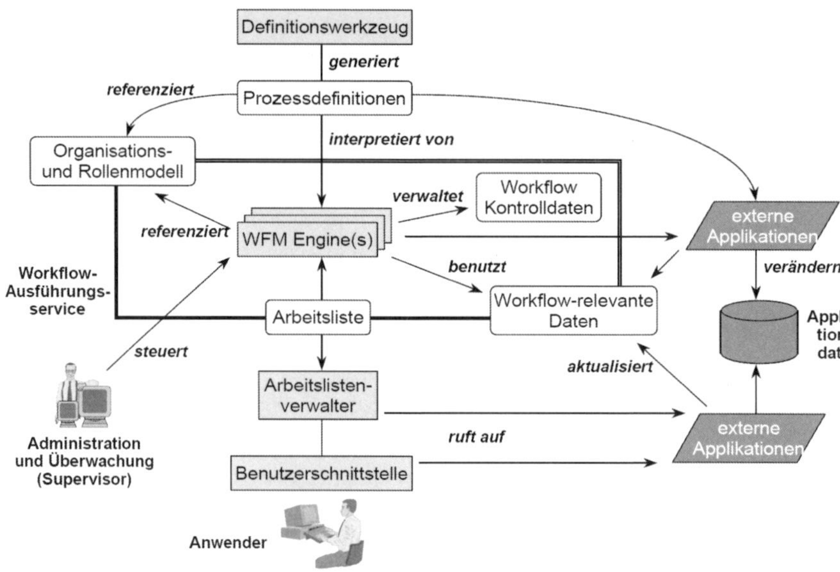

Abbildung 11-1: Referenzarchitektur eines WFMS (WfMC 1995, S. 14)

11.2.2 Bewertung des Einsatzes von WFMS

Die Vorteile der workflowbasierten Prozessausführung lassen sich folgendermaßen zusammenfassen (vgl. Schwickert und Rey 1996, S. 13):

- Zeitersparnis,
- Mitarbeitermotivation,
- Kostenersparnis,
- Managementunterstützung und
- Kundenorientierung.

In der Regel wird die Verringerung von Durchlaufzeiten als größter Vorteil genannt. Verbunden mit der Zeitersparnis bei der Vorgangsbearbeitung ist auch eine Entlastung der Aufgabenträger von Routinetätigkeiten. Der Anteil der effektiven Arbeitszeit steigt daher und damit auch die Gesamtproduktivität (vgl. Oberweis 1996, S. 60). Die hierbei zu erzielenden Fortschritte können erheblich sein.

Den Mitarbeitern wird durch die Entlastung von unproduktiven Tätigkeiten die Konzentration auf die eigentlichen Arbeitsinhalte erleichtert. Zusätzlich ermöglicht die einfachere Informationsversorgung oft auch eine Aufgabenintegration. Diese Auswirkungen des Workflow-Einsatzes wirken motivationssteigernd.

Kürzere Durchlaufzeiten bei der Vorgangsbearbeitung, Minimierung unproduktiver Tätigkeiten bei den beteiligten Mitarbeitern sowie Raum- und Handhabungsersparnisse durch die Verlagerung papiergestützter Dokumente auf elektronisch vorliegende Informationen tragen in ihrer Gesamtheit auch zu Kosteneinsparungen bei.

Arbeitsabläufe in den informationsverarbeitenden Bereichen sind oftmals nur schlecht oder gar nicht dokumentiert. Durch den Einsatz eines WFMS werden die Abläufe explizit gemacht. WFMS ermöglichen meist Einblicke in den Status aller laufenden Vorgangsinstanzen. Damit ist zum einen eine effektive Kontrolle der Arbeitsabläufe für interne Zwecke möglich. Andererseits realisieren viele Unternehmen auch externe Abfragemöglichkeiten, wodurch sich Kunden jederzeit über „ihre“ Vorgangsinstanzen informieren können. Hierdurch wird die Kundenorientierung gefördert.

Bei einer Entscheidung über die Einführung eines WFMS gilt es, die Vorteile für den konkreten Einzelfall zu quantifizieren und den erwarteten Kosten gegenüberzustellen, die insbesondere bei größeren Systemeinführungen erheblich sein können.

Nicht immer erfüllen sich mit der Einführung eines WFMS sämtliche Erwartungen der Beteiligten. Schwickert und Rey haben vier mit dem Einsatz von WFMS häufig verbundene Problemfelder identifiziert (vgl. Schwickert und Rey 1996, S. 16):

- technische Probleme,
- arbeitspsychologische Probleme,
- soziale Probleme und
- rechtliche Probleme.

Die Installation und Integration eines WFMS in bestehende technische Infrastrukturen schafft oftmals große Probleme (vgl. Maurer 1996, S. 20). Auf arbeitspsychologischer Ebene verändert die Einführung eines WFMS den Arbeitsstil und die Arbeitsinhalte der am Prozessablauf beteiligten Mitarbeiter häufig radikal. Mitarbeiter werden weitgreifender innerhalb der Prozesse eingesetzt und bekommen neue Verantwortlichkeiten. Diese mit der Workflow-Einführung häufig einhergehenden Maßnahmen des Job Enlargements und auch Job Enrichments führen weiterhin zu höheren Anforderungen an die Mitarbeiter, insbesondere in technischer Hinsicht. (vgl. Schwickert und Rey 1996, S. 16) Eng verbunden mit den arbeitspsychologischen sind die individual-sozialen Probleme der Workflow-Einführung. Die vom System erzwungene Formalisierung der Kommunikationsbeziehungen, die fast nur noch auf DV-technischer Ebene ablaufen, beispielsweise durch E-Mail, sowie die Reduktion der informellen Kommunikation führt zu einer stärkeren Isolierung des einzelnen Mitarbeiters, die letztlich zum Verlust der sozialen Kontakte zwischen den Mitarbeitern führen kann. Die mit dem Einsatz von Workflow-Systemen verbundenen rechtlichen Probleme, insbesondere die mögliche Leistungsüberwachung von Mitarbeitern stellen ein zusätzliches Risikopotenzial dar.

Zusätzlich zu den vier genannten Problemgruppen weist Maurer noch auf den Verlust von Flexibilität in der Organisation als Konsequenz der technischen „Zementierung“ der Ablaufstrukturen hin. Negativ wirkt sich hier die Einschränkung individueller Entscheidungsspielräume aus, die Beschränkung auf definierte Prozesswege und der Ausschluss spontaner Flexibilität und Kreativität (vgl. Maurer 1996, S. 22).

11.2.3 Konzeption eines WFMS

Durch die im vorigen Abschnitt vorgestellte Bewertung des Einsatzes von WFMS ist es in der Potenzialanalyse möglich zu erkennen, wann es sinnvoll ist ein WFMS einzusetzen. Nach dem Erkennen des Bedarfs erfolgt im Sollkonzept die Planung.

Das Vorgehen bei der Einführung ist wie folgt: Es muss zunächst ein geeignetes WFMS ausgewählt werden. Im ausgewählten System werden dann die Prozesse mit ihren Datenflüssen sowie die Rollen modelliert. Jeder Aktivität im Prozess werden Rollen zugeordnet, sodass die Verantwortlichkeiten klar definiert sind. Außerdem müssen die Benutzerschnittstellen der Aktivitäten entworfen werden, welche Daten anzeigen und Eingabefelder für neue bzw. bearbeitete Daten bereitstellen. Wenn alle vom WFMS benötigten Informationen modelliert worden sind, so kann der Workflow in der Workflow Engine bereitgestellt werden. Eventuell müssen hierzu noch externe Applikationen in den Workflow eingebunden werden, insbesondere wenn Altsysteme eine Rolle im Workflow spielen.

Da die meisten WFMS webbasiert arbeiten, ist die Integration des Systems im Unternehmen auf technischer Seite meist relativ einfach. Probleme können sich aber, wie oben beschrieben, auf der psycho-sozialen Seite ergeben.

Exkurs 11-1: Einsatz von WFMS im Kreditbearbeitungsprozess

Der Kreditbearbeitungsprozess in der Bank war bisher papierbasiert. Die Folge war eine lange Laufzeit und eine geringe Effizienz. Durch Einführung eines WFMS soll der Ablauf besser unterstützt werden. Ziel ist eine höhere Prozessstabilität, -qualität und -effizienz.

Nachdem durch einen langwierigen Softwareauswahlprozess ein WFMS ausgewählt worden ist, wird der Kreditbearbeitungsprozess im Prozessmodellierungswerkzeug des WFMS modelliert. Die Informationen, die bisher auf Papier festgehalten wurden, werden im Datenmodell und als Datenfluss im Prozess dargestellt. Zudem werden alle Mitarbeiter, die bisher an der Bearbeitung der Formulare beteiligt waren, mit ihren Rollen modelliert. Jeder Aktivität im Prozessmodell wird die entsprechende Rolle zugeordnet. Die Benutzerinteraktionen werden so gestaltet, dass sie sich möglich nahe an den vorher verwendeten Formularen orientieren, um den Schulungsaufwand zu minimieren. Schließlich wird der Workflow auf der Workflow Engine installiert.

Technisch ist die Ausführung des Workflows sehr einfach, da das ausgewählte WFMS webbasiert ist. Das WFMS wird auf einem Server ausgeführt, der den Workflow im ganzen Intranet der Bank bereitstellt. Entsprechend müssen die am Prozess beteiligten Mitarbeiter nur mit Standard-Computer inklusive Web-Browser ausgestattet werden.

Die Umschulung der Mitarbeiter gestaltet sich dagegen schwieriger. Nachdem alle beteiligten Mitarbeiter gelernt haben, eine Maus zu benutzen und sich im Intranet der Bank zurechtzufinden, müssen sie auch die Benutzung der Benutzerschnittstelle des WFMS lernen. Nachdem aber alle Hürden überwunden worden sind, zeigt sich, dass sowohl die Durchlaufzeit des Kreditbearbeitungsprozesses als auch die Arbeitsmoral der Mitarbeiter erheblich steigt. Zum ersten Mal wird für die Mitarbeiter transparent, wie viel Kreditanträge noch zu bearbeiten sind und wie der Fortschritt der einzelnen Anträge ist.

11.3 Enterprise Application Integration

Neben WFMS bietet auch die Enterprise Application Integration (EAI) Möglichkeiten, IT-Systeme prozessorientiert zu gestalten. Der Ansatz ist jedoch ein anderer. Die EAI geht von Altsystemen aus, die im Sinne des Prozesses miteinander integriert werden.

11.3.1 Definition und Ziele

Definitionen für „Enterprise Application Integration" gibt es viele. Selbst der Begriff wird nicht einheitlich verwendet. Andere Begriffe sind Total Business Integration oder Systemintegration, die ähnliche Sachverhalte beschreiben. Im Folgenden wird ein Ausschnitt verschiedener Definitionen kurz vorgestellt und abschließend eine zusammenfassende Darstellung gegeben.

Nach Keller stellt EAI Softwaresysteme dar, die es erlauben, verschiedene Applikationen eines Unternehmens zu integrieren. Er grenzt EAI von B2B (E-Commerce) ab, da hier in der Regel mehrere Parteien beteiligt sind. Allerdings werden die Konzepte als strukturell und technisch gleich beschrieben. Der einzige Unterschied scheint in der unternehmensübergreifenden Sichtweise des E-Commerce-Ansatzes und des unternehmensinternen Fokus von EAI zu liegen. (vgl. Keller 2002, S. 5; Pinkston 2001)

Einer Unterscheidung nach Reichweite von Integrationsmaßnahmen setzt die Gartner Group folgende allgemeine Beschreibung für Integrationsprojekte entgegen: „a large (expensive), complex IS project that includes designing and/or building a customized architecture or application, as well as integrating it with new or existing hardware, packaged and custom software, and communication." (Myerson 2002, S. 5)

Diesem pauschal über den Umfang und die Komplexität definierten Charakter liegt wohl die Tatsache zugrunde, dass alle „großen" IT-Projekte zumindest am Rande auch immer Integrationsaspekte mit sich bringen. Etwas weitreichender und exakter definiert Myerson den Begriff folgendermaßen: „Systems Integration involves a complete system of business processes, managerial practices, organizational interactions and structural alignments... It is an all inclusive process designed to create relatively seamless and highly agile processes and organizational structures that are aligned with the strategic and financial objectives of the enterprise ... Systems integration represents a progressive and iterative cycle of melding technologies, human performance, knowledge and operational processes together." (Myerson 2002, S. 5)

Bei Betrachtung der Produkte, die derzeit am Markt unter dem Label „EAI" angeboten werden, ergibt sich, im Gegensatz zur abstrakt gehaltenen Definitionen, folgende Definition des Begriffes: EAI sind Werkzeuge und Services, mit denen die mühsame Aufgabe der Integration heterogener Systeme erleichtert wird. EAI ist jedoch im Wesentlichen eine technologie-orientierte Methode, die sich auf verbesserte Punkt-zu-Punkt-Verbindungen konzentriert (vgl. Gulp 2002).

Allein an den vier aufgezeigten Definitionen ist zu erkennen, dass von einer einheitlichen Sichtweise nicht gesprochen werden kann. Weder sind mögliche Integrationsszenarien gleich noch die Ziele und Methoden. Der folgende Abschnitt fasst die wichtigsten Aspekte zusammen.

IT-Infrastrukturen können mit unterschiedlichen Methoden integriert werden. Sowohl individuelle als auch Standardsoftwaresysteme müssen dabei so miteinander verbunden sein, dass betriebswirtschaftlich relevante Daten prozessorientiert ausgetauscht werden. Die Syntax und Semantik der Daten in den operativen Systemen wird dabei nicht verändert. Zur Realisierung dieser

Grundelemente werden neben den existierenden operativen Systemen zusätzliche Architekturen aufgebaut, die entweder individuell entwickelt oder als Produkt erworben und den individuellen Integrationsanforderungen angepasst werden. Neben diesen technisch anmutenden Infrastrukturmaßnahmen gehen Integrationsprojekte immer mit Prozessveränderungen einher. Die Betrachtung von Geschäftsprozessen, die systemübergreifend stattfinden, bildet die Grundvoraussetzung für EAI-Projekte. Betriebswirtschaftlich bilden neben den Kosteneinsparungen im administrativen IT-Bereich die Abbildung und effiziente Unterstützung übergreifender Prozesse die wohl wichtigsten Argumente für EAI.

Ziele von Integrationsprojekten werden in strategische und operative Ziele unterschieden. In der Literatur werden viele Ziele genannt. Im Folgenden werden nur einige der relevanten aufgelistet, die an verschiedenen Stellen genannt werden. (Schill 2002). Strategische Ziele sind u. a.:

- Steigerung der Integrationsfähigkeit für zukünftige Anwendungen und Prozesse,
- Kosteneinsparungen in Fusionsprojekten (engl. Mergers and Acquisitions, M&A),
- schnellere Reaktion auf Marktveränderungen,
- Standardisierung im IT-Bereich und
- Investitionsschutz (IT-Investitionen).

Operative Ziele sind u. a.:

- Kostenreduktion (Administration, Schnittstellenpflege) und
- Verkürzung von Durchlaufzeiten und Prozessoptimierungen.

Als übergreifendes Ziel kann sicherlich die nachhaltige Flexibilisierung der IT-Infrastruktur und damit die nachhaltige Flexibilisierung der Unternehmensprozesse angesehen werden.

11.3.2 Integrationsszenarien

In welchen Situationen denken Unternehmen über derart komplexe und kostenintensive EAI-Projekte nach? Wann gibt es eine realistische Rendite? In der Literatur werden verschiedene Ausgangssituationen beschrieben, die EAI-Projekte sinnvoll erscheinen lassen.

Prinzipiell sind es immer Szenarien, in denen bereits mehrere Applikationen in Unternehmen existieren, die sich durch Komplexität und Relevanz für den wirtschaftlichen Erfolg des Unternehmens auszeichnen. Meist sind ERP-Systeme zu finden, die als Standardsoftware vor allem in den letzten 10 Jahren in Unternehmen eingeführt wurden. Neben diesen Systemen gibt es weiterhin klassische Legacy-Systeme, die oft älter sind als ERP-Systeme, jedoch die Kerngeschäftsprozesse abbilden und weitere Systeme, wie CRM- (Customer Relationship Management), PPS- (Produktionsplanung und Steuerung), Groupware-, Workflow-Management- oder Dokumentenmanagement-Systeme.

Ausgehend von einer komplexen und heterogenen IT-Infrastruktur lassen sich Themen identifizieren, die es sinnvoll erscheinen lassen, eine Vielzahl vorhandener Systeme zu integrieren.

IT-Administration und übergreifende Datenqualität

Ein seit Beginn von Integrationsbestrebungen verfolgtes Ziel ist die Sicherstellung systemübergreifender Datenkonsistenz. Insbesondere Stammdaten werden häufig in verschiedenen Systemen zumindest ähnlich gehalten. Datenintegrität in großen komplexen Infrastrukturen zu erreichen, ist eine Herausforderung, die IT-Abteilungen mit großem Aufwand angehen. So werden etwa 40 % des IT-Budgets für den operativen Betrieb und die Schnittstellenwartung ausgegeben. Durch den Einsatz von EAI können 25 - 40 % dieser Kosten eingespart werden.

Anforderungen neuer Geschäftsmodelle

Veränderungen im Geschäftsumfeld, neue Vertriebskanäle, Fusionen und die Erhöhung der Prozesseffizienz sowohl interner als auch externer Geschäftsprozesse sind nur einige Beispiele von Entwicklungen, die seit einigen Jahren den Unternehmensalltag prägen. Durch diese Dynamik ändern sich permanent die Anforderungen an Menschen, Organisationsformen, Prozessen und die sie unterstützenden IT-Systeme. Um dieser Herausforderung gerecht zu werden, benötigen Unternehmen Strukturen, die sich dadurch auszeichnen, nachhaltig offen für Veränderung zu sein. Die flexible Integration technischer Systeme stellt in diesem Zusammenhang eine wesentliche Voraussetzung und eine große Herausforderung dar. Die folgenden Szenarien sind derzeit wohl die wichtigsten Einsatzgebiete für erfolgreiche EAI-Implementierungen.

E-Business

E-Business versucht, verschiedene Partner (Unternehmen, Privathaushalte und Öffentliche Hand) über das Internet zusammenzubringen und Prozesse, die sich in diesem Umfeld im Alltag abspielen, soweit sinnvoll, abzubilden. Dabei entstehen vor allem bei Unternehmen und der Öffentlichen Hand umfangreiche Schnittstellenprobleme zu operativen Systemen. Die Prozesse, die beispielsweise beim B2B zwischen Unternehmen ablaufen, werden intern jeweils in individuellen Applikationen abgebildet. E-Business ist damit mit vielen Facetten durchaus ein Einsatzfeld, in dem umfangreiche Integrationsaspekte relevant sind. (vgl. Musil 2000, S. 119)

Unternehmensübergreifende Prozesse und Process-Redesign

Geschäftsprozesse sind seit vielen Jahren als Fokus von Effizienzbetrachtungen äußerst beliebt. Seit der Supply-Chain-Gedanke aufgekommen ist, versuchen immer mehr Unternehmen unternehmensübergreifende Geschäftsprozesse zu etablieren. Viele Konzepte waren bereits vor Jahren visionär. In der technischen Umsetzung jedoch fehlten noch die Methoden und vor allem generischen Konzepte, die bei einem sicher zu erwartenden dynamischen Umfeld notwendig sind, um nachhaltige Infrastrukturen aufzubauen. Seit dem Workflow-Management der 1980er und 1990iger Jahre gibt es immer bessere Tools, um Geschäftsprozesse zu modellieren und in einem statischen Umfeld zu unterstützen. Oft werden die Kerngeschäftsprozesse noch durch Altsysteme abgebildet. Alte Technologien sind selten offen und gut kompatibel für generische Konzepte, sie stellen jedoch einen erheblichen Wert für die Unternehmen dar. Ansätze, die klassische Systeme integrieren und dabei in der Lage sind, sich ändernde Prozesse zu unterstützen, sind gefragt. (vgl. Keller 2002, S. 11) EAI setzt sich genau diese Ziele.

Fusionsprojekte

Fusionen (M&A) sind seit vielen Jahren eine beliebte Strategie, Skaleneffekte zu erzielen. Es treffen vor allem bei großen Fusionen sehr komplexe IT-Infrastrukturen aufeinander. Potenziale lassen sich in Merger-Projekten allerdings nur heben, wenn die neuen Geschäftsprozesse durchgehend etabliert werden können. Dem stehen die jeweiligen gewachsenen Infrastrukturen entgegen. Die IT eines Partners vollständig durch die Infrastruktur des anderen zu ersetzen, lässt sich selten realisieren. Dies ist ein weiterer Punkt, an dem EAI effiziente Konzepte und Tools zur Verfügung stellt. Nicht nur aktuelle Merger werden erleichtert. Unternehmen werden fit für zukünftige Unternehmensfusionen. (vgl. Keller 2002, S. 13)

11.3.3 EAI-Grundlagen und Basistechnologien

Der folgende Abschnitt zeigt einen Überblick über Voraussetzungen, Methoden und Technologien zum Thema auf. Begonnen wird mit einer allgemeinen Einteilung verschiedener Integrationslevel, die bestimmend für die verwendeten Technologien sind.

Integrationsbreite und -tiefe

Die so genannte Integrationsbreite bestimmt sich durch das Ausmaß der Anwendungen, die integriert werden sollen. Sind es nur wenige, eng zusammengehörige Systeme, wird von einer geringen Integrationsbreite gesprochen. Wird eine ganze Wertschöpfungskette integriert, ist die Integrationsbreite groß. Mit steigender Integrationsbreite steigt die Komplexität des Integrationsprojekts. Unabhängig von der Integrationsbreite muss die Integrationstiefe festgelegt werden. Sie ist ein Maß für den Grad der semantischen Integration. Durch die Festlegung der Integrationstiefe bestimmen sich die folgenden Integrationsebenen (vgl. Linthicum 2000, S. 23):

- Datenebene,
- Funktions-/Objektebene und
- Prozessebene.

Integration auf Datenebene beruht auf der Nutzung gemeinsamer Daten durch verschiedene Anwendungen. Dabei greifen die Systeme nicht auf physikalisch gemeinsame Daten zu, jede Anwendung benutzt proprietäre Datenquellen. Der Einsatz von Schnittstellen oder Datentransferprotokollen sorgt für die Übertragung der Daten. EAI auf Datenebene stellt die geringste Integrationstiefe dar. Anwendungen teilen sich nur die Daten, sie „verstehen" sich nicht. Es muss weiter darauf geachtet werden, die Datenbestände konsistent zu halten. In der Regel ist die Integration auf Datenebene die kostengünstigste Alternative.

Die Integration auf Funktions- bzw. Objektebene entspricht einer größeren Integrationstiefe als die Datenintegration. Anwendungen kommunizieren kontrollierter miteinander. Es werden Funktionen bzw. Methoden in den Objekten anderer Systeme aufgerufen und übergreifend verwendet. Um diese Integrationsebene zu realisieren, werden API[2] eingesetzt. Die Integration auf Objektebene zeichnet sich durch eine mittlere Integrationstiefe aus. Systeme müssen zum Teil verändert werden, wenn keine Standard-API zur Verfügung stehen, allerdings bieten quasi alle Standardsoftwareprodukte diese an. Die Abläufe kommen weiterhin aus den Anwendungen.

Im Gegensatz dazu werden bei der Integration auf Prozessebene übergreifende Geschäftsprozesse nicht mehr in den Anwendungen, sondern mit separaten Applikationen abgebildet. Hieraus werden dann, gemäß dem definierten Workflow, die Dienste der einzelnen Anwendungen gesteuert und aufgerufen.

In Abbildung 11-2 wird ein Ebenenmodell der Systemintegration nach Ring vorgestellt. Dieses stellt u. a. den Zusammenhang zwischen den mit der Systemintegration in Verbindung stehenden Begriffen „Middleware", „SOA" und „EAI" und deren Beziehung zur Prozessebene, Objektebene und Datenebene dar.

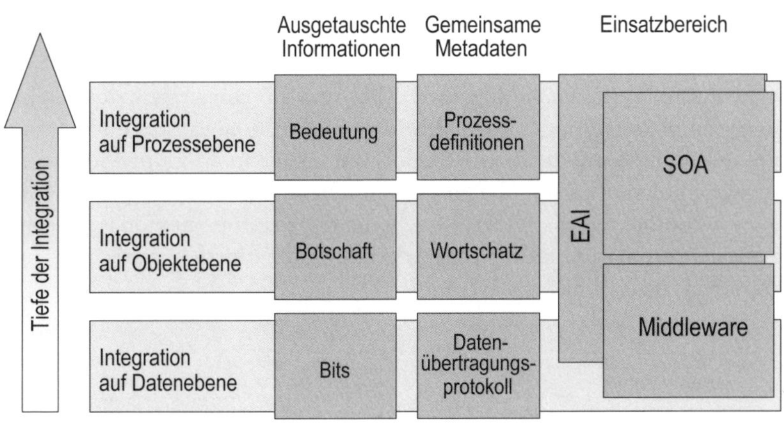

Abbildung 11-2: Ebenen der Systemintegration (Aier 2007, S. 24; in Anlehnung an Ring 2000, S. 24)

Middleware und XML

Middleware und EAI werden oft und missverständlich gleichgesetzt. Middleware ist eine Technologie, die im Rahmen von EAI-Architekturen eingesetzt wird und einfach ausgedrückt den Daten- und Informationsaustausch zwischen verschiedenen Systemen realisiert. Schill definiert Middleware als Software zur Überwindung der Heterogenität in Netzwerken mit verteilten Systemen. (vgl. Aier 2007, S. 24)

2 API (Application Program Interface) – eine API dient der Kommunikation zwischen verschiedenen Programmen bzw. Programmteilen. Sie legt fest, wie die Programme miteinander zu kommunizieren haben. Standardisierte API sind die Voraussetzung dafür, dass auch Produkte unterschiedlicher Hersteller miteinander arbeiten können.

Linthicum unterscheidet dementsprechend EAI und Middleware an folgenden drei Eigenschaften (Schill 2002, S. 4):

- „EAI focuses on the integration on both business-level processes and data, whereas the traditional middleware approach is data oriented."
- „EAI includes the notion of reuse as well as distribution of business processes and data."
- „EAI allows users who understand very little about the details of the applications to integrate the applications."

Middleware ist damit eine Basistechnologie für EAI-Infrastrukturen, die für Projekte mit mindestens mittlerer Integrationstiefe unersetzlich ist. Middleware kann wiederum in vielen Formen auftreten. Reuter beschreibt folgende Formen von Middleware: (Linthicum 2000, S. 6)

- Remote Procedure Calls (engl. RPC)
- Database Oriented Middleware (engl. DOM)
- Message Oriented Middleware (engl. MOM)
- Distributed Object Technology (engl. DOT)
- Transaction Processing Monitor (engl. TPM)

RPC ist die wohl älteste Form von Middleware. RPC sind am einfachsten zu verstehen und anzuwenden. Prinzipiell bietet RPC die Möglichkeit, Funktionen eines Systems innerhalb anderer Systeme auszuführen. Linthicum definiert RPC folgendermaßen: „RPCs provide developers with the ability to invoke a function within one program and have that function actually execute within another program on another remote machine [...]. The fact that the function is actually being carried out on a remote computer is hidden. To the developer, the function is executing locally." (vgl. Reuter 2001, S. 16, vgl. auch Abbildung 11-3.)

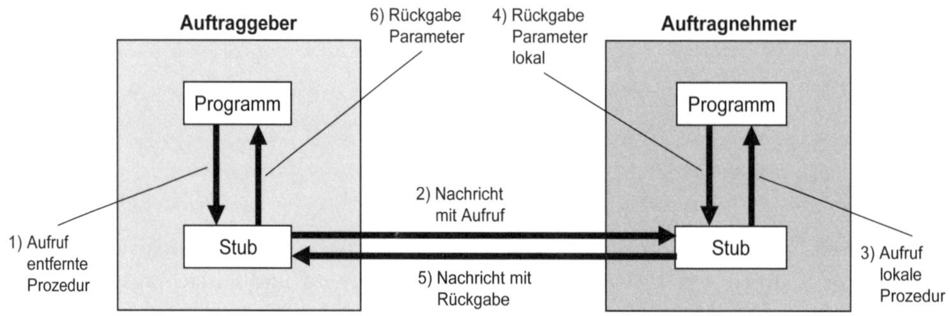

Abbildung 11-3: Remote Procedure Calls (Linthicum 2000, S. 122)

Database Oriented Middleware

DOM arbeitet mit zwei Datenbanktypen: Call Level Interfaces und native Databases. CLI sind API von Anbietern (bspw. Microsoft ODBC oder Java JDBC). Linthicum definiert DOM folgendermaßen: „Database-oriented middleware is any middleware that facilitates communications with a database, whether from an application or between databases. Developers typically use database-oriented middleware as a mechanism to extract information from either local or remote databases ...“ (Reuter 2001, S. 22)

Message Oriented Middleware

MOM verfolgt sehr ähnliche Ziele wie RPC benutzt allerdings Messages zum Datentransport. Linthicum fasst MOM folgendermaßen zusammen:

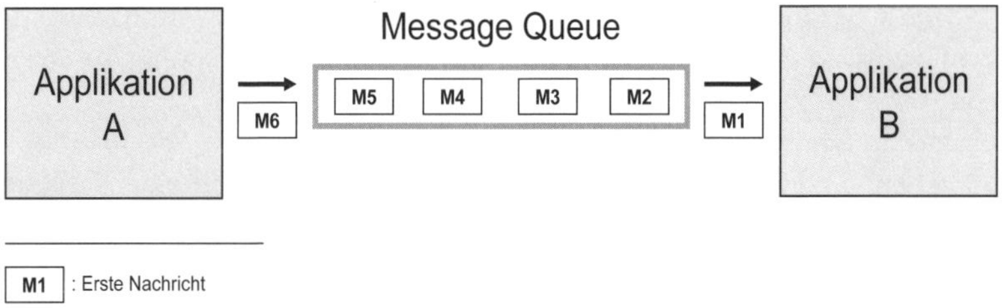

Abbildung 11-4: Einfache MOM (Linthicum 2000, S. 126)

„MOM was created to address some shortcomings of RPC through the use of messaging. [...]. Traditional MOM is typically queuing software, using messages as a mechanism to move information from point to point. Because MOM uses the notion of messages to communicate between applications, direct coupling with the middleware mechanism and the application is not required. MOM products use a asynchronous paradigm. Decoupled from the application, they allow the application to function independently.“ (in Anlehnung an Reuter 2001, S. 26; vgl. Abbildung 11-4)

Distributed Object Technology

DOT funktioniert ähnlich wie synchrone RPC. Der einzige Unterschied zwischen den beiden Formen ist die Objektorientierung von DOT. Weiterhin bietet DOT die Möglichkeit, verteilte Objekte einfach interagieren zu lassen. Über Object Request Broker einer speziellen Form von Middleware, lassen sich die verteilten Objekte über spezifizierte Schnittstellen aufrufen. (Linthicum 2000, S. 124)

Lithicum beschreibt DOT folgendermaßen: „Distributed objects are also considered middleware because they facilitate inter-application communications. However, they are also mechanisms for application development [...], providing enabling technologies for enterprise-wide method sharing. Distributed objects are really small application programs that use standard interfaces and protocols to communicate with one another.” (vgl. Reuter 2001, S. 39)

Transaction Processing Monitor

TPM als letzte Form von Middleware definiert Linthicum folgendermaßen: „TP monitors [...] are based on the premise of a transaction. A transaction is a unit of work with a beginning and an end. The reasoning is that if application logic is encapsulated within a transaction, then the transaction either completes, or is rolled back completely. If the transaction has been updating remote resources, such as databases and queues, then they will be rolled back if a problem occurs." (Linthicum 2000, S. 125)

Extensible Markup Language

Nach diesem kurzen Überblick zu Middleware als Basistechnologie wird im nächsten Absatz kurz XML als weitere Grundlage dargestellt, die in fast allen EAI- und Middleware-Ansätzen verwendet wird. (Linthicum 2000, S. 129)

Extensible Markup Language (XML) ist eine vom W3C entwickelte Spezifikation für die Definition von Sprachen zur Formatierung von Dokumenten. XML stellt eine Variante von Standard Generalized Markup Language (SGML) dar, das sich aufgrund seiner Komplexität nicht durchgesetzt hat. XML erweitert die Möglichkeiten von HTML dahingehend, dass eine eigene Sprache für die Erstellung der Inhalte definiert werden kann und keine Einschränkung auf eine vorgegebene Menge von Sprachelementen stattfindet, wie das bei HTML der Fall ist. Ein weiterer Vorteil ist die strikte Trennung zwischen Struktur und Layout der Dokumente. XML bietet damit ein generisches Format für den Informationsaustausch. Jede Form von EAI (unabhängig von der Integrationstiefe) basiert auf einem Austausch von Daten, die systemübergreifend verstanden werden müssen. (vgl. Linthicum 2000, S. 279)

11.3.4 Durchführung eines EAI-Projekts

Nachdem die Technologien der EAI vorgestellt worden sind, wird nun aufgezeigt, wie sich die EAI im Vorgehensmodell der Systemanalyse anwenden lässt.

Mögliche Gründe für EAI-Projekte wurden bei den Integrationsszenarien erläutert. Diese Szenarien können entweder bereits bei der Projektbegründung vorliegen. Es kann aber auch sein, dass sich der Bedarf für ein EAI-Projekt erst bei der Potenzialanalyse herausstellt. So wäre es möglich, dass sich Probleme beim Datenfluss zeigen, da Daten nicht von einem System in das nächste übertragen werden oder doppelt vorhanden sind.

Falls sich der Bedarf für ein EAI-Projekt zeigt, muss im Sollkonzept erarbeitet werden, in welcher Integrationsbreite- und tiefe das Projekt durchgeführt werden soll. Weiterhin müssen passende Basistechnologien und Middleware ausgewählt werden. Schließlich wird entsprechend der ausgewählten Technologien die Integration der Systeme geplant.

Exkurs 11-2: Einführung einer EAI-Plattform zur Senkung des Integrationsaufwands

Die MSD Bank hat eine historisch gewachsene IT-Applikationslandschaft. Bei Veränderungen an den bestehenden Applikationen bzw. bei Neueinführung von Systemen entsteht ein hoher Aufwand an den Punkt-zu-Punkt-Verbindungen, die bisher die Kommunikation zwischen den Systemen ermöglichen. Die zahlreichen Punkt-zu-Punkt-Verbindungen verbrauchen 60% des IT-Budgets, sodass für innovative neue Lösungen und Projekte nur noch sehr begrenzt Mittel zur Verfügung stehen. Immer wenn neue Anwendungen eingeführt werden, müssen alle Altsysteme mit diesem integriert werden. Aufgrund des hohen Aufwands können einige Verbindungen gar nicht hergestellt werden, was eine verringerte Funktionalität und verringerte Unterstützung durchgängiger Prozesse zur Folge hat.

Als ein neues CRM-System, nämlich Microsoft Dynamics CRM, eingeführt werden soll und der Integrationsaufwand abgeschätzt wurde, entschied sich das Management, endlich ein EAI-Projekt durchzuführen, um eine neue IT-Architektur aufzubauen und das Integrationsproblem langfristig zu lösen. Ein Ziel war die Senkung der Betriebskosten und des Pflegeaufwands der Schnittstellen.

Nach Analyse der Anforderungen wird entschieden, die Integration zunächst nur auf Datenebene durchzuführen. Dazu wird der Microsoft BizTalk Server installiert. Außerdem wird eine Roadmap erstellt, wie nach und nach die Altsysteme an den BizTalk Server angeschlossen werden sollen. Neue Anwendungen müssen dann nur noch an den Server angebunden werden und sind dann über diesen mit den anderen Applikationen verbunden. Für Microsoft Dynamics CRM existiert bereits ein Adapter für den BizTalk Server, der kostenlos von der Microsoft-Webseite heruntergeladen werden kann. Dadurch gestaltet sich die Anbindung des neuen CRM-Systems sehr einfach.

11.4 Serviceorientierte Architekturen

Serviceorientierte Architekturen (SOA) sind ein seit einigen Jahren diskutierter Ansatz für den Aufbau von Softwaresystemen. Die technologischen Grundlagen sind Services, die über standardisierte Schnittstellen zugänglich sind, lose Kopplung und Wiederverwendung. Serviceorientierte Architekturen zeichnen sich dadurch aus, dass sie zum einen die Kapselung in Softwaremodulen aufgrund von Aktivitäten vornehmen. Zum anderen ist die Prozessebene, in der diese Aktivitäten in einer bestimmten Reihenfolge ausgeführt werden, als Abstraktionsniveau vorgesehen.

11.4.1 Einleitung

Die SOA stellt die Vereinigung von WFMS mit den Prinzipien der Enterprise Application Integration dar, wie auch in Abbildung 11-2 zu sehen ist. Altsysteme werden in der SOA genauso wie Benutzerschnittstellen durch Services gekapselt. Dann werden die Services entsprechend der Geschäftsprozesse ausgeführt. Dadurch ist eine vollständige Ausrichtung der IT-Architektur an den Geschäftsprozessen bei gleichzeitiger Integration von Altsystemen möglich.

Die Einführung einer SOA im Unternehmen wird mit zahlreichen Vorteilen verbunden: Wiederverwendung, und damit Kosteneffizienz und gesteigerte Qualität der Software (-komponenten), Flexibilität, das heißt schnellere und einfachere Anpassung der IT-Systeme an die (geänderten) Geschäftsprozesse, gesteigerte Transparenz und Outsourcing-Möglichkeiten, niedrige Einführungszeit neuer Produkte (engl. Time-to-Market) bzw. Services, hohe Kompatibilität und ein effizientes Management. Als weitere Ziele werden ein effizienterer Entwicklungsprozess, adäquate Geschäftsinfrastruktur, Kosteneinsparungen, evolutionärer Ansatz, Risikominderung und Unabhängigkeit von der Technologie genannt. All diese sind Charakteristiken der agilen Unternehmung (vgl. Linthicum 2000, S. 284). Es ist wichtig, die angestrebten Vorteile zu verstehen, da diese nur erreicht werden können, wenn ein adäquates Servicemanagement und eine adäquate Service-Governance realisiert werden.

"It is a key goal of an SOA to provide services that have a concrete meaning on the business level. Because of this one-to-one mapping between business and technology entities, SOA provides a unique chance for the first time in IT history to create artifacts that have an enduring value for both the business as well as the technology side." (vgl. Krafzig et al. 2005, S. 240; Woods 2003, S. 31, 64, 113).

Definitionen

Zunächst ist es wichtig, den Begriff „serviceorientierte Architektur" zu definieren. Für diesen Begriff existiert keine einheitliche Definition. Die Bandbreite reicht von nur technisch geprägten Definitionen bis hin zu Definitionen, die das gesamte Unternehmensmanagement einbeziehen.

McCoy und Natis beziehen in ihre Definition Aspekte von Stakeholdern, Granularität, Wiederverwendung und Flexibilität ein: „SOA is a software architecture that builds a topology of interfaces, interface implementations and interface calls. SOA is a relationship of services and service consumers, both software modules large enough to represent a complete business function. So, SOA is about reuse, encapsulation, interfaces, and ultimately, agility." (Krafzig et al. 2005, S. 10)

Zu den allgemein anerkannten Charakteristiken serviceorientierter Architekturen zählen weiterhin die verteilte Struktur, Aspekte der Orchestrierung und losen Kopplung von Services sowie standardisierte Schnittstellen. Marks und Bell definieren SOA als ein ganzheitliches Konzept, welches sowohl technische als auch geschäftliche Aspekte beinhaltet. „An SOA is a business concept, an idea or approach, of how IT functionality can be planned, designed, and delivered as modular business services to achieve specific business benefits. The conceptual SOA vision includes clearly defined business, IT and architectural goals, and a governance model and policies to help enforce standards and technical requirements of the SOA over time." (McCoy und Natis 2003, S. 1)

Obwohl technisch geprägt, heben Oey et al. die Bedeutung der SOA für die Geschäftsprozessorientierung hervor. „Eine serviceorientierte Architektur ist ein Softwarearchitekturkonzept, in welchem Funktionen in Form von wiederverwendbaren, voneinander unabhängigen und lose gekoppelten Services implementiert werden. Services können unabhängig von zugrunde liegenden Implementierungen über wohldefinierte und veröffentlichte Serviceschnittstellen aufgerufen werden. Serviceinteraktion findet über eine dafür vorgesehene Kommunikationsinfrastruktur statt. Mit einer serviceorientierten Architektur werden insbesondere die Gestaltungsziele der Geschäftsprozessorientierung, der Flexibilität und der Wiederverwendbarkeit verbunden." (Marks und Bell 2006, S. 2). Diese Definition liegt den weiteren Ausführungen zur SOA in diesem Buch zugrunde.

Es ist ersichtlich, dass die Definitionen recht weit gefasst sind. Aspekte, die immer im Zusammenhang mit SOA diskutiert werden, sind „Service" und „Unternehmen". Ein Service ist ein Softwaremodul, welches bestimmte Funktionen über definierte Schnittstellen allgemein verfügbar anbietet. Die am weitesten verbreitete Technologie zur Implementierung von Services sind Web Services (WS). Für diese definiert das World Wide Web Consortium (W3C): „A Web service is a software system designed to support interoperable machine-to-machine interaction over a network. It has an interface described in a machine-processable format (specifically WSDL [Web Service Description Language, Anm. d. Verf.]). Other systems interact with the Web service in a manner prescribed by its description using SOAP [früher Simple Object Access Protocol, Anm. d. Verf.] messages, typically conveyed using HTTP [Hypertext Transfer Protocol, Anm. d. Verf.] with an XML [Extensible Markup Language, Anm. d. Verf.] serialization in conjunction with other Web-related standards." (Oey et al. 2006, S. 203)

Service-Eigenschaften

In einer serviceorientierten Architektur müssen Services bestimmte Eigenschaften haben, um ihre Funktion zu erfüllen. Verschiedene Quellen führen hierbei unterschiedliche Eigenschaften auf. Diese lassen sich in 7 Gruppen einteilen, die in Abbildung 11-5 zu sehen sind:

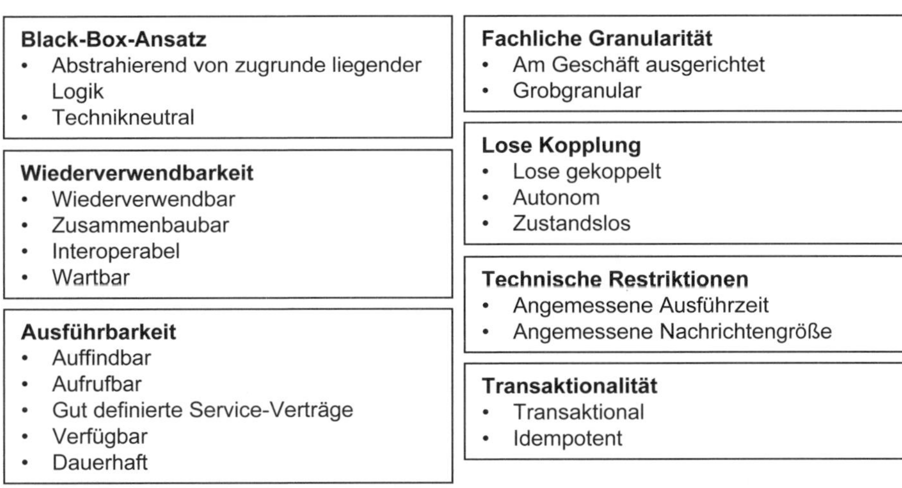

Abbildung 11-5: Eigenschaften von Services

Der *Black-Box Ansatz* besagt, dass Services nur anhand ihrer Schnittstelle betrachtet werden. Die interne Logik des Services, wie z. B. die verwendete Implementierungssprache, bleibt dem Benutzer verborgen. Diese Eigenschaft wird meist durch die verwendete Service-Technologie garantiert.

Die *fachliche Granularität* von Services besagt, in welchem Umfang fachliche Aktivitäten von einem Service unterstützt werden. Hier wird meistens verlangt, dass die Services möglichst grobgranular und am Geschäft ausgerichtet sind. Weitere Überlegungen zur fachlichen Granularität sind in der folgenden ganzheitlichen Architektursicht zu finden.

Zusätzliche Eigenschaften, die bei der Konzeption von Services zu beachten sind, beziehen sich auf *technische Restriktionen.* Aufgrund der verwendeten Technologien gibt es oft eine maximale Ausführzeit von Services. Außerdem ist die Übertragung und Verarbeitung von Daten bei großen Datenmengen teilweise nicht besonders effizient.

Einige der meist genannten Eigenschaften beziehen sich auf die *lose Kopplung.* Wichtig hierbei ist die Zustandslosigkeit der Services. Dadurch ist es möglich, Services ohne Kenntnisse eines bestimmten Kontextes aufzurufen. Da Services autonom sind, ist es weiterhin möglich, sie einfach auszutauschen.

Um die *Ausführbarkeit* von Services zu garantieren, müssen diese auffindbar und aufrufbar sein. Die Aufrufbarkeit ist meist durch die verwendete Technologie gegeben. Für die Auffindbarkeit müssen jedoch spezielle Verzeichnisse zur Verfügung stehen, in denen nach Services gesucht werden kann.

Damit Services *wiederverwendbar* sind, müssen sie zunächst die richtige Granularität besitzen. Aber auch die Zusammenbaubarkeit von Services fördert die Wiederverwendbarkeit. Dies kann beispielsweise durch die Verwendung eines einheitlichen Datenmodells bei der Konzeption der Serviceschnittstellen sichergestellt werden.

Schließlich ist es insbesondere bei der Unterstützung von Prozessen durch Services notwendig, dass die *Transaktionalität* gewährleistet ist. Denn bei jeder Ausführung des Prozesses können Fehler auftreten, die rückgängig gemacht werden müssen. Eine solche Möglichkeit des Zurückspielens ist bei der Konzeption von Services vorzusehen.

Es ist nicht möglich und teilweise auch nicht wünschenswert, alle Service-Eigenschaften immer vollständig einzuhalten. Das liegt zum einen an Widersprüchen zwischen einigen Eigenschaften. Zum anderen ist es jedoch auch sinnvoll, Services nicht nur möglichst grobgranular zu gestalten, sondern auch feingranularere Services zuzulassen. Dies wird im nächsten Abschnitt deutlich.

11.4.2 Ganzheitliche Architektursicht

Die SOA hat sich so entwickelt, dass ausgehend von Web Services die Softwarearchitektur geplant wurde. Dabei wurden alle Funktionen und Prozesse, die automatisiert ausgeführt werden können, durch Services zur Verfügung gestellt. Entwickler mit unterschiedlichen Hintergründen haben ihre jeweils eigene Sicht auf die SOA entwickelt. Eine ganzheitliche Sicht auf die Architektur ist in Abbildung 11-6 zu sehen.

Bezüglich des funktionalen Zusammenwirkens der Services können sieben Sichten auf die SOA identifiziert werden. Einige dieser Sichten sind sehr ähnlich, andere sehr unterschiedlich. Die Sichten sind:

- Management kollaborativer Geschäftsprozesse,
- Geschäftsprozessmanagement,
- Workflow-Management,
- Allgemeine Anwendungsentwicklung,

- Entwicklung von Webanwendungen,
- Enterprise Application Integration (EAI) und
- Grid Computing.

Im Folgenden wird das Modell der Service-Ebenen und -Interaktionen (engl. Service Levels and Interactions, SL&I, vgl. Abbildung 11-6) erläutert. Dabei werden die genannten Sichten eingeordnet.

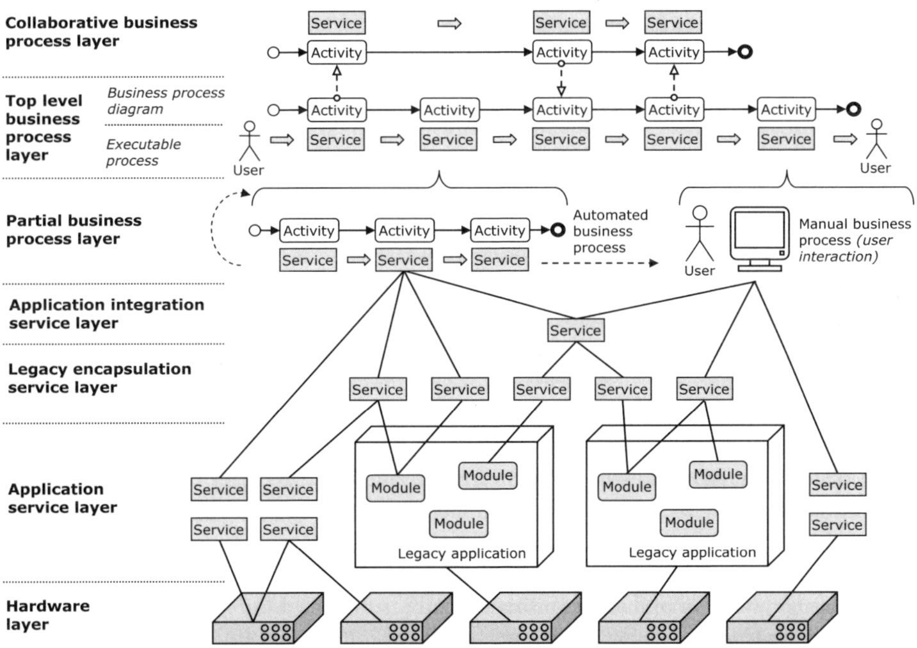

Abbildung 11-6: Service-Ebenen und -Interaktionen

Die oberste Ebene stellt kollaborative Geschäftsprozesse (engl. Collaborative Business Process Layer) dar. In diesem Szenario koordinieren sich zwei Prozesse unterschiedlicher Entitäten, beispielsweise unterschiedlicher Unternehmen, und tauschen dabei Informationen aus. Ein Beispiel ist ein Beschaffungsauftrag, bei dem ein Unternehmen zunächst den Preis und die Verfügbarkeit von Produkten bei einem anderen Unternehmen abfragt, um dann einen entsprechenden Auftrag zu platzieren. Dies entspricht der Sicht „Management kollaborativer Geschäftsprozesse". Services werden hierbei genutzt, um den Informationsaustausch beim Ausführen der kollaborativen Prozesse umzusetzen. Die Notation im SL&I-Modell ist an die Business Process Modeling Notation (BPMN) der OMG angelehnt. Zur technischen Umsetzung der Prozesse kann bei Verwendung von Web Service Technologien (standardisiert vom W3C) WS-BPEL (Business Process Execution Language) der OASIS verwendet werden. Diese Sprache unterstützt u. a. die Spezifikation so genannter „Choreografien", welche kollaborative Geschäftsprozesse beschreiben.

Auf der nächsten Ebene befinden sich vollständige Geschäftsprozesse (engl. Top Level Business Process Layers), welche meist durch Kunden angestoßen werden und ein Produkt herstellen oder eine Dienstleistung für einen Kunden erbringen. Diese Prozesse lassen sich, wie auch kollaborative Prozesse, mit der BPMN modellieren. In einer SOA wird jede Aktivität im Prozess durch einen Service unterstützt. Die Reihenfolge der Serviceaufrufe, wie sie durch das Prozessmodell vorgegeben ist, wird beispielsweise in WS-BPEL umgesetzt und damit ausführbar gemacht. Die technische Umsetzung eines internen Geschäftsprozesses wird auch „Orchestrierung" genannt. Die Verwendung von Orchestrierungen entspricht der Sicht „Geschäftsprozessmanagement".

Services können auf drei Arten umgesetzt werden:

- Als Softwarekomponente ohne Benutzerinteraktion,
- als Benutzerinteraktion oder
- als Teilprozess mit Orchestrierung.

Falls eine Aktivität (engl. Activity) in einem Prozessmodell durch einen Unterprozess (engl. Partial Business Process Layer) umgesetzt wird, wird jede Aktivität des Unterprozesses wieder durch einen Service unterstützt. Der Prozess wird durch eine entsprechende Orchestrierung ausführbar gemacht. So ist z. B. ein Prozess, der in WS-BPEL beschrieben wird, als Web Service aufrufbar und kann damit wie jeder andere Web Service behandelt werden.

Ein Service kann auch eine Benutzerinteraktion (engl. Manual Business Process, User Interaction) umsetzen. Dies ist notwendig, wenn ein Prozess nicht von vorn herein strukturiert ist, sondern sich der Prozessablauf erst bei der Ausführung durch eine Interaktion mit dem Benutzer ergibt. Benutzerinteraktionsprozesse stehen im Zentrum des Workflow-Managements. Es bietet sich daher an, zur Umsetzung von Benutzerinteraktionen auf Workflow-Technologien zurückzugreifen. Dazu ist es erforderlich, dass Workflows durch Serviceaufrufe angestoßen und Services aus Workflows heraus aufgerufen werden können. Einige Workflow-Anbieter erweitern ihre Produkte um entsprechende Funktionen. Gemeinsam mit dem Zusammenwachsen von Orchestrierungs- und Workflow-Standards, welche sich z. B. in der Umsetzung von BPEL4People, einem White Paper von SAP und IBM zur Erweiterung von WS-BPEL um Workflow-Elemente, zeigt, wird Workflow-Management vermutlich bald mit SOA-Technologien verschmelzen.

Eine Benutzerinteraktion kann auch durch eine klassische Anwendung umgesetzt werden. In diesem Fall werden Services als Funktionen aus der Anwendung heraus aufgerufen. Die Benutzeroberfläche wird nicht in einem Service, sondern klassisch entsprechend der Programmiersprache umgesetzt, bei Java beispielsweise mit Swing. Eine Integration von Web Services ist z. B. mit Microsoft Visual Studio oder SAP NetWeaver Developer Studio leicht möglich. Falls eine solche Benutzerinteraktion die oberste Schicht einer SOA darstellt, handelt es sich um eine partielle Umsetzung der SOA. Diese Umsetzung entspricht der Sicht „Allgemeine Anwendungsentwicklung". Services werden hier aus weitgehend standardisierten Anwendungen heraus aufgerufen. In den Implementierungen der Anwendungen sind Geschäftsprozesse nicht explizit umgesetzt. Eine solche Sicht auf die SOA wird z. B. von OASIS vertreten. Die Sicht „Entwicklung von Webanwendungen" ist ein Spezialfall der Sicht „Allgemeine Anwendungsentwicklung", die auf den Ursprung der Web Service-Technologien zurückgeht. Web Services sind ursprünglich entwickelt worden, um im Rahmen einer Kommunikation zwischen Computern Funktionen im Internet verfügbar zu machen. Damit ist eine grafische Repräsentation in Form von HTML nicht mehr notwendig.

Alle tieferen Schichten des SL&I-Modells beziehen sich nicht mehr direkt auf die Unterstützung von Geschäftsprozessen. Die eher technischen Services der unteren Ebenen werden entweder aus Benutzerinteraktionen, beispielsweise zum Abspeichern von Kundendaten, oder aus anderen implementierten Services heraus aufgerufen, jedoch nicht aus Orchestrierungen. Ein Aufruf aus

Services ohne Orchestrierung ist dann sinnvoll, wenn eine Modellierung des Prozesses keinen Nutzen bringt und nur den Entwicklungsaufwand steigert.

Services können ohne Rücksicht auf die im Unternehmen vorhandenen Systeme neu implementiert werden. Häufig befinden sich in Unternehmen jedoch große Bestände von Altsystemen, die wichtige Geschäftslogik enthalten. Funktionale Module dieser Systeme können durch Services gekapselt werden. Außerdem ist es möglich, durch einen Service verschiedene Altsysteme zu kapseln, um sie dadurch wie ein System erscheinen zu lassen. Damit ist die Abstraktion von einer heterogenen Altsystemlandschaft möglich. Diese Landschaft kann im weiteren Verlauf durch Abschalten eines Systems und Anpassung des entsprechenden Services sukzessive überführt werden. Diese Sicht entspricht der „Enterprise Application Integration" – angesiedelt auf der Anwendungsintegrationsebene (engl. Application Integration Service Layer).

Auf der untersten Ebene schließlich befindet sich die Hardware (engl. Hardware Layer), auf der die Services und Altsysteme ausgeführt werden. Aus Sicht des Grid Computing ist es möglich, durch den einheitlichen Protokollstandard (z. B. Web Services) von der Hardware zu abstrahieren.

Grundsätzlich ist festzustellen, dass die oberen Schichten des SL&I-Modells helfen, Geschäftsprozesse flexibler und besser messbar zu machen, während auf den unteren Ebenen die Wiederverwendung von Komponenten gesteigert und die Integration und Überführung von Altsystemen erleichtert wird.

11.4.3 SOA-Stack und Web Service-Technologien

Eine SOA lässt sich durch mehrere Sichten beschreiben, die jeweils bestimmte Aspekte von SOA verdeutlichen. Der *SOA-Stack* fasst funktionale Merkmale in horizontalen und vertikalen Ebenen zusammen und gibt zusätzlich verbreitete Standards an, mit denen die Funktionen realisiert werden können. Die Sicht der *technischen Komponenten* beschreibt technische Systeme, die potenziell in der Lage sind, die im SOA-Stack beschriebenen Funktionen umzusetzen. Die beschriebenen technischen Komponenten können daher begrifflich und funktional mit kommerziell erhältlichen Produkten korrespondieren. Im Folgenden wird der SOA-Stack näher beschrieben. Der darauf folgende Abschnitt befasst sich mit den technischen Komponenten einer SOA.

Der SOA-Stack (vgl. Abbildung 11-7) ist eine Visualisierung der Funktionen in einer SOA in Form von horizontal bzw. vertikal ausgerichteten Rechtecken, die im Folgenden als Funktionsebenen bezeichnet werden. Es gibt fünf horizontale (Geschäftsprozesse, Orchestrierung & Choreografie, Services & Composites, Anwendungen und Technische Infrastruktur) und zwei vertikale – die horizontalen Ebenen übergreifenden – Funktionsebenen (Integration und Servicemanagement). Darüber hinaus gibt es zahlreiche Schnittstellen mit dem SOA-Management, welches später erläutert wird.

In den einzelnen Funktionsebenen stehen Begriffe, die Kernfunktionen der jeweiligen Ebene bezeichnen (z. B. Geschäftsprozessmodellierung in der Funktionsebene Geschäftsprozesse). Die Begriffe in den eckigen Klammern bezeichnen standardisierte Web Service- und andere Technologien, die vorstehende Funktionen unterstützen. [UDDI] z. B. ist ein Verzeichnisdienst, der die Funktion eines Registry (dt. Verzeichnis mit Metadaten) potenziell unterstützen kann.

Die insgesamt sieben Funktionsebenen des SOA-Stacks, einschließlich ihrer Kernfunktionen und unterstützenden Technologien werden nun kurz erläutert.

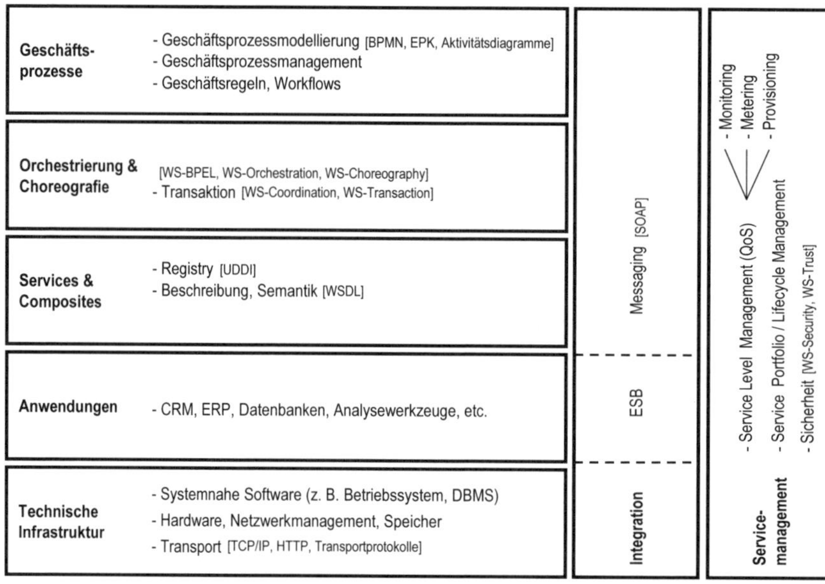

Abbildung 11-7: SOA-Stack

Geschäftsprozesse

Die Funktionsebene *Geschäftsprozesse* beschreibt die für eine SOA erforderlichen Funktionen der Modellierung der unternehmenseigenen Geschäftsprozesse, des Managements, also des Steuerns, Gestaltens und Verbesserns der Prozesse, und der zentralen Verwaltung der unternehmensweit gültigen Geschäftsregeln (engl. Business Rules).

Orchestrierung & Choreografie

Die Funktionsebene der *Orchestrierung und Choreografie* bezieht sich auf Services, die einzelne Prozessaktivitäten unterstützen und in genau der Reihenfolge aufgerufen werden müssen, in der auch die Aktivitäten im Geschäftsprozess ausgeführt werden. Für das Zusammensetzen von Services gibt es die Konzepte der Orchestrierung und der Choreografie (vgl. Abschnitt 11.3.2).

WS-BPEL: WS-BPEL ist eine XML-basierte Modellierungssprache zur Beschreibung von Geschäftsprozessen, deren einzelne Aktivitäten durch Web Services implementiert werden. WS-BPEL ermöglicht es, eine Menge von Web Services zu einem neuen Web Service zusammenzusetzen. Ziel ist es, Geschäftsprozesse zu beschreiben, diese falls benötigt auch zu instanziieren und dadurch eine den Geschäftsregeln entsprechende Komposition von Web Services zu erstellen. Im Gegensatz zu BPMN ist WS-BPEL mit weiteren Informationen angereichert und kann somit ausführbare Prozesse beschreiben, die in einer Ablaufumgebung ausgeführt werden können. (Booth et al. 2004) Als Teil der Orchestrierung & Choreografie werden *Transaktionen* unterstützt, die von mehreren Web Services gemeinsam durchgeführt werden. Dadurch kann die Transaktionssicherheit in der SOA hergestellt werden.

Services & Composites

Die einzelnen Aktivitäten der Geschäftsprozesse (eingangs beschriebene Funktionsebene) werden mit *Services* hinterlegt, sodass über Orchestrierung der Services die Funktionen eines Geschäftsprozesses automatisiert ausgeführt werden können. Services stellen wohl definierte Funktionalitäten über eine standardisierte Schnittstelle anderen Services oder Anwendungen zur Verfügung und werden durch Software-Komponenten realisiert. Services können zu komplexeren Services zusammengesetzt werden und werden dann als *Service Composites* (dt. zusammengesetzte Services) oder einfach *Composites* bezeichnet.

Registry: Damit Services verschiedenen Nutzern auf effiziente Weise bereitgestellt werden können, bietet sich die zentrale Sammlung in einem Verzeichnis (engl. Registry) an, in dem bestimmte Services gesucht, verglichen, erstellt, modifiziert und gelöscht werden können.

UDDI (engl., *Universal Description, Discovery and Integration*) ist eine im Rahmen einer Industrieinitiative entstandene Spezifikation für eine plattformunabhängige Infrastruktur zur Unterstützung der Dienstanbieter bei der Beschreibung und Veröffentlichung ihrer Services. (vgl. OASIS 2006) Die Initiative vereint zahlreiche Unternehmen, darunter IBM, SAP und Microsoft (vgl. Clement et al. 2004). UDDI liegt zurzeit in der Version V3, spezifiziert von OASIS, vor. UDDI kann sowohl von Services anbietenden Unternehmen als auch Servicenutzern verwendet werden und bildet somit eine grundlegende Technologie für die Suche nach Services. Technisch gesehen stellt UDDI ein verteiltes Datenbanksystem zur Darstellung von Metadaten der Services, wie Providerdaten und Referenzen auf WSDL-Beschreibungen, dar.

Die Beschreibung (engl. Description) der Services ist eine fundamentale Funktion, die erfüllt sein muss, damit Nutzer in der Lage sind, die ihren Bedürfnissen entsprechenden Services (möglicherweise durch zahlreiche Merkmale charakterisiert) auffinden und einsetzen zu können. Ausgehend von einer rein syntaktischen Betrachtung der Services können durch eine semantische Betrachtung (z. B. Gleichbehandlung von Synonymen wie „Trip Time“ und „Trip Duration“) Service-Beschreibungen unternehmensindividuell und stärker natürlichsprachlich erfolgen. Die Semantik beschäftigt sich mit der Bedeutung und den Zusammenhängen zwischen Konzepten.

Gemäß der W3C ist WSDL ein XML-basiertes Format, das Services als Verbindungsendpunkte beschreibt, deren Funktionsausführung durch Nachrichten, die dokumenten- oder prozessorientierte Informationen beinhalten, ausgelöst wird. (vgl. OASIS 2005)

Im abstrakten Teil eines WSDL-Dokuments werden die Schnittstelleneigenschaften (das heißt vom Service angebotene Operationen) eines Web Services beschrieben. Im konkreten Teil eines WSDL-Dokuments sind sämtliche Details für den physischen Verbindungsaufbau (das heißt ein Kommunikationsprotokoll und eine Zugriffsadresse) aufgeführt. Die Beschreibung sämtlicher Elemente mit WSDL erfolgt lediglich auf syntaktischer Ebene. (vgl. Christensen et al. 2001, S. 1)

Anwendungen

Auf der Funktionsebene der *Anwendungen* werden alle technischen Applikationen in einem Unternehmen, wie z. B. CRM-Systeme, ERP-Systeme, Datenbanken, Analysewerkzeuge, beschrieben. Der Einsatz dieser Systeme erfüllt wesentliche informationstechnische Funktionen des jeweiligen Unternehmens. Bei Einführung einer SOA kann nun ein Ziel darin bestehen, die Funktionalitäten der Anwendungen und Altsysteme (engl. Legacy Systems) durch Kapselung als Service bereitzustellen, um ihn über Orchestrierung mit anderen Services verbinden zu können.

Technische Infrastruktur

Die Funktionsebene *Technische Infrastruktur* adressiert alle hardwarenahen Funktionalitäten, die bereitgestellt werden müssen, um die Funktionalitäten der oben vorgestellten Ebenen realisieren zu können. Hierzu gehören systemnahe Software (z. B. verschiedene Betriebsysteme und Datenbankmanagementsysteme) sowie Netzwerkmanagement, Fragen des Speicherbedarfs und Transportmechanismen.

Integration

Durch die vertikale Ausrichtung der Funktionsebene *Integration* soll auf den übergreifenden Charakter der Ebene hingewiesenen werden. Integration ist sowohl auf der Geschäftsprozessebene bedeutsam, wo eine Zusammenführung von Prozessdaten und Geschäftsregeln angestrebt wird (hier gibt es Berührungspunkte zum Business Process Management und zu Business Rules – dt. Geschäftsregeln), als auch auf den weiteren Ebenen, wie z. B. den Aufbau eines zentralen Datenmodells für die semantische Beschreibung von Services. Hervorzuheben ist der Enterprise Service Bus (ESB) (vgl. Abschnitt 11.4.4).

Messaging bezieht sich auf die Mechanismen des Nachrichtenaustauschs, der in einer SOA über die verschiedenen Funktionsebenen hinweg gewährleistet sein muss. SOAP ist eine bekannte Möglichkeit, dies zu realisieren.

SOAP Version 1.2 (ursprünglich für Simple Object Access Protocol – wird jetzt aber nicht mehr verwendet, da es mittlerweile eine unzutreffende Bezeichnung ist) stellt die Definition von XML-basierten Informationen bereit, die für den Austausch von strukturierten Nachrichten zwischen Computersystemen in einer dezentralisierten und verteilten Umgebung eingesetzt werden können. SOAP ist prinzipiell ein zustandsloses, Ein-Wege-Nachrichtenaustausch-Paradigma, aber Anwendungen können komplexere Interaktionsmuster (z. B. Request/Response, Request/Multiple Responses) erstellen, indem sie diesen Ein-Wege-Austausch mit Konzepten darunter liegender Protokolle kombinieren. Eine verbreitete Kombination ist SOAP über HTTP und TCP/IP. (vgl. W3C 2006)

Servicemanagement

In der *Servicemanagement*-Ebene sind übergreifende Aspekte des Managements der Services enthalten: Service Level Management, Servicelebenszyklus- und Portfoliomanagement sowie Sicherheit. Die ersten beiden Komponenten werden weiter unten im Kapitel erklärt. Im Rahmen des *Service Level Managements* wird sichergestellt, dass Services entsprechend vereinbarter Qualitäts- und Performanzniveaus erbracht werden. Dazu müssen die Services mit geeigneten Ressourcen versorgt (engl. Provisioning), die Einhaltung der Service Levels überwacht (engl. Monitoring) und die Nutzung der Services gemessen werden (engl. Metering).

Aufgabe des *Servicelebenszyklus- und Portfoliomanagements* ist es, das gesamte Portfolio der Services über den gesamten Lebenszyklus der einzelnen Services hinweg zu pflegen. Entscheidungen, Überwachung und Kommunikation bezüglich der Neueinführung, Migration und Abschaltung der Services sind hier relevante Aufgaben.

Die *Sicherheit* der Architektur und der verwendeten Services muss gewährleistet werden. Dazu gehört, dass nur autorisierte Nutzer die Services nutzen, verändern oder neu hinzufügen dürfen bzw. Zugriff auf die Komponenten der serviceorientierten Architektur (z. B. den Enterprise Service Bus) haben. Auch der Zugriff auf ausgetauschte Informationen darf nur für autorisierte Nutzer möglich sein. Dazu müssen die Nachrichten zwischen den Systemen und Services geeignet verschlüsselt werden. Zur Sicherheit gehört aber auch, dass die eigentlichen Data Center mit ihrer Hardware physische Zugangskontrollen aufweisen und geeignete Mechanismen für Katastrophen bzw. sonstige Störfälle implementiert sind. WS-Security und WS-Trust sind Spezifikationen, die sich mit der Sicherheit von Web Services beschäftigen.

11.4.4 Technische Komponenten

Um die verschiedenen Technologien, die im SOA-Stack aufgeführt sind, umzusetzen, gibt es verschiedene technische Komponenten. Das Zusammenspiel der Komponenten setzt den SOA-Stack um und bildet die technische Infrastruktur für eine SOA. Die wichtigsten Komponenten sind in Abbildung 11-8 dargestellt.

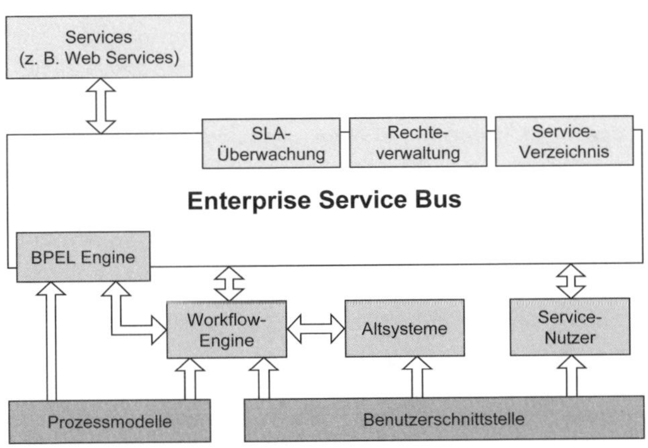

Abbildung 11-8: Technische Komponenten einer SOA

Wesentlicher Bestandteil einer serviceorientierten Architektur sind Services. Meistens werden Web Service-Technologien verwendet, um Services zu implementieren. Web Services werden auf einem Applikationsserver ausgeführt, der auch die WSDL-Beschreibung der Serviceschnittstelle zur Verfügung stellt.

Als zentrale Einheit für den Nachrichtenaustausch, insbesondere zwischen Web Services, kann ein Enterprise Service Bus (ESB) verwendet werden, auch wenn dies nicht notwendig ist. Der Hauptbestandteil eines ESB ist eine Nachrichtenwarteschlange (engl. Message Queue), welche

Nachrichten synchron oder asynchron übermittelt. Ein ESB kann je nach Hersteller mehr Funktionen bereitstellen, von denen einige im Weiteren erläutert werden.

Um die funktionalen und nicht-funktionalen Anforderungen an einen Service zu beschreiben, können Service Level Agreements (SLA) benutzt werden. Es besteht die Möglichkeit, die Einhaltung dieser SLA automatisch zu überwachen. Hierzu kann entweder eine spezielle Applikation zuständig sein, oder die Überwachung kann durch den ESB vorgenommen werden.

Weiterhin sind Services meist mit bestimmten Zugriffsrechten versehen. So dürfen z. B. auf Services der Buchhaltung nicht alle Mitarbeiter unbeschränkt zugreifen. Meist werden die Zugriffsrechte entweder durch den ESB oder durch den Applikationsserver, auf dem die Services ausgeführt werden, durchgesetzt.

Eine weitere wichtige Komponente ist das Service-Verzeichnis. Dieses stellt Informationen zu allen Services bereit und macht diese auffindbar. Für Web Services wird meist UDDI verwendet.

Falls in der SOA Prozesse durch WS-BPEL umgesetzt werden, muss es eine BPEL-Engine geben, die WS-BPEL ausführt. Manchmal ist diese Engine auch Teil des ESB. Die WS-BPEL-Dateien können aus grafischen Prozessmodellen generiert werden. Üblich ist beispielsweise, BPMN-Modelle nach WS-BPEL zu übersetzten.

Wenn Benutzerinteraktionen durch Workflow-Management umgesetzt werden sollen, muss eine Workflow Engine bereitgestellt werden. Teilweise konvergieren BPEL-Engines und Workflow Engines, sodass es inzwischen möglich ist, eine Engine für beide Zwecke zu verwenden. Auch für Workflow Engines werden Prozessmodelle verwendet, wobei sich hier für die grafische Notation kein übergreifender Standard durchgesetzt hat.

Da Unternehmen fast immer Altsysteme haben, müssen diese in die SOA eingebunden werden. Dies kann entweder durch eine Kapselung von Funktionen in Services, durch eine Einbindung der Altsysteme in Workflows oder durch spezielle Adapter des ESB geschehen.

Als Servicenutzer können auch Applikationen entwickelt werden, welche zur Umsetzung ihrer Funktionen Services verwenden. Genauso wie Altsysteme oder Workflows können solche Applikationen eine Benutzerschnittstelle in der SOA bereitstellen.

Zur Umsetzung einer SOA sind nicht alle technischen Komponenten notwendig. Wenn z. B. auf die Modellierung von Prozessen verzichtet wird, so wird eine BPEL-Engine nicht benötigt. Wenn Prozesse in der SOA unterstützt werden sollen, so kann jedoch auf keine Komponente verzichtet werden.

11.4.5 Prozessunterstützung in der SOA

Durch die Einführung einer SOA für betriebliche Softwaresysteme wird es möglich, Geschäftsprozessstrukturen in den IT-Systemen abzubilden. Dadurch wird eine größere Flexibilität der IT-Systeme bei Änderung der Geschäftsprozesse erreicht.

Ausrichtung von Services an Prozessen

Damit in einer SOA Prozesse unterstützt werden können, müssen Services an den Aktivitäten in Geschäftsprozessen ausgerichtet sein. Ziel ist es, dass jede Aktivität im Geschäftsprozess durch einen Service unterstützt wird, wie auf den Geschäftsprozessebenen in Abbildung 11-6 zu sehen ist.

Um dieses Ziel zu erreichen, muss die Konzeption der Services ausgehend von den Geschäftsprozessen Top-Down erfolgen. Dies steht im Gegensatz zum Bottom-Up Vorgehen, bei dem Services aus Altsystemen abgeleitet werden und das sich eher für die Integration von Systemen im Sinne der EAI eignet. Um Services abzuleiten, muss in den Prozessmodellen neben dem Steuerfluss auch der Datenfluss modelliert werden. Aus den Datenein- und -ausgaben von Aktivitäten werden Datenein- und -ausgaben von Services.

Es ist erstrebenswert, Aktivitäten in verschiedenen Prozessen mit gleicher Granularität zu modellieren, sodass in verschiedenen Prozessen gleiche Aktivitäten vorkommen. Dadurch können entsprechende Services in verschiedenen Prozessen wiederverwendet werden. Um dieses Ziel zu erreichen, kann eine Domänenanalyse im Unternehmen parallel zur Prozessanalyse vorgenommen werden. Domänen gruppieren funktional gleiche oder ähnliche Bereiche im Unternehmen. Indem Prozessaktivitäten Domänen zugeordnet werden, lassen sich gleichartige Aktivitäten leichter identifizieren, wodurch die Wiederverwendbarkeit der diese Aktivitäten unterstützenden Services steigt.

Prozessorchestrierung mit BPMN und WS-BPEL

Nachdem alle Aktivitäten im Geschäftsprozess durch Services unterstützt werden, muss ein ausführbares Prozessmodell erstellt werden, welches die Reihenfolge der Serviceaufrufe beschreibt. Wie erwähnt, kann eine solche Orchestrierung aus Geschäftsprozessmodellen, die beispielsweise in der BPMN modelliert sind, generiert werden.

Die generierten ausführbaren Prozesse, beispielsweise WS-BPEL, sind aufgrund ihrer Struktur aus fachlicher Sicht schwer verständlich. Daher sollte versucht werden, so viele technische Details wie möglich in den grafischen Prozessmodellen darzustellen. Dies bedeutet insbesondere, dass die Transaktions- und Fehlerbehandlung modelliert werden muss.

Zu beachten ist bei der technischen Umsetzung der Prozesse weiterhin, dass zur Prozessunterstützung meist Benutzerinteraktionen notwendig sind. Da diese wie oben beschrieben z. B. in WS-BPEL nicht vorgesehen sind, müssen Lösungen entsprechend der zur Verfügung stehenden technischen Infrastruktur erarbeitet werden.

Verwendung von Referenzmodellen

Referenzmodelle sind Informationsmodelle, deren Gegenstand oder Inhalt ganz oder teilweise wieder verwendet werden können, um ein Anwendungsmodell zu konstruieren (vgl Referenzmodell in Abschnitt 4.3). Referenzmodelle können auf diese Weise helfen, vorhandenes Best-Practice-Wissen in eine SOA-Implementierung einzubeziehen und den Integrationsaufwand zwischen Unternehmen zu verringern (z. B. einheitliche Granularität und Namensgebung der Prozesse/Aktivitäten/Services, einheitliche Datenmodelle; vgl. auch Kapitel 9 „Datenmodellierung und Datenintegration").

Referenzmodelle, die im Kontext der SOA Wiederverwendungspotenziale fördern können, reichen von Vorschlägen zu in der Geschäftspraxis gängigen Prozessen, wie z. B. *RosettaNet Partner Interface Processes* (*PIP*) oder Geschäftsszenarien der *OAGi* (standardisierte Choreografien zum Austausch von Geschäftsdokumenten) bis zu semantischen Festlegungen von einheitlich zu verwendenden Terminologien und Geschäftsdokumenten (meist XML-basiert), wie z. B. die *Universal Business Language (UBL)* oder das *RosettaNet Technical Dictionary*. Aufgrund der Vielseitigkeit und Herausbildung spezieller Merkmale in Geschäftssituationen wird die Wiederverwendung von allgemeingültigen Modellen erschwert. Besonderes Augenmerk ist daher auf die geplante und methodische Anpassung von Referenzmodellen zu richten.

Exkurs 11-3: Einführung einer serviceorientierten Architektur

Aufgrund des hohen Konkurrenzdrucks werden in der MSD Bank sehr häufig Änderungen an den Prozessen und der Organisationsstruktur durchgeführt. Außerdem werden oft neue Produkte eingeführt, um sie attraktiven Konkurrenzprodukten entgegenzusetzen und damit Kundenabwanderung zu verringern. In der Vergangenheit scheiterten derartige Vorhaben oft an der IT-Abteilung. Die abgeschätzten Kosten und die Laufzeit eines nötigen IT-Projekts waren zu hoch. Zudem mussten oft teure, externe Beratungen engagiert werden, da die internen Ressourcen bereits mit der Pflege der derzeitigen Systeme ausgelastet waren. Deshalb entschied sich das Management dazu, die IT-Architektur des Unternehmens schrittartig auf eine serviceorientierte Architektur umzustellen.

Zunächst wird der Kreditbearbeitungsprozess umgesetzt. Dieser wurden bisher in verschiedenen Abteilungen des Unternehmens zwar ähnlich ausgeführt, es werden jedoch dazu zahlreiche verschiedene IT-Systeme mit sich stark überschneidender Funktionalität eingesetzt. Die Folge ist, dass bei Prozessänderungen und bei Veränderungen der legalen Anforderungen sehr viele Systeme angepasst werden müssen.

Die Einführung einer serviceorientierten Architektur schafft Abhilfe. Zunächst werden daher die Prozesse der Abteilungen mit BPMN modelliert und dabei so weit wie möglich nach dem Best-Practice-Prinzip vereinheitlicht. Das heißt, es werden die besten Prozesse und Prozessbestandteile ausgewählt und miteinander kombiniert. Außerdem werden dazu die gemeinsamen Funktionalitäten der Systeme identifiziert, die besten ausgewählt, in Services gekapselt und um fehlende Funktionalität erweitert. Dann werden diese Services gemäß der modellierten Prozesse orchestriert (Wiederverwendung in mehreren Prozessen). Die nicht mehr benötigten Altsysteme können schrittweise außer Betrieb genommen werden.

Prozessveränderungen können nach der Einführung der SOA oft relativ einfach durch Veränderung der Orchestrierung und minimale Anpassung der Services im IT-System nachgezogen werden. Das zeigt sich, als ein neues Scoring-Modul zur Kreditbewertung eines externen Dienstleisters in den Prozess eingebaut wird. Der externe Anbieter stellt diesen Service als Web Service zur Verfügung. Mithilfe der technischen Dokumentation sowie der WSDL-Datei und nach einigen Telefonaten mit dem technischen Support des Dienstleisters kann der Service einfach durch Veränderung des BPMN- bzw. BPEL-Prozessmodells in den Prozessablauf integriert werden und über SOAP aufgerufen werden.

11.4.6 Management einer SOA

Bei der Einführung einer SOA ist der organisatorische Aspekt nicht zu vernachlässigen. Die Einführung und der Betrieb einer SOA sind sehr komplex. Häufig scheitern SOA-Projekte auf der Managementebene: „When talking about enterprise IT, it is important to realize that many – if not most – of the problems associated with it are not of a technical nature but can be found on the organizational level instead." (vgl. W3C 2003) Abbildung 11-9 zeigt eine Übersicht über die wichtigsten SOA-Managementaktivitäten.

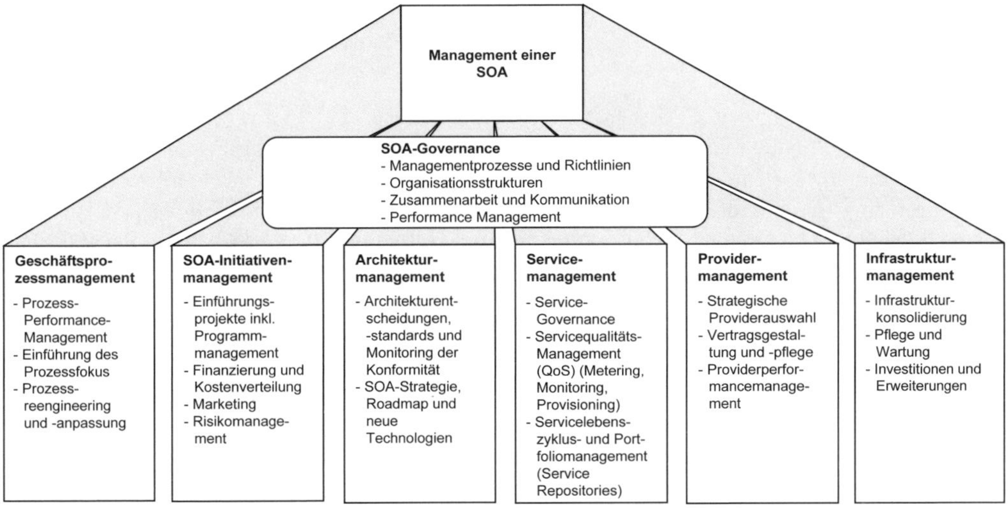

Abbildung 11-9: Überblick SOA-Management

Im Rahmen des Geschäftsprozessmanagements müssen bestehende Geschäftsprozesse modelliert, verändert und in ihrer Leistung bewertet sowie neue Geschäftsprozesse eingeführt werden. Die Aufgabe des SOA-Initiativenmanagements ist es, die großen SOA-Einführungsprojekte zu planen, zu führen und zu überwachen und die Akzeptanz im Unternehmen zu fördern. Durch das Architekturmanagement werden Architektur- und Technologievorgaben erarbeitet und deren Einhaltung in den IT-Projekten nachgehalten. Hier wird auch eine Architekturroadmap erarbeitet, in der der geplante Entwicklungspfad der IT-Architektur des Unternehmens ausgehend vom derzeitigen Stand dokumentiert wird. Das Servicemanagement beschäftigt sich mit dem Management der einzelnen Services entlang ihres Lebenszyklusses und im Zusammenhang mit anderen Services als Serviceportfolio. Fragen, wann welcher Service wie migriert, entwickelt, eingeführt, oder außer Betrieb genommen wird, spielen eine besondere Rolle. Durch die Verwendung von Services mit klar definierten Schnittstellen wird es in der Zukunft möglich, einen größeren Anteil der IT-Dienstleistungen von einer größeren Anzahl von Service-Providern einzukaufen. Das Providermanagement muss dieser gesteigerten Komplexität Rechnung tragen und für die strategische Providerauswahl, die zentrale Vertragsgestaltung und stetige Verbesserung der Providerperformance sorgen. Die Infrastruktur stellt die technische Grundlage zur Verfügung, auf der die Services ablaufen. Sie muss permanent gewartet und entsprechend den Anforderungen erweitert werden. Trends, die in der SOA verstärkt relevant sind, sind die Virtualisierung der Hardware bzw. der Infrastrukturkonsolidierung. Einen Rahmen über alle Managementaktivitäten bildet die SOA-Governance, die im Folgenden im Detail betrachtet wird.

11.4.7 SOA-Governance

Dieser Abschnitt beschäftigt sich mit dem Begriff „SOA-Governance" und gibt einen Überblick über die wichtigsten Komponenten.

Begriff „SOA-Governance"

Der Begriff „SOA-Governance" lässt sich ausgehend vom Begriff „IT-Governance" definieren. IT-Governance ist folgendermaßen definiert: „[The] distribution of IT decision-making rights and responsibilities among enterprise stakeholders, and the procedures and mechanisms for making and monitoring strategic decisions regarding IT." (Krafzig et al. 2005, S. 9) Es geht dabei nicht darum, wie einzelne Entscheidungen gefällt werden, sondern um die Ausgestaltung der Entscheidungsrechte und der Zuständigkeiten, um zielgerichtet das Verhalten in der Benutzung der IT zu beeinflussen.

SOA-Governance bezieht sich auf die IT-Governance in Unternehmen, die die SOA als Architekturparadigma verwenden oder diese planen. „SOA governance is more than providing governance for SOA efforts; it is how IT governance should operate within an organization that has adopted SOA as their primary approach to enterprise architecture." (Peterson 2004, S. 8)

SOA-Governance befasst sich mit Organisationsstrukturen, Managementprozessen, Richtlinien, der Zusammenarbeit zwischen Business und IT sowie dem Performance Management in den Bereichen Geschäftsprozess-, Architektur-, Service-, Provider- und Infrastrukturmanagement sowie dem Management von SOA-Einführungsprojekten. Im Bereich des Servicemanagements kann auch der Begriff „Service-Governance" verwendet werden. Sie stellt einen Schwerpunkt der SOA-Governance dar.

Ausgestaltung der SOA Governance

Wie in Abbildung 11-10 dargestellt, gehören zur *SOA-Governance* Organisationsstrukturen, Richtlinien und Managementprozesse, Performance Management sowie die Zusammenarbeit und Kommunikation zwischen Geschäftseinheiten und IT.

Im Rahmen der *Organisationsstrukturen* wird festgelegt, welche Organisationsstruktur die IT hat und welche Gremien sowie Rollen mit Verantwortlichkeiten es geben muss, um eine SOA sinnvoll zu managen. Mitra schlägt eine Domänen-Verantwortung vor (Bloomberg 2004, S. 9), in der die IT-Domänen mit entsprechender Verantwortung für die Services der Struktur der Geschäftseinheiten nachempfunden sind (vgl. Abbildung 11-11). Dies stellt eine Möglichkeit dar, die IT-Organisation an die Anforderungen einer SOA anzupassen. Geschäfts- und IT-Verantwortliche müssen die Services und angeschlossenen Applikationen ihrer Domäne managen sowie die zugehörigen SLA verhandeln, pflegen und überwachen. Daneben müssen zentrale Governance-Gremien geschaffen werden. Der SOA-Architekturrat erarbeitet und überwacht Architekturroadmaps und die Architektur und Technologien betreffende Richtlinien, die in den einzelnen Projekten durchgesetzt werden müssen. Ein zentrales Serviceportfoliomanagement stellt sicher, dass die richtigen Services erstellt werden, forciert Wiederverwendung und kümmert sich um den Lebenszyklus der Services. Ein SOA-Kompetenzzentrum (engl. SOA Center of Competence) sorgt für den Austausch von SOA-spezifischem fachlichen und technischen Wissen sowie Erfahrungen über die Domänen hinweg.

Abbildung 11-10: Gestaltungskomponenten der SOA-Governance

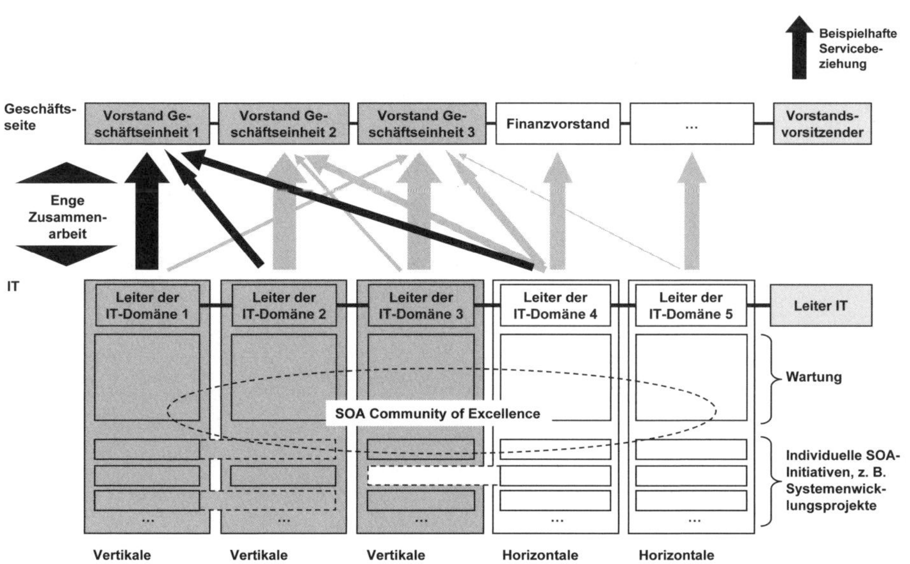

Abbildung 11-11: Domänenstruktur mit der strategischen und operativen Ebene

Die *Managementprozesse und Richtlinien* (*engl. Policies*) bestimmen Vorgaben zu Abläufen, die in den Organisationsstrukturen ablaufen. Beispiele sind Abstimmungsprozesse zur Neueinführung und Migration von Prozessen, Vorgaben zur Wiederverwendung und Regeln zu Investitionen in das Serviceportfolio. Wichtig, ist, dass für die Aktivitäten klar geregelte Verantwortung (engl. *Ownership*) festgelegt werden.

Ein besonderer Schwerpunkt liegt auf der *Zusammenarbeit und Kommunikation* zwischen der Geschäftsseite und der IT, z. B. bezüglich notwendiger Services, deren funktionalen Anforderungen und Service Levels sowie potenzielle Verbesserungen. Zur Koordination von existierenden und neuen Services bieten sich wiederkehrende Workshops mit den Stakeholdern in den Geschäftsbereichen, eingehende Analysen der Servicekandidaten sowie des gesamten Serviceportfolios und Geschäftswertanalyse-Workshops für die Entscheidungsfindung an. Diese Mechanismen müssen im Rahmen von klar definierten *Abstimmungsprozessen* festgelegt werden (vgl. Mitra 2005).

Schlussendlich muss die Leistung der SOA-bezogenen Aktivitäten und deren Akteure gemessen, überwacht und verbessert werden. Das ist Aufgabe des *Performance Management*. Als wichtiges Mittel zur Motivation und Steuerung der Entscheidungen wird die Kostenverrechnung und Budgetierung für die Kosten der Serviceeinführung und des Servicebetriebs betrachtet.

Mithilfe der SOA-Governance muss ein ausgewogenes Verhältnis zwischen zentraler Verwaltung und dezentraler Flexibilität erreicht werden, um eine adäquate IT-Unterstützung der Geschäftsbereiche zu gewährleisten. Ein zentrales Informationsportal stellt ein wichtiges Tool für die SOA-Governance dar. In ihm werden Governance-relevante Informationen, z. B. die Regeln abgelegt und gepflegt. Bei der Einführung einer SOA ist außerdem *Führungsstärke* (engl. *Leadership*) ein wichtiger Erfolgsfaktor. Demzufolge muss genügend Topmanagementunterstützung vorhanden sein. Nur so kann die Bereitstellung der nötigen personellen Ressourcen, der finanziellen Mittel sowie die Konformität mit der Strategie und den aufgestellten Regeln des Unternehmens sichergestellt werden.

11.4.8 Servicemanagement

Services sind ein zentraler Bestandteil serviceorientierter Architekturen. Nach der erfolgreichen Definition und Implementierung müssen sie während ihres gesamten Lebenszyklus und in ihrer Gesamtheit als Portfolio gemanagt werden. Ein wichtiger Teil der Managementaufgaben in SOA ist deshalb das Servicemanagement.

Der Begriff „Servicemanagement“ umfasst alle Verwaltungs-, Pflege-, Wartungs- und Kommunikationstätigkeiten bezüglich der im Unternehmen verwendeten SOA-Services, also der als Software realisierten über Schnittstellen aufrufbaren Funktionalitäten. Es ist nicht mit dem generellen IT-Servicemanagement gleichzusetzen, welches sich mit allen IT-Services im Unternehmen, z. B. auch Netzwerkdiensten, Desktop-Hardwareservices und Druckerwartung, beschäftigt. Vielmehr stellen die Services der SOA einen Ausschnitt aller IT-Services dar. Somit gelten die Erkenntnisse des IT-Servicemanagements auch für die Services der SOA, sie müssen aber aufgrund spezieller Anforderungen konkretisiert werden. Deshalb wird hier die IT-Servicemanagement-Definition gemäß ITIL angegeben. In ITIL (IT Infrastructure Library, derzeit Version 2 – in Überarbeitung), einer umfassenden und erprobten Best-Practice-Sammlung des OGC (Office of Government Commerce) für das IT-Servicemanagement, wird IT-Servicemanagement wie folgt definiert: „The implementation and management of Quality IT Services that meet the needs of the Business. IT Service Management is performed by IT Service Providers through an appropriate mix of people, Process and Information Technology." (vgl. Mitra 2005) Das Servicemanagement stellt in SOA nur einen Teil der notwendigen Managementtätigkeiten dar. Weitere Aktivitäten sind das Geschäftsprozessmanagement, das Architekturmanagement, das Infrastrukturmanagement, das Einführungsmanagement und das strategische Providermanagement.

Das Servicemanagement beinhaltet folgende Bereiche: Service-Governance, Servicelebenszyklus- und Portfoliomanagement sowie Servicequalitätsmanagement (vgl. Abbildung 11-12). Service-Governance wurde bereits als Teil der SOA-Governance dargestellt. Das Servicelebenszyklus- und Portfoliomanagement wird im Folgenden näher erläutert. Das Servicequalitätsmanagement beschäftigt sich wie erwähnt mit der Einhaltung der Service Level.

Abbildung 11-12: Bereiche des Servicemanagement

Spezielle Anforderungen an das Servicemanagement in SOA

Den bereits genannten Vorteilen einer SOA stehen zahlreiche Herausforderungen gegenüber. Der Grund dafür ist die verteilte Architektur, insbesondere den Services. Deshalb muss in Unternehmen, die SOA verwenden, ein spezielles Servicemanagement realisiert werden. Es ist notwendig, ein zentrales und konsistentes Servicemanagement aufzubauen, die Wiederverwendung zu forcieren, die stabile Bereitstellung von Services über organisatorische Grenzen hinweg sicherzustellen, die Risiken zu managen sowie die Services strikt an den Bedürfnissen der Geschäftsseite auszurichten.

Die Services liegen in Unternehmen in hoher Anzahl unterschiedlichen Granularitätsstufen und in unterschiedlichen Lebenszyklusphasen vor und sind unabhängige, gekapselte sowie bewegliche Elemente. Sie werden von verschiedenen Organisationsteilen an verschiedenen Orten innerhalb und außerhalb des Unternehmens bereitgestellt. Sie werden in weiten Teilen über das Unternehmen hinweg wiederverwendet und stellen häufig die Basiselemente eines Geschäftsprozesses dar. Diese Situation birgt zahlreiche Risiken. Zum einen kann leicht der Überblick über das ganze System verloren gehen, zum anderen kann der Ausfall auch nur eines Services negative Auswirkungen auf verschiedene wichtige Geschäftsprozesse haben.

Servicelebenszyklus- und Portfoliomanagement

Das Portfoliomanagement ist folgendermaßen definiert: „The Process responsible for managing the Portfolio of Services. Portfolio Management includes maximising the value to the Business of existing and proposed new IT Services, and identifying the need to create new IT Services and retire IT Services that are no longer of value. The detailed Planning and implementation work is carried out as part of the Service Planning Process." (OGC 2006, S. 21) Nach Richter ist es die Aufgabe der IT-Organisation, das Portfolio der Services aktiv zu managen. Folgende Aufgaben werden genannt: einheitliche Dokumentation der Geschäftsservices, Ausrichtung der Services an den Anforderungen der Geschäftsprozesse, umfassende Planung der Fortentwicklung des Serviceportfolios, Dokumentation und Überwachung der Nutzungsbeziehungen und Lastvereinbarungen sowie Berücksichtigung von Standards bei der Portfolioentwicklung (OGC 2006).

Das Servicelebenszyklusmanagement ist eng mit den Aktivitäten des Portfoliomanagements verbunden. Servicelebenszyklusmanagement ist die Koordination und Planung der mit den Diensten zusammenhängenden Aktivitäten in allen Phasen des Lebenszyklus: Identifikation und Planung, Erarbeitung des Konzeptes, Anforderungsdefinition, Servicedesign, Implementierung, Einführung und Inbetriebnahme, Betrieb, Außerbetriebnahme sowie insbesondere Updates und Migrationen der Services.

Aufgrund der speziellen Beziehung zwischen Serviceanbietern und -nachfragern müssen zwei verschiedene Lebenszyklen betrachtet werden: der Servicelebenszyklus (engl. Service Lifecycle) für Anbieter und der für Konsumenten (Abbildung 11-13). Der Anbieter-Lebenszyklus beschäftigt sich mit dem Management der Anforderungen an die Services, der Zugriffskontrolle und der Sichtbarkeit der Services, dem Veröffentlichen der Services mit dem Ziel der Wiederverwendung, der Weiterentwicklung und Migration sowie dem Management der Infrastruktur. Der Konsumenten-Lebenszyklus beinhaltet die Untersuchung der Serviceverfügbarkeit und -fähigkeiten, die Verhandlung mit dem Anbieter über die Nutzungsbedingungen sowie das Überprüfen und das Reporting der Dienstqualität sowie das Änderungsmanagement bei bereits konsumierten Services. (Richter 2005) Andere Lebenszyklusmodelle sind das von ITIL (Anwendungslebenszyklus: „Requirements", „Design", „Build", „Deploy", „Operate" und „Optimise" (Systinet 2006)), von Woolf (Servicelebenszyklus: „Planned", „Test", „Active", „Deprecated" und „Sunsetted" (OGC 2002)) sowie von GERAM („Identification", „Concept", „Requirements", „Design", „Implementation", „Operation" und „Decommission" (Woolf 2006)).

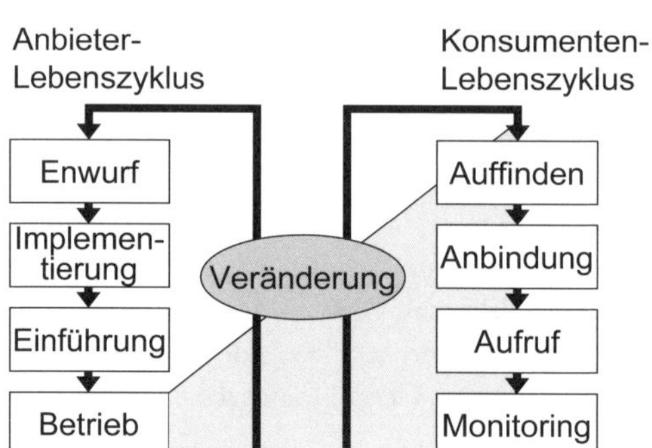

Abbildung 11-13: Servicelebenszyklus-Modell für Anbieter und Konsumenten (IFAC/IFIP 1999, S. 10)

Um das Servicelebenszyklus- und Portfoliomanagement effizient ausführen zu können und insbesondere das Ziel der Wiederverwendung der Web Services zu erreichen, ist zentrales Metadatenmanagement in Registries bzw. Repositories unablässig. Semantische Beschreibungsstandards

(z. B. WSMO – Web Services Modeling Ontology, OWL – Web Ontology Language, OWL-S – Web Ontology Language for Services und SAWSDL – Semantically Annotated Web Service Description Language) helfen, eine semantische Beschreibung der Anforderungen auf Geschäftsprozessebene sowie der Charakteristiken der bestehenden Web Services in funktionaler und nichtfunktionaler Hinsicht zu realisieren. Mit deren Hilfe können die zur gewünschten Geschäftsprozessfunktionalität passenden Web Services einfacher aufgefunden (engl. Semantic Discovery bzw. Semantic Matching – dt. semantisch unterstützte Dienstsuche) und möglichst automatisch orchestriert werden.

11.4.9 Einordnung in die Systemanalyse

Da die SOA alle Aspekte von prozessorientierten IT-Architekturen miteinander integriert, eignet sie sich in vielen Fällen, in denen die Prozessunterstützung der IT verbessert werden soll. Je nach in der Potenzialanalyse ermitteltem Bedarf können auch nur Teilaspekte der SOA implementiert werden. So ist es möglich, Technologien und Konzepte der SOA für die reine Anwendungsintegration zu verwenden.

Der genaue Umfang des SOA-Projekts muss im Sollkonzept festgelegt werden. In bestehenden Unternehmen ist hier insbesondere die Anzahl und Art der betrachteten Prozesse sowie der Altsysteme entscheidend. Außerdem muss entschieden werden, von welchen Herstellern die technischen Komponenten bezogen werden. Das Vorgehen, nachdem diese Entscheidungen gefallen sind, wurde oben erläutert. Beim Top-Down-Ansatz werden die Prozesse analysiert und so weit verfeinert, dass sich Services und Orchestrierungen ableiten lassen. Beim Bottom-Up-Ansatz werden Altsysteme analysiert und gekapselt. Schließlich werden die Services implementiert und zur Ausführung im Unternehmen zusammen mit den Orchestrierungen bereitgestellt.

11.5 Weiterführende Literatur

Zu Workflow-Management-Systems:

Maurer, G.: Von der Prozessorientierung zum Workflow Management. Teil 2: Prozessmanagement, Workflow Management, Workflow-Management-Systeme. Arbeitspapiere WI – Nr. 10/1996. Mainz: Lehrstuhl für Allgemeine BWL und Wirtschaftsinformatik. Universität Mainz 1996.

Zur Enterprise Application Integration:

Keller, W.: Enterprise Application Integration – Erfahrungen aus der Praxis. Dpunkt, Heidelberg 2002.

Linthicum, D.S.: Enterprise Application Integration. Addison-Wesley Longman, Amsterdam 2000.

Zur serviceorientierten Architektur:

Erl, T.: Service-Oriented Architecture – Concepts, Technology, and Design. Prentice Hall Professional Technical Reference, Upper Saddle River, NJ 2005.

Krafzig, D.; Banke, K.; Slama, D.: Enterprise SOA – Service-Oriented Architecture Best Practices. Prentice Hall, Upper Saddle River, NJ 2005.

11.6 Übungsaufgaben

1. Wie lässt sich der Einsatz von WFMS bewerten?
2. Erläutern Sie den Aufbau von WFMS (Referenzarchitektur) und erklären Sie den generellen Ablauf!
3. Skizzieren Sie Integrationsszenarien in der EAI!
4. Nennen Sie alle Ihnen bekannten Basistechnologien, die im Rahmen der EAI eingesetzt werden, und skizzieren Sie diese kurz!
5. Erläutern Sie die Basistechnologien Message Oriented Middleware und Transaction Processing Monitor!
6. Nennen Sie fünf wichtige Aspekte, die bei der Definitionen des Begriffs SOA üblicherweise genannt werden und erläutern Sie diese!
7. Welche Sichten auf die SOA gibt es und wie hängen diese miteinander zusammen?
8. Skizzieren Sie den SOA-Stack und erläutern Sie kurz die Aufgaben einer jeden Schicht!
9. Was ist die Bedeutung der Geschäftsprozessorchestrierung in einer SOA?
10. Welche wesentlichen technischen Komponenten müssen zur Realisierung einer ganzheitlichen SOA vorhanden sein?
11. Wie kann der Erfolg einer SOA im Unternehmen durch geeignete Governance unterstützt werden?

Matthias Trier und Annette Bobrik

12 Systemanalyse im Wissensmanagement

Themenüberblick: Wissensmanagement, Wissen, Prozessanalyse im Wissensmanagement, Software zur Analyse wissensintensiver Geschäftsprozesse, Netzwerkorientierte Systemanalyse, IT-gestützte Netzwerkanalyse im Wissensmanagement, Netzwerkkennzahlen, Computer-Supported Cooperative Work (CSCW), Groupware, Dokumentenmanagementsysteme.

Lernziele: In diesem Abschnitt erlernen Sie die Anwendung von systemanalytischen Methoden, um in einem Unternehmen den Umgang mit Kontextinformationen und aufgebautem Wissen der Mitarbeiter zu verbessern. Zunächst erfordert das eine Begriffsklärung und eine prägnante Auflistung grundlegenden Erkenntnisse im Wissensmanagement. Dann werden Vorgehensweisen gezeigt, wie eine Analyse des Umfelds der Wissensarbeiter in deren wissensintensiven Arbeitsbereich erfolgen kann, um angemessene Wissensmanagementpotenziale zu identifizieren. Hierzu können konventionelle prozessorientierte Modellierungsverfahren um Wissensobjekte erweitert oder netzwerkorientierte Analysen des Wissensaustauschs bzw. der Kommunikation zwischen den Mitarbeitern des Unternehmens eingesetzt werden. Zu beiden Perspektiven lernen Sie ausgewählte Methoden und Möglichkeiten der Softwareunterstützung kennen. Im Ergebnis sind Sie damit in der Lage, im Unternehmen mit einer speziellen prozessorientierten Betrachtung oder einer Netzwerkanalyse Potenziale und Maßnahmen für ein verbessertes Wissensmanagement zu identifizieren. Deren Umsetzung umfasst in der Regel die Einführung technischer Unterstützungsmöglichkeiten. Sie lernen Groupware und Dokumentenmanagement als zwei mögliche Bereiche zur Unterstützung computergestützter Gruppenarbeit kennen.

12.1 Wissensmanagement im Unternehmen

Die Entwicklung von Unternehmen und verstärkter Wettbewerb tragen dazu bei, dass Unternehmen trotz immer kürzerer Produktlebenszyklen mit komplexen Produkten und Services zurechtkommen müssen. Wie können nun neben der Automatisierung einfacher Prozesse gerade in den komplexen und wenig vorhersehbaren und strukturierbaren Bereichen, die von qualifizierten und oft unentbehrlichen Ingenieuren, Chemikern, Softwareentwicklern und anderen Mitarbeitern geprägt sind, effiziente Strukturen geschaffen werden und wie können neue Ideen und aufgebautes Know-how optimal genutzt werden?

Hierzu beschäftigen sich Unternehmen mit dem Thema Wissensmanagement (WM) und setzen dabei vermehrt spezielle systemanalytische Methoden zur Aufdeckung entsprechender Potenziale und zur Ableitung effizienter Unterstützungsmaßnahmen ein.

Die Verbreitung und Bedeutung dieser Entwicklung verdeutlicht eine Untersuchung (KPMG 2003): Vier von fünf Unternehmen begreifen und behandeln Wissen inzwischen als strategische Ressource und schätzen, dass durchschnittlich etwa sechs Prozent des Umsatzes verschenkt werden, wenn das Wissen im Unternehmen nicht effizient genutzt werden kann. Ein weiterer wichtiger Indikator ist das in den letzten drei Jahren bei ungefähr 50 Prozent der Unternehmen kontinuierlich gestiegene Interesse der Vorstandsmitglieder an wirkungsvollen Instrumenten des Wissensmanagements. Bezüglich der angesteuerten Ziele nutzen vier von fünf Unternehmen Wissensmanagement, um Synergien *zwischen* den Einheiten zu nutzen, drei Viertel realisieren einen höheren Kundennutzen, zwei Drittel beschleunigen die Innovation, reduzieren Kosten oder verbessern die Qualität und ein Viertel reduzierte erfolgreich Risiken. Auch die Frage nach der Erfolgsbewertung wird überwiegend positiv betrachtet: Immerhin die Hälfte aller Unternehmen berichtet, das klare finanzielle Verbesserungen erzielt wurden. Daneben wird aber auch zunehmend der immaterielle Nutzen als Erfolgsgröße in Betracht gezogen. Hierbei handelt es sich in erster Linie um Qualitätsverbesserungen (73%), verbesserte Teamarbeit (68%), erhöhte Bearbeitungsgeschwindigkeit (64%) und bessere Entscheidungsqualität an der Kundenschnittstelle (55%).

12.2 Grundlegende Begriffe

Bevor die Anwendung der Systemanalyse zur Identifikation und Umsetzung von Wissensmanagement Potenzialen dargestellt wird, muss die grundlegende Perspektive und das Vokabular definiert werden.

Der Begriff *Wissensmanagement* (engl. Knowledge Management) ist generell definiert als ein unterstützendes System aus organisatorischen und technischen Maßnahmen bzw. Eingriffen mit dem Ziel der aktiven Förderung der Transparenz über das vorhandene Wissen zum Zwecke der verbesserten Wiederverwendung und des Wissensaustauschs, aber auch des Wissensaufbaus und der Wissensspeicherung in einem Unternehmen. Es geht also um Entwicklung und Wiederverwendung von Wissen. Dazu ist eine hohe Transparenz darüber erforderlich, wo und bei wem im Unternehmen welche neue Erfahrungen, Lösungen, etc. entstanden sind (Angebot) und wer diese außer dem Ersteller noch nutzen könnte und auch dürfte (Nachfrage). Darüberhinaus ist der zwischen diesen beiden Punkten befindliche Wissenstransfer zu bewerkstelligen. Wissensmanagement ist also eng mit organisatorischen Maßnahmen verbunden.

Dieser starke Bezug des Wissensmanagements zur *Organisationstheorie* und damit also auch zur primären Perspektive dieses Buchs, der Prozessorganisation, wird in der Wissensmanagementdefinition von Snis (2001) besonders deutlich: „Knowledge Management is the management of the organization towards the continuous renewal of the organizational knowledge base – this means e.g. creation of supportive organizational structures, facilitation of organizational members, putting IT-instruments with emphasis on teamwork and diffusion of knowledge". Wissensmanagement wird demnach in einer Organisation betrieben und versucht, deren Strukturen, Prozesse und Werte zu analysieren und zu beeinflussen. Damit sind Organisationen das Untersuchungsobjekt und gleichzeitig der determinierende Rahmen der Aktivitäten des Wissensmanagements. Wenn ihrer Analyse nicht genug Aufmerksamkeit gewidmet wird, kann die unzureichende Berücksichtigung der komplexen organisatorischen Mechanismen zu einer geringeren Akzeptanz und Erfolgswahrscheinlichkeit der konzipierten Maßnahmen führen. Dies führt zumeist auch dazu, dass Wissensmanagement zum reinen Dokumenten- und Informationsmanagement für Geschäftstransaktionen reduziert wird und dessen eigentliche organisatorische Potenziale nicht umgesetzt werden. Hervorzuheben ist also, dass Wissensmanagement keinesfalls auf eine technische Maßnahme reduziert werden darf, sondern in der Praxis eher an organisatorischen als an technischen Schwierigkeiten scheitern kann.

Ein *Wissensmanagementsystem* ist daher ein Managementsystem aus organisatorischen Maßnahmen die mit technischen Maßnahmen unterstützt werden. Dies entspricht den im Rahmen der Erstellung des Sollkonzepts einer Systemanalyse Möglichkeiten zur Veränderung des Systems.

Bisher wurde jedoch nur festgestellt, dass entstehendes und vorhandenes Wissen mit geeigneten Transfermöglichkeiten wieder verwendet werden muss. Unklar ist jedoch noch, was denn eigentlich den Inhalt des Wissensmanagements ausmacht. Was ist dieses Wissen?

Der Begriff *Wissen* als Betrachtungsgegenstand des Wissensmanagements kann dabei nicht scharf definiert werden, denn es handelt sich dabei letzten Endes um eine komplexe Aktivität mit der z. B. ein Mitarbeiter aus vorhandenen verknüpften Kontextinformationen erfolgsversprechende Handlungen und Entscheidungen ableitet. Es müsste also eigentlich nicht Wissen, sondern wissen heißen, denn es handelt sich um eine Aktivität. Diese Aktivität wissen und das daraus resultierende informierte Handeln gilt es zu unterstützen. Im Unternehmenskontext werden daher als Wissen meist Kontextinformationen im Umfeld eines Mitarbeiters betrachtet, welche diesen bei seinen Entscheidungen und Handlungen unterstützen. Diese müssen nicht zwingend dokumentiert sein – auch der erfahrene Mitarbeiter selbst wird als Ansprechpartner und Quelle von Wissen miteinbezogen.

Beispiele für Wissen im Sinne von handlungsoptimierenden (Kontext-) Informationen sind potenziell relevante Erfahrungen mit speziellen Kunden in einer bestimmten Branche, Schätzungen von Arbeitsaufwänden aufwendiger Projektschritte, detaillierte Kundenkonzepte zu zurückliegenden Anfragen, Lösungsansätze zu einem technischen Problem, erfolgreiche Experimente und Prototypen, beobachtete Fehler einer bestimmten Technologie oder auch Dokumentationen der Besonderheiten eines bestimmten Projekts.

Damit tendiert Wissensmanagement zur Erweiterung des Fokus der Systemanalyse. Bis dato betrachtete diese im Sinne eines prozessorientierten Informationsmanagements die direkt und zwingend erforderlichen sowie vorhersehbaren und a priori modellierbaren Daten zur Ausführung von Prozessaktivitäten, wie z. B. eine Kundennummer oder ein Kreditantragsformular. Nun erweitert sich die Betrachtungsebene um die Einbeziehung einzelner Detailbeispiele, z. B. einen konkreten Fall („Prozessinstanz") einer Kreditbearbeitung mit dessen Besonderheiten, Wissen um die Wünsche eines speziellen Kunden oder ein genaues Instrument zur Prognose bestimmter technischer Effekte. Diese zusätzliche Detailstufe auf Beispielebene steht im Kontrast zur lediglich musterhaften Erfassung des Unternehmens z. B. während einer Systemanalyse zur organisatorischen Prozessverbesserung. Prinzipiell müssten somit zu jeder Aktivität eines Prozesses relevante Kontextinhalte gesammelt und dem ausführenden Mitarbeiter zugestellt werden. Des Weiteren müsste jede Erfahrung eines Mitarbeiters in einem Geschäftsprozess systematisch festgehalten und anderen verfügbar gemacht werden. Insofern ergänzt Wissensmanagement das Portfolio der prozessorientierten Systemanalyse. Darüber hinaus wird in diesem Kapitel auch deutlich gemacht, dass Wissensmanagement auch überdie Prozessbetrachtung hinausgeht, um beispielsweise die Abhängigkeiten von Wissensangebot und -nachfrage zwischen Prozessen oder aber zwischen vielen

Mitarbeitern zu untersuchen. Darauf geht der Abschnitt netzwerkorientiertes Wissensmanagement weiter unten genauer ein.

Die Vielseitigkeit des Einsatzes von Wissensmanagement systematisiert die folgende Abbildung 12-1.

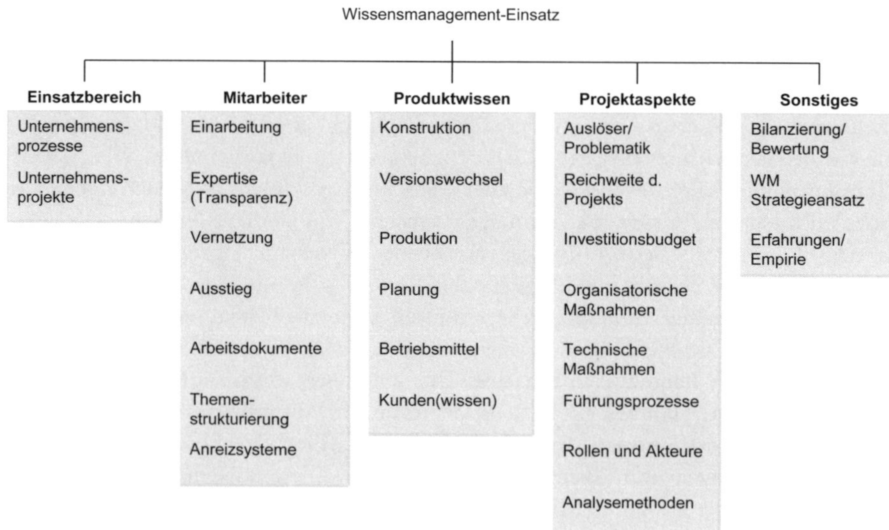

Abbildung 12-1: Einsatz von Wissensmanagement im Unternehmen

12.3 Systemanalyse und Wissensmanagement

Instrumente zur Etablierung eines verbesserten Umgangs mit Kontextinformationen und aufgebautem Wissen im Unternehmen haben sich in *zwei Phasen* entwickelt (vgl. Trier 2005, S. 25).

In der ersten Phase dominierten Ansätze, welche zunächst eine Vision des WM und die Grenzen der Disziplin diskutierten, wie z. B. die Abgrenzungen einer Wissensbasis, das WM im Umfeld von Informationstechnologien, die Aufteilung in Wissensressourcen, Humanressourcen und Wissenstechnologieressourcen oder die ressourcenorientierte Sicht auf das Unternehmen und ihre Bedeutung für das WM. Anschließend begann die Suche nach einer tauglichen Arbeitsdefinition, wobei sich insbesondere die Bestimmung des Untersuchungsobjekts „Wissen" als problematisch darstellt. Beispielsweise betrachteten erste Ansätze Wissen als ein Objekt. Aus dieser strategisch normativen Perspektive auf das Wissensmanagement ging als eine wesentliche Erkenntnis Identifikation der Wichtigkeit impliziten Erfahrungswissens in den Köpfen der Mitarbeiter und die damit zusammenhängenden Schwierigkeiten für das Management dieser wesentlichen Komponente des Unternehmenswissens hervor (vgl. Nonaka und Takeuchi 1995, S. 68). Jedoch gerade diese „weiche" und komplexe Facette stellt die eigentliche Herausforderung des Wissensmanagements dar. Eine Konzentration auf explizite Inhalte führt unweigerlich zurück zum konventionellen Informations-, Content- und Dokumentenmanagement und sollte also an sich auch nicht als Wissensmanagement bezeichnet werden. Analog hierzu ist eine weitere wesentliche Erkenntnis dieser ersten Phase die Unterteilung in zwei wesentliche WM Strategien (Hansen et al. 1999): die Kodifikation, bei der persönliche Sach- und Fachkenntnis elektronisch erfasst werden und sich von den Zugriffsberechtigten immer wieder nutzen lassen; und die Personalisierung, bei der das Wissen im Besitz der einzelnen Mitarbeiter verbleibt, deren Kommunikation und reger Austausch aber im Mittelpunkt der Aktivitäten liegt. Eine dritte nützliche Erkenntnis dieser Phase ist die Zerlegung in einen Kreislauf von Wissensaktivitäten. Dazu gehören z. B. (vgl. Probst et al. 1997):

- Wissensidentifikation: Wie kann intern und extern Transparenz über vorhandenes Wissen geschaffen werden?
- Wissenserwerb: Welche Fähigkeiten können extern bezogen werden?
- Wissenentwicklung: Welche Fähigkeiten können intern aufgebaut werden?
- Wissensteilung: Wie kommt das Wissen an den richtigen Ort?
- Wissensnutzung: Wie kann die Anwendung sichergestellt werden?
- Wissensbewahrung: Wie schützt sich das Unternehmen vor Wissensverlusten?
- Wissensziele setzen: Wie kann den Lernanstrengungen eine Richtung gegeben werden?
- Wissensmessung: Wie wird Erfolg der Lernprozesse gemessen?

Durch die etwa 2001 einsetzende Wirtschaftsrezension verlagerte sich auch der Fokus weg von generischen, firmenweiten bzw. technologiegetriebenen Top-Down Ansätzen (Push) hin zu verbesserten und nachweislich effektiven nachfragegetriebenen Bottom-up Konzepten mit starkem Bezug zur alltäglichen operativen Geschäftspraxis (Pull) und mit einem Fokus auf deutlich eingegrenztere Untersuchungsbereiche, wie z. B. einzelne Abteilungen oder Abläufe. Diese Eigenschaften prägen die zweite Phase der Wissensmanagementansätze. Es entstand verstärkt Bedarf nach einem Instrumentarium mit dem Schwerpunkt der WM-orientierten (System-) Analyse von Unternehmen. Durch die Orientierung an den geschäftlichen Aktivitäten im Unternehmen wechselte der Fokus zu Analyse solcher Aktivitäten als dem operativen Umfeld der Wissensarbeiter. Die entsprechenden WM Ansätze betrachten dabei entweder die Kommunikation der Wissensarbeiter untereinander oder aber richteten ihre Aufmerksamkeit auf eine erweiterte Analyse der wissensintensiven Transaktionen.

Es können also insgesamt drei Stoßrichtungen im Wissensmanagement identifiziert werden: strategische bzw. generische Top-Down-Ansätze (a) sowie nachfragegetriebene analytische Bottom-up Ansätze mit Zielfokus Geschäftsprozess (b) oder kommunikativer Austausch zwischen Wissensarbeitern (c).

Diese drei Richtungen werden in einer ähnlichen Strukturierung von Abecker et al. (2002) als drei *Ebenen* unterschiedlichen Abstraktionsgrads klassifiziert: Auf der obersten Schicht befinden sich die klassischen strategischen WM-Ansätze, welche einer Top-Down Perspektive folgend Wissensziele von langfristigen Geschäftszielen ableiten. In der mittleren Ebene befinden sich Ansätze, welche von geschäftsprozessorientiertem Design ausgehend Methoden und Werkzeuge für die Geschäftsprozessanalyse erweitern, um den speziellen Anforderungen wissensintensiver Geschäftsprozesse zu entsprechen. Die unterste (Detail-) Ebene beschäftigt sich schließlich mit Instrumenten, die auf Kommunikationsanalyse und -diagnose basieren und sich auf den Kommunikationsaspekt der Wissensarbeit konzentrieren, von dem die Gestaltung der Methoden und Werkzeuge ausgeht.

Gemäß dem systemanalytischen Betrachtungsschwerpunkt dieses Buchs werden in den folgenden Abschnitten die prozessanalytischen und die netzwerkanalytischen Ansätze des Wissensmanagements vorgestellt.

12.4 Prozessorientierte Systemanalyse im Wissensmanagement

Prozessorientiertes Wissensmanagement wird auch als Analyse wissensintensiver Geschäftsprozesse bezeichnet und ist ein, besonders im deutschsprachigen Raum, rege untersuchter Ansatz. *Wissensintensive Geschäftsprozesse* sind dabei geprägt von:

- einem hohen Grad an Komplexität,
- einer schwachen Strukturiertheit,
- kommunikationsorientierten Aufgaben,
- geringer Planbarkeit,
- einem hohen Anteil an Ausnahmen in den Geschäftsvorfällen,
- einer notwendigerweise hohen Mitarbeiterautonomie und
- ständiger Recherche nach vervollständigenden Informationen für die vielen
- gestalterischen Entscheidungen.

Das Ziel dieser Untersuchungsmethode ist es, ausgehend von einer Betrachtung der Unternehmensprozesse und einer Identifikation der darin enthaltenen wissensintensiven Geschäftsprozessbestandteile Methoden der Prozessmodellierung zu verwenden und zu erweitern, um prozessorientiert Wissensmanagementpotenziale in den betrachteten Prozessen zu identifizieren. Beispiele könnten Verkaufsanbahnungs-, Entwicklungs-, Wartungsabläufe sein. Alternativ ist natürlich auch die Betrachtung von Projekten und den darin vorkommenden Aktivitäten denkbar. Generell wird bei dieser Vorgehensweise angenommen, dass der Geschäftsprozess der Anwendungsort des Wissens eines Mitarbeiters ist und damit einen guten Ausgangspunkt für eine Analyse bietet. Hier transformieren Wissensarbeiter ihre Expertise in Produktivität bei der Ausführung ihrer Aktivitäten. Also können diese Abläufe auch untersucht werden, um umgekehrt relevante Kompetenzbereiche bzw. Wissensgebiete oder aber auch Nachfrage nach Wissen zu identifizieren. Zur Modellierung werden hierzu für alle untersuchten Aktivitäten die relevanten Themen und deren Wissensträger erfasst. Über eine Erfassung der Expertisebereiche (Wissensobjekte) bzw. eine Analyse ihrer Anforderungen, Bewertungen oder Eigenschaften kann dann in einem nächsten Schritt ein Sollkonzept mit anforderungsgerechten Maßnahmen eines Wissensmanagements erstellt werden. Diese können unter beispielsweise Veränderungen beinhalten:

- Erweiterte, zielgerichtete oder verbesserte Dokumentation oder aber veränderter Zugang zu bestehender Dokumentation zur verbesserten Wiederverwendung von Erfahrungen.
- Optimiertes Kompetenzmanagement der Mitarbeiter, um effizient im Prozess arbeiten zu können.
- Aufbau bestimmter firmenweiter Expertiselevels in bestimmten Themenbereichen.
- Einführung elektronischer Unterstützung zur Identifikation bestimmter Dokumente oder Wissensträger.

- Verbesserung der Verknüpfungen bzw. Kommunikationsbeziehungen zwischen den Mitarbeitern.
- Zuleitung von Wissenselementen zu identifizierten Einsatzorten mit weniger Zeitverzug und in schneller verständlicher Form.
- Ausweitung von Wissen auf mehrere Mitarbeiter, um unabhängig von Einzelnen zu werden.
- Regelmäßigere Aktualisierung von Wissenelementen, um instabile dynamische Bereiche besser zu berücksichtigen.

Exkurs 12-1: Wissensorientierte Analyse eines Serviceprozesses

Der Prozess der Kundenreklamation ist auch in einem Softwarehaus ein wichtiger wissensintensiver Prozess. Oft erfahren hier Mitarbeiter nebenher wertvolle Details zu den Anforderungen ihrer Kundenbasis, geben diese aber nicht systematisch weiter. Aus der wissensorientierten Modellierung des Prozesses konnte abgeleitet werden, dass Änderungswünsche und Erweiterungswünsche mündlich am Telefon durch den Kunden vorgetragen wurden, aber nur im Kopf des Servicemitarbeiters zu einem wachsenden (stillschweigendem) Wissen über den tatsächlichen Umgang des Kunden mit seiner Software führte. Die Anforderungspunkte wurden nicht dokumentiert und auch nicht weitergegeben. Es fehlte ganz einfach daran, dass der entsprechende Mitarbeiter nicht wusste, dass in einem anderen untersuchten Prozess, dem der strategischen Softwareentwicklung, genau diese Anforderungen wichtigen Kunden in die Releaseplanung einfließen sollten. Hier wurde ein entsprechender unbefriedigter Bedarf nach Kundeninformationen identifiziert. Nach der wissensorientierten Prozessanalyse entstanden dann Ideen wie die systematische Erfassung und Dokumentation von Anforderungen nach Kunden sortiert begleitend zu den Serviceprozessen erfolgen konnte. Das neue Dokument wurde dann einmal monatlich den Releaseplanern zugeleitet.

Im Rahmen eines Sollkonzepts vorgeschlagene organisatorische oder technische Veränderungen müssen vor der Umsetzung sehr sorgfältig auf potenzielle Akzeptanzrisiken untersucht werden. Es sind bereits viele Wissensmanagementprojekte an der einseitigen Einführung von Softwarelösungen gescheitert, welche dann einfach nicht im Arbeitsalltag genutzt wurde. Es ist hier bei der Planung von Veränderungen zu beachten, dass die Wissensprozesse eng verzahnt sind mit der persönlichen Auffassung der Mitarbeiter von ihrer eigenen Situation und mit der informellen Kultur der Wissensweitergabe, der Kommunikation und des nachhaltigen Arbeitens und Strukturierens. Nicht zuletzt muss auch immer überprüft werden, ob durch vermehrte Dokumentation insgesamt eine Zeitersparnis für alle und jeden einzelnen Mitarbeiter erzielt wird, sonst kann Wissensmanagement leicht zur Erhöhung des bürokratischen Aufwands in einem Unternehmensbereich werden ohne auf der Nutzenseite die entsprechenden Produktivitätszuwächse zu erzielen.

Zwei Methoden des prozessorientierten Wissensmanagements, GPO-WM und KMDL, werden im nächsten Abschnitt kurz vorgestellt. Beide fungieren als Prozessmodellerweiterung und sind in erster Linie dazu gedacht, durch eine spezielle Prozessmodellierungsnotation begleitet zu werden.

12.4.1 GPO-WM – Geschäftsprozessorientiertes Wissensmanagement

Das Vorgehensmodell des geschäftsprozessorientierten Wissensmanagements GPO-WM (vgl. Heisig 2005) hat die Identifikation und Umsetzung von WM Potenzialen in ausgewählten Geschäftsprozessen zum Ziel (vgl. auch Abbildung 12-2). Das Vorgehensmodell ist ähnlich zur Systemanalyse und besteht aus neun Schritten die in drei Phasen untergliedert sind:

I WM-Strategie
  1. Definition der WM-Strategie und der Projektziele
  2. Auswahl des Geschäftsprozesses (Pilot)

II WM-Lösung
  3. WM-Assessment der Rahmenbedingungen
  4. Analyse der wissensintensiven Geschäftsprozesse (GPO-WM Prozessanalyse)
     a) Prozess auswählen und Systemgrenzen festlegen
     b) Wissenorientiertes Prozessmodell erstellen
     c) Kritische Wissensdomänen identifizieren
     d) Systematischen Umgang mit Wissen prüfen
     e) Wissensaktivitätsprofil des GP erstellen
     f) Handlungsfelder priorisieren und festlegen
     g) Ergebnis kommunizieren
  5. Lösungsszenarien mit WM-Gestaltungsbausteinen
     h) Lösungsszenarien (Soll-Prozesse) erarbeiten, vorstellen, diskutieren und überarbeiten (Wissensquellen und -senken medienbruchfrei verbinden, IT-Lösungen dem Wissensfluss anpassen, benötigte externe Wissensquellen in den Wissensfluss einbinden, kritisches Wissen gegebenenfalls explizit verfügbar machen etc.)
     i) Empfehlung vorstellen und Auswahlentscheidung treffen

III WM-Einführung
  6. Gestaltungsmaßnahmen und Einführungsprozess planen
  7. Realisierungsmaßnahmen und Einführung der WM-Pilotlösung
  8. Nutzung & Evaluation
  9. Transfer & Kontinuierlicher Verbesserungsprozess (KVP)

Die wissensintensiven Geschäftsprozesse bilden die erste Modellebene und den späteren Anwendungsbereich für Wissensmanagementmaßnahmen. Hierbei lehnt sich die Methode an Prozessmodelle nach dem Verfahren der Integrierten Unternehmensmodellierung (IUM) an. Darin existieren drei Objekt-Klassen Produkt, Auftrag und Ressource, die durch Aktivitäten mit einander verknüpft werden. Wissen wird als Ressource und Produkt gleichzeitig aufgefasst. Aufgrund dieser Zuordnung des Modellierungsobjekts Wissen werden für die ausgewählten wissensintensiven Geschäftsprozesse Wissensbedarf und Wissensangebot untersucht.

Bei der Untersuchung der Wissensnachfrage werden über einer Befragung zunächst Wissensdomänen und deren Zuordnung zu (personellen, elektronischen, dokumentenbasierten) Wissensträgern identifiziert.

Zur Untersuchung des Wissensangebots werden die Aktivitäten im Geschäftsprozess betrachtet, in denen erfolgskritisches Wissen erzeugt wird. Dann wird versucht, Wissensprodukte zu benennen, inhaltlich zu beschreiben und deren Verteilung auf Wissensdomänen und (personelle, elektronische, dokumentenbasierte) Wissensträger zu ermitteln. Anschließend soll für Wissensprodukte oder Wissensdomänen mit hoher Priorität eine Potenzialanalyse durchgeführt werden.

Eine zweite Modellebene der GPO-WM Methode bilden die Kernprozesse des Wissensmanagements. Diese lehnen sich an die im vorigen Abschnitt bereits vorgestellten Wissensaktivitäten von Probst et al. (1997) an und bestehen aus „Wissen erzeugen", „Wissen speichern", „Wissen verteilen" und „Wissen anwenden". Für die betrachteten Geschäftsprozesse sollen diese Wissensaktiviäten im Idealfall in einem geschlossenen Kreislauf stehen, sodass sich das Wissen um die Geschäftsprozesse und zwischen ihnen entwickeln und verteilen kann.

Für alle identifizierten Wissensdomänen in allen betrachteten Geschäftsprozessen ist zu ermitteln, welche Methoden und Werkzeuge die jeweilige Wissensaktivität unterstützen. Diese sind dann jeweils kurz zu beschreiben und hinsichtlich ihrer Zielgerichtetheit und ihrer Zuverlässigkeit einzuschätzen, um gute Praktiken oder Handlungsbedarf zu identifizieren. Abschließend sind alle Wissensträger quantitativ und qualitativ über eine Frageliste zu bewerten.

Eine dritte Ebene bilden schließlich die unterstützenden Gestaltungsfelder für Wissensmanagement. Dazu gehören Unternehmenskultur (Werte und Einstellungen), Personalmanagement (Fähigkeiten und Motivation), Führungssysteme (Strategie und Führung), Prozessorganisation (Organisation und Rollen), IT (Infrastruktur und Anwendungen) und Controlling (Indikatoren und Bewertungen). Die Handlungsebene der Geschäftsprozesse wird darauf geprüft, ob die vier Kernaktivitäten des Wissensmanagements sich in einem geschlossenen Kreislauf befinden und ob die Unterstützungsebene die richtigen Rahmenbedingungen bietet.

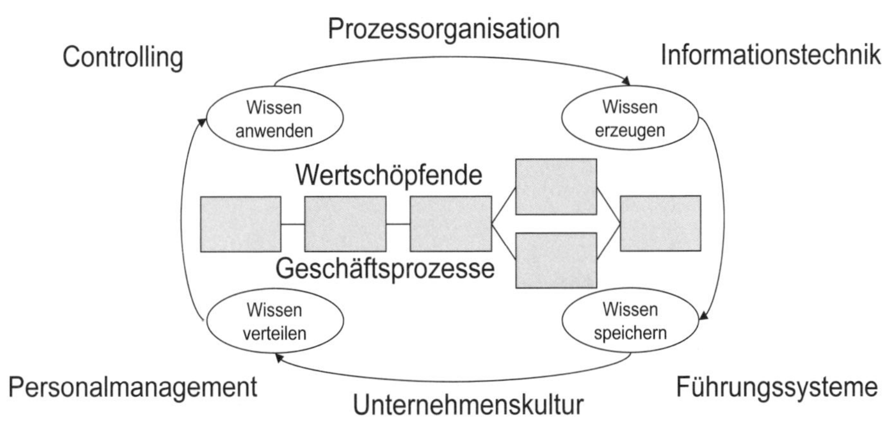

Abbildung 12-2: GPO-WM Methode – Betrachtungselemente Geschäftsprozess, Wissensaktivitäten und unterstützende Gestaltungsfelder (vgl. Heisig, 2005)

Exkurs 12-2: Wissensaktivitäten im Serviceprozesses

Der im vorigen Exkurs beschriebene Prozess der Kundenreklamation kann unter Verwendung der Methode GPO-WM auf die folgende Weise formalisiert beschrieben werden. In der Aktivität „Kundenreklamation aufnehmen" existiert ein Wissensangebot mit dem Produkt „Liste mit Kundenanforderungen an die Software" es handelt sich dabei um die Domäne „Softwareentwicklungswissen". Das Wissensangebot ist (noch) an ein persönlichen Wissensträger – den Reklamationsmitarbeiter – gebunden. Im Hinblick auf die Wissensaktivitäten handelt es sich um „Wissen erzeugen". Der Kreislauf ist noch nicht geschlossen, da „Wissen anwenden" und „Wissen verteilen" nicht vorkommen. Das kann bereits ein Indiz für eine Veränderung im Rahmen eines Sollkonzepts sein.

Im Prozess „strategische Softwareplanung" existiert eine Aktivität „Anforderungen festlegen", bei der die korrespondierende Wissensnachfrage besteht. Hier könnte die Wissensaktivitäten „Wissen anwenden" im Sollkonzept etabliert werden und das Wissensprodukt „Liste mit Kundenanforderungen an die Software" zum Einsatz gelangen. Das setzt die Wissensaktivitäten „Wissen speichern" und „Wissen verteilen" voraus. Damit würde der Kreislauf der Wissensaktivitäten insgesamt über den Austausch des Wissensprodukts zwischen beiden Prozessbestandteilen geschlossen werden können.

Vorteilhaft an dem Verfahren ist, dass es in erster Linie für Unternehmen einsetzbar ist, welche bereits Erfahrung mit Prozessmanagement haben. Die Mitarbeiter werden in die Entwicklung des WM Systems einbezogen. Nachteilhaft ist, dass die komplexe Analyse einen hohen zeitlichen Aufwand verursacht und die Methode im engeren Sinne auf eine spezielle WM-Lösungsdatenbank verweist. Die Ableitung einer Lösung aus einer identifizierten Istsituation erfolgt insgesamt wenig systematisch und ist in erster Linie von der Erfahrung des Projektmanagers abhängig.

12.4.2 KMDL – Knowledge Modeler Description Language

Ein weiterer Ansatz zur Analyse von wissensintensiven Geschäftsprozessen ist die Knowledge Modeling and Description Language (KMDL; Gronau und Fröming 2006). Hierbei handelt es sich um eine Modellierungsnotation mit einer Reihe von speziellen Modellobjekten, die miteinander verknüpft werden können, um entsprechende Zusammenhänge im Umfeld eines wissensintensiven Geschäftsprozess abzubilden. Der Ansatz unterscheidet zwischen den Ebenen Prozess- und Aktivitätssicht (vgl. Abbildung 12-3).

Die Prozesssicht stellt ähnlich einem normalen Geschäftsprozessmodell Aufgaben in ihrem zeitlichen Zusammenhang und mit ihren Rollen und Informationssystemen dar. Als Aufgabe wird dabei die Zustandsänderung bei der Verarbeitung eines Inputobjekts zu einem Outputobjekt bezeichnet.

In der Aktivitätssicht können Personen als Wissensträger mit den Aktivitäten des Prozesses verknüpft werden. Explizites Wissen und Informationen werden als personenungebundenes Wissen aufgefasst und über Informationsobjekte, wie z. B. Dokumente, repräsentiert. Im Gegensatz dazu wird stillschweigendes Wissen als Wissensobjekt modelliert. Es stellt personengebundenes Wissen dar, welches nicht auf Informationsträgern, wie Dokumenten oder Datenbankeinträgen, gespeichert werden kann. Ein Wissensobjekt repräsentiert somit das Wissen bzw. die Fähigkeiten einer Person, welches zur Ausübung seiner Aktivitäten benötigt wird. Alle Wissensobjekte einer Person werden in einer Wissensbasis zusammengefasst.

Die Aktivitätsebene bildet darüber hinaus Wissenskonversionen ab. Dabei handelt es sich um Transformationen (im Sinne von Verknüpfungen im Modell) zwischen verschiedenen Wissens- und Informationsobjekten. Das Konzept lehnt sich an das in Nonaka und Takeuchi (1995, S. 68) beschriebene Modell des organisatorischen Wissensaufbaus an, welcher letztlich dadurch gewährleistet werden soll, dass durch permanente Tranformation von personengebundenem „stillschweigendem“ Wissen in personenungebundene Informationen („explizites Wissen“) und zurück ein Wissenstransfer im Unternehmen stattfindet, der zur Generierung und Ausbreitung von Wissen im Unternehmen führt.

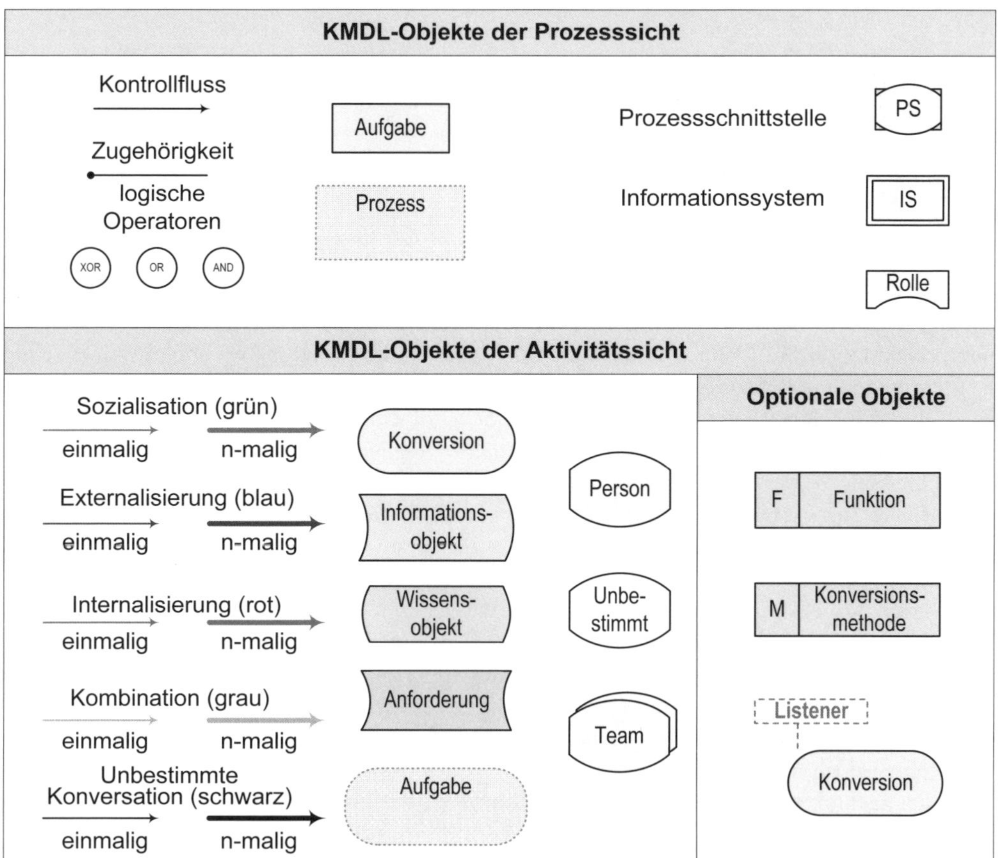

Abbildung 12-3: Grafische Elemente der KMDL Notation (Gronau und Fröming 2006, S. 355)

Die KMDL übernimmt Nonakas und Takeuchis vier Formen der Konversion: Sozialisierung beinhaltet den Transfer von stillschweigendem (engl. tacit) Wissen von Person zu Person durch Nachahmung oder Abschauen. Bei der Internalisierung erfolgt die Umwandlung von explizitem Wissen zu stillschweigendem Wissen. Hierbei wird ein Wissensobjekt durch ein oder mehrere Informationsobjekte erzeugt. Als Beispiel wird das Lesen von Literatur genannt. Externalisierung bezeichnet die Transformation von stillschweigendem zu explizitem Wissen. Ein Informationsobjekt wird durch ein oder mehrere Wissensobjekte erzeugt, wobei damit das Wissen von Personen abgekoppelt wird. Schließlich erfolgt bei der Kombination die Erzeugung eines Informationsobjekts durch ein oder mehrere andere Informationsobjekte, wie z. B. bei einer Neuordnung, Verdichtung oder Systematisierung von Informationen. Für jede Konversion können schließlich Anforderungen definiert werden. Dabei wird zwischen fachlichen, methodischen, sozialen, Handlungs- und technischen Anforderungen differenziert.

Neben der reinen Modellierungsnotation schlägt auch die KMDL ein Vorgehensmodell vor, welches analog zur Systemanalyse und auch ähnlich zum im Vorabschnitt erläuterten GPO-WM ist. Die KMDL wird dabei in 7 Phasen abgewickelt:

- Phase 0: Projektanbahnung,
- Phase 1: Identifikation wissensintensiver Geschäftsprozesse,
- Phase 2: Aufnahme wissensintensiver Geschäftsprozesse,
- Phase 3: Prozessanalyse und -auswertung,
- Phase 4: Entwicklung eines Sollkonzepts,
- Phase 5: Umsetzung sowie
- Phase 6: Evaluation.

In der Projektanbahnung (Phase 0) wird der organisatorische Rahmen für das Wissensmanagementprojekt bestimmt. Dann wird in Phase 1 der Umfang der Erhebung vereinbart und es erfolgt die Identifikation wissensintensiver Geschäftsprozesse. In Phase 2 erfolgt die Aufnahme der wissensintensiven Geschäftsprozesse über drei iterative Schritte: eine Interview-gestützte Aufnahme der Prozesse (Schritt 1), die Nacherfassung und Modellierung der erhobenen Informationen (Schritt 2) und die Freigabe der erzeugten Dokumentation durch die Betroffenen (Schritt 3). Hierzu kann ein spezielles Softwarewerkzeug, der K-Modeler verwendet werden. In Phase 3 wird das erzeugte Prozessmodell im Sinne einer Potenzialanalyse zunächst automatisiert auf Basis von Prozessmustern und anschließend unter Einbeziehung der gesamten Prozessdokumentation aus Schritt 3 ausgewertet. Dabei erfolgt eine Analyse der vorhandenen Wissensintensitäten, Prozessschemata und Prozessschwachstellen. Mögliche Schwachstellen können Wissensmonopole, vorhandenes, aber nicht verfügbares Expertenwissen, über- oder andersqualifiziertes Personal, Medienbrüche, falsch angesetzte Stellenanforderungen, nicht gestillter Wissensbedarf, Barrieren für den Wissensaustausch, fehlende Aktualisierung des Wissens, Mehrfacherzeugung ähnlichen Wissens oder bereitgestellte jedoch nicht genutzte Lektüre sein.

In der nachfolgenden Phase 4 wird ein Sollkonzept gemeinsam mit den Beteiligten abgeleitet, bevor in Phase 5 die Umsetzung organisatorischer oder informationstechnischer Veränderungen beginnt. In der abschließenden Phase 6 wird der gesamte Prozess mit dem Projektpartner evaluiert.

Die Vorteile und Nachteile der Methode und Notation KMDL sind mit denen der GPO-WM Methode vergleichbar. Positiv setzt sie sich mit einer spezialisierten Modellierungsweise ab, die nicht abhängig von den Restriktionen eines bestehenden Prozessmodellierungswerkzeugs ist. Auf der anderen Seite besteht durch die zusätzlichen Modellelemente auch ein zusätzlicher Erhebungsaufwand, der nur durch verbesserte Ableitung von WM Maßnahmen zu rechtfertigen ist.

12.4.3 Methodische Datenerhebung im prozessorientierten WM

Wie in den vorigen Abschnitten beschrieben, bestehen praktische prozessanalytische Vorgehensmodelle aus den Phasen Identifizierung relevanter wissensintensiver Prozessbestandteile, Erfassung der Prozesse, Definition der Wissensbereiche sowie der Erhebung von Strukturen und Eigenschaften der Wissensbereiche und schließlich einer darauf basierenden Analyse zur Ableitung von Management Eingriffen.

Die vorgestellten Vorgehensmodelle können Orientierung für ein entsprechendes Wissensmanagementprojekt geben, unterstützen aber noch zu wenig bei operativen Schwierigkeiten, die bei einer tatsächlichen Umsetzung auftreten. So ist es beispielsweise problematisch, gleich zu Beginn objektiv und systematisch relevante wissensintensive Geschäftsprozessbestandteile zu identifizieren, um die Erhebung nicht in wenig geeigneten Bereichen durchzuführen. Von noch größerer Bedeutung ist anschließend die richtige *Datenerhebung* als Ausgangsbasis jeglicher Modellierung wissensintensiver Geschäftsprozesse. Auch hierauf gehen die meist recht abstrakt geschilderten Vorgehensmodelle nicht ausreichend ein, dabei befindet der Systemanalytiker sich in einem Umfeld, welches nicht von einfach zu erhebenden Prozessaktivitäten geprägt ist, sondern von quasi unsichtbarem und unter Umständen aus politischen Gründen nicht preisgegebenem Expertenwissen sowie komplexen Strukturen mit viel Variabilität und nicht vorausplanbaren Prozessinstanzen und Lösungen (vgl. die Eigenschaften wissensintensiver Geschäftsprozesse). Daher kommt es gerade auf die Fähigkeiten der Systemanalytiker an, in diesem intransparenten Umfeld Strukturen auf richtiger Abstraktionsebene zu erkennen und zu dokumentieren. Meist kann z. B. nicht jedem Beteiligten direkt die Frage nach seinen Wissensbereichen gestellt werden, denn gerade die Bereiche, in denen er erfahren ist, können ihm so geläufig sein, dass er sie nicht speziell genug für eine Liste der Wissensgebiete erachtet. Oder der Mitarbeiter hilft anderen oft bei Themengebieten, die eher einer früheren Position als seiner jetzigen zuzuordnen sind und daher nichts mit seinen gegenwärtigen Arbeitsgebieten zu tun hat.

In diesem Abschnitt wird deshalb auf die Situation und Problematiken der Datenerhebung im Rahmen der prozessorientierten Analyse im Wissensmanagement noch mal genauer eingegangen (in Anlehnung an die Process-oriented Knowledge Management Methode bzw. kurz POKM Methode aus Trier und Müller 2004).

Um dabei eine systematische Erfassung aller wichtigen Daten und deren Relationen zu gewährleisten, wurde das in Abbildung 12-4 dargestellte KM-Entitätenmodell entwickelt (vgl. Trier 2005). Es beinhaltet alle im Wissensmanagement relevanten Objekte und deren Beziehungen auf einem sehr hohen Abstraktionsgrad und definiert damit eine Metastruktur für die Daten, welche von einem wissensintensiven Geschäftsprozess erfasst werden müssen.

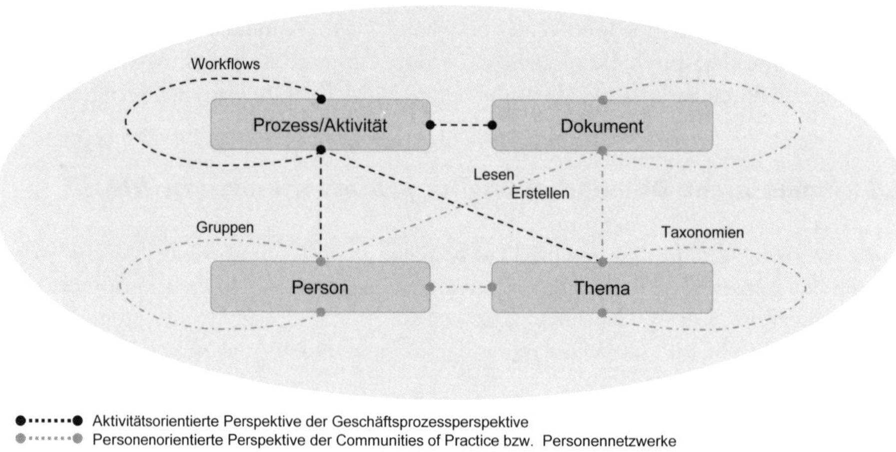

Abbildung 12-4: KM-Entitätenmodell

Die entsprechenden Entitäten sind Prozess bzw. Aktivität, Dokument, Person und Thema. Die Verbindung dieser Entitäten deckt die wesentlichen Beziehungen im Wissensmanagement auf, welche gegebenenfalls unter Verwendung einer Prozessmodellierungsnotation (wie z. B. den im Vorabschnitt diskutierten) später der Aktivitätssequenz folgend grafisch abgebildet werden können. Dieses ist aber nicht zwingend erforderlich, wenn das Ziel der Analyse im Wissensmanagement darin besteht, eine Transparenz über die Erfassung und technische Abbildung der enthaltenen Organisationselemente und ihrer Relationen zu erreichen, um daraus dann anschließend dem Unternehmen einen wirtschaftlichen Nutzen zu generieren. Es genügt dann prinzipiell auch eine tabellarische Abbildung dieser Struktur bei der Beantwortung der Hauptfragen des WM, wie z. B. welcher Experte mit welchen anderen Experten verbunden ist, wer verantwortlich für einen Prozess ist oder welche Dokumente von welchem Experten zu welchen Themen erforderlich sind, um einen Prozess erfolgreich auszuführen. Diese Relationen können dann in einer Datenbank und einer darauf aufbauenden Software dokumentiert und für eine systematische Suche verwendet werden.

Um nun die im KM-Entitätenmodell befindlichen Datenelemente im Kontext eines prozessorientierten Wissensmanagement mittels der POKM Methode zu erfassen, werden im Rahmen der Datenerhebung auf die Einteilung der Systemanalyse Aufnahmemethoden in Sekundär- und Primärerhebung zurückgegriffen. Zunächst kann die Inventurmethode als Sekundärerhebungsmethode eingesetzt werden. Diese wird dann durch semi-strukturierte Interviews detailliert.

Die Inventurmethode basiert auf der Sammlung und Analyse aller verfügbaren und relevanten Dokumente im Untersuchungsbereich. Die dokumentierten Informationen helfen dem Projektteam, ein erstes Verständnis für die grundlegenden Strukturen und Abläufe im betrachteten Unternehmen zu generieren. Beispielhaft können hierbei Organisationsdiagramme (Organigramme), die Intranetseiten der untersuchten Abteilungen bzw. Bereiche mit ihren Services aber auch existierende Arbeitsplatzbeschreibungen mit den festgelegten Verantwortlichkeiten und Aufgaben sein. Derlei Dokumente geben ersten Aufschluss für die spätere strukturierte Erfassung von Wissensobjekten am Geschäftsprozess.

Anschließend wird die Interviewmethode durchgeführt. Die Interviews können sich zur Gewährleistung der Vollständigkeit und zur verbesserten anschließenden Ergebnisintegration (mit

weiteren Interviews) an einem Interviewleitfaden orientieren und als semi-strukturierte Interviews durchgeführt werden. Diese Form eignet sich gut für die wenig planbare und iterative Herausforderung der Aufdeckung persönlicher Wissensbereiche und Interessensgebiete der befragten Personen in ihrem prozessorientierten Arbeitsumfeld. Damit bewegt sich das Interview in eine produktive und dokumentierende und doch geführte Diskussion, methodisch also ähnlich einem Workshop, welcher ebenfalls nicht so sehr durch die informierte und wissende Person des befragenden Interviewers, sondern durch moderiertes Entdecken und Strukturieren gekennzeichnet ist. Als Interviewdauer für die Erhebung der Wissensbereiche und Wissensobjekte haben sich 60 bis 90 Minuten als praktikabel erwiesen. Die im Vergleich zum im Vorgehensmodell beschriebenen klassischen Interview längere Zeit wird hierbei erforderlich, da nicht nur nach prozessualen Abläufen des Befragten sondern auch nach dessen besonderen Qualifikationen und Lösungsansätzen gefragt wird. Die bevorzugte Lokation ist der eigentliche Arbeitsplatz des Befragten. Dadurch kann sich der Interviewer parallel einen ersten Eindruck vom täglichen Arbeitsumfeld machen.
Der Interviewleitfaden wird vor Beginn der Interviewphase vom Interviewerteam erstellt, freigegeben und auch als verbindliche Basis umgesetzt. Das in Abbildung 12-5 dargestellte Muster (vgl. Trier und Müller 2004) illustriert dabei den Ablauf und kann daher als Ausgangsbasis dienen. Er enthält fünf Sektionen, welche die Vorgehensweise der Erfassung wissensintensiver Prozesse abbilden.
Der erste einleitende Teil des Interviews stellt das Projekt und dessen Ziele vor und illustriert die Nutzeneffekte für die teilnehmenden Mitarbeiter. Zu diesem Zeitpunkt helfen informelle Fragen eine vertrauensvolle Interviewatmosphäre zu erzeugen („Eis brechen"). Es hat sich als hilfreich herausgestellt, die verschiedenen Vorteile der Partizipation im WM Projekt dabei klar herauszustellen. Diese enthalten in der Regel die verstärkte Wahrnehmung der Expertisegebiete der befragten Personen im Unternehmen, neues Wissen darüber, wie bestimmte Probleme andernorts (vielleicht schneller) gelöst werden oder neue Möglichkeiten der Kollaboration und des Wissensaustauschs mit Personen mit ähnlichem Hintergrund.

Der zweite Abschnitt des Interviews bildet den Hauptteil und wird in acht Schritte gegliedert. Das Hauptziel ist hierbei die Identifikation der Hauptaktivitäten und der darauf bezogenen Themen. Neben der reinen Erfassung dieser Wissensbereiche müssen auch deren Eigenschaften dokumentiert werden, um später die Ableitung angemessener Managementeingriffe zu ermöglichen. Die Prozessaktivitäten, die damit verbundenen Wissensobjekte und deren Eigenschaften werden hierbei parallel erhoben, um die vollständigen Beziehungen zwischen diesen Elementen nachzuvollziehen und zu dokumentieren. Obwohl es vor diesem Hintergrund nicht sonderlich schwer ist drei bis fünf wesentliche Prozessaktivitäten herauszuarbeiten, ist die anschließende Erhebung der Themenbereiche als Wissensobjekte eine große Herausforderung. Zunächst muss dem Interviewpartner hierzu der Begriff Thema bzw. Wissensobjekt erklärt werden. Dabei ist es hilfreich, ein paar Beispielthemen zu nennen, wie z. B. die Schätzung der Dauer eines bestimmten Arbeitsschritts, die ordnungsgemäße Umsetzung einer bestimmten Anforderung, die Erstellung eines speziellen Schriftstücks, das Wissen über die Fehler einer Anlage, Wissen über das Verhalten eines Kunden usw. Allgemein geht es also um „Wissen über" ein bestimmtes Themenfeld.

Im Anschluss an diese einleitenden Hinweise und Fragen wird eine Liste von Themen erstellt. Oft sind dabei diese Wissensobjekte nicht direkt erfragbar, sondern müssen über geschickte und manchmal indirekte Fragen aufgedeckt werden. So ist Frage 3 beispielsweise: „Welchen Themen, die mit dieser Prozessaktivität in Verbindung stehen, erachten Sie als relevant oder interessant für Mitarbeiter?". Eng damit zusammenhängend betrachtet Frage 4 dieses Gebiet von einer anderen

Perspektive: „Zu welchen Themen werden Sie von anderen Personen angesprochen, persönlich, per E-Mail oder am Telefon? Was werden Sie gefragt?". Diese Fragestellung identifiziert Kompetenzgebiet, welche Kollegen dem Interviewten zuordnen und hilft dem Gegenüber indirekt über seine wichtigen Fähigkeiten zu reflektieren.

Neben den aktivitätsbezogenen Themen ist es oft aufschlussreich, zusätzlich nach weiteren dem Interviewten zuzuordnenden Themen zu fragen, welche zunächst nicht direkt mit seinem gegenwärtigen Geschäftsprozess zu tun haben. Beispielhaft treten hierbei Kompetenzen aus früheren Stellen und Branchen zu Tage sowie auch spezielle abstrakte Methoden, wie z. B. Projekt Management Standards oder Budgetierungsansätze, die im gegenwärtigen Arbeitsumfeld des Befragten nicht eingesetzt werden. Damit kann die Liste der prozessbezogenen Themen ergänzt werden. Oft tauchen diese Bereiche schon bei der obigen Frage auf, zu welchen Themen der Interviewte von anderen kontaktiert wird.

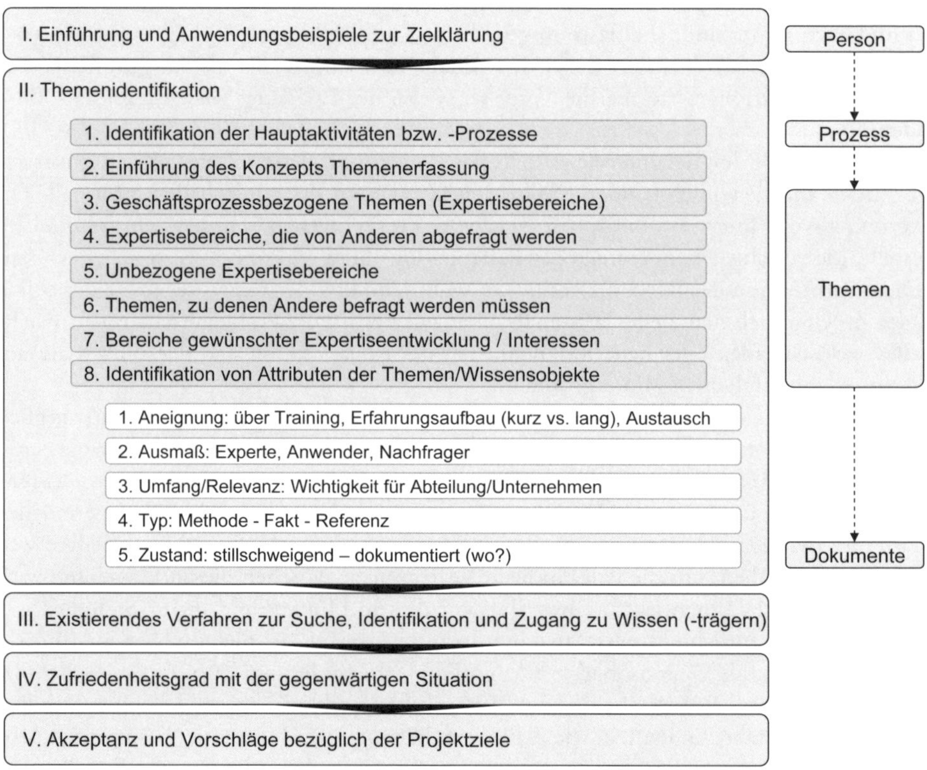

Abbildung 12-5: Vorgehensweise zur Erfassung wissensintensiver Geschäftsprozesse (Trier und Müller 2004)

Die nächste angesprochene Thematik identifiziert Personen und Dokumente, welche der Befragte zu Rate zieht, wenn er bestimmte Geschäftsprobleme zu lösen hat. Hierbei handelt es sich um Referenzwissen („Know-where"). Dabei wird gleichzeitig seine Wissensnachfrage bei Kollegen aufgedeckt. Wenn diese Fragen bei mehreren Mitarbeitern eingesetzt werden, entsteht aus der Summe der Antworten ein Netzwerk aus nachfragenden und antwortenden Kollegen, die zum Zwecke des Informations- und Wissensaustauschs in informellen Verbindungen zueinander stehen. Zum Beispiel hat Person A die Person B als Ratgeber für Thema 1 angegeben und wird umgekehrt von B zum Thema 2 kontaktiert. Die Analyse eines solchen Kommunikationsnetzwerks wird zusammen mit einer detaillierteren Methodik im nächsten Abschnitt noch genauer vorgestellt.

Frage 7 erfragt schließlich Gebiete, in denen die Mitarbeiter nach ihrer eigenen Vorstellung mehr Expertise aufbauen wollen. Daraus können später Rückschlüsse über die Breite des Verständnisses vom Unternehmen gewonnen und Eingriffsoptionen in den internen Wissenstransfer und das Qualifikationsmanagement identifiziert werden.

Parallel zur Identifikation der Wissensobjekte erfolgt die Erfassung ihrer Eigenschaften, um später richtige Managementinterventionen ableiten zu können. Solche Merkmale eines Themengebietes können z. B. sein, die Art und Weise, wie der Befragte sich das Thema angeeignet hat, sein Ausmaß an Expertise, die Reichweite (Breite des Einsatzes) oder der Wissenstyp. Die Aneignung kann dabei über Training, den Aufbau von Praxiserfahrungen während der Durchführung der Aktivitäten oder den Austausch mit Kollegen erfolgt sein. An dieser Stelle kann eine Schätzung des Aufwands zur Aneignung der Kompetenz erfolgen, um wichtige und schwer aufzubauende Expertisebereiche aufzudecken. Die Einschätzung der Expertise ist in der Praxis sowohl politisch als auch methodisch sehr schwierig. Eine solche Bewertung kann jedoch später sehr sinnvoll eingesetzt werden, um z. B. eine kleine Anzahl von Ansprechpartnern zu erhalten oder die Wichtigkeit von Experten-Themen-Kombinationen festzustellen. In der Praxis hat sich hier gezeigt, dass dem ersten Anschein nach intuitive Bewertung mit einer Notenskala in der Regel scheitert. Entweder über- oder unterschätzen die Befragten ihren Expertiselevel (teilweise aus strategischen Motiven) oder sie erklären sich außerstande eine solche Bewertung überhaupt vorzunehmen. Oft scheitert das bloße Vorhaben solcher Bewertung am Einspruch des Betriebsrats, da er die entsprechende Möglichkeit zur Kontrolle bzw. Überwachung von Personen ausschließen möchte. Außerdem kann der dadurch ermöglichte direkte Vergleich von Personen im Unternehmen auch eine offene und freundliche Unternehmenskultur gefährden, sodass viele Befragte bereits dagegen sein werden. Es fällt vielen Befragten außerdem schwer, ihre „gewöhnlichen" Aufgaben von Expertiseaufgaben zu unterscheiden. Als ein praktischer Trick zur einfachen Bewertung hat sich in diesem Umfeld erwiesen, die Mitarbeiter zu fragen, ob sie sich in einem Thema wirklich „zu Hause fühlen" und anderen helfen würden oder ob es sich um ein Thema handelt, welches mit ihrer Arbeit zwar in enger Verbindung steht, in dem sie sich aber nicht wirklich vollständig sicher fühlen. Im Ergebnis entsteht auch auf diesem Wege eine Liste von Themen, bei denen der Befragte ausreichend Wissen hat, andere zu beraten – also ein Wissensangebot vorliegt.

Zur Abschätzung der Reichweite des Wissensobjekts kann geprüft werden, ob nachfragende Personen auch aus anderen Abteilungen kommen oder nur aus dem direkten Arbeitsumfeld. Weiterhin kann später ein Vorgesetzter aus seiner Sicht beurteilen, ob bestimmte Themenfelder auch abteilungsübergreifende Bedeutung haben und welche Wichtigkeit sie für das Unternehmen besitzen. Oft hilft der Vorgesetzte auch bei einer Vervollständigung oder Kürzung der Themenliste, da entsprechende Wissensgebiete sehr oft in Jahresgesprächen besprochen werden.

Neben den Wissensgebieten, in denen die Befragten anderen helfen könnten, muss auch nach Themen mit einer so genannten „negativen" Expertise gefragt werden. Das bedeutet lediglich, dass der entsprechende Mitarbeiter hier einen Wissensbedarf hat, der eventuell von anderer Stelle im Unternehmen befriedigt werden kann. Die Fragen 6 und 7 identifizieren oft solche Themen: Der Befragte wendet sich an Kollegen oder möchte spezielle Expertise selbst aufbauen. Hierbei kann noch unterschieden werden zwischen notwendiger Nachfrage und ergänzender Nachfrage (engl.

Nice-to-Have). Solche Wissensnachfrage kann später mit dem Wissensangebot an anderer Stelle gekoppelt werden.

Ein weiteres wichtiges Attribut der erfassten Themen ist der Wissenstyp. Es gibt die Typen methodisches Wissen (Know-how; Wissen wie etwas getan wird), Faktenwissen (Know-what), und Referenzwissen (Know-where). Diese Einteilung ermöglicht im vierten Schritt der Methode die Ableitung angemessener Wege des Wissensmanagements. Beispielsweise könnte ein Mitarbeiter wissen, wo Dokumente oder Personen zu einem bestimmten Standard zur Verfügung stehen. Wenn dieser Zugriff sich als wichtig herausstellt, kann überlegt werden, wie der Zugriffsaufwand und die entsprechende Zeit am besten reduziert wird.

Die fünfte Eigenschaft eines Themengebiets ist, ob es sich um personengebundenes stillschweigendes, um explizierbares und darüber von einer Person ablösbares Wissen handelt oder ob das Wissen bereits expliziert wurde und z. B. in einem Erfahrungsbericht etc. dokumentiert wurde. Ein Problem hierbei ist, dass sich das wertvolle stillschweigende Wissen schwer identifizieren lässt, da sogar der Befragte selbst es sich nicht bewusst gemacht hat. Hier kann der Interviewer auf die Lernkurve als eine Hilfestellung zur Identifikation solcher Themen zurückgreifen. Die entsprechende Frage vergleicht, wie lange eine Aktivität bei der ersten Durchführung gedauert hat und wie schnell sie im Vergleich dazu jetzt absolviert werden kann. Werden solche Gebiete festgestellt, wird im Anschluss gemeinsam überlegt, was diese Beschleunigung verursachte bzw. mit welchem Wissen sie bewerkstelligt werden konnte. Nun erfolgt noch die Prüfung, ob das Wissen explizierbar ist, das heißt dokumentierbar ist und nur noch nicht dokumentiert wurde. Für alle explizit vorliegenden Themenbereiche muss der Autor (der Befragte selbst oder jemand anderes) sowie der Speicherort festgehalten werden, also z. B. der Dokumentenname und die Datenbank bzw. der Ordner, in dem es sich befindet. Durch die Kenntnis des Autors können später die Beziehungen zwischen Mitarbeitern, Dokumenten und Themen genau abgeleitet werden.

Nach dem Hauptteil, der Identifikation und Beschreibung der relevanten Themen um einen Geschäftsprozess herum, erfolgt im dritten Teil des Interviews die Befragung bezüglich existierender Wege und Methoden für die Identifikation und den Zugriff auf wichtige Wissensträger (Personen, Dokumente). Mit der Frage „Über welche Medien verbinden Sie sich mit Experten oder Dokumenten?" wird gleichzeitig ein Einblick in die Benutzung verschiedener Kommunikationskanäle im Unternehmen ermöglicht, um z. B. später die Erfolgswahrscheinlichkeit für eine E-Mail basierte oder eine Intranetbasierte Lösung abzusehen.

Am Ende des Interviews werden die Mitarbeiter gebeten, ihre Erwartungen an das WM Projekt darzustellen. Damit können eventuell bisher nicht berücksichtigte Aspekte oder bestimmte Prioritäten im Sinne der Partizipation der Betroffenen mitaufgenommen werden. Weiterhin erhält der Interviewer hier oft ein erstes Feedback bezüglich der Projektziele und dessen Erfolgsaussichten. Abschließend bewerten die Befragten die bestehenden Informationsinfrastrukturen. Hierbei wird auf relevante Dokumente der vorausgehenden Inventurmethode zurückgegriffen.

Neben dem Interviewleitfaden als prozessualer Orientierung ist auch das in Abbildung 12-6 dargestellte tabellarische Erfassungsinstrument eventuell hilfreich. Es dient dazu, die Themenattribute systematisch und vollständig zu erfassen. Es orientiert sich dabei am KM Entitätenmodell, da alle relevanten Beziehungen zwischen Geschäftsprozessaktivitäten, Themen, Personen und Dokumenten abgeleitet werden können.

Interview-partner:	Name:	Tel.:	Datum:
	Vorname:	e-mail:	Dauer:
	Abt.:	Ort	Interviewer:
	Hauptaktivitäten im Geschäftsprozess:		

Tätigkeit / Aktivitäten	**Thema / Themenbaum**	**Ausprägung**						**relevant für Unt. Ber. Abt. Team, Pers**	**Wissen**			
		Basis / Grundlagenwissen			Berater-qualität	Gesucht			im Hinblick auf			Zustand expli, impli, explibar
		Schulung	Autodidakt Erfahrung	Mitarbeiter-austausch		Muss	Kann		Methode	Fakten	Referenz Name?	
Projekt-planung	Projektdauer/Schätzung/ Anlagendimensionierung		X		X			T	X			Dokument-ex

Abbildung 12-6: Tabelle zur Erfassung der Wissensobjekte eines Prozesses (Trier und Müller 2004)

Um die Transparenz bei einer Vielzahl von erfassten Themen zu erhöhen, kann mit einer entsprechenden Kategorisierung der Wissensdomänen gearbeitet werden. In einem Projekt wurde z. B. die Farbe grün verwendet, um spezielle Wissensobjekte zu kennzeichnen, welche eine sehr eingeschränkte Verteilung aufwiesen. So hat manchmal lediglich ein Befragter über Wissen zu einem relevanten Thema verfügt. Das ist eine sehr risikoreiche Position für ein Unternehmen. Rot wurden Kompetenzen gekennzeichnet, wenn sie auch für andere Abteilungen eine hohe Relevanz besaßen. Blau wurden Themen markiert, wenn sie trotz hoher Relevanz nicht ausreichend dokumentiert waren. Mit diesen Farbmarkierungen wird es möglich, schnell eine Sammlung sehr wichtiger Themen zu definieren und Schlüsselpersonen zu identifizieren. Solche Analysen müssen jedoch sehr vorsichtig vorgenommen werden (z. B. durch die Personalabteilung) und nicht im Unternehmen veröffentlicht werden, denn nicht jede Unternehmenskultur reagiert positiv auf diese Transparenz. So könnte beispielsweise ein abträglicher Wettkampf um einen speziellen Status in dieser Wissenslandkarte dazu führen, dass der Wissensaustausch behindert wird.

Zusammengefasst kann festgehalten werden, dass die prozessorientierte Analyse eine Methode ist, Handlungsmaßnahmen im Wissensmanagement zu identifizieren. Dabei können speziell ausgerichtete Prozessmodellierungsmethoden eingesetzt werden, um die herausgearbeitete Struktur und die Zusammenhänge zwischen den an den Prozessaktivitäten identifizierten Themengebieten auch grafisch darstellen und damit verbessert kommunizieren zu können. Generell kommt es auf die Erhebung der Prozessaktivitäten, der beteiligten Personen, der relevanten Themengebiete und der entsprechenden Dokumente sowie aller dazwischen vorhandenen Beziehungen an. Wesentlich für die Qualität des Wissensmanagementkonzepts ist dabei die Erhebung der entsprechenden Daten. Diese gestaltet sich etwas schwieriger als bei einer reinen Prozessmodellierung, da bereits der Begriff Wissensobjekt bzw. Themenfeld als Fokus der Methode ein eher weiches Hilfskonstrukt darstellt, zu dem noch keine einheitliche Definition vorzufinden ist und dessen Abgrenzungen auch in der Wissenschaft noch diskutiert werden. Des Weiteren werden in einer WM Analyse oft personenspezifische Details berührt, bei denen der Systemanalyst insbesondere aus Sicht des Datenschutzes besondere Vorsicht walten lassen muss. Trotzdem können mit einer Reihe von geschickt gestellten Fragen viele sich um die Aktivitäten befindliche Wissensbereiche identifiziert und deren Eigenschaften beschrieben werden, um anschließend WM Maßnahmen in einem Sollkonzept aufzustellen und umzusetzen.

12.5 Netzwerkorientierte Systemanalyse im Wissensmanagement

Das im vorigen Abschnitt beschriebene WM-Entitätenmodell impliziert, dass die Prozessorientierung für das Wissensmanagement eine große Bedeutung hat: Diese modelliert den Zusammenhang zwischen den Prozessaktivitäten untereinander und ihre Beziehung zu den verbundenen Mitarbeitern und Dokumenten, entsprechend den Elementen eines klassischen Geschäftsprozessmodells, wie z. B. der Ereignisgesteuerten Prozesskette (EPK). Eine wesentliche Innovation ist dabei die zusätzliche Dokumentation der mit dem Prozess verknüpften Themengebiete.

Die Analyse der modellierten Beziehungen des WM-Entitätenmodells zeigt jedoch auch, dass die Geschäftsprozessorientierung nicht das ganze Wissensmanagement abdeckt. Durch die primär kontrollflussorientierte Betrachtung mit dem Prozessablauf als Fokus fehlt die Abbildung der Verknüpfungen der Mitarbeiter untereinander, der Mitarbeiter mit ihren Themengebieten bzw. Dokumenten oder der Mitarbeiter mit nicht prozessbezogenen Aktivitäten. Beim prozessorientierten Systementwurf werden die auf informellen Kommunikationsbeziehungen beruhenden Arbeitsstrukturen nicht ausreichend berücksichtigt. So können wenig strukturierte interaktive teambasierte Aktivitäten schlecht analysiert werden.

Eine entsprechende Perspektive, die hier alternativ oder ergänzend zum Einsatz kommen kann, wurde in der Beschreibung der Erhebung von Wissensbereichen in einem wissensintensiven Geschäftsprozess bereits angedeutet: Wissensarbeiter verfolgen neben ihrem prozess- oder projektorientierten Tagesgeschäft einen parallelen gruppen- bzw. netzwerkorientierten Modus der Wissensarbeit, welcher neben dem Umgang mit Dokumenten die Bildung lose strukturierter informeller Kontaktnetzwerke beinhaltet. Diese bilden sich themenzentriert zwischen den Experten aus und stellen eine wesentliche Quelle ihrer Produktivität dar. Auf diese Weise entstehen Communities of Practice (CoP, dt. Wissensgemeinschaft) als eine Gemeinschaft von Personen mit ähnlichen Themeninteressen. Diese sind ein zur Prozessorientierung komplementäres Instrument des Wissensmanagements in Unternehmen und bilden die restlichen Elemente des WM-Entitätenmodells sowie ihre Beziehungen zu einander ab.

Diese Sicht greift die netzwerkorientierte Systemanalyse (bzw. kurz Netzwerkanalyse) als Ergänzung zur Prozessmodellierung auf. Der Schwerpunkt liegt auf informellen (aber auch formalen) Kommunikations- und Kollaborationsbeziehungen. Werden diese mit geeigneten Methoden elektronisch erfasst, bietet sich die Möglichkeit, das zugrunde liegende Netzwerk IT-gestützt darzustellen und zu analysieren, um den gegenwärtigen Zustand zu erfassen, zukünftige Veränderungen zu antizipieren und inhaltliche und strukturelle Anpassungsmaßnahmen abzuleiten. Im Rahmen des Wissensmanagements im Unternehmen finden sich so Möglichkeiten zu erkennen, welche wichtigen Personen in die Interaktionen der Belegschaft besser eingebunden werden müssen, welche Mitarbeiter aufgrund ihrer wichtigen Netzwerkposition unbedingt gehalten werden müssen, welche Personen einen Engpass für den Transfer von Informationen und Wissen im Unternehmen darstellen, wie schneller relevante Kontakte identifiziert werden können oder welche realen Gruppen sich abseits von der organisatorischen Vorgabe gebildet haben.

Die wesentliche Frage ist dabei, ob ein grafisches Modell einer solchen Gemeinschaft und die darauf aufbauende Analyse des Netzwerks ergänzende WM Potenziale entdecken kann, die im Prozessmodell als Dokumentation des wissensintensiven Geschäftsprozesses nicht identifiziert werden? Im nächsten Abschnitt wird dazu beschrieben, wie ein solches netzwerkorientiertes Wissensmanagement im Zusammenhang mit organisationstheoretischen Strukturen steht und wie die modellhafte Visualisierung und Analyse von Personennetzwerken mit Informationstechnik unterstützt werden muss.

12.5.1 Netzwerke in der Organisation

Zur Fundierung der netzwerkorientierten Perspektive auf das Wissensmanagement können zahlreiche Ansätze der Organisationsforschung herangezogen werden. Sie systematisieren das dem Wissensmanagement zugrunde liegende Untersuchungsobjekt „Organisation“ aus theoretischer Perspektive und lenken mit den dabei identifizierten Wirkmechanismen das Augenmerk insbesondere auf die Vorteile der systematischen Gestaltung und Nutzung von Mitarbeiter- bzw. Kommunikationsnetzwerken für eine flexible und effiziente Problemlösung in einem komplexen Unternehmensumfeld.

Das steht in einem engen Bezug zu den Betrachtungsperspektiven auf eine Organisation, wie sie im Kapitel über das Untersuchungsobjekt Unternehmen bereits eingeführt wurden. Die hier insbesondere einschlägige Sicht ist neben der systemtheoretischen Betrachtungsweise die Organisationssoziologie bzw. auch die Interaktionsorientierte Perspektive. Die Wichtigkeit dieser Betrachtung und Analyse von Gruppen und deren internen Beziehungen für eine effektive Organisationsgestaltung wurde in den 1930er Jahren von Mayo nach Durchführung seiner Hawthorne Experimente erstmals wissenschaftlich untersucht. Es gipfelte in der Aussage „the desire to be continuously associated in work with fellows is a strong, if not the strongest, human characteristic” (Mayo 1946, S.111). Seine Kollegen Roethlisberger und Dickson (1947) begründen daraufhin ihren Ansatz der “Human Relations”, des gezielten Managements von Beziehungen zwischen den Mitarbeitern.

March und Simon vergleichen aufbauend auf dieser Erkenntnis später die Organisation mit einem Organismus und nehmen so die Vorstellung von einer Organisation als soziale Einheit und soziales System vorweg. „Organizations are assemblages of interacting human beings and they are the largest assemblages in our society that have anything resembling a central coordinative system. [...] The high specificity of structure and coordination within organizations [...] marks off the individual organization as a sociological unit comparable in significance to the individual organism in biology” (March and Simon 1958, S. 4).

In einem späteren Theoriegebäude der Organisation, der systemorientierten Sichtweise, sieht der Soziologe Luhmann (1984) sogar das Unternehmen als ein soziales System, welches ausschließlich aus aufeinander bezogener Kommunikation besteht. Damit rückt aus Sicht des WM neben dem Management der Beziehungen zwischen den Mitarbeitern die Kommunikation als konstatierendes Element der Organisation in den Mittelpunkt der Betrachtung. Diese große Rolle der Kommunikation für die Organisation wird auch von Barnard (1938) betont, welcher Organisationen als Systeme aus Handlungen auffasst, welche durch Kommunikation koordiniert werden.

Auf Basis dieser Elemente Kommunikation und Interaktion zwischen Systemelementen begründen Burrell und Morgan (1979) die Organismusmetapher schließlich, in dem sie generelle Prinzipien offener Systeme in der Organisation untersuchen, wie z. B. Systemgrenzen, Prozesse, Inputs, Outputs, Homeostasis (Gleichgewichtszustand), Subsysteme oder gegenseitige Abhängigkeit.

Hier schließt sich ein Kreis zum Kapitel über die Systemtheorie. Dort wurde ein System als aus über Relationen verbundenen Elementen dargestellt. Diese Struktur kann offensichtlich auch als ein Netzwerk aus Knoten und Kanten aufgefasst werden. Zusammengefasst zeigen die bisherigen Mechanismen also auf, dass ein organisationsbezogenes Wissensmanagement Kommunikationsstrukturen, interaktive Handlungssysteme und systemische Eigenschaften von Gruppen als System von über soziale Beziehungen netzwerkartig verbundene Mitarbeiter betrachten und analysieren kann.

Die besondere Organisationsform des Netzwerks ermöglicht, dass sowohl Information als auch Einfluss in einer Organisation von oben nach unten und umgekehrt, aber auch horizontal durch die Verbindungen wirken kann (vgl. Stamps und Lipnack 2000). Wenn in der Organisationsstruktur domänenspezifisch Wissen und Fähigkeiten ausgebildet wurden, findet die Arbeit dabei weniger durch eine vertikale Anweisungskette als vielmehr durch horizontale Kollaboration zwischen verschiedenen Gruppen statt. Dieses steht auch im Mittelpunkt der Definition von Wissensarbeit (Thomas et al. 2001): „Knowledge work involves communication among loosely structured networks and communities of people [...] understanding it involves identifying the social practices and relationships that are operative in a particular context." Netzwerke aus sich kennenden Personen begünstigen den erfolgreichen Wissenstransfer durch die Förderung sozialer Faktoren, wie Beziehungen, Vertrauen, gegenseitiges Verpflichtungsgefühl und Reputation. Empirische Erforscher sozialer Netzwerke bestätigen die Bedeutung der Netzwerkorganisation aus einer ganz anderen Richtung. Sie entdeckten, dass Interaktionen welche über eine Zeitdauer hinweg erfasst werden, eine Netzwerkstruktur in ihrer Kommunikation ausprägen.

Deshalb kann Wissensmanagement sich nicht darin beschränken, das stillschweigende Wissen von Personen zu explizieren, sondern muss auch die soziale Verbreitung praktischen Anwendungswissens über die Schaffung und Belebung eines Netzwerkes aus informellen Beziehungen und durch die Unterstützung mit offenen, wenig strukturierten und überwiegend kollaborativen Technologien fördern (vgl. Bonifacio und Camussone 2004).

Das heißt aber auch, dass die am Anfang dieses Kapitels identifizierten Basisstrategien des Wissensmanagements (vgl. Hansen et al. 1999), die dokumenten- und wissensobjektbasierte Kodifizierungsstrategie sowie die netzwerk- und kooperationsorientierte Personifizierungsstrategie, sich nicht gegenseitig ausschalten, sondern eher eng verzahnt werden sollten.

Zusammenfassend ist also das Hauptziel eines organisations- und netzwerkorientierten Wissensmanagements die Erzielung von Transparenz über die Elemente Prozess bzw. Aktivität, Person, Dokument und Thema und deren sämtliche Verknüpfungen gemäß dem KM Entitätenmodell. Während bei der prozessorientierten WM Analyse die Aktivitäten im Mittelpunkt der Betrachtung standen, sind es bei der Netzwerkperspektive die Personen. Insbesondere die seit der Human Relations Bewegung als wichtig erachteten Beziehungen zwischen den Mitarbeitern ist dabei eine komplexe und dynamische Facette, welcher es besondere Aufmerksamkeit zu widmen gilt. Von den systemorientierten Organisationsforschern wird die Untersuchung bzw. das Management der diesen Beziehungen zugrunde liegenden Kommunikationsstruktur als konstituierendes Element eines sozialen Systems betont.

Aus systemanalytischer Perspektive ist die Analyse der Kommunikationsstruktur und der Eigenschaften der Beziehungsnetzwerke daher der Schwerpunkt.

12.5.2 Entstehung der Netzwerkanalyse

Der Ursprung der netzwerkorientierten Sicht der Systemanalyse liegt in der sozialen Netzwerkanalyse (engl. Social Network Analysis, SNA).

Die Entwicklung der SNA beruht auf dem theoretischen Hintergrund einer ganzen Reihe von Forschungszweigen der Sozialwissenschaft (vgl. Abbildung 12-7). Sie basiert auf der mathematischen Graphentheorie und wurde erstmals in soziometrischen Ansätzen der 1930er Jahre von Moreno (1932) angewendet.

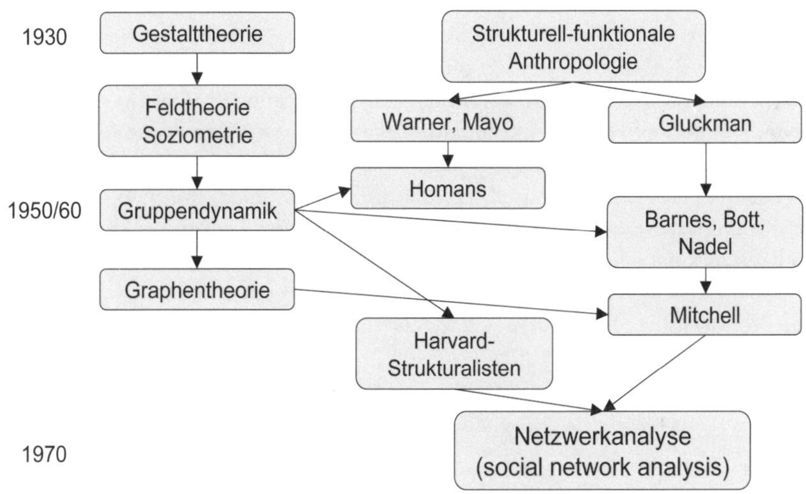

Abbildung 12-7: Entwicklungslinien der sozialen Netzwerkanalyse (vgl. Scott 1991, S. 7)

Der Begriff des sozialen Netzwerks geht auf den englischen Sozialanthropologen Barnes zurück, der 1954 Untersuchung zu sozialen Strukturen in einem norwegischen Fischerdorf veröffentlichte. Mit der Blockmodellanalyse der Harvard-Strukturalisten in den 1970er Jahren gelang der methodische und theoretische Durchbruch der Netzwerkanalyse (vgl. Scott 1991 S. 8). Die Blockmodellanalyse ermöglicht es, aus individuellen Beziehungsdaten den Schluss auf gesamtgesellschaftliche Positions- und Rollenstrukturen zu ziehen. Ende der 1970er Jahre hat sich mit der Gründung des International Network for Social Network Analysis (INSNA) durch Wellman ein eigenständiger Forschungszweig etabliert.

Im Gegensatz zur Analyse konventioneller Daten liegt bei Netzwerkdaten das Hauptaugenmerk nicht auf dem Untersuchungsobjekt, seinen Ausprägungen und Attributen, sondern auf den Beziehungen zwischen den verschiedenen Untersuchungsobjekten.

Der Begriff soziales Netzwerk bezeichnet eine Menge von Akteuren, die eine spezifische Menge und Art von Beziehungen miteinander pflegen. Dies sind z. B. Arbeitsteams, Geschäftspartner,

Autoren oder Freunde (vgl. Götzenbrucker 2006). Ihre Beziehungen können beispielsweise Bekanntschaften, Geschäftskontakte, Informationsflüsse oder familiäre Bindungen sein. Die Netzwerkanalytiker erfassen hierbei konkrete soziale Beziehungen, über deren Muster dann die soziale Struktur analysiert wird. Neben Akteuren und ihren Beziehungsnetzwerken können auch andere Untersuchungsgegenstände, wie z. B. Themen, Dokumente oder (Teil-) Programme in Form von Matrizen oder Graphen visualisiert werden, sodass das Anwendungsspektrum von Netzwerkanalysen weit über die soziale Netzwerkforschung hinausgeht und Netzwerke beliebiger Objekte umfasst.

Für die Modellierung von Netzwerken stehen grundsätzlich zwei Verfahren zur Verfügung: Die Darstellung der Daten als Matrix oder als Graph. Handelt es sich um soziometrische Daten so werden auch die Begriffe Soziomatrix und Soziogramm bzw. Soziograph verwendet.

Bei der Soziomatrix (engl. Adjacency Matrix) repräsentieren Zeilen und Spalten die Akteure des Netzwerks, Nummern oder Symbole in den Zellen stehen für die Verbindungen zwischen den Akteuren (vgl. Hannemann und Riddle 2005). Es werden immer zwei Akteure zueinander in Beziehung gesetzt (Dyade) und ihr Zusammenhang bezüglich eines bestimmten Merkmals untersucht. In einer Binärmatrix werden die Verbindungen nur mit 0 (nicht gesetzt) oder 1 (gesetzt) bewertet. Die Verwendung von Nummern oder Symbolen ermöglicht es, eine Gewichtung vorzunehmen, indem die Verbindungen quantitativ und qualitativ bewertet werden. Zum Beispiel können Vorzeichen verwendet werden (-1: negativ, 0: neutral, +1: positiv) oder eine Zahl repräsentiert die Menge der gesendeten Nachrichten oder für die Kontakte zwischen den Akteuren.

Die Eintragungen in den Zellen können symmetrisch oder asymmetrisch sein. Bei einer symmetrischen Eintragung ist die Richtung der Verbindung irrelevant. Bei einer asymmetrischen Eintragung sind die Werte gerichtet und können sich für ein Akteurpaar unterscheiden, je nachdem, von wem die Verbindung ausgeht bzw. aus welchem Blickwinkel die Verbindung gesehen wird.

	Bob	Carol	Ted	Alice
Bob		1	1	0
Carol	0		1	0
Ted	1	1		1

Tabelle 12-1: Netzwerk-Darstellung als asymmetrische Matrix (vgl. Hannemann und Riddle 2005)

Tabelle 12-1 zeigt ein Netzwerk von vier Personen und ihre Zuneigung (1) bzw. Abneigung (0) für einander in einer asymmetrischen Binärmatrix. Die Werte zwischen den Akteurpaaren sind gerichtet, z. B. beruht Bobs Zuneigung für Carol (Bob vs. Carol: 1) nicht auf Gegenseitigkeit (Carol vs. Bob: 0). Matrizen ermöglichen es, mathematische Operationen durchzuführen und Kennzahlen abzuleiten, mit denen die Akteure und ihre Beziehungen analysiert werden können.

Die Darstellung von Netzwerken in Form von Matrizen bietet zwar erhebliche Vorteile bei der mathematischen Auswertung, erweist sich aber bei größeren Netzwerken für eine visuelle Auswertung als zu unübersichtlich. Unter Anwendung der Graphentheorie lässt sich eine Matrix als Graph darstellen. Ein Graph ist eine Beziehungsgeflecht, das aus einer Menge von Knoten (engl. Nodes) besteht, die die Akteure repräsentieren und durch Kanten (engl. Edges) miteinander verbunden sind. Graphen können abhängig von den zugrunde liegenden Daten gerichtet oder ungerichtet, binär, vorzeichenbehaftet oder bewertet sein.

In der Graphentheorie werden die Elemente eines Netzwerks als Knoten oder Vertex bezeichnet, die Verbindungen zwischen ihnen als Kanten. In der sozialen Netzwerkanalyse ist die gängige Bezeichnung für Knoten Akteur und für Kanten Beziehung.

In einem komplexen Netzwerk lassen sich in der Regel verschiedene Teilstrukturen identifizieren, die sich aus den drei Grundstrukturen Stern, Linie und Kreis zusammensetzen (vgl. Abbildung 12-8). Die Analyse des Netzwerks und seiner Elemente ist Gegenstand der sozialen Netzwerkanalyse.

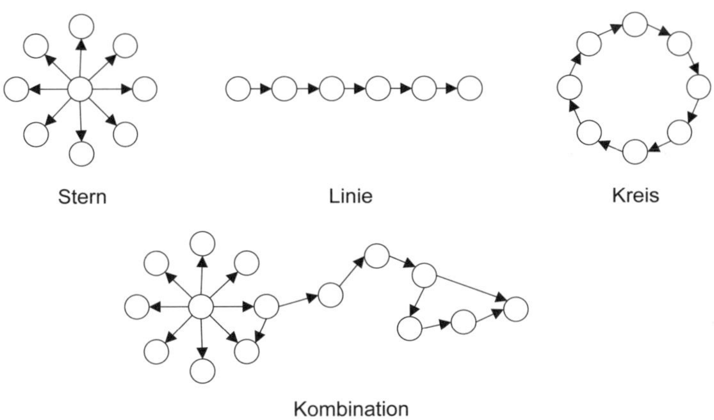

Abbildung 12-8: Netzwerkstrukturen (Hanneman und Riddle 2005)

In der grafischen Darstellung des Netzwerks lassen sich durch die Größe und Farbe der Knoten, die Länge und Dicke der Kanten und ihre Richtung verschiedene Netzwerkkennzahlen für die Akteure, ihre Beziehungen und das Gesamtnetzwerk darstellen.

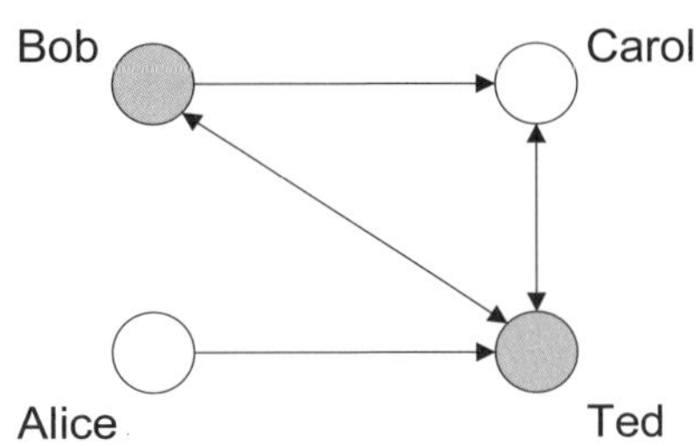

Abbildung 12-9: Netzwerk-Darstellung als gerichteter Graph (Hannemann und Riddle 2005)

Abbildung 12-9 zeigt die Matrix aus Tabelle 12-1 als gerichteten Graphen, bei dem die Knotenfärbung das Geschlecht der Akteure kodiert (weiß: weiblich, grau: männlich).

12.5.3 Methodik der IT-gestützten Netzwerkanalyse

Aufbauend auf der Identifikation der wesentlichen Wirkprinzipien des netzwerkorientierten Wissensmanagements (basierend auf einer netzwerkorientierten Organisationstheorie) wird in diesem Abschnitt nun ein technisch unterstützter Ansatz zur netzwerkorientierten Systemanalyse von Kommunikationsnetzwerken vorgestellt, der zum Ziel hat, insbesondere über die Erhöhung der Transparenz des Personen- und Mitarbeiternetzwerks einen Mehrwert für die Mitglieder und Moderatoren solcher Gruppen herbeizuführen. Anwendungsfelder sind dabei, wie oben bereits angedeutet:

- Verbesserung der informellen und formalen Zusammenarbeit über unterstützende Eingriffe oder aber die gezielte Auswahl und Unterstützung von Rollen, welche den informellen Wissenstransfer im Unternehmen fördern,
- Identifikation wichtiger aber isolierter Wissensträger bzw. Identifizieren von Wissensquellen und besseren Wegen der Wissensweitergabe (Engpässe abbauen),
- Beschleunigung des abteilungs- bzw. bereichsübergreifenden Informationsflusses durch Vorschläge, mit welchen Teams anderer Abteilungen sich Mitarbeiter lose koppeln sollten,
- Identifikation und Förderung von Talenten,
- Identifikation von Gruppen und Meinungsführern zur Instantiierung bzw. Besetzung von Teams für strategische Themenbereiche bzw. Identifikation, Unterstützung, Moderation und Erfolgsmessung themenbezogener Communities of Practice,
- Zusammenführung von informellen Strukturen beim Zusammenschluss von Firmen und
- Bewusstmachung informeller Wege der Informationsausbreitung im Unternehmen.

Obwohl grundsätzlich die Netzwerkanalyse auch ohne explizite IT-Unterstützung durchgeführt werden kann, sind dabei die Möglichkeiten aufgrund der Menge und Komplexität des Datenmaterials begrenzt. Deshalb empfiehlt es sich, auf eine IT-Unterstützung bei der Erhebung, Aufbereitung, Visualisierung und Analyse der Kommunikationsdaten zurückzugreifen.

Die Anforderungen an die IT-Unterstützung der netzwerkorientierten Systemanalyse ergeben sich in erster Linie aus der zugrunde liegenden sozialen Netzwerkanalyse. Diese lassen sich in die folgenden fünf Kategorien einteilen:

- Schnittstellen und Datenintegration,
- Visualisierung,
- Analyse,
- Datenaufbereitung & Simulation,
- Informations- und Kommunikationswerkzeug bzw. Groupwarefunktionalitäten.

Im Detail beinhalten diese Softwareanforderungen die Fähigkeit, verschiedene Datenquellen verwenden zu können und Schnittstellen sowie Import- und Exportfunktionen zu anderen Systemen anzubieten (Schnittstellen und Datenintegration).

Im Bereich der Visualisierung soll Netzwerk auf unterschiedliche Weise dargestellt werden können: z. B. das Gesamtnetzwerk, (ego-zentrierte) Teilnetzwerke um einzelne Knoten sowie den Hierarchiebaum der Clusteranalyse oder statistische Diagramme.

Für eine umfassende Analyse sollten deskriptive Methoden, Methoden zur Strukturanalyse und Analyse von Rollen- und Positionsverflechtungen ebenso zur Verfügung stehen wie dyadische und triadische Methoden sowie statistische Modelle. Die Ergebnisse der Analyse sollten durch eine Reportfunktion als Dokument gespeichert werden können oder über die Schnittstellen anderen Programmen (z. B. Workflow-Management-Systemen) zur Verfügung stehen.

Die Netzwerkdaten sollten um fehlende Daten erweitert, um falsche Daten bereinigt und um zusätzliche Daten ergänzt werden können. Bestehende Daten sollten zu Testzwecken verändert werden können. Um die Auswirkungen von möglichen Veränderungen abzuschätzen, sollte die Software auch um eine Simulationskomponente verfügen, die nicht nur die statischen Veränderungen anzeigt, sondern auch mögliche dynamische Auswirkungen berechnet (Datenaufbereitung und Simulation).

Insbesondere, wenn die Software auch die operativen Tätigkeiten unterstützen soll, bietet es sich an, Groupwarefunktionalitäten zu integrieren. Zum Beispiel kann das angezeigte Netzwerk die Möglichkeit bieten, mit den als Knoten dargestellten Mitarbeiter Kontakt aufzunehmen oder die als Knoten dargestellten Teamdokumente zu lesen, zu verändern, zu ergänzen oder herunterzuladen.

In nächsten Abschnitt wird mit Commetrix anhand eines konkreten Beispiels eine Software vorgestellt, welche die genannten Anforderungen weitestgehend erfüllt und die eine IT-gestützte Netzwerkanalyse gemäß der im Folgenden vorgestellten Methodik ermöglicht.

Das Vorgehensmodell der (IT-gestützten) Netzwerkanalyse gliedert sich in die folgenden fünf Phasen: Projektbegründung, Abgrenzung des relevanten Netzwerks, Datenerhebung und -aufbereitung, Visualisierung und Analyse sowie Maßnahmenplanung. Die folgende Grafik verdeutlicht die Methodik zur netzwerkorientierten Systemanalyse im Wissensmanagement.

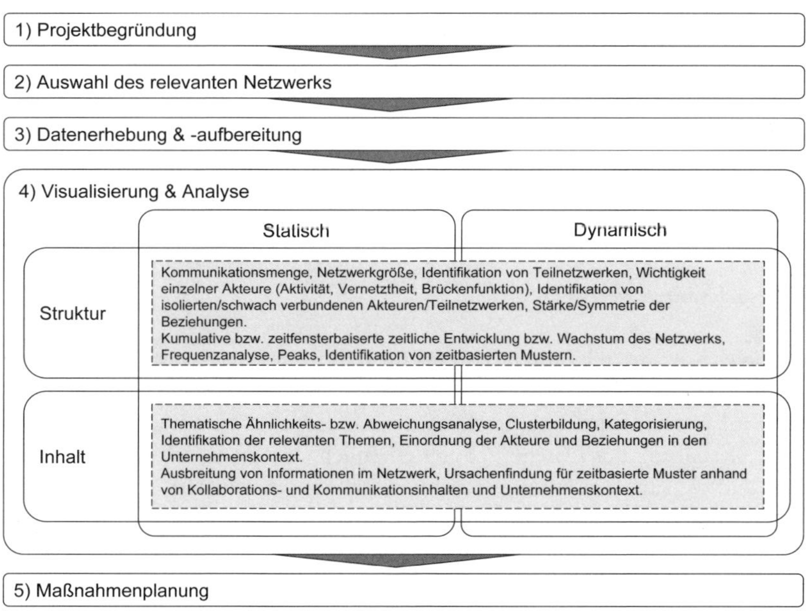

Abbildung 12-10: Methode zur IT-gestützten Analyse von Kommunikationsnetzwerken

Die im Folgenden erläuterten Phasen der Netzwerkanalyse entsprechen den Phasen Projektbegründung (Projektbegründung und Auswahl des relevanten Netzwerks), Istanalyse (Datenerhebung und -aufbereitung sowie Visualisierung und Analyse) und Sollkonzept (Maßnahmenplanung) im Vorgehensmodell der prozessorientierten Systemanalyse. Auch wenn die Netzwerkanalyse selbst mit der Phase der Maßnahmenplanung abgeschlossen wird, muss anschließend daran eine Realisierung und gegebenenfalls eine Implementierung der organisatorischen und technischen Maßnahmen durchgeführt werden. Hierbei handelt es sich aber im Allgemeinen um kein netzwerkspezifisches Vorgehen, weshalb auf die entsprechenden Ausführungen des Kapitels über das allgemeine Vorgehensmodell verwiesen wird.

Projektbegründung

Das in der Phase der Projektbegründung festgelegte Projektziel beeinflusst das weitere Vorgehen entscheidend. Grundsätzlich besteht die Möglichkeit, die Netzwerkanalyse als eigenständige Systemanalyse durchzuführen oder sie zur Unterstützung einer prozessorientierten Systemanalyse einzusetzen.

Steht der Vergleich der formalen und informellen Kollaborations- und Kommunikationsstrukturen im Mittelpunkt der Betrachtung, bei der die Einflüsse der informellen Strukturen auf die Prozessabläufe untersucht werden sollen, wird die Netzwerkanalyse nur als eine Methode der Istaufnahme neben der Prozesserhebung durchgeführt.

Handelt es sich um die Untersuchung der informellen Kollaborations- und Kommunikationsstrukturen, um beispielsweise die wichtigsten Einflussgrößen und Schlüsselfiguren zu identifizieren und zu fördern oder die Informationsausbreitung im Unternehmensnetzwerk zu optimieren, stellt die Netzwerkanalyse eine eigenständige Methode dar.

Da es sich um personenbezogene Daten handelt, die erhoben und analysiert werden, sind insbesondere das Bundesdatenschutzgesetz und die Vereinbarungen mit dem Betriebsrat zu beachten und die Zustimmung der Mitarbeiter einzuholen. Ist eine Anonymisierung der Daten nötig, sind die Möglichkeiten bei der Analyse und Maßnahmenplanung zwar eingeschränkt, jedoch lassen sich auch aus der allgemeinen Struktur, den Inhalten und der Entwicklung des Netzwerks wichtige Erkenntnisse zum informellen Unternehmensnetzwerk ableiten.

Abgrenzung des relevanten Netzwerks

Analog zur Abgrenzung des relevanten Systems im Rahmen einer prozessorientierten Systemanalyse steht am Anfang jeder Netzwerkanalyse die Abgrenzung des relevanten Netzwerks (vgl. Jansen 2003). Diese wird vor der Erhebung der Daten anhand der Problemstellung vorgenommen und beeinflusst die Gestaltung der Datenerhebung erheblich. In einem ersten Schritt werden die für das Netzwerk und die Problemstellung relevanten Akteure identifiziert, anschließend werden die Relationen aufgrund inhaltlicher und zeitlicher Kriterien festgelegt. Beispielsweise können hier bestimmte Teams, Arbeitsgruppen oder Abteilungen im Mittelpunkt des Interesses stehen. Für die Netzwerkabgrenzung sind außerdem die verschiedenen Analyseebenen zu unterscheiden. Das können die Ebenen des einzelnen Akteurs, der Gruppe oder die des Gesamtnetzwerks sein. Neben diesem akteursorientierten Ansatz kann die Abgrenzung des Netzwerks auch über den relevanten Kontext inhaltsbasiert erfolgen.

Datenerhebung und -aufbereitung

Der Aufwand der genannten Analysemethoden wird entscheidend durch die Erhebungsmethode der Daten bestimmt. Die klassischen Primärerhebungsmethoden sind die Befragung oder Beobachtung, zur Erhebung von Egonetzwerken (als personenbezogene und damit egozentrierte Ausschnitte eines Gesamtnetzwerks) wird häufig das Schneeballverfahren angewendet. Inhaltlich wird dabei in der Regel abgefragt, welchen Kollegen der Befragte Informationen zu bestimmten arbeitsbezogenen Themen gibt bzw. von welchen Personen er solches erhält. Dabei werden oft auch Kontaktwege bei Ausnahmen oder aber Kundenanfragen ermittelt. Alternativ kann auch analysiert werden, welche Personen sich gut kennen und wie gut sie gegenseitig ihre Fähigkeiten und Kenntnisse einschätzen können.

Bei größeren Netzwerken erweisen sich diese Methoden aber als zu aufwendig (vgl. Wasserman und Faust 1994, S. 43). Durch die zunehmend computergestützten Kommunikation und Interaktion stehen mittlerweile zahlreiche Quellen für Sekundärdaten zur Verfügung. Zu diesen gehören so unterschiedliche Datenquellen, wie Server-Logfiles von E-Mails oder Telefonkontakten, Archive von VoIP Telefoniesystemen, Instant Messaging Systeme, Mailinglisten, Mitgliederverzeichnisse, elektronischer Teamkollaboration, gemeinschaftliche Dokumentenerstellungshistorien, elektronische Archive von Diskussionsbeiträgen oder Meetingraumbelegungssysteme. Bei der Verwendung der Daten für ein Systemanalyseprojekt sind einschlägige Datenschutzbestimmungen und der unternehmensindividuelle Umgang mit von den Mitarbeitern generierten Daten zu beachten. Hier können später umfangreiche Anonymisierungs- und Filtermaßnahmen eingesetzt werden.

Der Vorteil von elektronischen Kommunikations- und Kontaktdaten gegenüber Daten aus Interviews und Umfragen liegt in dem geringen Erhebungs- und Verarbeitungsaufwand. Sie sind weniger subjektiv geprägt und erfassen das Gesamtbild, indem sie beispielsweise auch isolierte Personen mitberücksichtigen. Generell ist jedoch auch zu beachten, dass bei der automatisierten Erfassung auch nicht einschlägige Interaktionen (die ein befragter Mitarbeiter automatisch ausblenden würde) noch Bestandteil des Datensets und damit später der Analyse sein können. Des Weiteren können schnell viel größere und damit schwerer analysierbare Netzwerke erfasst werden als beispielsweise per Interview. Ein weiterer zu beachtender Aspekt ist, dass oft wichtige Personen (z. B. Manager) nicht selbst tätig werden, sondern über Stellvertreter agieren. Deshalb ist es wichtig, den Umfang, die inhaltliche Aussagekraft, die logische Konsistenz und den Kontext der Daten zu kontrollieren und sie manuell zu interpretieren. Ergänzende Hintergrundinformationen und Feedbackgespräche mit Betroffenen können hier helfen, richtige Potenziale abzuleiten.

Je nach Untersuchungsgegenstand können die Daten bereits in der Phase der Datenerhebung auf den relevanten Ausschnitt zeitlich, inhaltlich bzw. strukturell begrenzt werden. Werden die Organisationseinheiten und Aufgabengebiete der einzelnen Akteure mit erhoben, lassen sich später die Ergebnisse der Netzwerkanalyse mit den formalen Unternehmensstrukturen vergleichen.

Erfolgt die Analyse des Netzwerks IT-gestützt, müssen die Daten in ein Datenformat überführt werden, das mit der verwendeten Software kompatibel ist. Verfügt die Software nicht über eine geeignete Schnittstelle (Konnektor) zur Datentransformation für das relevante Datenformat gibt es je nach Art der Software und Projektgröße zwei Möglichkeiten: Die Daten werden in ein kompatibles Datenformat transformiert oder die Software wird durch eine neue Schnittstelle erweitert. Die zweite Variante setzt eine entsprechende Erweiterungsfähigkeit der Software voraus.

Visualisierung und Analyse

Bei der IT-gestützten Analyse können Kommunikations- und Kollaborationsdaten in eine Graphendarstellung überführt werden, in der strukturelle Zusammenhänge leicht zu erkennen sind. Um diese qualitativen Aussagen durch präzise Messwerte quantitativ zu unterstützen, wird die Darstellung um statistische Methoden ergänzt.

In der Analyse eines Netzwerks werden Kennzahlen und Filter einzeln oder kombiniert angewendet und das Netzwerk aus verschiedenen Perspektiven untersucht. Dabei kann differenziert werden zwischen einer Analyse der gesamten Netzwerkstruktur oder einzelner Teilnetzwerke, wie z. B. Clustern oder Egonetzwerken. Neben einer statischen Analyse struktureller Merkmale kann mit zusätzlichen dynamischen Animationen die Entwicklung des Netzwerks im Zeitverlauf dargestellt werden. Eine Inhaltsanalyse in Form von Text Mining hilft schließlich dabei, das Netzwerk inhaltlich hinsichtlich der Entwicklung von speziellen Themenbereichen zu untersuchen. Über den Abgleich mit den Organisationseinheiten oder wichtigen Ereignissen und Meilensteinen im untersuchten Zeitraum können die Analyseergebnisse in den Unternehmenskontext eingebunden werden. Je nach Problemstellung wird in der Regel eine Kombination der verschiedenen Perspektiven angewandt.

Obwohl die inhaltliche Abhängigkeit und Ähnlichkeit von Akteuren und Akteursgruppen sowie die Zuordnung der ausgetauschten Informationen zur vorher definierten Fragestellung im Vordergrund der Betrachtung steht, erweisen sich Kollaborations- und Kommunikationsnetzwerke häufig als zu komplex, um mit einer inhaltlichen Datenanalyse zu beginnen. Bevor eine derartige Detailanalyse vorgenommen werden kann, muss die Struktur des Netzwerks anhand verschiedener Kriterien (SNA-Kennzahlen) herausgearbeitet werden, um daran anschließend eine nähere Untersuchung der als relevant identifizierten Bereiche vorzunehmen. Hierfür bietet sich eine Analyse des Netzwerks anhand folgender Fragestellungen an:

- Statische Strukturanalyse: Welche Kommunikations- und Kollaborationsstruktur weist das Gesamtnetzwerk auf? Gibt es unterschiedlich stark vernetzte Teile? Wie gut sind die Akteure in das Gesamtnetzwerk eingebunden? Welches sind die prominenten Akteure und Akteursgruppen im Gesamtnetzwerk hinsichtlich Kommunikationsaktivität, Reichweite, Mittlerrolle, Beziehungsstärke etc.? Wie weit reicht der Einfluss eines Akteurs im Netzwerk aufgrund seiner Netzwerkposition?
- Dynamische Strukturanalyse: Wie hat sich das Netzwerk im Zeitverlauf entwickelt? Wann hat Kommunikations- und Kollaborationsaktivität zur Bildung großer Netzwerke geführt, wann nicht? Wie sind die Akteure in ihre gegenwärtige Position gelangt? Waren andere Akteure in der Vergangenheit wichtiger, wodurch hat sich ihre Position verändert?
- Statische und dynamische Inhaltsanalyse: Wodurch haben sich große Netzwerkstrukturen ausgebildet? Wie kann Kommunikations- und Kollaborationsaktivität effizient zur Netzwerkbildung eingesetzt werden? Wie weit reicht der Einfluss eines Akteurs im Netzwerk aufgrund seiner inhaltlichen Ähnlichkeit zu seinen direkten und indirekten Kontakten? Wie breiten sich Informationen im Netzwerk aus?

Zunächst wird das Gesamtnetzwerk anhand von strukturellen Kennzahlen und Filtern auf strukturelle Auffälligkeiten untersucht. Im Vordergrund steht die Frage, welche Struktur das Gesamtnetzwerk aufweist und welche Netzwerkteile auffallend gut oder schlecht bzw. gar nicht untereinander und mit dem Gesamtnetzwerk verbunden sind. Die hierbei verwendeten Kennzahlen lassen sich in rein strukturell und sozial-strukturell unterscheiden. Zu den rein strukturellen Kennzahlen gehören die Netzwerkgröße, Dichte und der Durchmesser sowie die Anzahl der gesendeten bzw. empfangenen Nachrichten eines Akteurs. Sozial-strukturelle Kennzahlen sind beispielsweise die Betweenness (als ein Zentralitätsmaß), der Clustering Koeffizient oder Beziehungsstärke zwischen Akteuren, da sie eine Aussage über den sozialen Stand von Akteuren und Akteursgruppen ermöglichen. Unter einem Gesamtnetzwerk wird hier das *statische Netzwerk* verstanden, dass sich durch die Aggregation der Aktivität im Untersuchungszeitraum ausbildet. Beschrieben wird das Netzwerk und seine Teilnetzwerke anhand von strukturellen Kennzahlen, wie Größe, Dichte, Diameter und Zentralität (vgl. hierzu und im Folgenden Tabelle 12-2). Netzwerke weisen in der Regel dichtere und weniger dichte Bereiche auf. Es bilden sich häufig Cliquen und Untergruppen, deren Knoten stärker miteinander interagieren als mit anderen Netzwerkknoten. Durch Filter kann das Netzwerk auf die aktivsten Akteure oder die stärksten Beziehungen reduziert werden.

Weiterhin wird untersucht, wo sich in einem Kommunikationsnetzwerk zwischen Mitarbeitern strukturelle Löcher befinden, die sich negativ auf die potenzielle Weitergabe von Informationen auswirken können oder bereits ausgewirkt haben. Durch welche Akteure das Netzwerk zusammengehalten wird, lässt sich darüber bestimmen, wie das Netzwerk reagiert, wenn Trennlinien-Knoten, die als Mittler zwischen zwei Netzwerken fungieren, entfernt werden. Ebenso wie eine hohe Betweenness verleiht die Rolle einer Trennlinie einem Knoten erheblichen Einfluss auf das Netzwerk.

Als Egonetzwerk wird ein Netzwerk bezeichnet, das sich über seine direkten und gegebenenfalls indirekten Kontakte um einen bestimmten Knoten (Ego) aufspannt. Im Vordergrund steht die Frage: „Wo stehen die Akteure innerhalb des Netzwerks? Wie sind sie in diese Position gekommen?“. Mithilfe der akteursorientierten Analyse lässt sich für einzelne Knoten die Brükkenposition, Zentralität, Reichweite, Handlungsautonomie oder Eingebundenheit in Cliquen ermitteln und daraus sein soziales Kapital ableiten. Werden einzelne Knoten betrachtet, kann der Einfluss eines Knotens im Netzwerk anhand seiner Zentralitätsmaße Betweenness, Closeness und Degree Centrality bestimmt werden (vgl. Freemann 1979).

Um auffällige Akteure und Teilstrukturen zu identifizieren, können Rangfolgen der Akteure gebildet werden. Kriterien hierbei sind z. B. Kommunikationsaktivität, Anzahl der direkten Kontakte, Reichweite der direkten Kontakte, Stärke der Beziehungen oder Vermittlungsrolle im Netzwerk.

Während die statische Netzwerkanalyse davon ausgeht, dass einmal ausgebildete Beziehungen zwischen Akteuren beständig erhalten bleiben und die Netzwerkaktivität im Untersuchungszeitraum zu einem Gesamtnetzwerk aggregiert, steht bei der dynamische Netzwerkanalyse die Entwicklung des Netzwerks im Zeitablauf im Fokus. Hierbei lassen sich zwei Vorgehensweisen unterscheiden: Bei der *kumulativen dynamischen Netzwerkanalyse* werden die einzelnen Kommunikations- und Kollaborationsaktivitäten schrittweise summiert bis sich am Ende ein Gesamtnetzwerk gebildet hat. Im Gegensatz zur statischen Netzwerkanalyse wird ein Akteur oder die Beziehung zwischen zwei Akteuren erst zu dem Zeitpunkt aktiviert bzw. intensiviert, wenn sie auch tatsächlich stattgefunden hat. Es lässt sich so untersuchen, wann und aufgrund welcher zeitlichen Ereignisse das Netzwerk wächst bzw. sich stärker vernetzt.

Die *zeitfensterbasierte dynamische Netzwerkanalyse* betrachtet die Netzwerkaktivität nur innerhalb eines bestimmten Zeitfensters (engl. Sliding Window), das je nach Datensatz, Zeitrahmen und Analyseziel eine Größe von Stunden, Tagen, Wochen oder sogar Monaten haben kann. Was vor oder nach diesem Zeitfenster passiert, wird ausgeblendet. Das Zeitfenster wird im Laufe der Analyse über den gesamten Untersuchungszeitraum weiter geschoben. Dadurch entstehen neue Strukturen und alte werden ausgeblendet. Hierbei kann das Zeitfenster überschneidungsfrei verschoben oder ein Zeitintervall gewählt werden, dass kleiner als das Zeitfenster ist, sodass sich die einzelnen Fenster überlappen und der Effekt einer Kommunikationsaktivität für die Länge des gewählten Zeitintervalls im Netzwerk anhält.

Neben der dynamischen Analyse kann das statische Netzwerk auch auf einen bestimmten Zeitraum begrenzt werden, wodurch sich ein kleinerer statischer Ausschnitt aus dem Gesamtnetzwerk bildet.

Der Einsatz einer retrospektiven und vor allem der prospektiven dynamischen Analyse (Simulation) ist vor allem durch die zur Verfügung stehende IT noch begrenzt. Hierzu sind entweder statistische Annahmen zu treffen über die Strukturbildungsmuster im Zeitablauf oder über die Informationen, welche durch die Netzwerkstrukturen fließen.

Die statische und dynamische Strukturanalyse des Netzwerks und Netzwerkteilen stellt somit den Einstiegspunkt für das weitere Vorgehen dar. Die inhaltliche Analyse der Beziehungen und der Unternehmenskontext der Akteure ermöglicht eine detaillierte Analyse hinsichtlich relevanter Fragestellungen.

Während die statische Strukturanalyse die Position eines Akteurs in seinem Netzwerkumfeld und die dynamische Analyse die Entwicklung des Netzwerks zu seiner gegenwärtigen Struktur beschreibt, kann nur die Inhaltsanalyse die inhaltlichen Ursachen dafür finden.

Hierzu zählt der Vergleich von Projektmeilensteinen und wichtigen Ereignissen im Unternehmen mit strukturell auffälligen Zeitpunkten in der Netzwerkbildung genauso wie die Ausbreitung von Informationen von einem oder mehreren Akteuren im gesamten Netzwerk. Während die Strukturanalyse einen deskriptiven Charakter aufweist, ist die Inhaltsanalyse durch ihren explorativen Charakter gekennzeichnet. Kann die Strukturanalyse zeigen, wann und wo Netzwerkaktivität zur Bildung großer Netzwerke geführt hat und wann und wo nicht, lassen sich durch die Analyse der Kollaborations- und Kommunikationsinhalte die Gründe dafür finden. Hier kommen Data Mining Verfahren wie die Abweichungs- und Abhängigkeitsanalyse, sowie die thematischen Clusterbildung zum Einsatz. Unter Verwendung des Text Minings lassen sich implizit vorhandene Informationen und Wissensquellen explizit machen und die Beziehungen zwischen diesen und zu den Akteuren im Netzwerk analysieren.

Aus den so gewonnenen Erkenntnissen lassen sich in der nachfolgenden Phase Verbesserungsmaßnahmen ableiten.

Größe (Size)	Anzahl der Knoten im Netzwerk. Bei einem Egonetzwerk bezieht sich die Größe auf den Ego selbst und die direkten Kontakte.
Durchmesser (Diameter)	Maximale Netzwerkausdehnung: kürzester Pfad der beiden von einander am weitesten entfernten Knoten.
Dichte (Density)	Maß für die Vernetztheit der Netzwerkknoten : Wie viele der möglichen Paarbeziehungen werden durch im Netzwerk tatsächlich gebildet. Die Dichte lässt sich auch für Untergruppen bestimmen und ist ein. Je größer das Netzwerk, desto kleiner ist tendenziell die Dichte.
Individuelle Dichte (Individual Level Density)	Die individuelle Dichte misst, in wiefern die Kontakte eines Knotens ebenfalls miteinander in Kontakt stehen.
Strukturelles Loch (Structural Hole)	Das Fehlen eines Knotens in einer strategisch wichtigen Position, z.B. um zwei Untergruppen miteinander zu verbinden.
Trennlinien (Blocks)	Knoten, die das Verbindungsglied zwischen zwei oder mehr Untergruppen darstellen. Werden sie entfernt, sind die Gruppen von einander isoliert.
Clustering-Koeffizient (Clustering Coefficient)	Maß für die Gruppenbildung im Netzwerk: Wahrscheinlichkeit, dass zwei Knoten, die mit demselben Dritten verbunden sind, auch untereinander verbunden sind. Demnach auch als Dichte des Egonetzwerks definiert.
Centrality Betweenness	Maß für die Kommunikationskontrolle : Anzahl der kürzesten Verbindungen zwischen Knotenpaaren, die durch den betrachteten Knoten laufen. Wahrscheinlichkeit, dass die Kommunikation zwischen zwei Knoten über eine Dritten laufen wird (Vermittlungsrolle des Zwischenknoten).
Centrality Closeness	Nähe eines Knoten zu allen anderen Knoten im Netzwerk als kürzeste Pfaddistanz zwischen zwei Knoten. Maß für die Unabhängigkeit eines Knotens von den anderen und seine Effizienz, d.h. wie leicht der Knoten an Informationen im Netzwerk gelangen kann.
Centrality Degree	Maß für die Kommunikationsaktivität eines Knotens: Anzahl an Verbindungen, die ein Knoten zu den anderen im Netzwerk hat. In einem gerichteten Graphen wird der Grad der Zentralität in In-Degree und Out-Degree unterschieden.
In-Degree	Anzahl der zu einem Knoten hinführenden Verbindungen und er beschreibt das Prestige des Knoten im Netzwerk.
Out-Degree	Anzahl der von einem Knoten ausgehenden Verbindungen und er beschreibt die Integriertheit des Knoten im Netzwerk.
Pfadlänge (Path Length)	Distanz zwischen zwei Knoten. Es wird die längste und kürzeste Distanz unterschieden.
Reichweite (Reach)	Anzahl der Knoten, die der betrachtete Knoten direkt oder über Zwischenknoten erreicht.
Durchfluss (Flow)	Anzahl der Ausweichmöglichkeiten: Kann der betrachtete Knoten einen anderen nur über einen einzigen Pfad erreichen, so stellt dies eine schwache Verbindung dar. Führen mehrere Pfaden zum anderen Knoten, so handelt es sich um eine stärkere Verbindung.

Tabelle 12-2: Netzwerkkennzahlen für die Strukturanalyse

Maßnahmenplanung

Abhängig vom vorher festgelegten Ziel und den Ergebnissen der Netzwerkanalyse müssen organisatorische und technische Maßnahmen konzipiert werden. Sie entsprechen den oben genannten Anwendungsfällen und spezifizieren Änderungen im Kommunikationsmuster. Anklam (2002) nennt eine Reihe von Maßnahmen und Erkenntnissen, welche sich aus einer Social Network Analyse ergeben: Es kann zur Modifikation bestimmter Organisationsstrukturen bzw. zur Einführung neuer Rollen für spezielle Vermittler und Förderer des informellen Wissenstransfers kommen. So trat in einer Analyse zu Tage, dass ein Mitarbeiter sich mit einem anderen als dem vorgesehenen Team vernetzen muss, da es inhaltlich relevanter für seinen Arbeitsablauf war. SNA bestätigt oft die intuitive Wahrnehmung, hilft aber durch die Visualisierung bisherige Hemmschwellen für laterale Aktivitäten zu überwinden. So haben sich beispielsweise bestimmte Personen über ein Jahr lang nicht getroffen und daher den Blick für die gegenseitigen Abhängigkeiten und gemeinsamen Ziele verloren. Die SNA zeigte die Wichtigkeit eines Meetings (auch mit weiteren Organisationsmitgliedern) auf. Die Analyse kann vorbereitend für die Einführung von elektronischen Kollaborationswerkzeugen sinnvoll eingesetzt werden, um wichtige Themen und Gruppen zu identifizieren für z. B. virtuelle Meetings oder gemeinsame Foren. Anklam (2002) bemerkt weiterhin, dass bestimmte Führungspersonen nach Einsicht in die Netzwerkgrafik bemerkten, dass sie unfreiwillig zu Kommunikationssenken geworden sind (engl. Gate Keeper). Sie wirken anschließend darauf ein, dass Wissen auch um sie herum direkt weitergegeben wird und nicht ausschließlich über ihre Person. Zum Beispiel begann eine Führungskraft mit bisher externen Personen Kontakt aufzunehmen und diese zu Projekttreffen einzuladen, sie sichtbarer zu machen und anderen vorzustellen. Bei einer großen und verteilten Projektorganisation hilft die Aufdeckung bestehender Beziehungsnetzwerke die richtigen Teams zu formen. SNA unterstützt auch dabei, wichtige Personen zu identifizieren und deren Rolle für den schnellen Informationsfluss zu untersuchen. Solche Personen können nach Anklam (2002) gehalten werden, wenn sie gut im Unternehmen vernetzt sind. Eine weitere Möglichkeit des Eingriffs zielt auf die Verbesserung der Innovationsfähigkeit, Reaktionsgeschwindigkeit und Produktivität durch die Beseitigung von Wissenslücken und durch eine schnellere und direkte Identifikation von Wissen und Personen.

Zusammenfassend kann festgehalten werden, dass Wissensnetzwerke und ihre konstituierenden Charakteristiken mit Techniken aus dem Gebiet der SNA in einer netzwerkorientierten Systemanalyse repräsentierbar und analysierbar sind. Dieser Bereich bietet zahlreiche Messzahlen und Methoden, wie die Graphentheorie, sowie stochastische und algebraische Modelle, welche dazu verwendet werden können, die Transparenz von Netzwerken aus Personen und Themen zu verbessern. Insbesondere der soziologische Ansatz der Soziomatrizen ermöglicht zahlreiche Analysen mit einer prinzipiell sehr einfachen Datenstruktur, in der Netzwerkdaten in einer Matrix gespeichert werden. Beispielhaft können daraus dann neben der modellhaften Abbildung des vorhandenen Personennetzwerks Bewertungen von Eigenschaften, wie Netzwerkdichte, Zentralität und Prominenz von Autoren im Netz, deren Aktivitätslevel, inhaltliche Nähe und kürzeste Verbindungen berechnet werden. Die damit verwandten analytischen Methoden auf Basis von Netzwerkgraphen ermöglichen zusätzlich die visuelle Analyse von großen Gruppenstrukturen. Im Kontext dieser Graphen von Wissensnetzwerken sind die Knoten Akteure (Mitarbeiter bzw. Autoren), Gruppen und Organisationen. Die Relationen (Beziehungen) repräsentieren deren Kommunikationsbeziehungen bzw. ihr geteiltes Wissen. Methoden der Netzwerkanalyse bieten damit die Möglichkeit, die sich entwickelnden Muster und Eigenschaften von Wissensnetzwerken nicht nur metaphorisch sondern präzise und quantitativ zu bestimmen. Dabei werden Phänomene der Co-Evolution der Kommunikation und des verteilten Wissens im Netzwerk beobachtbar. Der Überblick über ansonsten unsichtbaren und intransparenten Netzwerkzusammenhänge können genutzt werden, um wichtige Personen und Gruppen zu fördern, direktere und effizientere Kommunikationswege zu etablieren oder den Wissenstransfer behindernde Netzwerkstrukturen zu ändern. Vor der Ableitung von Maßnahmen aus automatisierten Datenanalysen sind jedoch ausreichende Schritte zur Validierung durchzuführen. Das beinhaltet manuelle Detailsichtungen des Datenmaterials, Analyse des Kontexts der Informationen und ergänzende Interviews mit Betroffenen. Schließlich empfiehlt es sich, die umgesetzten Änderungsmaßnahmen zu einem späteren Zeitpunkt mit einer Kontrollanalyse auf ihre Wirksamkeit hin zu überprüfen.

12.5.4 Commetrix – Beispiel zur IT-gestützten Netzwerkanalyse

Basierend auf diesen Anforderungen an eine softwaregestützte Methodik zur netzwerkorientierten Systemanalyse wird nun stellvertretend das Softwarewerkzeug „Commetrix" vorgestellt. Es ermöglicht dem Anwender verschiedene Datenquellen, wie z. B. elektronische Kommunikationsdaten, wie E-Mails, Einträge in Diskussionsforen oder Logs elektronischer Projektkollaborationssoftware über Konnektoren auszuwerten und die Daten als Graphenstruktur zu visualisieren. Auf Basis der Visualisierung können relevante Personengemeinschaften als Teilnetzwerke identifiziert und analysiert werden. Derart gewonnene Erkenntnisse können unter anderem dazu beitragen, die Kommunikations- und Kollaborationsbeziehungen in einem Unternehmen oder in Expertenforen besser zu verstehen und zu unterstützen. Zu den Anwendungsfeldern gehören alle Formen der elektronisch erfassten Kommunikation und Kollaboration.

Für die Analyse muss zunächst aus der Community Plattform geeignetes Datenmaterial extrahierbar gemacht und in einer speziellen Datenstruktur gespeichert werden. Spezielle Kennzahlensysteme zur Messung von Netzwerkstrukturen und CoP-Kommunikation können dann auf Basis der gespeicherten Protokolldaten Auswertungen ausführen und über eine Visualisierungsschnittstelle dem Management in der Form eines Management Cockpits zur Verfügung stellen. Dieser Prozess erfordert eine Softwarekomponente zur Datenpräparation. Sie ist verantwortlich für die Verbindung mit verschiedenen und sehr unterschiedlich aufgebauten Community Plattformen, wie z. B. NNTP Usenet Newsgroups, PHP Bulletin Board Software oder die LotusNotes Diskussionsdatenbank. Weitere Quellen sind MSN Messenger basierte Netzwerke oder E-Mail Netzwerke. Die Problematik liegt darin, die unterschiedlichen Ansätze der Datenstrukturierung und die unterschiedlichen Umfänge der enthaltenen Informationen in den Quellen in eine einheitliche Form zu bringen, sie mit alten Datenbeständen zu kombinieren oder sogar mehrere Kommunikationskanäle zusammenzufassen. Hierzu wird eine Datenbank eingesetzt, welche über ein spezielles Datenmodell diesen unterschiedlichen Anforderungen gerecht wird. Über diese Transformation in eine einheitliche Form können die nachfolgenden Komponenten des Werkzeugs die Unterschiede im Ausgangsdatenmaterial ignorieren und z. B. Kommunikation aus verschiedenen Kanälen zu einem Gesamtnetz über festgelegte Integrationsregeln addieren.

Die Basiselemente sind Autorennamen, der Zeitstempel, die übermittelten Inhalte und der referenzierte Text bzw. der Adressat. Vorbereitend für eine Textanalyse enthalten die Konnektoren zusätzlich einen Algorithmus zur Keyword Extraktion. Die unterschiedlichen Informationsumfänge (z. B. textliche Verbindungen, Keywords, Autoreneigenschaften) müssen hingegen von den auswertenden Komponenten über entsprechend intelligente Funktionalitäten erkannt und berücksichtigt werden. Die nachfolgende Analyse- und Visualisierungskomponente ist der Kernbestandteil des Werkzeugs. Sie liest die Datenelemente der vom Nutzer ausgewählten Plattformen und berechnet diverse Kennzahlen und Grafiken für eine verbesserte Transparenz der Beziehungen zwischen den Autoren und den Themen. Beispiele sind die Identifikation und Anzeige von Clustern im Personennetzwerk, Kreisdiagramme mit den wichtigsten (prominentesten oder aktivsten) Autoren und Beziehungen, themenbasierte Netzwerke, Netzwerkwachstum usw.

Die letzte Komponente ist das Cockpit als Benutzerschnittstelle. Hier kann der Nutzer zahlreiche Visualisierungen auswählen und über die Einstellung verschiedener Parameter konfigurieren und variieren, um zu einsichtsreichen Darstellungen bzw. Aussagen zu gelangen. Neben textlichen Analysen des Netzwerks kann er diese dann exportieren, um beispielsweise später daraus geeignete Eingriffe abzuleiten. Ein Beispiel ist die Wiederbelebung eines inaktiven Netzwerkbereichs oder das Zusammenführung von Autoren. Zusätzlich kann so auch der Fortschritt der Communityarbeit und -entwicklung (z. B. bestimmter Themenbereiche) an externe Stakeholder kommuniziert werden. Die Kernmethoden dieses Werkzeugs zur Community Visualisierung stammen dabei aus dem Bereich der Social Network Analysis, dem Graphenlayout und dem Text Mining.

12.5.5 Beispiel zur Netzwerkanalyse

Die E-Mail Daten für die im Folgenden illustrierte Beispielanalyse stammen von dem Erdgashandelsunternehmen Enron. Aufgrund eines Bilanzfälschungsskandals wurde eine Sammlung aus 3500 Verzeichnissen mit insgesamt 619.446 Nachrichten aus dem Zeitraum Januar 1998 bis Dezember 2002 von der Federal Energy Regulatory Commission während ihrer Untersuchungen gegen die Firma Enron veröffentlicht. Als einzige öffentlich verfügbare Sammlung von E-Mails eines Unternehmens ist der Enron-Datensatz zu einer wichtigen Quelle für Untersuchungen von Netzwerk-, Kommunikations- und Kollaborationsstrukturen sowie für die Textanalyse geworden. Das hier verwendete Beispiel geht auf die Aufbereitung von Melinda Gervasio im Rahmen des CALO-Projekts (Cognitive Assistant that Learns and Organizes) zurück und enthält 151 Sender und Empfänger und 19.808 Nachrichten aus dem Zeitraum 11.05.1999 bis 21.06.2002.

Abbildung 12-11 zeigt die Visualisierung Enrons gesamter E-Mail-Kommunikation aus einem Zeitraum von 38 Monaten als Graph. In dieser Darstellung stellen die Knoten die 151 Enron-Mitarbeiter[3] dar und die ungerichteten Kanten ihre Kommunikationsbeziehungen über gesendete bzw. empfangene E-Mails. Die Abbildung zeigt das Netzwerk als Ausgangspunkt der weiteren Analyse, indem die Knoten noch nicht mit Farbe oder Größe Informationen repräsentieren und keine Struktur-, Zeit- oder Inhaltfilter die Netzwerkdarstellung begrenzen. Die Kantenlänge und -stärke entspricht der Kommunikationsaktivität zwischen den Akteuren. Das Netzwerk besteht aus einem isolierten Akteur und einem stark vernetzten Netzwerk aus 150 Akteuren, die sich auf ein Zentrum und einen Seitenarm verteilen, in dem die Akteure sowohl untereinander als auch zum restlichen Netzwerk deutlich schwächer verbunden sind.

3 Im Folgenden werden diese neutral als Akteur bezeichnet und sind gegebenenfalls mit einer eindeutigen Nummer gekennzeichnet. Die Verwendung der Begriffe „der Akteur“ oder „er“ ist dabei geschlechtsunspezifisch.

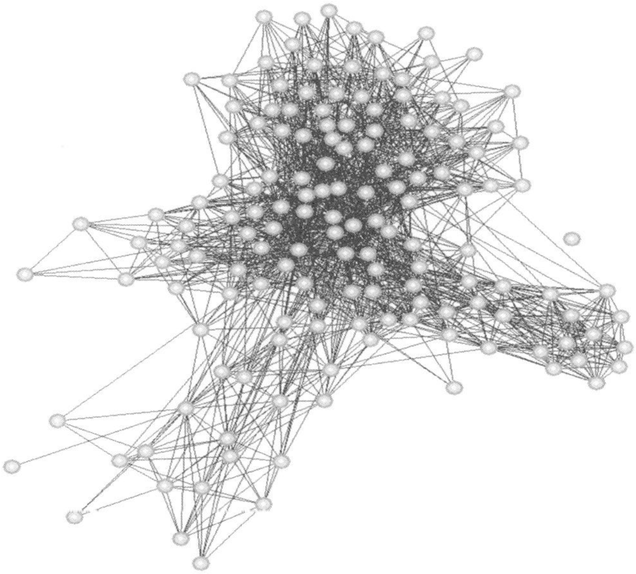

Abbildung 12-11: Enron – statisches Gesamtnetzwerk

Auch wenn die Darstellung des Grundnetzwerks bereits über die reine Visualisierung aber auch durch Strukturkennzahlen (wie Größe, Dichte, Ausbreitung oder durchschnittliche Beziehungsstärke) erste Einblicke in die Kommunikations- und Kollaborationsstruktur ermöglicht, bietet Commetrix die Möglichkeit, die visualisierten Daten mit zusätzlichen Informationen anzureichern und somit tiefer gehende Erkenntnisse abzuleiten. Hierzu gehören Farbe, Größe und Benennung von Knoten und Kanten hinsichtlich bestimmter Netzwerkparameter sowie Filter, um schwache Beziehungen und wenig aktive Knoten aus der Darstellung auszublenden. Je nach gewähltem Parameter bzw. Parameterkombinationen sind unterschiedliche Sichten auf das Netzwerk möglich.

In Abbildung 12-12 sind vier verschiedene Sichten auf das Netzwerk und seine prominenten Akteure dargestellt, indem die Knotengröße den Eigenschaftswert des Akteurs bezüglich eines Untersuchungskriteriums widerspiegelt. Netzwerk A zeigt die Eigenschaften der Akteure als Sender von Nachrichten. Deutlich wird, dass das Netzwerk über einige Ballungsgebiete verfügt, in denen mehrere Akteure hervorstechen, während andere Bereiche nur eine geringe Sendeaktivität aufweisen. Demgegenüber zeigt Netzwerk B die Eigenschaft der Akteure als Empfänger von Nachrichten. Obwohl sich ähnliche Ballungszentrum ausbilden, stimmen Sender- und Empfängerrollen häufig nicht überein und deutlich mehr Akteure sind prominente Empfänger von Nachrichten als Sender. Hinsichtlich der Netzwerkkommunikation nehmen demnach deutlich mehr Akteure eine passive als eine aktive Rolle ein.

Netzwerk C hebt die Akteure hervor, die zur Kerngruppe des Netzwerks gehören. Kerngruppenmitglieder sind die aktivsten Akteure, die gemeinsam für 80 Prozent der Kommunikationsaktivität zuständig sind. Die Knotengröße ermöglicht dabei jedoch keine Auskunft über die tatsächliche Kommunikationsmenge, sondern nur über die Zugehörigkeit zur Kerngruppe. Im Vergleich zu den Netzwerken A und B stimmt das Kerngruppenetzwerk weitestgehend mit demjenigen überein, das die prominenten Sender aufspannen, mit Ausnahme eines einzelnen Knotens im Seitenarm des Netzwerks.

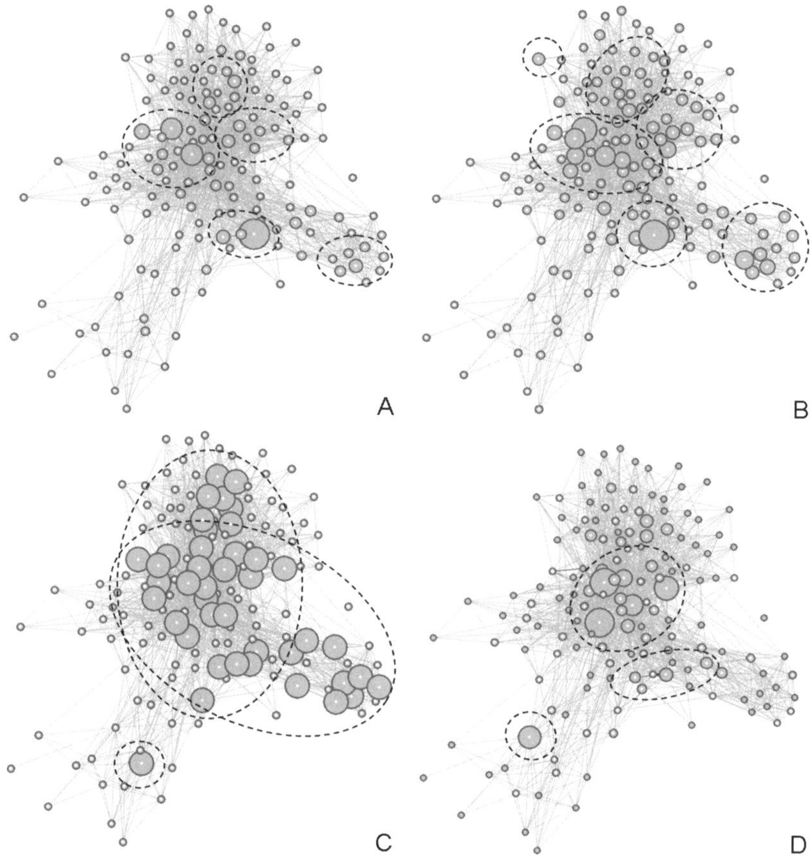

Abbildung 12-12: Enron – statisches Gesamtnetzwerk: Prominente Akteure.
A: Sender; B: Empfänger; C: Kerngruppe; D: Mittler

Während die Netzwerk A, B und C die (Kommunikations-) Aktivität eines Akteurs fokussieren, wird in Netzwerk D die Mittlerrolle der Akteure untersucht. Hierfür wird für jeden Knoten im Netzwerk die Betweenness Centrality berechnet. Diese Kennzahl ist definiert als der Quotient aus der Anzahl der kürzesten Pfade auf dem ein Knoten liegt und der Anzahl aller kürzesten Pfade im Netzwerk. Hierbei spielen zwei Überlegungen zum Kommunikations- und Kollaborationsverhalten in Netzwerken eine Rolle: Zum einen ist es wahrscheinlich, dass die Kommunikation zwischen zwei Akteuren, die nicht direkt mit einander verbunden sind, über so wenig Mittler wie möglich stattfindet. Aus diesem Grund haben die kürzesten Pfade zwischen Akteuren eine besondere Bedeutung bei der Untersuchung von Netzwerken. Zum anderen ermöglicht diese Mittlerrolle einen erheblichen Einfluss auf das Netzwerk und seine Entwicklung, ohne dass der Akteur selbst durch intensive Kommunikationsaktivität gekennzeichnet sein muss. Er hat dadurch den Vorteil, „die richtigen Leute zu kennen". So zeigt Netzwerk D denn auch deutlich, dass Kommunikationsaktivität und Mittlerrolle nicht zwangsläufig übereinstimmen müssen. Auffallend ist hier der Knoten im Seitenarm des Netzwerks, der als einziger eine starke Mittlerrolle in diesem Teilnetzwerk einnimmt.

Die Netzwerke A bis D sind nur vier Beispiele dafür, wie mithilfe der strukturellen Analyse das (statische) Netzwerk nach strukturellen Auffälligkeiten und prominenten Akteuren untersucht werden kann. Um das Netzwerk vollständig zu erschließen, werden je nach Untersuchungsziel Kombinationen verschiedener Kennzahlen verwendet, die eine facettenreiche Perspektive auf das Netzwerk und seine Beziehungen ermöglichen. Dabei bietet es sich an, die Analyse in Teilschritte zu gliedern. Am Ende eines jeden Analyseschritts werden dann Erkenntnisse, Maßnahmen und offene Fragen formuliert, die in den nächsten Schritten zur Orientierung dienen und die Grundlage für die anschließende Maßnahmengestaltung bilden.

Die Ergebnisse der ersten Analyse des statischen Gesamtnetzwerks sind beispielsweise:

- Die Anbindung des isolierten Akteurs in das Gesamtnetzwerk wird überprüft. Welche Funktion nimmt er im Unternehmen ein? Warum hatte er keine Kontakte zu den anderen?
- Der schwach verbundenen Seitenarm wird stärker in das Netzwerk eingebunden. Hierfür stellen die in Netzwerk C und D auffallenden Knoten im Seitenarm einen ersten Ansatzpunkt dar: Warum wurde Kommunikationsaktivität bzw. Mittlerrolle bisher nicht genug genutzt? Welche organisatorischen, technischen und persönlichen Barrieren gibt es?
- Die Kommunikation zwischen den Ballungszentren (vgl. Netzwerk A und B) wird hergestellt. Über welche Themen wird gesprochen? In wiefern sind diese für andere relevant? Welche Akteure müssen miteinander stärker in Kontakt gebracht werden?
- Von der Kommunikationsaktivität werden Rückschlüsse auf die Kollaborationsaktivität gezogen. Lässt sich aufgrund der Sender-Empfänger-Verteilung auf die Kollaborationsbeziehungen schließen. Sind mehr Akteure Weisungsempfänger als Weisungsgeber?

Anhand der Fragen, die sich zu diesem Zeitpunkt stellen, wird deutlich, dass die statische Strukturanalyse des Gesamtnetzwerks noch nicht genügend Informationen liefert. Als weiterführende Analysemöglichkeit kann die Komplexität des Netzwerks verringert werden, indem kommunikationsschwache Akteure oder Beziehungen ausgeblendet werden, Egonetzwerk prominenter Akteure verschiedener Tiefe untersucht werden, der Untersuchungszeitraum beschränkt wird, die zeitliche Entwicklung des Netzwerks in einer dynamischen Visualisierung analysiert wird oder eine Untersuchung zu den Nachrichteninhalten durchgeführt wird.

In Abbildung 12-13 sind zwei weiterführende Analysemethoden dargestellt: die Analyse eines Egonetzwerks (Netzwerk A) und die Analyse eines Themennetzwerks (Netzwerk B). Hierfür werden nur die relevanten Akteure angezeigt. Um das untersuchte Teilnetzwerk jedoch besser in den Gesamtkontext einordnen zu können, bietet Commetrix die Möglichkeit, die inaktiven Akteure und Beziehungen nicht vollständig aus der Visualisierung zu entfernen, sondern nur blasser darzustellen.

Netzwerk A zeigt das Egonetzwerk des Akteurs 1250 (markiert) mit seinen direkten Kontakten. Akteur 1250 ist für die Analyse deshalb interessant, da er der einzige Knoten im Seitenarm des Netzwerks ist, der eine große Betweenness Centrality aufweist. Dies bedeutet, dass er im Seitenarm oder zwischen Seitenarm und Hauptnetzwerk eine Mittlerrolle einnimmt. Um diese genauer zu untersuchen, wird das aktive Netzwerk auf seine direkten Kontakte reduziert. Obwohl die meisten seiner Kontakte zum Seitenarm gehören, reicht der Kontakt zum Akteur 1178 weit in das Zentrum des Hauptnetzwerks. Darüber hinaus handelt es sich bei diesem Kontakt um einen Akteur, der selbst in diesem Netzwerk eine starke Mittlerrolle einnimmt.

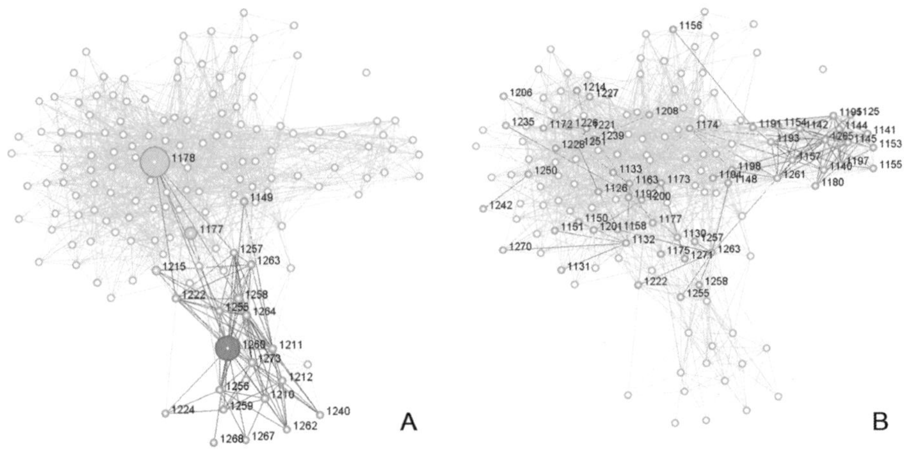

Abbildung 12-13: Enron – Teilnetzwerke: (A) Egonetzwerk Akteur 1250, Knotengröße = Betweenness Centrality; (B) Themennetzwerk zum Suchbegriff „pipeline" mit konstanter Knotengröße

Es ergeben sich aus dieser Untersuchung die folgenden Fragen:

- Warum bildet Akteur 1250 nur wenige Kontakte zum Hauptnetzwerk aus? Gibt es hierfür inhaltliche bzw. organisatorische Gründe?
- Beeinflusst dieser Akteur die Netzwerkstruktur positiv oder negativ? Ermöglicht er durch seine Position Kontakte oder verhindert er sie?
- Welche Rolle spielt Akteur 1178 und seine Beziehung zu Akteur 1250 für die Isolation des Seitenarms?

Die Analyse der Zugehörigkeit zu Organisationseinheiten im Unternehmen zeigt, dass das Egonetzwerk von Akteur 1250 überwiegend aus den Organisationseinheiten „Employee", „Trader" und „Director" besteht, wohingegen das Egonetzwerk von Knoten 1178 sich aus „Employee", „Managing Director", „Vice President" und „President" zusammensetzt. Beide Egonetzwerk bestehen aus 21 direkten Kontakten, die durchschnittliche Beziehungsstärke zwischen dem Ego und seine Kontakten ist jedoch bei Akteur 1178 dreimal so hoch. Diese Unterschiede und die Tatsache, dass beide Akteure zu einer hierarchisch untergeordneten Organisationseinheit gehören, kann ein Grund dafür sein, dass sie ihre Mittlerrollen nicht in eine bessere Vernetzung der Teilnetzwerke einsetzen konnten, da Akteur 1178 nur über wenig hierarchischen Einfluss in seinem Egonetzwerk verfügt und Akteur 1250 als Kontaktpartner zu unbedeutend ist. An dieser Stelle empfiehlt es sich, die Mitarbeiter im Unternehmen mit diesen Erkenntnissen zu konfrontieren und gemeinsam die Ursachen dafür zu finden.

Neben der strukturellen Analyse von Teilnetzwerken kann das Netzwerk auch nach Themen untersucht werden. Netzwerk B in Abbildung 12-13 zeigt das Themennetzwerk zum Suchbegriff „pipeline" eingebettet in den Gesamtkontext. Auffallend sind hier die folgenden Punkte: Der Suchbegriff ist im Seitenarm nicht enthalten, verteilt sich aber über das gesamte Hauptnetzwerk, wobei sich ein Kommunikationszentrum im linken Netzwerkteil bildet. Gerade bei der Analyse von Themennetzwerken ist die zeitliche Entwicklung von besonderem Interesse, da sich so nach-

vollziehen lässt, wie sich Informationen im Gesamtnetzwerk ausbreiten und wo eventuell Kommunikationsbarrieren auftreten.
Um die Ausbreitung des Suchbegriffs „pipeline“ genauer zu untersuchen, zeigt Abbildung 12-14 eine kumulative, dynamische Inhaltsanalyse. Hierfür wurden die Kommunikationsdaten in einer Schrittweite von einem Tag über den gesamten Analysezeitraum schrittweise summiert. Die in Abbildung 12-14 dargestellten Netzwerke A bis F zeigen das Netzwerk mit einem Abstand von einem halben Jahr.

Zunächst wird das Thema im Netzwerk überhaupt nicht diskutiert (Netzwerk A), mit der Zeit bilden sich immer mehr Kommunikationsbeziehungen aus die Nachrichten mit diesem Begriff enthalten und insbesondere seit 2001 tritt der Begriff vermehrt auf (vgl. Netzwerk D bis F). Interessant ist hierbei, dass der Kommunikationsursprung nicht mit dem späteren Ballungszentrum übereinstimmt. Hier stellt sich die Frage, inwiefern sich diese Ballung mit inhaltlichen bzw. organisatorischen Aufgaben der beteiligten Akteure deckt.

Um aus dieser ersten Einsichtnahme in die inhaltliche Zusammenhänge Potenziale abzuleiten, sind entweder inhaltliche Detailanalysen des Kommunikationsdatensets zu ergänzen. Wenn möglich, sind außerdem Interviews mit für ein Thema als relevant erkannten Personen zu führen, um z. B. direktere Kommunikationswege zu identifizieren, Kernpersonen zu entlasten, wichtige Personen in den thematischen Diskurs einzubeziehen oder informelle Gruppen zu konstituieren.

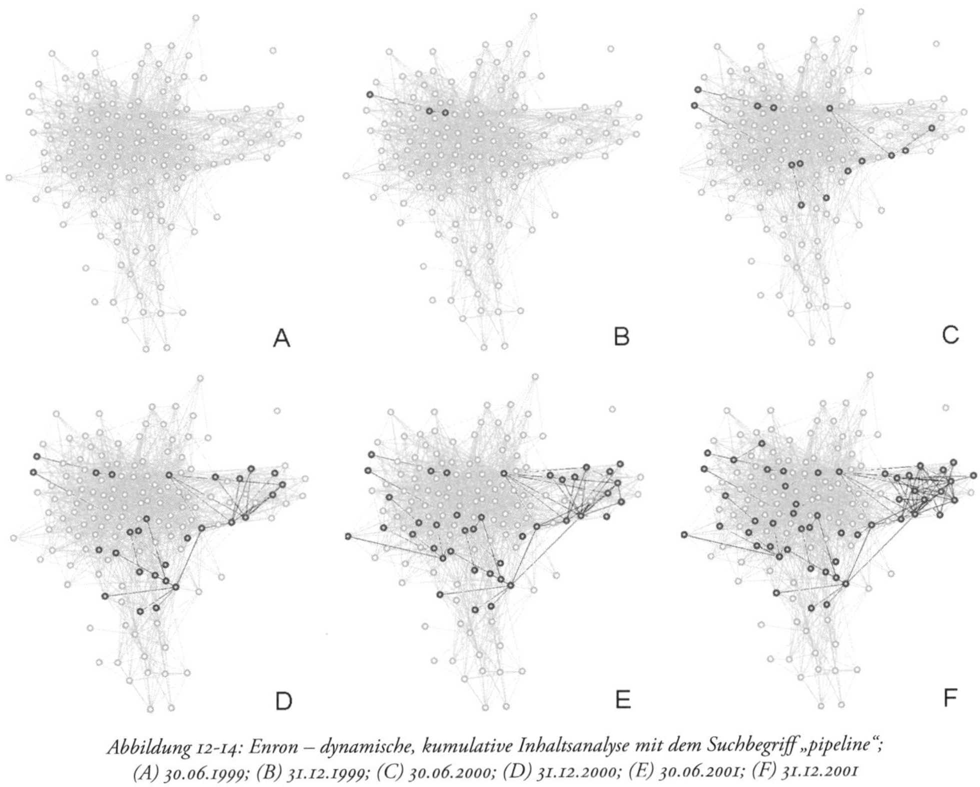

Abbildung 12-14: Enron – dynamische, kumulative Inhaltsanalyse mit dem Suchbegriff „pipeline“; (A) 30.06.1999; (B) 31.12.1999; (C) 30.06.2000; (D) 31.12.2000; (E) 30.06.2001; (F) 31.12.2001

12.6 IT-Unterstützung für Teams, Zusammenarbeit und Kommunikation

In den vorangegangenen Abschnitten wurden Methoden der Systemanalyse aufgezeigt, die dabei helfen, systemisch und systematisch Eingriffe in die Prozesse des Wissensaufbaus und Wissenstransfers zu identifizieren. Eine wichtige Rolle spielt dabei die Analyse wissensintensiver Geschäftsprozesse und die Identifikation und Untersuchung von informellen Teams bzw. Communities mit ihren gewachsenen netzwerkförmigen Kommunikationsstrukturen.

In diesem Kontext beinhalten die Maßnahmen des Wissensmanagements auch eine ausgeprägte technologische Komponente. Es sind zahlreiche Werkzeuge einsetzbar, welche z. B. den Ablauf dokumenten- und informationslastiger Prozesse verbessern, die Suche und den Zugriff auf Personen und Informationen optimieren oder die elektronische Zusammenarbeit in interaktiven und kommunikationsintensiven Unternehmensbereichen fördern.

Als Oberbegriff für die entsprechende Computerunterstützung kooperativen Arbeitens hat sich der Ausdruck Computer Supported Cooperative Work (CSCW, dt. Computergestützte Gruppenarbeit) etabliert. Das im ersten Abschnitt dieses Kapitels dargestellte Verständnis von Gruppenprozessen, die weiter in Kooperations-, Koordinations- und Kommunikationsprozesse untergliedert werden, bildet die Basis, auf deren Grundlage die informations- und kommunikationstechnischer Unterstützung dieser Gruppenprozesse aufbaut. Bedingt durch das breite Themenspektrum gilt die CSCW-Forschung als interdisziplinärer Ansatz, der sich mit Fragestellungen aus den Bereichen Betriebswirtschaft, Psychologie, Soziologie und Informatik befasst (vgl. Teufel et al. 1995 S. 11). Während der Begriff CSCW allgemein die wissenschaftliche Forschungsrichtung und die theoretischen Konzepte beschreibt, werden Applikationen, die die gewonnenen Erkenntnisse umsetzen, in Groupware Systeme und Dokumenten-Management-Systeme unterteilt.

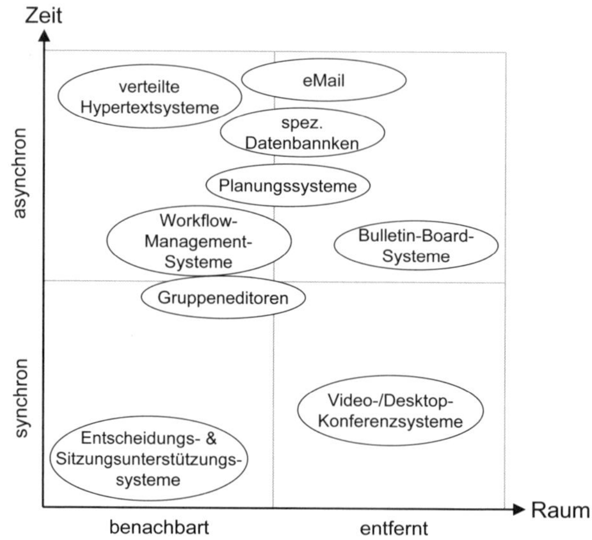

Abbildung 12-15: Raum/Zeit-Matrix zur Groupware-Klassifikation (Teufel et al. 1995, S. 25)

Der Markt bietet unzählige Produkte, die sich den Namen Groupware geben, die sich aber in ihrem Zielfokus, das heißt in der zu unterstützenden Aufgabenstellung, ihrer Arbeitsweise und ihrer Unterstützungsfunktion, erheblich unterscheiden. Zur Klassifikation dieser Vielzahl von Systemen werden unterschiedliche Kriterien verwendet. Eine mögliche Klassifikation erfolgt nach dem Strukturierungsgrad der zu unterstützenden Aufgabe. Hierbei wird zwischen gut strukturierten, semi-strukturierten und schwach strukturierten Tätigkeiten unterschieden. Während die Unterstützung der gut strukturierten Aufgaben eine Domäne des *Workflow Managements* ist und im Kapitel zu IT-Unterstützung zur Prozessausführung thematisiert wird, zählen Systeme zur Unterstützung der wenig- und schwach strukturierten Aufgaben zum Bereich des *Workgroup Computing*. Weiterhin wird der Grad der zeitlichen und räumlichen Trennung aller Beteiligten verwendet, um Systeme voneinander abzugrenzen. Die mit den möglichen Konstellationen verbundenen Kooperationsformen lassen eine Zuordnung unterschiedlicher Funktionen zu.
Eine andere Strukturierung des CSCW-Spektrums stammt von Teufel et al. (1995, vgl. Abbildung 12-15). Je nach Betonung der einen oder anderen Unterstützungsfunktion für Gruppenprozesse – Kommunikation, Koordination, Kooperation – positionieren sie verschiedene Groupware-Systeme in einem Dreieck, das aus den drei Unterstützungsfunktionen gebildet wird.

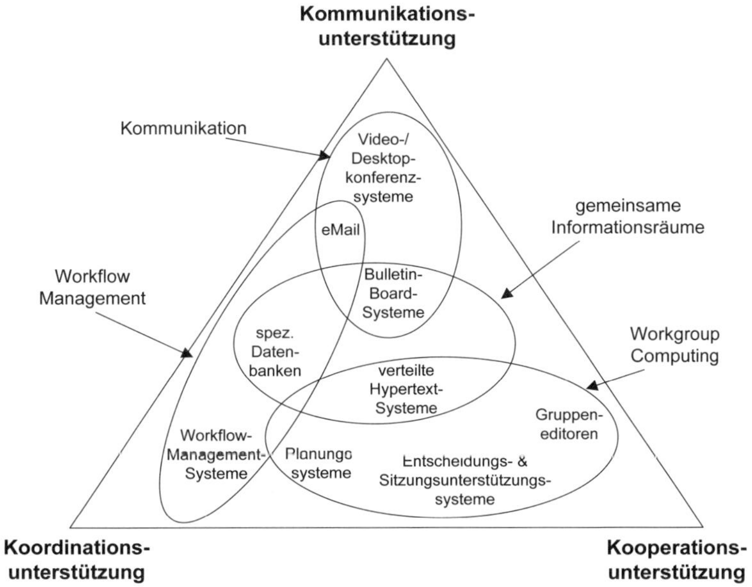

Abbildung 12-16: CSCW – Klassifikation nach Unterstützungsfunktionen (Teufel et al. 1995, S. 27)

Die verschiedenen CSCW-Anwendungen werden zu vier Gruppen zusammengefasst (Teufel et al. 1995, S. 28):

- Kommunikation: Der Zweck von Kommunikationssystemen liegt in der Unterstützung des direkten Informationsaustausches durch die Überbrückung der Dimensionen Raum und Zeit.
- Gemeinsame Informationsräume: In gemeinsamen Informationsräumen können Informationen über längere Zeit gespeichert werden und stehen einer größeren Gruppe zur Verfügung.

- Workflow Management: Die Aufgabe des Workflow Managements besteht in der Unterstützung stark arbeitsteiliger, meist organisationsweiter Prozesse, die einen hohen Strukturierungsgrad aufweisen und häufig durchgeführt werden.
- Workgroup Computing: Workgroup Computing-Systeme unterstützen die Kooperation von in Gruppen arbeitenden Personen, die Aufgaben mittleren bis geringen Strukturierungsgrades und niedriger Wiederholfrequenz bearbeiten.

Im Weiteren wird genauer auf Groupware Systeme und Dokumenten-Management-Systeme eingegangen. Diese lassen sich den Gruppen Workgroup Computing, Workflow Management und Gemeinsame Informationsräume respektive zuordnen.

12.6.1 Groupware Systeme

Viele Autoren sehen Groupware als einen Oberbegriff, unter dem auf der einen Seite Workgroup Computing und auf der anderen Workflow-Management stehen (vgl. Finke 1992, S. 25; Petrovic 1993, S. 6). Oberquelle definiert in diesem Zusammenhang Groupware als „eine Mehrbenutzersoftware, die zur Unterstützung von kooperativer Arbeit entworfen und genutzt wird und die es erlaubt, Information und (sonstige) Materialien elektronisch zwischen Gruppenmitgliedern koordiniert auszutauschen oder gemeinsame Materialien bzw. Speicherinhalte koordiniert zu bearbeiten" (Oberquelle 1995, S. 233).
Groupware sollte die folgenden drei Anforderungen erfüllen (vgl. Dier und Lautenbacher, 1994, S. 35):

- expliziter Gruppenbezug,
- elektronische Kommunikationsmöglichkeiten und
- Informationsmanagementfunktionen.

Gruppenarbeit findet weitestgehend unabhängig von Raum und Zeit statt. Es lassen sich die in der folgenden Abbildung dargestellten Konstellationen ableiten:

	Gleiche Zeit	Unterschiedliche Zeit
Gleicher Ort	• Entscheidungsunterstützung • Meeting Support	• Zeit- und Projektmanagement • „Information Sharing"
Unterschiedlicher Ort	• Workflow Management • Shared Screen • Gemeinsames Editieren	• Asynchrone Konferenzsysteme • E-Mail

Abbildung 12-17: Dimensionen von Groupware (Wagner 1995, S. 74)

Die vorgenommene Unterteilung in vier Klassen impliziert eine Trennung der Gruppenarbeit unterstützenden Systeme. So besteht eine Groupware-Lösung immer aus verschiedenen Modulen, deren Zusammenwirken durch eine gemeinsame Datenbasis gewährleistet ist. Zu den elementaren Groupware-Komponenten gehören nach Dier und Lautenbacher (1994, S. 35):

- gemeinsamer Datenbankzugriff und gemeinsames Editieren von Dokumenten,
- ein E-Mail System mit Zeit- und Ressourcenmanagement und
- Workflow-Unterstützung.

Für Wissensmanagement kann Groupware aus den folgenden Gründen interessant sein:

- Wissensintensive Probleme können häufig nur durch Gruppenarbeit gelöst werden.
- Ein Groupware-System kann die Aufgabenanbindung für die kontextsensitive Wissensrecherche im Archivsystem leisten.
- Ein computerunterstützter Gruppenarbeitsprozess kann in natürlicher Weise Metainformation zur kontextangereicherten Ablage von Dokumenten und Artefakten im Archiv liefern.

Folgende Systeme können im weitesten Sinne als Groupware bezeichnet werden.

Electronic Mail

Die elektronische Post (engl. E-Mail) ist der im Internet am häufigsten in Anspruch genommene Dienst und existiert seit 1972. Analog zur normalen Briefpost dient sie zur Übermittlung von Nachrichten zwischen zwei Orten, wobei die E-Mail den Vorteil hat, jederzeit versandt und empfangen werden zu können. Je nach Quell- und Zielsystem steht eine E-Mail einige Sekunden bis Minuten nach dem Abschicken im Postfach des Empfängers zur Verfügung, welcher unmittelbaren Zugang zu ihr erhält und sie gegebenenfalls sofort beantworten kann. Ursprünglich dienten E-Mails zur Übermittlung rein schriftlicher Nachrichten, heute können auch jegliche Form von Dokumenten, wie Bilder, Klangdaten oder kurze Filmsequenzen, in die Nachricht integriert werden. E-Mails werden oft gleichzeitig an viele Adressen geschickt (Multicasting), was sie in Verbindung mit ihrer Multimediafähigkeit sehr viel flexibler und leistungsfähiger als die normale Post macht.

Konferenzsysteme

Mit Konferenzsystemen ist eine synchrone Kommunikation möglich, wobei sie vor allem zur Überbrückung räumlicher Distanzen der Teilnehmer dienen. In diesem Zusammenhang lassen sich verschiedene Typen von Konferenzsystemen unterscheiden. Zunächst sind rein textbasierte Konferenzsysteme (engl. Chat Rooms) zu erwähnen. Hier kann jeder Teilnehmer Nachrichten schreiben, welche die anderen Teilnehmer in Echtzeit auf ihrem Bildschirm verfolgen können. Als eine weitere Form von Konferenzsystemen können auch audiobasierte Systeme, wie beispielsweise herkömmliche Telefonkonferenzen, betrachtet werden. Videokonferenzsysteme erlauben den audiovisuellen, zeitgleichen, interaktiven und wechselseitigen, technikgestützten Austausch von weitgehend analogen, unstrukturierten, komplexen Informationen zwischen räumlich voneinander getrennten Gesprächspartnern. Dabei ist der Einsatz eines Computers keine zwingende Bedingung, da sich mit vernetzten Kameras und Mikrophonen eine Videokonferenz abhalten lässt. Jedoch bieten computergestützte Videokonferenzsysteme im Allgemeinen weitere Hilfsmittel, wie beispielsweise einen gemeinsamen elektronischen Skizzenblock oder andere Arten des Application-Sharing. Eine besondere Form der Videokonferenzsysteme sind Desktopkonferenzsysteme, welche bei hohen Netzbandbreiten Videokonferenzen zwischen multimediafähigen Arbeitsplätzen erlauben.

Sitzungsunterstützungssysteme

Bei Sitzungsunterstützungssystemen steht im Gegensatz zu Videokonferenzsystemen ausschließlich eine Computerunterstützung von Sitzungvorgängen innerhalb eines einzigen computergestützten Konferenzraumes im Vordergrund. Anwendungen für diesen Bereich, die in der Literatur auch als Meetingware, Group Decision Support Systeme (GDSS), Teamware, Face-To-Face Facilitation oder Computer Aided Team bezeichnet werden, beziehen sich in der Regel auf die technische Unterstützung strukturierter Verfahren des Meinungsaustausches zwischen verschiedenen Sitzungsteilnehmern. Sie setzen bei gängigen Sitzungsaktivitäten an, wie z. B. dem Sammeln von Ideen (Brainstorming) und Lösungen für bestimmte Aufgabenstellungen, deren Strukturierung, dem Abwägen von Alternativen und dem Treffen von Entscheidungen. Dadurch sollen sie Sitzungen beschleunigen, deren Arbeitsproduktivität erhöhen und für sitzungsspezifische Aufgabenstellungen neue Möglichkeiten ihrer Bewältigung eröffnen. Das Ziel des Einsatzes von Sitzungsunterstützungssystemen basiert in der Konzentration auf Lösungsideen und nicht auf die Sitzungsteilnehmer, die sie geäußert haben.

Kalender- und Ressourcenplanung

In dieser Kategorie werden insbesondere Terminkalendersysteme und Systeme zur Koordination von Ressourcen verstanden, anhand derer Terminvereinbarungen oder Fristerinnerungen automatisiert werden können. Jeder Benutzer ist dabei für die Pflege eines persönlichen Terminkalenders verantwortlich, welcher vom System auf verfügbare und belegte Zeiträume überprüft werden kann. Ein Projektleiter kann mithilfe der Planungsfunktionen in kurzer Zeit einen gemeinsamen Termin finden, der für alle passt. In einem weiteren Schritt kann dieser Termin den Gruppenmitgliedern vorgeschlagen werden, welche ihn explizit annehmen oder ablehnen müssen. Die Funktion ist auch auf materielle Ressourcen, wie Hilfsmittel, Räume oder gemeinsame Dienstwagen, anwendbar. Weiterentwickelte Systeme (z. B. Projektmanagement-Systeme) bieten neben Terminverwaltungsfunktionen auch Teilautomatisierung von Routineaufgaben. Sie helfen, eine Aufgabe zu planen, zu koordinieren und zu verfolgen.

Gruppeneditoren

Gruppeneditoren ermöglichen das gemeinsame Erstellen und Kommentieren von Dokumenten. Dabei erlauben diese den einzelnen Beteiligten sowohl synchron als auch asynchron Zugriff zu gemeinsam zu bearbeitenden Dokumenten, wobei jeder Bearbeiter eigene Änderungen vornehmen und Änderungen der anderen sehen kann. Dabei lassen sich vor allem Co-Autorensysteme und Shared Applications (Screen Sharing) unterscheiden. Während die Co-Autorensysteme eine asynchrone Bearbeitung von Textdokumenten zu unterstützen versuchen, um die einzelnen Kommentare und Änderungswünsche der Beteiligten zu einem Informationsobjekt zu koordinieren, versuchen Shared Applications die synchrone gemeinsame Erstellung von Dokumenten zu erreichen. Shared Applications werden oft auch den Konferenz- oder Sitzungsunterstützungssystemen zugerechnet.

Exkurs 12-3: Computerunterstützte Gruppenarbeit in Projekten

Entscheidungen über die Einführung neuer Produkte und deren Implementierung wird in Banken oft in Projekten durchgeführt. Dazu bilden sich heterogene Projektteams, die zunächst umfangreiche Analysen bezüglich der Erfolgsaussichten, des potentiellen Umsatzes, aber auch des Aufwands auf z. B. der IT- und Marketingseite. Bisher haben diese Teams in der XYZ-Bank nur papierbasiert und per Telefon/Fax zusammengearbeitet. Nun soll eine moderne Groupware-Lösung eingesetzt werden, z. B. Lotus Notes oder Microsoft Outlook. Mit dieser können die Projektteilnehmer mittels E-Mail kommunizieren und sich dadurch auch Dokumente elektronisch zustellen. Per Application-Sharing und gleichzeitiger Telefonkonferenz ist es nach Einführung einfacher an verteilten Projektstandorten Diskussionen und gemeinsame Arbeitstreffen abzuhalten. Dokumente können in virtuellen Teamräumen abgelegt werden. Damit können sie auch bei nachträglichen Problemen wesentlich einfacher gefunden werden. Meetings können per elektronischer Einladung geplant und bei Veränderung automatsich im Kalender nachgezogen werden und notwendige Ressourcen automatisch zugeteilt und verwaltet werden.

Um die Groupware-Lösung einzuführen, muss zunächst eine geeignete Software ausgewählt werden (vgl. Softwareauswahl), diese an die spezifischen Anforderungen der Bank angepasst wird. Danach wird ein Einführungsplan erstellt und sowohl die Server als auch Client-Architektur im Unternehmen eingeführt.

12.6.2 Dokumenten-Management-Systeme

Unter Dokumenten-Management-Systemen (DMS) werden Computersysteme aus Hard- und Software verstanden, mit denen jegliche Arten von Dokumenten aufgenommen und verwaltet werden können. Dabei können die unterschiedlichsten Inhalte (gescannte Faksimiles, Faxeingang, Dateien aus Büroanwendungen, Multimediaobjekte usw.) datenbankgestützt und unabhängig von hierarchischen Dateimanagementsystemen verwaltet werden. Der Einsatz von Datenbanken erlaubt die Handhabung großer Informationsmengen und einen direkten Zugriff auf Dokumente und Dokumentgruppen.

Die Aufgabe des Managements von Dokumenten umfasst das Scannen, Erstellen, Verwalten, Weiterleiten, Ablegen, Archivieren, Abrufen und Suchen von Dokumenten. Es soll bei der Bearbeitung, der Verwaltung, der Weitergabe und Ablage von Informationen und Dokumenten unterstützen und hat zum Ziel, die Produktivität durch eine Verkürzung der Dokumentendurchlaufzeit und eine sofortige Bereitstellung notwendiger Informationen zu erhöhen.

Für eine Einführung von Dokumenten-Management-Systemen sind drei Ziele ausschlaggebend (vgl. Tabelle 12-3):

	Motivation	**Ziel**
A	Papierberge vermeiden	Kosteneinsparung
B	Informationsflut beherrschen	Effizienzsteigerung beim Wiederfinden
C	Organisatorische Leistung erhöhen	Verbesserung bei • Effizienz • Kundenservice • Marktleistung

Tabelle 12-3: Motivationen für den DMS-Einsatz

Meist steht eines der Ziele bei einer Einführung von DMS im Vordergrund, jedoch werden die beiden anderen mitbetrachtet. DMS basieren daher auf Archiv-, Retrieval- und Vorgangssystem. Diese Funktionen existieren auch als Standardlösungen unabhängig von DMS.

12.7 Weiterführende Literatur

Zur prozessorientierten WM Methode GPO-WM:

Heisig, P.: Integration von Wissensmanagement in Geschäftsprozesse, Technische Universität Berlin, Dissertation, Publiziert in der Serie: Berichte aus dem Produktionstechnischen Zentrum Berlin, 2005.

Zur prozessorientierten WM Modellierungssprache KMDL – online:

Gronau, N.; Fröming, J.: Eine semiformale Beschreibungssprache zur Modellierung von Wissenskonversionen. In: Wirtschaftsinformatik, Nr. 48, 2006; S. 349-360. URL: http://wi.uni-potsdam.de/hp.nsf/GetDownload?OpenAgent&ID= 0A1BFF5659F53936C1257219005341E7 &FILE=WI_Artikel_Gronau_349-360.pdf. Zugriff: 01.01.2007.

Zur prozessorientierten Erhebung von wissensintensiven Geschäftsprozessen:

Trier, M., Müller, C.: A systematic approach for capturing Knowledge intense Business Processes. Lecture Notes in Computer Science, Volume 3336/2004, Springer Verlag, Berlin, Heidelberg, 2004.

Zur Einführung in die SNA (Social Network Analysis) – online:

Hannemann, R.A., Riddle, M.: Introduction to social network methods. 2005. URL: http://faculty.ucr.edu/~hanneman/. Zugriff: 10.08.2006.

Zur Beschreibung der softwaregestützten Netzwerkanalyse – online:

Trier, M.: IT-supported Visualization and Evaluation of virtual Knowledge Communities. Dissertation Thesis, TU Berlin, 2005. URL: http://opus.kobv.de/tuberlin/volltexte/2005/1072/. Zugriff: 01.01.2007.

12.8 Übungsaufgaben

1. Sie werden von einem interessierten Unternehmensvertreter gefragt, was denn nun Wissensmanagement sei und wie es im Verhältnis zum Informationsmanagement steht. Was antworten Sie Ihm?
2. Was sind drei wesentliche allgemeine Erkenntnisse im Wissensmanagement (der ersten Phase)?
3. Welche Eigenschaften hat ein wissensintensiver Geschäftsprozess? Wie lässt sich dieser demzufolge im Rahmen einer vorbereitenden Maßnahme einer Systemanalyse im Unternehmen identifizieren?
4. Stellen Sie einen Projektplan für ein Wissensmanagementprojekt auf! Dieses soll die Unternehmensprozesse und die Mitarbeiternetzwerke analysieren und optimieren. Orientieren Sie sich dabei am allgemeinen Systemanalyse Vorgehensmodell!
5. Vergleichen Sie die prozessorientierten WM Analysemethoden GPO-WM, KMDL und POKM. Welche würden Sie einsetzen, um für ein Unternehmen dessen Entwicklungsprojektabläufe aufzunehmen, transparent zu kommunizieren und zu optimieren? Was sind dabei ihre Entscheidungskriterien?
6. Bilden Sie Ihren eigenen Interviewleitfaden, mit dem Sie Softwareentwicklungsprozesse in einem Unternehmen aus Wissensmanagementperspektive untersuchen können!
7. Über welches konzeptionelle Modell lassen sich Prozess- und Netzwerkorientierung im Wissensmanagement einander gegenüberstellen und als komplementäre Sichten beschreiben?
8. Welche Analysen könnten Sie aus netzwerkorientierter Perspektive durchführen? Welche Schwachstellen des Wissensnetzwerks müssten Sie potenziell prüfen?
9. Welche Informationssysteme könnten Sie bereits im Rahmen der Analysephase Ihres Wissensmanagementprojekts einsetzen? Was sind die Vorteile dieses Einsatzes? Welche konkreten Systeme gibt es hier?

Nils Cordes

13 Fallstudie

Themenüberblick: MSD Bank Fallstudie, Unternehmensbeschreibung, Organisationsstruktur, Systemdiagramm, Geschäftsprozesse, Formulare.

Lernziele: In Kapitel 1 wurde als ein einführendes Szenario ein Meeting zwischen einem Systemanalytiker und dem IT-Chef der MSD Bank beschrieben. Dieses Kapitel ergänzt nun die dortigen Angaben mit umfassenderen Einblicken in die Organisationsstruktur und die Geschäftsprozesse. Zusätzlich werden einige Musterformulare vorgestellt. Ziel dieser Fallbeschreibung ist die genaue Kenntnis des praktischen Umfelds der Systemanalyse sowie die Anwendung der in den vorangegangenen Kapiteln erlernten Methoden und Konzepte auf ein umfangreicheres Szenario. Unter der am Ende von Kapitel 1 angegebenen Webadresse werden die Materialien aktuell gehalten und ergänzt.

13.1 Einleitung

Bei der Mitteldeutschen Spar- und Darlehensbank AG (MSD Bank) wird eine prozessorientierte Systemanalyse durchgeführt. Hierzu werden auf den folgenden Seiten die betroffenen Organisationseinheiten, EDV-Systeme und zwei ausgewählte Geschäftsprozesse, Kontoeröffnung und Konsumkreditbearbeitung, der MSD Bank dargestellt und erläutert. Die MSD Bank ist zwar kein real existierendes Unternehmen, dennoch orientiert sich die Fallstudie an Standards der Finanzdienstleistungsbranche. Im Gegensatz zu realen Finanzdienstleistungsunternehmen sind in der Fallstudie jedoch Vereinfachungen und Abstraktionen enthalten, um die Komplexität der Fallstudie zu reduzieren.

13.2 Organisationseinheiten

Die Aufbauorganisation der MSD Bank folgt weitgehend, wie auch auf Abbildung 13-1 zu erkennen, dem Prinzip der funktionalen Gliederung. Die Unternehmensführung der Mitteldeutsche Spar- und Darlehensbank AG (MSD Bank) wird von einem zweiköpfigen Vorstand (VS) wahrgenommen.

Ein Vorstandmitglied verantwortet den Bereich Markt und ist insbesondere für die Vertriebsstrategie der MSD Bank verantwortlich ist. Auch die Abteilung Marketing und Kommunikation (MUK) fällt in seinen Bereich, die die Vertriebsplanung, Werbung und Öffentlichkeitsarbeit durchführt.

Das zweite Vorstandsmitglied leitet die Bereiche Marktfolge sowie Organisation und IT (OI). In diesen Zuständigkeitsbereich fallen alle Back Office Tätigkeiten und die Verantwortung für die Einhaltung der Risikostrategie der Bank. Daher ist auch die Abteilung Controlling und Interne Revision (CIR) seinem Zuständigkeitsbereich zugeordnet.

Im Bereich Organisation und IT (OI) sind alle Aufgaben gebündelt, die die Planung und Gestaltung der Aufbau- und Ablauforganisation der Bank betreffen. Zu diesem Unternehmensbereich gehört auch die Abteilung IT Betrieb und Service (IBT) die Support, Wartung (z. B. auch Geldautomaten und Kontoauszugsdrucker), Materialbeschaffung, Logistik und Hausmeisterdienste ausführt.

Der Bereich Marktfolge unterteilt sich in die Abteilungen Marktfolge Aktiv (MFA), die die Sachbearbeitung aller Aktiv Produkte (Finanzierungsprodukte insbesondere Kredite) übernimmt und die Abteilung Marktfolge Passiv (MFP), die die Sachbearbeitung aller Passiv Produkte (Anlageprodukte, Konten und Zahlungsverkehr) durchführt.

Die Organisation des Bereiches Markt orientiert sich bei seiner Struktur an den geographischen Gegebenheiten der Filialen. Alle Filialen werden von einem Filialeiter geführt. Es existieren mehrere Filialen, die für die Betreuung der Privatkunden zuständig sind. In jeder dieser Filialen existieren ein Team für den Kundenservice sowie ein Team für die Kundenberatung. Das Team Kundenservice übernimmt alle Aufgaben die keiner Beratung des Kunden bedürfen (z. B. Ein- und Auszahlungen, Entgegennahme und Aushändigung von Unterlagen und Dokumenten). Das Team Kundenberatung übernimmt den Vertrieb der Bankprodukte und führt mit den Kunden Produktberatungen durch.

Für die Geschäftskunden, Immobilienkunden und vermögende Privatkunden Markt Privatkunden (MPK) Kundenbetreuung und Service für Privatkunden (Vermögen von mehr als 500.000 EUR) existieren bei der MSD Bank spezielle Filialen, in den diese Kunden von besonders erfahrenen und ausgebildeten Bankmitarbeitern betreut werden.

13.3 EDV-Systeme

Das Zusammenspiel der EDV-Systeme in der MSD Bank kann der Abbildung 13-2 entnommen werden. Neben der Finanzbuchhaltung ist das Geschäftspartner und Kontokorrentkontensystem (GKS) das wichtigste EDV-System in der MSD Bank. Dieses Host basierte System ist in COBOL implementiert. Die Mitarbeiter können das GKS mittels eine Terminal Emulation von ihrem Arbeitsplatzrechner aus bedienen, Mit dem GKS werden die Stammdaten (Kundennummern, Adressen, Geburts- und Gründungsdaten etc.) für die Geschäftspartner der MSD Bank verwaltet. Als Geschäftspartner betrachtet die MSD Bank alle Personen (natürliche oder juristische), die in irgendeiner Weise an Verträgen der Bank beteiligt sind (nicht nur Konteninhaber und Darlehensnehmer, sondern z. B. auch Sicherheitengeber, wie Bürgen u.a.). Weiterhin werden mit dem GKS alle Kontokorrentkonten der MDS Bank geführt. Ein Kontokorrentkonto zeichnet sich dadurch aus, dass es in der Bilanz je nach Saldo die Seite Wechseln kann, der Inhaber als mal Kreditor und mal Debitor sein kann.

Das Finanzbuchhaltung (FIBU) ist als Client-Server System implementiert. Seine Hauptaufgabe ist es täglich die Bilanz der MSD Bank zuerstellen, um zu sicherzustellen, dass die aktuelle Risikosituation der MSD Bank bekannt ist. Um die Bilanz zu erstellen ist es u. a. notwendig täglich im Batch-Betrieb die Salden aller Kontokorrentkonten und Depotkonten aus GKS an FIBU zu übertragen. Weiterhin benötigt FIBU zur korrekten Bilanzerstellung Daten aus den Systemen ZVI, ZVA und WDS. Alle genannten EDV-Systeme sind über proprietäre Point-to-Point-Schnittstellen mit FIBU verbunden.

Das Banken Informationsportal (BIP) ist eine Anwendung die auf Webtechnologien basiert. Die Mitarbeiter können über einen Webbrowser auf den Server zugreifen und werden so täglich mit den neusten Informationen zu Produkten, Kondition, Wertpapierkursen etc. versorgt.

Den Wertpapierhandel und die Depotverwaltung führt die MSD Bank unter zu Hilfenahme des Wertpapierhandels- und Depotverwaltungssystems (WDS) durch. Das WDS ist ein ebenfalls ein Host basiertes in COBOL geschriebenes System. Das WDS verfügt über eine Anbindung an die Handelssysteme der Deutschen Börse AG.

Die EDV-Systeme Zahlverkehrssystem Inland (ZVI) und Zahlverkehrssystem Ausland (ZVA) verfügen jeweils über eine Anbindung an die Zahlungsverkehrssysteme der Bundesbank, über die ein- und ausgehende Zahlungen abgewickelt werde. Sie sind auch in COBOL implementierte und werden auf einem Host betrieben.

Der Kundenbeziehungsmanager (KBM) ist ein Client-Server System mit dem die Kundenbeziehungen dokumentiert werden sollen. Hier werden alle Kundenkontakte notiert und alle Beratungsergebnisse abgelegt.

In der Kundenberatung wird die Standalone Anwendung Produktberater und -kalkulator (PBK) eingesetzt. Der PBK unterstützt die Mitarbeiter bei der Produktberatung. So können mit ihm Konditionen und Preise ermittelt werden und Kalkulationen durchgeführt werden. PBK muss täglich mittels Download oder manueller Installation auf den aktuellen Stand (insbesondere Konditionen) gebracht werden.

13.4 Geschäftsprozesse

Die Geschäftsprozesse in der MSD Bank werden in der Regel dadurch ausgelöst, dass der Kunde Kontakt mit der Bank aufnimmt. Die Aufgabe des kontaktierten Bankmitarbeiters ist es das Bedürfnis des Kunden zu erkennen und ihn mit dem richtigen Ansprechpartner in Verbindung zu bringen und gegebenenfalls einen Beratungstermin zu vereinbaren. Dieser Ablauf ist auch auf Abbildung 13-3 dargestellt.

Während eines Beratungsgespräches wird der Bedarf des Kunden analysiert und ein Produkt vorgeschlagen, das das Kundenbedürfnis befriedigen kann. Weiterhin werden dem Kunden die Eigenschaften, Konditionen und Risiken des Produktes erklärt und festegestellt, ob der Kunde diese Informationen verstanden hat. Der Umfang einer solchen Beratung ist abhängig vom Vorkenntnissen des Kunden unter Umständen ist es notwendig den Kunden mit weiterem Informationsmaterial zu versorgen. Bei bestimmten Produkten macht es die Rechtslage notwenig, die Beratung des Kunden zu dokumentieren. In der MSD Bank werden die Kundenberater durch die EDV-Systeme BIP, KBM und PBK bei der Produktberatung unterstützt.

13.4.1 Geschäftsprozess Konto eröffnen

Das Girokonto ist im Allgemeinen die Grundlage einer Geschäftsbeziehung zwischen Bank und Kunde. Alle anderen Geschäfte mit den Kunden werden über das Girokonto abgerechnet.

Daher ist das EDV-System GKS für die MSD Bank von besonderer Bedeutung, da hier alle Girokonten geführt werden.

Die Eröffnung eines Girokontos erfolgt durch Stellung eins Antrages durch den Kunden. Der Kunde muss sich durch ein geeignetes Ausweispapier identifizieren. Die MSD Bank wird dann ein Konto eröffnen und dem Kunden seine neue Kontonummer mitteilen.

Ein Modell des Geschäftsprozess Kontoeröffnung ist mit Abbildung 13-4, Abbildung 13-5 sowie Abbildung 13-6 dokumentiert.

Das für diesen Geschäftsprozess wichtige Formular Antrag Kontoeröffnung ist auf Abbildung 13-7 und Abbildung 13-8 wiedergegeben.

13.4.2 Geschäftsprozess Konsumkredit gewähren

Ein Konsumkredit ist bei der MSD Bank ein Kredit der vor allem auf die Bonität des Kunden abstellt. Der Kunde muss keine Kreditsicherheiten stellen und die Summe bewegt sich eher im Bereich von wenigen Tausend EUR. Im Gegensatz zu einem Dispositionskredit hat der Konsumkredit eine feste Laufzeit sowie eine festgelegte Tilgungsvereinbarung.

Um einen Konsumkredit zu erhalten, muss der Kunde durch eine Selbstauskunft sowie durch aktuelle Einkommensnachweise und eventuell weitere Dokumente seine Kreditwürdigkeit beweisen. Werden diese Nachweise erbracht trifft die MSD Bank eine Kreditentscheidung. Ist diese positiv wird dem Kunden ein Kreditvertrag abgeschlossen und der Kreditbetrag auf sein Girokonto ausgezahlt.

Der Ablauf des Geschäftsprozess ist auf Abbildung 13-9, Abbildung 13-10, Abbildung 13-11, Abbildung 13-12, Abbildung 13-13 und Abbildung 13-14 als stark vereinfachte EPK visualisiert

Die Formulare Antrag und Selbstauskunft stellen Konsumkredit Abbildung 13-15, Abbildung 13-16 und Abbildung 13-17 bzw. Abbildung 13-18, Abbildung 13-19 und Abbildung 13-20 dar.

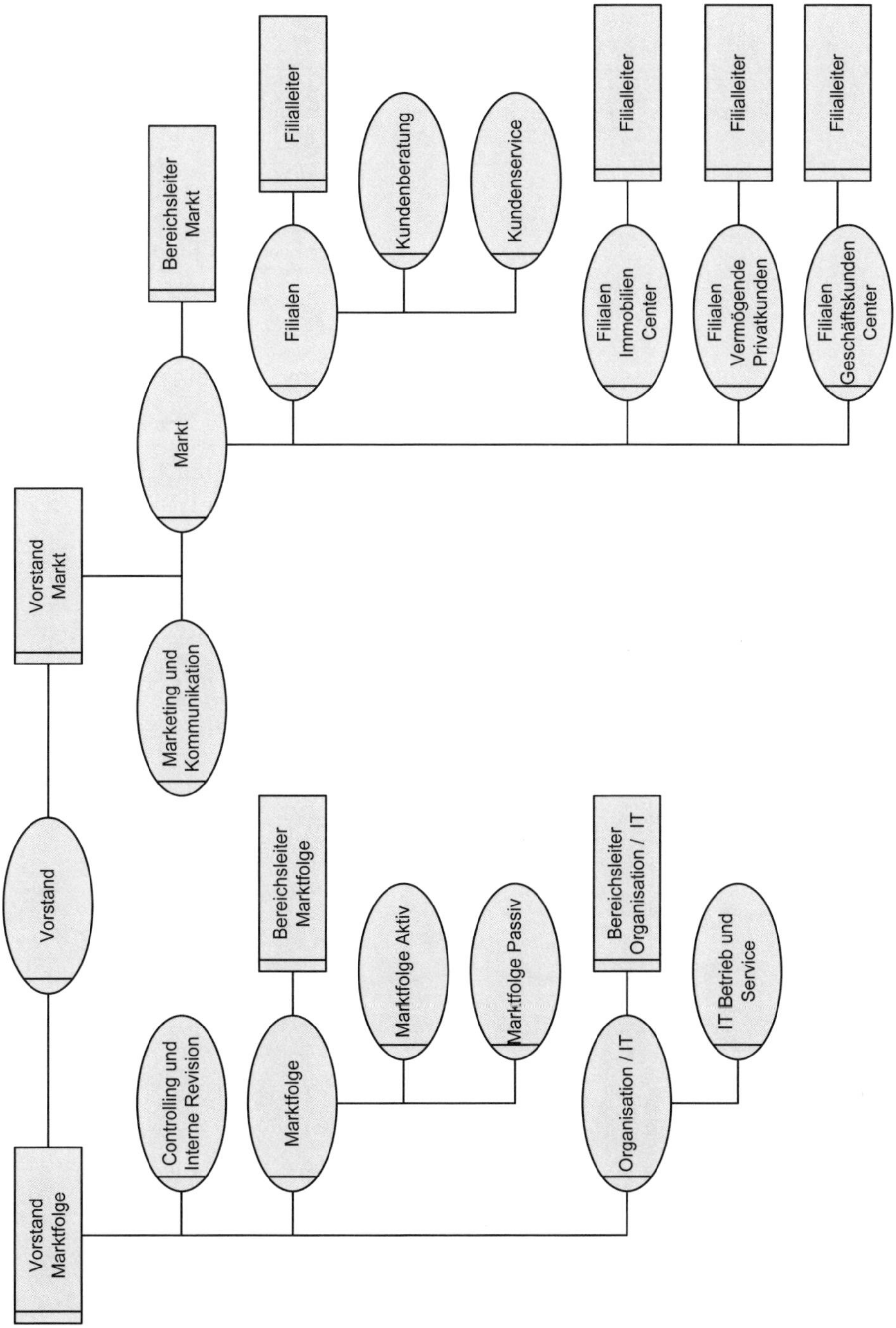

Abbildung 13-1: Organigramm

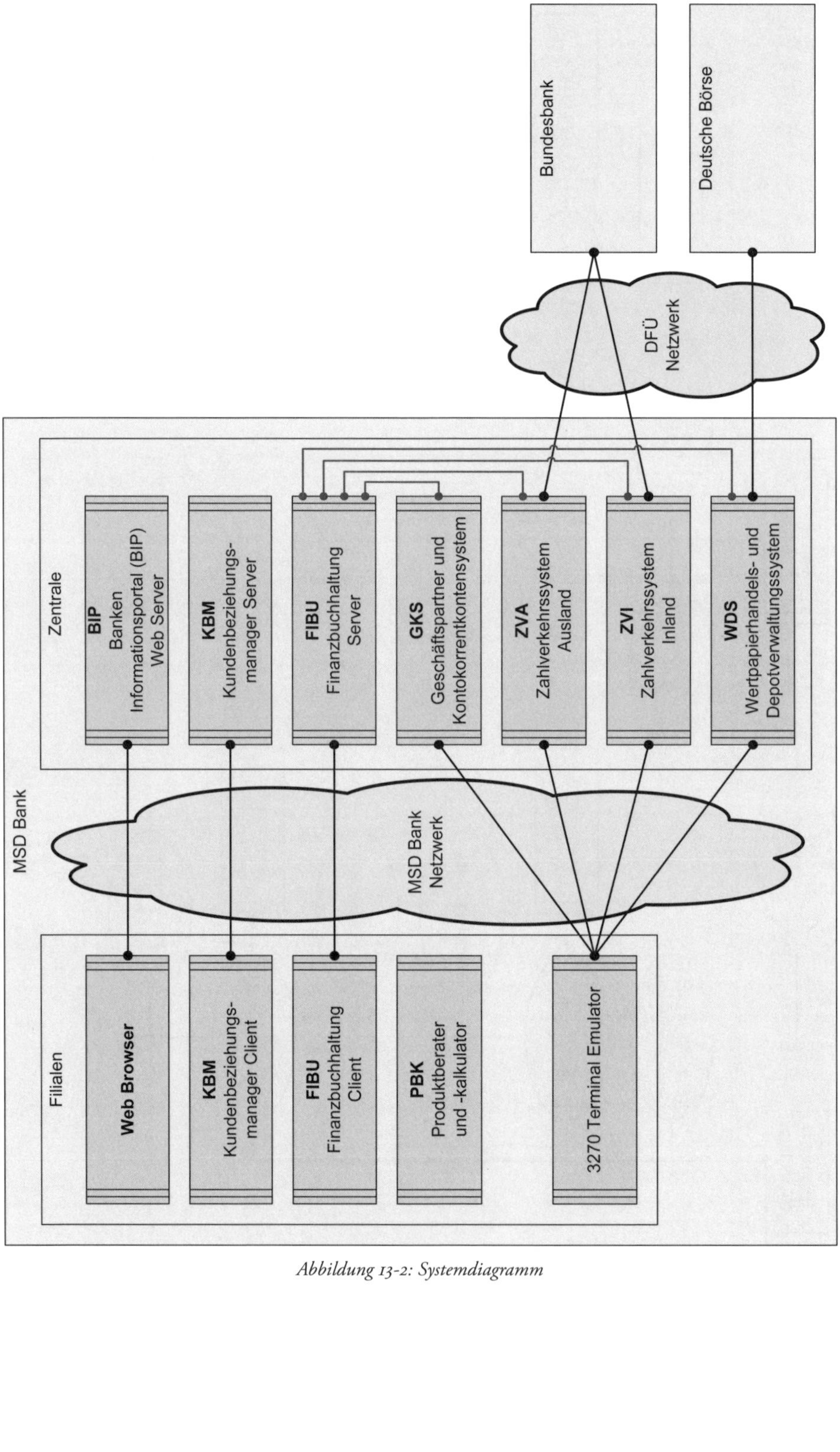

Abbildung 13-2: Systemdiagramm

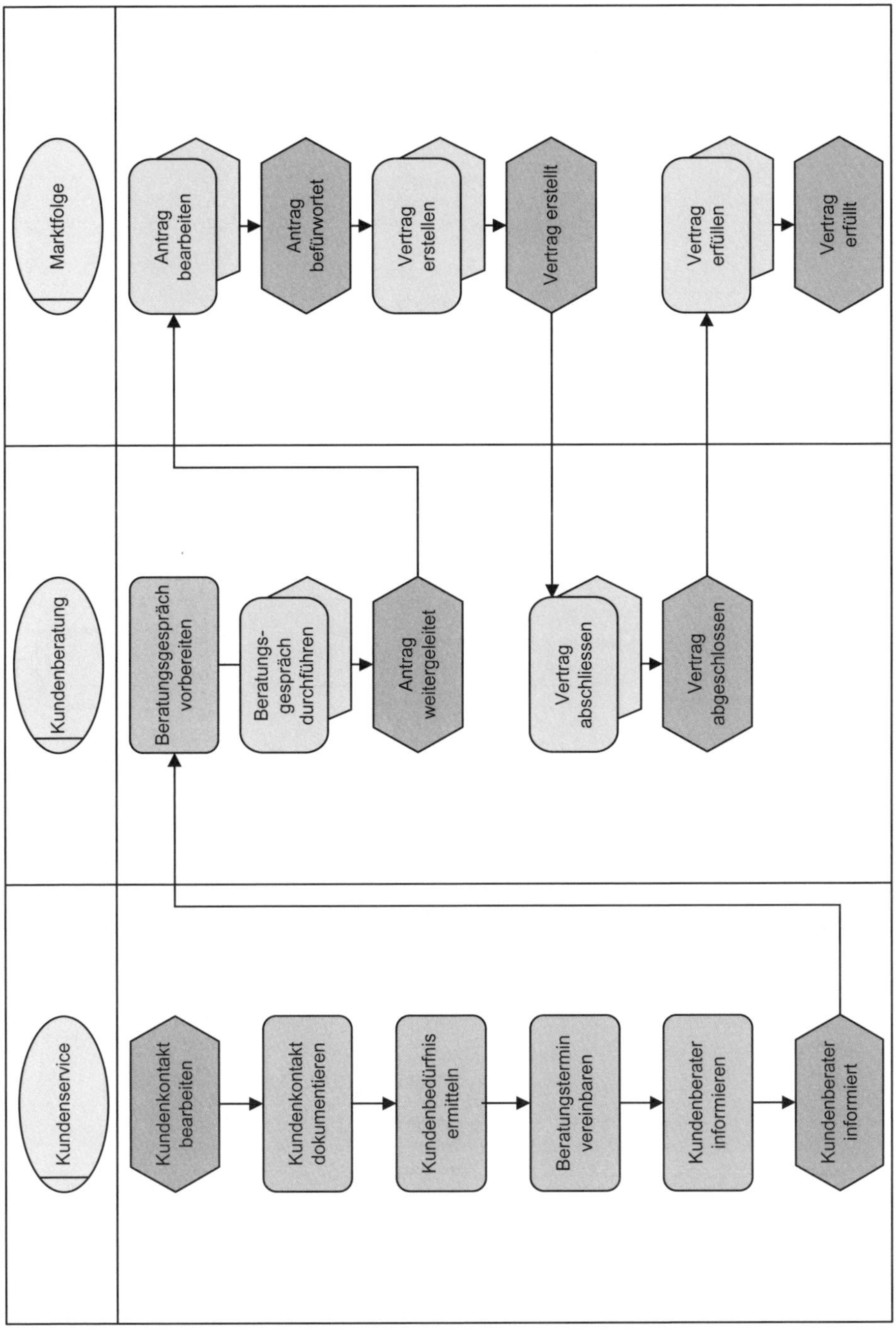

Abbildung 13-3: Geschäftsprozess Kundenkontakt bearbeiten

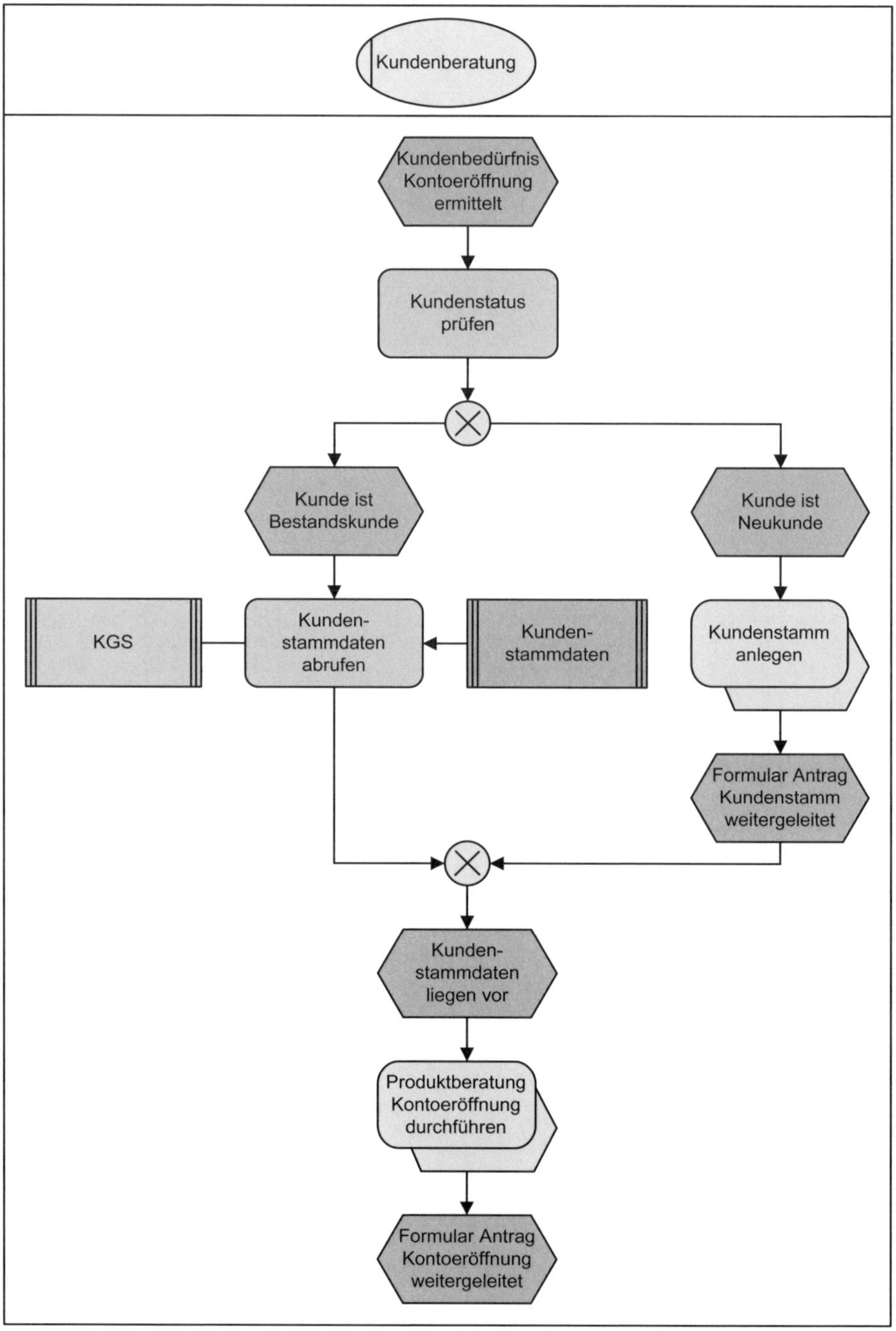

Abbildung 13-4: Geschäftsprozess Beratungsgespräch Kontoeröffnung durchführen

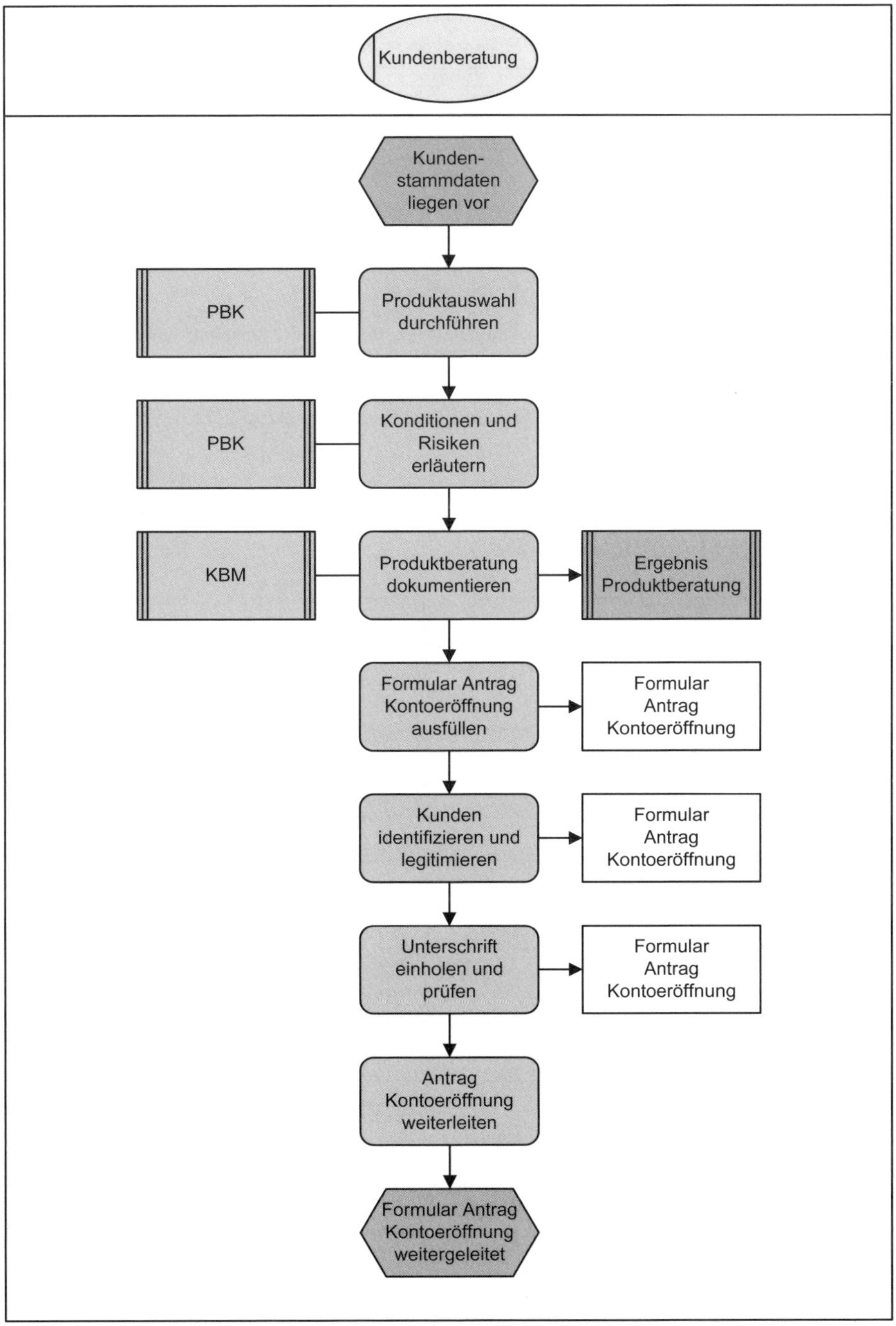

Abbildung 13-5: Geschäftsprozess Produktberatung Kontoeröffnung durchführen

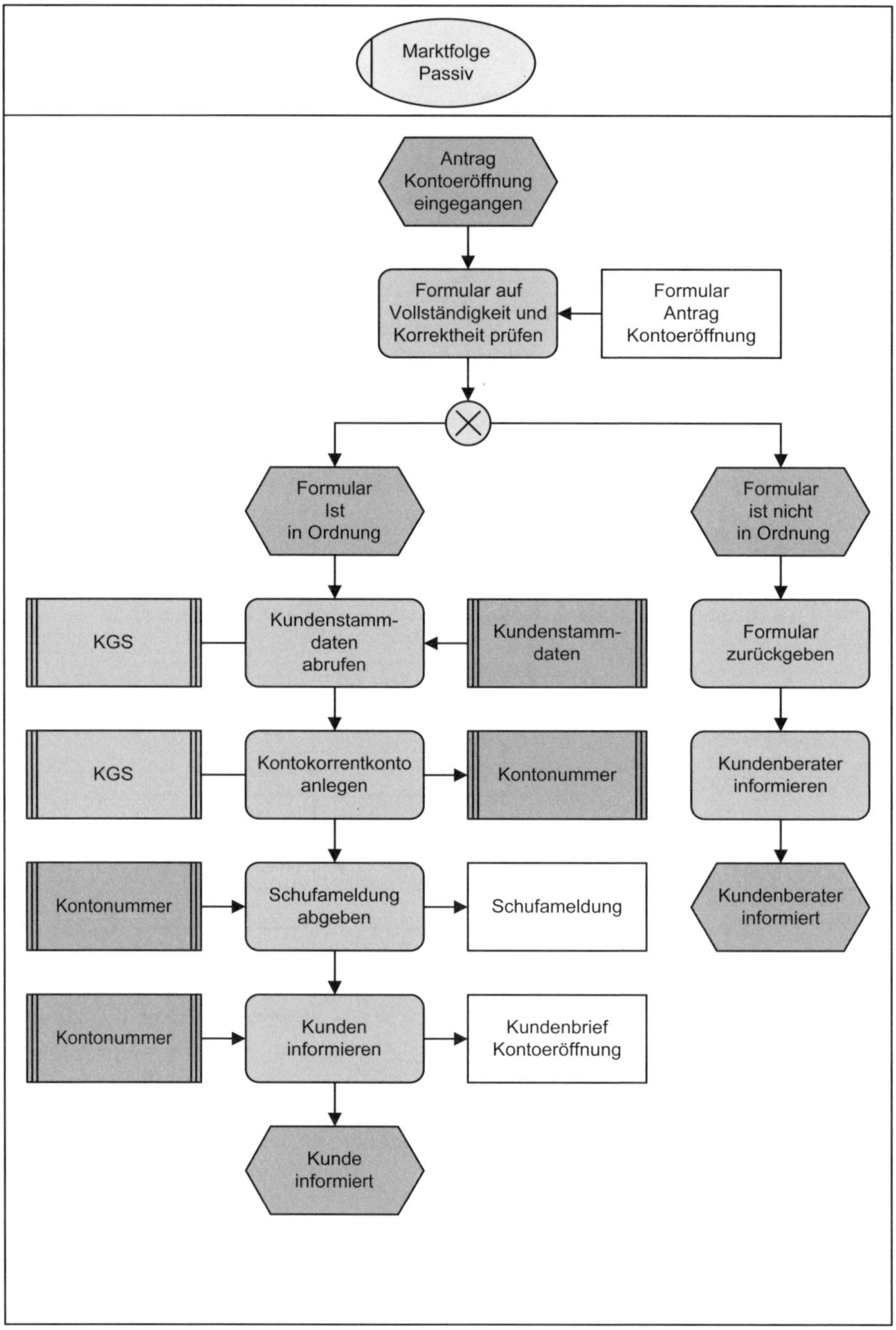

Abbildung 13-6: Geschäftsprozess Antrag Kontoeröffnung bearbeiten

MSD Bank

Antrag Kontoeröffnung

Der Antragsteller beantragt bei der Mitteldeutschen Spar- und Darlehensbank AG (nachfolgend MSD Bank), Mittelpromenade 1, 01234 Mittelstadt die Eröffnung des in der Produktbeschreibung spezifizierten Kontos.

I. Antragsteller

Familienname

Kundenstammnummer

Vorname(n)

Titel

Geburtsname

Anschrift

Hausnummer

PLZ

Wohnort

Geburtsdatum

Geburtsort

II. Produktbeschreibung

Kontoart

Kontomodell

Rechnungsabschluss

Kontoauszugserstellung

Kontoauszugszustellungsart

Kontonummer

BIC

IBAN

III. Für den gesamten Geschäftsverkehr gelten die allgemeinen Geschäftsbedingungen MSD Bank sowie die Sonderbedingungen für …

IV. Der Antragsteller und der Mitarbeiter der MSD Bank haben unter gleichzeitiger persönlicher Anwesenheit im Rahmen eines Beratungsgespräches vor bzw. bei Abschluss des Vertrages alle wesentlichen Inhalte des Vertrages erörtert.

Ort, Datum

Unterschrift Antragsteller

Seite 1 von 2

Abbildung 13-7: Formular Antrag Kontoeröffnung Seite 1

MSD Bank

V. SCHUFA-Klausel

Der Antragsteller willigt ein, dass die MSD Bank der SCHUFA Holding AG, Kormoranweg 5, 65201 Wiesbaden, Daten über die Beantragung, die Aufnahme und Beendigung dieser Kontoverbindung übermittelt.
Davon unabhängig wird die MSD Bank Daten über das nicht vertragsgemäßen Verhaltens des Antragstellers an die SCHUFA übermitteln. Die Übermittlung dieser Daten darf nach dem Bundesdatenschutzgesetz nur dann erfolgen, wenn dies nach der Abwägung der Interessen aller Betroffenen zulässig ist.
Diesbezüglich befreit der Antragsteller die MSD Bank vom Bankgeheimnis.
Die SCHUFA speichert und übermittelt ...

Ort, Datum	Unterschrift Antragsteller

Die Führung des Kontos erfolgt auf

☐ eigene Rechnung ☐ fremde Rechnung

☐ Der Antragsteller ist bereits legitimiert und dem Mitarbeiter der MSD Bank persönlich bekannt.

Der Antragsteller hat sich ausgewiesen durch

		anderes Ausweisdokument
☐ Personalausweis	☐ Reisepass	
Ausweisdokumentnummer	Ausstellungsdatum	Ausstellungsbehörde

Die Unterschriften des Antragstellers wurden

☐ vor mir geleistet ☐ von mir geprüft

Ort, Datum	Unterschrift Mitarbeiter der MSD Bank

Seite 2 von 2

Abbildung 13-8: Formular Antrag Kontoeröffnung Seite 2

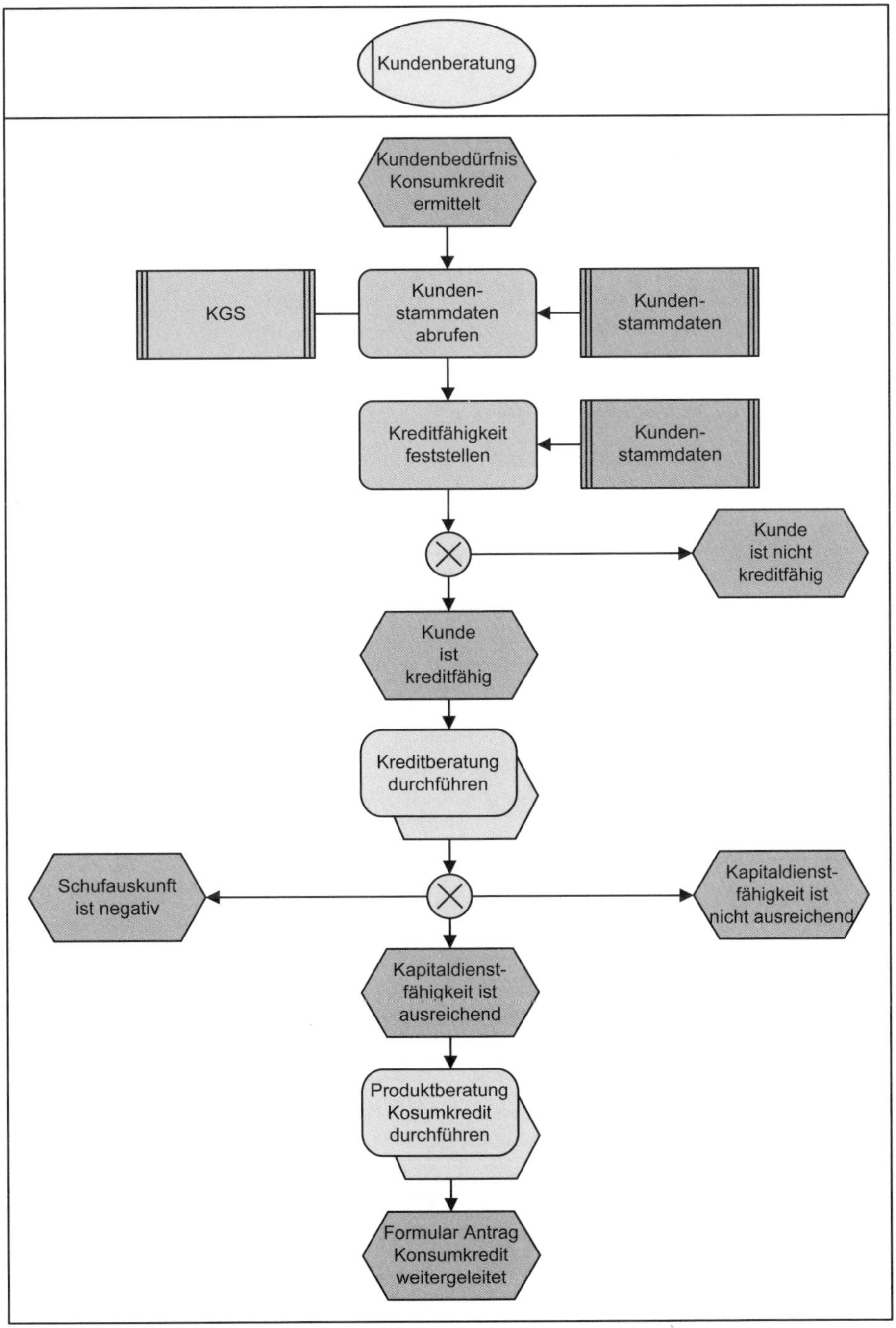

Abbildung 13-9: Geschäftsprozess Beratungsgespräch Konsumkredit durchführen

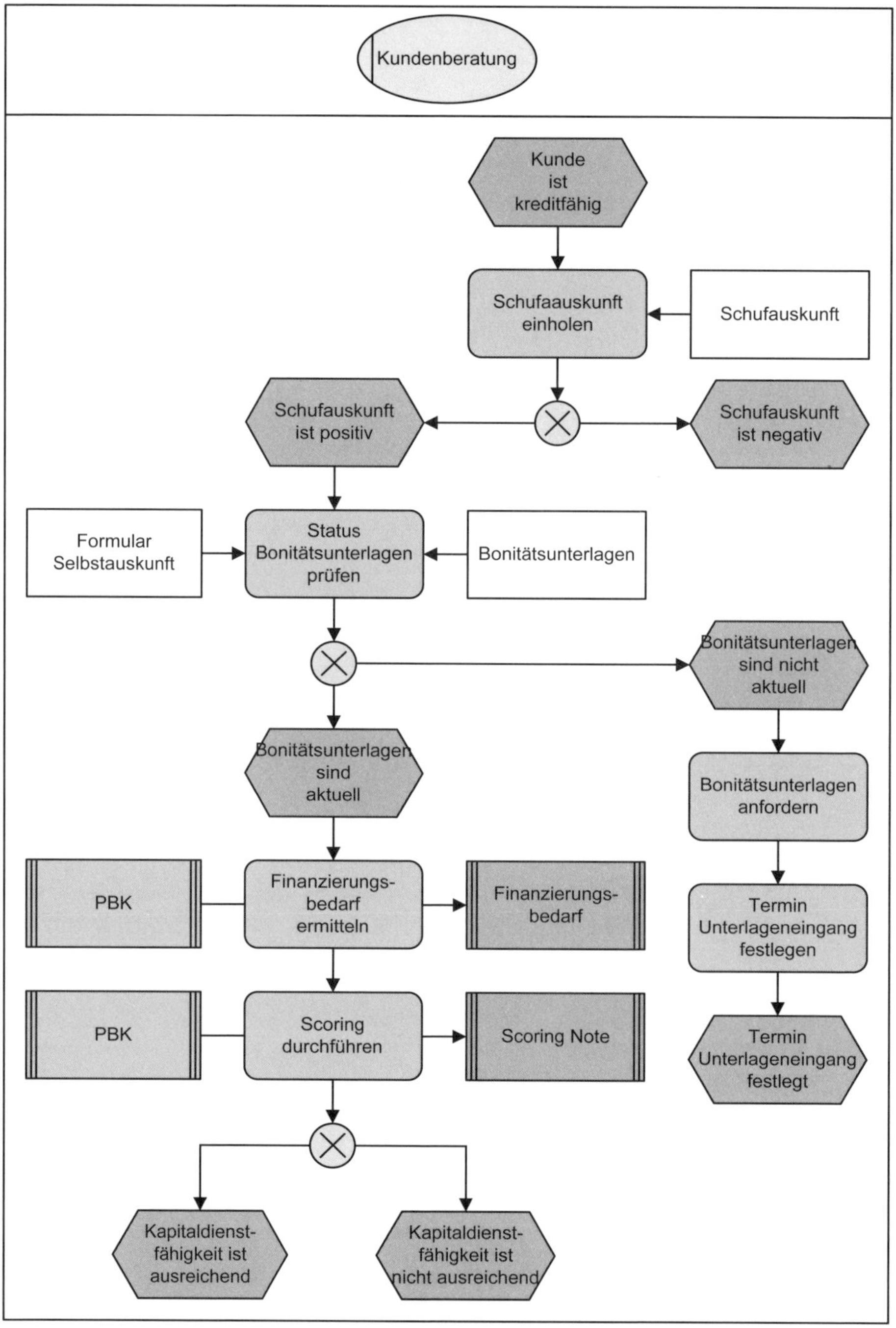

Abbildung 13-10: Geschäftsprozess Kreditberatung durchführen

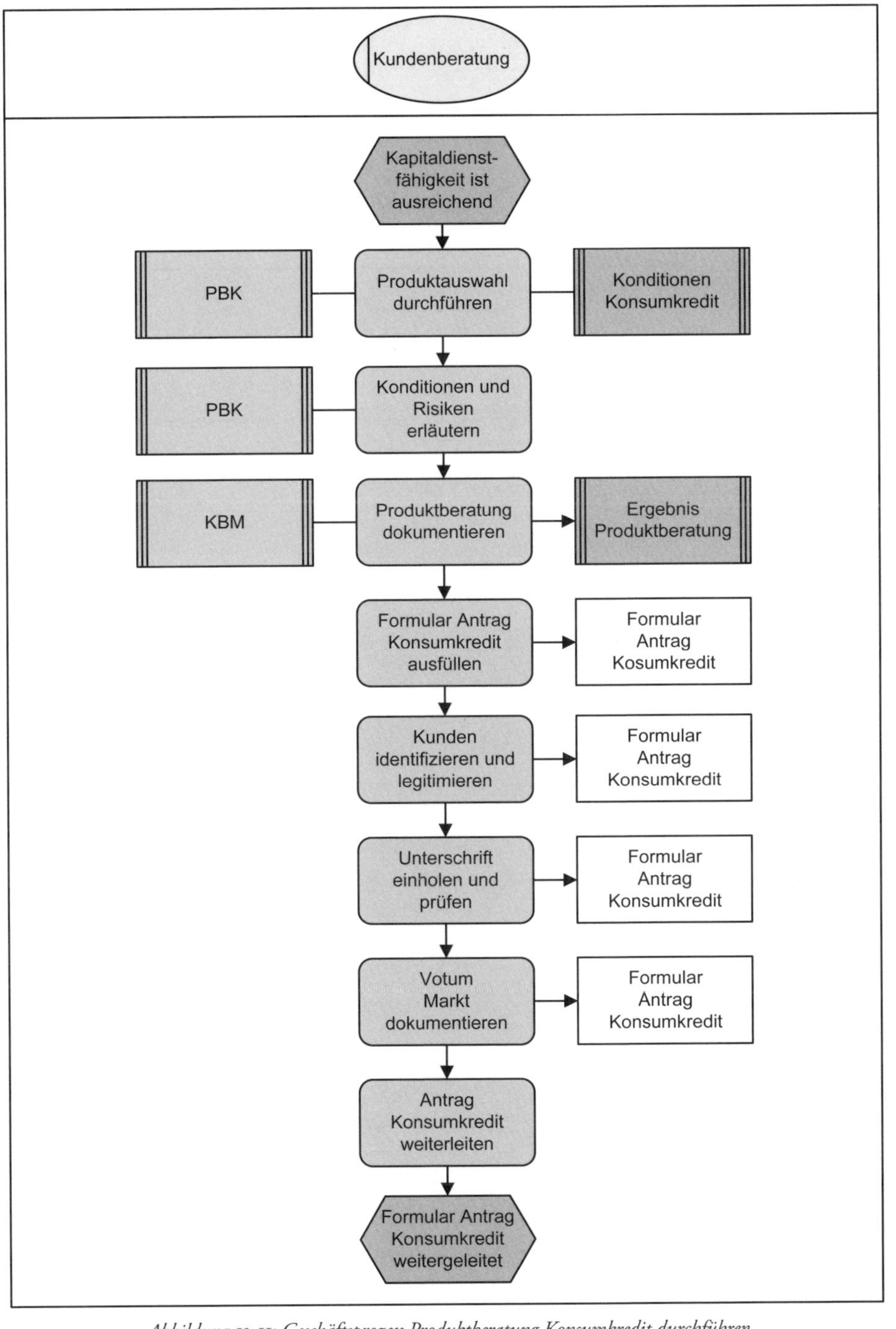

Abbildung 13-11: Geschäftsprozess Produktberatung Konsumkredit durchführen

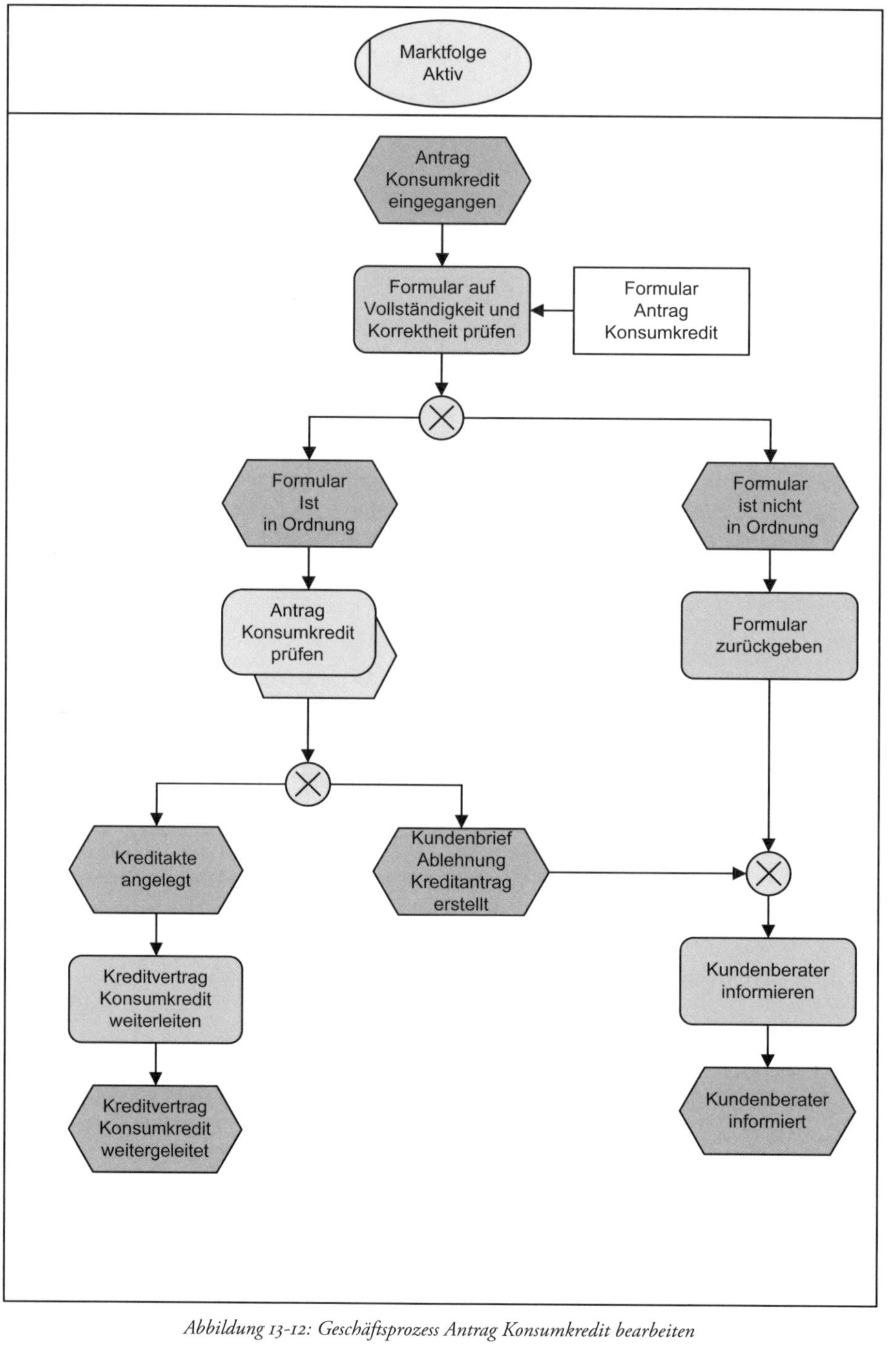

Abbildung 13-12: Geschäftsprozess Antrag Konsumkredit bearbeiten

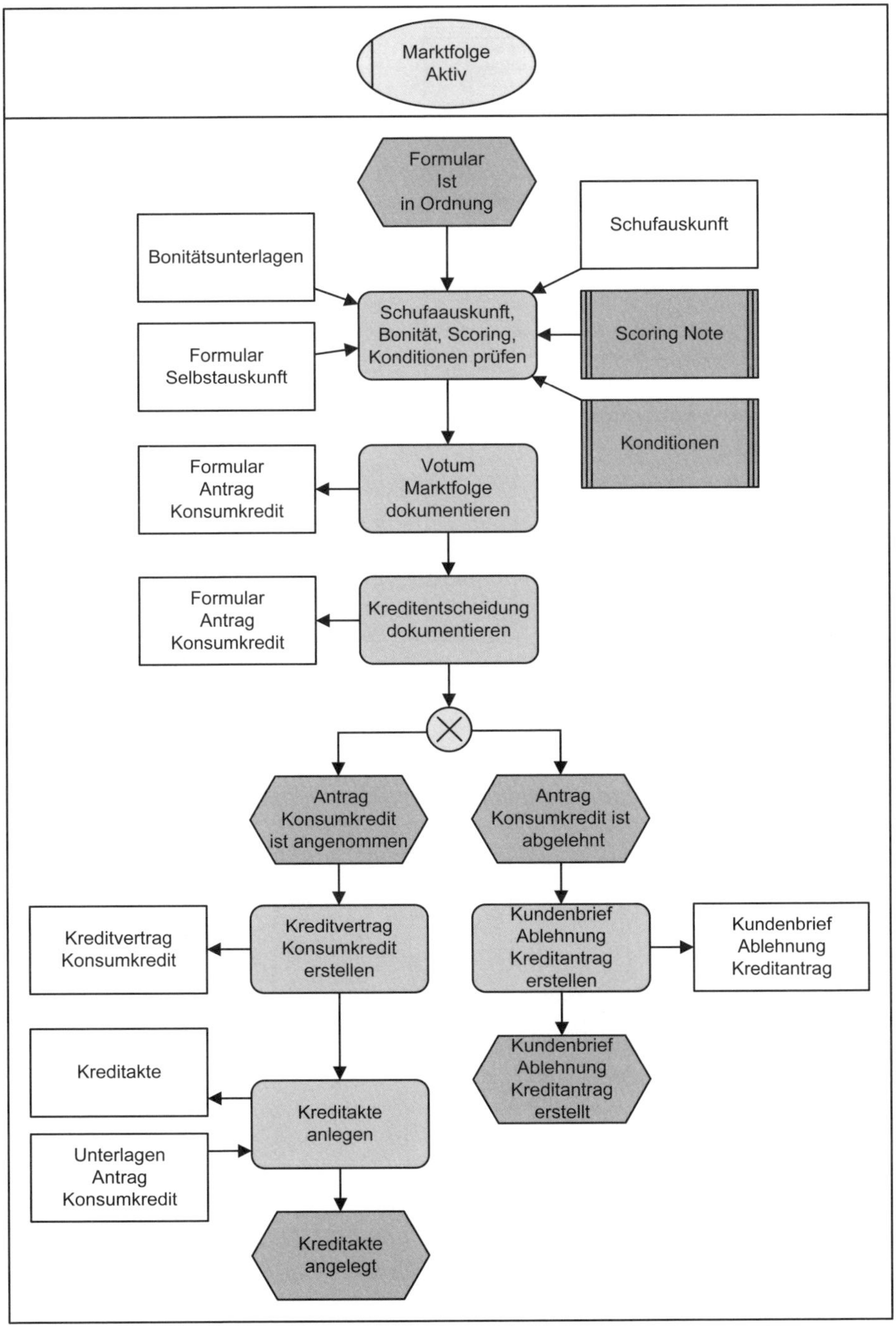

Abbildung 13-13: Geschäftsprozess Antrag Konsumkredit prüfen

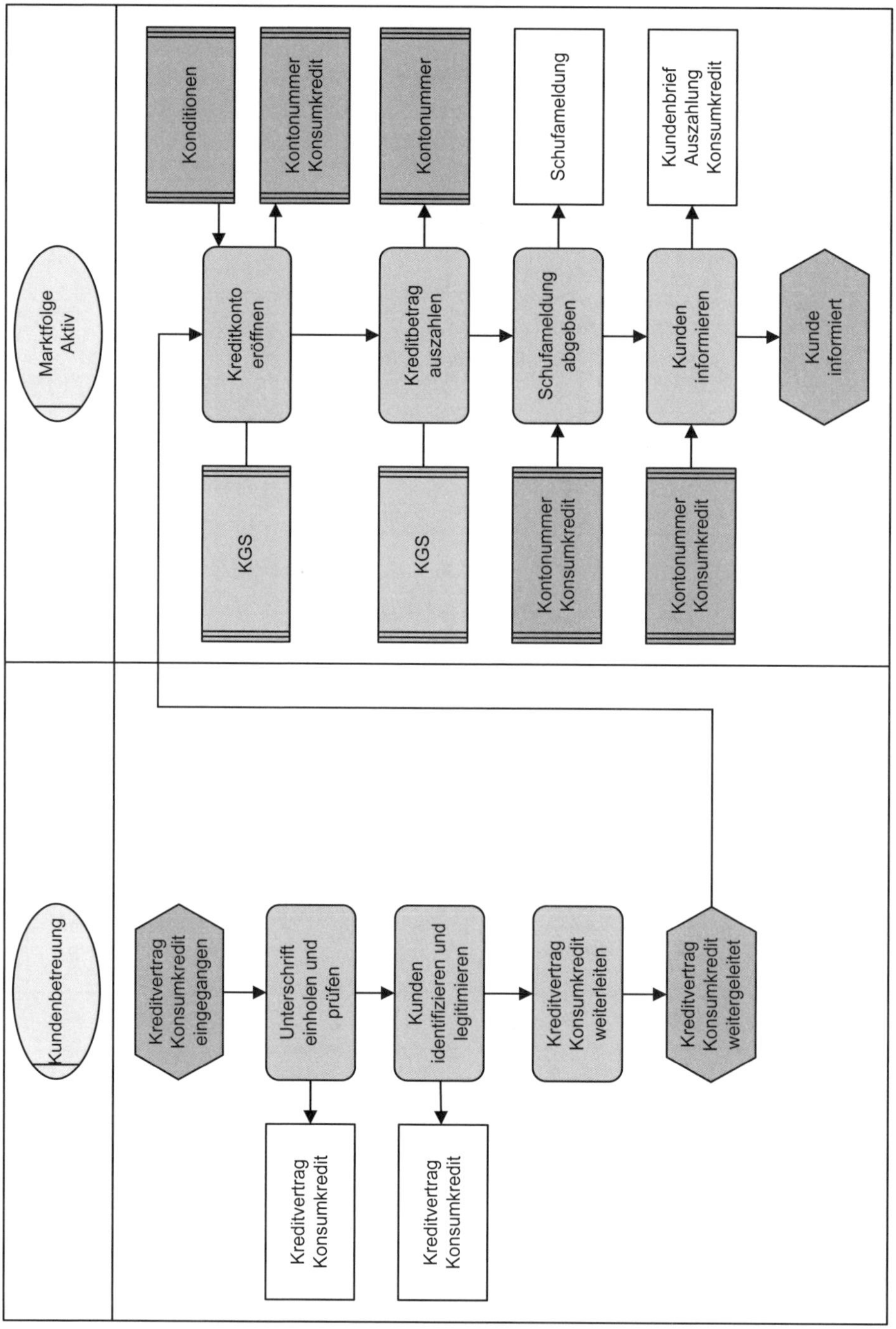

Abbildung 13-14: Geschäftsprozess Konsumkredit auszahlen

MSD Bank

Antrag Konsumkredit

Der Antragsteller beantragt bei der Mitteldeutschen Spar- und Darlehensbank AG (nachfolgend MSD Bank), Mittelpromenade 1, 01234 Mittelstadt die Gewährung des nachfolgend spezifizierten Kredits.

I. Antragsteller

Familienname | Kundenstammnummer

Vorname(n)

Titel | Geburtsname

Anschrift | Hausnummer

PLZ | Wohnort

Geburtsdatum | Geburtsort

II. Kreditbedarf

Kreditart | Kreditbetrag (Betrag und Währung)

Verwendungszweck

III. Konditionen

Kreditbetrag	Zinsanpassungstermin	Zinsanpassungsrhytmus
Laufzeit	Laufzeitbeginn	Laufzeitende
Auszahlungsdatum	Auszahlungskurs (Prozent)	Auszahlungsbetrag
anfänglicher Zinsatz	Zinszahlungsbeginn	Zinszahlungsrhytmus
Tilgungsrate (Betrag)	Tilgungsbeginn	Tilgungsrhytmus
Leistungsrate (Betrag)	Anzahl der Raten	☐ Annuität
Bereistellungsprovision (%)	Beginnn	Rhythmus

Seite 1 von 3

Abbildung 13-15: Formular Antrag Konsumkredit Seite 1

MSD Bank

Bearbeitungskosten (einmalig)	Bearbeitungsk. (regelmäßig)	Rhythmus

IV. SCHUFA-Klausel

Der Antragsteller willigt ein, dass die MSD Bank der SCHUFA Holding AG, Kormoranweg 5, 65201 Wiesbaden, Daten über die Beantragung, die Aufnahme (Kreditnehmer, Kreditbetrag, Laufzeit Ratenbeginn) und vereibarungsgemäße Abwicklung (z.B. Laufzeitverlängerung, vorzeitige Rückzahlung) des vereibarten Kredites übermittelt.
Davon unabhängig wird die MSD Bank Daten über das nicht vertragsgemäßen Verhaltens des Antragstellers an die SCHUFA übermitteln. Die Übermittlung dieser Daten darf nach dem Bundesdatenschutzgesetz nur dann erfolgen, wenn dies nach der Abwägung der Interessen aller Betroffenen zulässig ist.
Diesbezüglich befreit der Antragsteller die MSD Bank vom Bankgeheimnis.
Die SCHUFA speichert und übermittelt ...

Ort, Datum	Unterschrift Antragsteller

V. Der Antragsteller und der Mitarbeiter der MSD Bank haben unter gleichzeitiger persönlicher Anwesenheit im Rahmen eines Beratungsgespräches vor bzw. bei Abschluss des Vertrages alle wesentlichen Inhalte des Vertrages erörtert.

VI. Der Kunde ermächtigt die Bank über ihn beim Grundbuchamt, Handelsregister, Güterrechtsregister oder Einwohnermeldeamt Auskünfte einzuholen, sich Abschriften aus öffentlichen Registern und weitere Unterlagen zu beschaffen und Einsicht in Register und Akten zu nehmen. Ist es hierzu erforderlich, dass die MSD Bank ein berechtigtes Interesse nachweist, wird sie das Bankgeheimnis wahren.

VII. Der Kunde wird der MSD Bank angeforderte aber nicht beigefügte Unterlagen zeitnah zur Verfügung stellen.

VIII. Ergänzend gelten die allgemeinen Geschäftsbedingungen der MSD Bank sowie die allgemeinen Bedingungen für Kredite und Darlehen der MSD Bank ...

Ort, Datum	Unterschrift Antragsteller

Die Aufnahme des Kredites erfolgt auf

☐ eigene Rechnung ☐ fremde Rechnung

☐ Der Antragsteller ist bereits legitimiert und dem Mitarbeiter der MSD Bank persönlich bekannt.

Der Antragsteller hat sich ausgewiesen durch

☐ Personalausweis ☐ Reisepass

		anderes Ausweisdokument
Ausweisdokumentnummer	Ausstellungsdatum	Ausstellungsbehörde

Seite 2 von 3

Abbildung 13-16: Formular Antrag Konsumkredit Seite 2

MSD Bank

Die Unterschriften des Antragstellers wurden

☐ vor mir geleistet ☐ von mir geprüft

Ort, Datum | Unterschrift Mitarbeiter der MSD Bank

IX. Stellungnahme Markt

Beurteilung der bisherige Geschäftsverbindung sowie persönliche und wirtschaftliche Beurteilung

Bearbeitungsvermerke und Erläuterungen

Der Kreditantrag wird ☐ nicht befürwortet ☐ befürwortet

Ort, Datum | Unterschrift

X. Stellungnahme Marktfolge

Beurteilung der bisherige Geschäftsverbindung sowie persönliche und wirtschaftliche Beurteilung

Bearbeitungsvermerke und Erläuterungen

Der Kreditantrag wird ☐ nicht befürwortet ☐ befürwortet

Ort, Datum | Unterschrift

XI. Kreditentscheidung

Kreditbeschlussnummer

☐ abgelehnt ☐ genehmigt

Ort, Datum | Unterschrift

Seite 3 von 3

Abbildung 13-17: Formular Antrag Konsumkredit Seite 3

MSD Bank

Selbstauskunft

I. Persönliche Daten

Familienname | Kundenstammnummer

Vorname(n)

Titel | Geburtsname

Anschrift | Hausnummer

PLZ | Wohnort

Telefonnummer(n)

E-Mail-Adresse

Geburtsdatum | Geburtsort

Geschlecht | Staatsangehörigkeit

Familienstand | Güterstand | Unterhaltsberechtigte Personen

Steuernummer | ☐ gebietsfremd | ☐ Steuerausländer

Berufsstatus | Beruf

Arbeitgeber | Beschäftigungsbeginn

II. Bestehen oder bestanden in den vergangenen elf Jahren Zwangsvollstreckungen, Verfahren zur Abgabe eidesstattlicher Versicherungen, Insolvenzverfahren, Mahnverfahren oder Zahlungsklagen?

☐ nein ☐ ja und zwar

III. Bankverbindungen

Kreditinstitut

Bankleitzahl | Kontonummer

Seite 1 von 3

Abbildung 13-18: Formular Selbstauskunft Seite 1

MSD Bank

IV. Vermögen

Bankguthaben	EUR
Wertpapiere (Kurswert)	EUR
Immobilien (Verkehrswert)	EUR
Beteiligungen	EUR
Weiteres Vermögen	EUR

V. Verbindlichkeiten

Bankkredite	EUR
Leasingverbindlichkeiten	EUR
Steuerverbindlichkeiten	EUR
Bürgschaften	EUR
weitere Verbindlichkeiten	EUR

VI. Einnahmen in den letzten drei Jahren

Einkünfte aus	☐ brutto	☐ netto
nicht selbstständiger Arbeit	EUR	
selbstständiger Arbeit	EUR	
Gewerbebetrieb	EUR	
Vermietung und Verpachtung	EUR	
Kapitalvermögen	EUR	
weitere Einkünfte	EUR	

VII. Ausgaben pro Jahr

Lebenshaltungskosten	EUR
Versicherungsprämien	EUR
Unterhaltsleistungen	EUR
Zins und Tilgung für Kredite	EUR
Steuern und Abgaben	EUR
weitere Ausgaben	EUR

VIII. Versicherungen

Versicherungsart	Versicherungsgesellschaft	
Versicherungsnehmer	Versicherter	Begünstigter
Jahresbeitrag	bestehend seit	Rückkaufswert (aktuell)

IX. Immobilien

Grundbuchamt	Grundbuch von	Band, Blatt

Seite 2 von 3

Abbildung 13-19: Formular Selbstauskunft Seite 2

MSD Bank

Die Unterschriften des Antragstellers wurden

☐ vor mir geleistet ☐ von mir geprüft

Ort, Datum | Unterschrift Mitarbeiter der MSD Bank

IX. Stellungnahme Markt

Beurteilung der bisherige Geschäftsverbindung sowie persönliche und wirtschaftliche Beurteilung

Bearbeitungsvermerke und Erläuterungen

Der Kreditantrag wird ☐ nicht befürwortet ☐ befürwortet

Ort, Datum | Unterschrift

X. Stellungnahme Marktfolge

Beurteilung der bisherige Geschäftsverbindung sowie persönliche und wirtschaftliche Beurteilung

Bearbeitungsvermerke und Erläuterungen

Der Kreditantrag wird ☐ nicht befürwortet ☐ befürwortet

Ort, Datum | Unterschrift

XI. Kreditentscheidung

Kreditbeschlussnummer

☐ abgelehnt ☐ genehmigt

Ort, Datum | Unterschrift

Seite 3 von 3

Abbildung 13-20: Formular Selbstauskunft Seite 3

Literaturverzeichnis

(Abecker et al. 2002):
Abecker, A., Hinkelmann, K., Maus, H., Müller, H.J.: Integrationspotenziale für Geschäftsprozesse und Wissensmanagement (in German). In: Abecker, A., Hinkelmann, K., Maus, H., Müller, H.J. (eds.): Geschäftsprozessorientiertes Wissensmanagement: Effektive Wissensnutzung bei der Planung und Umsetzung von Geschäftsprozessen (in German). Springer-Verlag, Berlin Heidelberg New York Tokio, 2002, S. 1-22.

(Acker 1977):
Acker, H.: Organisationsanalyse – Verfahren und Techniken praktischer Organisationsarbeit, Baden-Baden 1977.

(Ackoff 1961):
Ackoff, R.L.: Progress in Operations Research. John Wiley & Sons, New York 1961.

(Aier 2007):
Aier, S.: Integrationstechnologien als Basis einer nachhaltigen Unternehmensarchitektur – Abhängigkeiten zwischen Organisation und Informationstechnologie. Gito, Berlin 2007.

(Alexander 1995):
Alexander, C.: Eine Muster-Sprache – A Pattern Language. Städte – Gebäude – Konstruktion. Löcker, Wien 1995.

(Allweyer 2005):
Allweyer, Th.: Geschäftsprozessmanagement – Strategie, Entwurf, Implementierung, Controlling. W3L-Verlag Herdecke, Bochum 2005.

(Anklam 2002):
Anklam, P.: Knowledge Management: The Collaboration Thread. Anklam, P. Bulleting of the American Society for Information Science and Technology Vol. 28, No. 6 (August/September), 2002.

(Appelrath und Ritter 2000):
Appelrath, H.-J.; Ritter, J.: R/3-Einführung. Methoden und Werkzeuge. Berlin Heidelberg, New York 2000.

(Ashby 1957):
Ashby, W.R.: An Introduction to Cybernetics. Chapman and Hall, London, 1957. http://pespmc1.vub.ac.be/books/IntroCyb.pdf. Abruf am 2006-12-20.

(Balck 1989):
Balck, H.: Neuorientierung im Projektmanagement, Abkehr von mechanistischer Steuerung und Kontrolle. In: Reschke, H.; Schelle, H.; Schnopp, R. (Hrsg.): Handbuch Projektmanagement, Band 2. Köln 1989.

(Balzert 1996a):
Balzert, H.: Lehrbuch der Software-Technik. Heidelberg 1996.

(Balzert 1996b):
Balzert, H.: Objektorientierte Systemanalyse? Konzepte, Methoden, Beispiele. Heidelberg-Berlin-Oxford, 1996.

(Barnard 1938):
Barnard, C.I.: The Functions of the Executive. Cambrigde, Massachusetts, 1938.

(Bashein et al. 1994):
Bashein, B.J., Markus, M.L.; Riley, P.: Preconditions for BPR Success and How to Prevent Failure. Information Systems Management 11(2) 1994, S. 7-13.
(Bass et al. 2003):
Bass, L.; Clements, P.; Kazman, R.: Software Architecture in Practice. 2 Aufl., Pearson Education Inc., Boston 2003.
(Becker 2002):
Becker, J.: Projektmanagement für Prozessmanagement. Information Management & Consultung 12.2002, Sonderausgabe, S. 93-101.
(Bernecker und Reiß 2002):
Bernecker, T.; Reiß, M.: Kommunikation im Wandel – Kommunikation als Instrument des Change Managements im Urteil von Change Agents. In: Zeitschrift Führung + Organisation (zfo). Heft 6. 71. Jahrgang, 2002. S. 352-359.
(Best und Weth 2005):Best, E; Weth, M.: Geschäftsprozesse optimieren: der Praxisleitfaden für erfolgreiche Reorganisation (2., überarb. Aufl.). Wiesbaden: Gabler. 2005.
(Bloomberg 2004):
Bloomberg, J.: SOA Governance – IT Governance in the Context of Service Orientation. http://www.logiclibrary.com/resources/zapthink_wp.php, 2004, Abruf am 12.12.2006.
(Boehm 1986):
Boehm, B. W.: Wirtschaftliche Software-Produktion, Forkel Verlag Wiesbaden 1986.
(Boehm 1988):
Boehm, B.W.: A Spiral Model of Software Development and Enhancement. In: IEEE Computer 21(5), Mai 1988. S. 61-72.
(Bonifacio et al. 2004):
Bonifacio, M.; Camussone, P.; Zini, C.: Managing the KM Trade-Off: Knowledge: Centralization versus Distribution. Journal of Universal Computer Science (J.UCS), 10(3) 2004.
(Booth et al. 2004):
Booth, D.; Haas, H.; McCabe, F.; Newcomer , E.; Champion, M.; Ferris, C.; Orchard, D.: Web Services Architecture. In: W3C Working Group Note 11 February 2004.
(Bossel 2004):
Bossel, H.: Systeme Dynamik Simulation – Modellbildung, Analyse und Simulation komplexer Systeme. Books on Demand GmbH, Norderstedt 2004.
(Bossel 2004):
Bossel, H.: Systeme Dynamik Simulation – Modellbildung, Analyse und Simulation komplexer Systeme. Books on Demand GmbH, Norderstedt 2004.
(Burke 2003):
Burke, B.: Enterprise Architecture or City Planning? http://www.eacommunity.com/articles/openarticle.asp?ID=1864, 2003, Abruf am 10.02.2004.
(Burrell and Morgan 1979):
Burrell, G.; Morgan, G.: Sociological Paradigms and Organizational Analysis: Elements of the Sociology of Corporate Life. Heineman, London, 1979.
(Chen 1976)
Chen, P.: The Entity Relationship Model – Toward a Unified View of Data. ACM Transactions on Database Systerms. Vol. 1, No. 1 1976, S. 9-36.

(Christensen et al. 2001):
Christensen, E.; Curbera, F.; Meredith, G.; Weerawarana, S.: Web Services Description Language (WSDL) 1.1. In: W3C Note 15 March 2001. 2001.
(Clement et al. 2004):
Clement, L.; Hately, A.; von Riegen, C.; Rogers, T.: UDDI Version 3.0.2. In: UDDI Spec Technical Committee Draft, Dated 20041019. 2004.
(Coad und Yourdon 1990):
Coad P.; Yourdon, E.: Object-Oriented Analysis. Yourdon Press, Prentice Hall, Englewood Cliffs 1990.
(Coad und Yourdon 1991a):
Coad P.; Yourdon, E.: Object-Oriented Analysis. 2. Auflage, Yourdon Press, Prentice Hall, Englewood Cliffs 1991.
(Coad und Yourdon 1991b):
Coad P.; Yourdon, E.: Object-Oriented Design. Yourdon Press, Prentice Hall, Englewood Cliffs 1991.
(Codd 1990):
Codd, E.: The Relation Model for Database Management. Version 2. Addison-Wesley, Reading, MA 1990.
(Curth und Giebel 1989):
Curth, M., Giebel, M.: Management der Software-Wartung. Stuttgart 1989.
(Daum und Lawa 1999):
Daum, A.; Lawa, D.: Projekt-Controlling: Aufgaben und Instrumente. In: Steinle, C.; Bruch, H.: Controlling, 2. Auflage. Stuttgart 1999.
(Deiters und Striemer 1998):
Deiters, W.; Striemer, R.: Prozessmanagementsysteme – Basistechnologie für ein entscheidungsorientiertes Informationsmanagement. FhG ISST, Berlin, Dortmund 1998.
(DeMarco 1979):
DeMarco, T.: Structured analysis and system specification. Prentice-Hall, Englewood Cliffs, N.J. 1979.
(Dern 2003):
Dern, G.: Management von IT-Architekturen – Informationssysteme im Fokus von Architekturplanung und -entwicklung. Vieweg, Wiesbaden 2003.
(Derszteler 2000):
Derszteler, G.: Prozessmanagement auf Basis von Workflow-Systemen. Josef Eul, Lohmar, Köln 2000.
(Deutsches Institut für Normung 1988a):
Deutsches Institut für Normung: DIN-Norm 44300/1. Informationsverarbeitung: Begriffe; allgemeine Begriffe = Information processing: concepts, general terms. Beuth, Berlin 1988a.
(Deutsches Institut für Normung 1988b):
Deutsches Institut für Normung: DIN-Norm 44300/2. Informationsverarbeitung: Begriffe; Informationsdarstellung = Information processing: concepts, representation of data. Beuth, Berlin 1988b.
(Dier und Lautenbacher 1994):
Dier, M.; Lautenbacher, S.: Groupware: Technologien für die lernende Organisation, Rahmen, Konzepte, Fallstudien. Computerwoche Verlag, München 1994.

(Dietrich 2003):
Dietrich, J.: Bedeutung von B2B-Standards für die Konzeption interner Integrationsszenarien im Hinblick auf eine verbesserte Integration in Wertschöpfungsnetzen. In: Aier, S.; Schönherr, M. (Hrsg.): Enterprise Application Integration – Management komplexer Architekturen, Vol. 1. Gito, Berlin, 2003. S. 117-146.
(Dietrich 2004a):
Dietrich, J.: Modellierung von Geschäftsprozessen und Integrationsszenarien auf Basis von B2B-Modellierungskonzepten am Beispiel der UN/CEFACT Modeling Methodology (UMM). In: Aier, S.; Schönherr, M. (Hrsg.): Enterprise Application Integration – Serviceorientierung und nachhaltige Architekturen, Vol. 2. Gito, Berlin, 2004. S. 125-156.
(Dietrich 2004b):
Dietrich, M.W.: Das Microsoft Solutions Framework, MSDN Deutschland, Quelle:http://www.microsoft.com/germany/msdn/library/visualtools/DasMicrosoftSolutionsFramework-Teil1.mspx?mfr=true , letzter Zugriff 19.01.2007.
(Disterer et al. 2003):
Disterer, G., Fels, F., Hausotter, A.: Taschenbuch der Wirtschaftsinformatik, 2. Aufl., Carl Hanser Verlag München Wien 2003.
(Dittrich et al. 2000):
Dittrich, J.; Mertens, P.; Hau, M.: Dispositionsparameter von SAP R/3 PP. Einstellungshinweise, Wirkungen, Nebenwirkungen. 2. Auflage Braunschweig Wiesbaden 2000.
(Dörfel 1995):
Dörfel, H.J.; Projektmanagement, Aufträge effizient und erfolgreich abwickeln. 3. Auflage, Expert-Verlag, Renningen-Malsheim 1995.
(Dunckel 1993):
Dunckel, H. u. a.: Kontrastive Aufgabenanalyse im Büro, Der KABA-Leitfaden, Grundlagen und Manual, Stuttgart, Zürich 1993.
(Earl 1988):
Earl, M.J.: Information Management: The Strategic Dimension, Oxford University Press, Oxford, 1988.
(e-com Logistics 1998)
e-com Logistics: Pharos EDI Specification 1998-04-04. Chapter 5. Freight charges notification. Version 1.1 / E. http://www.ecomlogistics.se/library/5_debex.pdf. Abruf am 12.02.2007.
(Erler 2000):
Erler, Th.: Das Einsteigerseminar UML. Landsberg, 2000.
(Finke 1992):
Finke, W.: Groupwaresysteme – Basiskonzepte und Beispiele für den Einsatz im Unternehmen. In: Information Management 1/92, 1992, S. 24-30.
(Forrester 1994):
Forrester, J.W.: System Dynamics, Systems Thinking and Soft OR. In: System Dynamics Review, Jahrgang 10, Heft 2-3, 1994, S. 245-256.
(Franken und Fuchs 1974):
Franken, R.; Fuchs, H.: Grundbegriffe zur Allgemeinen Systemtheorie. Schmalenbachs Zeitschrift für betriebswirtschaftliche Forschung, Sonderheft 3, 1974, S. 23-49.

(Freeman 1979):
Freeman, L.C.: Centrality in Social Networks: I. Conceptual clarification. Social Networks, 1/1979, S. 215-239.
(Frese 2000):
Frese, E.: Grundlagen der Organisation: Konzept – Prinzipien – Strukturen. 8 Aufl., Gabler, Wiesbaden 2000.
(Fuchs-Wegner 1972):
Fuchs-Wegner, G.: Verfahren der Analyse von Systemen. In: Kurzrock, R. (Hrsg.): Systemtheorie. Colloquium Verlag, Berlin 1972.
(Gabriel und Lohnert 2000):
Gabriel, H.; Lohnert, S.: Implementierung von Standardsoftware-Lösungen. In: Scheer, A.-W., Köppen, A. (Hrsg.): Consulting. Wissen für die Strategie-, Prozeß- und IT-Beratung. Springer Berlin Heidelberg New York 2000.
(Gadatsch 2003):
Gadatsch, A.: Grundkurs Geschäftsprozess-Management. 3. Aufl., Vieweg Verlag, Wiesbaden 2003.
(Gaitanides 1983):
Gaitanides, M.: Prozeßorganisation: Entwicklung, Ansätze und Programme prozeßorientierter Organisationsgestaltung. München: Vahlen. 1983.
(Gaitanides 1994a):
Gaitanides, M.: Prozeßmanagement: Konzepte, Umsetzungen und Erfahrungen des Reengineering; mit 20 Tabellen. München u.a. Hanser. 1994.
(Gaitanides 1994b):
Gaitanides, M.: Vorwort. In: Gaitanides, M.; Scholz, R.; Vrohlings, A.; Raster, M. (Hrsg.): Prozessmanagement, Konzepte, Umsetzung und Erfahrungen des Reengineerings. Hanser, München, Wien, 1994. S. V-VI.
(Gaitanides 2004):
Gaitanides, M.: Prozessorganisation. In: Schreyögg, G., Werder, A. v. (Hrsg.): Handwörterbuch Unternehmensführung und Organisation. Schäffer-Poeschel, Stuttgart 2004, S. 1208–1218.
(Gaitanides et al. 1994):
Gaitanides, M.; Scholz, R.;, Vrohlings, A.; Raster, M.: Prozeßmanagement. Konzepte, Umsetzungen und Erfahrungen des Reengineering. München, Wien: Carl Hanser Verlag. 1994.
(Gane und Sarson 1979):
Gane, C., Sarson, T.: Structured System Analysis, Tools and Techniques, Englewood Cliff, New Jersey 1979.
(Götzenbrucker 2006):
Götzenbrucker, G.: Soziale Netzwerkforschung/SNA (social network analysis) als Methode der Sozialwissenschaft. URL: www.univie.ac.at/methodenforum/src/Text_Netzwerkanalyse_Goetzenbrucker.pdf. Zugriff: 10.08.2006.
(Grochla 1982):
Grochla, E.: Grundlagen der organisatorischen Gestaltung, Schäffer-Poeschel Stuttgart 1982.
(Grochla 1995):
Grochla, E.: Grundlagen der organisatorischen Gestaltung. Schäffer-Poeschel Stuttgart 1995.

(Gronau 1994):
Gronau, N.: Grundlagen der Systemanalyse. In: Krallmann, H. (Hrsg.): Systemanalyse im Unternehmen. Oldenbourg Verlag, Berlin 1994.
(Gronau 2001):
Gronau, N.: Industrielle Standardsoftware – Auswahl und Einführung. Oldenbourg Verlag, 2001.
(Gronau 2003):
Gronau, N.: Wandlungsfähige Informationssystemarchitekturen – Nachhaltigkeit bei organisatorischem Wandel. Gito, Berlin 2003.
(Gronau und Fröming 2006):
Gronau, N.; Fröming, J.: Eine semiformale Beschreibungssprache zur Modellierung von Wissenskonversionen. In: Wirtschaftsinformatik, Nr. 48, 2006. S. 349-360.
(Grupp 1987):
Grupp, B.: Methoden der Istaufnahme und Problemanalyse, Arbeitstechniken für Mitarbeiter in EDV- und Büroprojekten, in Heilmann, W. (Hrsg.): Integrierte Datenverarbeitung in der Praxis, Schriftenreihe Band 41, Wiesbaden 1987.
(Gulp 2002):
Gulp: Gulp Knowledge Base: Definition – EAI. http://www.gulp.de/kb/pt/techexpert/mysap.html, 2002, Abruf am 08.01.2003.
(Hafner et al. 2004):
Hafner, M.; Schelp, J.; Winter, R.: Architekturmanagement als Basis effizienter und effektiver Produktion von IT-Services. In: HMD 41 (2004) Nr. 237, S. 54-66.
(Hafner und Winter 2005):
Hafner, M.; Winter, R.: Vorgehensmodell für das Management der unternehmensweiten Applikationsarchitektur In: Ferstl, O.K., Sinz, E.J. (Hrsg.): Wirtschaftsinformatik 2005: eEconomy, eGovernment, eSociety. Physica, Heidelberg 2005, S. 627-646.
(Hall 1968):
Hall, R.H.: Die dimensionale Natur bürokratischer Strukturen. In: Mayntz, R. (Hrsg.): Bürokratische Organisation. Kiepenheuer & Witsch, Köln, Berlin 1968, S. 69-93.
(Hammer und Champy 1994):
Hammer, M; Champy, J.: Business Reengineering – Die Radikalkur für das Unternehmen (2 ed.): Campus Verlag. 1994.
(Hanneman und Riddle 2005):
Hannemann, R.A., Riddle, M.: Introduction to social network methods. 2005. URL: http://faculty.ucr.edu/~hanneman/. Zugriff: 10.08.2006.
(Hansen et al. 1999):
Hansen, M.T.; Nohria, N.; Tierney, T.: What's your strategy for managing knowledge? Harvard Business Review, Mar-Apr 1999, S. 106-116.
(Hansmann et al. 2005):
Hansmann, H.; Laske, M.; Luxem, R.: Einführung der Prozesse – Prozess-Roll-out. In: Becker, J.; Kugeler, M.; Rosemann, M.: Prozessmanagement. Springer Berlin. 2005.
(Harbeke 2002):
Harbeke, A.: Kostenoptimierung in der IT – Wie kann die Effizienz in der IT gesteigert werden? 2002.

(Heisig 2005):
Heisig, P.: Integration von Wissensmanagement in Geschäftsprozesse, Technische Universität Berlin, Dissertation, Publiziert in der Serie: Berichte aus dem Produktionstechnischen Zentrum Berlin, 2005.
(Helbig 2003):
Helbig, R.: Prozessorientierte Unternehmensführung: eine Konzeption mit Konsequenzen für Unternehmen und Branchen dargestellt an Beispielen aus Dienstleistung und Handel; mit 22 Tabellen. Heidelberg: Physica-Verl. 2003.
(Hess und Schuller 2005):
Hess, T.; Schuller, D.: Business process reengineering als nachhaltiger Trend? Eine Analyse der Praxis in deutschen Großunternehmen nach einer Dekade. 2005.
(Hill et al. 1994):
Hill, W.; Fehlbaum, R.; Ulrich, P.: Organisationslehre 1: Ziele, Instrumente und Bedingungen der Organisation sozialer Systeme. 5 Aufl., Haupt, Bern, Stuttgart, Wien 1994.
(Hill et al. 1998):
Hill, W.; Fehlbaum, R.; Ulrich, P.: Organisationslehre 2: Theoretische Ansätze und praktische Methoden der Organisation sozialer Systeme. 5 Aufl., Haupt, Bern, Stuttgart, Wien 1998.
(Hinz 2006)
Hinz, M.: ERD einer Bank. Unveröffentlichtes Datenbankmodell. Fachgebiet Systemanalyse und EDV, TU Berlin. Berlin 2006.
(Hoffmann 1980):
Hoffmann, F.: Begriff der Organisation. In: Grochla, E. (Hrsg.): Handwörterbuch der Organisation. Poeschel, Stuttgart 1980. S. 1425-1431.
(Horvath & Partner 2005):Horvath & Partner: Prozessmanagement umsetzen: durch nachhaltige Prozessperformance Umsatz steigern und Kosten senken. Stuttgart: Schäffer-Poeschel. 2005.
(Hoyer 1988):
Hoyer, R., Organisatorische Voraussetzungen der Büroautomation: Rechnergestützte, prozeßorientierte Planung von Büroinformations- und Kommunikationssystemen, Berlin u. a. 1988.
(Hufgard und Wenzel-Däfler 1999):
Hufgard, A.; Wenzel-Däfler, H.: Reverse Business Engineering Modelle aus produktiven R/3-Systemen ableiten. In: Scheer, A.-W., Nüttgens, M.: Electronic Business Engineering. Springer Berlin Heidelberg New York 1999. S. 425-441.
(Hunter 1998):
Hunter, S.: Information Technology & New Organization Forms. Doctoral Dissertation, Duke University, Fuqua School of Business 1998.
(IFAC/IFIP 1999):
IFAC/IFIP: Generalised Enterprise Reference Architecture and Methodology Version 1.6.3. http://www.cit.gu.edu.au/~bernus/taskforce/geram/versions/geram1-6-3/v1.6.3.html, 1999, Abruf am 11.09.2004.
(Inmon et al. 1997):
Inmon, W. H.; Zachman, J. A.; Geiger, J. G.: Data Stores, Data Warehousing, and the Zachman Framework – Managing Enterprise Knowledge. McGraw-Hill, New York/London 1997.

(ISO 2000):
ISO: Industrial Automation Systems – Requirements for Enterprise Reference Architectures and Methodologies. In: ISO 15704 (2000).
(Jansen 2003):
Jansen, D.: Einführung in die Netzwerkanalyse. Leske + Budrich, Opladen 2003.
(Jentzsch 1972):
Jentzsch, A.: Systemanalyse im Regierungsbereich und Reorganisation von Regierung und Verwaltung. In: Krauch, H. (Hrsg.): Systemanalyse in Regierung und Verwaltung. Rombach, Freiburg i. Br. 1972.
(Jost 1993):
Jost, W.: EDV-gestützte CIM-Rahmenplanung, Wiesbaden 1993.
(Jost 2004):
Jost, P.-J.: Transaktionskostentheorie. In: Schreyögg, G., v. Werder, A. (Hrsg.): Handwörterbuch Unternehmensführung und Organisation. Schäffer-Poeschel, Stuttgart 2004, S. 1450–1458.
(Keller 2002):
Keller, W.: Enterprise Application Integration – Erfahrungen aus der Praxis. Dpunkt, Heidelberg 2002.
(Kemper und Eickler 2006):
Kemper, A.; Eickler, A.: Datenbanksysteme – Eine Einführung. 6. Aufl., Oldenbourg Verlag, München, Wien 2006.
(Kessler 1997):
Kessler, H.: Projektmanagement: Leitfaden zur Steuerung und Führung von Projekten. Springer Verlag, Berlin, Heidelberg, New York 1997.
(Kessler und Winkelhofer 2002):
Kessler, H., Winkelhofer, G.: Projektmanagement: Leitfaden zur Steuerung und Führung von Projekten. 3. Auflage, Springer Verlag, Berlin, Heidelberg, New York 2002.
(Kieser 2002):
Kieser, A.: Management und Taylorismus. In: Kieser, A. (Hrsg.): Organistionstheorien. Kohlhammer, Stuttgart 2002, S. 65-99.
(Kieser und Kubicek 1992):
Kieser, A., Kubicek, H.: Organisation, 3. Aufl., De Gruyter Verlag, Berlin, New York 1992.
(Kieser und Walgenbach 2003):
Kieser, A.; Walgenbach, P.: Organisation. 4 Aufl., Schäffer-Poeschel, Stuttgart 2003.
(Klein 1971):
Klein, G.: Betriebliche Organisation – vom Ist zum Soll, Arbeitsablauforganisation in der Praxis, Bad Wörishofen 1971.
(Klösch und Gall 1995):
Klösch, R.; Gall, H.: Objektorientiertes Reverse Engineering – von klassischer zu objektorientierter Software. Springer Berlin Heidelberg New York 1995.
(Knolmayer 1997):
Knolmayer, G. u. a.: Erfahrungen mit der Einführung von SAP R/3 in Schweizer Unternehmungen. Studie der Abteilung Information Engineering des Instituts für Wirtschaftsinformatik der Universität Bern. 2. Aufl. Bern 1997.

(Kortzleisch und Krallmann 1979):
Kortzfleisch, G. von, Krallmann, H.: Industrial Dynamics. In: Kern, W. (Hrsg.), Handwörterbuch der Produktionswirtschaft, Poeschel Stuttgart 1979. S. 724-733.

(KPMG 2002):
KPMG: KPMG Knowledge Management Survey – Results Jan 2003. URL: http://www.knowledgeboard.com/download/1935/kpmg_kmsurvey_results_jan_2003.pdf, Download 10.01.2004.

(Krafzig et al. 2005):
Krafzig, D.; Banke, K.; Slama, D.: Enterprise SOA – Service-Orientied Architecture Best Practices. Prentice Hall, Upper Saddle River, NJ 2005.

(Krcmar 1990):
Krcmar, H.: Bedeutung und Ziele von Informationssystem-Architekturen. In: Wirtschaftsinformatik 32 (1990) Nr. 5, S. 395-402.

(Krieger 1996):
Krieger, D.J.: Einführung in die allgemeine Systemtheorie. W. Fink Verlag, München 1996.

(Krüger 1998):
Krüger, W.: Management permanenten Wandels. In: Glaser, H., Schröder, E.F., v. Werder, A.: Organisation im Wandel der Märkte. Gabler Wiesbaden 1998.

(Krüger und Seelmann-Eggebert 2003):
IT-Architektur-Engineering: Systemkomplexita⊠t bewa⊠ltigen, Kosten senken, Potenziale freisetzen. Galileo Press, Bonn 2003.

(Kubicek 1992):
Kubicek, H.: Informationstechnologie und Organisationsstruktur. In: Frese, E. (Hrsg.): Handwörterbuch der Organisation. Poeschel, Stuttgart 1992, S. 937-958.

(Kurz 1993):
Kurz, M.: Ein ganzheitlich orientierter Ansatz zur wirtschaftlichen Neugestaltung von Bürosystemen – Unterstützungsmöglichkeiten einer spezifischen Gruppenentscheidung. Physica, Heidelberg 1993.

(Laudon et al. 2006):
Laudon, K.C.; Laudon, J.P.: Wirtschaftsinformatik – Eine Einführung. Pearson Studium, München Boston San Francisco 2006.

(Lewin und Hunter 1998):
Lewin, A.Y.; Hunter, S.D.: Information Technology & Organizational Design: A Longitudinal Study of Information Technology Implementations in the U.S. Retailing Industrie, 1980–1996. In: Glaser, H.; Schröder, E.F.; Werder, A. v. (Hrsg.): Organisation im Wandel der Märkte. Gabler, Wiesbaden 1998, S. 251-286.

(Likert 1967):
Likert, R.: The Human Organization: Its Management and Value. McGrawHill, New York 1967.

(Linthicum 2000):
Linthicum, D.S.: Enterprise Application Integration. Addison-Wesley Longman, Amsterdam 2000.

(Lomnitz 1989):
Lomnitz, G.: Muss der Projektleiter auch Projektleider sein? Gedanken zum Thema Führung und Konflikte in Projekten. In: Reschke, H.; Schelle H.; Schnopp, R. (Hrsg.): Handbuch Projektmanagement, Band 2. TÜV Media Verlag, Köln 1989.
(Luhmann 1984):
Luhmann, N.: Soziale Systeme – Grundriss einer allgemeinen Theorie. Frankfurt am Main, 1984.
(Mag 1980):
Mag, W.: Kommunikation. In: Grochla, E. (Hrsg.): Handwörterbuch der Organisation. Poeschel, Stuttgart 1980, S. 1031-1040.
(Marks und Bell 2006):
Marks, E.A.; Bell, M.: Executive's Guide to Service-Oriented Architecture. John Wiley & Sons, Inc., Hoboken, New Jersey 2006.
(Markus und Robey 1988):
Markus, M.L.; Robey, D.: Information Technology and Organizational Change: Causal Structure in Theory and Research. In: Management Science. 34 1988 Nr. 5, S. 583-589.
(Mau 2003):
Mau, M.: Supply Chain Management: Prozessoptimierung entlang der Wertschöpfungskette. Weinheim: Wiley-VCH. 2003.
(Maurer 1996):
Maurer, G.: Von der Prozessorientierung zum Workflow Management. Teil 2: Prozessmanagement, Workflow Management, Workflow-Management-Systeme. In: Arbeitspapiere WI-Nr. 10/1996.
(Maurer 1996):
Maurer, G.: Von der Prozeßorientierung zum Workflow Management – Teil 1: Prozeßorientierung – Grundgedanken, Kernelemente, Kritik. In: Arbeitspapiere WI, Hrsg.: Lehrstuhl für allgemeine BWL und Wirtschaftsinformatik, Johannes-Gutenberg-Universität, Mainz. 9/1996.
(Maurer und Schickert 1997):
Maurer, G.; Schwickert, A.C.: Kritische Anmerkungen zur Prozessorientierung. Mainz: Univ. Mainz. 1997.
(Mayo 1933):
Mayo, E.: The human problems of an industrial civilization. Macmillan, New York 1933.
(Mayo 1946):
Mayo, E.: The human problems of an industrial civilization. Viking Press, New York 1946.
(McCoy und Natis 2003):
McCoy, D.; Natis, Y.: Service-Oriented Architecture: Mainstream Straight Ahead. In: Gartner Research. 2003 Nr. LE-19-7652.
(Mertens 1991):
Mertens, P.: Integrierte Informationsverarbeitung. 8 Aufl., Gabler, Wiesbaden 1991.
(Mitra 2005):
Mitra, T.: A case for SOA governance. http://www-128.ibm.com/developerworks/webservices/library/ws-soa-govern/, 2005, Abruf am 15.12.2006.

(Molzberger 1985):
Molzberger, P.: Systemanalyse als therapeutischer Prozess, Bericht 8513 der Universität der Bundeswehr München, Fakultät für Informatik, Neubiberg 1985.
(Moreno 1932)
Moreno, J.L.: Application of the Group Method to Classification, National Committee on Prisons and Prison Labor, New York 1932.
(Müller 1997):
Müller, B.: Reengineering – eine Einführung. Stuttgart 1997.
(Mumford 1984):
Mumford, E., Welter, G.: Benutzerbeteieligung bei der Entwicklung von Computersystemen, Berlin, Bielefeld, München 1984.
(Musil 2000):
Musil, S. E. (Hrsg.): Warum Versicherungen im Internet doch eine Chance haben; Reihe: Leipziger Schriften zur Versicherungswissenschaft; 2. VVW, Karlsruhe 2000.
(Myerson 2002):
Myerson, J.M. (Hrsg.): Enterprise Systems Integration. Auerbach, Boca Raton et al. 2002.
(Nell 1996):
Nell, J.G.: Architectures and Frameworks. http://www.mel.nist.gov/sc5wg1/arch_fw.htm 1996, Abruf am 06.01.2005.
(Neumann 2004):
Neumann, N.: Modellierung eines prozessorientierten Wissensmanagementkonzeptes im Innovationsprozess. Gito-Verlag 2004.
(Niemeyer 1977):
Niemeyer, G.: Kybernetische System- und Modelltheorie. Franz Vahlen, München, 1977.
(Nonaka und Takeuchi 1995):
Nonaka, I.; Takeuchi, H.: The knowledge creating company. Oxford University Press 1995.
(Nordsieck 1972):
Nordsieck, F.: Betriebsorganisation – Lehre und Technik. 2 Aufl., Poeschel, Stuttgart 1972.
(OASIS 2005):
OASIS: UDDI Version 3 Features List. http://www.uddi.org/pubs/uddi_v3_features.htm, 2005, Abruf am 24.01.2007.
(OASIS 2006):
OASIS: Web Services Business Process Execution Language Version 2.0. http://www.oasis-open.org/committees/download.php/10347/wsbpel-specification-draft-120204.htm, 2006, Abruf am 24.01.2007.
(Oberquelle 1995):
Oberquelle, H.: Groupware und CSCW. In: Friedrich, J. (Hrsg.): Informatik und Gesellschaft. Spektrum Akademischer Verlag, Berlin 1995, S. 232-233.
(Oberweis 1996):
Oberweis, A.: Modellierung und Ausführung von Workflows mit Petri-Netzen. Teubner Verlag, Stuttgart, Leipzig 1996.
(Oestereich 1998):
Oestereich, B.: Objektorientierte Softwareentwicklung. Analyse und Design mit der Unified Modeling Language. 4. Auflage. München/Wien, 1998.

(Oey et al. 2006):
Oey, K.J.; Wagner, H.; Rehbach, S.; Bachmann, A.: Mehr als alter Wein in neuen Schläuchen: Eine einführende Darstellung des Konzepts der serviceorientierten Architekturen. In: Aier, S., Schönherr, M. (Hrsg.): Enterprise Application Integration. GITO- Verlag, Berlin 2006, S. 197-220.

(OGC 2002):
OGC: ITIL Application Management. TSO, 2002.

(OGC 2006):
OGC: ITIL Glossary of Terms, Definitions and Acronyms – Baseline v01, 1 May 2006. http://www.itil.co.uk/glossary.htm, 2006, Abruf am 16.01.2007.

(OMG 2005a):
Object Management Group (2005a): Unified Modeling Language: Superstructure. Version 2.0, Formal/05-07-04, http://www.omg.org/docs/formal/05-07-04.pdf, Abruf am 24.01.2007.

(OMG 2005b):
Object Management Group (2005b): Unified Modeling Language: Infrastructure. Version 2.0, Formal/05-07-05, http://www.omg.org/docs/formal/05-07-05.pdf, Abruf am 24.01.2007.

(OMG 2006):
Object Management Group (2006): Business Process Modeling Notation (BPMN) Specification. OMG Final Adopted Specification February 2006, http://www.omg.org/docs/dtc/06-02-01.pdf, Abruf am 24.01.2007.

(Österle 2003):
Österle, H.; Winter, R.: Business Engineering, in: Österle, H., Winter, R. (Hrsg.), Business Engineering – Auf dem Weg zum Unternehmen des Informationszeitalters, 2. Aufl., Springer, Berlin u.a. 2003, S. 3-19

(Osterloh 1998):
Osterloh, M.: Unternehmensinterne Märkte. Je mehr, desto besser? In: Glaser, H; Schröder, E.F.; Werder, A.v. (Hrsg.): Organisation im Wandel der Märkte. Gabler, Wiesbaden, S. 287-315.

(Pärli 1972):
Studienkreis Dr. Pärli: Istaufnahme und automatische Datenverarbeitung, Wiesbaden 1972.

(Parsons 1937):
Parsons, T.: The structure of social action; a study in social theory with special reference to a group of recent European writers. McGraw-Hill Book Company inc., New York 1937.

(Patzak und Rattay 1998):
Patzak, G.; Rattay, G.: Projekt Management: Leitfaden zum Management von Projekten, Projektportfolios und projektorientierten Unternehmen. 3. Aufl., Linde Verlag, Wien 1998.

(Perridon und Steiner 2004):
Perridon, L.; Steiner, M.: Finanzwirtschaft der Unternehmung. 13. Aufl., Vahlen Verlag, München 2004.

(Peschke 1986):
Peschke, H.: Betroffenenorientierte Systementwicklung, Frankfurt a. M. 1986.

(Peterson 2004):
Peterson, R.: Crafting Information Technology Governance. In: Information Systems Management Journal. Fall 2004.

(Petri 1962):
Petri, C.A.: Kommunikation mit Automaten, Bonn: Schriften des Rheinisch-Westfälischen Institutes für instrumentelle Mathematik an der Universität Bonn, 1962.
(Petrovic 1993):
Petrovic, O.: Workgroup Computing – Computergestützte Teamarbeit-Informationstechnologische Unterstützung für teambasierte Organisationsformen, Heidelberg 1993.
(Picot et al. 1998):
Picot, A.; Dietl, H.; Franck, E.: Organisation – eine ökonomische Perspektive. Schäffer-Poeschel, Stuttgart 1998.
(Picot et al. 2003):
Picot, A.; Reichwald, R.; Wiegand, R.T.: Die Grenzenlose Unternehmung – Information, Organisation und Management. 5 Aufl., Gabler, Wiesbaden 2003.
(Picot und Maier 1992):
Picot, A.; Maier, M.: Computergestützte Informationssysteme. In: Frese, E. (Hrsg.): Handwörterbuch der Organisation. Poeschel, Stuttgart 1992, S. 923-936.
(Pinkston 2001):
Pinkston, J.: The Ins and Outs of Integration – How EAI Differs from B2B Integration. In: EAI-Journal. 2001, S. 48-52.
(Platz 1989):
Platz, J.:Aufgaben der Projektsteuerung – ein Überblick. In: Reschke, H.; Schelle H.; Schnopp, R. (Hrsg.): Handbuch Projektmanagement, Band 2. TÜV Media Verlag, Köln 1989.
(PMI 2004):
Project Management Institute: A Guide to the Project Management Body of Knowledge. Third Edition (PMBOK Guides). Project Management Institute, Newton Square, PA 2004.
(Porter 1999):
Porter, M.E.: Wettbewerbsvorteile. 5 Aufl., Campus, Frankfurt/Main, New York 1999.
(Potthoff 1998):
Potthoff, I.: Kosten und Nutzen der Informationsverarbeitung. Wiesbaden 1998.
(Probst et al. 1997):
Probst, G.; Raub, S.; Romhardt, K.: Wissen managen: Wie Unternehmen ihre wertvollste Rcssourcc optimal nutzen. Gabler 1997.
(Rational 1998):
Rational: Rational Objectory Process 4.1, White Paper.
(Reinhardt et al. 1997):
Reinhardt, G.; Hirschberg, A.; Heitmann, K.: Stand der Anwendung der Simulationstechnik – Ergebnisse einer Studie. In: Industrie Management 13(1997), S. 52-55.
(Reinwald 1995):
Reinwald, B.: Workflow-Management in verteilten Systemen. Entwurf und Betrieb geregelter arbeitsteiliger Anwendungssysteme. Reihe Teubner – Texte zur Informatik – Band 7. 2. Aufl. Teubner Verlag. Stuttgart, Leipzig 1995.
(Reschke 1989):
Reschke, H.: Formen der Aufbauorganisation in Projekten. In: Reschke, H,, Schelle H., Schnopp, R. (Hrsg.): Handbuch Projektmanagement, Band 2, Köln 1989.

(Reuter 2001):
Reuter, C.: Aufbau Integrierter Informationssysteme – Überblick über Basistechnologien. Halle-Wittenberg 2001.
(Richter 2005):
Richter, J.-P. (2005): Wann liefert eine Serviceorientierte Architektur echten Nutzen? Fachtagung des GI-Fachbereiches Softwaretechnik. Research, s. m. 2006.
(Ring 2000):
Ring, K.: EAI: Making the right Connections. Ovum Reports, Boston 2000.
(Roethlisberger und Dickson 1947):
Roethlisberger, F.J.; Dickson, W.J.: Management and the worker: An account of a research program conducted by the Western Electric Company, Hawthorne Works, Chicago. Harvard University Press, Cambrigde 1947.
(Roggisch und Wyssussek 2002):
Roggisch, N.; Wyssussek, B.: Systeme und Modelle. In: Krallmann, H.; Frank, H.; Gronau, N. (Hrsg.): Systemanalyse im Unternehmen. 4. Aufl., Oldenbourg Verlag, Berlin 2002.
(Ropohl 1975):
Ropohl, G.: Einführung in die Systemtechnik. In: Ropohl, G. (Hrsg.): Systemtechnik – Grundlagen und Anwendungen. Carl Hanser Verlag, München 1975.
(Rosemann 1996):
Rosemann, M.: Komplexitätsmanagement in Prozessmodellen: Methodenspezifische Gestaltungsempfehlungen für die Informationsmodellierung. Gabler, Wiesbaden 1996.
(Royce 1970):
Royce, W.W.: Managing the Development of Large Software Systems, Proceedings of IEEE WESCON, August 1970.
(Rumbaugh 1993):
Rumbaugh, J. et al.: Objektorientiertes Modellieren und Entwerfen, München, 1993.
(Schallert und Rosemann 2003):
Schallert, M.; Rosemann, M.: Issues in the design of enterprise architectures. In: GI-Arbeitskreis EA Frühjahrskonferenz 2003. Universität St. Gallen 2003, S. 42-49.
(Scheer 1991):
Scheer, A.-W.: Architektur integrierter Informationssysteme – Grundlagen der Unternehmensmodellierung. Springer, Berlin et al. 1991.
(Scheer 1994):
Scheer, A.-W.: Wirtschaftsinformatik – Referenzmodelle für industrielle Geschäftsprozesse. 2. Aufl., Springer Verlag, Berlin, Heidelberg, New York 1994.
(Scheer und Cocchi 2006):
Scheer, A.-W., Cocchi, A.: Prozessorientiertes Product Lifecycle Management; mit 3 Tabellen. Berlin Springer. 2006.
(Schelle 1989):
Schelle, H.: Zur Lehre vom Projektmanagement. In: Reschke, H.; Schelle H.; Schnopp, R. (Hrsg.): Handbuch Projektmanagement, Köln 1989.

(Schill 2002):
Schill, A.: Middleware im Vergleich.
http://www.competence-site.de/catalog.nsf/?SearchDomain&Query=(%5BDbCategories%5D%20CONTAINS%20(%22Netskill%22))%20AND%20(Alexander%20Schill)&SearchWV=TRUE&Start=1&Count=20&SearchEntry=ResultEntry&ASPID=1000, 2002, Abruf am 15.12.2006.
(Schmelzer und Sesselmann 2004a):
Schmelzer, H.J., Sesselmann, W.: Geschäftsprozessmanagement in der Praxis. München Wien: Hanser. 2004.
(Schmelzer und Sesselmann 2004b):
Schmelzer, H.J.; Sesselmann, W.: Geschäftsprozessmanagement in der Praxis: Produktivität steigern, Wert erhöhen, Kunden zufrieden stellen (4., erw. Aufl.). München Hanser. 2004.
(Schmidt 1992):
chmidt, R.H.: Organisationstheorie, transaktionskostenorientierte. In: Frese, E. (Hrsg.): Handwörterbuch der Organisation. Poeschel, Stuttgart 1992, S. 1854-1865.
(Schmieder 2005):
Schmieder, J.: Geschäftsprozessmanagement Liegen die Tücken im Detail? Versicherungsbetriebe 4/2005, S. 28-30.
(Schreyögg und v. Werder 2004):
Schreyögg, G.; v. Werder, A.: Organisation. In: Schreyögg, G.; v. Werder, A. (Hrsg.): Handwörterbuch Unternehmensführung und Organisation. Schäffer-Poeschel, Stuttgart 2004, S. 966-977.
(Schulz von Thun 1992):
Schulz von Thun, F.: Miteinander Reden, Band. 1, Störungen und Klärung, Allgemeine Psychologie der Kommunikation. Rowohlt Verlag, Reinbek bei Hamburg 1992.
(Schwab 1996):
Schwab, K.: Koordinationsmodelle und Softwarearchitekturen als Basis für die Auswahl und Spezialisierung von Workflow-Management-Systemen. In: Vossen, G.; Becker, J. (Hrsg.): Geschäftsprozessmodellierung und Workflow-Management. Modelle, Methoden, Werkzeuge. Bonn, Albany, Belmont u. a. 1996, S. 295-317.
(Schwarz 1975):
Schwarz, H. u. a.: Arbeitsplatzbeschreibung, 6. Aufl., Freiburg i. B. 1975
(Schwarze 1974)
Schwarze, J.: Netzplantechnik für Praktiker, 3. Aufl., Herne, Berlin 1974.
(Schwickert und Rey 1996):
Schwickert, A.; Rey, L.-F.: Manuelle und elektronische Vorgangssteuerung. Arbeitspapiere WI Nr. 5/1996; Mainz: Lehrstuhl für Allg. BWL und Wirtschaftsinformatik. Universität Mainz 1996.
(Scott 1991):
Scott, J.: Social Network Analysis: A Handbook. Sage Publications, London 1991.
(Shannon und Weaver 1949):
Shannon, C.E.; Weaver, W.: The mathematical theory of communication. University of Illinois Press, Urbana 1949.

(Snis 2001):
Snis, U. L.: Challenges towards knowledge communities in engineering domains: Adding culture to knowledge management. Proceedings of IRIS24 Ulvik, Norway, 2001.
(Sowa und Zachmann 1992):
Sowa, J.F.; Zachmann, J.A.: Extending and Formalizing the Framework for Information Systems Architecture. In: IBM Systems Journal 31 (1992) Nr. 3, S. 590-616.
(Specker 2005):
Specker, A.: Modellierung von Informationssystemen: ein methodischer Leitfaden zur Projektabwicklung (2., überarb. und erw. Aufl.). Zürich: vdf Hochschulverl. 2005.
(Stachowiak 1973):
Stachowiak, H.: Allgemeine Modelltheorie. Springer, Wien, 1973.
(Stachowiak 1983):
Stachowiak, H.: Modelle, Konstruktion der Wirklichkeit. W. Fink Verlag, München 1983.
(Stahlknecht und Hasenkamp 2002)
Stahlknecht, P.; Hasenkamp, U.: Einführung in die Wirtschaftsinformatik. 10. Auflage, Springer Verlag, Berlin Heidelberg New York 2002.
(Stahlknecht und Hasenkamp 2005):
Stahlknecht, P.; Hasenkamp, U.: Einführung in die Wirtschaftsinformatik. 11. Auflage, Springer-Verlag Berlin, Heidelberg, New York 2005.
(Stamps und Lipnack 2000):
Stamps, J.; Lipnack, J.: A Systems Science of Networked Organisations. Proceedings of the World Congress on Systems Sciences ISSS 2000. URL: www.virtualteams.com/library/whpapers/ ISSS_2000.pdf. Abruf am 01.10.2004.
(Stantchev und Malek 2006):
Stantchev, V.; Malek, M.: Architectural Translucency in Service-Oriented Architectures. IEE Proceedings Software 153(1), February 2006. S. 31-37.
(Stein 1996):
Stein, T.: PPS-Systeme und organisatorische Veränderungen. Ein Vorgehensmodell zum wirtschaftlichen Systemeinsatz. Springer, Berlin Heidelberg New York 1996
(Steinbeck et al. 1994):
Steinbeck, H.-H.; Nihon-Hr¯Okai: CIP-Kaizen-KVP: die kontinuierliche Verbesserung von Produkt und Prozeß. Landsberg: Verl. Moderne Industrie. 1994.
(Steinle und Bruch 1999):
Steinle, C.; Bruch, H.: Controlling. 2. Aufl., Schäffer-Poeschel Verlag, Stuttgart 1999.
(Sterman 2000):
Sterman, J. D. (2000): Business Dynamics – System Thinking and Modeling for a Complex World. Irwin McGraw-Hill Verlag, Boston 2000.
(Striening 1988):
Striening, H.-D.: Prozeß-Management. Frankfurt am Main Lang. 1988.
(Strohhecker 1998):
Strohhecker, J.: System- und objektorientierte Simulation betriebswirtschaftlicher Entscheidungen. Verlag Duncker & Humblot, Berlin 1998.
(Systinet 2006):
Systinet: SOA Governance: Balancing Flexibility and Control Within an SOA. http://www.systinet.com/dl/SOA_Gov906.pdf, 2006, Abruf am 15.12.2006.

(Tavangarian 1993):
Tavangarian, D.: Editorial Simulation. In: Informationstechnik und technische Informatik 35(1993)6, S. 3-4.
(Tempelmeier 1991):
Tempelmeier, H.: Simulation mit SIMAN. Physica Verlag, Heidelberg 1991.
(Teufel et al. 1995):
Teufel, S.; Sauter, C.; Mühlherr, T.; Bauknecht, K.: Computerunterstützung für die Gruppenarbeit. Addison-Wesley. Bonn, Paris, Reading (MA) 1995.
(Thomas et al. 2001):
Thomas, J.C.; Kellogg, W.A.; Erickson, T.: The knowledge management puzzle: Human and social factors in knowledge management. IBM Systems Journal (4)2001.
(Trier 2005):
Trier, M.: IT-supported Visualization and Evaluation of virtual Knowledge Communities. Dissertation Thesis, TU Berlin. 2005, URL: http://opus.kobv.de/tuberlin/volltexte/2005/1072/. Abruf am: 01.01.2006.
(Trier und Müller 2004):
Trier, M., Müller, C.: A systematic approach for capturing Knowledge intense Business Processes. Lecture Notes in Computer Science, Volume 3336/2004, Springer Verlag, Berlin, Heidelberg, 2004.
(UN/CEFACT CCTS 2003):
Core Components Technical Specification – Part 8 of the ebXML Framework. Version 2.01. 2003.
(UN/CEFACT UN/CCL 2006)
UN/CEFACT: UN/CCL – Core Component Library UN/CCL version 1.0. UNECE 2006. http://www.unece.org/cefact/codesfortrade/codes_index.htm#ccl. Abruf am 12.02.2006.
(Vahs 2004):
Vahs, D.: Organisation – Einführung in die Organisationstheorie und -praxis. 5. Aufl., Schäffer-Poeschel , Stuttgart 2004.
(VDI 1996):
VDI (Hrsg.): Simulation von Logistik-, Materialfluss- und Produktionssystemen –Begriffsdefinitionen. VDI-Richtlinie 3633, Verein deutscher Ingenieure (VDI), Berlin 1996.
(Vennix 1996):
Vennix, J.A.M.: Group Model Building. Facilitating Team Learning Using System Dynamics, John Wiley & Sons, Chichester, 1996.
(vom Brocke 2003):
Brocke, J. vom: Referenzmodellierung, Gestaltung und Verteilung von Konstruktionsprozessen, Logos Verlag, Berlin 2003, http://www.wi.uni-muenster.de/aw/div/brocke/referenzmodellierung.pdf, Abruf am 20.12.2006.
(von Bertalanffy 1972):
Bertalanffy, L. von: Vorläufer und Begründer der Systemtheorie. In: Kurzrock, R. (Hrsg.): Systemtheorie. Colloquium Verlag, Berlin 1972.
(Vossen 2000):
Vossen, G.: Datenmodelle, Datenbanksprachen und Datenbankmanagementsysteme. 4. Aufl., Oldenbourg Verlag, München, Wien 2000.

(W3C 2003):
W3C: SOAP Version 1.2 Part 0: Primer. http://www.w3.org/TR/soap12-part0/, 2003, Abruf am 24.01.2007.
(W3C 2006):
W3C: Web Services Description Language (WSDL) Version 2.0 Part 1: Core Language. http://www.w3.org/TR/wsdl20/, 2006, Abruf am 24.01.2007.
(Wagner 1995):
Wagner, M.P.: Groupware und neues Management, Braunschweig, Wiesbaden, 1995.
(Wall 1996):
Wall, F.: Organisation und betriebliche Informationssysteme – Elemente einer Konstruktionslehre. Gabler, Wiesbaden 1996.
(Walter 1992):
Walter, H.-C.: Systementwicklung, Planung, Realisierung und Einführung von EDV-Anwendungssystemen, 3. Aufl., Köln 1992
(Ward et al. 1990):
Ward, J.; Griffiths, P.; Whitmore, P.: Strategic Planning for Information Systems. John Wiley & Sons, Inc., 1990.
(Wasserman und Faust 1994):
Wasserman, S.; Faust, K.: Social Network Analysis: Methods and Applications, Cambridge University Press, Cambridge 1994.
(WfMC 1995):
WfMC: The Workflow Reference Model. Document Number WfMC TC00-1003. http://www.wfmc.org/standards/docs/tc003v11.pdf, 1995, Abruf am 24.01.2007.
(Wiener 1948):
Wiener, N.: Cybernetics or Control and Communication in the Animal and the Machine. Hermann Editions, Paris 1948.
(Winkelhofer 1997):
Winkelhofer, G.: Methoden für Management und Projekte, Ein Arbeitsbuch für Unternehmensentwicklung, Organisation und EDV. Springer Verlag, Berlin, Heidelberg, New York 1997.
(Winter 2003):
Winter, R.: Modelle, Techniken und Werkzeuge im Business Engineering. In: Österle, H., Winter, R. (Hrsg.): Business Engineering – Auf dem Weg zum Unterneh¬men des Informationszeitalters. Springer, Berlin et al. 2003, S. 87-118.
(Wittlage 1993):
Wittlage, H.: Methoden und Techniken praktischer Organisationsarbeit, 3. Aufl., Herne, Berlin 1993.
(Woods 2003):
Woods, D.: Enterprise Service Architecture. O`Reilly & Associates, Cambridge 2003.
(Woolf 2006):
Woolf, B.: Introduction to SOA Governance – Governance: The official IBM definition, and why you need it. http://www-128.ibm.com/developerworks/webservices/library/ar-servgov/index.html, 2006, Abruf am 26.06.2006.

(Zachmann 1987):
Zachmann, J. A.: A Framework for Information Systems Architecture. In: IBM Systems Journal 26 (1987) Nr. 3, S. 276-292.
(Zollondz 2002):
Zollondz, H.-D.: Grundlagen Qualitätsmanagement: Einführung in Geschichte, Begriffe, Systeme und Konzepte. München Oldenbourg. 2002.
(Züllighoven 1998):
Züllighoven, H.: Das objektorientierte Konstruktionshandbuch nach dem Werkzeug- & Material-Ansatz. dpunkt Heidelberg 1998.

Index

A

B

E

F